친절한
공학 열역학

임영섭 지음

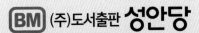 (주)도서출판 성안당

■ 도서 A/S 안내

성안당에서 발행하는 모든 도서는 저자와 출판사, 그리고 독자가 함께 만들어 나갑니다.

좋은 책을 펴내기 위해 많은 노력을 기울이고 있습니다. 혹시라도 내용상의 오류나 오탈자 등이 발견되면 **"좋은 책은 나라의 보배"**로서 우리 모두가 함께 만들어 간다는 마음으로 연락주시기 바랍니다. 수정 보완하여 더 나은 책이 되도록 최선을 다하겠습니다.

성안당은 늘 독자 여러분들의 소중한 의견을 기다리고 있습니다. 좋은 의견을 보내주시는 분께는 성안당 쇼핑몰의 포인트(3,000포인트)를 적립해 드립니다.

잘못 만들어진 책이나 부록 등이 파손된 경우에는 교환해 드립니다.

저자 문의 e-mail : s98thesb@snu.ac.kr(임영섭)

본서 기획자 e-mail : coh@cyber.co.kr(최옥현)

홈페이지 : http://www.cyber.co.kr   전화 : 031) 950-6300

머 리 말

이 책은 물리적·화학적 배경지식의 부족으로 열역학을 습득하는 데 난항을 겪는 학부생들이나 열역학 관련 기초지식의 부족으로 심화 응용 학습을 진행하는 데 답답함을 느끼는 분들을 돕기 위하여, **학생들이 자주 물어보는 질문(FAQ)에 대한 답변을 중심으로** 작성한 책입니다. 저는 화학공학을 전공하고 조선해양공학과에서 교직을 시작하여 7년간 열역학 수업을 진행해왔습니다. 그 과정에서, 매년 수업에서 학생들이 하는 질문이 비슷한 경향을 가지고 있다는 것을 발견하였습니다. 이를 해소하고자 답변을 만드는 것을 반복하다 보니 그 내용이 모여서 FAQ가 되었고, 어느 시점부터 FAQ만 100페이지가 넘어가는 상황이 되어 부족한 내용이지만 이를 교재로 정리하면 학생들에게 도움이 될 수 있을 것이라는 생각이 들어 출판을 결심하게 되었습니다.

학부 저학년에서 다루는 열역학의 기초 내용은 소위 공대의 4대 역학 중에서 기술적으로 많이 어려운 교과목은 아닙니다. 그러나 상당수의 학생이 열역학에서 다루는 개념을 받아들이기 힘들어합니다. 여러 가지 원인이 있겠으나, 고교 교과과정이 개편되면서 과학의 비중이 축소되면서 물리 및 화학을 깊게 공부하는 학생이 줄어들어서 학생들의 배경지식 편차가 커진 것이 한 원인이라고 생각합니다. 개편된 교과과정에서도 열역학 관련된 내용은 물리 1에서 열기관 기초를 다루는 데 그치고 있고, 상(phase)이나 포화압 (saturation pressure)에 대한 내용은 화학 2에 가서야 등장합니다. 그 이상의 내용은 고급 물리학이나 고급 화학에서 다루고 있으나 이는 현재 극소수의 학생들만이 선택적으로 공부하는 교과목이 되었습니다. 그 결과, 학부 2학년에 열역학을 접하는 시점에서 학생들의 배경지식 편차가 매우 크며, 일부는 배경지식을 충분히 갖추지 못한 상황에서 수업을 시작한다고 느낍니다.

이 책은

1 열역학을 접하는 많은 학생들이 받아들이기 힘들어하는 개념들을 기초적인 수준에서부터 상세하고 친절하게 풀어서 전달하고자 하였습니다.

적지 않은 학생들이 열역학에서 다루는 개념들을 납득하기 힘들어합니다. 사실 엔트로피만 해도 당대의 천재들이 십 수년 이상의 논쟁 끝에 정리된 내용인 것을 보면 이는 자연스러운 일일지도 모릅니다. 게다가 많은 내용을 모두 다루려다 보면 교재가 백과 사전화되어, 열역학이 요구하는 물리학적, 수학적 배경지식을 아는 것으로 간주하고 수업을 진행하게 되는 경우가 많습니다. 그러면 열역학은 왜 그런가? 어떻게 그런가?라는 의문에 대한 고찰 없이 공식과 법칙을 외우는 과정이 되기 쉽습니다. 이는 그렇지 않아도 부족한 학습 동기를 더욱 사그라트리는 이유가 된다고 생각하여 본서에서는 가능한 한 상세하게 설명하고 과거 학자들이 겪었던 시행착오의 내용을 소개하거나 배경에 대한 상세한 FAQ를 제공하는 등 납득하기 어려운 개념부터 일단 받아들일 수 있는 수준으로 만들고자 하였습니다.

2 요구되는 수학적 배경 역시 배운 것 혹은 배울 것으로 넘어가지 않고 가능한 한 상세하게 설명하는 과정을 포함하여 체감 난이도를 최대한 낮추고자 하였습니다.

제가 실제 수업을 하면서 받았던 질문 중 상당수는 열역학의 내용이라기보다는 그 수학적 배경지식에 대한 내용이었습니다. 교과과정이 변화하면서 학생 간 수학적 배경지식 역시 편차가 커졌고, 열역학을 이해하지 못하는 것이 아니라 그 배경이 되는 수학을 이해하지 못하는 경우에도 이를 열역학이 어려운 것으로 착각하는 학생들이 적지 않았습니다. 예를 들어 다변수함수와 편도함수에 대해서 제대로 이해하지 못한 상태에서 열역학 물성값을 연산하라고 하면 이는 고통스러울 수밖에 없는 일입니다. 이런 상황에서는 열역학도 열역학이지만 기초 수학에 대한 개념 정리가 필요하다고 판단하여 기초적인 수학적 내용들을 되짚고 FAQ를 통하여 부가 설명하는 과정을 포함하여 모르고 넘어가는 과정을 최소화하고자 하였습니다.

3 공학이 실용을 목적으로 하는 근사의 학문임을 받아들일 수 있도록 구체적인 숫자로 답을 얻을 수 있도록 하였습니다.

공학은 문제를 해결하면서 이해를 체득하는 것이 효과적인데, 의외로 많은 교재들이 수치해석적 해법을 어떻게 푸는지를 소개하지 않거나 대입하여 시행착오(trial-and-error)를 거쳐 얻으면 된다는 선에서 멈추고 있습니다. 과거에는 많은 계산량과 도구의 부족으로 수치해석법을 교재에서 직접 다루기에는 부담이 컸으나, 이제 휴대폰 수준에서도 간단한 수치해석 문제는 해결이 가능한 시대이므로 이러한 부분을 포함하는 것이 바람직하다고 느꼈습니다. 때문에 표, 그림, 수식을 통하여 직접 손으로 계산하거나 계산기로 해석해 및 수치해를 연산할 수 있도록 예제를 구성하고, 보다 한 단계 나아간 예제에서는 의사코드를 제시, 비교적 간단한 자체 코딩 및 상업용 소프트웨어들을 통하여 수치적으로 구체적인 결과를 얻을 수 있도록 하였습니다. 또한 보조 자료로 스프레드시트 연산 파일을 제공하여 수치 계산 과정을 스스로 검토하고 이를 통하여 이해가 부족한 부분을 보완할 수 있도록 하고자 하였습니다. 가능하면 복수의 연산 과정을 제시하여 공학은 하나의 정답이 존재하는 것이 아니며, 목적에 따라 설득력이 있는 결과를 얻는 과정이 다양하다는 특성을 보여주고자 하였습니다.

4 융합적 배경을 염두에 두고 열역학을 폭 넓게 다루고자 하였습니다.

사실 알고보면 화학과 물리는 규모가 다른 계에 적용되는 같은 물리법칙에 불과한데, 어떤 학생들은 이를 매우 다른 전공이라고 오해하곤 합니다. 최근 조선해양산업계만 보더라도 선박에 가스/디젤 혼용 이중 연료 엔진에 LNG재기화/재액화 공정을 설치하고 수소 연료전지 탑재를 논의하는 등 융합

기술 제품들이 일반화되고 있습니다. 이러한 상황을 파악할 수 있는 종합적 시야를 갖추려면 다양한 시점에서 기초가 될 수 있는 내용을 다룰 필요가 있다고 느낍니다. 때문에 가능한 한 폭넓은 주제를 쉬운 수준에서 다루고자 하였습니다.

5 서로 다른 번역에서 오는 오해를 피하기 위해서 영문명을 병기하고 통용되는 번역어가 다수인 경우 모두 표기하고자 하였습니다.

적지 않은 수의 공학 용어들이 번역과정에서 시대별 언어표기 방식의 차이나 번역자의 주관에 따라서 달리 번역되어 왔습니다. 이는 해당 단어를 접하는 사람들에게 큰 혼란을 줄 수 있는 부분이라고 느껴서 하나의 영어 단어가 다수의 용어로 번역되어 사용되는 경우 이를 가능하면 모두 병기하였습니다. 책 내 표현은 표준적으로 많이 사용되는 표현을 따르고자 하였으나, 가능하면 한자(漢子) 위주의 단어보다는 한글 위주의 단어를 주로 사용하고자 하였습니다. 이는 현 세대들에게 한자 위주의 단어는 오히려 이해를 방해하는 경향이 있다고 판단하였기 때문입니다. 예를 들어서 intensive property의 경우 "시강변수"보다 직관적으로 이해하기 편한 "세기성질"로, specific volume의 경우 "비체적"보다 "질량당 부피"로 표현하고 있습니다.

이 책은 다양한 내용을 한 학기 분량으로 쉽게 다루려다 보니 모든 분야를 자세하게 다루고 있지는 않습니다. 예를 들어 활동도 계수 모델은 도입부만 다루고 있으며, 화학반응에 대해서는 기초적인 연소반응을 중심으로 기술하고 있습니다. 때문에 열역학을 본격적으로 공부해보고자 하는 학생은 보다 더 좋은 열역학 교재들을 통하여 심화 학습할 필요가 있다는 점을 명심하여 주었으면 좋겠습니다.

이미 세상에는 훌륭한 열역학 교재가 많이 있고, 그러한 교재를 집필한 선학들보다 제가 모자랐으면 모자랐지 딱히 나은 점이 없는 상황에서 책을 한 편 더하는 것이 과연 의미가 있을지 많은 고민을 했습니다. 부디 저의 이 작은 시도가 누군가에게는 작은 도움이 되기를 희망합니다.

처음 작성하는 교재이다 보니 저의 부족함으로 오타와 오류가 존재할 수 있습니다. 잘못된 부분을 발견하신 분들께서는 부디 제 이메일(s98thesb@snu.ac.kr)로 연락을 주시기를 부탁드립니다.

마지막으로, 이 책을 작성하는 동안 정신적으로 큰 버팀목이 되어준 나의 아내 수진에게 감사의 말을 전합니다.

2021. 10.
저자 임영섭

차 례

1 열역학 개요

2 열역학 제1법칙과 엔탈피

3 열역학 제2법칙과 엔트로피

4 상태방정식(equation of state)

C O N T E N T S

7 화학반응평형의 기초

부록

＊ 표시는 필요에 따라 건너뛰어도 되는 추가 내용을 다루고 있습니다.

 Example의 예제 코드가 포함된 엑셀 파일은

성안당 홈페이지(www.cyber.co.kr) 자료실에서 다운로드할 수 있습니다.

c h a p t e r

1

열역학 개요

1.1 열역학의 목적, 단위환산

열역학의 목적

열역학은 일(work)과 열(heat)의 형태로 에너지를 이용하는 모든 설비의 기초가 되는 학문입니다. 예를 들어, 물질에서 에너지를 어떻게 얻어낼 수 있는지, 그 과정에서 물질의 압력·온도·부피 등이 변화하는 것을 어떻게 예측할 수 있는지에 대한 답변을 제공하며 이러한 열역학적 지식은 에너지를 사용하는 거의 모든 설비설계의 기초가 됩니다.

아주 간단한 예를 들어봅시다. 일반적으로 많이 사용하는 연료인 부탄가스 캔을 만들어 판매하는 사업을 한다고 생각해 봅시다. 부탄가스 캔 내의 온도는 얼마일까요? 캔 내의 압력은 얼마일까요? 부탄가스 캔 내의 압력은 계절에 따라 어떻게, 얼마나 변화할까요? 한 캔의 부탄가스로 물을 몇 L나 끓일 수 있을까요? 부탄가스를 사용하면 압력은 어떻게 변화할까요? 이러한 유의 질문에 정량적으로 답하기 위해서는 부탄의 질량당 부피, 포화증기압, 포화증기압과 온도의 상관성, 열용량 등의 열역학적 물성(properties, 물질의 성질)을 알아야만 하며, 그 방법을 제공하는 것이 열역학이 하는 역할입니다.

간혹 특정 분야의 전공에서만 열역학을 공부하는 것으로 오인하는 학생들도 있는데, 현대 공학에서 에너지를 다루지 않는 분야는 거의 없으며, 열역학은 에너지와 물질을 다루는 경우에는 반드시 사용되기 때문에 공대 대다수의 학과에서 직·간접적으로 배우는 역학 중 한 과목입니다. 다만 분야에 따라서 관심을 가지고 깊게 다루는 대상이 약간씩 차이가 있습니다.

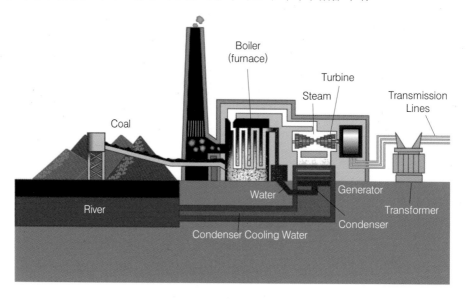

| 그림 1-1 | 화력발전소의 개념도

Public domain image, https://en.wikipedia.org/wiki/Fossil_fuel_power_station

대표적인 예로, 화력발전소는 열역학을 이용하여 기본적인 분석 및 설계가 가능한 응용 시스템입니다. 석탄 화력발전소를 예로 들면, 석탄을 태워서 얻은 열에너지를 보일러(boiler)에 공급하여 물을 끓여서 고압의 수증기(steam)를 만들게 됩니다. 이 고압의 수증기가 터빈(turbine)의 날개(impeller)를 회전시키면 이에 연결된 발전기에서 전기가 생산됩니다.

압력이 낮아진 수증기는 냉각응축되어 다시 물이 되며, 물을 펌프(pump)로 압축해 다시 보일러에 공급하게 됩니다. 이러한 화력발전소를 설계하려면 다양한 의문점에 대한 답변이 필요합니다. 예를 들어서, 500 MW 화력발전소를 지으려고 하면 얼마나 많은 수증기가 필요한가? 몇 기압, 몇 ℃의 수증기가 필요한가? 이를 위해서 얼마나 많은 에너지가 공급되어야 하는가? 이러한 질문에 대답하기 위해서는 열역학 시스템의 물성 연산이 필요하게 됩니다.

그 외 우리 주변에서 쉽게 찾아볼 수 있는 응용 제품으로는 열역학 사이클 중 냉동 사이클을 이용하는 냉장고가 있습니다. 에너지의 사용이라는 측면에서 보면 LNG(Liquefied Natural Gas, 액화천연가스) 저장기지 및 도시가스 공급 시스템, 혹은 집에서 사용하는 보일러 시스템 역시 대표적인 열역학 응용 설비입니다.

이 책에서 다루는 열역학은 자세하게 분류하면 평형 열역학(equilibrium thermodynamics)에 해당합니다. 이는 매순간을 평형상태로 간주할 수 있는 이상적인 과정으로 가정하며, 어떠한 변화가 일어나는 원동력(driving force)과 그 결과에 대한 해석에는 매우 유용합니다. 반면에, 그러한 변화가 일어나는 속도에 대해서는 파악할 수 없는 한계 또한 가지고 있으며, 이러한 부분을 파악하기 위해서는 여기서 다루지 않는 비평형 열역학(non-equilibrium thermodynamics)에 해당하는 동적 시스템을 공부해야 합니다.

단위환산

열역학에 대한 이야기를 시작하기 전에 반드시 필요한 것이 단위에 대한 이해입니다. 국제적인 표준으로 사용되고 있는 SI 단위계(International System of units)를 중심으로 일반적으로 많이 사용되는 단위들은 다음과 같습니다.

| 표 1-1 | 대표적인 물성 단위들

	수식 기호(통상)	단위 기호(SI)	비고
질량	m	g/kg	그램(gram)/킬로그램
길이	l	m	미터(meter)
시간	t	s	초(second)
온도	T	K	켈빈(Kelvin) $T[℃] = T[K] - 273.15$
몰(mole)	n	mol(gmol)	어떤 입자(원자, 분자, …) 6.022×10^{23}(N_A, 아보가드로수)개

| 표 1–1 | 대표적인 물성 단위들(계속)

	수식 기호(통상)	단위 기호(SI)	비고
힘	F	N	뉴턴(Newton) $F=ma$, 1 N의 힘은 1 kg의 물질을 1 m/s²의 가속도로 움직이게 하는 힘 $1\,\mathrm{N}=1\,\mathrm{kg\cdot m/s^2}$
		kgf	킬로그램힘(종종 힘을 생략) 지구의 표준 중력가속도에서 1 kg의 질량을 가지는 물체가 가지는 힘 $1\,\mathrm{kgf}=1\,\mathrm{kg}\times9.8\,\mathrm{m/s^2}=9.8\,\mathrm{N}$
일	W	J	줄(Joule) $W=Fs$, 1 J의 에너지는 1 N의 힘으로 1 m를 이동시킬 때 하는 일(필요한 에너지)
열	Q	cal	SI 단위는 J이지만 칼로리(cal)나 킬로칼로리(kcal)도 많이 사용함. $Q=cm\Delta T$, 1 cal의 에너지는 1 g의 물을 1℃ 올리는 데 필요한 열량(열에너지) $1\,\mathrm{cal}\approx4.2\,\mathrm{J}$
압력	P	Pa	파스칼(Pascal) $P=F/A$, 1 Pa은 1 N의 힘이 1 m²의 단면적에 작용할 때의 압력
		bar	SI 단위는 Pa이지만 bar도 통상 많이 사용됨. $1\,\mathrm{bar}=10^5\,\mathrm{Pa}=100\,\mathrm{kPa}$
		atm	대기압 $1\,\mathrm{atm}=101{,}325\,\mathrm{Pa}=101.325\,\mathrm{kPa}=1.01325\,\mathrm{bar}$

FAQ 1-1 단위 및 단위환산이 헷갈립니다.

단위환산은 동일한 값을 가지는 단위를 분수로 곱해서 정리하면 간단히 전환 가능합니다.

예) 1 kg 질량의 추가 0.5 cm²의 면적을 누르고 있을 때 걸리는 압력을 bar로 나타내면

$$P=\frac{F}{A}=\frac{1\,\mathrm{kg}\times9.8\,\mathrm{m/s^2}}{0.5\,\mathrm{cm^2}}\times\frac{1\,\mathrm{N}}{1\,\mathrm{kg\cdot m/s^2}}\times\frac{1\,\mathrm{cm^2}}{10^{-4}\,\mathrm{m^2}}=\frac{9.8\,\mathrm{N}}{0.5\times10^{-4}\,\mathrm{m^2}}=196000\,\mathrm{Pa}\times\frac{1\,\mathrm{bar}}{10^5\,\mathrm{Pa}}=1.96\,\mathrm{bar}$$

FAQ 1-2 몰(mol)과 그램몰(gmol)은 다른 건가요?

몰(mol)과 그램몰(gmol)은 같은 단위입니다. 그런데 굳이 g를 붙여서 쓰는 이유는 다른 단위 체계(특히 영미단위)와 소통할 때 혼선이 오기 때문입니다. 1몰(mol)은 1dozen(12개), 달걀 1판(30개)과 같은 개수(6.022×10^{23}개)의 단위로, 열역학에서는 보통 분자 6.022×10^{23}개(N_A, 아보가드로수)를 의미합니다. 분자량(molecular weight, MW)은 정의상 분자 1몰이 가지는 질량이 되므로

$$n=\frac{m}{\mathrm{MW}}$$

예를 들어 분자량이 2인 수소 분자는 수소 분자 1몰(6.022×10^{23}개)이면 2 g이 된다는 뜻입니다.

$$2\,g\text{의 수소} \rightarrow \frac{2\,g}{2\,g/mol} = 1\,mol\text{의 수소가 가지는 질량}$$

이때 분자량의 단위(보통 붙이지 않지만)는 g/mol로 생각할 수 있습니다.

그런데, 영미권의 경우 질량의 대표 단위가 lb(pound)입니다. 그럼 2 lb의 수소를 g을 기준으로 하여 몰로 표시하려면, 1 lb가 453.6 g이므로

$$2\,lb\text{의 수소} \rightarrow 2\,lb\,\frac{453.6\,g}{1\,lb}\,\frac{1}{2\,g/mol} = 453.6\,mol\text{의 수소가 가지는 질량}$$

그런데 이래서는 분자량이 가지는 의미와 너무나 동떨어지게 되며, 계산마다 매번 이렇게 단위환산을 하는 것도 불편할 것입니다. 그래서 영미 단위계에서도 분자량은 단위를 붙이지 않고 동일한 값을 사용합니다. 그럼 이때 분자량의 단위는 표시하지는 않지만 lb/mol이 되어버립니다.

$$2\,lb\text{의 수소} \rightarrow \frac{2\,lb}{2\,lb/mol} = 1\,mol\text{의 수소 질량}$$

훨씬 합리적으로 보입니다. 그런데, 이렇게 해놓고 보면, 잘못하면 마치 다음의 수식이 성립하는 것처럼 보입니다.

$$2\,lb\text{의 수소} \rightarrow \frac{2\,lb}{2\,lb/mol} = 1\,mol\text{의 수소 질량} = \frac{2\,g}{2\,g/mol} \rightarrow 2\,g\text{의 수소}$$

g과 lb는 같을 수가 없으므로 이건 문제가 됩니다. 이렇게 된 이유는 서로 다른 질량 단위(g, lb)를 사용한 체계에서 동일한 의미로 mol을 사용하였기 때문입니다. 이러한 착오를 막기 위해서 질량 단위 g/kg을 사용한 몰 계산은 gmol/kgmol로, 질량 단위 lb를 사용한 몰 계산은 lbmol로 표기하면 혼란도 없고 단위환산 계산도 쉬워집니다.

$$2\,g\text{의 수소} \rightarrow \frac{2\,g}{2\,g/gmol} = 1\,gmol\text{의 수소 질량}$$

$$2\,lb\text{의 수소} \rightarrow \frac{2\,lb}{2\,lb/lbmol} = 1\,lbmol\text{의 수소 질량}(= 453.6\,gmol\text{의 수소 질량})$$

한국에서 쓰지도 않는 lb와 같은 단위를 왜 신경 써야 하는지 생각할 수도 있는데, 공학적인 문제는 특정 국가에서만 다루는 것이 아니므로 영미 문화권의 엔지니어들과 같이 일을 하려면 이러한 사소한 곳에서 큰 착오가 발생할 수 있습니다.

대표적으로 1999년 NASA가 3억 달러 이상을 투자하여 발사한 화성 무인 기후궤도탐사선이 화성에 도착하자마자 소실되는 사고가 있었는데, 그 원인 중 하나가 소프트웨어 간 단위 불일치 때문이었던 것으로 밝혀졌던 사례가 있습니다(AG Stephenson et al., *Mars Climate Orbiter Mishap Investigation Board Phase* I *Report*, NASA, 1999).

FAQ 1-3 책에 나오는 이상한 문자(그리스 문자)를 어떻게 읽는지 모르겠어요.

의외로 많은 학생들이 수학 혹은 과학 수업에서 ξ와 같은 그리스 문자를 접하고 이를 읽는 법을 몰라서, 혹은 읽는 방법이 사람마다 달라서 당황하곤 합니다. 한국 교과과정에서 그리스 문자를 정식으로 가르치는 경우가 드물고, 그리스식 읽는 법이 영어와 다른데 이를 모르는 경우가 많기 때문입니다. 아래 표에 그리스 문자를 정리하였고, 발음은 그리스식 발음을 기준으로 하고 영어식/한국식으로 많이 통용되고 있는 발음도 괄호 안에 병기하였습니다. 특정 발음은 한국어로는 정확히 표기하기 어려우므로 정확한 읽는 법을 알고 싶으면 Greek alphabet으로 검색하여 온라인의 동영상 자료들을 참조하세요.

문자	$A\,\alpha$	$B\,\beta$	$\Gamma\,\gamma$	$\Delta\,\delta$	$E\,\varepsilon$	$Z\,\zeta$
이름	alpha	beta	gamma	delta	epsilon	zeta
읽는 법	알파	비타 (베타)	감마	델타	엡실론 (입실론)	지타 (제타)
문자	$H\,\eta$	$\Theta\,\theta$	$I\,\iota$	$K\,\kappa$	$\Lambda\,\lambda$	$M\,\mu$
이름	Eta	theta	iota	kappa	lambda	mu
읽는 법	이타 (에타)	씨[th]타 (세타)	이오타 (요타)	카파	람다	미 (뮤)
문자	$N\,\nu$	$\Xi\,\xi$	$O\,o$	$\Pi\,\pi$	$P\,\rho$	$\Sigma\,\sigma$
이름	Nu	xi	omikron	pi	rho	sigma
읽는 법	니 (뉴)	크시 (크사이)	오미크론	피[p] (파이)	로	시그마
문자	$T\,\tau$	$Y\,\upsilon$	$\Phi\,\phi$	$X\,\chi$	$\Psi\,\psi$	$\Omega\,\omega$
이름	Tau	upsilion	phi	hi	psi	omega
읽는 법	타프 (타우)	입실론 (업실론)	피[f] (파이)	히 (키)	프시 (프사이)	오메가

표준(온도압력)조건(STP)과 표준상태(standard state, SATP)

과학계는 역사적으로 의견이 통일된 적이 없고 논쟁과 논란이 멈춘 적이 없는 시끄러운 곳인데, 당장 "표준"이라는 단어만 해도 수많은 정의를 가지고 있습니다. 흔히 STP로 불리는 표준온도압력 조건(Standard conditions for Temperature and Pressure)은 세계 여러 기관이 실험을 수행할 때 모두 같은 조건에서 비교할 수 있도록 설정한 기준 조건으로, 그나마 많이 사용되고 있는 것이 IUPAC(International Union of Pure and Applied Chemistry)에서 책정한 0℃, 1 bar($= 100\,kPa = 10^5\,Pa$)입니다(과거 1 atm이었으나 80년대 1 bar로 수정하고 1 bar 사용을 권장하고 있음). 그러나 엄밀히 말하면 국가와 기관에 따라 쓰고 있는 표준 조건은 제각각 다릅니다.

| 표 1-2 | 대표적으로 사용되고 있는 표준들

기관 혹은 단체	온도	압력
IUPAC *STP(Standard Temperature and Pressure)로 부름	0℃	1 bar 1atm(구)
NIST(National Institute of Standards and Technology, USA) *NTP(Normal Temperature and Pressure)라고도 부름	20℃	1 atm
EU 천연가스산업계	15℃	1 atm
SPE(Society of Petroleum Engineers)	60℉ 혹은 15℃	1 bar
IUPAC *SATP(Standard Ambient Temperature and Pressure)라고도 부름	25℃	1 bar
ISO(문서마다 다름)	0, 15, 20℃	1 atm

따라서 나에게 표준이 다른 사람에게도 표준이 될 수가 없으므로 다국적 프로젝트를 수행할 때 서로가 계산에 사용한 표준 조건이 어떠한지를 반드시 확인해야 합니다.

보통 말하는 표준상태(standard state)는 어떠한 물성값을 연산할 때 기준이 되는 기준상태 (reference state)를 말하는 것으로, STP보다 SATP에 해당하는 25℃, 1 bar를 많이 씁니다. 원칙적으로 기준상태는 어떤 기준을 잡아도 그것이 잘못된 것은 아니므로 반드시 25℃, 1 bar여야 할 이유는 없습니다. 또한 엄밀히 말해서 표준상태는 표준압력만 결정된 상태로, 온도는 임의의 온도여도 무방합니다. 그러나 기준이 되는 온도가 있어야 편리한 경우가 많기 때문에 많은 열역학 물성표는 SATP에 해당하는 25℃의 온도를 기준으로 작성되어 있습니다. 이 책 역시 기준이 되는 표준상태는 SATP(25℃, 1 bar)를 따르고자 하였으며, 표준압력에서의 물성을 위첨자(°)로 나타내었습니다. 예를 들어, 임의의 온도, 압력에서 어떤 기체의 부피 V가 다음과 같이 온도, 압력의 함수라고 합시다.

$$V = V(T, P)$$

표준상태에서, 즉 표준압력 1 bar에서의 부피는 $V°$로 표기하며, 압력은 결정되었으므로 이때 $V°$는 온도만의 함수가 됩니다.

$$V° = V°(T, P = 1\,\text{bar}) = V°(T)$$

1.2 열역학 계(system), 물성(property), 상태(state), 공정(process)

열역학 계(system)

다른 대부분의 공학처럼 열역학도 탐구하고 싶은 대상 영역을 한정하는 데에서 출발합니다. 인간이 전 우주에서 벌어지는 일을 알 수 없을 뿐만 아니라, 공학에서 필요로 하는 인간에게 유용한 어떤 장비는 대부분 유한한 범위를 가지는데 지나치게 넓은 범위를 다루는 것은 오히려 문제를 정의하고 풀기 어렵게 만듭니다. 예를 들어서 집에서 사용할 휴대용 버너를 만들고자 할 때 태평양에서 발생하는 열의 출입을 고려할 필요는 없습니다.

열역학에서는 존재하는 모든 것을 전우주(universe)라 부릅니다. 그중에서 내가 관심이 있는 특정 대상으로 영역을 제한하면 그 내부가 열역학계 혹은 시스템(thermodynamic system)이 되며, 그 외부가 주변환경(surroundings)이 됩니다. 이때 시스템과 주변환경을 구별하는 경계선(boundary)으로 질량이나 에너지(열과 일)의 출입이 모두 없는 계를 고립계(isolated system), 에너지의 출입은 있으나 질량의 출입이 없는 계를 닫힌계(closed system), 에너지와 질량 모두 출입하는 계를 열린계(open system)라 부릅니다. 시스템의 정의는 사용자의 편의에 달려 있으므로 어떻게 설정할지는 여러분 마음입니다. 예를 들어서 부탄가스가 연결된 버너가 있다고 하면 부탄가스와 버너를 포함하여 닫힌계를 정의하여도 되고, 버너만 계로 잡고 부탄가스는 외부로 두어서 열린계로 정의하여도 됩니다. 보통은 분석자가 원하는 방향으로 계를 분석하기 더 쉬운 방향으로 잡게 됩니다.

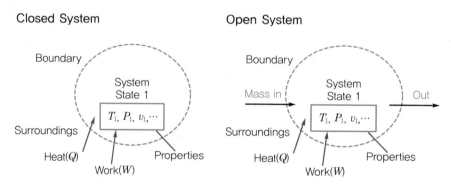

| 그림 1-2 | 닫힌계와 열린계

Ex 1-1 질량의 출입이 없는 닫힌계에서 전체 몰수가 변화($\Delta n \neq 0$)하는 계가 존재하는 것이 가능할까?

물질이 반응한다면 가능합니다. 예를 들어서 수소와 산소가 들어 있는 계가 반응공정을 통하여 물로 변화하였다면, 전체 몰수는 $3n$몰에서 $2n$몰로 변화합니다.

$$2H_2 + O_2 \rightarrow 2H_2O$$

열역학적 성질(thermodynamic propety) 혹은 물성

어떤 계, 시스템을 정의하고 나면 그 내부를 구성하는 물질의 특성을 나타내는 중요한 변수들을 열역학적 성질(thermodynamic property) 혹은 물성(물질의 성질)이라고 부릅니다. 예를 들면 대표적으로 온도나 압력과 같은 것이 열역학 물성입니다.

열역학적 물성은 크게 크기성질(extensive property, 시량변수라고도 번역함)과 세기성질(intensive property, 시강변수라고도 번역함)로 구별할 수 있습니다. 크기성질은 시스템의 양(질량 등)에 비례하여 증감하는 물성을 말하며, 세기성질은 시스템의 양과 무관하게 일정한 물성을 말합니다. 예를 들어서, 질량(m) 1 kg의 계와 1 kg의 계를 합치면 이는 2 kg의 계가 되므로 질량은 크기성질입니다. 그러나 온도(T)의 경우 20℃의 계와 20℃의 계를 합친다고 해서 온도가 40℃가 되지는 않습니다. 따라서 온도는 세기성질입니다.

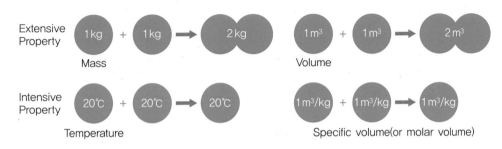

| 그림 1-3 | **크기성질(extensive property)과 세기성질(intensive property)**

부피(V)의 경우는 압력 등의 다른 조건이 변화하지 않으면서 두 계가 합쳐진다면 $1\,m^3 + 1\,m^3 = 2\,m^3$가 되므로 크기성질입니다. 그러나, 부피를 질량으로 나눈 질량당 부피 (specific volume, 비체적이라고도 함)는 세기성질이 됩니다. 질량 1 kg, 부피 1 m³의 계와 질량 1 kg, 부피 1 m³의 계를 합치면 질량과 부피가 모두 2배로 늘어나서 질량당 부피는 일정하게 됩니다. 헷갈리면 비체적의 역수인 밀도(ρ)를 생각해 보면 양이 2배가 되었다고 밀도가 2배가 되지 않으므로 이 역시 세기성질일 수밖에 없음을 알 수 있습니다. 같은 논리로, 부피를 질량 대신 몰로 나눈 몰당 부피(molar volume, 혹은 몰부피) 역시 세기성질입니다.

이후로는 물성을 쉽게 구별하기 위해서 크기성질을 의미할 때는 대문자로, 세기성질을 의미할 때는 소문자로 나타내도록 하겠습니다(단, 온도 압력은 세기성질이나 대문자 T, P로 표기). 세기성질의 경우 질량으로 나눈 세기성질과 몰로 나눈 세기성질을 구별할 필요가 있는 경우에는 질량으로 나눈 세기성질을 밑줄친 소문자로 구별하도록 하겠습니다. 또한 매번 "질량당" 혹은 "몰당"을 붙이는 것이 번거로워서 경우에 따라 세기성질인 질량당 부피나 몰부피의 경우에도 문맥상 이해에 문제가 없다면 그냥 "부피"로 칭하는 경우도 있으니 양해 바랍니다.

| 표 1-3 | 크기성질과 세기성질로 나타낸 부피

성질	명칭	기호	단위
크기성질	부피(volume)	V	m³, L 등
세기성질	몰당 부피(molar volume)	v	m³/mol, m³/kmol 등
	질량당 부피(specific volume)	$\underline{v}$	m³/g, m³/kg 등

이상기체(ideal gas)와 압축인자(compressibility factor)

이상기체(ideal gas)란 크기(부피)가 존재하지 않는 다수의 입자(분자)로 이루어지고, 입자 간 상호작용이 없는 것을 가정해서 만들어진 가상의 기체입니다. 열역학은 현실에 적용 가능한 에너지 설비를 위해서 사용되므로 실제 기체를 대상으로 다루지만, 실제 기체의 예외성을 논하기 이전에 논의의 시작점이 될 수 있는 기준이 필요하기에 이상기체의 개념으로부터 논의가 시작되는 경우가 많습니다.

물질의 온도(T), 압력(P), 부피(V)의 관계를 나타낸 것을 상태방정식(equation of state)이라고 하는데, 가장 대표적인 상태방정식이 바로 유명한 이상기체 방정식입니다.

$$PV = nRT \tag{1.1}$$

여기서 R은 기체상수를 의미하며, 사용하는 단위에 따라서 다양하게 나타납니다. 대표적인 값들은 표와 같습니다.

이상기체 방정식의 양변을 몰(n)로 나누면 크기성질인 V가 아닌 세기성질인 몰부피($v = V/n$)로 바뀌므로 세기성질만으로 구성된 식으로 만드는 것이 가능합니다.

| 표 1-4 | 다양한 단위의 기체상수

값	단위	비고
8.314	J/(mol · K)	SI 단위
0.082	(L atm)/(mol · K)	
10.731	(psi ft³)/(lbmol · R)	

$$Pv = RT \tag{1.2}$$

이상기체의 전제 조건이 크기가 없고 분자 간 상호작용이 없기 때문에, 실제 기체라도 이러한 가정이 성립할 만한 조건에 처한 경우 이상기체로 가정해도 계산 결과가 큰 차이가 없습니다. 즉 1) 압력이 충분히 낮고, 2) 온도가 충분히 높고, 3) 분자량이 작은 경우 이상기체 방정식을 적용해도 오차가 크지 않습니다. 질소나 산소와 같이 우리가 일상적으로 기체라고 인식하는 물질들의 대부분은 상압이면 충분히 낮은 압력, 상온이면 충분히 높은 온도라고 볼 수 있으므로 이상기체를 가정해도 무방한 경우가 많습니다. 압축인자(compressibility factor) Z의 정의를 사용하면 이를 좀더 수월하게 파악할 수 있습니다.

$$Z \equiv \frac{Pv}{RT} \tag{1.3}$$

이는 이상기체라면 반드시 1이 되는 값이므로 어떠한 기체가 얼마나 이상기체에 근접한 상황인지를 판단하는 기준이 됩니다. 예를 들어 25−500℃, 1, 5, 10, 20 bar에서 질소의 압축인자를 살펴보면 질소의 경우에는 대부분의 온도 구간에서 $Z = 1$에 근접한 값을 가지는, 즉 이상기체와 유사한 움직임을 보입니다. 그러나 물의 경우에는 액체로 존재하는 경우 Z는 0에 가까운 값이 나오며, 기체인 수증기의 경우에도 압력이 높으면 Z값이 1에서 멀어지는 경향을 보입니다. 그러나 압력이 1 bar와 같이 충분히 낮거나 온도가 500℃처럼 충분히 높으면 수증기의 Z도 1에 가까워져서 이상기체와 유사하게 움직임을 확인할 수 있습니다. 질소의 경우도 온도가 더 많이 낮아지거나 압력이 더 많이 높아지면 마찬가지로 이상기체와 거리가 멀어집니다.

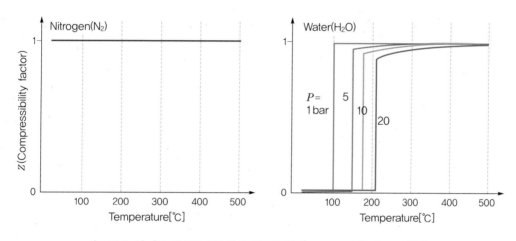

| 그림 1-4 | 온도에 따른 질소와 물의 압축인자(compressibility factor) 변화

온도와 기체운동론(kinetic theory of gases)

현대 물리로 오면서 통계역학을 통해 우리는 온도와 압력이 결국 분자의 운동으로 인하여 나타나는 거시적 현상이라는 것을 이해할 수 있게 되었습니다. 온도의 경우, 계를 구성하는 분자의 평균 운동에너지에 비례하여 나타나게 됩니다. 기체운동론(kinetic theory of gases)을 통하여 분자 하나하나를 독립적인 입자로 가정하고, 입자와 벽이 완전 탄성충돌하며, 입자 간 상호작용을 무시하는 이상적인 기체의 경우 다음과 같이 나타낼 수 있습니다(일반물리학을 배웠다면 이 내용을 본적이 있을 것입니다). N개의 입자가 있을 때

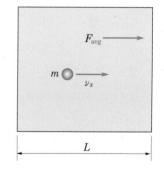

| 그림 1-5 | 입자로 표현된 기체 분자

- 입자 한 개가 벽에 주는 충격량: $\Delta p = 2mv_x$
- 한 입자가 충돌에 걸리는 시간: $\Delta t = 2L/v_x$
- 입자 한 개가 벽에 미치는 평균 힘: $F = \dfrac{\Delta p}{\Delta t} = \dfrac{mv_x^2}{L}$

- N개의 입자가 벽에 미치는 평균 힘: $F = \dfrac{Nm\overline{v_x}^2}{L} = \dfrac{Nm\overline{v}^2}{3L}$

- 벽이 받는 압력: $P = \dfrac{F}{A} = \dfrac{Nm\overline{v}^2}{3L^3} = \dfrac{Nm\overline{v}^2}{3V}$

이상기체라면 $PV = nRT$, $n = N/N_\mathrm{A}$(아보가드로수)이므로

$$T = \frac{PV}{nR} = \frac{Nm\overline{v}^2}{3nR} = \frac{2N_\mathrm{A}}{3R}\left(\frac{1}{2}m\overline{v}^2\right) = \frac{2}{3k_\mathrm{B}}\mathrm{KE_{avg}} \left(k_\mathrm{B} = \frac{R}{N_\mathrm{A}}, \text{볼츠만 상수}\right)$$

즉 입자 하나의 평균 운동에너지는 다음과 같이 나타낼 수 있습니다.

$$\mathrm{KE_{avg}} = \frac{3}{2}k_\mathrm{B}T$$

결국 온도가 높다는 것은 분자가 평균적으로 더 빠른 속도로 높은 평균 운동에너지를 전달하면서 움직이고 있다는 것을 의미합니다. 압력은 이 돌아다니는 분자가 단위 시간당 물체 또는 벽의 단위 면적을 때리는 평균 모멘텀 변화량이라고 개념적으로 말할 수 있습니다.

분압(partial pressure)

일반적으로 우리가 다루는 실제 현실계에 존재하는 물질들은 대부분 혼합물의 형태로 존재합니다. 기체 혼합물이 특정 온도와 부피에서 압력 P를 가질 때, 이를 구성하는 각 물질 i가 다른 물질이 없이 혼자 기여한다고 생각할 수 있는 가상의 압력을 물질 i의 분압(partial pressure, $\mathcal{P}_i$) 혹은 부분 압력이라고 부릅니다.

즉, 일정한 온도와 부피에서 전체 압력 P는 각 물질이 가지는 분압의 합으로 나타낼 수 있습니다. 이는 줄(James Prescott Joule, 에너지의 단위가 된 그 줄)의 스승이자 원자론을 정립한 영국의 학자 존 돌턴(John Dalton, 1766−1844)이 1800년대 초반 경험적으로 정립하여 발표한 개념으로, 돌턴의 분압법칙(Dalton's law of partial pressure)이라고 부릅니다.

$$P = \mathcal{P}_1 + \mathcal{P}_2 + \cdots + \mathcal{P}_m = \sum \mathcal{P}_i$$

| 그림 1-6 | 존 돌턴(1766−1844)
https://ko.wikipedia.org/wiki/John_Dalton

이해를 쉽게 하기 위해서 예를 들어 1, 2, 3, ⋯, m까지의 물질이 각 n_i몰씩 존재하는 기체 혼합물이 이상기체 방정식을 따르는 이상기체 혼합물이라고 생각해 봅시다. 이 혼합물이 온도 T, 부피 V에서 압력 P를 가지면 이는 다음과 같이 나타낼 수 있습니다.

$$P = \frac{nRT}{V} = \frac{(n_1 + n_2 + \cdots + n_m)RT}{V} = \frac{n_1RT}{V} + \frac{n_2RT}{V} + \cdots + \frac{n_mRT}{V}$$

이때 물질 i만이 기여하는 압력분인 n_iRT/V를 물질 i의 분압($\mathcal{P}_i$)이라고 할 수 있으며, 이는 곧 전체 압력에 물질 i의 몰분율($y_i = n_i/n$)을 곱한 값과 같습니다.

$$\mathcal{P}_i = \frac{n_iRT}{V} = \frac{n_i}{n}\frac{nRT}{V} = y_iP \tag{1.4}$$

Ex 1-2 대기 중 산소의 분압을 구하라.

공기 중 산소의 몰분율은 보통 0.21 정도입니다. 대기압이 1기압이고 공기가 이상 기체 혼합물에 가깝다고 가정하면

$$\mathcal{P}_{O_2} = y_{O_2}P = 0.21 \times 1\,\text{atm} = 0.21\,\text{atm}$$

열역학적 상태(state)와 상태가설(state postulate)

계의 모든 세기성질들이 결정되어 있는 순간을 계가 어떠한 열역학적 상태(state)에 있다고 하며, 계의 세기성질이 모두 동일하면 두 계의 상태는 같습니다. 예를 들어서, 밀폐된 물컵의 내부를 시스템으로 정의할 때 200 mL, 500 mL의 물컵이 2개 있고 그 안에 1기압, 25℃의 물이 가득 들어 있다고 가정하면 물컵의 크기가 서로 다르더라도 두 물은 열역학적으로 같은 상태에 있다고 할 수 있습니다. 양(크기)만 다를 뿐 다른 물성이 모두 동일하기 때문입니다.

예를 들어 그림 1–7과 같이 이상기체 1 mol이 들어 있는 밀폐된 실린더가 있고 그 내부를 계로 정의하는 경우, 그 온도와 압력을 측정해서 알게 되면 이 계의 몰부피를 우리가 측정하지 않아도 이상기체 방정식을 통하여 알 수 있게 됩니다. 따라서 이때 이 계의 상태가 결정되었다고 할 수 있으며, 임의의 상태 A 혹은 상태 1과 같이 부를 수가 있습니다. 이 책은 어떤 상태 1에서의 물성을 나타내기 위하여 아래첨자에 상태를 나타내고 있습니다. 예를 들어 상태 1에서의 온도는 T_1, 압력은 P_1으로 나타내었습니다.

열역학 물성은 경로와 무관하게 상태에 의하여 결정되는 특성이 있어서 이러한 특성을 가지는 물성을 상태함수(state function)라고 합니다. 반대로 경로에 따라서 변화하는 변수는 경로함수(path function)라고 부릅니다. 이에 대해서는 2장에서 보다 자세히 다룰 것입니다.

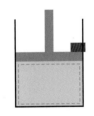

State 1
$P_1 = 2\,\text{bar}$
$T_1 = 150℃$

| 그림 1–7 | **이상기체가 들어 있는 밀폐된 실린더의 상태**

열역학적 상태에는 경험적으로 알아낸 규칙이 하나 있는데, 이를 상태가설(state postulate)이라고 부릅니다. 여기서 말하는 가설(postulate)은 일반적으로 말하는 가설(hypothesis)과는 다르며, 증명은 되지 않았지만 수많은 실험과 관측의 결과 그것이 참이라는 것을 다수가 동의하고 있다는 의미를 가집니다.

> **상태가설(state postulate)**: 압축성인 순물질 단순계의 상태는 2개의 독립적인 세기성질로서 규정될 수 있다.

이 말은 일반적인 순물질의 경우 2가지 조건(세기성질)을 알면 그 외의 모든 세기성질이 정해진다(상태가 규정됨)는 것을 경험적으로 알고 있다는 의미입니다. 즉, 순물질의 열역학 물성들은 2가지 세기성질이 고정되면 그 외의 다른 모든 세기성질, 즉 상태가 고정된다는 것을 의미합니다. 이를 다시 말하면, 열역학적 물성들은 서로 모두 독립적인 변수들이 아니라 일부만 독립적일 수 있고, 그 외의 나머지는 종속적으로 변하는 변수들로 구성되어 있다는 의미가 됩니다. 달리 말하면 자유도(Degree Of Freedom, DOF)가 2인 시스템과 같습니다. 즉, 임의의 열역학 변수 z가 있다면, 이는 독립적인 열역학 변수 x, y 2개에 대해서 다음과 같은 다변수함수의 관계가 성립한다는 것을 의미합니다.

$$z = z(x, y)$$

예를 들어 이상기체 역시 다음의 이상기체 방정식을 보면 변수가 3개, 관계식이 하나이므로 자유도가 2인 시스템이 됩니다.

$$Pv = RT$$

이는 P, v, T 세 물성을 독립적으로 결정할 수 없고, 2가지 변수가 결정되면 나머지 하나는 종속적으로 결정된다는 의미입니다. 함수의 형태로 나타내보면 다음과 같이 나타낼 수 있습니다.

$$P = P(T, v) = RT/v$$
$$v = v(T, P) = RT/P$$
$$T = T(v, P) = Pv/R$$

Ex 1-3 수증기의 세기성질

ⓐ 1 bar, 200℃ 수증기(steam)의 밀도는 얼마인가?

상태가설에 따르면 순물질은 2개의 독립적인 세기성질로 결정됩니다. 밀도 역시 마찬가지이므로 온도와 압력 2개의 독립변수가 결정되었으면 상태가 결정되어 밀도 역시 결정된 값을 가지게 됩니다.

$$\varrho = \varrho(T, P)$$

부록의 수증기표(steam table)를 확인해 봅시다. 수증기표는 공학적으로 널리 사용되는 물ㆍ수증기의 물성을 편하게 사용하기 위해서 실험적ㆍ계산적으로 얻은 물성값을 표로 정리해 놓은 것입니다. 압력 = 1 bar, 온도 = 200℃에서 $v = 2.172\ \mathrm{m^3/kg}$이므로 밀도는

$$\rho = \rho\,(200℃,\ 1\,\mathrm{bar}) = \frac{1}{v\,(200℃,\ 1\,\mathrm{bar})} = \frac{1}{2.172} = 0.460\ \mathrm{kg/m^3}$$

수증기표가 없다면 어떻게 하면 될까요? 이미 알고 있는 이상기체 방정식을 적용해 봅시다.

$$Pv = RT$$

$$v = \frac{RT}{P} = \frac{8.314\ \mathrm{J/(mol \cdot K) \cdot (200+273)\,K}}{1\,\mathrm{bar}}$$

$$= \frac{8.314 \times 473}{1\,\mathrm{bar}}\,\frac{1\,\mathrm{bar}}{10^5\,\mathrm{Pa}}\,\frac{1\,\mathrm{Pa}}{\mathrm{N/m^2}}\,\frac{J}{\mathrm{mol}}\,\frac{N \cdot m}{J} = 0.0393\ \mathrm{m^3/mol}$$

$$V = m\underline{v} = nv = \frac{m}{\mathrm{MW}}v$$

즉

$$\underline{v} = \frac{v}{\mathrm{MW}}$$

물의 분자량은 약 18 g/mol이므로

$$\rho = \frac{1}{\underline{v}} = \frac{\mathrm{MW}}{v} = \frac{1}{0.0393}\,\frac{\mathrm{mol}}{\mathrm{m^3}}\,\frac{18\,\mathrm{g}}{\mathrm{mol}} = 457.6\ \mathrm{g/m^3} = 0.458\ \mathrm{kg/m^3}$$

0.5% 정도밖에 차이가 나지 않는 거의 동일한 값을 얻을 수 있습니다.

ⓑ 1 bar 수증기(steam)의 질량당 부피 $\underline{v}$는 얼마인가?

이상기체 방정식을 생각해 보면, $P = 1\,\mathrm{bar}$만을 알아서는 $\underline{v}$를 결정할 수 없습니다. 온도가 변화하면 이에 따라서 질량당 부피가 변화할 것이기 때문입니다.

$$\underline{v} = \underline{v}\,(T, P) = \frac{V}{m} = \frac{nRT}{mP} = \frac{RT}{\mathrm{MW} \cdot P}$$

$$\underline{v}\,(T, P = 1\,\mathrm{bar}) = \frac{RT}{\mathrm{MW}} = \underline{v}\,(T)$$

수증기표를 보아도 $\underline{v}$는 1 bar에서의 온도에 따라 200℃에서는 2.172 m³/kg, 300℃에서는 2.639 m³/kg, 400℃에서는 3.103 m³/kg 등 계속 변화합니다. 즉, 1개의 독립변수값만으로는 수증기의 상태를 특정지을 수 없습니다. 상태가설이 이야기하는 것이 바로 이 내용으로, 2개의 독립적인 변수가 할당되어야 상태를 결정할 수 있습니다.

ⓒ 1 bar, 200℃의 수증기(steam)의 밀도가 1 kg/m³일 수 있는가?

이는 1기압에서 물이 200℃에서 끓을 수 있는가를 물어보는 것과 같은 질문입니다. 즉, 불가능합니다. 과학계에서의 오랜 실험과 관측 결과, 1기압, 200℃의 물의 밀도는 제멋대로 변화하지 않는다는 사실을 알아냈고 이것이 상태가설로 표현된 것입니다. 다시 말해 순물질계에서 독립적인 3개의 세기성질을 임의로 할당 (P = 1 bar, T = 200℃, ρ = 1 kg/m³)하는 것은 현실적으로 의미가 없는 결과가 됩니다. 실제로 물질이 그러한 물성값을 가지지 않습니다.

이해가 잘 안 되면 동일한 내용을 물로 물어볼 수도 있습니다. 1기압, 25℃의 물의 밀도는 얼마인가요? 상식적으로 1 g/cm³라고 알고 있을 것입니다. 이 값이 같은 온도와 압력에서 0.9 g/cm³나 1.1 g/cm³가 될 수 있나요? 물의 밀도가 0.9 g/cm³나 1.1 g/cm³가 되었다면 온도나 압력 중에 최소 한 가지는 반드시 변화해야 합니다. 이러한 경험칙이 바로 상태가설입니다.

FAQ **1-4** 책의 예제 계산은 458인데, 제 계산은 460입니다. 뭐가 맞는 건가요?

원주율 π에 대해서 생각해 봅시다. 원의 면적을 구할 때, 원주율 π의 값을 얼마로 쓰나요? 3.14? 3.14159? 그런데 생각해 보면 π는 무리수라서 무한한 소수임을 이미 알고 있을 것입니다. 즉, π=3.14라는 식도 수학적으로 엄밀하게 따지면 틀린 표현입니다. $\pi \approx 3.14$라는 근삿값을 암묵적으로 쓰고 있는 거죠. 그런데, 그렇게 따지면 π=3.1은 안 되나요? 3은요?

공학은 근사의 학문이라고도 합니다. 자연과학(이학)이 자연의 원리를 밝히고자 하는 학문이라면, 공학은 그 원리가 무엇인지보다는 어떻게 인류에게 유용하게 사용할지를 먼저 고민하는 학문입니다. 때문에 무조건 정확한 값이 아닌, "필요한 정도"의 정확한 값을 선호하는 경향이 있습니다.

감이 오지 않는다면, 아주 단순한 예를 들어봅시다. 집에 직경 1 m짜리 원형탁자가 있는데 여기에 색지를 붙이려고 합니다. 면적 계산을 해 보면 최소한 $0.5^2\pi$[m²]의 색지가 필요한데, 색지 한 장은 100 cm²(0.01 m²)의 크기를 가지고 있다고 해 보죠. 그럼 π값을 어떻게 근사하느냐에 따라서 필요한 색지의 장수가 바뀌게 됩니다.

계산에 사용한 π값	$\pi 0.5^2$	필요한 색지 장수
3	0.75	75
3.1	0.775	77.5
3.14	0.785	78.5
3.14159	0.785398	78.53975
3.141592654	0.785398	78.53982

결과를 보면, π값이 3.14인지 3.14159인지 3.141592654인지를 따지는 것이 의미가 없다는 사실을 알게 됩니다. 어차피 필요한 장수는 79장이니까요. 그런데, 좀더 현실적으로 생각해 보면, 여러분이 실제로 이런 상황이라면 딱 79장을 살 건가요? 아마 거의 모든 사람들이 80장, 90장 혹은 100장 정도로 넉넉하게 사 올 것입니다. 1장 단위로 팔지도 않을 확률이 높고, 설사 팔더라도 붙이다가 잘못 붙이거나 찢어질 수도 있는데 1장 사려고 왔다갔다 하려면 시간과 돈이 드니까요. 공학에서는 이러한 여유분의 개념을 안전 마진(safety margin)이라고 합니다.

그렇다면, 어차피 넉넉하게 살 것을 3.14159를 곱하고 있을 필요가 있나요? 애초에 10% 정도 넉넉하게 여유분을 둔다고 생각하고 계산도 원주율 대신에 쉽게 3.5를 곱해서 88장을 얻어버리면 어떤가요? 이것이 꽤 많은 경우에 성립하는 공학의 접근법입니다. 즉, 정확한 원주율값이 3.14인지 3.14159인지를 따지는 것은 수학적으로는 명확한 차이를 가질 수 있으나 공학적으로 현실의 문제에서는 중요한 의미를 가지지 못합니다.

일반적으로 공학 열역학에서는 유효숫자 3~4자리 정도면 계산 결과에 큰 오차는 발생하지 않는 편이니 작은 차이에 민감할 필요는 없습니다. 결과값에 큰 차이가 없다면 안전 마진으로 인하여 걸러지기 때문입니다. 물론 경우에 따라 소수점 이하 작은 자리도 결과에 10, 20%의 차이를 만든다면 중요하게 취급해야 할 것입니다. 예를 들어 위의 예제에서 π를 3이라고 가정하고 풀면 당장 필요한 색지 장수가 모자라게 될 것입니다.

FAQ 1-5 이상기체 방정식을 쓰면 되는 것을 굳이 왜 수증기표를 찾고 있나요?

예제 1−3에서는 결과값에 차이가 거의 없었기에 굳이 수증기표를 찾을 필요가 없었습니다. 그러나 항상 그렇지는 않습니다. 예를 들어서, 40 bar, 300℃의 수증기(steam)의 밀도는 얼마인지 같은 방식으로 계산해 보면,

이상기체 방정식을 쓰면,

$$v = \frac{RT}{P} = \frac{8.314 \, \text{J}/(\text{mol}\cdot\text{K}) \times (300+273)\,\text{K}}{40\,\text{bar}}$$

$$= \frac{8.314 \cdot 573}{40\,\text{bar}} \frac{1\,\text{bar}}{10^5\,\text{Pa}} \frac{1\,\text{Pa}}{\text{N}/\text{m}^2} \frac{\text{J}}{\text{mol}} \frac{\text{N}\cdot\text{m}}{\text{J}} = 0.001191\,\text{m}^3/\text{mol}$$

$$\varrho = \frac{\text{MW}}{v} = \frac{1}{0.001191} \frac{\text{mol}}{\text{m}^3} \frac{18\,\text{g}}{\text{mol}} \frac{\text{kg}}{1000\,\text{g}} = 15.11\,\text{kg}/\text{m}^3$$

수증기표를 찾아보면, 40 bar, 300℃에서 $\varrho = 17\,\text{kg}/\text{m}^3$

이번에는, 약 11%의 차이가 발생하는데 이는 적지 않은 차이입니다. 어느 쪽의 값을 더 신뢰할 수 있을까요?

FAQ 1-6 자유도(DOF)라는 것이 무슨 의미인지 잘 모르겠어요.

자유도(degree of freedom)라는 것은 분야별로 의미가 약간 다를 때도 있지만, 일반적으로 말하면 어떠한 상태를 결정하기 위해서 필요한 독립적인 변수의 개수를 의미합니다. 수학적으로 간단히 말하면, 변수의 개수에서 독립적인 관계식의 개수를 뺀 값과 같습니다.

$$\text{DOF} = \text{number of variables} - \text{number of independent equations}$$

예를 들어 보죠. 다음과 같이 두 개의 변수와 하나의 관계식을 가진 어떠한 계가 있다고 생각해 봅시다.

$$x + y = 1$$

변수가 2개, 식이 하나이므로 이 계의 자유도는 DOF = 2 − 1 = 1 > 0입니다. 즉, 이 계의 상태가 결정되려면 (모든 변수가 고정된 값을 가지려면, 혹은 해가 존재하려면), 1개의 변수를 더 할당해야만 합니다. 이렇게 자유도가 0보다 큰 상태를 미결정된(underdetermined) 상태라고 하며, 이러한 경우 유일해가 존재하지 않고 이를 만족하는 변수의 값은 무한히 많게 됩니다.

반대로 다음과 같이 2개의 변수와 3개의 관계식으로 구성된 계가 있다면 DOF = 2 − 3 = −1 < 0이 되며, 이는 해가 존재하지 않는(infeasible) 과결정된(overdetermined), 혹은 모순된(inconsistent) 상태가 됩니다.

$$x + y = 1$$
$$2x + y = 2$$
$$x + 2y = 4$$

즉, 모든 변수가 어떠한 고정된 값을 가지는 상태가 되기 위해서는 자유도가 0이 되어야 합니다.

FAQ 1-7 상태가설이 뭔지, 왜 2개의 변수가 결정되면 나머지가 결정되는 건지 이해가 안 됩니다.

방정식으로 예를 들자면, $a = 1$일 때 다음의 식들을 만족하는 c는 얼마인지 물었다고 칩시다. 대답할 수 있나요?

$$a + b + c = 0$$
$$b + d = 1$$
$$a + e = 2$$

자연스럽게 b나 d를 모르는데 어떻게 c를 알 수 있냐고 반문할 것입니다. 위 계는 DOF = 5 − 3 = 2인 계로 식을 만족하는 모든 변수를 결정하려면 최소 2개의 변수를 알아야 합니다. 그것도 독립적인(independent) 2개의 변수요. 예를 들어 a와 e를 안다고 b, c, d를 결정할 수 없습니다. a와 e는 서로 종속적이기(dependent) 때문입니다. 그래서 a, b나 a, d 같은 서로 독립인 2개의 변수값을 알아야 a, b, c, d, e 전체 변수의 값을 정할 수가 있는 것이죠. 자연계에 존재하는 순물질의 물성이 일반적으로 이와 유사합니다. 온도, 압력, 부피, 밀도, 엔탈피 등 수많은 열역학 변수가 있지만, 그중 2개의 값을 고정하면 나머지는 종속적으로 결정되는 시스템이라는 것을 학자들이 경험적으로 깨달았고, 거기서 상태가설이 나온 것입니다.

예를 들자면, 온도(P), 압력(T), 질량당 부피(v)가 다음의 관계를 만족한다는 것을 실험적으로 발견했다고 합시다. 물론 다른 단위를 가지는 값을 단순히 더할 수는 없으니 개념적으로만 생각해 봅시다.

$$P + T - v = 0$$

이는 자유도가 3 − 1 = 2인 시스템입니다. 다시 말해서, 2개의 값이 독립적으로 결정되면 다른 하나의 값은 종속적으로 변화하게 됩니다. $P = 1$, $T = 1$이라는 정보가 추가되면 DOF = 3 − 3 = 0이 되면서 반드시 $v = 2$여야 합니다. $P = 1$, $T = 1$인데 $v = 3$이라면 DOF = −1로 그러한 해는 존재할 수 없게 됩니다. 반대로 $P = 1$인 상태 (DOF = 3 − 2 = 1)에서는 v가 얼마인지는 알 수가 없습니다. 이것이 상태가설이 설명하고 있는 바입니다.

열역학적 공정(process)

어떠한 물질이 열역학적 상태 1에서 상태 2로 변화하는 과정을 열역학적 공정(process) 혹은 과정이라고 합니다. 예를 들어서 밀폐된 고정 실린더 내부에 2 bar, 150℃의 증기가 들어 있다가 고정장치가 풀리면서 1 bar로 팽창하면서 온도가 변했다고 하면, 팽창 전 상태 1에서 팽창 후 상태 2로 변화하는 과정을 열역학적 공정이라고 말할 수 있습니다.

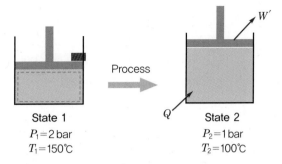

State 1
$P_1 = 2$ bar
$T_1 = 150$℃

Process

State 2
$P_2 = 1$ bar
$T_2 = 100$℃

| 그림 1-8 | 열역학적 공정(process)에 따른 상태(state) 변화

일반적으로 열역학적 공정을 거치면 물성값이 변화하게 되는데, 이를 공부하는 입장에서는 마구잡이로 변화하는 것은 도움이 되지 않습니다. 때문에 특정 조건을 고정하고 변화시키는 공정을 많이 다루며, 대표적인 예는 다음과 같습니다.

- 정압(constant pressure) 혹은 등압(isobaric) 공정: 변화 과정 중 압력의 변화가 없는 ($\Delta P = P_{\text{final}} - P_{\text{initial}} = 0$), 즉 공정 시작과 끝 상태의 압력이 동일한($P_{\text{initial}} = P_{\text{final}}$) 공정
- 정적(constant volume 혹은 정용이라고도 번역함) 혹은 등적(isochoric) 공정: 변화 과정 중 부피의 변화가 없는($\Delta V = V_{\text{final}} - V_{\text{initial}} = 0$), 즉 공정 시작과 끝 상태의 부피가 동일한 ($V_{\text{initial}} = V_{\text{final}}$) 공정. 비체적이 동일한 경우를 의미하기도 함($v_1 = v_2$).
- 정온(constant temperature) 혹은 등온(isothermal) 공정: 변화 과정 중 온도의 변화가 없는 ($\Delta T = T_{\text{final}} - T_{\text{initial}} = 0$), 즉 공정 시작과 끝 상태의 온도가 동일한($T_{\text{initial}} = T_{\text{final}}$) 공정
- 단열(adiabatic) 공정: 변화 과정 중 외부에서 열(Q)의 출입이 없는 공정

Ex 1-4 열역학 공정과 수증기의 세기성질

ⓐ 위의 그림 1–8의 공정을 통해 2 bar, 150℃의 수증기가 1 bar, 100℃로 팽창한 경우 부피는 몇 배나 증가하였는가?

상태가설로부터 각 상태에서 2개의 독립변수를 알고 있으므로 각 상태를 특정할 수 있다는 사실을 알 수 있습니다. 수증기표를 보면, 상태 1(2 bar, 150℃) 및 상태 2 (1 bar, 100℃)에서 수증기의 질량당 부피는

$$v_1 = 0.960 \text{ m}^3/\text{kg} (2 \text{ bar, } 150℃)$$

$$v_2 = 1.696 \text{ m}^3/\text{kg} (1 \text{ bar, } 100℃)$$

밀폐된 실린더 내부이므로 팽창 전후의 질량은 동일(m)해야 합니다. 그러면 실린더 내부의 부피 변화비는

$$\frac{V_2}{V_1} = \frac{mv_2}{mv_1} = \frac{1.696}{0.960} = 1.77\text{배 증가}$$

ⓑ 위의 그림 1-8의 공정을 통해 2 bar, 150°C의 이상기체가 1 bar, 100°C로 팽창한 경우 부피는 몇 배나 증가하였는가?

이상기체 방정식을 적용하면

$$v_1 = \frac{RT_1}{P_1},\ v_2 = \frac{RT_2}{P_2}$$

이므로

$$\frac{v_2}{v_1} = \frac{\dfrac{RT_2}{P_2}}{\dfrac{RT_1}{P_1}} = \frac{P_1 T_2}{P_2 T_1} = \frac{2 \times 373}{1 \times 423} = 1.76\text{배 증가}$$

즉, 1~2 bar, 100~150°C의 수증기는 이상기체와 크게 다르지 않음을 다시 확인할 수 있습니다.

ⓒ 1.6 bar, 150°C 수증기(steam)의 질량당 부피(m³/kg)는 얼마인가?

수증기표를 보면 1.6 bar일 때의 값은 없고 1 bar, 150°C, 2 bar, 150°C에서의 값만 확인할 수 있습니다.

P[bar]	T[°C]	v[m³/kg]
1	150	1.936
2	150	0.960

이런 경우 수학에서 사용하는 내삽(interpolation)법으로 중간값을 추정할 수 있습니다. 가장 쉬운 내삽법은 두 변수 간의 선형 관계를 가정하는 것입니다. 같은 온도에서 $P-v$가 선형 관계를 가진다면 이 문제는 x축이 압력, y축이 부피인 평면 위에서 두 점 $(1, 1.936)$, $(2, 0.960)$을 지나는 직선이 있을 때 x값이 1.6이면 y값은 얼마인가?라는 간단한 1차함수 문제로 치환됩니다. 이건 임의의 직선이 두 점 (x_1, y_1), (x_2, y_2)를 지날 때 이 직선 위에 있고 $x=x_3$일 때의 y_3는 얼마인가?라는 중고등학교 수학문제가 되어 버립니다. 푸는 법도 너무 간단하죠. 기울기가 $\dfrac{y_2-y_1}{x_2-x_1}$이고 점 (x_1, y_1)을 지나야 하므로

$$y - y_1 = \frac{y_2-y_1}{x_2-x_1}(x-x_1)$$

즉 임의의 x에 대응되는 y는

$$y = \frac{y_2 - y_1}{x_2 - x_1}(x - x_1) + y_1$$

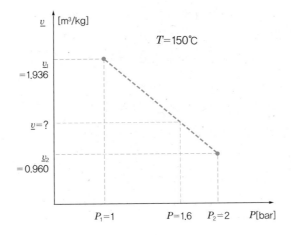

다시 말해,

$$\underline{v} = \frac{v_2 - v_1}{P_2 - P_1}(P - P_1) + \underline{v_1} = \frac{0.96 - 1.936}{2 - 1}(1.6 - 1) + 1.936 = 1.350\,\mathrm{m^3/kg}$$

여기서 스톱해도 충분한데, 공학적 감이 좋은 사람은 여기서 뭔가 불편함을 느낄 수 있습니다. 앞서 말한 전제 중에 일반적으로 알려진 사실과 부딪히는 가정이 들어 갔기 때문입니다. 기체의 경우 같은 온도에서, $P-v$ 관계는 선형이 아닌 반비례에 가 깝다는 사실을 우리는 이미 압니다[이상기체라면 완벽한 반비례($Pv = RT =$ constant)]. 즉, 실제로 v는 다음에 가까운 형태의 값을 가질 가능성이 높아집니다. 즉, 1.350이라는 부피는 과대평가되었을 가능성이 있습니다.

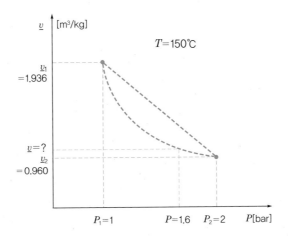

비선형 내삽을 하는 방법은 다양하지만, 이러한 것을 모두 다루다 보면 열역학이 아 니라 수학 수업이 될 테니 더 간단한 방법을 씁시다. $x = 1/P$이라는 새로운 변수를

정의해 보죠. 그럼 이제 v와 x는 선형 비례관계를 가정해도 불편하지 않게 됩니다 (v와 $1/P$이 비례한다고 둔 것이 되므로).

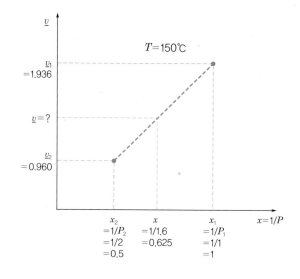

$$v = \frac{v_2 - v_1}{x_2 - x_1}(x - x_1) + v_1 = \frac{v_2 - v_1}{\frac{1}{P_2} - \frac{1}{P_1}}\left(\frac{1}{P} - \frac{1}{P_1}\right) + v_1$$

$$= \frac{0.96 - 1.936}{\frac{1}{2} - \frac{1}{1}}\left(\frac{1}{1.6} - \frac{1}{1}\right) + 1.936 = 1.204\,\text{m}^3/\text{kg}$$

실제로 수증기표를 확인해 보면(이 책에는 나와 있지 않습니다만) 1.6 bar, 150℃ 에서 $v = 1.2041\,\text{m}^3/\text{kg}$입니다.

1.3 평형(equilibrium)과 정상상태(steady-state)

평형이란 상태의 변화가 없고, 상태를 변화시키려는 어떠한 잠재력(퍼텐셜) 차이 혹은 동력 (driving force)이 없는 상황이라고 할 수 있습니다. 예를 들어, 물리에서 이야기하는 힘의 평형은 물체에 적용하는 힘의 총합이 0인 상태를 의미합니다. 만약 힘의 총합이 0이 아니면, 즉 동력 차 이가 존재하게 되면, 이는 평형이 아니므로 물체가 움직이는 결과를 가져옵니다. 전압은 전기적 퍼텐셜 차이를 말합니다. 전압이 차이가 나면 이는 평형이 아니므로 전자가 이동하는(전류가 흐르 는) 결과를 가져옵니다.

평형은 작용하는 퍼텐셜의 종류에 따라 기계적 평형, 열적 평형, 화학적 평형(화학반응평형과 상평형 등) 등으로 나누어 이야기할 수 있습니다. 기계적 평형은 작용하는 힘이 동일한 경우를 의미하는데, 유체의 경우 유체의 모든 지점이 힘을 고르게 받으므로 단위 면적당 받는 힘, 즉 압력이 동일해야 기계적 평형을 이룰 수 있습니다. 예를 들어서, 유체가 들어 있는 관으로 연결된 2개의 주사기가 있고 어느 한 실린더의 압력이 다른 쪽보다 높다면, 고압에서 저압으로 유체가 흐르게 됩니다. 이는 압력이 서로 같아지는 상태, 즉 평형에 도달할 때까지 지속됩니다. 열적 평형은 온도차를 원동력으로 합니다. 만약 밀폐된 컵 내부의 물의 온도가 대기온도보다 높으면 고온에서 저온으로 열이 전달되며, 이는 컵과 대기의 온도가 같아지는 상태가 될 때까지 지속됩니다.

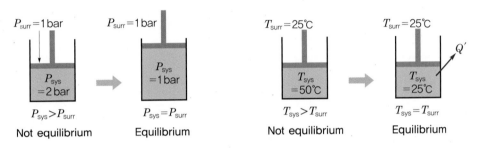

| 그림 1-9 | 기계적 평형과 열적 평형

그런데, 계의 온도와 압력이 주변환경과 동일하여 기계적·열적 평형에 있더라도 여전히 변화하는 것들이 있습니다. 껍질을 벗긴 사과는 같은 온도와 압력에 있더라도 산화반응으로 인하여 갈변 현상이 발생합니다. 즉, 분자를 구성하는 원자가 반응으로 인하여 이동합니다. 방에 물이 담긴 컵을 놓아두면 방의 온도와 압력이 컵에 담긴 물의 온도/압력과 같다고 하더라도 컵의 물은 증발합니다. 이는 물 분자를 이동시키는 어떠한 원동력, 즉 퍼텐셜 차이가 존재한다는 의미입니다. 이러한 사실을 보면 온도와 압력만으로는 평형을 정의하기에 충분하지 않다는 사실을 알 수 있습니다. 이러한 측면에서 정의된 것이 화학적 평형이며, 그 원동력을 화학적 퍼텐셜(chemical potential)이라고 합니다. 이에 대해서는 나중에 더 자세히 다루게 될 것입니다.

| 표 1-5 | 평형의 종류와 그 원동력

평형	원동력	원동력 차이가 발생하면
기계적 평형 (mechanical equilibrium)	압력	고압에서 저압으로 유체가 이동/팽창
열적 평형 (thermal equilibrium)	온도	고온에서 저온으로 열이 이동
화학적 평형 (chemical equilibrium)	화학적 퍼텐셜 (나중에 다룸)	고퍼텐셜에서 저퍼텐셜로 분자, 원자가 이동

FAQ 1-8 평형(equilibrium)이 정확히 뭔가요?

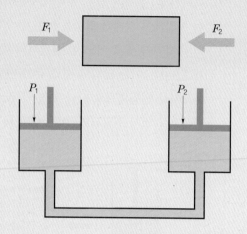

어떠한 물질 및 에너지의 흐름을 발생 가능하게 만드는 원동력(driving force) 혹은 퍼텐셜에너지(potential energy)의 차이가 없는 상태를 평형이라고 합니다. 기계적 평형(mechanical equilibrium)의 가장 쉬운 예로 힘의 평형을 들 수 있습니다. 물체를 양방향에서 밀 때, 두 힘의 크기가 같은 경우에만 힘의 평형상태에 있으며 위치가 움직이지 않습니다. 두 힘의 차이가 발생하면 힘의 평형이 깨지고 다른 곳으로 물체가 이동을 하게 되죠. 같은 상황이 유체에서도 발생합니다. 우측과 같이 연결된 유체가 있다면 압력이 다르면 한 실린더에서 다른 실린더로 유체가 이동하게 됩니다. 이 압력이 동일할 때 기계적 평형에 도달하여 유체가 이동하지 않게 됩니다. 이러한 현상은 단순히 기계적인 힘의 평형이나 물질의 이동에서만 발생하는 것이 아니라, 에너지의 흐름에도 동일하게 적용됩니다. 예를 들어 15℃ 실온의 방에 80℃의 물이 담긴 밀폐된 컵이 있다면 물질의 이동이 없어도 이 컵 내부의 물의 온도는 시간이 지나면 점점 낮아지게 됩니다. 열적 퍼텐셜(thermal potential)인 온도의 차이로 인하여 열의 흐름(heat flow)이 생기기 때문입니다. 시간이 충분히 오래 지나서 컵의 온도가 15℃에 도달하게 되면 더 이상 주변과 열의 흐름이 존재하지 않게 됩니다. 이 상태를 평형이라고 부릅니다.

FAQ 1-9 평형(equilibrium)이 퍼텐셜(potential)의 차이가 없는 상태라면, 그럼 평형상태의 계는 전체적으로 균일한 세기성질(intensive properties)을 가져야 하나요?

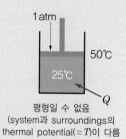

평형일 수 없음
(system과 surroundings의
thermal potential($\approx T$)이 다름

평형상태가 아니더라도 열역학적 상태(state)는 계의 세기성질(intensive properties)이 전체적으로 균일하다고 가정하고 정의됩니다. 예를 들어, 실린더 내의 물이 25℃, 1기압 상태에 있다고 할 때 실린더 내는 어디나 균일하게 25℃, 1기압임을 전제로 이야기하게 됩니다. 물론 현실적으로는 계 내부가 균질하지 않을 수 있으나, 이는 비평형 열역학/유체역학에서 다루는 것으로 평형 열역학에서는 이상적인 균질 상태를 가정하게 됩니다. 퍼텐셜의 차이가 없다는 것은 계 내부가 아니라 계와 주변환경(surrounding) 간의 차이가 없다는 뜻입니다. 예를 들어서, 실린더 내의 물이 25℃, 1기압 상태에 있고 그 실린더 외부 공기(surrounding)의 온도가 50℃라면, 이는 평형상태에 있지 않습니다. 열이 외부(surroundings)에서 실린더 내부(system)로 들어오게 되니까 말이죠. 실린더 내·외부의 온도가 25℃로 같다면 더 이상 열의 출입이 없을 테니 평형상태에 있다고 할 수 있습니다.

상(phase)과 상평형(phase equilibrium)

화학적 평형의 일부라고 볼 수 있는 상평형에 대해서 알아봅시다. 상(phase)은 "화학적으로 균질하나 물리적으로 구별되는 물질의 상태"로 정의되며, 통상 고체, 액체, 기체의 3가지 상으로 구별됩니다. 최근에는 플라스마(plasma)를 별도의 상으로 구별하는 경우도 있습니다. 또한 탄소의 경우처럼 고체가 석탄이 될 수도 있고 다이아몬드가 될 수도 있는 것처럼 물질에 따라 4가지, 5가지 이상의 상이 존재하는 것도 가능합니다. 이 책에서는 유체인 액체와 기체를 중심으로 다루고 있습니다.

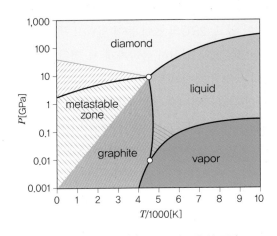

| 그림 1-10 | 탄소(C)의 PT 선도와 상 구별

이해를 돕기 위해 다음과 같은 기체–액체 간 상평형에 대한 가상의 실험을 생각해 봅시다. 기온이 항상 25℃로 일정한 방에서 밀폐된 실린더 안에 25℃의 순수한 물만이 들어가 있다고 합시다. 온도가 항상 25℃로 유지되는 등온상태에서(이는 대기의 온도가 25℃로 일정하다면 자연스럽게 만족될 것입니다.) 실린더 손잡이를 당겨서 실린더 내부의 압력을 낮추면 물이 기화되면서 물과 수증기가 같이 존재하는 상태를 만들 수 있습니다. 이와 같이 두 상의 공존이 유지되는 것을 상평형이라고 하며, 이 때 계의 압력은 일정하게 유지됩니다. 이것이 다음 절에서 설명할 25℃에서 물의 포화증기압(0.03 atm)입니다. 만약 계속 손잡이를 당겨서 물이 모두 기화한다면 이후 비로소 압력이 떨어지게 됩니다.

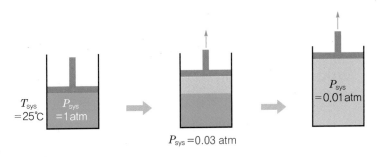

| 그림 1-11 | 액체와 기체가 공존하는 상평형

포화상태와 포화증기압(saturated vapor pressure)

위의 예에서 우리는 실험적으로 물과 수증기가 공존할 때의 압력을 측정할 수 있습니다. 25℃에서 물과 수증기 2상이 공존할 때의 압력은 0.03기압입니다. 이렇게 특정 온도에서 순물질의 상평형이 성립하는 압력을 포화증기압(saturated vapor pressure) 혹은 그냥 포화압(saturation pressure)이라고 합니다. 경우에 따라 평형증기압(equilibrium vapor pressure)이라고 부르기도 합니다.

헷갈린다면 먼저 온도로 생각해 봅시다. 1기압이 일정하게 유지되는 정압상태에서(대기압이 일정한 상태에서 실험한다고 생각하면 자연스럽게 만족됩니다) 완벽하게 단열된 밀폐 실린더 내에 가열 시스템이 설치되어 있고, 25℃의 물이 들어 있다고 생각해 봅시다(그림 1−12의 상태 1). 가열을 시작하면 온도가 25℃에서 천천히 올라가게 될 것입니다. 계속 가열하다가 실린더 내에서 첫 번째 수증기 방울이 생기기 직전의 순간 가열기를 정지했다고 합시다(상태 2). 이때의 물을 포화액체(saturated liquid)라고 부릅니다. 이는 아주 조금의 열만 가하더라도 기체가 발생하는 순간의 액체를 의미합니다. 이때의 온도 T_2는 얼마일까요? 1기압이므로 물이 기화될 수 있는 온도는 100℃입니다. 이는 과거 많은 연구자들이 무수한 반복 실험을 통해서 얻은 경험적 결과이며, 우리는 상식으로 받아들이고 있습니다. 다시 가열을 시작해서 수증기와 물이 반쯤 찼을 때 가열을 중단했다고 합시다(상태 3). 이때의 온도 T_3는? 여전히 100℃입니다. 순물질인 물이 끓고 있으면 동압력에서 그 끓는점이 마음대로 변하지 않는다는 것을 우리는 압니다. 이 역시 선배 연구자들이 실험적으로 확인하여 경험적으로 알고 있는 지식입니다. 다시 가열을 시작해서 마지막 물 한 방울이 증발하여 사라지는 순간 가열을 중단했다고 합시다(상태 4). 이때를 포화증기(saturated vapor)라고 부릅니다. 아주 작은 열만 제거하더라도 액체가 응축되기 시작하는 상태의 증기를 의미합니다. 온도(T_4)는 여전히 100℃겠죠. 여기서 다시 가열을 시작하면 이제 비로소 온도가 증가하기 시작하여 100℃를 넘어선 어떤 온도(T_5)를 가지게 됩니다. 그럼, 1기압에서 물의 상평형이 존재할 수 있는 온도는 몇 ℃인가요? 100℃입니다. 1기압에서 물의 2상이 공존할 수 있는, 상평형이 성립할 수 있는 온도는 그 이외에는 존재할 수 없습니다. 1기압에서의 이 온도를 우리는 끓는점이라고 합니다. 앞서 포화압을 정의한 방법과 동일하게 이를 1기압에서의 포화온도(saturation temperature)라고도 부릅니다. 만약 기압이 달라진다면 그 끓는점 혹은 포화온도 역시 변화한다는 사실을 우리는 압니다. 수증기표에서 포화증기표를 찾아보면 실험적으로 얻어진 압력별로 다른 물의 포화온도를 볼 수 있습니다.

포화상태가 아닌 순수하게 액체만 존재 가능한 상태의 액체를 과냉각(sub-cooled) 액체라고 부르며 위 예시에서라면 1기압에서 100℃ 미만의 액체를 의미합니다. 이러한 액체는 아주 미소량의 가열을 하더라도 기체가 생기지 않고 액체가 유지되는 상태임을 의미합니다. 반대로 순수하게 기체만 존재 가능한 상태의 기체를 과열(supterheated)증기라고 부르며, 이 역시 미소량의 열을 제거하더라도 액체가 생기지 않는 상태임을 의미합니다. 예를 들어 1기압에서 100℃를 초과하는 수증기는 과열증기가 됩니다.

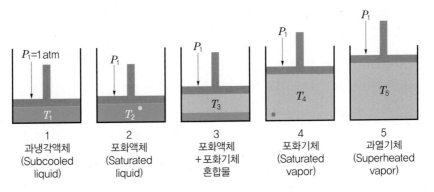

| 그림 1-12 | 일정 압력에서 포화온도와 포화액체, 포화기체

다시 돌아가서, 다음과 같은 상황을 생각해 봅시다. 열의 출입이 가능해서 온도가 대기온도인 25℃로 일정하게 유지되고 있는 완벽하게 밀폐된 방안에 완벽하게 밀폐된 물컵에 1기압의 물이 가득 들어 있다고 합시다. 이 방의 공기를 진공펌프로 모두 제거해서 완벽한 진공을 만들었다고 가정해 봅시다(그림 1-13, 상태 1). 이때 컵의 밀봉이 찢어져서 밀폐 상태가 풀렸다면(상태 2) 컵의 물은 바로 진공 상태인 방안으로 증발하기 시작할 것입니다. 한참의 시간이 지나고 다시 보니 물컵의 물이 일정 이상 남아서 더 이상 증발하지 않고 그대로 남아 있었다고 합시다(상태 3). 이때의 압력, 즉 포화압(＝포화증기압)은 얼마일까요? 25℃에서 2상이 모두 공존하는 상평형상태이므로 25℃의 포화압인 0.03기압(수증기표상 0.0317 bar)입니다. 1기압일 때 물의 끓는점이 마음대로 100℃가 아닌 다른 온도가 될 수 없는 것처럼, 온도가 25℃라면, 이때 물의 액체/기체 두 상이 공존할 수 있는 상평형은 오로지 그 포화압인 0.03기압에서만 가능합니다.

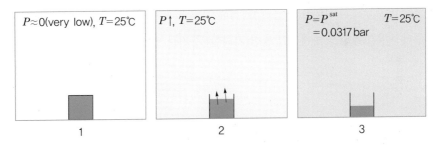

| 그림 1-13 | 밀폐된 진공 공간 내의 물과 포화압력(거시적 시점)

분자적 시점에서 보면 각 상은 분자가 얼마나 자유롭게 움직일 수 있는지에 따라서 구별될 수 있습니다. 액체의 경우 분자가 어느 정도 이동은 가능하나 분자 간의 인력이 크게 작용하는 상태이므로 일정한 영역 내(액체 내부)에서만 이동할 수 있습니다. 온도가 올라가거나 압력이 낮아지는 등 분자의 운동에너지가 분자 간 인력을 넘어설 수 있을 정도로 커지면 이 분자는 액체 영역 밖으로 탈출해서 기체가 되며, 모든 분자가 충분히 큰 운동에너지를 가지게 되면 모든 분자는 기체로 존재하게 될 것입니다. 즉, 분자 차원의 시각에서 보면 상평형이라는 것은 액체 영역에서 탈출하는 분자와 기체 영역에서 액체 영역으로 잡혀 들어오는 분자의 시간당 양 혹은 그 속도가 서로

동일한 순간이라고 생각할 수 있습니다. 그렇다면 앞의 예제는 다음과 같이 이해될 수 있습니다. 상태 1(그림 1-14)은 물분자가 밀폐된 용기 내 컵 내부에만 존재하는 순간입니다. 밀봉이 찢어지는 순간 외부의 압력은 컵 내부의 압력보다 매우 낮으므로 물분자는 자연히 컵 밖으로 이동하게 될 것이며, 컵 내부의 압력은 순식간에 줄어들 것입니다(상태 2). 이 상태는 물분자가 컵 밖의 기체로 탈출하는 속도와 컵 내부의 액체에 사로잡히는 속도가 같아질 때까지 유지될 것입니다(상태 3). 이때가 우리가 말하는 상평형이며, 이때 기체로 탈출한 수증기 분자가 형성하는 압력이 증기압, 즉 포화증기압이 됩니다.

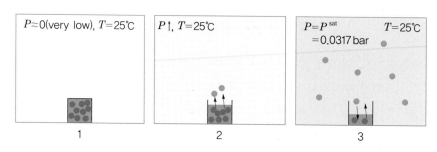

| 그림 1-14 | 밀폐된 진공 공간 내의 물과 포화압력(분자적 시점)

즉, 순물질의 포화압은 다음과 같이 다양한 방법으로 설명할 수 있고, 그 의미하는 바는 결국 모두 같습니다.

- 어떠한 순물질 액체가 주어진 온도에서 끓는 압력
- 어떠한 순물질 기체가 주어진 온도에서 응축되는 압력
- 어떠한 순물질이 주어진 온도에서 증발속도와 응축속도가 같은 압력
- 주어진 온도에서 어떠한 순물질의 (기액)상평형이 성립하는 압력
- 주어진 온도에서 액체에서 탈출한(기화한) 증기로 인하여 형성된 압력

FAQ 1-10 포화되었다(saturated)는 것이 무엇인지 모르겠습니다.

포화(saturation)의 의미를 직역하면 한계에 도달한 상태를 말합니다. 즉, 열역학에서 포화되었다는 것은 액체나 기체상으로 존재할 수 있는 한계에 도달한 상태를 의미한다고 말할 수 있습니다. 더 단순하게 말하면 기체와 액체가 공존 가능한 상태를 의미한다고 할 수 있습니다. 예를 들어, 물의 순물질계에서 액체인 물과 기체인 수증기가 공존할 수 있는 상태를 포화(saturated) 상태라고 부릅니다. 기체가 존재할 수 없고 순수하게 액체만 존재가 가능한 상태의 액체를 과냉각(sub-cooled)액체라고 합니다. 이러한 액체는 조금 가열을 하더라도 기체가 생기지 않으므로 포화되었다고 할 수 없습니다. 반대로 아직 순수하게 기체만 존재 가능한 상태의 기체를 과열(superheated)증기라고 부르며, 이 역시 조금 냉각을 하더라도 액체가 생기지 않으므로 포화되었다고 할 수 없

습니다. 예를 들어, 1기압, 25℃의 물은 정상적인 평형상태에서는 과냉각액체일 수밖에 없고, 1기압, 150℃의 수
증기는 과열증기일 수밖에 없습니다.

정상상태(steady state)

정상상태는 시간에 따른 변화($dx/dt = 0$)가 없는 상태로, 이는 평형과는 구별되는 개념입니다.
다음과 같이 뜨거운 물을 받는 온수통이 있고, 이 통의 내부를 시스템으로 정의하여 시간당 1 kg,
50℃의 온수가 탱크로 들어와서 주변에 열을 빼앗겨서 같은 유량, 45℃로 배출되고 있다고 생각
해 봅시다. 만약 이 상태가 시간이 지나도 변화하지 않고 그대로 유지되고 있다고 하면 이는 정상
상태(steady-state)입니다. 유속도 그대로($dF_1/dt = dF_2/dt = 0$), 들어오고 나가는 온도도 그대
로($dT_1/dt = dT_2/dt = 0$), 외부로 방출되는 열량도 그대로이므로 시간에 따른 변화가 전혀 없기
때문입니다.

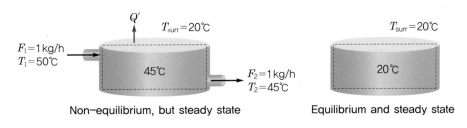

| 그림 1-15 | **정상상태와 평형**

그러나, 이는 명확하게 평형상태가 아닙니다. 유체가 흐르고 있으니 퍼텐셜(압력) 차이가 있다
는 의미이고, 열이 흐르고 있으니 열적 퍼텐셜인 온도 차이가 있다는 것인데, 이는 상태를 바꾸려
는 어떠한 잠재력이나 동력이 없어야 하는 평형상태와는 구별됩니다. 만약 이 상태에서 들어오고
나가는 수도관을 잠그고 한참 방치하면, 이 물탱크는 결국 외부와 동일한 온도를 가진 탱크가 될
것이며, 이때 비로소 평형상태가 됩니다. 평형상태에서는 시간에 따른 변화가 없으므로 당연히 정
상상태이기도 합니다. 즉 평형상태는 정상상태의 일부분에 속하며, 정상상태라고 해서 반드시 평
형이라고 할 수는 없지만 평형이면 반드시 정상상태라고 말할 수 있습니다.

FAQ **1-11** 문제에 언급되어 있지도 않은데 정상상태(steady-state)가 언제 적용되는지, 어떻게 아는지
아는 방법이 있나요?

아뇨. 가정하기 나름이므로 정상상태를 적용하고 안 하고는 문제를 다루는 사람 마음입니다. 정상상태가 아니

라고 판단되면 미분방정식을 풀어야 하는데, 그렇게 할 필요가 없을 때 문제를 단순화하기 위하여 정상상태를 가정하는 것 뿐입니다. 하지만 실제 공학적인 문제는 경우에 따라 정상상태를 가정해도 좋은 경우와 그렇지 못한 경우가 있습니다. 간단한 한 예를 들면 욕조에 10 kg/hr의 물이 유입되고 있고 배수구로 1 kg/hr의 물이 배출되고 있는 경우라면, 정상상태를 가정하는 것 자체가 곤란하게 됩니다(욕조 내 물의 질량과 부피가 시간에 따라 변화하는데 정상상태를 가정하는 것 자체가 논리적이지 못하니까요).

입시의 부작용인지 많은 학생들이 정해진 틀에서 정답을 구하는 접근방법에만 익숙해져 있습니다. 그래서 문제에 무엇이 주어졌는지 주어지지 않았는지를 따지고 그에 맞는 공식을 무엇을 써야 하는지에는 익숙하나, 정작 현실에서 어떠한 조건을 어떻게 도출할 수 있는지, 그 과정이 합리적인지 판단하는 것에 대해서는 어렵게 생각합니다. 공학의 목적은 어떠한 궁금증에 대해서 설득력 있는 답을 도출하려면 어떠한 가정과 논리를 세워야 논리적인지를 배우는 것이라고 생각합니다. 현실에 존재하는 엔지니어링 문제들은 애초에 정답이 존재하는 문제들이 아닙니다. 때문에 현실 문제에 대한 해결책이라고 생각하는 수리/논리적인 주장을 만들어 이를 뒷받침하는 적절한 가정을 어떻게 도입하고 어떤 이론을 적용할 수 있는지를 배우는 것이 공학입니다. 누가 가정을 해주고 말고 하는 문제는 시험문제에서는 가능하지만, 현실에서는 그런 문제는 없습니다. '정상상태이다', '단열이다' 하는 가정들도 다 마찬가지입니다. 그러한 가정이 항상 성립하는 것도 아니고, 그래야만 하는 것도 아닙니다. 정해진 답이 있는 것이 아니므로 경우에 따라 특정 가정을 하는 것이 논리적으로 적절한 경우도 있고, 논리적으로 적절하지 않은 경우도 있습니다. 이것을 A면 B, C면 D라는 식으로 대입하려 하면 결국 판단 능력을 갖추기 어렵게 됩니다. 앞으로 AI(Artificial Intelligence)가 대두될 세상에서 중요한 것은 단순 문제를 푸는 능력이 아니라 어떠한 가정이 왜 어떻게 가능한지 판단하는, 즉 문제를 정의할 수 있는 능력이라고 봅니다. 문제를 논리적으로 해결 가능한 수준으로 단순화할 수 있으면서, 동시에 문제의 본질을 해치지 않도록 하는 가정을요.

1.4 PT 선도(PT diagram)와 Pv 선도(Pv diagram)

PT 선도(PT diagram)

포화압과 포화온도에 대한 논의로 돌아갑시다. 이제 순물질이면 어떤 주어진 압력에서의 끓는 점, 포화온도 혹은 주어진 온도에서의 포화압이 일정하다는 사실을 실험적·경험적으로 알았다는 것을 이해했을 것입니다. 즉, 1기압에서 물의 끓는점은 100℃이지만, 2 bar에서는 120℃이며, 0.5 bar에서는 81℃입니다(수증기표를 보세요). 그렇다면 y축을 압력, x축을 온도로 두고 어떤 물질이 주어진 온도에서의 포화압 혹은 주어진 압력에서의 포화온도를 점으로 표시해서 이를 연결하면 어떠한 선을 그릴 수가 있습니다. 이를 포화증기선 혹은 포화선(saturation curve)이라고 합니다. 동일한 방식으로 액체-고체 간, 고체-액체 간 포화선도 그릴 수 있습니다. 이를 PT 선도라고 부르며, 이제 이 도표를 가지고 어떠한 물질이 주어진 온도 혹은 압력에서 어떤 포화압력 혹은 포화온도를 가지는지, 혹은 액체인지 기체인지를 간편하게 나타낼 수 있습니다. 앞에서 다룬 등압비등을 PT선도에 나타내봅시다. 상태 2, 3, 4는 당연히 1기압, 100℃입니다. 상태 1은 1기압, 25℃입니다. PT선도상 포화증기선 왼쪽에 위치하며 여기가 액체 영역이라는 것을 알 수 있습니다. 상태 5는 1기압이며 100℃보다 높은 온도이므로 PT선도상 포화증기선 우측에 위치하며 여기가 기체 영역이라는 것을 알 수 있습니다. 고체, 액체, 기체의 3상이 존재하는 점을 삼중점 (triple point)이라고 하며, 이는 물질에 따라 일정한 값을 가집니다. 예를 들어 물의 경우 0.01℃, 611.657 Pa입니다.

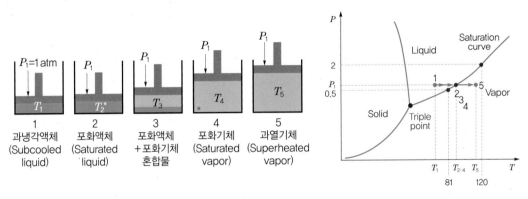

| 그림 1-16 | 물의 PT선도와 포화선

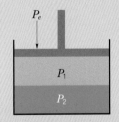

FAQ 1-12 예제의 실린더에서 P가 압력인데 실린더 내에 액체와 기체가 같이 존재하면 어느 쪽의 압력을 말하는 것인지 모르겠습니다.

밀폐된 실린더 내에 기체와 액체가 공존하고 있고 외부의 힘이 없는 평형상태에 있다면 항상 P_1(기체의 압력) = P_2(액체의 압력) = P_e(외부 압력)이라고 생각할 수 있습니다. 공간을 물리적으로 나누거나 외력이 작용하지 않는 이상, 같은 공간 내에서 평형상태인 기체와 액체가 각각 다른 압력을 가지도록 하는 것은 사실상 불가능합니다. 만약 여러분이 초능력이 있어서 어느 순간 기체와 액체가 서로 다른 압력을 가지고 있도록 만들 수 있다고 하더라도, 이는 동력(퍼텐셜)의 차이가 존재하는 평형이 아닌 상태이므로 그 초능력이 작용하지 않는 바로 다음 순간 압력의 균형이 이루어지는 점으로 이동하게 됩니다.

분자적 시각에서 생각해 보면 이는 자연스러운 일인데, 압력은 무수히 많은 분자가 공간의 경계에 가하는 평균 힘이라고 생각해 볼 수 있습니다. 즉 특정 영역이 압력이 더 높다는 것은, 특정 분자가 특정 영역에만 몰려 있도록 만들 수가 있다는 의미입니다. 이것이 가능하다면 우리는 방 안에 있다가 갑자기 질식해서 죽을 수 있습니다. 공기 중 산소 분자가 특정 영역에만 있고 우리 주변에는 안 올 수 있다는 의미니까요. 우리는 그럴 리가 없다는 것을 알고 있으며, 이는 거시적으로 압력이 공간 내에서 균일할 수밖에 없다는 것을 의미합니다. 하지만 만약 해당 공간이 분자의 운동속도를 넘어설 정도로 큰 공간이라면 이는 또다른 이야기가 됩니다.

FAQ 1-13 Gas와 Vapor의 차이가 있나요?

통상 기체를 통틀어 말할 때 gas라고 부릅니다. 보통 온도나 압력을 변화시켰을 때 응축되어 액체(liquid)가 발생 가능한 영역에 있는(즉 임계점 이하에 있는) 기체를 말할 때 vapor라고 합니다. 반드시 그런 것은 아니지만 대체로 그런 개념으로 사용됩니다.

Pv선도(Pv diagram)

같은 정보를 축을 바꾸어서 생각해 보는 것도 가능합니다. 계의 상변화를 y축을 압력, x축을 부피(여기서는 질량당 부피를 사용했습니다)로 하는 평면에 나타낸 것을 Pv선도라고 합니다. 앞에서 살펴본 바와 마찬가지로 정압에서 물을 끓이는 과정을 생각해 보면, 상태 1은 25℃의 물로 가장 작은 부피를 가지고 있습니다. 상태 2, 즉 포화액체만 존재하면 부피는 상태 1보다 증가하나 액체인 물은 온도에 따른 부피의 변화가 매우 작은 특징이 있습니다. 즉, 그래프상으로는 편의상 구별되게 그렸으나 실제로는 소수점 5~6자리에서나 차이가 날 정도의 작은 차이($v_1 = 0.00100 \text{ m}^3/\text{kg}$, $v_2 = 0.00104 \text{ m}^3/\text{kg}$)이므로 거의 동일한 부피값을 가지게 됩니다. 이것이 중고등학교 때 액체 물의 밀도는 온도가 변해도 일정하다고 배우는 이유이기도 합니다. 상태 3으로 가면 포화수증기와 포화된 액체 물이 공존하게 되는데, 열을 흡수하여 기화될수록 실린더 내부에는 포화수증기의 비중이 증가하게 되며 포화수증기의 부피는 액체보다 훨씬 크기 때문에 (1기압에서 $v_3^{\text{vap}} = 1.674 \text{ m}^3/\text{kg}$) 실린더 내 수증기-물 기액 혼합물의 전체 부피는 증가하게 됩니다. 상태 4 포화수증기, 상태 5 과열증기로 진행되면서 부피는 계속 증가합니다. 이를 Pv선도에 도시하면 다음의 점 1~5와 같습니다.

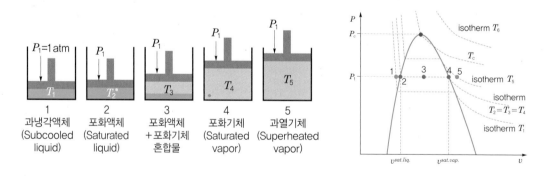

| 그림 1-17 | Pv선도와 상덮개(phase envelope)

만약, 압력 P_1을 조금 높이거나(P_2) 조금 낮춘(P_3) 상태에서 동일한 실험을 하면 같은 방식으로 압력과 부피의 관계를 점으로 나타낼 수 있는데, 이때 포화액체(상태 2)의 경우 압력이 올라가면

부피가 증가하고 포화수증기(상태 4)의 경우 압력이 올라가면 부피가 줄어드는 특성이 나타납니다. 상태 2와 상태 4의 점들을 모두 연결하면, 임계온도(T_c) 이하의 온도에서 덮개(∩)처럼 생긴 상덮개(phase envelope) 곡선을 얻을 수 있는데, 덮개의 오른쪽 바깥은 기체, 왼쪽 바깥은 액체, 내부는 기액 혼합물이 존재하는 영역임을 알 수 있습니다. 그리고 동일한 온도를 가지는 점을 연결해서 등온선(isotherm)을 표시하는 것 역시 가능합니다. 순물질의 등온선은 형태가 특이한데, 물질의 임계온도 이상에서는 반비례 곡선의 형태를 가집니다(그림에서 등온선 T_6). 그러나 임계온도 이하에서는 수직선, 수평선, 반비례 곡선이 결합된 형태를 보입니다 (그림에서 $T_1 - T_5$ 등온선).

이러한, P, v, T의 관계는 3차원적으로도 나타낼 수 있습니다. 이를 어느 축 방향에서 보느냐에 따라서 우리가 보는 PT선도 혹은 Pv선도가 되는 것입니다. 같은 논리로 Tv선도를 그려서 볼 수도 있겠죠.

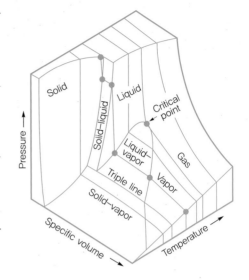

| 그림 1-18 | PvT선도의 입체적 관계

Donald L. Smith,
CC BY-SA 3.0 online image,
https://commons.wikimedia.org/wiki/
File:PVT_3D_diagram.png

Ex 1-5 Pv선도와 등온선

ⓐ Pv선도에서 물의 상덮개(phase envelope)의 형태를 추정해 보라.

수증기표에서 압력별로 포화액체 및 수증기의 부피를 찾고 이를 도시하면

P[bar]	Sat T[℃]	포화액체($v^{\text{sat, liq}}$)[m³/kg]	포화수증기($v^{\text{sat, vap}}$)[m³/kg]
1	99.6	0.001043	1.694
20	212.4	0.001177	0.0996
50	264.0	0.001286	0.0394
100	311.0	0.001452	0.0180
150	342.2	0.001657	0.0103
200	365.8	0.002036	0.0059

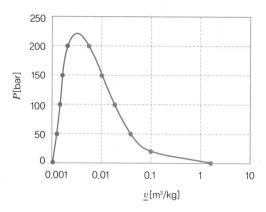

*질량당 부피의 경우 log축을 사용하지 않으면 액체의 부피 차이가 너무 작아서 그 래프의 형태가 아래처럼 알아보기 어려운 형태가 됩니다.

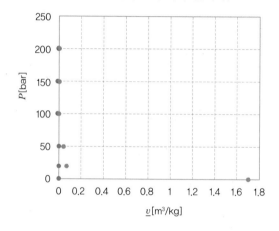

ⓑ 물의 Pv선도에서 $T=300$℃, $T=400$℃의 등온선의 개형을 개략적으로 도시해 보라.

수증기표를 참조하면

P[bar]	T[℃]	v[m³/kg]	
1	300	2.639	
2	300	1.316	
5	300	0.5226	
10	300	0.2579	
50	300	0.0453	
85.8	300	0.02167	포화증기
85.8	300	0.00140	포화액체
100	300	0.00140	
150	300	0.00138	
200	300	0.00136	
250	300	0.00135	

P[bar]	T[℃]	v[m³/kg]
1	400	3.103
2	400	1.549
5	400	0.6173
10	400	0.3066
50	400	0.0578
100	400	0.0264
150	400	0.0157
200	400	0.0099
250	400	0.0060

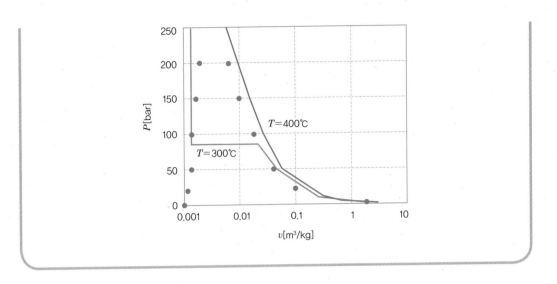

FAQ 1-14 *Pv*선도에서 등온선이 직선도 곡선도 아닌 이상한 모양이 되는 이유가 뭔가요?

물은 왜 100℃에서 끓나요? 물질의 특성이 그러하기 때문입니다. 더 정확하게는, 거꾸로 물이 끓는점을 100℃라고 하자고 물질의 특성을 기준으로 온도의 값을 결정했기 때문입니다. *Pv*선도에서 등온선도 관찰의 결과 그렇게 나타난다는 사실을 알게 된 것에 가깝습니다. 다만, 생각해 보면 그 이유를 추정해 볼 수는 있습니다. 구간을 액체, 기액 혼합물, 기체 세 구간으로 나누어서 생각을 해 보죠.

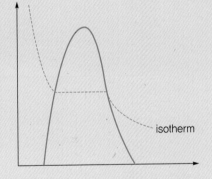

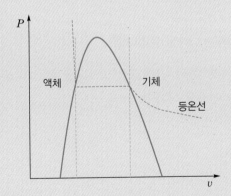

상덮개의 오른쪽 구간, 즉 기체 부분은 압력이 충분히 낮으면 이상기체에 가깝게 움직입니다. 이상기체의 경우 온도가 일정하면 압력과 부피는 반비례 관계를 가지는 것을 이미 알고 있을 것입니다. 즉, 기체 구간은 반비례 곡선의 형태로 등온선이 나타나는 것이 자연스럽습니다.

왼쪽 구간은 액체인데, 대부분의 액체가 가지는 대표적인 특징이 비압축성(incompressible) 유체에 가깝다는 것입니다. 즉, 압력을 올린다고 해서 부피가 크게 줄어들거나 늘어나지 않는 특징을 가집니다(아예 변하지 않는 것은 아니나 아주 미미하게만 변화합니다). 때문에, 압력이 올라간다고 하여 부피가 크게 감소하지 않고 거의 일정한 부피를 가지는 것처럼 측정되므로 그래프상 눈으로 보면 수직선에 가까운 등온선이 나타납니다.

그 사이 상덮개 안쪽은 액체와 기체 사이의 상변화가 가능한 구간입니다. 순물질의 경우 일정 압력에서 상이 변화할 때 온도가 변화하지 않는 특징이 있습니다. 1기압에서 물의 끓는점은 용기의 물이 가득 차 있건 바닥에 깔릴 만큼만 있건 100℃에서 변화하지 않는 것처럼요. 다시 말해, 100℃에서 상이 변화하는 중간, 즉 공존하는 상태라면 그 압력도 1기압에서 고정됩니다. 단, 이는 순물질에만 국한되며 혼합물의 경우는 끓는 중에도 온도가 변화하므로 기액 혼합물 내에서도 등온선이 수평선이 아닌 선을 가집니다. 예를 들면 다음과 같습니다(왼쪽은 부탄 순물질, 오른쪽은 프로판 + 부탄 혼합물).

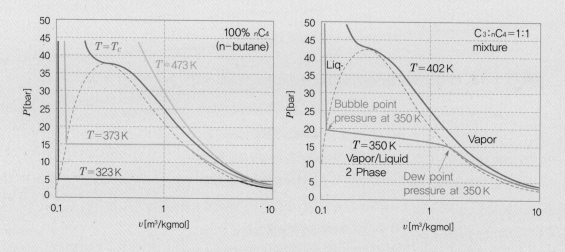

FAQ 1-15 Pv 선도는 PT 선도와는 달리 고체는 나타낼 수 없나요?

당연히 나타낼 수 있습니다. 이 책에서는 유체인 액체와 기체를 중심으로 설명을 하다 보니 생략되어 있을 뿐입니다. Google image 검색에서 solid Pv diagram 등으로 검색해 보세요.

지렛대 법칙(lever rule)

Pv 선도를 이용하면 기액 혼합물계에서 계의 현재 부피를 알면 상덮개 내부에서 일정 압력상 포화액체의 질량당 부피와 포화증기의 질량당 부피를 연결하는 수평선을 나누는 길이 비율과 그 계의 기체와 액체의 비율이 동일해집니다. 이것을 지렛대 법칙(lever rule)이라고 합니다.

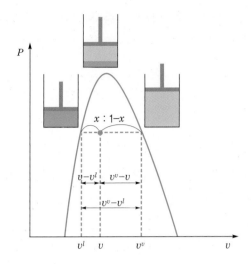

| 그림 1-19 | **지렛대 법칙(lever rule)**

기체와 액체가 공존할 때 계의 전체 부피(V)는 포화액체와 포화증기의 질량(m^l, m^v) 및 질량당 부피($\underline{v}^l$, $\underline{v}^v$) 혹은 몰수(n^l, n^v)와 몰부피(v^l, v^v)로부터 다음과 같이 계산할 수 있습니다.

$$V = m^v \underline{v}^v + m^l \underline{v}^l = n^v v^v + n^l v^l \tag{1.5}$$

계 전체의 질량당 부피는 다음과 같이 전체 부피를 전체 질량으로 나누어 계산할 수 있습니다. 계의 전체 질량(액체+증기)을 $m = m^l + m^v$라 하고, 전체 질량 중 증기가 차지하는 비율, 즉 증기 질량분율(vapor mass fraction)을 $\underline{x}_{\mathrm{vf}} = m^v/m$라 하면

$$\frac{V}{m} = \underline{v} = \frac{m^v}{m}\underline{v}^v + \frac{m^l}{m}\underline{v}^l = \underline{x}_{\mathrm{vf}}\underline{v}^v + (1 - \underline{x}_{\mathrm{vf}})\underline{v}^l \tag{1.6}$$

이때 $\underline{x}_{\mathrm{vf}}$를 증기 품질(quality)이라고도 합니다. 같은 식으로 계의 평균 몰부피는 전체 몰수를 $n = n^l + n^v$, 증기 몰분율(vapor mole fraction)을 $x_{\mathrm{vf}} = n^v/n$라 하면,

$$\frac{V}{n} = v = \frac{n^l}{n}v^l + \frac{n^v}{n}v^v = x_{\mathrm{vf}}v^v + (1 - x_{\mathrm{vf}})v^l \tag{1.7}$$

사실 순물질인 경우에는 질량 기반의 $\underline{x}_{\mathrm{vf}}$와 몰 기반의 x_{vf}를 구별할 필요가 없습니다. 몰수가 질량을 분자량 MW(Molecular Weight)로 나눈 값이므로 두 분율이 같기 때문입니다. 그러나 혼합물인 경우는 다른 이야기가 되는데, 일단 현 단계에서는 순물질만 생각하도록 합시다.

$$\underline{x}_{\mathrm{vf}} = \frac{m^v}{m} = \frac{m^v/\mathrm{MW}}{m/\mathrm{MW}} = \frac{n^v}{n} = x_{\mathrm{vf}}$$

이제 다음과 같이 지렛대 법칙을 보일 수 있습니다.

$$v = x_{vf}v^v + (1-x_{vf})v^l = x_{vf}(v^v - v^l) + v^l$$

$$x_{vf} = \frac{v - v^l}{v^v - v^l} \tag{1.8}$$

$$x_{vf} : (1-x_{vf}) = \frac{x_{vf}}{1-x_{vf}} = \frac{\dfrac{v-v^l}{v^v-v^l}}{1-\dfrac{v-v^l}{v^v-v^l}} = \frac{v-v^l}{v^v-v} = (v-v^l) : (v^v-v)$$

FAQ 1-16 지렛대 법칙(lever rule)에 대한 설명에서 이해가 가지 않는 부분이 있습니다. 왜 현재 부피비 (quality)가 포화상태의 액체, 기체의 부피 v와 관련되어 있는지 명확하지가 않습니다.

일단 정의상 증기 품질(quality)은 부피비가 아닙니다. 몰수비나 질량비라고 볼 수 있습니다(본문에서 언급했듯이 순물질의 경우 몰비나 질량비나 같습니다).

$$x_{vf} = \frac{n^v}{n^l + n^v}$$

예를 들어 $1\,m^3$ 용기 안에 총 10몰의 물이 들어 있고 그중 기체가 4몰, 액체가 6몰이라면

$$n^v = 4, \ n^l = 6, \ x_{vf} = \frac{n^v}{n^v + n^l} = 40\%$$

이상적으로 기체는 상압 1몰에서 동일한 부피를 가지는 것으로 간주되나, 이는 이상기체에 가까운 경우에만 그렇고 실제 부피비는 압력에 따라 편차를 보이므로 몰비가 부피비와 항상 동일하지는 않습니다. 그럼 증기 품질이 어떻게 질량당 부피(v)와 연결이 되느냐?

2상이 공존하는 시스템이 있다고 합시다. 시스템의 전체 부피를 V, 그 안의 물질의 전체 몰수를 n이라고 하면, V는 액체가 차지하는 부피(V^l)와 기체가 차지하는 부피(V^v)로 구성됩니다.

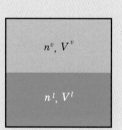

$$V = V^l + V^v \quad \text{(E1)}$$

전체 부피를 전체 몰수로 나누면 이 시스템의 몰부피(molar volume)가 됩니다. 기체가 가지는 부피를 기체만의 몰수(n^v)로 나누면 기체의 몰부피(v^v)가 되고, 액체가 가지는 부피를 액체만의 몰수로 나누면 액체의 몰부피(v^l)가 되죠.

$$v = \frac{V}{n^v + n^l}$$

$$v^v = \frac{V^v}{n^v}$$

$$v^l = \frac{V^l}{n^l}$$

이 시스템은 기체와 액체가 공존하고 있는 경우이므로, 여기서 v^v, v^l은 결국 포화기체(saturated vapor)와 포화액체(saturated liquid)의 질량당 부피(specific volume)입니다. 즉, 온도나 압력 중 하나만 고정되면 이 물성값 역시 변화하지 않습니다.

(E1)식에 넣으면

$$(n^v + n^l)v = n^v v^v + n^l v^l$$

$$v = \frac{n^v}{n^v+n^l}v^v + \frac{n^v}{n^v+n^l}v^l = x_{vf}v^v + (1-x_{vf})v^l \qquad \text{(E2)}$$

x에 대해서 정리하면

$$v = x_{vf}v^v + v^l - x_{vf}v^l$$

$$x_{vf} = \frac{v-v^l}{v^v-v^l}$$

동일한 논리를 질량을 기준으로 적용하면 같은 형식의 식을 유도할 수 있습니다.

$$\underline{v} = \frac{m^v}{m^v+m^l}\underline{v}^v + \frac{m^v}{m^v+m^l}\underline{v}^l = \underline{x}_{vf}\underline{v}^v + (1-\underline{x}_{vf})\underline{v}^l \qquad \text{(E3)}$$

$$\underline{x}_{vf} = \frac{\underline{v}-\underline{v}^l}{\underline{v}^v-\underline{v}^l}$$

참고로 앞서 말한 대로 이는 부피비와는 다른 값입니다.

$$\frac{V^v}{V^l+V^v} = \frac{n^v v^v}{n^v v^v + n^l v^l}$$

예를 들어보죠. 1 bar에서 액체인 물과 수증기가 공존하고 있을 때 증기분율(vapor fraction)이 0.8인 시스템을 생각해 봅시다. 1 bar에서 2상이 공존하려면 포화상태여야 하므로 수증기표 1 bar에서 $T = 99.62\,^\circ\text{C}$, $\underline{v}^l = 0.001043$, $\underline{v}^v = 1.694$. 순물질이므로 수증기분율은 몰을 기준으로 하거나 질량을 기준으로 하거나 동일하므로 (E3)식을 쓰면

$$\underline{v} = x_{vf}\underline{v}^v + (1-x_{vf})\underline{v}^l = 0.8 \times 1.694 + 0.2 \times 0.001043 = 1.3554\ \text{m}^3/\text{kg}$$

이때 기체의 부피분율을 구해 보면

$$\frac{V^v}{V^l+V^v} = \frac{m^v \underline{v}^v}{m^v \underline{v}^v + m^l \underline{v}^l} = \frac{x_{vf}\underline{v}^v}{x_{vf}\underline{v}^v + (1-x_{vf})\underline{v}^l} = \frac{x_{vf}\underline{v}^v}{\underline{v}} = \frac{0.8 \times 1.694}{1.3554} = 99.98\%$$

즉, 몰이나 질량을 기준으로 하는 증기분율은 기체가 80%이지만 부피로 보면 기체가 거의 대부분을 차지하고 있음을 알 수 있습니다.

안토인 관계식(Antoine equation)

수증기의 경우 수증기표를 이용하여 특정 온도에서의 포화압력 혹은 특정 압력에서의 포화온도를 확인할 수 있었습니다. 그런데, 우리가 분석을 원하는 대상이 물이 아니라면 어떻게 할까요?

예를 들어서 프로페인(propane)의 25℃에서 포화압력은 어떻게 알 수 있을까요? 수증기와 마찬가지로 누군가가 실험 혹은 계산해 준 "프로페인 포화압표"가 있다면 이를 참조해서 알 수 있을 것입니다. 그런데 수많은 물질에 대해서 이런 수십 장의 표를 다 만들어서 가지고 다니려면 피곤한 일일 것입니다. 때문에 많은 연구자들이 물질들의 온도와 포화압력에 대한 관계식을 연구해 왔고, 그 대표적인 식 중 하나가 안토인 관계식(Antoine equation)입니다. 이는 물질별로 계수 A, B, C를 정하면 다음의 한 가지 식으로 물질의 온도에 따른 포화압을 추정할 수 있다는 것을 제시한 식으로, 오차가 크지 않음을 실험적으로 보여서 오래 전부터 널리 사용되어 왔습니다(엄밀하게 말하면 고압으로 가면 오차가 좀 커져서 최근엔 추가로 보정된 새로운 식들이 사용됩니다).

$$\log P^{sat} = A - \frac{B}{T+C} \left(\text{혹은 문헌에 따라 } \ln P^{sat} = A - \frac{B}{T+C}\right) \tag{1.9}$$

재미있는 점은 안토인 식은 해석식(analytic equation)이 아니라 경험식(empirical equation)에 가깝다는 것입니다. 즉, 수학적으로 증명된 온도와 포화 압력 간의 관계식이 아니라 실험치를 바탕으로 추산해 보았을 때 계수를 이 정도로 정하면 비교적 잘 맞더라는 경험을 기반으로 하는 식입니다. 역사상 열역학적으로 온도와 포화압력을 규정하는 해석적 시도는 매우 많았지만 현재 가장 유명한 식 중 하나인 안토인 식이 경험식에 가깝다는 것은 공학의 본질에 대해서 생각해 볼 수 있게 해 주는 좋은 사례입니다. 아직은 감이 잘 오지 않겠지만, 추후 6장에서 클라페롱(Clapeyron) 관계식에 대해서 공부할 때 다시 이야기하도록 하겠습니다.

깁스 상법칙(Gibbs phase rule)

앞서 열역학 계의 상태(state)에 대한 상태가설(state postulate)을 이야기한 바가 있습니다. 유사하나 계가 아닌 상(phase)의 물성을 규정하는 데 필요한 정보량을 식으로 나타낸 것이 깁스 상법칙(Gibbs phase rule, 깁스 상률이라고 번역하기도 함)입니다.

$$F = C - \pi + 2 \tag{1.10}$$

여기서, F: 자유도(degree of freedom)

  C: 계를 구성하는 물질의 개수

  π: 계에 존재하는 상(phase)의 개수

여기서 자유도는 상(phase)의 물성을 규정하기 위해서 필요한 독립적인 세기성질의 개수입니다. 예를 들어서, 물 순물질계를 대상으로 다음의 경우를 생각해 봅시다.

1) 단일상($\pi = 1$)인 경우: $F = 1 - 1 + 2 = 2$

자유도가 2라는 의미는 그 상의 물성을 결정하기 위해서는 독립적인 세기성질 2개를 알아야만

한다는 것입니다. 이것은 상태가설이 이야기하고 있는 바와 크게 다르지 않습니다. 예를 들어서, 어떠한 증기의 밀도를 알고 싶으면 적어도 2가지 정보, 즉 온도와 압력을 알아야 비로소 밀도가 결정되며, 하나의 정보, 예를 들어서 압력 $P = 2\,bar$만으로는 다른 물성값들을 확정하여 알 수 없다는 의미입니다. PT 선도에서 단상만 존재하는 모든 영역이 이에 해당됩니다.

2) 2상이 공존($\pi = 2$)하는 경우: $F = 1-2+2 = 1$

자유도가 1로 줄어들었습니다. 즉, 독립적인 세기성질 하나만 알면 상의 물성을 결정할 수 있다는 의미가 됩니다. 가능한가요? 예를 들어서, 압력이 $2\,bar$일 때 물과 수증기가 공존한다면 이때 물과 수증기의 밀도를 알 수 있을까요? 수증기표에서 포화증기표를 보면, 물의 밀도는 $943\,m^3/kg$, 수증기의 밀도는 $1.13\,m^3/kg$이라는 것을 확인할 수 있습니다. 즉 2상이 공존하는 경우는, 온도와 압력은 더 이상 독립적인 물성이 아니라 종속적인 물성이 됩니다. 때문에 하나의 정보만으로도 상이 가지는 물성을 알 수 있습니다.

3) 3상이 공존($\pi = 3$)하는 경우, 즉 삼중점(triple point): $F = 1-3+2 = 0$

자유도가 없습니다. 즉, 삼중점은 물질에 따라 결정되어 있으며, 임의로 압력 등의 변수를 변경하거나 할 수 있는 것이 아니라는 의미입니다.

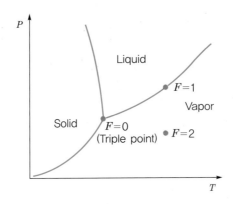

| 그림 1–20 | 깁스 상법칙에 따른 자유도

Ex 1-6 깁스 상법칙

ⓐ 물 순물질계에서 압력 $2\,bar$일 때 단상으로 존재하는 수증기의 밀도는 얼마인가?

깁스 상법칙을 보면 단상으로 존재하는 수증기의 물성을 결정하기 위해서는 자유도 2, 즉 독립적인 세기변수 2개가 필요합니다. 따라서 $2\,bar$인 것만으로는 밀도를 결정할 수 없습니다. 온도가 결정되든가 다른 추가 정보가 있어야 합니다.

ⓑ 물 순물질계에서 압력 2 bar에서 물의 3상이 공존하는 온도는 몇 ℃인가?

깁스 상법칙을 보면 삼중점은 자유도가 0인 점으로, 임의의 압력인 2 bar에서 물의 3상이 안정적으로 존재하는 것은 불가능합니다.

ⓒ 물 순물질계에서 압력 2 bar, 200℃일 때 물과 수증기가 공존한다면 그 수증기의 밀도는 얼마인가?

깁스 상법칙을 보면 2상이 공존하는 경우는 자유도가 1로 2 bar, 200℃의 2개 물성을 고정할 수 없습니다(2 bar, 200℃에서는 수증기 단상으로만 존재 가능).

FAQ 1-17 상태가설은 2개의 변수가 필요하다고 했는데 깁스 상법칙은 경우에 따라 1개의 변수만 알아도 된다고 하면 모순되는 것 아닌가요?

엄밀히 말하면 상태가설(state postulate)은 압축성 순물질 단순계를 대상으로 기술된 것이라서 기액 혼합물계를 대상으로 적용하기는 어렵습니다. 하지만 다음과 같은 방식으로 차이를 생각해볼 수 있습니다. 상태가설은 "계(system)"의 상태(세기성질)를 규정하기 위해서 필요한 독립변수의 개수를 말하고, 깁스 상법칙은 "상(phase)"의 세기성질을 규정하기 위해서 필요한 독립변수의 개수를 말합니다.

이해하기 쉬운 예를 하나 만들어 봅시다. 순수한 물로 이루어진 실린더 내에 액체 물과 수증기가 공존하는 경우를 생각해 봅시다($F = 1-2+2 = 1$). 이때 압력과 온도는 서로 독립적이지 않으므로 압력 한 가지 값만 알아도($P = P_1$) 이때의 온도를 결정할 수 있으며, 나아가 그때의 포화액체나 수증기의 질량당 부피와 같은 각 "상"의 세기성질들을 결정할 수 있게 됩니다. 이것이 깁스 상법칙이 말하는 바라고 할 수 있습니다.

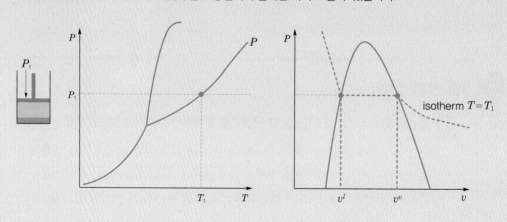

그러나, 각 상의 세기성질을 알았다고 해서 이 "계"의 상태가 결정된 것은 아닙니다. 이제 우리는 이 계가 있는 온도, 압력, 이를 구성하는 상인 액체/기체의 질량당 부피를 알지만, 여전히 이 계의 전체 질량당 부피가 얼마인지는 알지 못합니다.

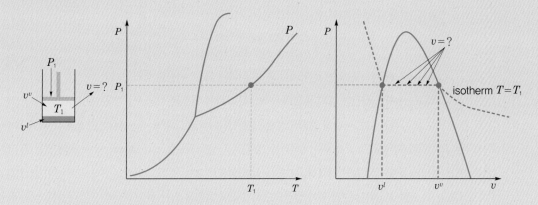

즉, 온도와 압력이 서로 의존적인 상태에서는 온도나 압력 하나의 정보만으로는 계의 상태를 결정할 수 없습니다. 이것이 상태가설이 말하는 바입니다.

FAQ 1-18 PvT diagram에서 물질의 상을 결정하기 위해서는 P, v, T 세 값을 모두 알아야 되는 것 아닌가요?

열역학에서는 세 값을 모두 독립적으로 지정할 수 없다는 것이 상태가설(state postulate)이나 깁스 상법칙(Gibbs phase rule)이 주는 가장 큰 의미입니다. 예를 들어서, 물이 어떠한 상을 가지는지 알고자 하면, PvT 중 아무 두 값, 예를 들면 (P, v), (T, P), (T, v) 등만 알아도 상을 결정할 수 있고, 다른 물성값들도 결정됩니다. 예를 들어서, $P = 1$ bar, $T = 200°C$에서 물은 어떤 상을 가지죠? 데이터가 있다면 이 조건에서 과열증기(superheated vapor)이며 $\underline{v}$가 결정됨을 알 수 있습니다. 수증기표를 보면 $P = 1$ bar, $T = 200°C$일 때 $\underline{v} = 2.172$ m³/kg이죠.

이해가 잘 안 되면 다른 예를 들어볼게요. 점 $P(x, y, z)$를 3차원 그래프에 찍으려면 x, y, z 세 값을 알아야 합니다. 이것이 질문자께서 물어보신 세 값을 모두 각각 알아야 하는 것 아니냐는 질문입니다. 제 대답은 열역학에서 x, y, z는 독립된 3개의 변수가 아니라 어떠한 관계로 연결된 변수라는 것입니다. 예를 들어서 다음 관계가 성립한다면,

$$xy = z$$

더 이상 세 개의 변수를 독립적으로 결정할 수가 없습니다. (x, y), (y, z), (x, z) 중 아무 두 쌍을 결정하면 나머지 값이 결정되어서 점의 위치가 결정되어 버립니다. 이것이 P, v, T의 관계입니다. 예를 들어서 이상기체라면 다음의 관계를 만족하죠.

$$Pv = RT$$

실제 물질은 이상기체보다 복잡한 관계를 가져서 추후 더 복잡한 식을 공부해야 하지만, 어찌되었건 서로 연관된 변수로 독립적인 관계가 아님은 동일합니다.

다른 각도에서 예를 들어보면, 물의 경우 $P = 1\,\text{bar}$, $T = 200\,℃$이면서 $v = 3\,\text{m}^3/\text{mol}$인 것은 불가능합니다. 이는 1 bar, 300 K인 이상기체의 부피가

$$v = \frac{RT}{P} = 8.314 \frac{\text{J}}{\text{mol} \cdot \text{K}} \frac{300\,\text{K}}{10^5\,\text{Pa}} \frac{\text{Pa} \cdot \text{m}^2}{\text{N}} \frac{\text{Nm}}{\text{J}} = 0.0249\,\text{m}^3/\text{mol}$$

이 아닌 3 m³/mol의 값을 가져도 되는 것 아니냐고 이야기하는 것과 비슷한 접근입니다.

즉 PvT 그래프는 3차원 공간에서 아무 점이나 찍으면 그러한 물질의 상태가 존재할 수 있다는 의미가 아닙니다. 두 개의 변수를 정하면 다른 하나가 결정되는 상관관계를 나타낸 그래프라고 생각하면 됩니다. 이를 2차원으로 나타낸 PT 그래프 역시 T, P를 이미 결정하는 순간 v가 결정되므로(saturation curve 위에 있는 등 다상의 경우는 별도 논의가 필요하니 일단 제외하더라도) v값에 영향을 받는 것이 아니라 v값과 함께 상이 결정됩니다. Pv 그래프는 P, v를 결정하는 순간 T가 결정되므로 T값에 영향을 받는 것이 아니라 T값과 함께 상이 결정됩니다.

초임계(supercritical) 유체

상과 관련하여 물질의 특수한 개념이 하나 더 있습니다. 일반적으로 우리가 아는 상식의 영역에서는 온도를 올리거나 압력을 낮추면 액체는 기화하고, 온도를 낮추거나 압력을 높이면 기체는 액화합니다. 그런데, 특정 온도 압력 이상의 영역에서는 온도나 압력을 변화시키더라도 육안으로 기상-액상의 변화가 발생하지 않는 영역이 존재합니다. 이러한 영역에 있는 유체를 초임계 유체라고 하며, 초임계 영역을 나누는 온도 압력을 임계점(critical point)이라 부릅니다. 즉, 임계압력/임계온도 이상에서는 상의 변화가 관찰되지 않는다는 의미입니다. 이는 모든 물질에서 공통적으로 발생하는 현상이며, 물질별로 임계점이 다릅니다. 예를 들어 물의 임계점은 217.7기압, 373.9℃이나 이산화탄소의 경우 72.8기압, 31℃에 불과합니다.

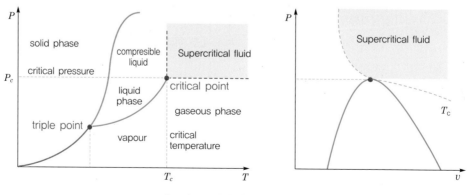

| 그림 1-21 | 초임계 유체 영역

CC BY-SA 3.0 online image, https://en.wikipedia.org/wiki/File:Phase-diag2.svg

좀 더 구체적으로 설명하면 다음과 같습니다. 실린더 내의 물을 1기압을 유지하면서 50℃에서 400℃까지(1→2) 온도를 올리는 실험을 했다고 생각해 봅시다. 포화온도인 100℃에 도달하기 전의 실린더에서는 액체인 물만 존재하다가(1→C) 포화온도에 도달하면 이때부터 액체에서 기체로 기화하면서 두 상이 공존하게 됩니다(C₁→C₂). 모두 기체가 되면 다시 온도가 증가하게 됩니다(C₂→2). 이때 밀도의 변화를 생각해 보면, 액체 영역에서 매우 높은 밀도(1000 kg/m^3)에서 서서히 낮아지다가 두 상이 공존하게 되는 순간 높은 밀도(958 kg/m^3)의 물과 낮은 밀도(0.6 kg/m^3)의 수증기가 별도로 공존하게 됩니다. 즉, 이 실험에서 우리는 밀도가 확연하게 구분되는 두 상, 액체와 기체를 육안으로 확인할 수 있을 것입니다.

반면, 임계압력 이상인 300기압에서 동일한 실험을 진행하면 50℃에서 400℃로 변화하는 구간에서 상의 변화를 육안으로 확인할 수 없게 됩니다. 이때 밀도는 1000에서부터 358 kg/m^3까지 연속적으로 감소하며, 1기압에서처럼 확연히 구별되는 밀도의 두 상이 나타나는 일이 없어집니다. 왜 이러한 일이 발생하느냐? 이를 답변하는 것은 생각보다 어렵습니다. 지금은 일단 그러한 현상이 실험적으로 확인되어 있다는 것만 기억하고 넘어갑시다. 추후에 깁스(Gibbs) 자유에너지에 대한 이해가 깊어지면 이를 다시 이해할 수 있게 됩니다.

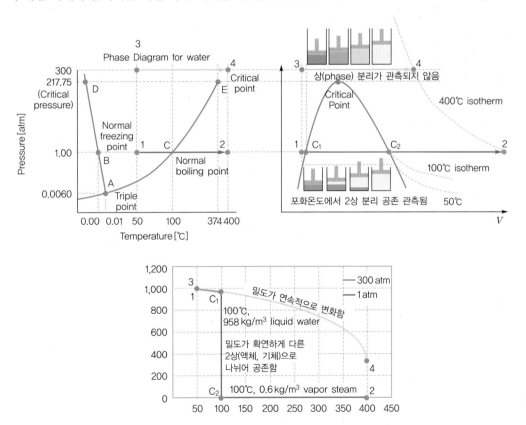

| 그림 1-22 | 임계압력 이하/이상에서 온도 변화에 따른 상과 밀도 변화

PRACTICE

1 개념 정리: 다음을 설명하라.

(1) 닫힌계, 열린계, 고립계(open, closed, and isolated system)

(2) 세기성질(intensive property)/크기성질(extensive property)

(3) 이상기체(ideal gas)

(4) 분압(partial pressure)

(5) 포화압(saturation pressure)

(6) 평형(equilibrium)/정상상태(steady-state)

(7) 상태가설(state postulate)

(8) 포화액체(saturated liquid)와 포화기체(saturated vapor)

2 이상기체상수 $R=8.314$ J/(mol·K)을 (L atm)/(mol·K) 단위로 환산하라.

3 150℃가 유지되는 피스톤 내의 이상기체 1몰을 1 bar에서 5 bar까지 가역 등온 압축할 때 Pv선도상 등온선을 그리고 압축인자(Z)의 값을 확인하라.

4 150℃가 유지되는 피스톤 내의 수증기 1몰을 1 bar에서 5 bar까지 가역 등온 압축할 때 Pv선도상 등온선을 그리고 압축인자(Z)의 값을 확인하라.

5 완벽하게 단열된 피스톤 내에 수증기와 물이 공존하고 있는 계(시스템)가 있다. 수증기와 물을 합친 계의 질량이 1 kg일 때 다음 질문에 답하라.

(1) 이 피스톤 내 계의 온도는 몇 ℃인가?

(2) 이 피스톤 내 계의 온도가 200℃, 압력이 1 bar라면 수증기와 물의 질량당 부피는 얼마인가?

(3) 이 피스톤 내 계의 온도가 200℃일 때 계의 전체 부피는 얼마인가?

(4) 이 피스톤 내 계의 온도가 200℃이고 부피가 0.1 m³일 때 수증기분율은 얼마인가?

6 1 m³의 고정된 부피를 가지는 강철 밀폐 용기 내에 10 bar, 200℃의 수증기가 들어 있다. 이를 상온에 방치, 냉각하여 25℃가 되었을 때 용기 내의 상태를 설명하고 그 물성을 구하라.

chapter

2

열역학 제1법칙과 엔탈피

2.1 열역학 제1법칙: 에너지 보존의 법칙

열역학 제1법칙은 아주 유명해서 공대생이라면 어떻게든 한 번쯤은 들어본 적이 있을 것입니다. 열역학 제1법칙을 한 마디로 요약하면, 전 우주의 에너지는 항상 보존된다는 주장입니다. 즉, 우주가 어떠한 상태 1에 있다가 상태 2로 변화했을 때, 이 두 상태의 에너지는 동일하다는 것입니다. 식으로 표현하면,

$$E_{\text{univ}, 1} = E_{\text{univ}, 2} \tag{2.1}$$

어떠한 변수가 상태 1에서 상태 2로 변화했을 때 최종값에서 시작값을 뺀 차이값을 Δ연산자로 정의할 수 있습니다($\Delta x = x_2 - x_1$). 이를 이용하면,

$$\Delta E_{\text{univ}} = E_{\text{univ}, 2} - E_{\text{univ}, 1} = 0 \tag{2.2}$$

1장에서 우주는 다루기에 너무 넓기 때문에 열역학에서는 이를 관심 대상인 계(system)와 그 주변환경(surroundings)으로 나누어 정의한다는 이야기를 하였습니다. 즉, 우주의 에너지는 계가 가지는 에너지와 주변환경이 가지는 에너지로 생각할 수 있습니다

$$E_{\text{univ}} = E_{\text{sys}} + E_{\text{surr}} \tag{2.3}$$

식 (2.2)에 식 (2.3)을 적용하여 보면

$$\Delta E_{\text{univ}} = E_{\text{univ}, 2} - E_{\text{univ}, 1} = (E_{\text{sys}, 2} + E_{\text{surr}, 2}) - (E_{\text{sys}, 1} + E_{\text{surr}, 1})$$
$$= E_{\text{sys}, 2} - E_{\text{sys}, 1} + E_{\text{surr}, 2} - E_{\text{surr}, 1} = \Delta E_{\text{sys}} + \Delta E_{\text{surr}}$$

즉,

$$\Delta E_{\text{univ}} = \Delta E_{\text{sys}} + \Delta E_{\text{surr}} = 0 \tag{2.4}$$

예를 들어, 어떤 순간 계의 에너지가 50, 주변의 에너지가 50인 상황에서 계의 에너지가 75로 증가하는 상황이 되었다면, 열역학 제1법칙에 의해 주변의 에너지는 반드시 25가 되어야만 전 우주의 에너지가 일정하게 유지될 수 있습니다.

$$\Delta E_{\text{univ}} = \Delta E_{\text{sys}} + \Delta E_{\text{surr}} = (75 - 50) + (E_{\text{surr}, 2} - 50) = 0$$
$$E_{\text{surr}, 2} = 25$$

이때 그림 2-1(b)와 같이 변화량만을 표기하여 나타내면 그림 (a)와 동일한 정보를 가지면서도 보다 간단하게 나타낼 수 있습니다. 이는 우주의 에너지가 일정하려면 반드시 계가 얻은 에너지의 양과 동일한 양의 에너지를 주변환경이 잃어야 한다는 의미를 나타냅니다. 반대로 계가 에너지를 잃으면 주변환경은 에너지를 얻어야 합니다.

$$\Delta E_{\text{sys}} = -\Delta E_{\text{surr}}$$

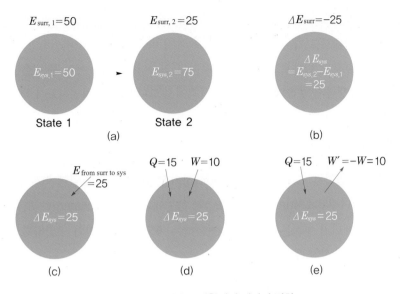

| 그림 2-1 | 계와 주변환경의 에너지 변화

즉, 그림 (c)와 같이 주변환경이 잃은 에너지를 계가 주변환경으로부터 받아들인 에너지라고 표현해도 동일한 내용이 됩니다.

$$\Delta E_{sys} = E \text{ from surroundings to system}$$

이때 주변환경에서 받아들인 에너지를 크게 두 종류로 구별할 수 있는데, 일(work, W)과 열(heat, Q)입니다[그림 (d)].

$$\Delta E_{sys} = Q + W \ (W: \text{work on a system}) \tag{2.5}$$

그런데 이 식을 보고 "어 이상한데?"라고 생각하는 사람들이 있을 것입니다. 열역학 초창기에는 열은 계(system)가 받는 것, 일은 계(system)가 하는 것으로 정의하는 것이 일반적이었기 때문에 열은 받는 쪽을 양의 값으로, 일은 하는 쪽을 양의 값으로 사용하는 것이 일반적이었습니다. 즉, 그림 (e)와 같이 일과 열의 방향이 서로 달랐습니다. 때문에 과거에는 일을 계(system)가 주변환경에 하는 일로 정의한 아래 식 (2.6)이 보다 일반적인 표현이었습니다. 열기관과 같이 설비가 하는 일을 중심으로 해석을 하고자 하는 경우에는 이쪽이 더 편리하기 때문에 지금도 널리 사용되고 있는 표기법이기도 합니다.

$$\Delta E_{sys} = Q - W' \ (W': \text{work done by a system}) \tag{2.6}$$

그러나 최근에는 IUPAC(International Union of Pure and Applied Chemistry) 등 여러 기관이 일과 열의 방향을 통일해서 사용하는 식 (2.5)를 사용할 것을 추천하고 있습니다. 개인적으로도 이를 지지하는 편인데, 그 가장 큰 이유는 에너지의 형태가 점점 다양해지고 있기 때문입니다. 화학적 · 전기적 · 자기적 열과 일 등 많은 종류의 에너지가 다원화되고 있는데, 특정 에너지(기계적

일에너지)만 방향을 반대로 정의하는 것은 일관적이지 않고 혼란을 유발할 수 있다고 생각하기 때문입니다. 이 책에서도 기본적으로 식 (2.5)의 계가 받은 일을 W로 정의하고, 필요시 계가 한 일을 $W' = -W$로 부호만 반대로 정의하여 사용하고 있습니다. 또한 어느 쪽 식을 사용하든 최종 계산에는 차이가 발생하지 않습니다. 일과 열 단락에서 보다 자세히 설명하도록 하겠습니다.

계의 에너지 변화

계의 에너지 변화는 크게 세 가지 형태로 정리할 수 있습니다. 일단 역학에서 가장 기본적으로 다루는 위치에너지(potential energy, E_p)와 운동에너지(kinetic energy, E_k)의 변화가 포함됩니다. 계의 운동에너지 변화는 계 자체가 변화하는 속도($\overline{v}$, 몰부피와 구별하기 위해서 윗줄을 사용했음)를 가지고 움직일 때 발생합니다.

$$E_k = \frac{1}{2}m\overline{v}^2, \Delta E_k = \frac{1}{2}m\overline{v}_2^2 - \frac{1}{2}m\overline{v}_1^2 = \frac{1}{2}m\Delta(\overline{v}^2)$$

계의 위치에너지 변화는 계 자체에서 위치의 차이가 존재하는 상황에서 발생합니다. 예를 들어, 지구의 중력에 의한 위치에너지 및 그 변화는 질량 m, 중력가속도 $g(= 9.8 \text{ m/s}^2)$, 높이 h_e(뒤에 나올 엔탈피와 구별하기 위해서 접미어 e를 붙임)의 변화에 따라서 다음과 같이 나타낼 수 있습니다.

$$E_p = mgh_e, \Delta E_p = mgh_{e,2} - mgh_{e,1} = mg\Delta h_e$$

그러나 뜨거운 물을 담은 컵은 컵을 움직이거나 위치를 변경하지 않더라도 온도가 내려가고 물은 증발해서 수증기가 됩니다. 즉, 위치가 고정되고 움직이지 않는다고 해서 계의 에너지가 불변하는 것이 아니라는 사실을 우리는 이미 알고 있습니다. 이러한 에너지의 변화를 나타내기 위해서 도입된 개념이 내부에너지(internal energy) U입니다. 초기 내부에너지의 개념은 그것이 무엇인지는 잘 모르겠지만 위치에너지나 운동에너지가 아닌 에너지를 다 통틀어 말하는 것에 가까웠습니다. 열역학 제1법칙에서 시스템의 에너지 변화량을 풀어서 나타내면 다음과 같습니다.

$$\Delta E_{sys} = \Delta U + \Delta E_k + \Delta E_p = Q + W \ (W: \text{work on a system}) \tag{2.7}$$

만약 계의 운동에너지 변화와 위치에너지 변화가 무시할 만큼 작다면 다음과 같이 나타낼 수 있습니다. 아마 이 식이 대부분의 사람들에게 가장 익숙한 형태의 열역학 제1법칙일 것입니다.

$$\Delta U = Q + W \ (W: \text{work on a system}) \tag{2.8}$$

이 식에서 U, Q, W는 양변의 단위가 에너지의 단위(J)를 가지는 크기성질(Extensive Property)입니다. 앞서 열역학 상태는 세기성질의 물성으로 결정된다고 이야기했듯이 향후 상태를 다루는 경우 크기성질보다 세기성질로 나타내는 것이 계의 특성을 나타내기에 편리한 경우가 많습니다. 식 (2.7)의 양변을 몰 혹은 질량으로 나눠주면 다음과 같이 세기성질(단위 질량당 에너지 혹은 몰에너지)로 열역학 제1법칙을 나타내는 것이 가능합니다.

$$\Delta u + \Delta e_\mathrm{k} + \Delta e_\mathrm{p} = q + w \tag{2.9}$$

내부에너지 U(internal energy)

　이제 과학의 발전으로 우리는 눈으로 보고 인지할 수 있는 거시계(macroscopic system)와 분자, 원자, 심지어 그보다 더 작은 양성자, 쿼크 등 우리가 볼 수 없을 정도로 작은 입자들이 존재하는 미시계(microscopic system)로 이루어진다는 것을 이해하게 되었고, 미시계의 집단적 물성이 거시계에 발현된다는 것을 이해하게 되었습니다. 예를 들어 1.2절에서 다뤘던 것과 같이 미시계에서 분자의 평균 운동에너지 증감은 거시계에서 계의 온도 증감으로 발현됩니다.

　과거 열역학의 초기 단계에서는 내부에너지가 무엇인지를 명확하게 알 수 없었으나, 이제 우리는 내부에너지란 결국 계를 구성하고 있는 분자들이 가지는 에너지라는 것을 알게 되었습니다. 이를 다시 세분하면, 분자의 세계에서 "분자 간 위치에너지"와 "분자들의 운동에너지"의 합으로 생각할 수 있습니다. 열역학 제1법칙에서 이야기하는 위치에너지와

거시계에서
물체(시스템)의
운동에너지

내부에너지 : $\Delta u + \Delta e_\mathrm{k} + \Delta e_\mathrm{p} = q + w$
미시계에서
분자 간의 위치에너지
및 분자 운동에너지

거시계에서
물체(시스템)의
위치에너지

운동에너지는 거시계에서 관측할 수 있는 계의 위치에너지 및 운동에너지를 말하는 것이니 헷갈리지 마세요.

　여기서 중요한 개념을 하나 정리하고 갈 필요가 있습니다. 이상기체는 크게 두 가지의 전제를 가정하고 만들어진 가상의 기체입니다.

> 첫째, 분자 간의 상호작용력(인력, 척력 등)이 전혀 존재하지 않는다.
> 둘째, 분자의 크기(부피)가 존재하지 않는다.

　따라서 그 정의상, 이상기체는 분자 간 위치에너지를 가질 수 없습니다. 중력과 같은 위치에너지를 가지기 위해서는 지구-사물 간의 상호작용이 필요한 것처럼 분자 간 위치에너지는 분자 간 상호작용이 필요한데 이것이 존재하지 않는다고 가정하였기 때문입니다. 결과적으로 이상기체의 내부에너지는 분자의 운동에너지만으로 구성되는데, 1.2절에서 다룬 것과 같이 이상적인 입자로 표현된 분자의 평균 운동에너지는 온도의 함수이므로, 결국 이상기체(ideal gas)의 내부에너지(u^ig)는 온도만의 함수로 나타나게 됩니다.

$$u^\mathrm{ig} = u^\mathrm{ig}(T)$$

반면 실제 가스(real gas)의 내부에너지(u^{rg})는 온도만이 아닌 두 가지 변수(예를 들어 온도와 압력)에 대한 함수가 됩니다. 이는 상태가설에서 말하는 바와도 동일하며, 추후 더 자세히 다룹니다.

$$u^{\mathrm{rg}} = u^{\mathrm{rg}}(T, P) \text{ or } u^{\mathrm{rg}}(T, v) \text{ or } \cdots$$

일(work)과 열(heat)

열역학 제1법칙은 계의 에너지 변화량과 계가 주변환경으로부터 받아들인 에너지로 표현할 수 있으며, 이때 주변환경에서 계로 전달된 에너지의 형태를 크게 2가지로 분류한 것이 일(work, W)과 열(heat, Q)입니다.

열은 온도 차이로 인하여 주변환경에서 시스템으로 유입된 에너지의 양을 말합니다. 보통 전도, 대류, 복사의 형태로 전달되며 이에 대해 보다 자세한 내용은 "열전달" 교과목에서 다룹니다. 일은 열이 아닌 다른 수단으로 주변환경에서 계(system)로 유입된 에너지의 양이 되며, 기계적인 일, 전기적인 일, 자기적인 일 등 다양한 형태가 가능하나 열역학에서 다루는 가장 일반적인 형태의 일은 계(system)의 경계가 수축·팽창하여 발생하는 일입니다. 여기서는 다음과 같은 표기법을 사용하여 대문자는 크기성질인 에너지의 양, 소문자는 세기성질인 질량당 혹은 몰당 에너지로 표기하고자 합니다.

| 표 2-1 | 이 책에서 일과 열을 나타내는 기호와 그 대표 단위

기호	의미	대표 단위
Q	열(에너지)	J
$\underline{q}$	단위 질량당(specific) 열	J/g
q	단위 몰당(molar) 열	J/mol
$\dot{Q}$	단위 시간당 열	W(=J/s)
W	일(에너지)	J
$\underline{w}$	단위 질량당(specific) 일	J/g
w	단위 몰당(molar) 일	J/mol
$\dot{W}$	단위 시간당 일(일률)	W(=J/s)

앞서 일의 방향에 대한 정의가 계에 가해진 일(work on a system)과 계가 한 일(work done by a system) 두 가지로 사용된다고 언급했습니다. 그 이유를 좀더 살펴보겠습니다. 통상 역학에서 정의하는 일의 가장 일반적인 형태는 어떠한 물체를 대상으로 외력(F_{E})이 작용할 때 힘이 가해진 방향으로 물체가 이동한 거리(dx)를 나타내며(굵은 로마체는 벡터를 의미),

$$W = \int \mathbf{F}_{\mathrm{E}} \cdot d\mathbf{x}$$

힘의 방향과 이동 방향이 동일하다면 내적각이 0이므로 다음과 같이 간단히 적분하여 나타낼 수 있습니다.

$$W = \int \mathbf{F}_E \cdot d\mathbf{x} = \int F_E \cos 0 \, dx = \int F_E dx$$

유체의 경우에도 다르지 않은데, 유체는 힘이 전 유체의 단면적에 걸쳐서 작용하며 이것이 압력이 되고, 변위가 부피의 변화로 나타나게 됩니다.

$$W = \int F_E dx = \int F_E/A \cdot A dx = \int P_E dV$$

세기성질로 나타내면

$$w = \int P_E dv$$

이렇게 정의하게 되면, 이 일은 계가 한 일(work done by a system)이 됩니다. 팽창할 때 계는 외부에 일을 하게 되는데 계의 부피가 v_1에서 v_2로 증가하면 $w = P_E(v_2 - v_1) > 0$으로 그 일이 양의 값을 가지게 됩니다.

일을 계가 받은 일(work on a system)로 정의하고자 하는 경우, 힘(압력)이 작용하는 방향이 부피의 변화량(dV)과 반대 방향이라서(힘이 커져서 양의 일을 하게 되면 계가 압축되어 부피는 역으로 감소) 부호가 변경됩니다.

$$W = \int \mathbf{F}_E \cdot d\mathbf{x} = \int F_E \cos \pi dV = -\int \frac{F_E}{A} A dx = -\int P_E dV$$

| 그림 2-2 | **물체와 유체에서의 힘과 일**

따라서 열역학 제1법칙은 다음과 같이 나타낼 수 있습니다.

• 일을 "계가 한 일"로, 열과 반대 방향으로 정의하는 경우

$$w' = \int P_E dv, \quad \Delta u + \Delta e_k + \Delta e_P = q - w' = q - \int P_E dv$$

• 일을 "계가 받은 일"로, 열과 같은 방향으로 정의하는 경우

$$w = -\int P_E dv, \quad \Delta u + \Delta e_k + \Delta e_P = q + w = q - \int P_E dv \tag{2.10}$$

결과적으로는 같은 식이 됩니다. 앞서 언급한 바와 같이, 열기관 등 설비가 일을 하는 쪽에 관심이 많은 경우에는(기계공학 관련 전공에서 주로 그러함) 계에 일을 공급하는 것보다는 계로부터 주변환경에 쓸 수 있는 유용한 일을 얻어내는 쪽에 관심이 많게 됩니다. 그렇게 얻어낸 일에너지가 매번 음수로 표시되는 것은 개념적으로 불편하기 때문에 "계에 해 준 일(주변환경으로부터 계로 공급된 일에너지)"이 아니라 "시스템이 한 일(계에서 주변환경으로 공급된 일에너지)"을 양의 값으로 표시하는 것을 선호하는 경향이 있습니다. 그러나 여기서는 다양한 에너지의 흐름을 일관되게 표기하는 쪽을 택해서 식 (2.10), "계가 받은 일"을 기본 정의로 사용하도록 하겠습니다. 즉 계가 받은 일은 W, 계가 한 일은 $W' = -W$로 표기합니다.

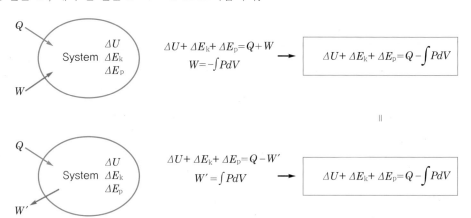

| 그림 2–3 | 일의 정의 방법에 무관하게 동일한 열역학 제1법칙

Ex 2-1 팽창공정에서 시스템의 일

ⓐ 외부 압력이 1 bar로 일정할 때 실린더 내부 계에 이상기체 1몰이 다음과 같이 2 bar, 1 m³에서 1 bar, 2 m³로 팽창한 경우 계 (system)가 주변환경에 한 일과 몰당 일 (molar work)은 얼마인가?

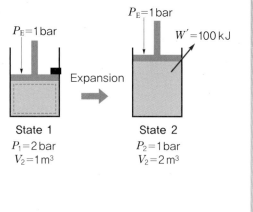

State 1
$P_1 = 2\,\text{bar}$
$V_2 = 1\,\text{m}^3$

State 2
$P_2 = 1\,\text{bar}$
$V_2 = 2\,\text{m}^3$

1) 일을 "계가 한 일"로 정의하게 되면,

$$W' = -W = \int P_E dV$$
$$= P_E(V_2 - V_1)$$
$$= 1\,[\text{bar}]\left[\frac{10^5\,\text{Pa}}{1\,\text{bar}}\right]\left[\frac{1\,\text{N/m}^2}{1\,\text{Pa}}\right](2-1)\,[\text{m}^3]$$
$$= 10^5\,[\text{Nm}] = 100\,\text{kJ}$$

몰당 일(molar work)로 계산하려면 그냥 위에서 얻은 일을 전체 몰로 나누어도 되고,

$$w' = \frac{W'}{n} = 100\,\text{kJ/mol}$$

애초에 세기성질로 정의한 일로 구해도 동일합니다.

$$w' = \int P_E dv = P_E(v_2 - v_1)$$

$$= 1\,[\text{bar}]\left[\frac{10^5\,\text{Pa}}{1\,\text{bar}}\right]\left[\frac{1\,\text{N/m}^2}{1\,\text{Pa}}\right](2-1)[\text{m}^3/\text{mol}]$$

$$= 10^5[\text{Nm/mol}] = 100\,\text{kJ/mol}$$

$$= 100\,\text{kJ/mol}$$

2) 일을 "계가 받은 일"로 정의하면,

$$W = -\int P_E dV = -P_E(V_2 - V_1)$$

$$= -1\,[\text{bar}]\left[\frac{10^5\,\text{Pa}}{1\,\text{bar}}\right]\left[\frac{1\,\text{N/m}^2}{1\,\text{Pa}}\right]$$

$$(2-1)[\text{m}^3]$$

$$= -10^5[\text{Nm}] = -100\,\text{kJ}$$

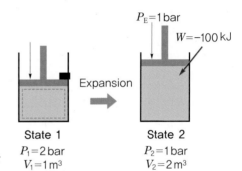

계가 받은 일이 $-100\,\text{kJ}$로 음수라는 것은 결국 계가 일을 했다는 의미이며 그 양은 $100\,\text{kJ}$이 됩니다. 몰당 일로 구하면

$$w = -\int P_E dv = -P_E(v_2 - v_1)$$

$$= -1\,[\text{bar}]\left[\frac{10^5\,\text{Pa}}{1\,\text{bar}}\right]\left[\frac{1\,\text{N/m}^2}{1\,\text{Pa}}\right](2-1)[\text{m}^3/\text{mol}]$$

$$= -10^5\,\text{Nm/mol}$$

즉 어느 쪽 정의를 이용해도 계가 한 일은 $100\,\text{kJ}$(몰당 일 $100\,\text{kJ/mol}$)로 동일합니다.

ⓑ 위의 팽창공정이 단열팽창인 경우 위 실린더 내부 계의 내부에너지의 변화량을 구하라.

열역학 제1법칙에서 일을 "계가 받은 일"로 정의하게 되면,

$$\Delta U + \Delta E_k + \Delta E_p = Q + W$$

단열팽창인 경우 계에는 열의 출입이 없고($Q \approx 0$) 실린더가 통째로 움직이지 않는 이상 위치에너지나 운동에너지의 변화가 없으므로($\Delta E_k \approx \Delta E_p \approx 0$)

$$\Delta U = Q + W = W = -100\,\text{kJ}$$

일을 "계가 한 일"로 정의하게 되면,

$$\Delta U + \Delta E_{\mathrm{k}} + \Delta E_{\mathrm{p}} = Q - W'$$

$$\Delta U = Q - W' = -100 \, \mathrm{kJ}$$

즉 어느 정의를 사용하여 계산하던 팽창하면서 내부에너지는 $100 \, \mathrm{kJ}$이 줄어들고, 그만큼 외부로 일을 해 준 것이 됩니다.

FAQ 2-1 왜 계(system)의 압력이 아닌 외부 압력으로 일을 계산하나요?

유체가 아닌 물체의 운동을 생각해 보면 우리는 자연스럽게 외력으로 일을 계산해 왔다는 것을 알게 됩니다. 계를 정의하는 방식에 따라 다를 수 있으나 일반적으로 외력이 작용해야 물체가 움직이며 그 결과 일을 하게 됩니다. 계 내부의 내력은 일반적으로 계와 주고받는 것이므로 힘을 가하는 만큼 반발력을 받아서 알짜힘이 0이 되어 계가 하는 일에 기여하지 못합니다. 예를 들어서 외부에서 차를 밀면 차가 움직일 수 있지만, 같은 힘으로 내부에서 차를 밀면 차가 움직일 수 없습니다. 차의 내부와 외부에서 같은 방향으로 F라는 힘으로 차를 밀고 있다고 하여 이 차에 작용하는 힘이 $2F$가 되는 것은 아닙니다. 도르래에 무게가 같은 2개의 추가 끈으로 매달려 있으면 내부에서 끈에 작용하고 있는 중력은 분명히 0이 아니지만 추는 움직이지 않습니다.

압력도 마찬가지로 외부 압력이 있어야 계를 이루는 유체의 경계가 변화하며 일을 하거나 받는다고 볼 수 있습니다. 만약 무한한 진공으로 구성된 세계에 기체가 들어 있는 압력용기를 놓고, 이를 열면 기체는 무한히 팽창하지만 외압은 0이므로 이 기체가 한 일은 0이 됩니다. 이를 자유팽창(free expansion)이라고 부릅니다.

특정한 경우(가역인 경우) 외부 압력과 계 내부의 압력을 동일하게 취급할 수 있게 되는데, 이런 경우를 앞으로 논의할 것입니다.

FAQ 2-2 '일을 한다'와 '일을 받는다'의 판단 기준을 잘 모르겠습니다.

에너지의 증감으로 생각하는 것이 이해가 더 쉬울 것입니다. 일도 결국 에너지의 한 형태에 불과하니까요. 계(system)가 에너지를 받으면 주변환경(surroundings)은 에너지를 잃겠죠? 반대로 주변환경(surroundings)이 에너지를 받으면 계는 에너지를 잃을 것입니다. 계가 '일을 한다'는 것은 일을 하는 주체인 계의 입장에서는 에너지를 소비하여 주변에 에너지를 공급해 주는 것을 의미합니다. 계가 일을 하면 주변환경은 일의 형태로 에너지를 받고(즉 일을 받고), (일을 하니까) 계의 에너지는 줄어들 것입니다. 계가 일을 받으면 주변환경의 에너지는 줄어들고 계의 에너지는 증가할 것입니다. 계로 잡은 실린더 내의 기체가 팽창하면 이 계는 주변에 일을 하는 것이 되고, 기체가 압축되면 이 계는 에너지를 받은 것이니까 일을 받은 것이 될 것입니다.

가역공정(reversible process)과 비가역공정(irreversible process)

가역공정은 열역학에서 매우 중요한 개념으로, 다음과 같이 정의할 수 있습니다.

> **가역공정**: 임의의 상태 1에서 상태 2로 변화하는 공정이 있을 때, 상태 2에서 상태 1로 계 (시스템)뿐만 아니라 주변환경에 변화를 남기지 않고 완벽하게 되돌릴 수 있는 공정. 혹은 계와 주변환경 모두 원상태로 되돌릴 수 있는 공정

이것만 읽어서는 잘 이해되지 않을 수 있는데, 가역공정을 이해하기 위해서는 일단 비가역공정을 이해하는 편이 쉽습니다. 비가역공정은 반대로 공정의 과정에서 마찰 등으로 인한 유한한 변화로 인하여 계를 원래 상태로 되돌리기 위해서 주변환경의 변화가 일어나야 하는, 혹은 되돌리더라도 주변환경에 변화가 남게 되는 공정으로 모든 현실 공정이 해당됩니다.

이해하기 쉽게 단순한 예를 들어봅시다. 단면적이 $0.1\,\text{m}^2$이고 무게도 마찰도 없는 이상적인 피스톤으로 구성된 실린더 내부 계에 이상기체 1몰이 들어 있고, 그 위에는 1톤의 추가 놓여 있으며 이 실린더가 항상 같은 온도를 유지할 수 있도록 항온설비가 구축되어 있다고 생각해 봅시다. 항온설비는 매우 큰 열용량을 가진 열원으로, 계를 감싸거나 온도가 일정하게 유지되도록 제어 가능한 전열설비를 구축함으로써 가능합니다. 예를 들어서 수온이 4℃인 바닷물 속에서 밀폐된 실린더로 실험을 한다고 하면 계의 온도가 순간적으로는 조금 오르거나 내릴 수 있지만, 결과적으로는 4℃로 유지되는 등온상태가 될 수밖에 없을 것입니다. 대기압이 $1\,\text{bar}$, 중력가속도 g가 약 $10\,\text{m/s}^2$이라면 추가 올려진 실린더에 작용하는 압력은 $2\,\text{bar}$가 되며, 이때 기체의 부피가 $0.02\,\text{m}^3$이었다고 합시다. 이 시작 상태를 상태 1이라고 하겠습니다.

$$P_1 = P_\text{E} + \frac{mg}{A} = 1\,\text{bar} + \frac{1000\,\text{kg} \times 10\,\text{m/s}^2}{0.1\,\text{m}^2}\frac{1\,\text{N}}{1\,\text{kgm/s}^2}\frac{1\,\text{Pa}}{1\,\text{N/m}^2}\frac{1\,\text{bar}}{10^5\,\text{Pa}} = 2\,\text{bar}$$

이때 추를 한순간에 제거하면 외부 압력이 $1\,\text{bar}$로 급감하며 기체가 팽창하여 피스톤을 밀어내게 됩니다. 등온상태에서 최종적으로 팽창한 상태를 상태 2라 하면, 이상기체의 경우 온도가 일정하면 Pv의 값 역시 일정($= RT$)해야 하므로 상태 2의 부피는

$$P_1 v_1 = P_2 v_2, \; v_2 = \frac{P_1}{P_2}v_1 = \frac{2}{1} \times 0.02 = 0.04\,\text{m}^3/\text{mol}$$

이때 상태 1에서 상태 2로 팽창하면서 계가 받은 몰당 일을 계산해 봅시다.

$$w = -\int P_\text{E}dv = -P_\text{E}(v_2 - v_1) = -1\,\text{bar}\,(0.04-0.02)\frac{\text{m}^3}{\text{mol}}\frac{10^5\,\text{Pa}}{1\,\text{bar}}\frac{1\,\text{N/m}^2}{1\,\text{Pa}}$$

$$= -0.02 \times 10^5\,\text{J/mol} = -2\,\text{kJ/mol}$$

계가 받은 일이 $-2\,\text{kJ/mol}$이므로 팽창하면서 외부에 $2\,\text{kJ/mol}$만큼의 일을 해서 주변환경으로 에너지를 내보냈다는 것을 알 수 있습니다. 이때 압력은 계 내부의 압력이 아닌 외부 압력이라는 것에 주의하세요. 부호가 헷갈리면 계가 한 몰당 일(w')로 바꿔 보죠.

$$w' = -w = \int P_E dv = P_E(v_2 - v_1) = 2\,\text{kJ/mol}$$

반대로, 상태 2에서 상태 1로 되돌리기 위해서 다시 추를 피스톤 위에 얹으면 외부 압력이 $2\,\text{bar}$가 되면서 기체가 압축됩니다. 이때 계를 압축하기 위해서 계가 받은 몰당 일은

$$w = -\int P_E dv = -P_E(v_1 - v_2) = -2\,\text{bar}\,(0.02 - 0.04)\frac{\text{m}^3}{\text{mol}}\frac{10^5\,\text{Pa}}{1\,\text{bar}}\frac{1\,\text{N/m}^2}{1\,\text{Pa}}$$
$$= 0.04 \times 10^5\,\text{J/mol} = 4\,\text{kJ/mol}$$

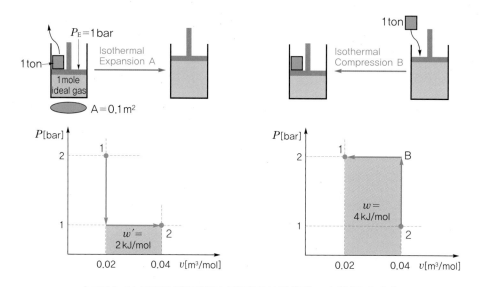

| 그림 2-4 | 급격한 등온팽창과 등온압축이 발생하는 비가역공정 예시

즉, 상태 2에서 상태 1로 되돌리기 위해서는 상태 1에서 상태 2로 팽창하면서 한 일만큼을 소모해서는 불가능하고, 그 이상의 일을 해 주어야만 가능합니다. 이는 팽창하면서 모든 내부에너지가 일로 전달되지 못하고 다른 형태의 에너지로 소모되었기 때문입니다. 이러한 것이 비가역공정의 개념입니다.

만약 위의 예제에서 추를 $250\,\text{kg}$짜리 4개로 쪼개어서 하나씩 천천히 들어내면서 상태 2까지 팽창시킨 뒤, 다시 추를 하나씩 얹으면서 압축을 하면 어떻게 될지 생각해 봅시다. 팽창압력이 $2\,\text{bar}$에서 1.75, 1.5, 1.25, $1\,\text{bar}$로 단계적으로 감소하므로 각 상태별 도달 부피 및 받은 일을 계산하고 압축 시에도 동일한 방식으로 해 보면,

| 표 2–2 | 등온팽창, 등온압력 시 각 상태별 압력부피와 공정별 일

팽창 시			압축 시		
P[bar]	v[m³/mol]	w'[kJ/mol]	P[bar]	v[m³/mol]	w[kJ/mol]
2	0.02		1	0.04	
1.75	0.023	$1.75(0.023-0.02)10^2=0.52$	1.25	0.032	1
1.5	0.027	$1.5(0.027-0.023)10^2=0.60$	1.5	0.027	0.8
1.25	0.032	$1.25(0.032-0.027)10^2=0.62$	1.75	0.023	0.67
1	0.04	$1(0.04-0.032)10^2=0.8$	2	0.02	0.57
Sum		2.54			3.04

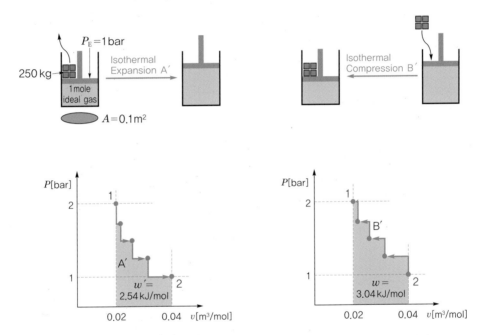

| 그림 2–5 | 단계적으로 급격한 등온팽창과 등온압축이 발생하는 비가역공정 예시

아까보다 팽창하면서 하는 일은 늘어났고, 압축하는 데 필요한 일은 줄어들었습니다. 즉, 공학의 입장에서 A′은 A보다 좀 더 유용한 팽창이라고 말할 수 있습니다. 인간 입장에서는 어떤 기계설비가 일을 많이 하게 만들고 싶은 것(예를 들어 출력이 높은 엔진을 만들고 싶은)이 일반적인데, 동일한 상태 1에서 상태 2로 팽창하는 데 계가 하는 일이 2 kJ/mol에서 2.54 kJ/mol로 30% 증가하였기 때문입니다. 같은 논리로, 공정 B′은 B보다 더 유용한 압축공정이 되었습니다. 똑같이 1 bar에서 2 bar로 압축시키는 데 B′이 B보다 에너지를 75% 정도밖에 쓰고 있지 않기 때문입니다.

그러면 이러한 상황을 더 극단적으로 만들어보면 어떻게 될까요? 1 ton의 추를 무게가 측정 불가능할 정도의 무한소(infinitesimal)의 무게를 가진 추로 쪼개서 이를 무한히 덜어내고 압축하는 작업을 거친다면? 이 경우 상태 1에서 상태 2로 팽창하는 과정에서 무한한 상태를 만들 수 있는

데, 등온팽창이므로 이 중간 상태마다 계의 Pv가 일정해야 하므로 압력이 $P = RT/v$라는 선으로 접근하게 됩니다. 즉, 계의 외부 압력과 내부의 이상기체 압력의 변화가 드디어 같아지게 됩니다. 이때 팽창 시 한 일을 계산해 보면

$$w' = \int P_E dv = \int_{v_1}^{v_2} P dv = \int_{v_1}^{v_2} \frac{RT}{v} dv = RT \int_{v_1}^{v_2} \frac{1}{v} dv = RT \ln \frac{v_2}{v_1}$$

$Pv = RT = P_1 v_1 = P_2 v_2$이므로

$$w' = RT \ln \frac{v_2}{v_1} = P_1 v_1 \ln \frac{v_2}{v_1} = 2\,\text{bar}\,0.02\frac{\text{m}^3}{\text{mol}} \ln \frac{0.04}{0.02} \frac{10^5\,\text{Pa}}{1\,\text{bar}} \frac{1\,\text{N/m}^2}{1\,\text{Pa}} = 2.77\,\text{kJ/mol}$$

압축 시 받은 일은

$$w = -\int P_E dv = -\int_{v_2}^{v_1} P dv = -\int_{v_2}^{v_1} \frac{RT}{v} dV = -RT \int_{v_2}^{v_1} \frac{1}{v} dv$$

$$= -RT \ln \frac{v_1}{v_2} = -P_1 v_1 \ln \frac{v_1}{v_2} = 2.77\,\text{kJ/mol}$$

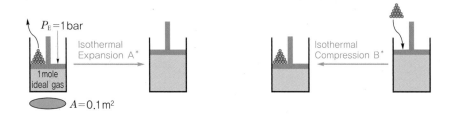

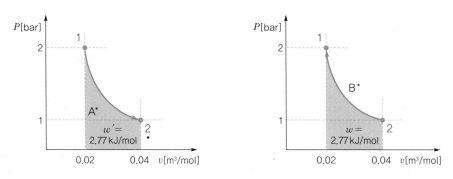

| 그림 2-6 | 무한히 작은 단계별로 팽창과 압축이 일어나는 가역공정

이제 팽창 시 한 일과 동일한 일만큼만 되돌려주어서 주변환경에 차이를 만들지 않고 상태를 원래대로 복원하는 것이 가능해졌습니다. 이것이 가역공정의 예입니다. 가역공정은 시스템과 주변환경이 항시 평형상태를 유지하면서 계에 무한소(infinitesimal)의 변화를 무한한 시간 동안 적용하는 경우에만 만들 수 있는 개념으로, 현실에서는 달성 불가능한 조건입니다.

그럼 현실적으로 만들 수 없는 것을 왜 논하는지 의아할 수 있습니다. 현실에서의 열역학적 공정은 극단적으로 통제된 실험이 아니라면 상태 1에서 상태 2로 변화할 때 정확하게 어떠한 경로를 통해서 변하였는지를 알기가 어렵습니다. 때문에 이론적으로 계산 가능하며 그것이 최선의 공정임을 알고 있는 가역공정의 존재는 현실 공정의 효율을 정의하는 데 필수적으로 필요한 과정이 됩니다. 위의 예에서 추측해 볼 수 있듯이, 등온공정 상태에서 상태 1에서 상태 2로 팽창할 때 계가 하는 일은 등온가역공정 A*에서 생성되는 2.77 kJ/mol을 초과할 수 없습니다. 이러한 지식을 이용하면 우리는 어떠한 기계설비를 만들어서 유체의 팽창을 통해서 일에너지를 얻고자 할 때, 이론적으로 얻을 수 있는 가장 최대의 일을 알 수 있게 됩니다. 반대로 압축을 하고자 할 때 가역공정을 통하여 필요로 하는 최소의 일을 알 수 있게 됩니다. 이는 어떠한 설비가 이론적으로 얼마나 좋은지를 판단할 수 있는 굉장히 중요한 정보가 되며, 나아가 물리적으로 불가능한 설계를 이론적으로 미리 판별해 낼 수 있게 됩니다.

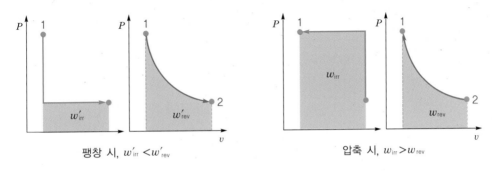

| 그림 2-7 | 가역공정/비가역공정의 팽창과 압축 시 일

이제 어떠한 상태 1에서 상태 2로 변했을 때 가역공정이 한 일 혹은 필요로 하는 일을 계산할 수 있으므로 우리는 실제로 공정이 한 일 혹은 필요로 하는 일을 기준으로 그 공정의 효율을 정의할 수 있게 됩니다. 팽창의 경우 가역팽창공정은 이상적으로 가장 많은 일을 하는 경우이므로,

$$\eta_{\text{expansion}} = \frac{w'_{\text{real}}}{w'_{\text{rev}}} = \frac{-w_{\text{real}}}{-w_{\text{rev}}} = \frac{w_{\text{real}}}{w_{\text{rev}}} \tag{2.11}$$

예를 들어서 앞서 살펴본 가역팽창공정 A와 A′은 각각 다음의 효율을 가진다고 말할 수 있습니다.

$$\eta_{\text{A}} = \frac{w'_{\text{real}}}{w'_{\text{rev}}} = \frac{2}{2.77} = 72.1\%$$

$$\eta_{\text{A}'} = \frac{w'_{\text{real}}}{w'_{\text{rev}}} = \frac{2.54}{2.77} = 91.5\%$$

압축공정의 경우 가역압축공정이 이상적으로 가장 적은 일을 필요로 하는 경우이므로,

$$\eta_{\text{compression}} = \frac{w_{\text{rev}}}{w_{\text{real}}} \tag{2.12}$$

예를 들어 가역압축공정 B와 B′의 효율은

$$\eta_{\mathrm{B}} = \frac{w_{\mathrm{rev}}}{w_{\mathrm{real}}} = \frac{2.77}{4} = 69.3\%$$

$$\eta_{\mathrm{B'}} = \frac{w_{\mathrm{rev}}}{w_{\mathrm{real}}} = \frac{2.77}{3.04} = 91.3\%$$

FAQ 2-3 왜 가역공정이 가장 효율적인지? 마찰(friction)과 관련이 있습니까?

네. 다만, 물리적인 물체 간에 작용하는 마찰(움직이는 피스톤과 실린더 사이의 마찰 등) 외에도 분자 수준의 에너지 손실까지도 포함하는 개념에 가깝습니다. 즉 미시계에서 분자의 충돌이 일어날 때 분자의 에너지가 일의 형태가 아닌 열이나 빛, 소음, 진동 등 다양한 형태로 외부로 유출되는 것을 포함하는 것이 됩니다. 움직이는 피스톤과 실린더 사이에 급작스러운 팽창은 시스템의 평형을 깨뜨리고 이때 발생하는 에너지의 전환 중 일부는 일로 사용되지 못하고 열과 같은 다른 에너지의 형태로 전환됩니다. 마찰손실(friction loss)이란 이렇게 마찰, 저항으로 인하여 소실되는 개념을 통칭하는 것이므로, 결국 가역(reversible)이란 의미는 물리적으로 마찰로 인한 손실이 없다는 해석과 유사하게 됩니다. 추후 3장에서 엔트로피(entropy)를 배우면 가역공정이 왜 가장 효율적인 공정이라고 말할 수 있는지를 엔트로피와 손실일(lost work)의 개념을 통하여 설명하는 것이 가능해집니다.

FAQ 2-4 비가역공정 예시에서 1→2로 가는 것이 비가역적(irreversible)이라고 했는데, 거치는 과정이 가역등적(reversible isochoric), 가역등압(reversible isobaric)공정이라고 치면 가역적(reversible)이라고 할 수 있지 않나요? 아니면 등적(isochoric)은 비가역적(irreversible)인 공정인가요?

가역공정(reversible process)은 계(system)와 주변환경(surroundings)이 항시 평형상태를 유지하면서 무한히 천천히 진행하여 감으로써 가능한 개념이라고 언급한 바 있습니다. 수업시간에 다룬 예제는 닫힌계의 이상기체가 "등온팽창(isothermal expansion)"하는 경우를 전제로 하고 있습니다. 즉, 1→1′으로 가는 과정은 등온공정(isothermal process)인 동시에 등적공정(isochoric process)입니다. 생각해 보면, 등적

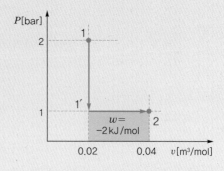

이면서 동시에 등온이면 시스템 내의 이상기체의 압력이 내려가는 것은 불가능한 것을 알 수 있습니다. 상태방정

식 $Pv = RT$를 생각해 보면, v와 T가 모두 변화하지 않는데 압력만 낮아진 것이 되니까요. 따라서 이런 상황은 계(system) 내부와 외부의 압력이 평형상태를 유지하는 상황이 될 수가 없으며, 외부 압력과 계의 압력이 다를 수 밖에 없는 상황이므로 가역적(reversible)인 상태가 아닐 것입니다. 같은 이유로 등압(isobaric)이면서 동시에 등 온(isothermal)인 공정도 가역공정(reversible process)일 수가 없습니다.

그러나 가역등적공정(reversible isochoric process)은 만들 수 있습니다. 등온이라는 제약을 풀고 무한히 천 천히 압력을 낮추면 됩니다. 그럼 압력이 내려감에 따라서 온도도 따라서 무한히 천천히 내려가는 가역등적공정 이 될 것입니다[$Pv = RT$에 따라 v가 고정이면 계(system) 내는 압력에 비례해서 온도가 감소]. 이 경우 계가 하는 일은 0이지만 온도가 내려가므로 내부에너지 u가 감소하고, 이는 열로 배출될 것임을 알 수 있습니다 ($\Delta u = q$). 가역등압공정(reversible isobaric process) 역시 등온이라는 제약이 없으면 부피에 따라서 무한히 천 천히 온도가 올라가는 공정이 됩니다. 이때는 내부에너지, 일, 열 모두 0이 아니며 $\Delta u > 0$, $w < 0$일 것이므로 열 역학 제1법칙 $\Delta u = q + w$에 따라서 $q > 0$, 즉 천천히 열을 흡수하면서 이 에너지로 일도 하고 내부에너지(온도) 도 올리는 공정이 될 것입니다.

상태함수(state function)와 경로함수(path function)

앞의 예를 살펴보다 보면 열역학 물성들의 또다른 중요한 특징을 파악할 수 있습니다. 앞서 다 룬 예제에서, 이상기체가 상태 1($P = 2\,\text{bar}$)에서 상태 2($P = 1\,\text{bar}$)로 등온팽창할 때, 우리는 실험 의 조건을 변경해 가면서 A, A′, A*의 다른 팽창 경로를 만들 수 있었습니다. 그런데, 세 경우 모 두 도달하는 최종 부피는 $0.04\ \text{m}^3/\text{mol}$로 변화하지 않았습니다. 내부에너지 u는 어떨까요? 앞 서 이상기체와 같은 경우 내부에너지 u는 온도만의 함수라는 이야기를 했습니다. 따라서 등온팽 창하는 경우 온도 변화가 없으므로 내부에너지의 변화량 또한 없습니다($\Delta u = 0$, $u_1 = u_2$). 이는 어떤 팽창 경로(가역팽창이건 비가역팽창이건)를 따르건 무관합니다.

이렇게 어떠한 함수값이 그 변화의 경로와는 무관하게 변화 전후의 상태에 의해서만 결정이 될 때 우리는 이 함수를 상태함수(state function)라고 부릅니다. 즉, 온도, 압력, 질량당 부피, 내부에 너지와 같은 열역학 물성은 모두 상태함수입니다. 이는 매우 중요한 사실인데, 앞서 언급한 것과 같이 실제로 일어나는 열역학 공정에서는 어떠한 경로에 따라서 팽창을 하는지 정확히 알기가 어 렵지만, 대상 물성이 상태함수라는 사실만 알고 시작과 끝 상태만 알면 우리는 경로에 무관하게 열역학 물성을 구할 수 있게 됩니다. 예를 들어 내부에너지의 경우 위의 경로 A, A′, A*에 무관 하게 상태에 따라서만 u값이 결정되므로, 경로를 신경쓰지 않고 다음과 같이 나타낼 수 있습니다.

$$u_{2A} - u_{1A} = u_{2A'} - u_{1A'} = u_{2A^*} - u_{1A^*} = u_2 - u_1 = \Delta u$$

반대로, 경로에 따라서 유관하게 변화하는 값을 경로함수(path function)라 부릅니다. 앞서 확인한 것처럼 같은 상태 1에서 상태 2로 변화하더라도 그때 한 일은 각각 다른 값을 가졌습니다. 즉 열(q)과 일(w)은 대표적인 경로함수입니다. 상태변화에 따른 차이값을 나타낼 때 ΔU라는 표현은 보편적으로 사용되지만, ΔQ, ΔW라는 표현은 잘 사용되지 않고 그냥 Q, W를 사용하는 경우가 많습니다. 이는 경로에 따라서 시작과 끝 상태가 같더라도 값이 모두 달라질 수 있으므로 시작과 끝 상태의 차이를 나타내는 Δ연산자의 정의를 경로함수에 적용하기에는 애매하다고 보는 견해가 많기 때문입니다.

$$w_{2A} - w_{1A} \neq w_{2A'} - w_{1A'} \neq w_{2A'} - w_{1A'}$$

어떠한 변수가 상태함수라는 것을 아는 것은 굉장히 유용한 정보가 됩니다. 상태 1에서 상태 2로 변화하였을 때 그 실제 경로를 모른다고 하더라도 임의의 경로를 취해서 연산이 가능해지기 때문입니다. 예를 들어 위의 예와 같은 실린더의 팽창에서 (P_1, T_1)의 상태 1에서 (P_2, T_2)의 상태 2로 변화하는 공정이 있다고 할 때, 우리는 실제로 팽창의 경로가 A처럼 변했는지 A'처럼 변했는지를 몰라도 상태 1에서 상태 2로의 부피 변화는 그 경로와 무관하게 각 상태의 온도와 압력만 알면 연산이 가능합니다. 이는 부피가 상태함수이기 때문에 가능한 일입니다.

FAQ 2-5 왜 ΔQ, ΔW라고 쓰면 안 되나요?

안 된다기보다는 잘 사용하지 않는 표현입니다. 열역학에서 Δ라는 연산자는 일반적으로 어떤 상태에서 다른 상태로 변화하였을 때의 차이값을 의미합니다. 그런데 열이나 일의 경우는 상태 1에서 상태 2로 변화하였을 때 경로에 따라서 값이 달라집니다.

예를 들어, 이상기체가 1에서 2로 팽창할 때 온도 차이는 A를 따라서 팽창하건 B를 따라서 팽창하건 동일합니다.

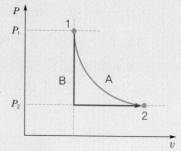

$$T_{2A} - T_{1A} = \frac{P_2 v_2}{R} - \frac{P_1 v_1}{R}$$

$$T_{2B} - T_{1B} = \frac{P_2 v_2}{R} - \frac{P_1 v_1}{R}$$

즉,

$$\Delta T = T_{2A} - T_{1A} = T_{2B} - T_{1B} = T_2 - T_1$$

으로 사용해도 문제가 없습니다. 그러나 일의 경우, 서로 받은 일의 크기가 다릅니다.

$$W_A \neq W_B$$

다시 말해, 다음과 같이 나타내기가 애매해집니다.

$$\Delta W = W_2 - W_1$$

열역학 제1법칙의 여러 형태

앞서 정리한 것처럼 열역학 제1법칙은 계와 주변환경에 대해서 나타낼 때 다음과 같이 표현할 수 있습니다.

- 크기성질 형태(단위 J): $\Delta U + \Delta E_k + \Delta E_p = Q + W$

- 세기성질 형태(단위 J/mol): $\Delta u + \Delta e_k + \Delta e_p = q + w$

만약 어떠한 변화가 아주 짧은 순간 무한히 작은 양(무한소, infinitesimal)만큼 변화하는 상황을 생각하면, 우리는 차이값을 미분소(differential)의 형태로 나타낼 수 있게 됩니다.

$$dU + dE_k + dE_p = \delta Q + \delta W \tag{2.13}$$

$$du + de_k + de_p = \delta q + \delta w \tag{2.14}$$

여기서 d는 완전미분소(exact differential)를, δ는 불완전미분소(inexact differential)를 나타내기 위한 것이며, u는 상태함수이고 q나 w는 경로함수입니다.

어떠한 변화가 단위 시간 동안 나타났다고 하고 그 시간이 무한히 짧아졌을 때를 생각해 보면, 미분 형태로 나타낼 수 있습니다.

$$\frac{\Delta U}{\Delta t} + \frac{\Delta E_k}{\Delta t} + \frac{\Delta E_p}{\Delta t} = \frac{Q}{\Delta t} + \frac{W}{\Delta t} \rightarrow \frac{dU}{dt} + \frac{dE_k}{dt} + \frac{dE_p}{dt} = \dot{Q} + \dot{W} \tag{2.15}$$

세기성질 형태로는

$$\frac{du}{dt} + \frac{de_k}{dt} + \frac{de_p}{dt} = \dot{q} + \dot{w} \tag{2.16}$$

FAQ **2-6** 열역학 제1법칙은 $\Delta U + \Delta E_p + \Delta E_k = \delta q + \delta w$인데 E_p, E_k는 작아서 무시하는 건가요?

일단, 제1법칙을 잘못 썼습니다.

크기성질 형태(extensive form)로 쓰려면 $\Delta U + \Delta E_p + \Delta E_k = Q + W$

세기성질 형태(intensive form)로 쓰려면 $\Delta u + \Delta e_p + \Delta e_k = q + w$

세기성질의 미분 형태(intensive differential form)로 쓰려면 $du + de_p + de_k = \delta q + \delta w$

그게 그거 아닌가 생각할 수 있지만 여기서 뒤섞여 버리면 나중에 혼란이 심해지거든요. E_p와 E_k는 보통 일반적인 열역학 시스템에서는 질문대로 무시되는 경우가 많습니다. 운동에너지인 E_k의 경우 시스템 전체가 움직이고 있거나, 계에 들어오고 나가는 유체의 질량 또는 속도가 크게 변화하지 않으면 0에 가깝습니다. 위치에너지인

E_p의 경우 시스템의 고도가 변화하거나 높은 고도에서 낮은 고도로 유체의 위치가 바뀌지 않으면 영향을 받지 않습니다. 그러나 항상 그런 것은 아닙니다. 이후 E_p 또는 E_k를 무시할 수 없는 예도 다루게 될 것입니다.

FAQ 2-7 d와 δ의 차이가 뭔가요? 완전미분(exact differential)과 불완전미분(inexact differential)은 뭐가 다른가요?

이 질문은 열역학에 대한 질문이라기보다는 수학에 대한 질문입니다. 이하 정리된 내용은 공학수학(Kreyszig 이라면 1.4절 참조)의 내용을 참조하면 도움이 될 것입니다.

d라는 접두어는 우리가 무한히 작은 차이(infinitesimal difference)인 미분소(differential)를 표시하기 위해서 사용합니다. 단변수함수에 대한 미분(상미분이라 하죠)인 도함수는 알다시피 다음처럼 정의할 수 있습니다.

$$\frac{df}{dx} = \lim_{h \to 0} \frac{f(x+h) - f(x)}{h}$$

이는 다음과 같이 생각할 수도 있습니다. x축 방향으로 dx만큼 변화했을 때 함수값이 $M(x)dx$만큼 변화하였다면, $M(x)$가 x축 방향에 대한 f의 도함수가 됩니다.

$$df = M(x)\,dx \rightarrow M(x) = \frac{df}{dx}$$

함수 f가 변수를 2개 이상 가지는 다변수함수라면, 함수의 변화량을 나타낼 때 각 축 방향으로의 변화량을 같이 고려해야 합니다. $z = z(x, y) = x^2 + y^2$이라는 함수가 있다면 z는 x축 말고도 y축에 따른 변화도 가지게 되기 때문입니다. 때문에 전체 함수의 변화량은 x축 방향으로의 변화량과 y축 방향으로의 변화량을 같이 고려해야 합니다. 이러한 다변수함수의 전체 미소 변화량 df를 전미분소(total differential)라고 합니다. 이를 수식으로 나타내면

$$df = M(x, y)\,dx + N(x, y)\,dy$$

이때 특정 축 방향(혹은 독립변수 방향)으로의 변화율을 편도함수(partial derivative)로 나타낼 수 있습니다.

$$\frac{\partial f}{\partial x_i} = \lim_{h \to 0} \frac{f(x_1, x_2, \cdots x_i + h, \cdots x_n) - f(x_1, x_2, \cdots x_i, \cdots x_n)}{h}$$

예를 들어 $z(x, y) = x^2 + y^2$에 대해서 x방향으로의 편도함수를 구해 보면

$$\frac{\partial z}{\partial x} = \lim_{h \to 0} \frac{z(x+h, y) - z(x, y)}{h} = \lim_{h \to 0} \frac{(x+h)^2 + y^2 - (x^2 + y^2)}{h} = \lim_{h \to 0} \frac{2xh + h^2}{h} = 2x$$

즉, 전체 함수의 미소 변화량인 전미분소 df는 x축 방향으로 변화하는 기울기$\left(\frac{\partial f}{\partial x}\right)$와 그 변화한 정도($dx$) 와 y축 방향으로 변화하는 기울기$\left(\frac{\partial f}{\partial y}\right)$와 그 변화한 정도($dy$)를 합쳐서 나타낼 수 있습니다.

$$df = M(x, y)\,dx + N(x, y)\,dy = \frac{\partial f}{\partial x}dx + \frac{\partial f}{\partial y}dy$$

이는 그림으로 나타내서 생각해 보면 더 쉽게 이해할 수 있습니다.

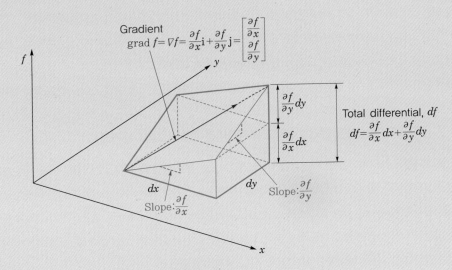

예를 들어, $z(x, y) = x^2 + y^2$에 대해서 전미분소는

$$dz = \frac{\partial z}{\partial x}dx + \frac{\partial z}{\partial y}dy = 2xdx + 2ydy$$

위와 같이 $df = \frac{\partial f}{\partial x}dx + \frac{\partial f}{\partial y}dy$ 형태를 만족하는 함수 f가 존재할 때 우리는 이를 완전미분 형태(exact differential form)라고 하고, 그렇지 못할 때 불완전미분(inexact differential)이라 부릅니다. 당연히 존재하는 거 아냐?라고 생각할 수 있는데, 그렇지 않습니다. 예를 들어 보죠. 다음과 같이 x, y에 대한 전미분소 df가 있다고 합시다.

$$df = M(x, y)dx + N(x, y)dy = 2xy^3dx + 3x^2y^2dy$$

이때는

$$df = \frac{\partial f}{\partial x}dx + \frac{\partial f}{\partial y}dy$$

를 만족하는 함수 f가 존재합니다.

$$f = x^2y^3$$

반면, df가 다음과 같다면

$$df = M(x, y)dx + N(x, y)dy = 2x^2y^3dx + 3x^2y^2dy$$

이 경우 $df = \frac{\partial f}{\partial x}dx + \frac{\partial f}{\partial y}dy$의 형태로 표현되는 함수 f는 존재하지 않습니다. 이런 경우 df를 불완전미분(inexact differential)이라 하고, 완전미분(exact differential)과 구별하기 위해서 df 대신 δf로 표기합니다 (문헌에 따라 $\bar{d}f$로나 $d'f$로 표기하기도 함).

공대에서 미적분학과 공학수학이 중요한 이유는 과거에서부터 축적된 지식을 전달하는 기반이 수학의 형태를 취하고 있는 경우가 대부분이기 때문입니다. 의외로 많은 공대생들이 범하는 실수가, 2학년 전공수업이 시작되면서 부담스럽고 힘든 나머지 가장 힘들고 왜 하는지도 모르겠는 공학수학의 수강을 취소해 버리는 것입니다. 그렇게 되면 그 다음 학기, 그 다음 학년부터는 상당한 비율의 전공수업을 따라가기 힘들어집니다. 그렇게 되면 전공이 너무 어렵다, 나랑 안 맞는다와 같은 오해가 싹트게 됩니다. 사실은 전공지식이 아닌 수학적 기반이 부족한 상태인 것을 모르고서 말입니다. 그래서 공대생이라면, 학과 불문하고 힘들어도 공학수학에서 다루는 내용은 포기하지 말고 정리해 두기를 권합니다. 나중에 어디에 무엇이 있는지 찾아볼 수만 있어도 큰 도움이 됩니다.

FAQ 2-8 왜 완전미분이면 상태함수이고 불완전미분이면 경로함수인가요?

위의 내용을 생각하다 보면 자연스럽게 떠오를 수 있는 좋은 질문입니다. 그런데 이건 위의 질문보다도 더 수학적인 질문입니다. 이 질문의 답변을 잘 이해하기 위해서는 선적분(line integral)의 개념을 이해할 필요가 있습니다[공학수학(Kreyszig 기준 10.1 Line integrals, 10.2 Path Independence) 참조]. 만약 선적분을 전혀 모른다면 다음의 약식 설명만 보고 나중에 공부하고 돌아오세요. 지금 중요한 것은 열과 일은 경로함수이며 내부에너지 같은 열역학 물성들은 상태함수라는 지식이지 그 수학적 증명은 아니거든요.

아주 간단하게 말하면, 어떤 임의의 경로 C를 따라서 x, y가 변해갈 때 그 경로 위의 어떠한 관계값을 적분한다는 것은 다음과 같이 표현할 수 있습니다.

$$\int_C M(x, y)\,dx + N(x, y)\,dy$$

그런데 완전미분이라면 $M(x, y)\,dx + N(x, y)\,dy = \dfrac{\partial f}{\partial x}dx + \dfrac{\partial f}{\partial y}dy = df$를 만족하는 함수 f가 존재하므로

$$\int_C M(x, y)\,dx + N(x, y)\,dy = \int_C \frac{\partial f}{\partial x}dx + \frac{\partial f}{\partial y}dy = \int_{(x_1, y_1)}^{(x_2, y_2)} df = f(x_2, y_2) - f(x_1, y_1) = \Delta f$$

경로 C에 무관하게 시작점 (x_1, y_1)과 끝점 (x_2, y_2)에만 영향을 받는 값을 얻을 수 있습니다. 불완전미분의 경우는 이러한 f가 존재하지 않으므로 C의 형태에 따라서 다른 값을 가지게 됩니다.

선적분을 알면 다음과 같이 직접적인 예를 통해서 보면 조금 더 이해가 쉽습니다. 다음과 같이 0, 0에서 1, 1까지 직선 경로 C_1과 2차곡선 형태의 경로 C_2가 있다고 합시다.

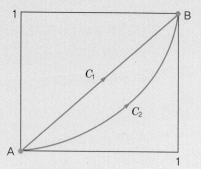

$$C_1: \boldsymbol{r_1}(t) = [x(t), y(t)] = [t, t] \qquad (0 \leq t \leq 1)$$
$$C_2: \boldsymbol{r_2}(t) = [x(t), y(t)] = [t, t^2] \qquad (0 \leq t \leq 1)$$

이때 다음의 선적분을 한다고 생각해 봅시다.

$$\boldsymbol{F(r)} \cdot d\boldsymbol{r} = M(x, y)\,dx + N(x, y)\,dy = 2x\,dx + 2x\,dy$$
$$\boldsymbol{F} = [2x, 2x]$$
$$d\boldsymbol{r} = [dx, dy]$$

이때 $2x = \dfrac{\partial f}{\partial x}$, $2x = \dfrac{\partial f}{\partial y}$를 만족하는 f는 존재하지 않으므로 불완전미분입니다.

선적분의 정의에서

$$\int_C \boldsymbol{F}(\boldsymbol{r}) \cdot d\boldsymbol{r} = \int_a^b \boldsymbol{F}(\boldsymbol{r}(t)) \cdot \frac{d\boldsymbol{r}}{dt} dt$$

경로 C_1에서 $\boldsymbol{r}_1(t) = [x(t),\, y(t)] = [t,\, t]$이므로

$$\boldsymbol{F}(\boldsymbol{r}_1(t)) = [2x,\, 2x] = [2t,\, 2t]$$

$$\frac{d\boldsymbol{r}_1}{dt} = [1,\, 1]$$

$$\int_a^b \boldsymbol{F}(\boldsymbol{r}_1(t)) \cdot \frac{d\boldsymbol{r}_1}{dt} dt = \int_0^1 (2t+2t)\,dt = [2t^2]_0^1 = 2$$

경로 C_2에서 $\boldsymbol{r}_2(t) = [x(t),\, y(t)] = [t,\, t^2]$이므로

$$\boldsymbol{F}(\boldsymbol{r}_2(t)) = [2x,\, 2x] = [2t,\, 2t]$$

$$\frac{d\boldsymbol{r}_2}{dt} = [1,\, 2t]$$

$$\int_a^b \boldsymbol{F}(\boldsymbol{r}_2(t)) \cdot \frac{d\boldsymbol{r}_2}{dt} dt = \int_0^1 (2t+4t^2)\,dt = \left[\frac{4}{3}t^3 + t^2\right]_0^1 = \frac{7}{3}$$

즉, 적분 결과가 경로에 따라서 달라지는($2 \neq 7/3$) 경로함수임을 확인할 수 있습니다.

반면, 동 궤도에서 다음을 적분한다고 합시다.

$$\boldsymbol{F}(\boldsymbol{r}) \cdot d\boldsymbol{r} = M(x, y)\,dx + N(x, y)\,dy = 2x\,dx + 2y\,dy$$

이때 $\dfrac{\partial f}{\partial x} = 2x$, $\dfrac{\partial f}{\partial y} = 2y$를 만족하는 $f(x, y) = x^2 + y^2$이 존재하므로 이는 완전미분 형태입니다.

경로 C_1에서 $\boldsymbol{r}_1(t) = [x(t),\, y(t)] = [t,\, t]$이므로

$$\boldsymbol{F}(\boldsymbol{r}_1(t)) = [2x,\, 2y] = [2t,\, 2t]$$

$$\frac{d\boldsymbol{r}_1}{dt} = [1,\, 1]$$

$$\int_a^b \boldsymbol{F}(\boldsymbol{r}_1(t)) \cdot \frac{d\boldsymbol{r}_1}{dt} dt = \int_0^1 (2t+2t)\,dt = [2t^2]_0^1 = 2$$

경로 C_2에서 $\boldsymbol{r}_2(t) = [x(t),\, y(t)] = [t,\, t^2]$이므로

$$\boldsymbol{F}(\boldsymbol{r}_2(t)) = [2x,\, 2y] = [2t,\, 2t^2]$$

$$\frac{d\boldsymbol{r}_2}{dt} = [1,\, 2t]$$

$$\int_a^b \boldsymbol{F}(\boldsymbol{r}_2(t)) \cdot \frac{d\boldsymbol{r}_2}{dt} dt = \int_0^1 (2t+4t^3)\,dt = [t^4+t^2]_0^1 = 2$$

두 선적분의 결과는 동일하게 2이며, 이것이 곧 시작점과 끝점의 함수값 차이와 동일합니다.

$$\Delta f = f(1,\, 1) - f(0,\, 0) = 1^2 + 1^2 = 2$$

즉, 적분 경로에 무관하게 함수값의 차이만이 결과값이 되는 상태함수임을 확인할 수 있습니다.

여기서 만약 선적분의 내용을 이해하지 못하였더라도 좌절할 필요는 없습니다. 여러분 매일같이 사용하는 휴대전화의 원리를 하나부터 열까지 전부 이해하면서 사용하고 있나요? 자동차의 원리를 100% 이해하면서 운전

하고 있나요? 뉴턴이 만유인력의 법칙을 정립하기 수천년 전인 기원전에도 인류는 중력을 이용해서 물레방아를 돌렸습니다. 공학에서 많은 경우 수학적 과정은 유용한 공학적 지식을 수립, 검증하기 위한 것이며, 그렇게 입증된 지식의 결과를 "활용"하는 것은 별개의 일입니다. 이차방정식 근의 공식을 유도할 줄 아는 것과 그 식을 써서 근을 구할 수 있는 것은 별개의 일인 것처럼요. 지금 현재 열역학을 공부하는 입장에서 보면 중요한 것은 경로함수의 수학적 증명이 아니라 "열과 일은 경로함수이며 내부에너지 같은 다른 열역학 물성은 상태함수이다."라는 지식입니다. 수학적 증명을 할 수 있는지는 그 자체로도 거대한 의미를 가지지만, 증명을 할 수 없다고 해서 이 지식을 이용할 수 없게 되는 것은 아닙니다.

2.2 가역등온공정과 가역단열공정

열역학 제1법칙과 공정 경로를 확정할 수 있다면, 계의 내부에너지 변화와 주고받은 일과 열을 계산하는 것이 가능해집니다. 이는 다음 절에서 다룰 열기관의 핵심 아이디어가 된 카르노 사이클(Carnot cycle)을 이해하는 기반이 됩니다.

이상기체의 가역등온공정

앞서 절에서 예로 든 것처럼, 이상기체가 실린더 내에서 등온을 유지하는 상태로 가역 등온 팽창하거나 가역 등온 압축되는 경우를 생각해 봅시다. 실린더의 위치 변화가 없다면 열역학 제1법칙에서 운동에너지나 위치에너지의 변화는 없다고 생각할 수 있습니다. 또한 등온공정의 경우 전후 상태에서 온도의 변화가 없는데($\Delta T = 0$), 이상기체의 경우 내부에너지는 온도만의 함수이므로, 온도가 변화가 없다면 내부에너지 역시 변화가 없어야만 합니다.

$$\Delta u = q + w = 0 \tag{2.17}$$

가역공정이라면 앞서 다룬 것처럼 무한히 천천히 변화하는 과정에서 외부 압력과 내부 압력이 같아집니다. 상태 1에서 상태 2로 변화할 때 일의 정의와 이상기체 방정식에 따르면 등온공정의 일은

$$w = -\int_{v_1}^{v_2} \frac{RT}{v} dv = -RT \int_{v_1}^{v_2} \frac{1}{v} dv = -RT \ln \frac{v_2}{v_1} \tag{2.18}$$

등온공정이므로 이상기체의 Pv값은 일정($P_1 v_1 = RT = P_2 v_2$)하므로 다음과 같이 P에 대해서 나타내도 동일합니다.

$$w = -RT \ln \frac{v_2}{v_1} = -RT \ln \frac{\dfrac{RT}{P_2}}{\dfrac{RT}{P_1}} = RT \ln \frac{P_2}{P_1} \qquad (2.19)$$

$\Delta u = 0$이므로

$$q = -w = RT \ln \frac{v_2}{v_1} = -RT \ln \frac{P_2}{P_1} \qquad (2.20)$$

등온팽창의 경우 팽창 후의 부피가 더 크므로($v_2 > v_1$), 일(w)은 음의 값을, 열(q)은 양의 값을 가지게 됩니다. 즉, 열을 흡수해서 그만큼 팽창하여 시스템의 내부에너지는 일정하면서 일을 하는 공정이 됩니다. 반대로 등온 압축의 경우 팽창 후의 부피가 더 작으므로($v_2 < v_1$), 일은 양의 값을, 열은 음의 값을 가집니다. 즉, 계에 일을 가해서 압축을 하고 그 과정에서 들어간 일에너지는 내부에너지를 높이는 것이 아니라 열로 배출되는 공정이 됩니다.

Ex 2-2 **이상기체의 닫힌계 등온팽창**

항온조가 설치되어 400 K으로 등온이 유지되는 실린더 내에 이상기체 1몰이 20 bar에서 1 bar로 등온팽창하였다.

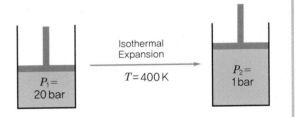

ⓐ 가역팽창하는 경우 내부에너지의 변화량, 계에 출입하는 열과 일을 구하라.

　이상기체인 경우 온도가 변화하지 않으면 내부에너지의 변화는 없습니다.
$$\Delta u = 0 = q + w$$
$Pv = RT = P_1 v_1 = P_2 v_2$이므로 식 (2.19)에서
$$w = RT \ln \frac{P_2}{P_1} = 8.314 \frac{\text{J}}{\text{mol} \cdot \text{K}} \times 400\,\text{K} \times \ln \frac{1}{20} = -9.96\,\text{kJ/mol}$$
$q = -w = 9.96\,\text{kJ/mol}$
즉, 열을 흡수($q > 0$)해서 일을 합니다($w < 0$).

ⓑ 이 기체가 이상기체이고 팽창하면서 9 kJ의 열을 흡수한 경우 기체가 한 일을 구하라.

　마찬가지로 이상기체이고 등온공정이면 내부에너지의 변화는 없으므로
$$w = -q = -9\,\text{kJ/mol}$$
참고로 가역공정보다 적은 일을 하므로 이는 가역공정은 아닐 것입니다.

FAQ 2-9 다른 책에서는 $W = -\int PdV = nRT\ln\dfrac{P_2}{P_1}$ 인데 여기서는 $w = -\int Pdv = RT\ln\dfrac{P_2}{P_1}$ 로 n 이 없는데 식이 다른 것 아닌가요?

둘은 같은 식입니다. 앞의 식에서 W는 크기성질(extensive property)인 일(work, J)입니다. 뒤의 식에서 w는 이를 몰로 나눠서 세기성질(intensive property) 몰일(molar work, $w = W/n$, J/mol)로 나타낸 것입니다. 앞의 식 양변을 n으로 나누면 뒤의 식이 됩니다.

내부에너지와 정적비열(specific heat capacity at constant volume)

단열공정으로 가기 전에 짚고 넘어가야 할 부분이 있습니다. 내부에너지라는 물성을 어떻게 알 수 있는가 하는 부분입니다. 온도나 압력 같은 것은 직접 측정이 가능한 물성으로 직관적으로 이 해하기가 편합니다. 그런데 내부에너지라는 것은 분자로 인하여 내재된 에너지라니 그런가 보다 싶은데, 이것은 어떻게 직접 측정할 수 있을지 막막합니다. 따라서 내부에너지를 추산할 수 있는 방법이 필요합니다.

일단 여기에서는 가장 간단한 방법, 열용량(heat capacity at constant volume) 혹은 비열 (specific heat capacity at constant volume)을 이용하는 방법에 대해서 소개하겠습니다. 열용량 (C, Heat capacity)은 통상 주어진 질량의 어떤 물질을 단위 온도만큼 올리는 데 필요한 에너지 량을 말합니다. 즉, 크기성질입니다.

$$C = \frac{Q}{\Delta T}[\text{J/}^\circ\text{C}] \tag{2.21}$$

이것을 질량으로 나누어서 세기성질로 만든 것이 비열용량(c, specific heat capacity)으로, 흔 히 약어로 비열(specific heat)이라 부릅니다. 이는 어떠한 물질 단위 질량을 단위 온도만큼 올리 는 데 필요한 에너지량을 의미합니다. 상온에서 물의 비열은 대략 4.2 J/(g℃), 즉 1 cal/(g℃)라는 것을 다들 아실 것입니다. 물론 질량 대신 몰로 나눈 몰비열(molar heat capacity)로 나타낼 수도 있습니다.

$$c = \frac{C}{m} = \frac{Q}{m\Delta T} = \frac{q}{\Delta T} \text{ or } c = \frac{C}{n} = \frac{Q}{n\Delta T} = \frac{q}{\Delta T} \tag{2.22}$$

열은 경로함수이므로 특정 경로를 지정해 줄 필요가 있습니다. 그러면 비열을 실험적으로 측정 하는 것이 가능합니다. 예를 들어, 아래와 같이 부피를 고정한 실린더에 열을 가하면서 유체의 온 도가 어떻게 변화하는지 측정하는 실험을 한다고 생각해 봅시다. 실험의 결과를 q vs T로 도시하게 되면 그 기울기가 의미하는 것이 비열이 되므로, 실험 결과를 기반으로 접선의 기울기를 온도에 대한 함수로 근사하면 실험적으로 비열을 온도에 관한 함수로 나타내는 것이 가능해집니다. 이렇게 부피를 고정하고 온도의 함수로 얻은 비열을 정적비열(specific heat at constant volume, c_v)이라고 합니다.

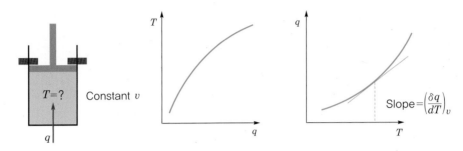

| 그림 2-8 | **정적비열의 측정 실험 개념**

$$c_v = \left(\frac{\partial q}{\partial T}\right)_v = A + BT + CT^2 + \cdots \tag{2.23}$$

v가 어떤 하나의 값만을 가지는 상태에서 q는 T만의 함수이지만, v가 $v=1$, $v=2$, $v=3$, $\cdots$ 처럼 변화하면 계의 압력도 변화합니다. 따라서 온도 1℃를 올리기 위해서 필요한 열량은 T만이 아니라 v값에 의해서도 변화합니다. 즉 이 실험에서 q는 T의 함수인 동시에 v의 함수이기도 합니다[$q = q(T, v)$]. 따라서 정의상 상미분이 아닌 편미분을 적용할 필요가 있습니다.

이제 열역학 제1법칙과 연결해 봅시다. 정적 상태이므로 부피의 변화량은 항상 0입니다($dv=0$). 즉, 부피가 일정한 경우($dv=0$) 기체가 하는 일이 없으므로($\delta w=0$)

$$du = \delta q + \delta w = \delta q - Pdv = \delta q$$

다시 말해, 부피가 일정한 상황에서 계에 가해진 열은 모두 내부에너지의 증가로 반영되게 됩니다. 따라서, 정적비열은 경로함수 q 대신 상태함수 u를 사용하여 부피가 일정할 때 온도에 따른 내부에너지의 변화량으로 정의할 수 있습니다.

$$c_v \equiv \left(\frac{\partial u}{\partial T}\right)_v \tag{2.24}$$

식 (2.24)에서 정의된 실제 기체의 정적비열은 다른 열역학 변수와 마찬가지로 2개의 독립변수에 의해 영향을 받는 물성이므로 편미분으로 나타내었습니다. 그러나 이상기체의 경우 정의상 내부에너지는 온도만의 함수였습니다. 즉, 이상기체에 가깝게 행동하는 기체의 경우 내부에너지는 온도만의 단변수함수라고 볼 수 있으며,

$$u = u(T)$$

단변수함수의 경우 상미분과 편미분을 구별할 의미가 사라지므로 이상기체의 경우,

$$c_v = \left(\frac{\partial u}{\partial T}\right)_v = \frac{du}{dT}$$

$$du = c_v dT \tag{2.25}$$

이제 이상기체에 가까운 조건에서 실험을 수행, 식 (2.23)과 같이 정적비열을 온도에 대한 함수로 얻어낼 수 있다면 이를 적분해서 이상기체에 가까운 기체의 내부에너지 변화량을 계산하는 것이 가능해집니다. 즉,

$$\Delta u = \int_{T_1}^{T_2} c_v dT \tag{2.26}$$

정적비열이라는 이름과 구하는 과정 때문에 많은 학생들이 혼란을 겪는데, 정적비열은 상태함수입니다. 예를 들어서 식 (2.23)은 정해진 v에서는 온도만의 함수이므로, 명확하게 상태함수입니다. 즉, 부피를 고정한 실험을 통해서 얻은 함수이나, 그렇게 얻어진 결과는 상태함수로 경로에 무관한 값을 가지게 됩니다. 이는 부피가 고정되어야만 쓸 수 있는 것이 아니라 어떤 경로에도 적용이 가능해지는 강력한 편리함을 가지게 됩니다.

액체나 고체의 경우 온도 편차가 매우 크지 않다면 정적비열은 상수에 가깝습니다. 예를 들어 물의 정적비열은 온도에 따라 아주 미세하게 변화하나 거의 $4.2\,\mathrm{J/(g\cdot K)}$에서 고정된 값을 가집니다. 이런 경우라면 내부 에너지 변화량은 다음과 같이 연산이 가능합니다.

$$\Delta u = \int_{T_1}^{T_2} c_v dT = c_v(T_2 - T_1)$$

Ex 2-3 가역공정의 내부에너지

2.1절에서 다룬 이상기체의 팽창공정에서 가역공정 A*와 비가역공정 A가 상태 1에서 상태 2로 팽창했을 때 내부에너지의 변화량이 경로에 무관하게 동일함을 보여라.

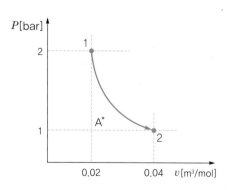
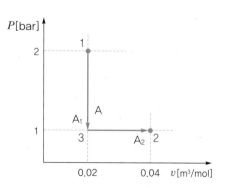

경로 A*의 경우 각 상태의 온도를 T_1, T_2라 하면, 이상기체라면 $du = c_v dT$이므로

$$\Delta u_{A*} = \int_{T_1}^{T_2} c_v dT$$

경로 A를 상태 1에서 상태 3으로 등적(부피가 일정) 감압한 A_1과 상태 3에서 상태 2로 등압팽창한 A_2로 나누어 생각해 봅시다.

내부에너지의 변화량은

$$\Delta u_A = \Delta u_{A1} + \Delta u_{A2}$$

$$\Delta u_{A1} = \int_{T_1}^{T_3} c_v dT$$

$$\Delta u_{A2} = \int_{T_3}^{T_2} c_v dT$$

$$\Delta u_A = \Delta u_{A1} + \Delta u_{A2} = \int_{T_1}^{T_3} c_v dT + \int_{T_3}^{T_2} c_v dT = \int_{T_1}^{T_2} c_v dT$$

즉, 내부에너지는 경로에 무관하게 시작과 끝 상태로만 그 차이값이 결정되는 상태함수입니다. 상태함수라는 사실을 알면 이는 다음 계산이나 다르지 않습니다.

$$\Delta u_{A1} + \Delta u_{A2} = (u_3 - u_1) + (u_2 - u_3) = u_2 - u_1$$

FAQ 2-10 c_v를 편미분으로 나타내는 것이 잘 이해가 가지 않습니다.

정적 조건에서 구간값으로 실험을 한다고 하면 비열 c는 다음과 같이 나타낼 수 있습니다.

$$c_v = \frac{q}{\Delta T} = \frac{\Delta u}{\Delta T}$$

이때 이상기체에서처럼 다른 모든 변수들이 일정하고 오로지 u와 T만이 연동되어 변한다고 하면(즉 u가 T만의 함수라면 $u = u(T)$ only), 다음과 같이 구간 변화를 상미분값으로 써도 상관이 없을 것입니다.

$$c_v = \frac{du}{dT}$$

그런데 앞서 다룬 것처럼, 실제 물질의 내부에너지 u는 T만의 함수가 아니라서, 온도 외의 다른 변수에 의해서도 영향을 받게 됩니다. FAQ 2-7에서 다루었던 것처럼 다변수함수인 경우 변화량이 독립변수별로 달라지므로 편도함수를 고려해야 합니다. 이때 온도 외에 부피가 독립적으로 결정될 수 있으며, 그 외에 다른 물성들은 종속적으로 결정되는 상황임을 표기하기 위해서 아래첨자 v로 표시하게 됩니다.

$$c_v = \left(\frac{\partial u}{\partial T}\right)_v$$

FAQ 2-11 편도함수에 왜 아래첨자 v 같은 걸 붙여야 하나요? 빼도 똑같은 것 아닌가요?

변수가 2개 밖에 없다면 구별의 의미가 없으므로 그럴 수 있습니다. 하지만 변수가 3개 이상인 다변수함수가 되면, 반드시 그렇다고 말하기 어려운 상황이 발생합니다. 이해를 돕기 위해서 다음의 예를 봅시다. 다음과 같이 변수 4개, 식 2개로 엮인 시스템이 있다고 합시다.

$$w = x^2 + y^2 + z^2$$

$$xy = Rz \ (R은 \ 상수)$$

이 시스템의 자유도는 $4 - 2 = 2$입니다. 즉, 2개의 독립적인 변수값을 정할 수 있으면 모든 값을 알고 상태를 결정할 수 있게 됩니다. 우리가 x 외에 y를 독립적으로 변경할 수 있다고 하면 z가 종속적으로 결정되므로 편도함수 $\left(\dfrac{\partial w}{\partial x}\right)$를 (x, y)에 대해서 나타내면

$$\left(\frac{\partial w}{\partial x}\right)_y = \left(\frac{\partial \left(x^2 + y^2 + x^2 y^2 / R^2\right)}{\partial x}\right)_y = 2x + \frac{2xy^2}{R^2}$$

그런데 시스템에서 독립적으로 결정 가능한 변수가 x와 z일 수도 있을 것입니다. 그 경우 y가 종속적으로 결정되므로 편도함수를 (x, z)에 대해서 나타내면

$$\left(\frac{\partial w}{\partial x}\right)_z = \left(\frac{\partial \left(x^2 + R^2 z^2 / x^2 + z^2\right)}{\partial x}\right)_z = 2x - \frac{2R^2 z^2}{x^3}$$

즉, 우리가 어떤 두 개의 변수를 독립적인 변수로 이 함수 관계를 연산하고자 하느냐에 따라서 $\left(\dfrac{\partial w}{\partial x}\right)$를 나타내는 형태가 달라지게 됩니다. 열역학 물성들도 이와 같이, 수십 개의 굉장히 많은 변수들이 서로 관계식으로 얽혀서 자유도 2를 유지하는 시스템을 가지고 있기 때문에 어떤 변수를 독립적인 변수로 보고 있는지에 따라서 사용할 수 있는 식의 형태가 달라집니다. 때문에 이를 명확하게 하기 위해서 아래첨자를 넣어서 구별을 합니다.

완벽한 이상기체의 정적비열

엄격하게 따지면 이상기체 역시 2종류로 나눌 수가 있습니다. 1.2절에서 기체운동론을 통하여 정해진 영역에 N개의 입자(분자)가 이상적으로 운동하는 경우 분자 하나의 평균 운동에너지가 다음과 같이 추산됨을 보았습니다.

$$\text{KE}_{\text{avg}} = \frac{3}{2} k_\text{B} T \ \left(k_\text{B} = \frac{R}{N_\text{A}}, \ 볼츠만 \ 상수\right)$$

이상기체의 경우 분자 간 작용력이 없다고 가정, 퍼텐셜 에너지가 존재할 수 없으므로 결국 내부에너지는 분자의 운동에너지만으로 이루어진다고 할 수 있습니다(이것이 이상기체의 내부에너지가 온도만의 함수였던 이유였습니다). 즉, N개의 분자가 있을 때 온도 변화에 따른 내부에너지

변화량은

$$dU = \frac{3}{2}Nk_{\text{B}}dT = \frac{3}{2}\frac{N}{N_{\text{A}}}RdT = \frac{3}{2}nRdT \tag{2.27}$$

부피가 일정한 경우 온도 변화당 필요한 열의 크기(즉 내부에너지의 변화)가 정적비열의 정의였습니다. 그러면 위 식 (2.27)의 관계를 따르는 이상기체의 경우

$$c_v = \left(\frac{\partial u}{\partial T}\right)_v = \frac{du}{dT} = \frac{1}{n}\frac{dU}{dT} = \frac{1}{n}\frac{3}{2}nR = \frac{3}{2}R \tag{2.28}$$

즉 완벽한 이상기체의 정적비열은 상수여야 합니다. 실제로 헬륨이나 네온 같이 작고 가벼운 물질은 액화될 정도의 극저온 온도만 아니라면 온도나 압력이 변화하여도 $(3/2)R[= 12.47$ J/$(\text{mol} \cdot \text{K})]$에서 크게 변화하지 않는 상수에 가까운 정적비열값을 가집니다. 이러한 물질들은 완벽한 이상기체에 매우 가깝다고 볼 수 있습니다.

단 이는 단원자분자(monoatomic) 기체에 국한되는데, 원자 2개가 모여서 된 2원자(diatomic) 분자의 경우 3차원으로 이동하는 병진운동 이외에도 회전 및 진동운동이 가능하게 되어 내부에너지가 증가, 정적비열이 $(5/2)R = 20.79$ J/$(\text{mol} \cdot \text{K})$에 근접하게 됩니다. 실제로 2원자분자인 질소의 경우 1기압, $25\,^{\circ}\text{C}$에서 약 20.8 J/$(\text{mol} \cdot \text{K})$의 정적비열을 가집니다. 3원자 이상이 모여서 만들어진 다원자(polyatomic)분자의 경우 그 이상의 값을 가지게 됩니다. 게다가 수소나 질소와 같은 물질들은 충분히 낮은 압력에서도 온도가 변화하면 정적비열이 온도에 의존하여 변화하는 경향을 가집니다. 즉, 분자 간 상호작용력이 충분히 낮다는 이상기체 가정이 성립하고 이상기체 방정식을 적용할 수 있다고 하더라도 비열의 온도 의존성까지 무시할 수는 없는 상태가 됩니다. 이것이 이후에 이상기체를 가정하더라도 경우에 따라 비열은 상수가 아닌 온도의 함수로 가정하기도 하는 이유입니다. 연구자에 따라 이렇게 비열이 온도에 따라 변화하는 상태의 이상기체를 구별하여 준완전(semi−perfect) 기체라고 부르기도 합니다(과학계에서 명확히 정의가 된 것이 아니라 사람에 따라 명칭이 다를 수 있으므로 이름에 집착하지는 마세요)

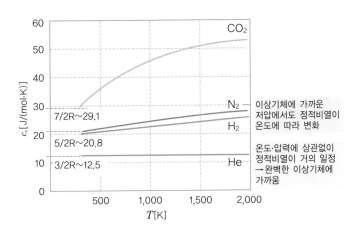

| 그림 2−9 | 물질별 온도에 따른 정적비열값 변화

| 표 2-3 | 이상기체의 비열

구분	이상기체 방정식	비열	적용 가능 상황	비고
이상기체 (ideal gas)	사용 가능	온도, 압력 무관 (상수)	액화될 정도의 극저온/고압 제외한 상황에서 헬륨(He), 네온(Ne) 등을 대상으로 할 때	완전(perfect) 기체라 부르기도 함
	사용 가능	온도만의 함수	저압, 고온에서 기체인 물질을 대상으로 할 때	준완전(semi-perfect) 기체라 부르기도 함
실제 기체 (real gas)	고압이나 저온 등에서 문제 있음 (오차 커짐)	2개 독립변수 (ex: 온도 및 압력)의 함수	이상기체 가정이 성립하지 않을 때의 모든 기체 물질들	

이상기체의 가역단열공정

단열공정인 경우 열의 출입이 없는 공정($\delta q = 0$)이므로

$$du = \delta q + \delta w = \delta w = -Pdv$$

이상기체의 경우 $du = c_v dT$가 성립하므로 이상기체의 가역단열공정에서 열역학 제1법칙은

$$c_v dT = -Pdv \tag{2.29}$$

이상기체 방정식에서

$$RT = Pv$$
$$d(RT) = RdT = d(Pv) = Pdv + vdP$$
$$dT = \frac{P}{R}dv + \frac{v}{R}dP \tag{2.30}$$

식 (2.29)에 식 (2.30)의 dT를 대입하면

$$c_v dT = c_v\left(\frac{P}{R}dv + \frac{v}{R}dP\right) = -Pdv$$
$$c_v Pdv + c_v vdP = -RPdv$$
$$(c_v + R)Pdv = -c_v vdP$$
$$-\left(\frac{c_v + R}{c_v}\right)\frac{1}{v}dv = \frac{1}{P}dP \tag{2.31}$$

여기서 $\left(\dfrac{c_v + R}{c_v}\right)$를 팽창계수(expansion factor) 혹은 비열비(heat capacity ratio)라 부르며(2.5절에서 다시 다룸), k 혹은 γ로 표시합니다.

$$k \equiv \left(\frac{c_v + R}{c_v} \right) \tag{2.32}$$

그럼 식 (2.31)은

$$-k \frac{1}{v} dv = \frac{1}{P} dP \tag{2.33}$$

만약 k값이 상수라면

$$\int_{v_1}^{v_2} -k \frac{1}{v} dv = \int_{P_1}^{P_2} \frac{1}{P} dP$$

$$-k \ln \frac{v_2}{v_1} = \ln \frac{P_2}{P_1}$$

$$\left(\frac{v_2}{v_1} \right)^{-k} = \frac{P_2}{P_1}$$

$$P_1 v_1^k = P_2 v_2^k \tag{2.34}$$

즉 Pv^k가 일정한 값을 가지게 됩니다. Pv^k의 일정한 값을 α라 두면

$$Pv^k = \text{constant} = \alpha \tag{2.35}$$

이때 단열팽창 혹은 압축과정에서 시스템이 받은 일은

$$w = -\int_{v_1}^{v_2} P dv = -\int_{v_1}^{v_2} \frac{\alpha}{v^k} dv = -\frac{\alpha}{-k+1} [v^{-k+1}]_{v_1}^{v_2} = \frac{\alpha}{k-1} \left[\frac{1}{v_2^{k-1}} - \frac{1}{v_1^{k-1}} \right] \tag{2.36}$$

$$\frac{\alpha}{v_2^{k-1}} = \frac{P_2 v_2^k}{v_2^{k-1}} = P_2 v_2, \ \frac{\alpha}{v_1^{k-1}} = \frac{P_1 v_1^k}{v_1^{k-1}} = P_1 v_1 \text{이므로}$$

$$w = \frac{1}{k-1} (P_2 v_1 - P_2 v_1) = \frac{R}{k-1} (T_2 - T_1) \tag{2.37}$$

이때

$$P_1 v_1^k = RT_1 v_1^{k-1} = P_2 v_2^k = RT_2 v_2^{k-1}$$

$$T_2 = T_1 \left(\frac{v_1}{v_2} \right)^{k-1} = T_1 \left(\frac{P_2}{P_1} \right)^{\frac{k-1}{k}} \tag{2.38}$$

즉, 가역단열팽창의 경우 팽창 후의 부피가 더 크므로($v_2 > v_1$), 시스템의 온도는 팽창 전에 비하여 감소합니다($T_2 < T_1$). 이는 팽창 후의 내부에너지 역시 감소한다는 의미가 됩니다. 일(w)은 내부에너지가 감소한 것과 동일한 음의 값을 가집니다. 즉, 내부에너지를 소모해서 그만큼 팽창하여 외부로 일을 해 주는 공정이 됩니다. 반대로 단열압축의 경우는 계에 일을 가해서 압축을 하고 그 과정에서 들어간 일에너지는 모두 내부에너지를 높이는 데(온도가 상승) 사용됩니다.

| 표 2-4 | 가역등온공정과 가역단열공정에서의 열역학 제1법칙

	가역등온공정(isothermal process)		가역단열공정(adiabatic process)	
열역학 제1법칙	$\Delta u=0=q+w$		$\Delta u=q+w=w$	
q	$q=-w=RT\ln\dfrac{v_2}{v_1}=-RT\ln\dfrac{P_2}{P_1}$		0	
w	$w=-RT\ln\dfrac{v_2}{v_1}=RT\ln\dfrac{P_2}{P_1}$		$w=\dfrac{R}{k-1}(T_2-T_1)\left(k=\dfrac{c_v+R}{c_v}\right)$	
	팽창	압축	팽창	압축
Δu	0	0	<0 (감소)	>0 (증가)
q	>0 (열을 흡수)	<0 (열을 방출)	0	0
w	<0 (일을 함)	>0 (일을 받음)	<0 (일을 함)	>0 (일을 받음)
	$\Delta u=0$ $\Delta T=0$	$\Delta u=0$ $\Delta T=0$	$u\downarrow$ $T\downarrow$ $q=0$	$u\uparrow$ $T\uparrow$ $q=0$

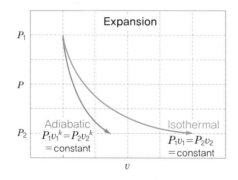
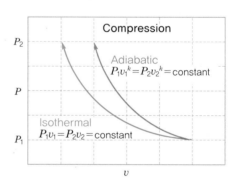

| 그림 2-10 | Pv선도상의 가역등온공정과 가역단열공정

단열인 경우는 k의 값은 완벽한 이상기체의 경우 $k=5/3$의 상수값을 가지며, 실제 기체의 경우는 물질과 공정 조건에 따라 다른 값을 가지게 됩니다. 예를 들어 질소의 경우는 상태 1, 2의 온도압력 조건에 따라 1.36~1.4 정도의 값을 가집니다.

나아가, 다양한 공정에서 기체의 압력과 온도 변화를 $Pv^n=$일정$(=\alpha)$한 관계로 나타내는 것이 가능합니다. 예를 들어

$n=0$: $P=$ 일정 (등압공정)
$n=1$: $Pv=$ 일정 (등온공정)
$n=k$: $Pv^k=$ 일정 (단열공정)

이러한 관계를 만족하는 공정들을 통틀어 폴리트로픽(polytropic) 공정이라고 부르며 이때의 n을 폴리트로픽 지수(polytropic exponent)라고 부릅니다.

FAQ 2-12 수업 내용에서 등온, 단열공정에 가역(reversible) 조건을 붙여서 이야기하는 이유는 무엇인가요?

비가역 (irreversible)공정인 경우 시스템 내 압력(예시에서 이상기체의 경우 $Pv = RT$를 따라 변화하는)이 일을 결정하는 외부 압력과 같다고 할 수 없기 때문입니다. 비가역공정의 설명 예시에서는 외부 압력이 실린더 내 시스템의 압력과 달랐음을 기억해 주세요.

$$P_{ext} \neq P_{sys}\left(= \frac{RT}{v} \right)$$

때문에 비가역공정의 경우 수업시간에 적용한 식들을 적용할 수 없고, 비가역팽창의 경로를 실제로 정확히 알아야 시스템이 하는 일을 정의할 수 있게 됩니다. 그러나 실제로 비가역팽창의 경로는 현실에서 정확히 파악하는 것이 매우 어렵기 때문에, 가역공정을 가정하여 가장 이상적인 케이스를 얻은 뒤, 이를 기준으로 현실의 공정을 평가하게 됩니다.

FAQ 2-13 정적비열은 부피가 일정할 때만 쓸 수 있는거 아닌가요? 단열팽창은 부피가 고정되지 않고 변화하는 상황인데도 어떻게 $du = c_v dT$를 적용할 수 있나요?

앞서 정적비열을 도출하는 과정에서도 설명하였는데, 정적비열을 얻는 과정은 부피를 고정하는 실험적인 과정에서 얻어지나, 일단 그렇게 얻어진 정적비열은 상태함수입니다. 예를 들어 이상기체 조건에서의 정적비열 식 (2.23)은 온도만의 함수로 나타내었으므로 명확하게 상태함수입니다.

앞서 어떠한 변수가 상태함수라면 경로와 상관없이 상태만 동일하면 같은 값을 가지며, 시작과 끝 상태만 같으면 그 차이값이 같다는 것을 배웠습니다. 즉, 시작과 끝이 상태 1, 상태 2라면, 상태 1에서 상태 2로 변화하는 경로가 A, B, C 어떤 경로를 따랐건 차이가 없다는 의미가 됩니다. 즉, 어떠한 경로를 택하더라도 상태만 동일하면 같은 값을 가집니다.

역으로 말하면, 우리가 상태 1에서 상태 2로 변화하는 상태함수를 계산하는 방법을 경로 A를 통해서 얻었다면, 이는 경로 B, C 기타 어떤 경우에 적용해도 상관이 없습니다. 상태함수의 특성상 동일한 결과를 가져올 것이기 때문입니다.

결국 우리가 얻은 정적비열의 값은 부피가 일정한 경로 A에서 얻은 값이지만, 이것이 상태함수라면 부피가 변화하는 경로 B에서도 사용이 가능하게 됩니다. 이것이 열역학에서 상태함수가 중요한 의미를 가진다고 반복해서 이야기하는 이유이기도 합니다.

FAQ 2-14 그래프를 보고 가역/비가역 과정을 구별할 수 있나요? 무한히 긴 시간 동안 변화가 일어나면 가역과정으로 볼 수 있는 것인가요? 가역/비가역이 많이 헷갈리네요. ㅠㅠ

좋은 질문이네요(답변하기 어렵다는 뜻 ^^). 일단 의문은 십분 이해합니다. 열역학을 어렵게 만드는 것은 수식이라기보다는 개념이거든요.

이렇게 말하면 열역학을 연구해 온 여러 과학자 선배님들이 화를 내시겠지만, 가역과정이라는 것은 요즘 인터넷 방송식으로 극단적으로 무례하게 말하자면 과학 오타쿠의 뇌내 망상 같은 것이라고도 할 수 있습니다. 실제로 가능하지 않은데 가능하다고 보고 계산하자는 것이니까요. 무한 동력을 만들 수 없고, 절대 0 K을 만들 수 없듯이 (이제 0.0×와 같이 0에 가까운 온도는 만들 수 있지만) 아주 정교하게 설계된 실험 설비라면 가역에 가까워질 수는 있지만 현실에서 가역과정을 만들기는 어렵습니다.

예를 들어서, 물리 시간에 물체의 운동 시 마찰이 없다라는 가정을 했다고 치면, 이는 실제 바닥과 물체 간에 마찰이 없는 현실을 만들었다는 것이 아니라 그러한 상황을 머리 속으로 생각해 보자는 거죠. 마찬가지로 가역과정도 (나중에 다룰) 엔트로피의 증가가 없는, 에너지의 손실이 하나도 존재하지 않는 가상의 상태를 의미합니다.

결국 그래프만 놓고 이야기하자면, 많은 경우 특정 경로를 가역팽창이라고 가정하면 가역이 되고, 비가역팽창이라고 가정하면 비가역이 되어 버립니다. (물론 절대로 가역이 될 수 없는 경로를 가역이라고 가정하면 잘못된 가정이 됩니다). 기체를 팽창시키면 그것이 어떤 공정이건 현실적으로는 비가역적 팽창이므로 팽창하면서 일부는 일을 하고 일부는 온도(내부에너지)에 반영되고 일부는 마찰 등으로 인하여 열이나 소음 등 다른 에너지로 유실되는 등 복잡한 현상이 한번에 일어납니다. 가역적인 팽창을 가정하자는 것은, 그러한 손실이 모두 없고, 이상적인 기체 방정식을 만족하는 상태에 따라서 변화하는 최소한의 물리 법칙만을 만족시키면 얼마만큼의 에너지 변화가 있을지를 계산해 보자는 것입니다.

예를 들어, 아래의 Pv 그래프에서 A, B는 가역 등적/등압 팽창, C, D는 비가역 등적/등압 팽창이라고 가정해 봅시다. 차이는 뭘까요?

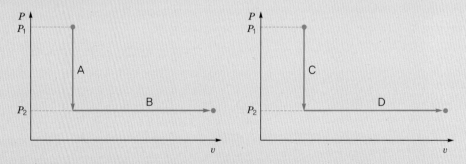

가역공정인 A의 경우 부피가 변하지 않았음으로 시스템이 받은 일은 0입니다. 열역학 제1법칙에서

$$\Delta u = q_{\text{rev}}$$

(가역을 가정했음을 명확히 하고자 rev를 붙였습니다.)

이상기체인 경우 $Pv = RT$이므로

$$P_1 v_1 = RT_1$$
$$P_2 v_1 = RT_2$$

$v_1 = v_2$이고 $P_1 > P_2$이므로 $T_1 > T_2$

이상기체의 경우 계산하기 편하게 c_v가 상수에 가까운 경우를 가정하면

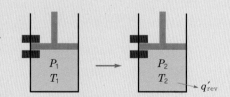

$$\Delta u = c_v \Delta T = c_v (T_2 - T_1) < 0$$

따라서 시스템이 받은 열량은(부호가 −이므로 사실상 배출한 열량)

$$\Delta u = q_{\text{rev}} = c_v(T_2 - T_1)$$

동일한 경우를 비가역공정 C에 대해서 생각해 보면, 최종 도달 온도·압력은 동일합니다. 그러나 비가역공정을 거치면서 배출한 열량 q'은 q'_{rev}과 동일하다고 보장할 수 없습니다. 예를 들어서 실험 장치인 실린더가 마찰로 인하여 배출하는 열을 일부 흡수하여 실린더 자신의 온도가 올라가 버렸다면, 주변에 배출되는 열 q'은 q'_{rev}보다 더 작아지게 될 것입니다. 이때 q'은 계산할 수 없고, 실측해야 합니다.

등압 팽창의 경우를 볼까요? 가역공정인 B의 경우 $P = P_2$로 일정하므로

$$\Delta u = q_{\text{rev}} + w_{\text{rev}}$$

$$w_{\text{rev}} = -\int Pdv = -P_2(v_2 - v_1) < 0$$

등압이면 $\delta q = dh = c_p dT$이므로 비열이 일정한 이상기체로 가정하면

$$q_{\text{rev}} = c_p \Delta T = c_P(T_2 - T_1) = \frac{c_P}{R}(P_2 v_2 - P_2 v_1) = \frac{c_P P_2}{R}(v_2 - v_1) > 0$$

즉 이는 열을 흡수해서 팽창하면서 주변에 일을 해 주는 시스템이 됩니다.

비가역적인 경우는? 이때 시스템이 한 일 w'은 가역과정의 w'_{rev}과 동일하다고 할 수 없고, 시스템이 흡수한 열 q 역시 가역과정의 q_{rev}와 동일하다고 할 수 없습니다. 예를 들어 일을 하면서 실린더의 마찰로 일에너지가 일부 열이나 소리로 변환되어 버렸다면 w'_{rev}보다 적은 일만 하게 됩니다. 이때 q, w'은 계산할 수는 없지만, 실측은 가능하죠.

즉, 비가역(현실)의 경우, 우리는 경로를 특정하기 어렵기 때문에 내가 만든 시스템이 얼마나 일을 하거나 받는지, 열을 흡수하거나 방출하는지 계산하여 예측하기는 어렵습니다. 가역(가상)공정을 가정하는 것은, 그것이 경로를 특정하여 이상적인 최선의 일과 열을 계산할 수 있는 편리한 방법이기 때문입니다.

현실의 시스템은 현실적으로 에너지의 양을 "계산"하기는 어렵더라도 시스템이 얼마의 일을 하는지 열을 흡수하는지 "측정"은 상대적으로 쉽습니다. 이 측정된 수치를 가역과정이 하고 받는 일/열의 양과 비교하여 우리는 효율을 정의할 수 있게 됩니다. 가역과정에 대해서 알 수 없다면 제대로 계산을 할 수 없으므로 내가 만든 장치가 너가 만든 장치보다 좋다 나쁘다로 말싸움이나 하다 끝나게 될 것입니다.

측정치를 비교하면 되지 않는지 생각할 수 있는데, 예를 들어서 열기관이라고 하면 일을 100 J 생산하는 열기관이 50 J 생산하는 열기관보다 무조건 더 좋다고 말할 수 없습니다. 먹어 치우는 열에너지를 고려해야만 제대로 효율 평가가 가능하기 때문입니다. 이러한 접근 시각을 열역학이 제공하고, 이론적으로 계산하여 평가가 가능하도록 해 줍니다.

실례로 21세기까지도 영구기관 특허가 계속 등장하는 것은 열역학적 가역공정(이론적으로 가능한 최상의 상태)의 이해 없이는 제대로 기계장치를 설계하고 평가할 수 없다는 반증이기도 합니다. 답답한 부분이 좀 해소가 되었으면 좋겠습니다.

2.3 열역학 사이클(thermodynamic cycles)

카르노 사이클(Carnot cycle)

19세기 프랑스 군인이자 기계공학자였던 사디 카르노(Nicolas Léonard Sadi Carnot, 1796−1832)는 열기관에 대한 연구 결과 이상적인 열역학 사이클(thermodynamic cycle)에 대한 고찰을 담은 책을 출판하게 됩니다. 여기에 등장하는 것이 가장 유명한 열역학 사이클 중 하나라 부를 수 있는 카르노 사이클(Carnot cycle)입니다. 카르노 사이클은 무게와 마찰이 없고 이상기체로 이루어진 이상적인 시스템이 다음의 네 가지 가역공정을 통하여 원래 상태로 돌아오는 경우를 가정한 사이클입니다.

| 그림 2−11 | 사디 카르노(1796−1832), 17세 학생시절 초상화로 알려짐

https://ko.wikipedia.org/wiki/사디_카르노#/media/파일:Sadi_Carnot.jpeg

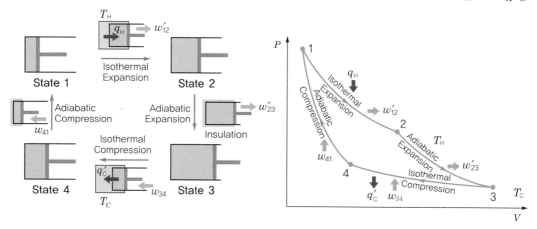

| 그림 2-12 | Pv 선도상 나타낸 카르노 사이클

상태 1→2로 변화하는 공정은 온도 T_H의 뜨거운 열원으로부터 열을 흡수하여 온도를 유지하면서 팽창하는 가역등온팽창공정입니다. 상태 2→3은 완벽한 단열 상태를 유지하면서 팽창하는 가역단열팽창공정입니다. 상태 3→4는 온도 T_C의 차가운 열원으로 열을 배출하여 온도를 유지하면서 압축하는 가역등온압축공정입니다. 상태 4→1은 가역단열압축공정으로, 원래의 상태로 돌아오게 됩니다.

내부에너지는 상태함수이므로 1에서 시작해서 2, 3, 4를 거쳐 1로 다시 돌아오면, 결국 같은 상태로 돌아오는 것이 되므로 이 사이클의 내부에너지 변화 총량은 0이 됩니다. 적분의 ○표시는 적분의 시작점과 끝점이 같다(즉 사이클)는 것을 의미합니다. 처음 보면 공학수학을 보세요.

$$\oint du = \Delta u_{\text{cycle}} = \Delta u_{12} + \Delta u_{23} + \Delta u_{34} + \Delta u_{41} = \Delta u_{11} = u_1 - u_1 = 0 \tag{2.39}$$

한 사이클 과정에서 이 계가 한 일(w_{cycle})을 계산해 봅시다. 1→2, 2→3의 팽창과정은 계가 일을 하고, 3→4, 4→1의 압축과정은 계에 일을 해 준 것입니다. 일의 정의에 따라 압력을 부피에 대해서 적분한 것이 일이므로, 계가 한 일의 크기는 결국 Pv그래프의 하단 면적과 동일하다는 것을 알 수 있습니다. 앞서 가역등온공정과 가역단열공정의 일을 계산하는 방법을 적용하여 전체 알짜일(net work, w_{net})을 계산해 보면

$$w_{\text{net}} = w_{12} + w_{23} + w_{34} + w_{41} \tag{2.40}$$

$$w_{12} = RT_{\text{H}} \ln \frac{P_2}{P_1}$$

$$w_{23} = \frac{R}{k-1}(T_{\text{C}} - T_{\text{H}})$$

$$w_{34} = RT_{\text{C}} \ln \frac{P_4}{P_3}$$

$$w_{41} = \frac{R}{k-1}(T_{\text{H}} - T_{\text{C}})$$

이 알짜일(net work, w_{net})은 일의 정의에 따라 계가 받은 일입니다. 따라서 계가 일을 하면 음수로 나타나게 될 것입니다.

계에 공급된 알짜열(net heat) 역시 같은 방식으로 나타낼 수 있습니다. 계가 공급받은 열은 2→3, 4→1은 단열과정이고 계의 출입한 열이 없으므로,

$$q_{\text{cycle}} = q_{\text{net}} = q_{12} + q_{23} + q_{34} + q_{41} = q_{\text{H}} + q_{\text{C}} \tag{2.41}$$

사이클 전체에 대해서도 열역학 제1법칙은 성립하여야 하므로, 알짜열을 받은 만큼 알짜일을 했음을 알 수 있습니다.

$$\Delta u_{\text{cycle}} = q_{\text{net}} + w_{\text{net}} = 0 \tag{2.42}$$

즉, 이 카르노 사이클은 뜨거운 열원에서 열을 받아서 일을 하고, 차가운 열원으로 열을 배출하는 기관이 됩니다. 이를 카르노 엔진(Carnot engine), 카르노 기관 혹은 열기관이라고 부릅니다.

카르노 기관의 효율은 한 사이클 동안 한 일을 얻기 위해서 투입한 열의 형태로 정의할 수 있습니다. 에너지의 흐름을 시스템으로 들어오는 방향으로 정의하였으므로 w_{net}과 q_{C}는 음수값을 가지게 되는데 이는 직관적으로 이해하기 불편하니 사이클이 한 일 w'_{net}, 시스템에서 차가운 열원으로 배출한 열량 q'_{C}을 쓰면 모두 양수값으로 나타낼 수 있습니다.

$$w'_{\text{net}} = -w_{\text{net}} = -w_{12} - w_{23} - w_{34} - w_{41}$$

$$q'_{\text{C}} = -q_{\text{C}}$$

이때 카르노 기관의 효율은 다음과 같이 정의됩니다.

$$\eta_{\text{Carnot}} = \frac{w'_{\text{net}}}{q_{\text{H}}} = \frac{-w_{\text{net}}}{q_{\text{H}}} = \frac{q_{\text{H}} + q_{\text{C}}}{q_{\text{H}}} = \frac{q_{\text{H}} - q'_{\text{C}}}{q_{\text{H}}} \tag{2.43}$$

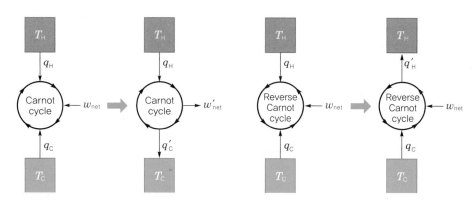

| 그림 2-13 | 카르노 기관 및 카르노 냉동기의 개념도

만약 카르노 사이클의 모든 공정을 역방향으로 정의하면, 일을 받아서 저온의 열원에서 열을 흡수, 고온의 열원으로 배출하는 사이클을 만들 수 있습니다. 이를 카르노 냉동기(Carnot refrigerator)라고 하며, 3.5절의 냉각 사이클(refrigeration cycle)에서 보다 자세하게 다룹니다.

카르노는 카르노 기관을 통해서 카르노의 정리(Carnot's theorem)를 발표하는데, 그 내용은 간단히 말하면 카르노 기관과 동일한 열원을 사용하면서 작동하는 열기관은 반드시 카르노 기관보다 낮은 효율을 가진다는 것입니다. 정성적으로는 모든 과정에서 가역을 가정했으므로 당연히 그렇다고 말할 수 있을 것이고, 다음과 같이 증명할 수 있습니다.

만약 여러분이 카르노 기관보다 효율이 좋은 기관 X를 발명했다고 합시다. 이 기관을 카르노 냉동기와 결합하면

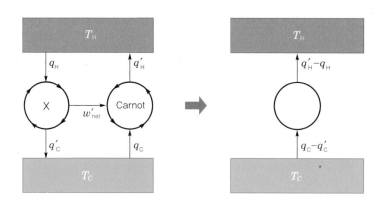

$$\eta_x > \eta_{\text{Carnot}}$$

$$\frac{w'_{\text{net}}}{q_{\text{H}}} > \frac{w'_{\text{net}}}{q'_{\text{H}}}, \ q'_{\text{H}} > q_{\text{H}}, \ q'_{\text{H}} - q_{\text{H}} > 0$$

즉, 이 결합 기관은 외부에서 일을 가하지 않고도 차가운 온도에서 뜨거운 온도로 열을 보낼 수 있다는 의미가 됩니다. 이는 경험적으로 불가능한 일이며, 이론적으로는 이후에 다룰 열역학 제2법칙을 위배하는 내용이 됩니다.

카르노 사이클은 가상의 사이클이지만 열에너지를 일에너지로 바꾸고 싶은 기관, 즉 열기관(엔진)을 분석하는 이론적 기틀을 제공하는 큰 의미를 지닙니다. 특히 대표적인 의의로, 빠져나가는 열량으로 인하여 효율 100%의 엔진, 즉 모든 열을 일로 전환하는 열기관은 만들 수 없다는 점을 알게 되었다는 점을 들 수 있습니다. 마찰이 없는 실린더와 모든 공정이 가역적임을 가정한 카르노 사이클에서조차, 효율이 1이기 위해서는 절대영도($T_C = 0\,\mathrm{K}$)의 냉원이 필요합니다(Ex 2-4 참조). 즉, 이는 불가능하다는 것을 알 수 있습니다. 이외에도 카르노 사이클은 비가역성을 나타내는 열역학 물성인 엔트로피(entropy)를 정의하는 과정에도 중요한 역할을 합니다. 이는 다음 장에서 다룹니다.

Ex 2-4 카르노 사이클

1몰의 이상기체가 들어 있는 이상적인 실린더를 이용하여 다음 조건에 따라 카르노 사이클을 만든 경우 이하 질문에 답하라.

State 1→2 가역등온팽창, 20 bar→10 bar, 1000 K

State 2→3 가역단열팽창, 10 bar→1 bar

State 3→4 가역등온압축, 1 bar→2 bar

State 4→1 가역단열압축, 2 bar→20 bar

ⓐ 각 공정에서 받은 일과 사이클이 한 알짜일을 계산하라.

각 공정별로 받은 일을 계산해 보면

1→2의 등온팽창공정에서

$$T_1 = T_2 = T_H$$

$$w_{12} = RT_H \ln \frac{P_2}{P_1} = 8.314 \frac{\mathrm{J}}{\mathrm{mol \cdot K}} \frac{1\,\mathrm{kJ}}{1000\,\mathrm{J}} 1000\,\mathrm{K} \ln \frac{10}{20} = -5.76\,\mathrm{kJ/mol}$$

2→3의 단열팽창공정에서

$$T_3 = T_4 = T_C$$

$$w_{23} = \frac{R}{k-1}(T_C - T_H)$$

$$k = \left(\frac{c_v + R}{c_v} \right) = \frac{\frac{3}{2}R + R}{\frac{3}{2}R} = \frac{5}{3} = 1.667$$

이상기체의 가역단열공정에서 $Pv^k = \text{constant} = \alpha$이므로

$$P_2 v_2^{\,k} = P_3 v_3^{\,k}$$

$$\frac{v_2}{v_3} = \left(\frac{P_3}{P_2}\right)^{\frac{1}{k}}$$

$$T_3 = T_2 \left(\frac{v_2}{v_3}\right)^{k-1} = T_2 \left(\frac{P_3}{P_2}\right)^{\frac{k-1}{k}} = 1000 \left(\frac{1}{10}\right)^{\frac{5/3-1}{5/3}} = 1000 \left(\frac{1}{10}\right)^{0.4} = 398 \text{ K}$$

$$w_{23} = \frac{R}{k-1}(T_C - T_H) = \frac{8.314}{(1.667-1)} \frac{\text{J}}{\text{mol} \cdot \text{K}} \frac{1 \text{ kJ}}{1000 \text{ J}} (398 - 1000) = -7.51 \text{ kJ/mol}$$

3→4의 등온압축공정에서

$$w_{34} = RT_C \ln \frac{P_4}{P_3} = 8.314 \frac{\text{J}}{\text{mol} \cdot \text{K}} \frac{1 \text{ kJ}}{1000 \text{ J}} 398 \text{ K} \ln \frac{2}{1} = 2.29 \text{ kJ/mol}$$

4→1의 단열압축공정에서

$$w_{41} = \frac{R}{k-1}(T_H - T_C) = \frac{8.314}{(1.667-1)} \frac{\text{J}}{\text{mol} \cdot \text{K}} \frac{1 \text{ kJ}}{1000 \text{ J}} (1000 - 398) = 7.51 \text{ kJ/mol}$$

사이클의 알짜일은

$$w_{\text{net}} = w_{12} + w_{23} + w_{34} + w_{41} = -5.76 - 7.51 + 2.29 + 7.51 = -3.47 \text{ kJ/mol}$$

즉, 사이클이 생산한 일은

$$w'_{\text{net}} = -w_{\text{net}} = 3.47 \text{ kJ/mol}$$

혹은 크기성질로 변환해서 $W'_{\text{net}} = n w'_{\text{net}} = 3.47 \text{ kJ}$, 즉 3.47 kJ만큼의 일을 함.

b 각 공정에서 받은 열과 사이클이 받은 알짜열을 계산하라.

단열공정이므로 $q_{23} = q_{41} = 0$

가역등온공정에서 내부에너지는 변하지 않으므로 $q = -w$

$$q_H = q_{12} = -w_{12} = -RT_H \ln \frac{P_2}{P_1} = 5.76 \text{ kJ/mol}$$

$$q_C = q_{34} = -w_{34} = -RT_C \ln \frac{P_4}{P_3} = -2.29 \text{ kJ/mol}$$

알짜열은

$$q_{\text{net}} = q_{12} + q_{23} + q_{34} + q_{41} = q_H + q_C = 3.47 \text{ kJ/mol}$$

c 사이클에서 내부에너지 변화는 없음을 확인하라.

$$\Delta u_{\text{cycle}} = q_{\text{net}} + w_{\text{net}} = 3.47 - 3.47 = 0$$

ⓓ 이 카르노 사이클의 효율을 계산하라.

$$\eta_{\text{Carnot}} = \frac{w'_{\text{net}}}{q_{\text{H}}} = \frac{3.47}{5.76} = 0.602$$

ⓔ 이 카르노 사이클의 효율이 $1 - T_{\text{C}}/T_{\text{H}}$과 동일한 값을 가짐을 보이고 이를 증명하라.

$$1 - \frac{398}{1000} = 0.602$$

증명은

$$\eta_{\text{Carnot}} = \frac{w'_{\text{net}}}{q_{\text{H}}} = \frac{-w_{\text{net}}}{q_{\text{H}}} = \frac{q_{\text{H}} + q_{\text{C}}}{q_{\text{H}}} = 1 + \frac{q_{\text{C}}}{q_{\text{H}}}$$

1→2, 3→4는 가역등온공정이므로

$$q_{\text{H}} = q_{12} = RT_{\text{H}} \ln \frac{v_2}{v_1}$$

$$q_{\text{C}} = q_{34} = RT_{\text{C}} \ln \frac{v_4}{v_3}$$

$$\frac{q_{\text{C}}}{q_{\text{H}}} = \frac{T_{\text{C}}}{T_{\text{H}}} \frac{\ln \dfrac{v_4}{v_3}}{\ln \dfrac{v_2}{v_1}}$$

2→3, 4→1은 가역단열공정이므로

$$P_2 v_2^k = RT_2 v_2^{k-1} = P_3 v_3^k = RT_3 v_3^{k-1}$$

$$P_4 v_4^k = RT_4 v_4^{k-1} = P_1 v_1^k = RT_1 v_1^{k-1}$$

$T_1 = T_2 = T_{\text{H}}$, $T_3 = T_4 = T_{\text{C}}$이므로

$$T_{\text{H}} v_2^{k-1} = T_{\text{C}} v_3^{k-1}, \ \frac{T_{\text{H}}}{T_{\text{C}}} = \left(\frac{v_3}{v_2} \right)^{k-1}$$

$$T_{\text{C}} v_4^{k-1} = T_{\text{H}} v_1^{k-1}, \ \frac{T_{\text{H}}}{T_{\text{C}}} = \left(\frac{v_4}{v_1} \right)^{k-1}$$

$$\left(\frac{v_3}{v_2} \right)^{k-1} = \left(\frac{v_4}{v_1} \right)^{k-1}$$

$$\frac{v_2}{v_1} = \frac{v_3}{v_4}$$

$$\frac{\ln \dfrac{v_4}{v_3}}{\ln \dfrac{v_2}{v_1}} = \frac{-\ln \dfrac{v_3}{v_4}}{\ln \dfrac{v_2}{v_1}} = -1$$

따라서

$$\frac{q_{\text{C}}}{q_{\text{H}}} = -\frac{T_{\text{C}}}{T_{\text{H}}} \text{ or } \frac{q_{\text{H}}}{T_{\text{H}}} + \frac{q_{\text{C}}}{T_{\text{C}}} = 0, \ \eta_{\text{Carnot}} = 1 + \frac{q_{\text{C}}}{q_{\text{H}}} = 1 - \frac{T_{\text{C}}}{T_{\text{H}}}$$

FAQ 2-15 카르노 사이클을 이상기체에서 정의했는데, 아닌 경우에도 정의 가능한가요? 그래프가 바뀌게 되나요?

어떤 물질을 선택하느냐에 따라 차이가 있을 것입니다. 이상기체가 아니더라도 사이클의 모든 상태가 상변화가 없는 영역에서 정의된다면 카르노 사이클과 유사한 Pv 그래프를 도출할 수 있습니다. 예를 들어서 헬륨(He) 같은 경우 분자량이 매우 작고 분자 간 상호작용이 적은 18족 원소(비활성 기체)로 끓는점이 $-269\,^\circ\mathrm{C}$로 상온·상압에서 온도와 압력을 상당히 높이더라도 이상기체에 가까운 움직임을 보입니다. 그러나 물과 같은 경우 상온·상압을 포함하는 압축 팽창 시 상변화가 존재하는 구간이 존재하므로 Pv선도에서 아예 다른 형태를 가지게 됩니다. (추후 나올 랭킨(Rankine) 사이클에서 다룹니다.)

또한 카르노 사이클은 마찰이 없는 실린더와 완벽한 가역공정을 가정했으나, 실제로는 이를 구현할 수 없고, 등온팽창과 같은 공정은 현실에서 완벽하게 등온을 유지하면서 팽창하도록 구현하는 것이 어렵기 때문에 실제로 유사한 사이클을 구현하더라도 수업시간에 다룬 것과 같이 Pv선도상 꼭지점이 존재하는 명확한 그래프는 얻기 힘들 것입니다. 이는 이후 다룰 오토(Otto) 사이클 등에서도 비슷한데, 실제 사이클과 이를 분석하기 위해서 이상적으로 가정한 사이클은 개략적으로는 동일하지만 완전히 일치하지는 않는 경우가 많습니다. 이러한 부분의 차이를 보완하기 위하여 좀더 현실적 특성을 반영하는 고급 이론들이 등장하게 됩니다.

오토 사이클(Otto cycle)

열기관을 현실화하기 위하여 구현된 다양한 열역학 사이클 중 니콜라우스 오토(Nicolaus A. Otto, 1832−1891)가 제시한 오토 사이클(Otto cycle)은 스파크(spark) 점화방식으로 연료를 연소하는 내연기관으로, 현대 가솔린 자동차 엔진에 보편적으로 사용되어 온 열역학 사이클입니다. 1주기 동안 엔진 내 피스톤의 움직임이 몇 단계로 발생하였는지에 따라 2행정(2 stroke) 혹은 4행정(4 stroke) 엔진으로 구별되며, 일반적인 차량에 많이 사용되는 4행정 엔진은 흡입(intake)−압축(compression)−폭발(power)−배기(exhaust)의 과정을 거쳐서 일을 생성합니다.

실제 엔진은 연료와 공기의 혼합, 흡기 및 배기가 연속적으로 진행되므로 정교한 해석을 위해서는 유체, 반응, 열전달을 포함한 복잡도가 높은 시뮬레이션을 필요로 합니다. 원론적인 해석만을 하고자 하는 경우에는 다음과 같은 공기 표준(air standard) 가정을 적용합니다.

| 그림 2−14 | 니콜라우스 오토(1832−1891)

https://commons.wikimedia.org/wiki/File:Nicolaus−August−Otto.jpg

- 실린더(엔진) 내부의 작동유체는 공기이며 비열이 일정한 이상기체에 가까운 것으로 가정
- 실린더는 유체의 출입(흡입 배기 없음)이 없는 닫힌계로 가정
- 점화 폭발 및 열 배출은 유체의 출입 없이 열만 유입 유출된 것으로 가정
- 점화 폭발은 순간적으로 발생하여 부피의 변화없이 압력이 증가한 것으로 가정
- 배기과정은 정적 상태에서 열만 배출(heat rejection)한 것으로 가정
- 모든 공정은 가역공정으로 가정
- 압축 및 팽창은 완벽한 단열 상태를 가정
- 마찰 등의 손실을 무시

이러한 가정을 적용한 이상적인 오토 사이클(ideal Otto cycle)은 다음과 같은 닫힌계의 열역학 사이클로 나타낼 수 있습니다. 상태 1에서 상태 2로 변화하는 압축공정은 흡기 이후 연료와 공기가 포함된 이상기체를 대상으로 단열가역압축하는 공정으로 모사가 가능합니다. 상태 2에서 상태 3은 점화가 되면서 순간적으로 연료의 연소열(나중에 연소반응에서 배웁니다)만큼을 공급받으나, 이것이 순간적으로 발생하여 부피가 증가하지 못하고 모두 압력이 증가하는 데 기여한 것으로 볼 수 있습니다. 이후 증가한 압력으로부터 다시 상태 4로 가역단열팽창하면서 일을 생산하며, 이를 냉각하여 초기 상태로 되돌아 갑니다.

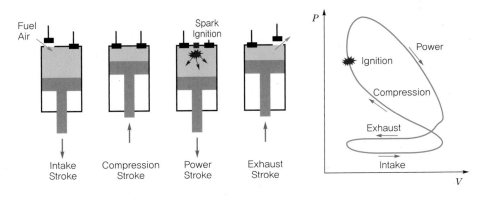

| 그림 2-15 | 실제 오토 사이클의 4행정

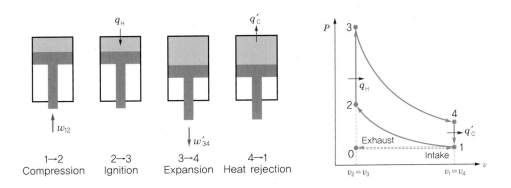

| 그림 2-16 | 공기 표준 가정을 적용한 이상적인 오토 사이클

이 사이클의 효율을 계산해 봅시다. 열역학 제1법칙을 적용하면

1→2: 가역단열공정이므로 $Pv^k = \text{constant}$

$$\Delta u_{12} = w_{12}$$

식 (2.37)에서

$$w_{12} = \frac{1}{k-1}(P_2 v_2 - P_1 v_1) = \frac{R}{k-1}(T_2 - T_1),\ T_2 = T_1 \left(\frac{v_1}{v_2}\right)^{k-1}$$

2→3: 가역정적공정이므로 $dv = 0$

$$\Delta u_{23} = q_{23} = q_\text{H}$$

비열이 일정한 이상기체라면 식 (2.25)에서

$$q_\text{H} = \Delta u_{23} = \int c_v dT = c_v(T_3 - T_2)$$

3→4: 가역단열공정이므로

$$\Delta u_{34} = w_{34}$$

$$w_{34} = \frac{1}{k-1}(P_4 v_4 - P_3 v_3) = \frac{R}{k-1}(T_4 - T_3),\ T_4 = T_3 \left(\frac{v_3}{v_4}\right)^{k-1} = T_3 \left(\frac{v_2}{v_1}\right)^{k-1}$$

4→1: 가역정적공정이므로 $dv = 0$

$$\Delta u_{41} = q_{41} = q_\text{C} = \int c_v dT = c_v(T_1 - T_4)$$

$$q_\text{C} = \Delta u_{41} = \int c_v dT = c_v(T_1 - T_4)$$

사이클 동안 한 알짜일은

$$\Delta u_\text{cycle} = w_\text{net} + q_\text{net} = 0$$

$$w'_\text{net} = -w_\text{net} = q_\text{net} = q_\text{H} + q_\text{C}$$

이 사이클의 효율은

$$\eta = \frac{w'_\text{net}}{q_\text{H}} = \frac{-w_\text{net}}{q_\text{H}} = \frac{q_\text{H} + q_\text{C}}{q_\text{H}} = 1 + \frac{q_\text{C}}{q_\text{H}} = 1 + \frac{c_v(T_1 - T_4)}{c_v(T_3 - T_2)} = 1 - \frac{T_4 - T_1}{T_3 - T_2} \tag{2.44}$$

$$\frac{T_4 - T_1}{T_3 - T_2} = \frac{T_3\left(\frac{v_2}{v_1}\right)^{k-1} - T_1}{T_3 - T_1\left(\frac{v_1}{v_2}\right)^{k-1}} = \frac{\left(\frac{v_2}{v_1}\right)^{k-1}\left(T_3 - T_1\left(\frac{v_1}{v_2}\right)^{k-1}\right)}{T_3 - T_1\left(\frac{v_1}{v_2}\right)^{k-1}} = \left(\frac{v_2}{v_1}\right)^{k-1}$$

여기서 압축 후 대비 압축 전의 부피비를 보통 압축비(r, compression ratio)라 정의해 부릅니다.

$$r = \frac{v_1}{v_2}$$

$$\eta = 1 - \frac{T_4 - T_1}{T_3 - T_2} = 1 - \left(\frac{v_2}{v_1}\right)^{k-1} = 1 - \frac{1}{r^{k-1}} \tag{2.45}$$

즉, 이상적인 오토 사이클은 내부 기체의 비열비(혹은 팽창계수) k가 클수록(즉 이상기체에 가까울수록) 높은 효율을 보이며, 같은 비열비에서는 엔진의 압축비가 클수록 높은 효율을 보입니다. 오토 사이클을 적용한 실제 엔진에 유입되는 기체는 대부분 공기로 열비는 보통 1.3~1.4 정도, 사용되는 압축비는 8~12 정도입니다. 일반적인 차량용 엔진의 효율은 약 35% 정도로 알려져 있습니다(손실이 존재하므로 이상적인 오토 사이클에 비해서 효율이 낮습니다).

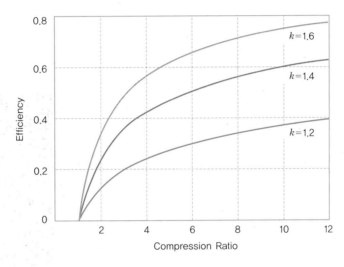

| 그림 2-17 | 압축비와 비열비에 따른 오토 사이클의 효율

이 결과를 보면 오토 사이클을 적용한 고효율 엔진을 만들고자 하는 경우, 비열비나 압축비를 증가시키면 가능한 것을 알 수 있습니다. 그러나 비열은 물질의 특성이라서 비열비를 변화시키려면 물질 자체를 교체해야 하는데 공기를 사용하는 이상 크게 변화시키기가 어렵습니다. 따라서 압축비를 올려서 설계를 하는 것이 편합니다. 그러나 압축비를 올리면 다른 문제가 발생하는데, 압축 후의 온도가 압축비에 따라서 급격하게 상승하게 됩니다.

$$T_2 = T_1 \left(\frac{v_1}{v_2}\right)^{k-1} = T_1 r^{k-1}$$

물질은 일정 온도 이상으로 온도가 올라가게 되면 외부의 에너지 공급 없이도 자연발화(autoignition)합니다. 압축 중 연료의 온도가 자연발화점을 초과하게 되면 점화플러그로 점화하기 이전에 압축으로 인한 자연발화가 발생하는 문제가 생기게 됩니다. 이는 엔진 사이클상 점화되어야 할 시점보다 먼저 점화되어 버리므로 제대로 된 출력을 내지 못하고 소음 등의 문제를 야기하며 심각한 경우 엔진의 수명을 단축시키게 됩니다. 이러한 현상을 마치 엔진을 두들기는 것 같은 소음이 들린다고 하여 노킹(knocking)이라고 부릅니다.

노킹을 피하기 위해서는 사용하는 연료가 자연발화되는 온도가 높아져야 합니다. 이러한 특성을 나타내는 지표가 옥테인가(octane number)입니다. 휘발유(gasoline)는 탄소 수 4~12 정도의 다양한 탄화수소의 혼합물로 구성되는데, 그중 탄소 수 8개의 탄화수소 중 아이소옥테인(iso-octane, C_8H_{18})의 상대적 함량을 측정한 지표를 옥테인가라고 합니다(국가별 시험방식이 달라서 나라마다 수치에 차이가 있음). 아이소옥테인은 휘발유 구성 성분 중 자연발화점이 높은 편이라서 이 성분이 많아질수록 가솔린의 자연발화점도 높아져서 높은 압축비에도 노킹 현상이 발생할 확률이 낮아지게 됩니다. 일반적으로 주유소에서 판매하는 고급휘발유가 바로 옥테인가(octane number)가 높은 휘발유입니다.

디젤 사이클(Diesel cycle)

독일의 기계공학자인 루돌프 디젤(Rudolf Christian Karl Diesel, 1858-1913)의 이름을 따서 명명된 디젤 사이클은 기본적인 원리는 오토 사이클과 유사하나, 스파크 점화(spark ignition)가 아닌 압축 점화(compression ignition)를 이용한 내연기관 사이클로, 대형차량, 선박 및 산업설비용 엔진으로 사용되고 있습니다. 오토 사이클에서 언급했듯이 물질은 일정 온도 이상으로 온도가 올라가면 외부의 에너지 공급 없이도 자연발화(auto-ignition)가 일어납니다. 이는 연소반응에 필요한 활성화 에너지를 고온의 주변환경에서 직접 얻을 수 있기 때문에 발생하는 현상입니다. 주로 탄소 수 12~20 정도의 탄화수소로 구성되는 디젤 연료의 자연발화 온도는 약 210℃ 전후로, 고압으로 공기를 압축해서 온도를 상승시킨 후 연료를 분사하여 스파크 없이도 점화시키는 것이 디젤 사이클의 특징입니다. 단순화한 이상적인 디젤 사이클(ideal Diesel cycle)은 다음과 같이 나타낼 수 있습니다.

| 그림 2-18 | 루돌프 디젤(1858-1913)

https://commons.wikimedia.org/wiki/File:Rudolf_Diesel2.jpg

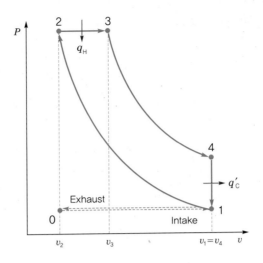

| 그림 2-19 | 이상적인 디젤 사이클

$1{\rightarrow}2$: 가역단열공정이므로 $Pv^k =$ constant

$$\Delta u_{12} = w_{12}$$

$$w_{12} = \frac{1}{k-1}(P_2 v_2 - P_1 v_1) = \frac{R}{k-1}(T_2 - T_1)$$

$$T_2 = T_1 \left(\frac{v_1}{v_2}\right)^{k-1}$$

$2{\rightarrow}3$: 가역등압공정이므로

$$\Delta h_{23} = q_{23} = q_H$$

비열이 일정한 이상기체라면

$$\Delta h_{23} = \int c_P dT = c_P(T_3 - T_2)$$

$3{\rightarrow}4$: 가역단열공정이므로 $Pv^k =$ constant

$$\Delta u_{34} = w_{34}$$

$$w_{34} = \frac{1}{k-1}(P_4 v_4 - P_3 v_3) = \frac{R}{k-1}(T_4 - T_3)$$

$$T_4 = T_3 \left(\frac{v_3}{v_4}\right)^{k-1}$$

$4 \rightarrow 1$: 가역정적공정이므로 $dv = 0$

$$\Delta u_{41} = q_{41} = q_C$$

$$\Delta u_{41} = \int c_v dT = c_v(T_1 - T_4)$$

사이클 동안 한 알짜일은

$$\Delta u_{cycle} = w_{net} + q_{net} = 0$$

$$w'_{net} = -w_{net} = q_{net} = q_H + q_C$$

이 사이클의 효율은

$$\eta = \frac{w'_{net}}{q_H} = \frac{-w_{net}}{q_H} = \frac{q_H + q_C}{q_H} = 1 + \frac{q_C}{q_H}$$

$$= 1 + \frac{c_v(T_1 - T_4)}{c_P(T_3 - T_2)} = 1 - \frac{T_4 - T_1}{k(T_3 - T_2)} = 1 - \frac{T_1}{T_2}\frac{(T_4/T_1 - 1)}{k(T_3/T_2 - 1)}$$

$T_2 = T_1\left(\dfrac{v_1}{v_2}\right)^{k-1} = T_1 r^{k-1}$ 이므로

$$\eta = 1 - \frac{1}{r^{k-1}}\frac{(T_4/T_1 - 1)}{k(T_3/T_2 - 1)}$$

이상기체의 경우를 생각해 보면

$$P_2 = P_3 \rightarrow \frac{RT_2}{v_2} = \frac{RT_3}{v_3}$$

v_3/v_2를 차단비(r_C, cutoff ratio)라고 부릅니다.

$$r_C \equiv \frac{v_3}{v_2} = \frac{T_3}{T_2}$$

$$\frac{T_4}{T_1} = \frac{T_3}{T_1}\left(\frac{v_3}{v_1}\right)^{k-1} = \frac{T_2}{T_1}\frac{v_3}{v_2}\left(\frac{v_3}{v_1}\right)^{k-1} = \left(\frac{v_1}{v_2}\right)^{k-1}\frac{v_3}{v_2}\left(\frac{v_3}{v_1}\right)^{k-1} = \left(\frac{v_3}{v_2}\right)^{k} = r_C^k$$

$$\eta = 1 - \frac{1}{r^{k-1}}\frac{(r_C^k - 1)}{k(r_c - 1)}$$

계산해 보면 이상적인 디젤 사이클은 동일 압축비에서는 이상적인 오토 사이클보다 낮은 효율을 보입니다. 그러나, 통상적으로 10 정도의 압축비가 적용되는 오토 사이클 엔진과 달리 디젤 사이클은 14~22 정도의 높은 압축비를 적용 가능하여 일반적인 차량용 엔진의 경우 40% 이상의 효율을 보이는 것으로 알려져 있습니다.

오토 사이클과는 반대로, 디젤 사이클의 경우에는 연료의 자연발화가 제때 일어나지 못하고 지연되면 노킹현상이 발생합니다. 때문에 자연발화점이 충분히 낮아야 하며, 그 정도를 나타내는 지

표가 세테인가(cetane number)입니다. 이는 디젤유(경유)의 성분 중 자연발화점이 낮은 세테인 ($C_{16}H_{34}$)을 기준으로 합니다.

Ex 2-5 이상적인 디젤 사이클의 효율

이상적인 디젤 사이클이 동일 압축비에서 오토 사이클보다 낮은 효율을 가짐을 보이라.

$f(r_c) = r_c^k$라고 생각해 보면 차단비가 1인 경우

$$\lim_{r_c \to 1} \frac{r_c^k - 1}{r_c - 1} = \lim_{r_c \to 1} \frac{f(r_c) - f(1)}{r_c - 1} = f'(1) = k$$

즉,

$$\eta = 1 - \frac{1}{r^{k-1}}$$

이는 오토 사이클과 동일한 효율입니다. 차단비가 1 이상으로 증가하면 지수함수의 증가속도가 더 빠르므로, 효율은 오토 사이클보다 작아지게 됩니다.

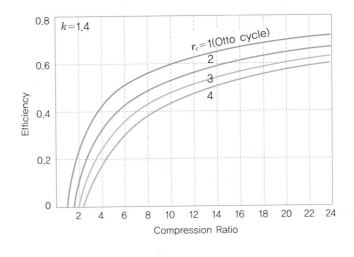

브레이튼 사이클(Brayton cycle)

미국의 기계공학자인 조지 브레이튼(George B. Brayton, 1830−1892)의 이름을 딴 브레이튼 사이클[줄(Joule) 사이클로 불리기도 함]은 현대 가스터빈 엔진 및 제트 엔진의 근간이 된 사이클입니다. 압축, 연소, 팽창의 사이클을 가지며, 압축과 팽창에 필요한 컴프레서와 터빈을 동축으로 구성하여 터빈이 한 일의 일부를 압축기에 필요한 일로 공급하는 구조를 가지고 있습니다. 일반적으로 공기의 흡기와 배기를 포함한 열린계로 구성되나 공기표준 가정을 적용한 이상적인 브레이튼 사이클은 닫힌계로 나타낼 수 있습니다.

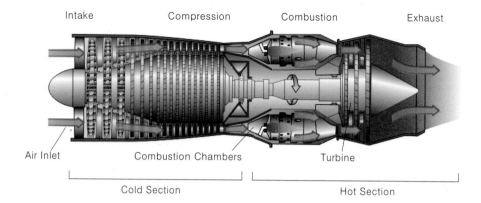

| 그림 2-20 | 제트엔진의 개념적인 구조

Jeff Dahl, CC BY-SA 4.0 online image.
https://en.wikipedia.org/wiki/File:Jet_engine.svg

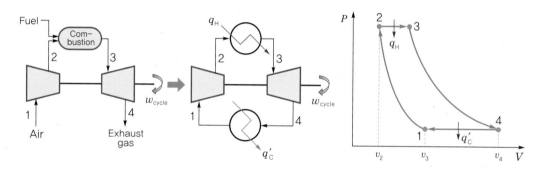

| 그림 2-21 | 이상적인 브레이튼 사이클

공기 표준을 적용, 닫힌계로 나타낸 이상적인 브레이튼 사이클(ideal Brayton cycle)의 효율은 다음과 같이 계산할 수 있습니다.

1→2: 가역단열압축 $Pv^k = \text{constant}$

$$\Delta u_{12} = w_{12}$$

$$w_{12} = \frac{1}{k-1}(P_2 v_2 - P_1 v_1) = \frac{R}{k-1}(T_2 - T_1)$$

$$T_2 = T_1 \left(\frac{v_1}{v_2} \right)^{k-1}$$

2→3: 가역등압가열

$$\Delta h_{23} = q_{23} = q_H$$

비열이 일정한 이상기체라면

$$\Delta h_{23} = \int c_P dT = c_P(T_3 - T_2)$$

3→4: 가역단열팽창 $Pv^k = \text{constant}$

$$\Delta u_{34} = w_{34}$$

$$w_{34} = \frac{1}{k-1}(P_4 v_4 - P_3 v_3) = \frac{R}{k-1}(T_4 - T_3)$$

$$T_4 = T_3 \left(\frac{v_3}{v_4}\right)^{k-1}$$

4→1: 가역등압냉각(일반적으로 대기압)

$$\Delta h_{41} = q_{41} = q_C$$

비열이 일정한 이상기체라면

$$\Delta h_{41} = \int c_P dT = c_P(T_1 - T_4)$$

사이클 동안 한 알짜일은

$$\Delta u_{\text{cycle}} = w_{\text{net}} + q_{\text{net}} = 0$$

$$w'_{\text{net}} = -w_{\text{net}} = q_{\text{net}} = q_H + q_C$$

이 사이클의 효율은

$$\eta = \frac{w'_{\text{net}}}{q_H} = \frac{-w_{\text{net}}}{q_H} = \frac{q_H + q_C}{q_H} = 1 + \frac{q_C}{q_H} = 1 + \frac{c_P(T_1 - T_4)}{c_P(T_3 - T_2)} = 1 - \frac{T_4 - T_1}{(T_3 - T_2)} = 1 - \frac{T_1\left(\dfrac{T_4}{T_1} - 1\right)}{T_2\left(\dfrac{T_3}{T_2} - 1\right)}$$

$P_1 v_1^k = P_2 v_2^k$, $P_3 v_3^k = P_4 v_4^k$ 이므로

$$\frac{v_1}{v_2} = \left(\frac{P_2}{P_1}\right)^{\frac{1}{k}} = \left(\frac{T_2}{T_1}\right)^{\frac{1}{k-1}}, \ \frac{P_2}{P_1} = \left(\frac{T_2}{T_1}\right)^{\frac{k}{k-1}}$$

$$\frac{v_4}{v_3} = \left(\frac{P_3}{P_4}\right)^{\frac{1}{k}} = \left(\frac{T_3}{T_4}\right)^{\frac{1}{k-1}}, \ \frac{P_3}{P_4} = \left(\frac{T_3}{T_4}\right)^{\frac{k}{k-1}}$$

$P_2 = P_3$, $P_4 = P_1$ 이므로,

$$\frac{P_2}{P_1} = \frac{P_3}{P_4}, \ \left(\frac{T_2}{T_1}\right)^{\frac{k}{k-1}} = \left(\frac{T_3}{T_4}\right)^{\frac{k}{k-1}}$$

즉

$$\frac{T_2}{T_1} = \frac{T_3}{T_4}, \ \frac{T_4}{T_1} = \frac{T_3}{T_2}$$

$$\eta = 1 - \frac{T_1\left(\frac{T_4}{T_1} - 1\right)}{T_2\left(\frac{T_3}{T_2} - 1\right)} = 1 - \frac{T_1}{T_2} = 1 - \frac{1}{(P_2/P_1)^{\frac{k-1}{k}}}$$

즉, 브레이튼 사이클의 효율을 증가시키기 위해서는 압축비를 크게 가져가야 합니다. 다만 압축비가 커질수록 압축 후 유체의 온도가 증가하며, 이에 따라 연소 후 터빈으로 유입되는 유체의 온도 또한 증가하므로 터빈의 블레이드(blade) 소재 물질이 견딜 수 있는 기계적 한계 온도 이상으로는 압축비를 증가시키기 어렵습니다. 초창기 터빈 블레이드의 경우 800~1300℃ 정도의 내구온도를 가졌으며, 최근에는 합금 및 코딩, 냉각 기술의 발달로 1500℃ 이상을 견디는 블레이드도 개발되어 적용되고 있습니다. 일반적으로 가스터빈에 사용되는 압축비는 10~15 정도로 알려져 있습니다.

2.4 열린계의 열역학 제1법칙: 에너지 밸런스(energy balance)

지금까지 다룬 열역학 제1법칙은 물질의 출입이 없는 밀폐된 실린더와 같이 닫힌계를 중심으로 보아 왔습니다. 그러나 우리 주변의 일상적인 기계설비들은 대부분의 경우 물질의 출입이 존재합니다. 이를 다루기 위해서는 열역학 제1법칙을 열린계에 맞게 변형시킬 필요성이 생깁니다.

검사 질량(control mass)과 검사체적(control volume)

닫힌계의 경우 밀폐된 계 내에 존재하는 물질의 온도·부피 등은 계속 변화하더라도 질량은 변화하지 않으므로 이 물질의 질량을 중심으로 계를 정의하는 것이 편리합니다. 이렇게 다루고자 하는 계의 질량을 검사 질량(control mass)이라고 부릅니다. 그런데, 열린계가 되면 물질이 계속 계로 들어왔다가 나가버리기 때문에, 특정 질량을 중심으로 하는 기술을 적용하기가 어려워집니다. 예를 들어서 여러분이 엔진을 설계한다고 하면, 관심이 있는 것은 엔진으로 연료가 얼마나 들어와서 에너지를 얼마나 생산하였는지와 같은 것이지, 엔진으로 들어온 연료 1 kg이 어디를 통과해서 어디로 배출되었는지를 추적하는 것이 관심사는 아닐 것입니다. 이러한 상황에서는, 정해진 영역을 기준으로 그 영역에 출입하는 질량이나 에너지를 보는 것이 보다 더 효과적입니다. 이렇게 정해진 영역을 기준으로 계를 정의하고자 할 때 설정한 영역을 검사체적(control volume)이라고 합니다. 예를 들어, 어떤 버스의 이용객을 조사하려고 할 때 검사 질량을 대상으로 하고자 하면 이 버스를 이용하는 승객 한 명 그 자체가 검사 질량이므로, 어디서 와서 어디로 가는지 그 동선을 모두 파악해야 합니다(물론 목적에 따라 이러한 접근법이 필요한 경우도 있습니다). 그러나 버스 자체를 검사체적으로 잡으면 대상 시스템인 버스의 경계를 넘어서 승객이 타는 것과 내리는 것만을 파악하면 되지 그 승객이 타기 전에 어디서 왔고 어디로 가는지를 추적할 필요는 없습니다.

물질 밸런스(material balance)

검사체적을 기준으로 하면 들어오고 나가는 물질의 양에 따라서 계 내의 질량은 변화할 수 있습니다. 질량보존식(물질 밸런스)을 다음과 같은 예를 통해서 세워봅시다. 다음과 같이 유체가 출입하는 배관이 연결되어 있는 통의 내부를 검사체적으로 잡고, 아주 짧은 시간 동안 아주 미소량의 질량 m_i의 작은 유체 덩어리가 이 통으로 들어오는 순간을 상태 1, 질량 m_o의 작은 덩어리가 이 통에서 나가는 순간을 상태 2라고 하고 이 아주 짧은 순간을 우리가 관찰 가능하다고 생각해보죠.

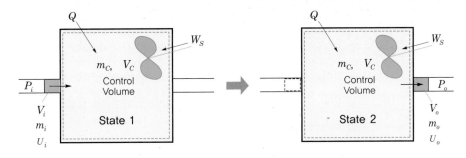

| 그림 2-22 | 검사체적에 유체가 출입하는 순간의 열역학 제1법칙

이 순간 검사체적 내에서 질량의 변화는 다음과 같이 나타낼 수 있습니다.

$$\Delta m_{\mathrm{cv}} = m_i - m_o$$

이는 사실 아주 짧은 시간 동안에 발생하고 있는 것이므로 단위 시간당 미소 변화량으로 바꾸고, 출입하는 질량은 일정한 질량유량($\dot{m}_i$, $\dot{m}_o$[kg/s])으로 나타날 때,

$$\frac{dm_{\mathrm{cv}}}{dt} = \dot{m}_i - \dot{m}_o$$

만약 들어오고 나가는 배관이 하나씩이 아니라 여러 개가 연결되어 있다면

$$\frac{dm_{\mathrm{cv}}}{dt} = \sum_i \dot{m}_i - \sum_o \dot{m}_o \tag{2.46}$$

만약 이때 계가 정상상태(steady-state)에 있다면 이는 시간에 따른 변화량이 없는 상황이므로

$$\frac{dm_{\mathrm{cv}}}{dt} = 0 = \sum_i \dot{m}_i - \sum_o \dot{m}_o \rightarrow \sum_i \dot{m}_i = \sum_o \dot{m}_o$$

축일(shaft work)과 유동일(flow work)

이 계에서 일은 크게 2종류로 나눌 수가 있습니다. 하나는 유체가 팽창하거나 압축하면서 받은 일인 유동일(flow work, W_F)입니다. 이는 검사체적 안으로 유체 덩어리를 밀어넣거나 밀어내는 과정에서도 소모되거나 생산되는 일에너지를 말합니다. 다른 하나는 계 내부에 장착된 회전체를 돌리는 것과 같이 시스템이 외부에 하거나 받은 일인 축일(shaft work, W_s)입니다.

$$W = W_s + W_F$$

유동일의 경우에는 열린계로 유체를 넣거나 빼내기 위해서 반드시 소모되거나 생산되는 일이기 때문에 이는 우리가 별도로 회수하여 유용하게 사용하기가 어렵습니다. 반면 축일의 경우 유체의 유동과 별개로 회수가 가능한 일이기 때문에 순수하게 사용 혹은 소모가 가능한 일입니다.

유동일은 다시 유체 덩어리를 검사체적으로 밀어 넣느라 받은 일(W_i)과 검사체적에서 밀어 내느라 받은 일(W_o)로 분류할 수 있습니다. 압력 변화가 없을 만큼 아주 짧은 시간 동안 받은 유동일의 합을 일의 정의를 적용해서 추산해 보면

$$W_F = W_i + W_o = -\int_{V_{cv}+V_i}^{V_{cv}} P_i dV - \int_{V_{cv}}^{V_{cv}+V_o} P_o dV \tag{2.47}$$
$$= -P_i(V_{cv}-(V_{cv}+V_i)) - P_o(V_{cv}+V_o-V_{cv}) = P_i V_i - P_o V_o$$

에너지 밸런스(energy balance)

이제 닫힌계의 열역학 제1법칙을 적용해 봅시다.

$$\Delta U + \Delta E_k + \Delta E_p = Q + W$$

검사체적 자체가 움직이지 않고, 유체의 출입의 높이 차가 없다고 하면 운동에너지나 위치에너지의 변화량은 무시할 수 있으므로,

$$\Delta U = Q + W$$

이때 들어오는 작은 덩어리의 내부에너지를 U_i, 나가는 덩어리의 내부에너지를 U_o라고 하면 내부에너지의 변화는

$$\Delta U = U_{cv,2} + U_o - (U_{cv,1} + U_i) = \Delta U_{cv} + U_o - U_i \tag{2.48}$$

일을 유동일과 축일로 분리하고 식 (2.47)을 적용하면

$$\Delta U = Q + W = Q + W_s + W_F = Q + W_s + P_i V_i - P_o V_o \tag{2.49}$$

식 (2.48)과 식 (2.49)를 합치면

$$\Delta U_{cv} + U_o - U_i = \Delta U = Q + W_s + P_i V_i - P_o V_o$$

$$\Delta U_{cv} = Q + W_s + U_i + P_i V_i - (U_o + P_o V_o) \tag{2.50}$$

즉, 검사체적으로 들어오고 나가는 유체 덩어리의 내부에너지(U_i, U_o)와 이를 밀어넣고 빼면서 받는 유동일($P_i V_i$, $P_o V_o$)이 항상 세트로 같이 따라다니게 되는 것을 알 수 있습니다. 항상 같이 따라다니는 거라면 이를 합쳐서 별도의 물성으로 정의하면 편리할 것입니다. 이것이 엔탈피 (enthalpy, H)의 탄생입니다.

$$H \equiv U + PV \ \text{(크기성질 형태)}$$

$$h \equiv u + Pv \quad \text{(세기성질 형태)}$$

그럼 식 (2.50)은

$$\Delta U_{cv} = Q + W_s + H_i - H_o$$

질량당 엔탈피(specific enthalpy, $\underline{h}$)에 대해서 나타내면

$$\Delta U_{cv} = Q + W_s + m_i \underline{h}_i - m_o \underline{h}_o$$

단위 시간당 변화량으로 나타내면

$$\frac{dU_{cv}}{dt} = \dot{Q} + \dot{W}_s + \dot{m}_i \underline{h}_i - \dot{m}_o \underline{h}_o$$

들어오고 나가는 배관이 여러 개가 있다면,

$$\frac{dU_{cv}}{dt} = \dot{Q} + \dot{W}_s + \sum \dot{m}_i \underline{h}_i - \sum \dot{m}_o \underline{h}_o$$

만약 위치에너지나 운동에너지를 무시할 수 없는 상황이라면

$$\frac{d(U_{cv} + E_{k,cv} + E_{p,cv})}{dt} = \dot{Q} + \dot{W}_s + \sum \dot{m}_i \left(\underline{h}_i + \overline{v}_i^{\,2}/2 + gh_{e,i} \right) - \sum \dot{m}_o \left(\underline{h}_o + \overline{v}_o^{\,2}/2 + gh_{e,o} \right)$$

$$\tag{2.51}$$

이 열린계의 검사체적을 대상으로 하는 열역학 제1법칙 식을 에너지 밸런스(energy balance)라고 부르며, 에너지를 소모 혹은 생산하는 모든 설비 설계의 출발점이 되는 식이 됩니다.

기준이 되는 유량이 질량 유량이 아닌 몰 유량이라고 하면 몰은 질량을 분자량(MW)으로 나눈 값이므로

$$n = \frac{m}{\text{MW}}, \dot{m} = \text{MW} \cdot \dot{n}$$

따라서 질량 기반 에너지 밸런스 식 (2.51)은 다음과 같이 몰기반으로도 나타낼 수 있습니다. 이때 h는 질량당 엔탈피(specific enthalpy)가 아닌 몰당 엔탈피(molar enthalpy)를 의미합니다.

$$\frac{d(U_{cv} + E_{k,cv} + E_{p,cv})}{dt} = \dot{Q} + \dot{W}_s + \sum \dot{n}_i \left(h_i + \text{MW}\bar{v}_i^2/2 + \text{MW}gh_{e,i}\right) - \sum \dot{n}_o \left(h_o + \text{MW}\bar{v}_o^2/2 + \text{MW}gh_{e,o}\right)$$

(2.52)

만약, 정상상태라면 시간에 따른 변화량이 없이 일정한 상태가 되므로 식 (2.51), (2.52)는

$$0 = \dot{Q} + \dot{W}_s + \sum \dot{m}_i \left(\underline{h}_i + \bar{v}_i^2/2 + gh_{e,i}\right) - \sum \dot{m}_o \left(\underline{h}_o + \bar{v}_o^2/2 + gh_{e,o}\right)$$

(2.53)

$$0 = \dot{Q} + \dot{W}_s + \sum \dot{n}_i \left(h_i + \text{MW}\bar{v}_i^2/2 + \text{MW}gh_{e,i}\right) - \sum \dot{n}_o \left(h_o + \text{MW}\bar{v}_o^2/2 + \text{MW}gh_{e,o}\right)$$

(2.54)

FAQ 2-16 열린계에서 W를 W_s와 W_F로 나누어 계산하는 이유와 W_F가 다시 두 개로 쪼개지는 이유를 모르겠습니다.

이 책에서 설명하는 데는 한계가 있습니다. 다른 책이나 다른 강의, 다른 자료(youtube에 보시면 thermodynamics 강의가 많습니다.)를 찾아보는 것도 좋습니다. 경우에 따라 다른 시각에서의 설명을 접하면 이해가 쉬워질 때가 있기 때문입니다.

열린계에서는 들어오는 유체와 나가는 유체가 반드시 존재하므로, 들어오는 유체가 압축 혹은 팽창해서 받거나 한 일, 나가는 유체가 압축 혹은 팽창해서 받거나 한 일, 그리고 시스템(검사체적) 내의 유체가 받거나 한 일이 모두 존재할 수 있으므로 이를 다 합쳐야 W가 됩니다. 그런데, 들어오는 유체나 나가는 유체가 받거나 한 일의 경우, 이는 엄연히 에너지이지만 실질적으로 쓸 수가 없는 문제점이 있습니다. 이는 유체가 흐르면서 필연적으로 발생하는 일이기 때문입니다. 때문에 이 유입/유출하는 유체와 관련된 일은 실질적으로 우리가 이용하기가 어렵습니다. 유체 흐름을 위한 일종의 세금이라고 생각하면 되겠습니다. 때문에 유체의 유입/유출에 관련된 일은 유동일(W_F)로, 이와 무관하게 사용 가능한 (혹은 필요한) 일을 따로 분리하여 축일(W_s)로 두는 것입니다.

$$W = W_F(\text{유체의 유출입과 관련된 일}) + W_s(\text{시스템에서 사용/소모하는 일})$$

본문에서 가정한 예에서 유동일은 다시 시스템에 들어오는 작은 유체 덩어리로 인하여 받는 일(W_i)과 작은 유체덩어리가 시스템에서 나감으로 인하여 받은 일(W_o)로 나눌 수 있습니다.

$$W = W_s + W_F = W_s + W_i + W_o$$

밀어 넣는 압력이 바뀌지 않고 시스템의 메인 부피가 V_{cv}로 V_i, V_o에 비해 월등히 커서 거의 일정하다고 볼 수 있다고 가정하면, V_i만큼의 유체 덩어리가 시스템에 들어올 때 부피 변화는 $V_{cv}+V_i$에서 V_{cv}로 감소하게 된다고 생각할 수 있습니다. 일의 정의에 따라서 이 들어오는 유체로 인하여 받는 일은

$$W_i = -\int_{V_{cv}+V_i}^{V_{cv}} P_i dV = -P_i[V_{cv}-(V_{cv}+V_i)] = -P_i(-V_i) = P_iV_i$$

같은 논리로 나가는 유체로 인하여 받는 일은

$$W_o = -\int_{V_{cv}}^{V_{cv}+V_o} P_o dV = -P_o[(V_{cv}+V_o)-V_{cv}] = -P_o(V_o) = -P_oV_o$$

따라서 전체 일은

$$\begin{aligned} W &= W_s + W_F = W_s + W_i + W_o \\ &= W_s - \int_{V_{cv}+V_i}^{V_{cv}} P_i dV - \int_{V_{cv}}^{V_{cv}+V_o} P_o dV \\ &= W_s - P_i(-V_i) - P_o(V_o) \\ &= W_s + P_iV_i - P_oV_o \end{aligned}$$

핵심적인 것은 개념입니다. 열린계에서는 유동일(flow work)이 반드시 따라다니지만 이는 주변환경으로 전달되는 일에너지가 아니라서 사용하기가 어려우므로 유용하게 사용 가능한 일인 축일(shaft work)을 분리해서 따로 계산하고 유동일은 흐르는 유체의 내부에너지와 합쳐서 엔탈피로 만드는 것이 계산이 편하다는 개념만 이해하면 사실 전달하고자 하는 핵심은 충분히 이해한 것입니다.

FAQ 2-17 엔탈피의 개념 자체가 이해가 안 됩니다.

간단히 말하자면, 열린계의 경우 계의 검사체적(control volume)에 유체가 들어오고 나가면서 사용할 수 없는 유동일(flow work)이 발생하는데, 편의상 이를 입출 유체의 내부에너지에 포함시켜 버리고자 만들어진 것이 엔탈피입니다. 다음 절에서 이어질 컴프레서, 터빈 등의 열역학 설비 예제를 보면 엔탈피가 왜 편리한 개념인지 알 수 있을 것입니다.

도저히 이해가 안 가면, 그냥 수학적 편의상 정의된 함수라고 생각하세요. $y = x + 1$이라는 함수가 있다고 할 때 왜 y가 $x+1$이냐고 따지지는 않을 것입니다. 엔탈피도 마찬가지로, 근본적으로는 $h = u + Pv$라고 정의된 함수에 불과합니다. 다만 정의하고 나서 쓰다 보니 에너지에 준하는 의미를 가져서 굉장히 편리하게 쓸 수가 있었던 것입니다. 이것을 온도나 압력처럼 어떠한 직관적인 물리적 개념으로 억지로 생각하려고 하면 점점 골치만 아파집니다.

보통 다수의 학생들이 새로운 개념을 배우면, 자연계에 어떠한 개념이 먼저 존재하고 그 신비를 수식적으로 밝혀냈다고 생각합니다. 실제 공학에서는 그 반대로, 편의상 어떠한 개념이 정의되고 그 의의가 이후에 밝혀지는 경우가 많습니다.

FAQ 2-18 에너지 밸런스 $\dot{m}_i\left(h_i+\overline{v}_i^2/2+gh_{e,i}\right)$ 에서 $\overline{v}_i$ 나 $h_{e,i}$ 는 시간(t)에 무관한 건가요?

무관할 수도 유관할 수도 있습니다. 예를 들어서, 시스템 전체가 움직이는 롤러코스터 위에 있어서 초당 높이가 계속 변화한다면 위치에너지는 시간의 함수가 되어야 할 것입니다. 그러나 일반적인 열역학 설비들은 한 장소에 고정된 기계장치로 높이가 시간에 따라 변화하는 설비는 아닌 경우가 많으므로 특수한 상황이 아니라면 시간에 무관하다고 가정하는 것이 일반적입니다. 또다른 경우는, 시간의 함수나 시간을 고려했을 때 그 에너지 차이가 무시할 만큼 작은 경우입니다. 예를 들어 선박 내에 터빈이 설치되어 프로펠러를 돌리고 있다면 파도의 파고로 인하여 터빈의 높이는 주기적으로 변화하게 되나, 그러한 위치에너지 변화의 차이가 터빈이 생산하는 일에너지에 비하여 상대적으로 무시할 만큼 작다면 상대적으로 무관하다고 가정해도 무방합니다.

FAQ 2-19 "발열반응에서 엔탈피는 음수다."라는 것은 고등학교 때에도 배운 내용인데, 그때는 엔탈피 개념을 잘 모르고 에너지 변화 정도로 이해하였습니다. 그러나 이제 엔탈피가 $U+PV$ 로 정의된 것을 알고 나니 오히려 발열반응에서의 엔탈피가 마음에 잘 와 닿지 않습니다. 발열반응의 엔탈피가 감소한다는 것은 $U+PV$ 가 감소한다는 것인데, 이 또한 엔탈피를 개념적으로 이해하기 힘들다는 것과 일맥상통하는 것인가요? 반응 후에 에너지가 감소하였다고 편하게 이해하면 될까요?

반응 엔탈피는 아직 자세히 다루지 않은 내용이지만, 이 질문이 엔탈피를 이해하는 데 도움이 될 수 있는 좋은 질문이라고 생각해서 자세히 답변합니다. 앞서 설명했듯이, 엔탈피의 태생은 수학적 정의 $H=U+PV$ 라고 소개를 했습니다. 그런데 반응에서의 엔탈피는 개념이 다르게 느껴지죠.

혼란을 피하기 위해서 내부에너지 변화부터 시작해 봅시다. 발열반응을 분자 레벨에서 이해해 보면, 이는 분자가 가지고 있는 내부의 결합이 깨지면서 그 분자결합에 저장되어 있던 분자 간의 퍼텐셜 에너지가 방출되는 것으로 생각해 볼 수 있습니다. 즉, 반응열은 내부에너지의 변화량과 직결됩니다. 따라서 우리는 "Enthalpy of reaction, ΔH_{rxn}" 대신 "Internal energy change of reaction, ΔU_{rxn}"을 정의하여 사용할 수가 있습니다. 이 경우 $\Delta U_{rxn}<0$이라는 것은 반응으로 인하여 내부에너지가 감소한 것으로 바로 이해하는 데 어려움이 없을 것입니다.

그런데, 이렇게 소비된 내부에너지가 100% 전부 사용 가능한 열에너지가 될 수 있을까요? 특별한 조건에서는 가능할 수도 있겠지만, 통상적으로는 그렇지가 않습니다. 반응의 매개체가 되는 물질계(주로 유체)의 압력과 부피가 반응 전후에 변화하기 때문입니다. 우리가 만약 연소반응을 닫힌계에서 등압조건하에 일으키고 있다면, 단순하게 가정해도 연소 전과 후의 물질의 몰수가 변화하므로 등압조건하에서 부피의 변화가 일어나게 됩니다. 이 경우 우리가 반응에서 얻은 에너지인 소모된 내부에너지의 일부는 이 부피를 변화시키는 데 사용되고, 우리가 쓸 수 있는 열로 나타나지 않게 됩니다.

이는 에너지 밸런스에서 내부에너지 대신 엔탈피를 사용할 때 얻는 편리함과 동일한 개념입니다. 내부에너지의 변화에 추가적으로 들어오고 나가는 유체의 압력 및 부피 변화에 관련된 일 에너지(flow work)를 합쳐서 엔탈피로 정의하였기 때문에 엔탈피 차이가 사용 가능한 에너지($Q+W_s$)와 직결된 것처럼, 반응에서도 내부에너지의 변화에 추가적으로 유체의 압력 및 부피 변화에 관련된 에너지를 합쳐서 엔탈피로 정의하면 이것이 사용 가능한 열의 양과 동일하게 되는 것입니다.

이제 열역학 제1법칙으로 돌아와서 생각해 봅시다. 우리가 닫힌계에서 반응을 관측하는 경우, 열은 주변환경(surrounding)에서 들어오는 열 q_s와 반응으로 인하여 생긴 열에너지 q_R로 나누어 생각할 수 있습니다(일을 나눴던 것과 같은 논리로).

$$\Delta u = q + w = q_s + q_R + w_s + w_F$$

단열되어 주변환경과 열출입이 없고, 일을 할 수 있는 설비가 없어서 축일(shaft work)이 없다면, q_s, w_s가 0이므로

$$\Delta u = q_R + w_F = q_R - \Delta(Pv)$$

$$q_R = \Delta u + \Delta(Pv) = \Delta(u + Pv) = \Delta h$$

결국 반응열(사용 가능한 열)도 내부에너지와 내부 유체에 작용하는 유동일을 합친 엔탈피 변화량과 동일하다는 결론을 얻게 됩니다. 인터넷을 검색해 보면 유사 관련 논의가 많으니 참조하세요.

FAQ 2-20 에너지 밸런스의 유도과정이 혼란스럽습니다.

어느 부분이 혼란스러운지 구체적으로 알아야 답변을 할 수 있겠네요. 경우에 따라서, 이 책의 설명만으로는 이해하기 힘든 경우도 있습니다. 사람마다 상성이 있듯이, 설명하는 사람과 듣는 사람도 서로 스타일이 맞는 경우와 아닌 경우가 있습니다. 열역학 제1법칙의 유도과정은 거의 모든 열역학 책에서 다루는 보편적인 내용이고, 사람마다 사용하는 식과 유도과정을 설명하는 방법이 다를 수 있습니다. 같은 내용을 다른 각도에서 이야기하고 있는 것입니다. 때문에 도저히 이해가 안 되면 다른 책, 다른 강의(youtube나 타 대학 open courseware)를 들어보면 도움이 될 수 있습니다.

그리고 어쩌면 지금은 이해가 불가능할 수도 있습니다. 언어를 습득할 때 실력이 느는 정도를 그래프로 그리면 연습량에 비례한 직선이 아니라, 계단처럼 스텝-업(step-up) 그래프의 모양으로 나타난다는 것을 들어본 적이 있을 것입니다. 마치 게임에서 경험치를 일정 이상 모아야 레벨 업(level-up)이 되는 것처럼, 전공 지식도 이와 비슷합니다. 어떠한 레벨 업을 달성하기 위해서는 그만한 경험과 연습이 필요합니다. 경험과 연습이 부족한 상황에서는 설명을 들어도 소화가 되지 않습니다. 대학교 신입생들이 많이 하는 실수가, 무엇 하나가 이해가 되지 않는다고 해서 아 나는 이 분야에 재능이 없나보다 생각하고 경험과 연습을 쌓는 행위 자체를 포기하는 것입니다. 이는 영어 단어 한두 개를 잊어버렸는데, 나는 단어 하나도 못 외우니 언어에 재능이 없는 것이 틀림없으므로 영어는 포기하겠다는 것과 비슷한 발상입니다. 단어 하나 정도는 몰라도 다른 표현 다른 어휘를 배우다 보면 더 나은 표현, 더 나은 언어를 구사할 수 있듯이, 책에 나오는 하나하나를 모두 이해해야만 그 지식을 습득할 수 있는 것

은 아닙니다. 꾸준히 연습하여 충분한 경험이 쌓이는 순간 과거의 의문들이 차례로 해소되는 순간이 반드시 찾아오게 됩니다.

나아가, 경우에 따라서는 사용을 위해서 반드시 유도과정을 이해할 필요가 없는 경우도 있습니다. 자주 언급하는 일이지만 원리를 밝히는 것과 그것을 이용하는 것은 별개입니다. 어떠한 과정을 유도하고 이론적 배경을 갖추는 것은 물론 해당 지식을 사용하고 더 나아가 발전시키고자 할 때 도움이 됩니다만, 최신 전자공학을 이해하지 못한다고 휴대폰을 사용하지 못하는 것이 아니고, 근의 공식을 유도하지 못한다고 2차방정식에 근의 공식을 적용하여 풀 수 없는 것이 아니듯이, 지식의 이해와 그것의 사용은 다른 영역에 있습니다.

2.5 엔탈피와 열역학 설비

엔탈피(enthalpy)

열역학을 접할 때 가장 먼저 부딪히게 되는 장벽 중 하나가 엔탈피입니다. 엔탈피를 보통 이해하기 쉽게 접하고자 열량 혹은 에너지와 같은 것으로 많이 받아들이게 되는데, 이는 아주 틀린 말은 아니지만 정확한 표현은 아닙니다. 에너지 밸런스의 유도과정에서 살펴본 것처럼 엔탈피의 본질적 정의는 내부에너지에 항상 따라다니는 유동일을 포함하기 위해서 만든 $H = U + PV$라는 수식, 그 자체에 불과합니다. 그러나 일단 수학적 정의를 내린 뒤 적용을 할 때 대다수의 경우에서 엔탈피를 마치 열이나 에너지처럼 사용해도 무방하였기 때문에 자연스럽게 그러한 해석이 뒤따르게 되었습니다. 현실에서 많이 사용되는 설비에 열역학을 적용하게 되면 엔탈피가 왜 편리한 위상을 가지며 에너지로 취급되는지 이해하기 쉬우므로 이 절에서는 그에 대한 내용을 다룹니다.

일단 이상기체의 경우 $Pv = RT$이므로 내부에너지가 온도만의 함수인 이상기체에서는 엔탈피 역시 온도만의 함수가 된다는 것을 짚고 넘어갑시다.

$$h = u + Pv = u + RT \rightarrow h = h(T \text{ only})$$

터빈(turbine)/팽창기(expander)

바람개비에 바람을 불면 회전하도록 만들 수 있는 것처럼, 터빈 혹은 팽창기는 하나의 축에 여러 개의 회전날개(임펠러, impeller)가 중첩된 기계장치로 고압의 유체가 이 내부를 지나가면 임펠러가 회전하면서 일을 생산하는 장비입니다.

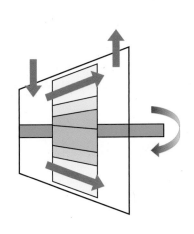

| 그림 2-23 | 스팀 터빈의 내부 구조

MAN SE, CC by 3.0 online image,
https://commons.wikimedia.org/wiki/File:SteamTurbine.jpg

에너지 밸런스를 생각해 보면 터빈과 같은 대형 설비는 일반적으로 고정되어 있고 흡입되는 유체와 도출되는 유체의 흐름이 하나씩만 존재하며, 유체의 입출높이가 크게 다르지 않으므로 위치에너지의 차이는 무시할 만큼 작으며, 운동에너지의 차이는 축일에 비해 무시할 수 있을 만큼 작습니다. 외부와 열출입이 없는 단열상태로 정상상태에 있다고 가정하면, 식 (2.51) 에너지 밸런스로부터

$$\frac{dU_{cv}}{dt} + \frac{dE_{k,cv}}{dt} + \frac{dE_{p,cv}}{dt} = \dot{Q} + \dot{W}_s + \sum \dot{m}_i \left(\underline{h}_i + \overline{v}_i^{\ 2}/2 + gh_{e,i}\right) - \sum \dot{m}_o \left(\underline{h}_o + \overline{v}_o^{\ 2}/2 + gh_{e,o}\right)$$

$$\rightarrow 0 = \dot{W}_s + \dot{m}\underline{h}_i - \dot{m}\underline{h}_o$$

즉,

$$\dot{W}_s = \dot{m}(\underline{h}_o - \underline{h}_i) = \dot{m}\Delta\underline{h} \qquad (2.55)$$

$$\text{혹은 } \frac{\dot{W}_s}{\dot{m}} = \underline{w}_s = \Delta\underline{h}$$

즉, 들어오고 나가는 유체의 상태에 따른 엔탈피값의 차이가 곧 터빈이 하는 일 혹은 생산하는 동력(power)이 됩니다. 몰유량 및 몰당 엔탈피(molar enthalpy)를 기준으로 하는 경우에는

$$\dot{W}_s = \dot{n}(h_o - h_i) = \dot{n}\Delta h \text{ 혹은 } \frac{\dot{W}_s}{\dot{n}} = w_s = \Delta h$$

일의 정의를 계가 받는 일로 했기 때문에, 터빈이 일을 하는 경우 받는 축일 $\dot{W}_s$를 계산하면 이는 음수로 나타나게 됩니다. 이것이 불편하면 터빈이 한 일을 구할 때 처음부터 $\dot{W}_s' = -\dot{W}_s$를 구

하는 것이 편할 수도 있습니다.

$$\dot{W}_s' = -\dot{W}_s = -\dot{m}\Delta\underline{h} = -\dot{n}\Delta h$$

Ex 2-6 터빈이 한 일: 수증기

수증기 터빈에 10 bar, 600℃의 수증기 18 kg/s를 정상
상태로 공급하여 1 bar, 300℃까지 팽창시킬 때 이 터빈이
생산하는 동력을 구하라.

$P_1 = 10$ bar $\qquad$ $P_2 = 1$ bar
$T_1 = 600$℃ $\qquad$ $T_2 = 300$℃

$\dot{W}_s'$

수증기표에서 들어가는 수증기의 상태 1, 나오는 수
증기의 상태 2에서의 엔탈피를 찾아보면

$$h_1 = 3698.1\,\text{kJ/kg}$$
$$h_2 = 3074.0\,\text{kJ/kg}$$
$$\Delta\underline{h} = 3074 - 3698.1 = -624.1\,\text{kJ/kg}$$

에너지 밸런스에서

$$\dot{W}_s = \dot{m}\Delta\underline{h} = 18\,\frac{\text{kg}}{\text{s}} \times (-624.1)\frac{\text{kJ}}{\text{kg}} = -11.23\,\text{MW}$$

음수는 계가 일을 받는 것이 아니라 계가 일을 한다는 의미이므로, 11.2 MW의 동력을
생산할 수 있습니다.

FAQ 2-21 터빈이나 팽창기를 거치면서 온도와 압력이 떨어지는 이유가 뭔가요?

선후 관계가 엉켰네요. 물레방아를 생각해 봅시다. 물이 수레바퀴를 거치면서 높은 곳에서 낮은 곳으로 떨어지
는 이유는 무엇인가요? 수레바퀴를 거쳤기 때문에 높은 곳에서 낮은 곳으로 물이 이동한 것이 아니라, 물이 높은
곳에서 낮은 곳으로 이동하는 것을 이용하여 수레바퀴를 돌린 것입니다.

마찬가지로, 모든 유체는 퍼텐셜 에너지가 높은 곳에서 낮은 곳으로, 즉 높은 압력에서 낮은 압력으로 이동합니
다. 터빈이나 팽창기를 거치건 거치지 않건 유체는 압력이 높은 곳에서 낮은 곳으로 이동해 가면서 압력이 떨어집
니다. 고기압에서 저기압으로 공기가 이동하면서 바람이 부는 것과 마찬가지입니다. 이렇게 이동하는 유체의 자
연적 현상을 이용하여 유체의 에너지를 일로 전환하는 것이 터빈이나 팽창기입니다. 온도가 떨어지는 것은 그 결
과 현상으로 시스템(터빈)이 주변에 일을 한 만큼 내부에너지가 감소하기 때문입니다.

FAQ 2-22 터빈, 밸브 등에서 왜 계속 Q가 0이 되는 거죠? 단열이라는 전제가 없는데도 Q가 0이 되는 이유를 알고 싶습니다.

터빈이건 밸브건 실제 기계장치는 완벽한 단열이 아니므로 Q가 0이라고 단정할 수는 없습니다. 그러나 현실에서도 단열에 가깝다고 가정하는 것이 공학적으로 타당하고 편리한 경우가 많습니다. 이는 2가지 이유가 있는데,

1) 일반적으로 터빈 등을 통과하는 유체는 유속이 매우 빠르기 때문에 검사체적 내부에 머무르는 시간이 매우 짧고, 이에 따라서 그 시간 동안 흡수/방출한 열량은 무시할 만큼 작다고 보아도 무방합니다. 책의 첫머리에서 π에 대해서 설명한 것처럼 공학은 근사의 학문이므로 결과에 유의한 차이를 가져오지 못하는 값들은 고려할 실익이 낮습니다. 예를 들어 위의 예제에서 실은 Q가 0이 아니라 0.001 MW의 값을 가진다고 하여도 결과적으로 터빈이 하는 일을 계산하는 데에는 큰 영향을 미치지 않습니다. 단, 만약 Q를 무시할 수 없는 특정 상황이 존재한다면 Q는 0이라는 가정을 버려야 할 것입니다.

2) 열역학은 많은 경우, 어떠한 이상적인 가이드라인을 도출하기 위해서 사용됩니다. 굳이 가역공정을 가정하고 이를 계산하는 이유는 비가역공정은 정확하게 계산하는 것이 어렵지만 가역공정은 명확하게 가장 이상적인 경우를 계산할 수 있기 때문이었습니다. 마찬가지로, 에너지 밸런스를 통해서 터빈과 같은 설비가 가장 이상적으로 작동할 때의 에너지 생산량/소모량을 얻으면 이것을 이용해서 좀더 편리한 계산을 할 수 있게 됩니다. 이는 다음 장에서 효율의 개념을 배우면서 좀더 명확해질 것입니다.

FAQ 2-23 시험에서는 무엇을 보고 $\dot{Q} \approx 0$을 가정해도 되는 건가요? 어떤 경우에 E_p, $E_k = 0$을 써도 되는 건가요?

지금 이 질문은 조금 과장하면 교육에서 많은 학생들이 왜 성장의 한계를 겪고 어려움을 겪고 있는지를 상징적으로 나타내는 질문이라고 생각합니다. 추론하고 토의해서 판단하고 결정할 수 있는 능력을 교육하지 못하고 정답만 얻는 것을 우선시하여 교육해 온 시스템 문제라고도 할 수 있습니다. 극단적으로 말하면 능력이 뛰어나지만 지시가 없으면 무언가 하는 것을 어려워하는 우수한 노예 같은 사람을 키우고 있다고 볼 수 있습니다.

과학의 가정과 전제는 필요에 의해서 도입됩니다. 가정과 전제를 세우려면, 그것이 논리적으로 합리적인지 아닌지 많은 논의가 필요합니다. 그리고 나서 다수가 과학적으로 합당한 전제라고 동의한다면 받아들여지고, 그렇지 않으면 도태될 것입니다. 어떤 조건에서 무엇이 0이 될 수 있느냐? 혹은 없느냐? 그것은 주장하는 사람이 얼마나 논리적으로 설득력 있게 주장을 제시하느냐에 달려 있습니다. 설득력이 있다면 어떤 가정과 전제도 받아들여질 수 있을 것입니다. 설득력이 약해서 아무도 동의해 주지 않더라도 논리적 근거와 확신이 있어서 다양한 방법으로 결국 이를 입증해 낸다면, 과학적인 위대한 업적으로 남겠죠. 갈릴레오의 지동설을 생각해 보세요. 지금 질문처럼 언제 무엇을 가정해서 0으로 쓰면 됩니까라는 질문에 제가 만약 잘못된 답변을 한다면, 그리고 그것을 의심 없이 받아들이게 된다면 이는 천동설을 배우고 있는 중세의 학생과 큰 차이가 없게 됩니다.

이런 얘기는 학생들이 노오오력이 부족하다고 탓하고자 하는 말은 아닙니다. 사실 이런 이야기를 하는 것은 부

끄러운 일입니다. 지금까지 반평생 이상을 시험을 위해서 살도록 시스템을 만들어 놓고, 이제 와서 그렇게 살지 말라니 웃긴 일 아닙니까? 어느새, 어쩌다 보니, 제가 원하지 않았는데도 저도 그러한 교육시스템을 만들어 놓은 기성세대의 일원이 된 상황에서 이런 이야기를 하는 것은 부끄러운 일입니다. 그렇지만 고등학교까지는 대학이라는 너무나 큰 부담이 있어서 말하지 못했더라도, 이제는 다른 길이 가능하다고 생각해서 공학에서는 정답이라는 허상에 너무 집착하지 않았으면 하는 마음에서 하는 이야기입니다.

꼰대의 잔소리는 그만하고 원질문으로 돌아가서, 열교환을 목적으로 설계된 열교환기와 같은 설비가 아닌 경우 대부분의 경우에 이상적으로 단열을 가정해도 무방합니다. 위치에너지나 운동에너지의 차이는 그 차이값이 유의미하게 크지 않은 경우에는 무시할 만큼 작다고 가정합니다. 예를 들어서 아래 FAQ 2-24와 Ex 2-8을 봅시다.

FAQ 2-24 터빈을 통과하면서 기체가 팽창하면 입출입 유체의 유속이 달라지니 운동에너지 차이가 0이라고 볼 수 없지 않나요?

날카로운 질문입니다. 네, 그렇습니다. 유체의 속도가 변화하면 ΔE_k를 0이라고 하기는 어려워집니다. 따라서 원칙적으로는 매번 계산해야 합니다. 그러나 그렇게 하지 않는 것은 경험적으로 펌프, 컴프레서, 터빈과 같은 설비에서 많은 경우 유속 변화로 인한 운동에너지 변화량이 유체의 엔탈피 변화량에 비해서 무시할 만큼 작다는 것을 알기 때문입니다. 위 Ex 2-6을 보면, 수증기표에서 출입 유체의 질량당 부피를 확인할 수 있습니다.

10 bar, 600℃에서 $v_1 = 0.401 \, \mathrm{m^3/kg}$

1 bar, 300℃에서 $v_2 = 2.639 \, \mathrm{m^3/kg}$

유량이 18 kg/s이므로 부피유량은

$$F_{v1} = 0.401 \times 18 = 7.218 \, \mathrm{m^3/s}$$

$$F_{v2} = 2.639 \times 18 = 47.5 \, \mathrm{m^3/s}$$

이 부피유량이 예를 들어 단면적이 1 m²인 배관에서 모든 영역에서 동일한 속도로 균일하게 흐르고 있다고 가정하면(엄밀하게 유체역학적으로 따지면 그렇지 않겠지만 빠른 근사를 위해서)

$$\overline{v}_1 = 7.218 \, \mathrm{m/s}$$

$$\overline{v}_2 = 47.5 \, \mathrm{m/s}$$

운동에너지 차이는

$$\Delta \dot{E}_k = \frac{1}{2} \dot{m} \overline{v}_2^{\,2} - \frac{1}{2} \dot{m} \overline{v}_1^{\,2} = 19836 \, \mathrm{kg/s \, m^2/s^2}$$

$1 \mathrm{J} = 1 \mathrm{N \cdot m} = \mathrm{kg \cdot m/s^2 \cdot m}$이므로

$$\Delta \dot{E}_k = 19836 \, \mathrm{J/s} = 0.0198 \, \mathrm{MW}$$

이는 엔탈피 차이값에 비해서 너무 작으므로 이 결과를 반영해도 터빈이 한 일인 11.2 MW에는 큰 차이가 생기지 않게 됩니다. 이것이 터빈에서 종종 운동에너지 차이를 잘 고려하지 않고 무시할 만큼 작다고 가정하는 이유입니다.

압축기(compressor)/펌프(pump)

압축기(compressor)와 펌프(pump)는 에너지를 소모하여 유체를 가압하는 대표적인 설비입니다. 원리는 동일하나 기계적 물성의 차이가 커서 통상 압축기는 기체를 가압하도록 설계된 설비를 말하며, 펌프는 액체를 가압하도록 설계된 설비를 말합니다.

그 기계적 원리에 따라서 다시 다양한 유형으로 분류가 가능하나, 대표적인 유형은 회전날개(impeller)를 이용하는 원심형(centrifugal)이나 피스톤을 이용하는 왕복동식(reciprocating) 압축기를 들 수 있습니다. 원심형 압축기는 터빈의 동작과 반대로 축일을 공급하여 회전날개를 회전,

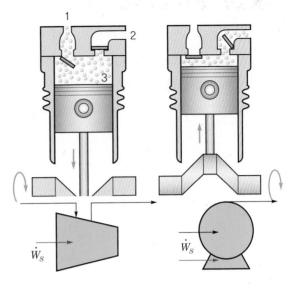

| 그림 2-24 | 압축기/펌프의 원리

유체를 압축하게 되며, 왕복동식의 경우 그림 2-24와 같이 피스톤이 당겨질 때는 1번 밸브가 열리면서 유체가 유입되고, 1번 밸브가 닫힌 뒤 3번 피스톤이 유체를 압축하여 압력이 올라가면 2번 밸브가 열리면서 압축된 유체가 배출되는 식입니다.

에너지 밸런스를 생각해 보면 일반적으로 고정되어 있고 흡입되는 유체와 도출되는 유체의 흐름이 하나씩만 존재합니다. 유체의 입출 높이가 크게 다르지 않으므로 위치에너지의 차이는 무시할 만큼 작으며, 운동에너지의 차이는 축일에 비해 무시할 만큼 작습니다. 외부와 열출입이 없는 단열상태로 정상상태에 있다고 가정하면, 식 (2.51) 에너지 밸런스는

$$\frac{dU_{cv}}{dt}+\frac{dE_{k,cv}}{dt}+\frac{dE_{p,cv}}{dt}=\dot{Q}+\dot{W}_s+\sum\dot{m}_i\left(\underline{h}_i+\overline{v}_i^{\,2}/2+gh_{e,i}\right)-\sum\dot{m}_o\left(\underline{h}_o+\overline{v}_o^{\,2}/2+gh_{e,o}\right)$$

$$\rightarrow 0=\dot{W}_s+\dot{m}\underline{h}_i-\dot{m}\underline{h}_o$$

$$\dot{W}_s=\dot{m}(\underline{h}_o-\underline{h}_i)=\dot{m}\Delta\underline{h}\ \ \text{혹은}\ \ \frac{\dot{W}_s}{\dot{m}}=\underline{w}_s=\Delta\underline{h}$$

몰유량 및 몰당 엔탈피(molar enthalpy)를 기준으로 하는 경우에는

$$\dot{W}_s=\dot{n}(h_o-h_i)=\dot{n}\Delta h\ \ \text{혹은}\ \ \frac{\dot{W}_s}{\dot{n}}=w_s=\Delta h$$

즉, 터빈의 경우와 동일하게 들어오고 나가는 유체의 상태에 따른 엔탈피값의 차이가 곧 압축기가 필요로 하는 일 혹은 동력이 됩니다. 단, 터빈의 경우는 연산 결과 얻어지는 일의 부호가 (−)로 한 일이 될 것이며, 펌프나 컴프레서는 일을 받아야(소모해야) 하므로 연산 결과 (+)의 일을 얻게 됩니다.

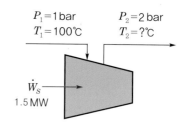

1 bar, 100℃의 수증기 10 kg/s를 정상상태로 압축기에 공급하여 2 bar까지 수증기로 압축할 때 압축기에 1.5 MW 의 동력이 공급되었다면 이때 토출되는 수증기의 온도를 구하라.

에너지 밸런스에서

$$\Delta \underline{h} = \frac{\dot{W}_s}{\dot{m}} = \frac{1500\,\mathrm{kW}}{10\,\mathrm{kg/s}} = 150\,\mathrm{kJ/kg}$$

수증기표에서 상태 1의 엔탈피를 찾아보면

$$\underline{h}_1 = 2675.9\,\mathrm{kJ/kg}$$

$$\underline{h}_2 = \underline{h}_1 + \Delta \underline{h} = 2825.9\,\mathrm{kJ/kg}$$

수증기표에서 2 bar에서 h_2에 해당하는 엔탈피 구간을 찾아보면

$T[℃]$	$h[\mathrm{kJ/kg}]$
150	2768.6
200	2870.0

엔탈피–온도의 선형 관계를 가정하면 내삽을 통해 온도를 추정할 수 있습니다.

$$y = \frac{y_2 - y_1}{x_2 - x_1}(x - x_1) + y_1 \ (\text{Ex 1-3 참조})$$

$$T_2 = \frac{200-150}{\underline{h}_{200} - \underline{h}_{150}}(\underline{h} - \underline{h}_{150}) + 150 = \frac{50}{2870.0 - 2768.6}(2825.9 - 2768.6) + 150$$

$$= 178.2℃$$

해발 500 m의 산장에서 해발 0 m의 호수를 배관으로 연결, 펌프로 물 1 kg/s를 공급하려고 한다. 열의 출입이 없고 유입 유출되는 물의 온도는 동일하게 25℃일 때 펌프에 공급되어야 하는 동력을 구하라.

호수의 물의 상태를 상태 1, 산장에 도달하는 물의 상태를 상태 2라고 하고 정상상태로 물을 공급하는 경우를 생각해 봅시다. 배관의 크기가 크게 다르지 않으면 정상상태에서 물의 속력은 일정하다고 볼 수 있으므로 운동에너지의 차이는 없습니다. 엄밀하게 말하면

해발 500 m에서 기압은 1기압이 아니라 0.95기압 정도가 되지만, 물은 비압축성에 가까워서 압력이 약간 변화하는 정도로는 엔탈피의 차이가 미미하니까 무시합시다(수증기표를 보세요).

$$h_2 - h_1 \approx 0$$

이 경우 고도의 차이가 많이 나서 위치에너지 차이를 무시하면 필요한 에너지는 0에 가깝게 되므로 합리적이지 않은 가정이 됩니다. 시작점의 높이를 기준으로 하면 에너지 밸런스는

$$0 = \dot{W}_s + \dot{m}gh_{e,1} - \dot{m}gh_{e,2} = \dot{W}_s + 0 - 1\frac{kg}{s}\,9.8\,m/s^2\,500\,m\,\frac{1\,J}{1\,N\,m}\,\frac{1\,N}{kg\,m/s^2}$$

$$= \dot{W}_s - 4900\,W$$

$$\dot{W}_s = 4.9\,kW$$

앞서 위치에너지 차이를 무시할 만큼 작다고 가정하고 엔탈피 차이를 구한 것과 반대로, 여기서는 엔탈피 차이가 무시할 만큼 작다고 가정하고 위치에너지 차이를 계산하고 있는 것을 주목하세요. 왜 그렇게 하는가? 그래야 더 논리적으로 설득력이 있고 현실에 가까운 값을 얻을 수 있으니까요.

FAQ 2-25 숙제를 하다 보면 컴퓨터 시뮬레이터 연산 결과와 책의 답이 다를 때가 있는데 그 이유를 정확히 모르겠습니다.

여러 이유가 있을 수 있으나, 근본적으로는 공학이 근사의 학문이기 때문입니다. 다시 말해, 근사에 사용한 데이터가 다르거나 방법이 다를 수 있습니다.

(1) 사용한 방법론(식)은 같으나 원본 데이터가 다른 경우

컴퓨터 시뮬레이터에 포함되어 있는 데이터 베이스, 예를 들어서 수증기표(steam table)의 경우 책의 수증기표와 완전히 동일하지 않을 수 있습니다. 공학의 다른 수치들도 마찬가지입니다. 실험을 수행한 사람이 10명이 있다면 10명 모두 조금씩 다른 데이터를 제공할 수 있으므로 같은 식과 같은 방법으로 계산해도 숫자가 똑같지 않습니다. 이러한 혼선을 막기 위해서 우리는 표준과 기준을 정의하여 사용하곤 합니다. 그러나 보통 실험이 잘못된 것이 아니라면, 보통 그 오차가 크지 않아서 공학적 계산에는 지장이 없는 경우가 많습니다.

(2) 사용한 방법론(식)도 같고 원본 데이터도 같으나 근삿값의 오차가 있는 경우

내삽을 하는 경우와 같이 데이터를 추산하여 쓰는 경우 근사에 의한 오차가 발생합니다. 또한 수계산의 경우 유효숫자 개수가 작으므로 오차가 발생합니다.

(3) 사용한 방법론(식)이 다른 경우

물성 연산을 위해서 제시된 방법론은 제시한 학자마다 다를 수 있고, 다른 식은 다른 결과를 보입니다. 이 것이 공학에는 정답이 없다고 계속 강조하는 이유입니다. 그럼 어떤 값이 어떤 경우에 맞는지를 어떻게 아느냐? 그것이 공부하면서 습득해야 할 진짜 중요한 부분이 됩니다.

예를 들어, "질량보존의 법칙"을 생각해 보면, 이는 우리의 일상생활에서는 항상 성립하는 내용입니다. 그러나 핵융합이나 상대성이론이 성립하는 계와 같이 질량이 에너지로 전환되는 특수계에서는 성립하지 않습니다. 이처럼 어떤 경우에 성립하고 어떤 경우에 성립하지 않는지를 이해하고 적용할 수 있는 능력이 단순 계산하는 능력보다 훨씬 중요합니다.

열교환기(heat exchanger)

세세하게 분류하자면 굉장히 다양한 이름을 붙일 수 있지만, 아주 넓게 보았을 때 뜨거운 물질과 차가운 물질 간의 열교환이 발생하고 있으면 이를 통칭하여 열교환기로 부를 수 있습니다.

예를 들어서 난방용 라디에이터(radiator)와 같은 경우, 뜨거운 물을 흘려보내는 배관을 여러 번 구부려서 만든 형태를 가지고 있습니다. 그러면 뜨거운 물이 배관을 지나가면서 찬 공기와 접촉하여 공기에 열을 방출하고 온도가 떨어져서 보일러로 돌아가게 됩니다. 이를 개념적으로 단순화시키면 그림 2-26과 같은 형태로 나타낼 수 있습니다.

| 그림 2-25 | 대표적인 열교환기 설비인 라디에이터

Tiia Monto, CC BY−SA 3.0 online image.
https://commons.wikimedia.org/wiki/File:Heat_radiator.jpg

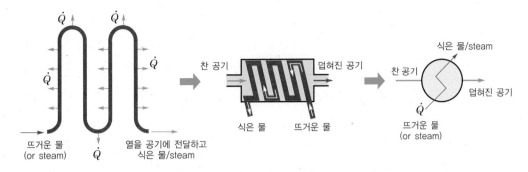

| 그림 2-26 | **열교환기의 원리 및 단순 기호화 표현**

여기서 열을 주고받는 매개체는 반드시 공기와 물일 필요가 없습니다. 예를 들어, 다음과 같이 두 개의 배관을 중첩하여 내부 배관에 흐르는 유체의 온도와 외부 배관에 흐르는 유체의 온도를 다르게 두면 자연히 유체 간에 섞임 없이 열교환이 가능해집니다. 이러한 형태의 설비를 모두 열교환기라고 칭할 수 있습니다. 물론 전기 히터(electric heater)와 같이 열 매개체가 유체가 아닌 경우도 있을 수 있습니다.

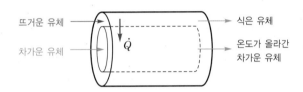

| 그림 2-27 | **이중 배관 구조를 가지는 유체 간 열교환기 개념도**

주 목적이 대상 유체의 온도를 올리는 것이면 주로 가열기(heater)라고 부르며, 온도를 내리는 것이면 냉각기(cooler)라고 부릅니다. 그러나 대상 유체와 열 매개(heat media) 중 어느 쪽이 온도가 높은 것인지만 다를 뿐 개념적으로는 동일한 구조의 설비입니다.

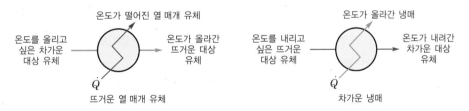

| 그림 2-28 | **가열기(heater)와 냉각기(cooler)**

가열의 목적이 대상 유체를 액체에서 기체로 상변화를 일어나게 하는 것이 목적인 경우 이를 증발기(evaporator)라고도 합니다. 반대로 냉각의 주 목적이 대상 유체를 기체에서 액체로 상변화를 일어나게 하는 것이 목적인 경우 이를 응축기(condenser)라고도 합니다.

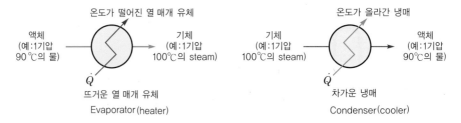

| 그림 2-29 | 증발기(evaporator)와 응축기(condenser)

에너지 밸런스를 생각해 보면, 이러한 설비는 외부로 일에너지를 주고받을 수 있는 회전날개와 같은 기계장치가 설치되어 있지 않으며, 따라서 축일은 0입니다($\dot{W}_s = 0$). 흡입되는 유체와 도출되는 유체의 흐름이 하나씩만 존재하고, 유체의 입출 높이가 크게 다르지 않으므로 위치에너지의 차이는 무시할 만큼 작으며, 운동에너지의 차이는 축일에 비해 무시할 수 있을 만큼 작습니다. 외부와 열출입이 없는 단열상태로 정상상태에 있다고 가정하면, 식 (2.51)에서

$$\frac{dU_{cv}}{dt} + \frac{dE_{k,cv}}{dt} + \frac{dE_{p,cv}}{dt} = \dot{Q} + \dot{W}_s + \sum \dot{m}_i \left(\underline{h}_i + \overline{v}_i^2/2 + gh_{e,i} \right) - \sum \dot{m}_o \left(\underline{h}_o + \overline{v}_o^2/2 + gh_{e,o} \right)$$

$$\rightarrow 0 = \dot{Q} + \dot{m}\underline{h}_i - \dot{m}\underline{h}_o$$

$$\dot{Q} = \dot{m}(\underline{h}_o - \underline{h}_i) = \dot{m}\Delta\underline{h} \tag{2.56}$$

$$\text{혹은 } \frac{\dot{Q}}{\dot{m}} = \underline{q} = \Delta\underline{h}$$

즉, 열교환된 열량이 엔탈피 차이로 나타나게 됩니다. 몰유량 및 몰당 엔탈피(molar enthalpy)를 기준으로 하는 경우에는

$$\dot{Q} = \dot{n}(\underline{h}_o - \underline{h}_i) = \dot{n}\Delta\underline{h} \text{ 혹은 } \frac{\dot{Q}}{\dot{n}} = \Delta\underline{h}$$

Ex 2-9 1 bar, 25℃의 물 1 kg/s를 가열해서 등압에서 150℃의 수증기로 만드는 증발기를 설계하고자 한다. 증발기에 공급되어야 하는 열량을 구하라.

수증기표에서 엔탈피를 확인하면,

$$\underline{h}_1 = 104.8 \, \text{kJ/kg}$$

$$\underline{h}_2 = 2776.1 \, \text{kJ/kg}$$

에너지 밸런스에서

$$\dot{Q} = \dot{m}(\underline{h}_2 - \underline{h}_1) = \dot{m}\Delta\underline{h} = 1 \frac{\text{kg}}{\text{s}} \times (2776.1 - 104.8) \frac{\text{kJ}}{\text{kg}} = 2.67 \, \text{MW}$$

FAQ 2-26 $\dot{Q} = \dot{m}\Delta\underline{h} = \dot{n}\Delta h$는 정압일 때에만 성립하는 것인가요?

축일이 무시할 만큼 작다면 압력이 다른 경우에도 성립합니다. 단, 압력이 다른 경우에는 출입 엔탈피(h_1, h_2) 또한 변화하므로 필요한 열량 또한 달라지게 됩니다. 예를 들어 위 Ex 2-9에서 열교환기에서 압력 강하가 존재하여 들어가는 물의 압력 혹은 나오는 수증기의 압력이 1 bar가 아니면, h_1 혹은 h_2의 값이 변화하므로 필요한 $\dot{Q} = \dot{m}\Delta\underline{h}$의 값도 달라집니다. 만약 대상 유체가 이상기체에 가깝다면 엔탈피가 온도만의 함수에 가까우므로 엔탈피의 압력에 따른 영향력은 작아져서 압력과 무관하게 출입 온도가 동일하다면 $\dot{Q} = \dot{m}\Delta\underline{h}$는 일정한 값을 가지게 됩니다.

Ph선도(Ph diagram)

앞서 PT선도나 Pv선도를 정의했던 것처럼 엔탈피와 다른 열역학 물성의 관계를 가지고 도표를 그릴 수 있습니다. 대표적인 것이 압력과 엔탈피를 y, x축으로 나타낸 Ph선도입니다. 예를 들어 수증기의 경우 이를 그려보면 그림 2-30과 같이 나타낼 수 있으며, 이를 이용하면 엔탈피 차이를 빠르게 파악하기가 용이해집니다.

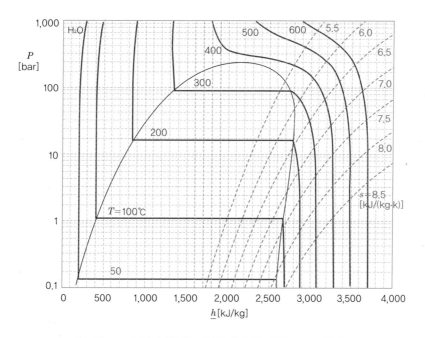

| 그림 2-30 | 물의 Ph선도(확대 이미지는 부록 407쪽 참조)

Ex 2-10 Ex 2-6의 연산을 Ph선도를 이용하여 근사하라.

10 bar, 600℃의 엔탈피는 그래프상 약 3700 정도이고, 1 bar, 300℃에서는 약 3075 정도이므로

$$\Delta \underline{h} \approx 3075 - 3700 = -625 \, \text{kJ/kg}$$

에너지 밸런스에서

$$\dot{W}_s = \dot{m}\Delta \underline{h} = 18 \frac{\text{kg}}{\text{s}} \times (-625) \frac{\text{kJ}}{\text{kg}} = -11.25 \, \text{MW}$$

교축 밸브(throttling valve)와 줄-톰슨(Joule-Thomson) 팽창

기체가 밸브를 통과하는 것처럼 유체가 단열된 상태에서 흐름을 방해하는 작은 구멍을 통과해야 하는 경우를 교축(혹은 조름)공정(throttling process)이라고 합니다. 현실 기체의 경우 이 과정에서 압력의 강하뿐만 아니라 온도의 변화도 일어나는데 이를 줄과 톰슨의 이름을 따서 줄-톰슨 팽창 효과(Joule-Thomson expansion effect)라고 부르며, 교축공정이나 조름공정 대신 줄-톰슨 공정이나 줄-톰슨 팽창공정이라고 부르기도 합니다.

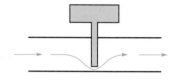

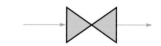

| 그림 2-31 | 교축(조름) 밸브의 원리와 단순 기호화 표현

정상상태에서 유로가 하나뿐인 줄-톰슨 팽창은 단열이며 축일을 회수할 수 없는 상태이므로 에너지 밸런스에서

$$\frac{dU_{cv}}{dt} + \frac{dE_{k,cv}}{dt} + \frac{dE_{p,cv}}{dt} = \dot{Q} + \dot{W}_s + \sum \dot{m}_i \left(\underline{h}_i + \overline{v}_i^{\,2}/2 + gh_{e,i} \right) - \sum \dot{m}_o \left(\underline{h}_o + \overline{v}_o^{\,2}/2 + gh_{e,o} \right)$$

$$\rightarrow 0 = \dot{m}\underline{h}_i - \dot{m}\underline{h}_o$$

$$\underline{h}_i = \underline{h}_o \tag{2.57}$$

즉, 이상적인 줄-톰슨 팽창공정은 입출 엔탈피는 변화하지 않는 등엔탈피 공정이 됩니다. 기체의 경우, 등엔탈피 공정에서 압력이 감소하는 경우 많은 영역에서 온도의 하락이 발생하게 되는데(모든 영역에서는 아님), 이는 냉장고와 같은 냉각설비를 만드는 핵심 원리가 되며 이후 3.5절과 5.4절에서 보다 상세히 다룹니다.

Ex 2-11 줄–톰슨 팽창

10 bar, 200℃의 수증기가 밸브를 통과하여 1 bar로 팽창
하는 경우 팽창 후 수증기의 온도는 몇 ℃인가?

$P_1 = 10$ bar
$T_1 = 200$℃

$P_2 = 1$ bar
$T_2 = ?$℃

수증기표를 확인하여 보면 10 bar, 200℃에서

$$h_1 = 2827.4 \text{ kJ/kg}$$

1 bar에서 등엔탈피값을 가지는 구간을 확인하여 보면

$T[℃]$	$\underline{h}[\text{kJ/kg}]$
150	2776.1
200	2874.8

선형내삽(Ex 1–3 참조)으로 추정해 보면

$$y = \frac{y_2 - y_1}{x_2 - x_1}(x - x_1) + y_1$$

$$T_2 = \frac{200 - 150}{\underline{h}_{200} - \underline{h}_{150}}(\underline{h}_1 - \underline{h}_{150}) + \underline{h}_{150} = \frac{200 - 150}{2874.8 - 2776.1}(2827.4 - 2776.1) + 150$$

$$= 176℃$$

혹은 Ph선도 등을 사용해서 근사하여도 유사한 결과를 얻을 수 있습니다.

FAQ 2-27 밸브의 W_s가 0인 것이 잘 이해가 안 돼요. $h_i = h_o$면 $u_i + P_i v_i = u_o + P_o v_o$, 그러면 $u_i < u_o$인가요?

축일을 회수하려면 시스템 내에 일을 회수할 수 있는 무언가의 설비가 필요합니다. 예를 들어 일종의 바람개비가 붙은 회전축(shaft)이 있어서 팽창하는 기체가 이를 돌릴 수 있도록 만들어 주는 것이 터빈이죠. 밸브는 내부에 축일을 회수할 수 있는 장치가 없기 때문에 주변환경(surroundings)에 작용할 축일을 분리해 낼 수가 없습니다. 따라서 모든 일은 유동일(fluid work)로 반영되며, 그 결과 유체의 출입 조건이 터빈 등과 다르게 등엔탈피에 가깝게 됩니다.

뒤의 질문은 기체 팽창의 특성에 따라 다릅니다. 등엔탈피 팽창에서 $P_i v_i > P_o v_o$면 $u_i < u_o$이지만, $P_i v_i < P_o v_o$면 $u_i > u_o$입니다. 팽창 시 P_o는 P_i보다 작을 수밖에 없지만 부피와 곱한 값은 다른 이야기입니다. 이는 나중에 배우게 될 밸브를 통과한 기체의 온도가 올라가느냐 줄어드느냐는 줄–톰슨 계수 문제와 바로 연결되며 자세히 다루게 될 것입니다. 5.3절의 등엔탈피 공정 및 FAQ 5–8을 참조하세요.

엔탈피와 정압비열(specific heat at constant pressure)

앞서 다룬 여러 예에서 엔탈피가 왜 편리하게 에너지의 의미를 가지고 사용될 수 있는지를 보았습니다. 그런데 엔탈피 역시 앞의 내부에너지와 마찬가지로 실측이 쉬운 물성은 아닙니다. 따라서 엔탈피를 연산하는 것이 가능하면 매우 편리하게 됩니다.

정적비열을 얻었을 때처럼 실험을 하되 이번에는 부피가 아닌, 일정한 압력이 유지되는 조건에서 아래와 같이 실린더에 열을 가하면서 유체의 온도가 어떻게 변화하는지 측정하는 실험을 한다고 해 봅시다. 실험의 결과를 q vs T로 도시하게 되면, 그 기울기가 의미하는 것이 정압비열(specific heat at constant pressure, c_P)이 됩니다.

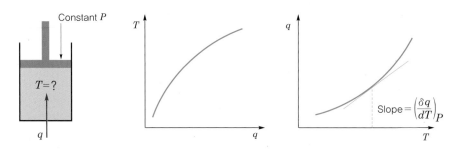

| 그림 2-32 | **정압비열의 측정 실험 개념**

엔탈피의 정의를 생각해 보면

$$dh = d(u+Pv) = du+Pdv+vdP \tag{2.58}$$

열역학 제1법칙과 일의 정의에서

$$du = \delta q - Pdv \tag{2.59}$$

식 (2.58)에 식 (2.59)를 대입하면

$$dh = \delta q + vdP$$

그런데, 정압상태이므로 압력의 변화량은 항상 0입니다($dP = 0$). 즉, 이 경우

$$dh = \delta q \tag{2.60}$$

다시 말해, 압력이 일정한 상황에서 계에 가해진 열은 모두 엔탈피의 증가로 반영되게 됩니다. 따라서 정압비열은 압력이 일정할 때 온도에 따른 엔탈피의 변화량으로 정의가 가능합니다.

$$c_P \equiv \left(\frac{\partial h}{\partial T}\right)_P \tag{2.61}$$

식 (2.61)에서 정의된 정압비열 역시 다른 열역학 변수와 마찬가지로 2개의 독립변수에 의해 영향을 받는 물성이므로 편도함수로 나타내었습니다. 단, 이상기체의 경우 정의상 내부에너지가 온도만의 함수가 되며 엔탈피 역시 온도만의 함수입니다. 따라서

$$c_P = \left(\frac{\partial h}{\partial T}\right)_P = \frac{dh}{dT}$$

$$dh = c_P dT \qquad (2.62)$$

즉, 이상기체에 가까운 조건(예를 들어 충분한 저압)에서 위 실험을 수행, 정압비열을 온도에 대한 함수로 얻어낼 수 있다면

$$c_P(T) = A + BT + CT^2 + \cdots$$

이를 적분해서 이상기체에 가까운 상태의 기체 엔탈피 변화량을 계산하는 것이 가능해집니다 (실제 적용 가능한 계수 A, B, C 등의 값은 부록의 Table A.3을 참조하세요).

$$\Delta h = \int_{T_1}^{T_2} c_P dT \qquad (2.63)$$

이렇게 얻어진 정압비열 역시 상태함수로, 얻는 과정은 압력이 일정한 경로를 통해서 얻었으나 상태함수라는 특성상 어떤 경우에도 적용이 가능하므로 엔탈피를 계산하는 데 큰 편의성을 제공합니다.

일반적으로 액체나 고체의 경우 온도에 따라 부피가 변화하지 않는 비압축성을 가지며 정적비열이나 정압비열이 거의 같은 값을 가지고, 온도에 따라서 크게 변화하지 않으므로 이를 상수로 근사하여 계산하여도 크게 문제가 되지 않는 경우가 많습니다.

$$\Delta h = \int_{T_1}^{T_2} c_P dT \approx c_P \Delta T \ (c_P \text{가 일정하면})$$

기체의 경우에는 온도에 따라서 비열이 크게 변화하는 구간이 존재하므로 구간에 따라서 상수 취급을 해도 무방한 구간과 그렇지 않은 구간이 구별됩니다. 일반적으로 다양한 연구 결과로부터 이러한 실험 결과를 온도에 대한 함수로 나타내어 제공하고 있습니다(부록에 일부 물질을 제공).

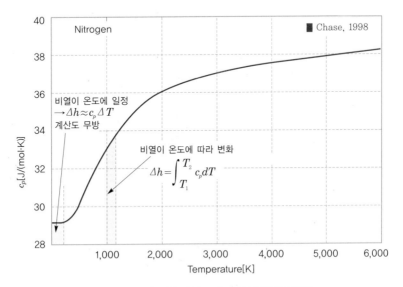

| 그림 2-33 | 질소의 온도에 따른 정압비열 변화

https://webbook.nist.gov/cgi/cbook.cgi?ID=C7727379&Type=JANAFG&Plot=on

Ex 2-12 터빈이 한 일: 이상기체와 수증기

10 bar, 600℃의 가스 1 kmol/s를 정상상태로 공급하여 1 bar, 300℃까지 팽창시킬 때 이 터빈이 생산하는 동력을 구하려고 한다.

ⓐ 이 기체가 정압비열이 $\frac{5}{2}R$로 일정한 이상기체라고 가정하는 경우 비열을 적분하여 생산되는 동력을 구하라.

에너지 밸런스로부터

$$\dot{W}_s = \dot{n}\Delta h$$

이상기체의 경우 식 (2.62)를 사용하여

$$\Delta h = \int_{T_1}^{T_2} c_P dT = \int_{600+273.15}^{300+273.15} \frac{5}{2} R\, dT = -\frac{5}{2} \times 8.314\,\text{J/(mol K)} \times 300\,\text{K}$$

$$= -6235.5\,\text{J/mol}$$

$$\dot{W}_s = \dot{n}\Delta h = -1\frac{\text{kmol}}{\text{s}} \times 6235.5\,\text{J/mol} = -6.24\,\text{MW}$$

ⓑ 이 기체가 이상기체에 가까운 수증기라고 가정하는 경우 비열을 적분하여 생산되는 동력을 구하라.

부록 Table A.3으로부터 $c_P = R(A+BT+CT^2+DT^3)$

$A = 3.999,\ B = -0.643 \times 10^{-3},\ C = 2.97 \times 10^{-6},\ D = -1.366 \times 10^{-9}$

$$\Delta h = \int_{T_1}^{T_2} c_P dT = R\int_{T_1}^{T_2} A+BT+CT^2+DT^3 dT$$

$$= R\left[AT + \frac{B}{2}T^2 + \frac{C}{3}T^3 + \frac{D}{4}T^4\right]_{T_1}^{T_2}$$

$$= R\left[A(573.15-873.15) + \frac{B}{2}(573.15^2 - 873.15^2)\right.$$

$$\left. + \frac{C}{3}(573.15^3 - 873.15^3) + \frac{D}{4}(573.15^4 - 873.15^4)\right]$$

$$= -11400.1\,\text{J/mol}$$

$$\dot{W}_s = \dot{n}\Delta h = -1\frac{\text{kmol}}{\text{s}} \times 11400.1\,\text{J/mol} = -11.4\,\text{MW}$$

ⓒ Ex 2–6의 결과와 비교할 때 어느 쪽이 실제와 가깝다고 할 수 있는가? 왜 그럴까?

수증기표를 이용한 Ex 2–6의 결과를 보면 11.2 MW의 일을 생산하고 있습니다. 즉 (a)보다는 (b)가 더 근접한 결과를 예측하고 있습니다. 이는 수증기는 완벽한 이상기체가 아니므로, 비열이 온도에 따라서 변화하기 때문입니다. 부록의 정압비열 역시 이상기체 조건에서 측정된 것으로, 고압에서는 오차가 발생할 것이나 여기서의 결과를 미루어 볼 때 1~10 bar, 300~600℃의 범위는 이상기체 정압비열을 사용할 만큼 저압, 고온이라고 판단할 수 있습니다.

FAQ 2-28 $\Delta h = \int c_P dT$ 인 이유가 무엇인가요? 항상 성립한다고 할 수 있나요? 고체나 액체의 경우에도 같은 식을 사용하는데 이건 어떻게 된 건가요?

엔탈피를 설명할 때 언급했던 곤란한 점 중 하나가, 엔탈피라는 것은 직접 측정이 가능한 물성이 아니므로 이를 어떻게 구할 수 있는지가 불분명하다는 것이었습니다. 이때 이용 가능한 것이 열용량(heat capacity)/비열용량(specific heat capacity)이었습니다. 수업에서 다뤘듯이 열용량은 실험적으로 측정이 가능합니다. 이때 실험을 정적(constant volume) 조건에서 하느냐, 정압(constant pressure) 조건에서 하느냐에 따라 열역학적 연관성이 달라졌습니다.

(1) 정적 조건이면 열역학 제1법칙에서

$$du = \delta q + \delta w = \delta q - P dv = \delta q$$

즉, 이 경우 열량 변화량이 곧 내부에너지의 변화량과 동일해집니다. 특정 부피에서의 비열을 c_v 라고 한다면 비열의 정의에서

$$c_v = \frac{\delta q}{dT} = \frac{du}{dT}$$

그런데 이상기체의 내부에너지는 온도만의 함수이므로 상미분으로 나타낼 수 있지만, 실제 기체는 온도 외의 다른 물성의 영향도 받게 되므로 상미분으로 나타내는 것은 적절하지 않습니다. 따라서 편미분으로 정의하자면

$$c_v = \left(\frac{\partial u}{\partial T}\right)_v$$

(2) 정압 조건인 경우 열역학 제1법칙과 엔탈피의 정의에서

$$du = \delta q + \delta w = \delta q - P dv$$

$$dh = du + P dv + v dP = \delta q - P dv + P dv + v dP = \delta q$$

즉, 이 경우 열량 변화량이 곧 엔탈피의 변화량과 동일해집니다. 특정 압력에서의 비열을 c_P 라고 한다면 비열의 정의에서

$$c_P = \frac{\partial q}{\partial T} = \left(\frac{\partial h}{\partial T}\right)_P$$

단, 이 기체가 이상기체에 가까운 상태라면 엔탈피가 온도만의 함수로 나타나므로 편미분이 상미분으로 대체될 수 있게 됩니다. 따라서

$$c_P = \frac{dh}{dT}, \ dh = c_P dT$$

이렇게 얻어진 정압비열은 상태함수이므로, 이를 온도에 대해서 적분하여 엔탈피값을 얻는 것도 항상 성립한다고 할 수 있습니다. 다만 이 과정에서 전제로 하고 있는 것이 "이상기체에 가까운 조건일 것"이므로, 이상기체에서 멀어질수록 $dh = c_P dT$를 사용하면 오차가 발생하게 됩니다. 예를 들어 기체의 경우는 저압의 경우에는 이상기체에 근접하므로 엔탈피값이 잘 맞는 편이나, 압력이 증가할수록 오차가 벌어집니다. 때문에 엔탈피를 보다 정확하게 연산하려면 압력 등으로 인한 영향을 보정해 주어야 합니다. 뒤에 다룰 상태방정식(4장)과 편차함수(5장)에서 이러한 내용을 다룹니다.

액체나 고체의 경우 이상기체라고 할 수는 없으나, 비압축성이라 보통 압력이 변화해도 c_P가 상수에 가깝고, 온도에만 의존적인 경우가 대부분입니다. 따라서 $\int c_P dT$ 식을 사용해도 비교적 정확한 값을 얻을 수 있습니다.

중고등학교 때를 생각해 보면 보통 물의 비열이 일정하다고 배우는데, 이는 실제로는 물의 비열이 일정하지 않으나, 압력에 따른 변화가 거의 없고 상온 근처에서는 온도에 따른 변화량도 매우 작기 때문에 무시해도 큰 오차가 발생하지 않기 때문입니다.

정압비열과 정적비열의 관계

일반적으로 기체의 정압비열은 정적비열보다 항상 큽니다. 정적상태에서는 공급된 열에너지가 내부에너지를 증가시키는 데 사용되는 반면, 정압상태에서는 엔탈피, 즉 내부에너지에 추가로 유체가 팽창하는 데 필요한 일에너지(Pv 변화)까지를 포함하여 공급하여야 하기 때문입니다. 그러나 액체나 고체의 경우, 온도가 어느 정도 변하여도 부피의 변화량은 상대적으로 매우 작으므로 물질이 팽창하는 데 필요한 일에너지의 소모가 거의 없어서 정압비열이나 정적비열의 값이 크게 차이가 나지 않습니다.

이상기체의 경우라면 다음이 성립합니다.

$$dh = d(u + Pv) = du + Pdv + vdP$$

이상기체라면 $du = c_v dT$, $dh = c_p dT$가 성립하므로

$$c_P dT - c_v dT = d(Pv)$$

$$c_P - c_v = \frac{d(Pv)}{dT} = \frac{dRT}{dT} = R \tag{2.64}$$

이를 적용하면 가역단열공정에서 정의했던 팽창계수(expansion factor)를 다음과 같이 정압비열과 정적비열의 비로 나타낼 수 있습니다. 이를 비열비(heat capacity ratio)라고 부르는 이유이기도 합니다.

$$k \equiv \left(\frac{c_v + R}{c_v} \right) = \frac{c_P}{c_v} \tag{2.65}$$

이상기체의 경우 이 값은 $(5/2)/(3/2) = 5/3 = 1.667$의 값을 가지는데, 이는 어떠한 기체가 압축 또는 팽창될 때 이상기체에 얼마나 근접하게 움직이는지를 판단할 수 있는 또다른 지표가 됩니다.

이원자분자 이상기체의 경우 정적비열의 값이 $(5/2)R$이므로, $k = (7/2)/(5/2) = 1.4$가 됩니다. 일례로 공기의 경우 99% 이상이 이원자분자인 질소와 산소로 구성되어 있는데, 상압, 0~200℃ 구간에서는 k값이 1.38~1.4 정도로 크게 변화하지 않습니다.

FAQ 2-29 $c_P = c_v + R$ 식은 압력이 일정하고 부피가 일정(constant P, V)할 때만 쓸 수 있는 것인가요?

아닙니다. 앞서 본문의 설명과정이나 FAQ 2-13에서도 다루었듯이, 정적비열과 정압비열은 상태함수입니다. 즉, 경로를 특정(일정한 부피, 일정한 압력)하고 측정 및 식으로 만들었지만, 일단 만들고 나면 상태함수의 특성상 어떤 경로에 적용하여도 무방합니다. 이것이 상태함수가 중요한 이유라고 반복적으로 설명하는 이유입니다. 단, 연산과정에서 전제한 이상기체에 가까운 조건일 것은 성립해야 합니다. 즉, 이상기체에 가까운 저압에서는 정확한 편이라 할 수 있으나, 고압이나 저온처럼 이상기체에서 멀어질수록 오차가 커질 것입니다.

잠열(latent heat)과 현열(sensible heat)

일반적으로 열을 흡수하거나 방출하면 물질의 온도는 변화하며 이렇게 온도가 변화하는 데 관계되는 열을 현열(sensible heat)이라고 합니다. 반면 순물질의 경우, 상변화가 일어나는 경우 열은 흡수/방출되지만 온도는 변화하지 않는 현상이 일어납니다. 이렇게 온도를 올리거나 내리지 않지만 상변화에 필요한 열을 잠열(latent heat)이라고 부릅니다. 예를 들어, 1기압에서 밀폐된 실린더의 물을 25℃에서 150℃까지 가열하는 실험을 하는 경우 액체에서 기체로 상변화가 일어나는 상태에서 온도는 100℃로 유지됩니다. 열을 제거해서 온도를 낮추면 물이 얼음으로 변화하는 동안에는 0℃의 온도가 유지됩니다. 정압조건에서 출입하는 열량은 곧 엔탈피 차이와 동일하므로 이렇게 포화액체에서 포화기체로 상변화하는 데 필요한 열량을 증발엔탈피 혹은 증발열 혹은 기화열[enthalpy(heat) of vaporization]이라고 부르며, 포화고체에서 포화액체로 상변화하는 데 필요한 열량을 융해 엔탈피 혹은 융해열[혹은 용융열, enthalpy(heat) of fusion]이라고 합니다.

정압비열을 적분해서 엔탈피를 구하고자 하는 경우, 상변화에 필요한 잠열이 포함되어 있지 않은 현열만을 연산하게 됩니다. 따라서 실제 기체에 적용하고자 하는 경우 상변화가 있는 구간은 상변화로 인한 엔탈피 변화를 추가적으로 고려해야 필요한 엔탈피량을 제대로 파악할 수 있습니다. 예를 들어 T_1에서 T_2까지의 엔탈피 변화를 계산하고자 할 때 고체→액체→기체로 상변화를 포함하는 경우 엔탈피 변화량은 다음과 같이 연산할 수 있습니다.

$$\Delta h = \int_{T_1}^{T_f} c_{P,\text{soild}} dT + \Delta h_{\text{fus}} + \int_{T_f}^{T_b} c_{P,\text{liq}} dT + \Delta h_{\text{vap}} + \int_{T_b}^{T_2} c_{P,\text{vap}} dT$$

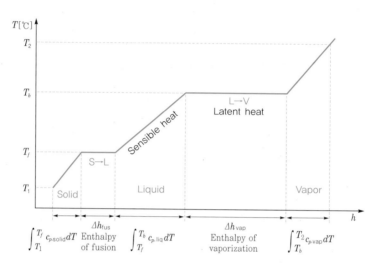

| 그림 2–34 | 상변화를 포함하는 경우 엔탈피와 온도 변화

Ex 2-13 액화천연가스의 기화

한국의 주요 에너지원인 도시가스는 액화천연가스 기지에서 액화 저장되어 있는 천연가스를 기화하여 공급한다. 천연가스의 주성분은 메테인(methane, CH_4)으로 그 증발열이 1 bar에서 8.2 kJ/mol일 때 증발기를 통하여 1 bar의 포화액체 메테인 10 mol/s를 25℃의 가스로 만들고자 할 때 필요한 열량을 구하라.

에너지 밸런스에 따라 엔탈피 차이가 곧 필요한 열량이 되며, 액체기체로 변화하는 상변화 구간이 포함되어 있으므로 엔탈피 차이에 기화에 필요한 잠열과 포화증기로부터 25℃까지 상승할 때 필요한 현열이 모두 고려되어야 합니다.

$$\dot{Q} = \dot{n}\Delta h = \dot{n}(\Delta h_{\text{vap}} + \Delta h_{T^{\text{sat}} \to 25℃})$$

안토인 식을 사용하면 1 bar에서 메테인 포화기체의 온도를 확인할 수 있습니다.

$$\log P = A - \frac{B}{T+C} = 0$$

$$T = \frac{B}{A - \log P} - C = \frac{443.03}{3.99} + 0.49 = 111.5\,\text{K}$$

메테인이 이상기체에 가깝다면 식 (2.62)를 사용하여

$$\dot{n}\Delta h_{111.5 \to 298} = \dot{n}\int_{T_1}^{T_2} c_P\, dT = \dot{n}R\int_{T_1}^{T_2} A + BT + CT^2 + DT^3\, dT$$

$$= \dot{n}R\left[A(T_2 - T_1) + \frac{B}{2}(T_2^2 - T_1^2) + \frac{C}{3}(T_2^3 - T_1^3) + \frac{D}{4}(T_2^4 - T_1^4)\right]$$

$$= 10\,\text{mol/s} \cdot 8.314\frac{\text{J}}{\text{mol}\cdot\text{K}}\bigg[4.394 \times (298.15 - 111.5) - \frac{6.1}{2}$$

$$\times 10^{-3} \times (298.15^2 - 111.5^2) + \frac{23.98}{3} \times 10^{-6} \times (298.15^3 - 111.5^3)$$

$$- \frac{14.21}{4} \times 10^{-9} \times (298.15^4 - 111.5^4)\bigg]$$

$$= 63.2\,\text{kW}$$

$$\dot{Q} = \dot{n}\Delta h = \dot{n}\Delta h_{\text{vap}} + \dot{n}\Delta h_{111.5 \to 298} = \dot{n}\Delta h_{\text{vap}} + \dot{n}c_P\Delta T$$

$$= 10\,\text{mol/s} \times 8.2\,\text{kJ/mol} + 63.2\,\text{kW} = 145.2\,\text{kW}$$

FAQ 2-30 천연가스는 메탄가스인가요? 메탄인가요, 메테인인가요?

천연가스를 구성하는 물질 중 일반적으로 메테인(methane) 함량이 70~90% 이상으로 가장 많기 때문에 단순히 메테인 가스라고 칭하는 경우도 있으나 순수한 메테인 가스와 혼합물인 천연가스는 엄밀하게 말하면 물성이 같지 않습니다. 천연가스는 탄소화합물[탄소(C)를 주성분으로 하는 화합물] 중 탄소와 수소만으로 결합된 물질인 탄화수소 혼합물로 주로 메테인, 에테인(ethane), 프로페인(propane), 뷰테인(butane)과 같이 상온에서 기체로 존재하는 성분들로 구성됩니다.

명칭은 둘 다 맞습니다. 일본의 경우 독일과 같은 유럽 국가에서 읽는 발음을 따라 메탄 등으로 이름을 지었고 이것이 한국으로 들어왔기 때문에 한국에서도 90년대까지는 메탄, 에탄, 프로판, 부탄과 같이 읽었습니다. 그러나 1998년 대한화학회의 화학용어 개정안에서 표준 명칭을 영어식 발음인 메테인으로 수정하여 현재 한국표준어 상에서는 메테인이 표준 명칭입니다. 그러나 독일 등 많은 국가들이 여전히 메탄으로 읽고 있으므로 메탄이라는 명칭이 잘못되었다고 할 수는 없습니다.

생성 엔탈피(enthalpy of formation)와 반응 엔탈피(enthalpy of reaction)

이 책은 화학에 거부 반응을 보이는 학생들을 위하여 화학반응을 가장 마지막으로 7장에서 다루고 있으며 그마저도 최소한의 내용만 다루고 있으나, 화학전공이 아니라도 공학도라면 피할 수 없이 반드시 알고 있어야 하는 반응이 있습니다. 바로 연소반응(combustion reaction)입니다. 연료를 태우는 것은 인간에게 유용한 에너지를 생산하는 가장 효과적이며 범용적인 방법이므로, 에너지를 다루는 이상 공학 전 분야에서 반드시 등장합니다.

연소반응은 어떤 물질이 산소와 만나 결합하면서 에너지를 방출하는 반응을 뜻하며, 연소반응을 이용하여 에너지를 생산하는 데 가장 효율적인 물질이 바로 탄화수소(hydrocarbon)입니다. 탄화수소는 탄소(carbon)와 수소(hydrogen)만으로 이루어진 분자를 말하며, 우리가 말하는 석유나 천연가스가 바로 대표적인 탄화수소 혼합물입니다. 충분한 산소가 공급되어 모든 반응물(reactants)이 반응하며, 다른 부산물이 생성되지 않고 생성물(products)로 이산화탄소와 물만이 생성되는 반응을 완전 연소반응이라고 하며 가장 많은 열을 생성할 수 있는 이상적인 반응입니다. 반면 산소가 부족한 경우 일산화탄소나 탄소(그을음) 등 부산물이 생성되는데, 이러한 반응은 불완전(incomplete) 연소반응이라고 합니다.

예를 들어 프로판가스의 완전 연소반응은 다음과 같습니다.

$$C_3H_8 + O_2 \rightarrow CO_2 + H_2O$$

하지만 위처럼 작성하면 식의 좌측은 탄소원자가 3개, 우측은 탄소원자가 1개라서 질량보존의 법칙을 만족하지 않습니다. 이를 질량보존의 법칙을 만족하는 균형식(balanced equation)으로 만들기 위해서는 반응에 참여하는 각 분자들의 몰수비를 맞춰야 합니다. 탄소원자의 균형이 맞으려면 이산화탄소는 3몰이 생성되어야 하며, 수소원자의 균형이 맞으려면 물은 4몰이 생성되어야 하고, 그럼 산소는 5몰이 반응에 참여하여야 합니다.

$$C_3H_8 + 5O_2 \rightarrow 3CO_2 + 4H_2O \qquad (2.66)$$

이와 같이 균형식에서 반응에 참여하는 물질의 몰수를 반응양론계수(stoichiometric coefficient, ν)라고 하며, 생성물은 양수, 반응물은 음수로 표시합니다. 예를 들어 위의 반응에서

$$\nu_{C_3H_8} = -1, \ \nu_{O_2} = -5, \ \nu_{CO_2} = 3, \ \nu_{H_2O} = 4$$

반응이 진행되면 계의 주변환경으로 열을 방출하거나 흡수하는 현상이 나타나는데 등압에서 열은 엔탈피 변화량과 동일하므로 이 열량을 해당 반응의 반응 엔탈피(enthalpy of reaction, Δh_{rxn}) 혹은 반응열(heat of reaction)이라고 부릅니다(정압상태에서 엔탈피가 곧 열과 동일하기 때문입니다). 반응이 진행되면서 주변환경으로부터 열을 흡수, 계의 엔탈피가 증가하는 반응을 흡열반응(endothermic reaction)이라 하며 반응 엔탈피 변화량은 양수가 됩니다. 반대로 열을 방출하여 계의 엔탈피는 낮아지고 주변환경에 열을 공급하는 반응을 발열반응(exothermic reaction)이라 하

며 이때 계의 엔탈피는 감소하므로 반응 엔탈피 변화량은 음수($\Delta h_{rxn}<0$)가 됩니다. 연소반응이 대표적인 발열반응이며, 연소반응의 반응 엔탈피를 연소열(heat of combustion) 혹은 발열량(heating value)이라고도 합니다.

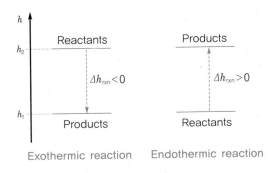

| 그림 2-35 | 발열반응과 흡열반응의 반응열

반응 엔탈피 역시 온도 압력 조건에 따라서 변화하므로 이를 일치시키기 위해서는 기준이 되는 기준상태(reference state)가 필요합니다. 1장에서 언급했던 것처럼 기준은 기본적으로 잡는 사람 마음이지만, 많이 사용되는 기준압력은 표준상태(standard state) 혹은 SATP(Standard Ambient Temperature and Pressure)라 1 bar입니다. 이러한 조건에서 측정된 반응 엔탈피를 "기준 반응 엔탈피" 혹은 "표준 반응 엔탈피"로 부르며, Δh_{rxn}°와 같이 표기합니다(° 표시는 표준상태에서의 값을 의미). 엄밀히 말하면 이는 표준압력만 규정한 상태이므로 온도만의 함수($\Delta h_{rxn}^{\circ} = \Delta h_{rxn}^{\circ}(T)$)로 나타납니다.

다만, 많은 자료들이 표준 반응 엔탈피의 기준 온도를 별도의 언급 없이도 SATP 조건의 25℃를 기준으로 표기하고 있으므로, 표준 반응 엔탈피가 온도의 함수가 아닌 상수로 나타난 경우는 25℃에서의 표준 반응 엔탈피라고 생각하는 것이 일반적입니다.

$$\Delta h_{rxn}^{\circ} \begin{cases} \Delta h_{rxn}^{\circ}(T) = \Delta h_{rxn,\,T}^{\circ} \\ \Delta h_{rxn}^{\circ}(T = 298.15\,\mathrm{K}) = \Delta h_{rxn,\,298}^{\circ} \end{cases}$$

표준 반응 엔탈피를 모든 물질 조합마다 일일이 실험을 해서 측정하는 것은 어렵습니다. 다행히 스위스 태생의 러시아 의사이자 화학자인 제르망 헤스(Germain Hess, 1802−1850)는 1840년 논문을 통하여 화학반응이 일어나는 동안에 방출하거나 흡수하는 열량은 반응물과 생성물의 종류와 상태가 같으면 반응 경로에 관계없이 항상 일정하다는 헤스의 법칙을 발표합니다. 이거 어디서 많이 들어본 얘기죠? 경로에 상관없이 시작과 끝 상태가 같으면 같다, 즉 반응 엔탈피 역시 엔탈피라서 상태함수라는 우리는 이미 알고 있는(하지만 당대에는 놀라운 발견이었던) 이야기를 하고 있는 것입니다. 이러한 특징을 알면 모든 물질에 대해서 표준 반응 엔탈피를 실험하지 않아도 이를 계산하는 것이 가능해집니다. 예를 들어서 다음 반응 1, 2의 반응열을 알고 있다면 별도의 언급이 없이 상수로 나타냈으므로, 25℃에서의 표준 반응 엔탈피일 것입니다.

$$A \to B, \, \Delta h_{rxn}^{\circ} = 10 \, \text{kJ/mol}$$

$$B \to C, \, \Delta h_{rxn}^{\circ} = 20 \, \text{kJ/mol}$$

실험해 보지 않아도 반응 A→C의 표준 반응 엔탈피는 30 kJ/mol이 될 것을 알 수 있습니다. 반응 A→B→C와 시작과 끝이 같으므로 동일한 반응 엔탈피를 가져야 하기 때문입니다.

이러한 속성을 이용하여 다음과 같은 공통된 약속에 따라 물질별 표준 생성 엔탈피(enthalpy of formation, Δh_f°)를 정의, 측정해 두면 이를 이용하여 다양한 반응에 대한 표준 반응 엔탈피를 계산하는 것이 가능해집니다. 표준 생성 엔탈피란 표준상태에서 자연적으로 가장 보편적으로 안정된 형태로 존재하는 단일 원소 물질의 생성 엔탈피를 0으로 두고, 이 원소들이 결합하여 만들어진 화합물은 각 원소의 기준상태로부터 생성될 때의 반응 엔탈피로 정의하는 것입니다. 예를 들어서, 산소의 경우 25℃, 1 bar에서 자연적으로 가장 안정된 형태로 존재하는 것은 기체 산소 분자입니다. 따라서 표준상태 기체 산소 분자의 생성 엔탈피는 0으로 정의합니다.

$$O_2(g): \Delta h_f^{\circ} = 0$$

탄소(C)의 경우 표준상태에서 자연적으로 가장 안정된 형태는 탄소 고체인 흑연(graphite)입니다. 따라서 탄소 고체 흑연의 생성 엔탈피를 0으로 정의합니다.

$$C(s, \text{graphite}): \Delta h_f^{\circ} = 0$$

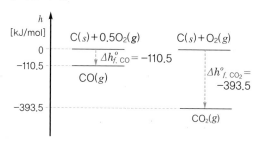

이산화탄소의 경우 탄소와 산소가 결합하여 만들어진 화합물이며, 표준상태에서 기체가 가장 일반적입니다. 따라서 기체 이산화탄소의 생성 엔탈피는 각 원소가 자연적으로 가장 보편적으로 안정된 흑연과 산소기체로부터 만들어질 때의 반응 엔탈피량이 됩니다. 그 생성 엔탈피는 (부록 표 A.3 참조)

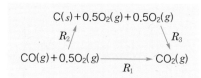

$$C(s, \text{graphite}) + O_2(g) \to CO_2(g)$$

$$\Delta h_f^{\circ} = -393.5 \, \text{kJ/mol}$$

일산화탄소의 경우 마찬가지로

$$C(s, \text{graphite}) + 0.5O_2(g) \to CO(g)$$

$$\Delta h_f^{\circ} = -110.5 \, \text{kJ/mol}$$

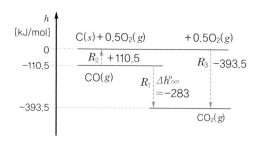

| 그림 2-36 | 생성 엔탈피와 반응 엔탈피

그럼 일산화탄소가 이산화탄소가 되는 반응 R_1은 가상의 반응 경로 R_2와 R_3를 거쳐서 가는 것으로 생각해 볼 수 있습니다. R_2는 일산화탄소의 생성반응의 역반응이므로 반응 엔탈피는 110.5 kJ/mol이 될 것입니다. 반응 R_3는 이산화탄소의 생성반응이므로 반응 엔탈피는 -393.5 kJ/mol이 됩니다. 따라서 반응 R_1의 반응 엔탈피는 다음과 같이 추산할 수 있습니다.

$$\Delta h^\circ_{\mathrm{rxn}} = -\Delta h^\circ_{f,\mathrm{CO}} + -\Delta h^\circ_{f,\mathrm{CO_2}} = 110.5 - 393.5 = -283\,\mathrm{kJ/mol}$$

즉, 반응 엔탈피는 반응물 및 생성물의 반응양론계수와 생성 엔탈피로부터 다음과 같이 연산이 가능합니다.

$$\Delta h^\circ_{\mathrm{rxn}} = \sum \nu_i \Delta h^\circ_{f,i} \tag{2.67}$$

Ex 2-14 메테인 연소열

a 메테인 1몰이 완전 연소반응할 경우 발생하는 반응열인 연소열을 구하라.

메테인으로부터 이산화탄소와 물만 생성되는 반응을 만들어 보면

$$CH_4 + 2O_2 \rightarrow CO_2 + 2H_2O$$

다른 언급이 없으면 연소열은 표준상태에서 반응열을 의미합니다. 표준상태에서 메테인, 산소, 이산화탄소는 기체가 가장 일반적이고 물은 액체가 가장 일반적인 상태입니다. 따라서

$$CH_4(g) + 2O_2(g) \rightarrow CO_2(g) + 2H_2O(l)$$

식 (2.67)과 부록 표 A.3을 참조하면

$$\Delta h^\circ_{\mathrm{rxn}} = \sum \nu_i \Delta h^\circ_{f,i} = \nu_{CH_4}\Delta h^\circ_{f,CH_4} + \nu_{O_2}\Delta h^\circ_{f,O_2} + \nu_{CO_2}\Delta h^\circ_{f,CO_2} + \nu_{H_2O}\Delta h^\circ_{f,H_2O}$$

$$= -\Delta h^\circ_{f,CH_4} - 2\Delta h^\circ_{f,O_2} + \Delta h^\circ_{f,CO_2} + 2\Delta h^\circ_{f,H_2O}$$

$$= -(-74.9) - (0) + (-393.5) + 2(-285.8) = -890.2\,\mathrm{kJ/mol}$$

즉 메테인 1몰 연소 시 890 kJ의 열량이 발생합니다.

b 1 bar로 일정하게 유지되는 밀폐된 연소실(combustion chamber)에 메테인 1몰이 공급되었을 때, 이를 완전 연소시키기 위하여 공급해야 하는 공기의 최소량(이론 공기량이라고 함)을 구하라.

완전 연소반응을 보면, 메테인 1몰이 완전 연소하기 위해서는 2몰의 산소가 필요합니다. 공기는 일반적으로 부피비율 기준 질소 78%, 산소 21%, 기타 다양한 물질 1%로 구성되지만, 문제를 단순화하기 위하여 질소 79%, 산소 21%로 가정합시다. 부피

비율과 몰분율은 다른 값이지만, 같은 온도 압력에서 이상기체의 경우에는 부피비율과 몰분율이 같습니다.

$$\frac{V_i}{V_T} = \frac{n_i RT/P}{n_T RT/P} = \frac{n_i}{n_T}$$

상압에서 질소나 산소는 이상기체를 가정해도 무방할 정도로 압축인자가 1에 가까우므로(질소의 경우 1장에서 압축인자를 설명하면서 보인 바 있습니다), 부피비가 몰분율과 같다고 둡시다.

그럼 산소 2몰을 공급하기 위해서 필요한 공기의 양은

$$n_{\text{air}} = \frac{100}{21} \times 2 = 9.524 \, \text{mol}$$

C 연소실에 메테인 1몰과 (b)의 계산 결과 공기량이 있는 상태로 1 bar의 일정한 압력하에 완전 연소하였다. 연소 전 연소실의 온도는 25°C였으며 연소실이 완전 단열되어서 발생한 연소열이 모두 생성기체의 온도를 올리는 데 기여하였다면 연소 후 기체의 최종 온도를 구하라.

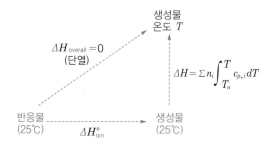

연소실이 완전 단열되었다면 반응 전후 열의 출입이 없고 엔탈피 변화도 없어야 합니다. 즉, 반응으로 배출된 반응열(연소열)이 모두 생성물의 온도를 올리는 데 기여하게 될 것입니다. 생성물이 이상기체에 가깝다면 몰 엔탈피 변화량은 정압비열을 적분해서 얻을 수 있으므로

$$\Delta H_{\text{overall}} = \Delta H_{\text{rxn}}^{\circ} + \Delta H = n \Delta h_{\text{rxn}}^{\circ} + \sum n_i \Delta h_i$$

$$0 = \Delta H_{\text{rxn}}^{\circ} + \sum n_i \int_{T_o}^{T} c_{P,i} dT$$

반응 전후의 상태를 생각해 보면 다음과 같습니다.

	CH_4	N_2	O_2	CO_2	H_2O
반응 전	1	7.52	2	0	0
반응 변화	−1	0	−2	+1	+2
반응 후	0	7.52	0	1	2

즉, 반응 후 연소실 내에는 질소, 이산화탄소, 물이 존재합니다.

반응하면서 기체가 이상기체에 가깝다고 가정할 때, 최종적으로 연소실 내의 기체 온도가 T였다고 하면 각 물질 1몰이 25℃에서 T까지 상승하기 위해서 필요한 엔탈피량은 다음과 같이 연산이 가능합니다(부록 A.3 이상기체 열용량 참조).

$$\Delta h_{N_2}(kJ/mol) = \frac{1}{1000}\int_{298}^{T} c_{P,N_2}dT$$

$$= \frac{R}{1000}\int_{298}^{T}(3.297 + 0.732 \times 10^{-3}T - 0.109 \times 10^{-6}T^2)dT$$

$$= \frac{R}{1000}\left[3.297(T-298) + \frac{0.732}{2\times 10^3}(T^2-298^2) - \frac{0.109}{3\times 10^6}(T^3-298^3)\right]$$

$$\Delta h_{CO_2}(kJ/mol) = \frac{1}{1000}\int_{298}^{T} c_{P,CO_2}dT$$

$$= \frac{R}{1000}\int_{298}^{T}(3.307 + 4.962 \times 10^{-3}T - 2.107 \times 10^{-6}T^2)dT + 0.318$$

$$\times 10^{-9}T^3 dT$$

$$= \frac{R}{1000}\left[3.307(T-298) + \frac{4.962}{2\times 10^3}(T^2-298^2)\right.$$

$$\left. - \frac{2.107}{3\times 10^6}(T^3-298^3) + \frac{0.318}{4\times 10^9}(T^4-298^4)\right]$$

물의 경우는 25℃ 액체에서부터 99.6℃(1 bar에서 끓는점) 이상으로 온도가 상승하는 경우 상변화를 고려해야 합니다.

$$\Delta h_{H_2O} = \int_{298}^{372.6} c_{P,H_2O(l)}dT + \Delta h_{H_2O}^{vap} + \int_{372.6}^{T} c_{P,H_2O(g)}dT$$

액체 물의 경우

$$\int_{298}^{372.6} c_{P,H_2O(l)}dT = \int_{298}^{372.6} 9.068R\,dT = 8.314 \times 9.068 \times (372.6-298)$$

$$= 5.624\,kJ/mol$$

부록의 수증기표를 확인해 보면 1 bar에서

$$\Delta h_{H_2O}^{vap} = (h_{H_2O}^{sat,\,vap} - h_{H_2O}^{sat,\,liq}) \times MW = (2675.2 - 417.5)\frac{J}{g}\frac{18.02\,g}{mol} = 40.684\,kJ/mol$$

기체 물의 경우

$$\int_{372.6}^{T_2} c_{P,H_2O(g)}dT = \frac{R}{1000}\int_{372.6}^{T}(3.999 - 0.643 \times 10^{-3}T + 2.970 \times 10^{-6}T^2 - 1.366$$

$$\times 10^{-9}T^3)\,dT$$

$$= \frac{R}{1000}\left[3.999(T-372.6) - \frac{0.643}{2\times 10^3}(T^2-372.6^2)\right.$$

$$\left. + \frac{2.970}{3\times 10^6}(T^3-372.6^3) - \frac{1.366}{4\times 10^9}(T^4-372.6^4)\right]$$

기체 몰수를 고려한 전체 엔탈피 변화량은

$$\Delta H = n_{N_2}\Delta h_{N_2} + n_{CO_2}\Delta h_{CO_2} + n_{H_2O}\Delta h_{H_2O} = 7.524\Delta h_{N_2} + \Delta h_{CO_2} + 2\Delta h_{H_2O}$$

우변의 Δh들은 각각 온도 T의 함수입니다. 즉, T가 결정되면 각 Δh를 계산할 수 있고 이들의 합인 ΔH도 계산이 가능합니다. 찾으려는 온도 T는 메테인 1몰이 연소하면서 생성된 연소열 890.2 kJ을 모두 흡수한 온도, 즉 다음을 만족하는 T를 찾으면 됩니다.

$$0 = -890.2 + 7.524\Delta h_{N_2} + \Delta h_{CO_2} + 2\Delta h_{H_2O}$$

어떻게요? T에 대한 4차방정식을 풀어야 하니 처음 보면 막막할 수 있습니다. 그러나 공학에서는 보다 쉽고 빠르게 접근하는 방법이 가능합니다. 이제 배워봅시다.

수치해석법: 뉴턴-랩슨법(Newton-Raphson method)

중고교 과정에서 다뤄왔던 수학문제는 대부분 $y = f(x)$의 형태에서 특정 x값에서의 y값을 구하라는 경우가 많습니다. 만약 y는 아는데 x를 구해야 하면, f의 역함수를 구해서 $x = f^{-1}(y)$를 이용 x를 구하는 경우가 보통이었을 것입니다. 이렇게 수학적 기법을 이용하여 연산으로 정확한 해를 도출할 수 있는 식을 얻는 방법을 해석적(analytic) 방법이라고 하며 그 결과물을 해석해(analytic solution)라고 합니다. 예를 들어서 2차방정식 $ax^2 + bx + c = 0$의 해석해는 $x = \dfrac{-b \pm \sqrt{b^2 - 4ac}}{2a}$ 입니다. 그러나 공학에서 풀어야 하는 실제 문제들은, 역함수를 통하여 해석해를 얻는 것이 불가능하거나 어려운 경우가 많습니다. 예를 들어서, 다음과 같은 함수는 형태는 단순하지만 $y=0$일 때 x값은 얼마인지를 찾고자 하면 $x = f^{-1}(y)$처럼 간단히 정리하기가 어렵습니다.

$$y = x^2 - e^x - \sin x$$

이렇게 해석해를 얻기 어려운 경우 사용 가능한 방법이 수치해석법(numerical method)을 적용하여 수치해(numerical solution)를 근사하는 방법들입니다. 수많은 기법이 존재하나, 임의의 식에 대한 해를 찾는 가장 기본 중의 기본이라고 할 수 있는 뉴턴-랩슨법(Newton-Raphson method)을 다뤄봅시다.

그림과 같이 임의의 함수 $y = f(x)$가 있다고 합시다. 이 함수 위 임의의 점 $[x_1, f(x_1)]$에서 접선을 긋고 이 접선의 x절편값을 x_2라고 생각해 봅시다. 이 접선의 방정식은 다음과 같으므로

$$y - f(x_1) = f'(x_1)(x - x_1)$$

x절편 x_2는

$$x_2 = x_1 + \frac{(0 - f(x_1))}{f'(x)} = x_1 - \frac{f(x_1)}{f'(x_1)}$$

다시 점 $[x_2, f(x_2)]$에서 접선을 긋고 이 접선의 x절편값을 x_3라고 합시다. x의 번호만 바뀔 뿐 계산은 위와 완전히 동일하므로 점 $[x_k, f(x_k)]$에서 x_{k+1}을 찾는 식을 만들 수 있습니다.

$$x_{k+1} = x_k - \frac{f(x_k)}{f'(x_k)} \tag{2.68}$$

반복해서 회차 k를 늘려가면서 이 과정을 반복해 보면, k가 증가할수록 x의 값이 $f(x) = 0$인 점을 향하여 수렴해 가는 것을 볼 수 있습니다. 즉, 충분히 많은 단계를 반복하면 역함수를 모르더라도 $f(x) = 0$이 되는 x값을 허용된 오차 허용 범위(tolerance) 내에서 찾을 수 있게 됩니다.

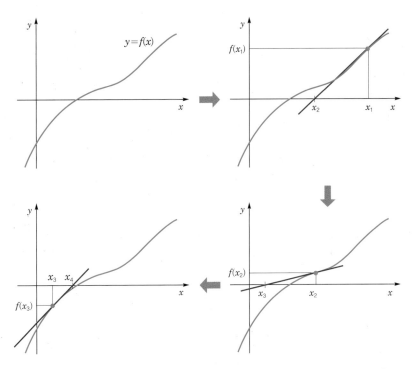

| 그림 2-37 | 뉴턴-랩슨법의 원리

이러한 방법은 1600년대 후반 뉴턴(여러분이 아는 그 Isaac Newton, 1643-1727)이 저술한 〈무한급수에 의한 해석(*De analysi per aequationes numero terminorum infinitas*)〉 등에 기술된 것으로 알려져 있으나, 지금의 형태와 같이 간단하고 반복적인 사용이 가능한 형태로 정리된 것은 1690년 출판된 조셉 랩슨(Joseph Raphson, 1648-1715)의 저서《보편적인 방정식 분석(*Analysis Aequationum Universalis*)》을 통해서였기 때문에 뉴턴-랩슨법(Newton-Raphson method)으로 부릅니다. 경우에 따라 그냥 뉴턴법(Newton method)으로 부르는 사람들도 많습니다.

뉴턴-랩슨법은 여러 가지 한계점들을 가지고 있지만 통상 5~6차례만 반복 연산하면 빠르게 정확한 해를 찾는 것이 가능하여 다양한 응용 버전이 실제로 공학 현장에서 사용되고 있습니다. 이러한 내용에 대해서 좀 더 자세히 공부하고 싶다면 수치해석법(numerical method)을 공부하면 됩니다.

Ex 2-15 뉴턴-랩슨법

다음의 해를 찾아라.

$$x^2 - e^x - \sin x = 1$$

$f(x)$를 다음과 같이 두면

$$f(x) = x^2 - e^x + \sin x - 1$$

이는 $f(x) = 0$으로 하는 x의 해를 찾는 문제가 됩니다.

$$f'(x) = 2x - e^x + \cos x$$

수렴 조건으로 허용 오차 범위(tolerance) < 0.001을 가정하고 임의의 시작점 $x_1 = 1$에서부터 뉴턴-랩슨법을 적용하여 반복 연산해 보면 해를 잘 찾아가는 것을 볼 수 있습니다.

$$x_{k+1} = x_k - \frac{f(x_k)}{f'(x_k)}$$

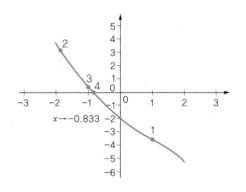

k	x_k	$f(x_k)$	$f'(x_k)$
1	1	−3.5660	−1.2586
2	−1.8284	3.1493	−3.5627
3	−0.9444	0.3132	−2.840
4	−0.8351	0.0048	−2.7751
5	−0.8333	1.25E−6	−2.7737

이 함수는 복수의 변곡점이 존재하지 않으므로 시작점을 다른 값으로 하더라도 수렴되는 지점은 동일합니다. 다만 수렴 조건을 만족하기 위해서 필요한 반복 연산(iteration)의 횟수는 증가할 수 있습니다.

Ex 2-14 (c) continued

이제 다시 Ex 2-14(c)를 풀어봅시다. 찾고자 하는 것은

$$-890.2 + \Delta H = -890.2 + 7.524\Delta h_{\mathrm{N_2}} + \Delta h_{\mathrm{CO_2}} + 2\Delta h_{\mathrm{H_2O}} = 0$$

을 만족하는 T였습니다. 즉 $f(T)$를 다음과 같이 정의하고 $f(T) = 0$인 T를 찾으면 됩니다.

$$f(T) = -890.2 + \Delta H$$

$$= -890.2 + \frac{7.524R}{1000}\left[3.297(T-298) + \frac{0.732}{2\times10^3}(T^2-298^2) - \frac{0.109}{3\times10^6}(T^3-298^3)\right]$$

$$+ \frac{R}{1000}\left[3.307(T-298) + \frac{4.962}{2\times10^3}(T^2-298^2) - \frac{2.107}{3\times10^6}(T^3-298^3)\right.$$

$$\left. + \frac{0.318}{4\times10^9}(T^4-298^4)\right] + 2\times46.308$$

$$+ \frac{2R}{1000}\left[3.999(T-372.6) - \frac{0.643}{2\times10^{-3}}(T^2-372.6^2) + \frac{2.970}{3\times10^{-6}}(T^3-372.6^3)\right.$$

$$\left. - \frac{1.366}{4\times10^{-9}}(T^4-372.6^4)\right]$$

뉴턴법 적용을 위해서 미분하면

$$f'(T) = \frac{7.524R}{1000}\left[3.297 + \frac{0.732}{10^3}T - \frac{0.109}{10^6}T^2\right]$$

$$+ \frac{R}{1000}\left[3.307 + \frac{4.962}{10^3}T - \frac{2.107}{10^6}T^2 + \frac{0.318}{10^9}T^3\right]$$

$$+ \frac{2R}{1000}\left[3.999 - \frac{0.643}{10^3}T + \frac{2.970}{10^6}T^2 - \frac{1.366}{10^9}T^3\right]$$

허용오차범위 0.001을 적용, 뉴턴-랩슨법을 적용해서 풀어보면(계산이 복잡하면 보조자료 Ex 2-14 참조)

$$T_{k+1} = T_k - \frac{f(T_k)}{f'(T_k)}$$

k	T	$\Delta h_{\mathrm{N_2}}$ [kJ/mol]	$\Delta h_{\mathrm{CO_2}}$ [kJ/mol]	$\Delta h_{\mathrm{H_2O},l}$ [kJ/mol]	$\Delta h_{\mathrm{H_2O,vap}}$ [kJ/mol]	$\Delta h_{\mathrm{H_2O},g}$ [kJ/mol]	ΔH [kJ/mol]	$f(T) = \Delta H - 890.2$	$f'(T)$
0	400	3.001	4.07	5.624	40.684	0.937	121.14	−769.06	0.3335
1	2706.06	82.042	135.31	5.624	40.684	68.863	982.93	92.73	0.2926
2	2389.09	70.306	115.45	5.624	40.684	71.528	880.11	−10.09	0.3519
3	2417.76	71.361	117.23	5.624	40.684	71.682	890.14	−0.06	0.3476
4	2417.94	71.368	117.25	5.624	40.684	71.683	890.20	0.00	0.3476

$$T = 2417.94\,\mathrm{K}$$

FAQ **2-31** NR법을 쓸 수 있는 조건이 미분 가능할 것밖에 없나요? 해를 찾지 못할 수도 있을 것 같은데…

맞습니다. 질문한 것처럼 NR이 수렴하지 않는 경우가 있습니다. 대표적인 것이 0에 수렴하는 함수입니다. 예를 들어 이렇게 생긴 그래프가 있다면, x_1 오른쪽에서의 접선은 항상 더 큰 수에서 x축과 만나므로 x_k는 무한히 발산하게 됩니다.

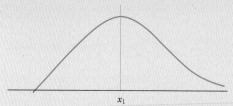

이러한 문제를 해결하기 위해서 고안된 수치해석적 알고리즘도 많이 존재합니다. 학부 레벨에서 써먹을 만한 가장 간단하고 대표적인 방법으로 뉴턴-랩슨법만 소개한 것입니다. 수치해석계에서 뉴턴-랩슨법은 가장 기본적인 알고리즘에 속하며 1600년대 처음 등장한 이후 이를 개선 변형한 다양한 수치해석 알고리즘이 연구 개발되어 왔으니 관심 있는 사람들은 수치해석을 공부해 보기를 권합니다.

FAQ **2-32** 해가 여러 개면 NR method는 어떻게 되나요?

좋은 질문입니다. 궁금한 것은 실제로 구현해서 눈으로 확인해 보는 것이 최고이지요. 직접 깨달은 지식만큼 확실히 와닿는 것이 없습니다. 예를 들어서 다음과 같은 함수를 봅시다.

$$f(x) = (x-1)(x-2)(x-3) = x^3 - 6x^2 + 11x - 6$$
$$f'(x) = 3x^2 - 12x + 11$$

$x_1 = 0.5$, 1.6, 3.5에서 시작하는 경우를 각각 계산해 보면

$$x_{k+1} = x_k - \frac{f(x)}{f'(x)}$$

k	x_k	$f(x)$	$f'(x)$	k	x_k	$f(x)$	$f'(x)$	k	x_k	$f(x)$	$f'(x)$
1	0.5	−1.875	5.75	1	1.6	0.336	−0.52	1	3.5	1.875	5.75
2	0.8261	−0.444	3.1342	2	2.2462	−0.231	−0.818	2	3.1739	0.4438	3.1342
3	0.9677	−0.068	2.197	3	1.9635	0.0364	−0.996	3	3.0323	0.0678	2.197
4	0.9985	−0.003	2.0087	4	2.0001	−1E−04	−1	4	3.0015	0.0029	2.0087
5	1	−6E−06	2	5	2	2E−12	−1	5	3	6E−06	2
6	1	−3E−11	2	6	2	0	−1	6	3	3E−11	2

즉, 수렴하는 포인트가 각각 달라집니다. 이는 그래프를 보면 이해할 수 있습니다. 결국 뉴턴-랩슨법은 접선을 그려서 $y=0$에 가까운 점을 찾아가는 방법입니다. 0.5에서 시작하는 경우 접선을 내려보면 $y=0$과 만나는 점이

1 근처에 떨어져서 1로 수렴하게 되며, 1.6에서는 2 근처로 떨어지고, 3.5에서는 3 근처로 떨어집니다. 즉 시작점의 위치에 따라서 다른 해로 수렴된다는 것을 알 수 있습니다. 이는 뉴턴-랩슨법의 한계 중 하나이기도 합니다.

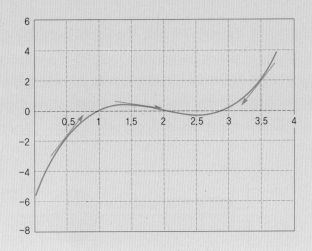

*고위발열량과 저위발열량

Ex 2-14의 결과를 생각해 보면, 발열량(연소열)이란 결국 표준상태의 연료를 연소하고 나서 생성된 생성물의 온도를 연소 전 표준상태로 되돌리면서 회수 가능한 열량으로 생각할 수 있습니다. 그런데 Ex 2-14에서 메테인 연소열을 구할 때에는 표준상태에서 액체인 물을 기준으로 반응열을 계산하였습니다. 즉 메테인의 발열량 890.2 kJ/mol은 물의 증발열까지 회수가 가능하다고 본 발열량입니다.

$$CH_4(g) + 2O_2(g) \rightarrow CO_2(g) + 2H_2O(l) \tag{2.69}$$

그런데, 실제 발전소나 엔진에서 일어나는 연소반응의 경우 고온의 배기가스는 액체인 물이 아니라 수증기인 물을 포함하며, 배출 시에도 물을 액체로 회수할 정도로 온도를 낮추어서 배출하는 것이 아니라 수증기의 형태로 배출하는 경우가 많습니다. 즉, 현실적으로 메테인의 완전 연소반응은 배출되는 물이 액체까지 되지 못하고 수증기 상을 유지하는 경우가 많습니다.

$$CH_4(g) + 2O_2(g) \rightarrow CO_2(g) + 2H_2O(g) \tag{2.70}$$

식 (2.69)의 반응을 기준으로 연산하여 물의 증발열까지 포함한 발열량을 고위발열량 HHV (Higher Heating Value) 혹은 총발열량(gross calorific value)이라고 부르며, 식 (2.70)의 반응을 기준으로 물의 증발열을 제외하고 연산된 발열량을 저위발열량 LHV(Lower Heating Value) 혹은 순발열량(net calorific value)이라고 합니다. 예를 들어 메테인의 경우 LHV는 HHV에서 물의 증발열을 제외한 $890.2 - 44 \times 2 = 802.2\,\mathrm{kJ/mol}$이 됩니다[식 (2.70)의 반응열을 계산해도 동일].

이 두 가지 발열량은 현재 공학에서 모두 널리 사용되는 발열량입니다. 일반적인 엔진이나 보일러 등에서는 연소 후 물을 액체로 회수하기 어렵고 수증기로 배출되는 경우가 많기 때문에 HHV는 실제 회수 가능한 열량과 차이가 나며, 따라서 LHV를 기준으로 발열량을 사용하는 경우가 많습니다. 천연가스 발전업계 등의 경우 열을 회수하는 공정을 포함하는 경우가 많기 때문에 HHV를 기준으로 많이 사용하나, 회수가 가능한 공정이 없는 경우에는 LHV를 기준으로 사용하기도 합니다.

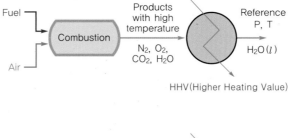

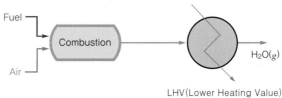

| 그림 2-38 | 고위발열량(HHV)과 저위발열량(LHV)

PRACTICE

1 **개념정리: 다음을 설명하라.**

(1) 열역학 제1법칙

(2) 엔탈피(enthalpy)

(3) 가역공정(reversible process)

(4) 상태함수(state function)/경로함수(path function)

(5) 폴리트로픽 공정(polytropic process)

(6) 카르노 기관은 왜 열을 100% 일로 전환할 수 없는가?

(7) 유동일(flow work)과 축일(shaft work)

(8) 현열(sensible heat)과 잠열(latent heat)

(9) 공기표준(air standard) 사이클

2 이상기체가 들어 있는 피스톤이 1 bar, 1 m^{3}에서 10 m^{3}로 가역등압팽창한 경우 계가 한 일을 구하라.

3 이상기체가 들어 있는 용기가 일정한 부피에서 온도가 50°C에서 100°C로 증가하였을 때 내부에너지의 변화량을 구하라.

4 이상기체가 들어 있는 피스톤이 1 bar, 300 K에서 10 bar로 가역단열압축되었을 때의 온도와 이때 압축에 필요한 일을 구하라.

5 카르노 사이클이 고온의 열원으로부터 50 kJ을 흡수, 저온의 열원으로 20 kJ을 방출하고 있을 때 이 카르노 사이클의 효율은 얼마인가?

6 600 K의 열원으로부터 열을 흡수, 300 K의 열원으로 열을 방출하는 카르노 사이클의 효율은 얼마인가?

7 1 MPa에서 25℃의 물을 공급받아 가열, 300℃의 수증기로 공급하는 보일러가 있다. 이 보일러에 공급되는 물의 유속은 1 m/s, 배출되는 수증기의 유속은 20 m/s인 경우 1 kg/s의 수증기를 정상상태로 공급하기 위하여 보일러에 공급해야 하는 열량은 얼마인가? 만약 유속 차에 따른 운동에너지의 차이를 무시하는 경우 보일러에 공급해야 하는 열량은 얼마인가?

8 수증기 터빈에 1 MPa, 300℃의 수증기 10 kg/s이 공급되어 1 bar, 100℃로 토출되고 있다. 수증기 공급 노즐은 지면에서 5 m, 토출 노즐은 1 m 높이에 위치하고 있을 때 터빈의 출력을 구하라.

9 열교환기를 통하여 이상기체를 300 K에서 400 K으로 가열하려고 할 때 필요한 열량은 얼마인가?

10 어떤 물질의 정압비열 실험 결과가 다음과 같이 온도에 대한 함수로 나타났을 때 이를 300 K에서 400 K으로 가열하는 데 필요한 열량은 얼마인가?

$$c_P = R(3 + 0.004T)$$

11 어떤 물질의 정압비열 실험 결과가 다음과 같이 온도에 대한 함수로 나타났을 때 몰당 10 kJ의 열을 가했을 때 이 물질이 300 K에서 몇 ℃까지 온도가 상승할 것인지 구하라.

$$c_P = R(3 + 0.004T)$$

12 n-뷰테인 가스의 연소열(heat of combustion)을 구하라.

13 다음 반응의 반응열이 각각 −50, −300, −400 kJ/mol일 때 반응 A+D→G의 반응열을 구하라.

① A+B→C
② D+2B→2E+3C
③ G+3B→2E+4C

c h a p t e r

3

열역학 제2법칙과 엔트로피

3.1 엔트로피

엔트로피(entropy)에 대한 통계역학적 해석

자, 드디어 엔탈피에 이어 열역학 입문의 최대 고비라 할 수 있는 엔트로피(entropy) 이야기를 할 차례가 왔습니다. 열역학 제2법칙은 한 문장으로 나타내자면 다음과 같습니다.

> "열적으로 고립된 계의 엔트로피(entropy)는 항상 증가하며, 가역공정인 경우에만 변화 없이 일정하다."

대다수의 학생들이 열역학 제2법칙은 엔트로피 증가의 법칙이라는 내용은 알고 있지만, 엔트로피가 도대체 무엇인지, 왜 증가한다는 것인지는 굉장히 어렵게 생각합니다. 이 책은 가능한 한 열역학 개념이 등장했던 역사적인 흐름을 따라서 서술하고 있으나, 엔트로피의 경우는 고전 열역학을 잠시 건너뛰어 통계역학적 시각을 빌려서 먼저 설명하고자 합니다. 고전 열역학에서 엔트로피의 등장은 학계에도 십수 년간 이해하기 어려운 혼란과 논쟁을 야기했는데 이를 그대로 따라가면 학생들도 대부분 같은 혼란에 빠져서 이해를 포기하는 경우가 많아지기 때문입니다.

통계역학적 엔트로피(S)의 정의는 1877년 볼츠만(Ludwig Boltzmann, 1844−1906)이 내린 유명한 정의로 나타낼 수 있습니다.

$$S = k_B \ln \Omega \tag{3.1}$$

여기서 Ω는 미시상태에서 가능한 경우의 수라고 생각하면 됩니다. 즉, 엔트로피는 일종의 경우의 수에 비례하는 지표가 됩니다. 좀 더 쉽게 접근해 봅시다. 그림 3−2와 같이 2개의 방이 있고 이 안에 자유롭게 이동이 가능한 아주 작은 4개의 입자가 돌아다니고 있다고 생각을 해 봅시다. 그러면 이 방을 관찰했을 때 우리가 볼 수 있는 거시상태는 총 5가지가 있습니다. 그렇지만 입자 각각의 상태까지 파악하는 미시상태는 더 많은 경우를 가지게 됩니다. 예를 들어서 만약 입자 하나만 오른쪽 방으로 넘어가 있다고 하면, 어떤 입자가 넘어갔느냐에 따라서 미시적으로는 4가지 경우의 수가 존재하는 것을 알 수 있습니다. 같은 식으로 모든 경우의 수를 헤아려 보면 미시상태는 총 16가지 경우가 존재함을 알 수 있습니다. 이때 임의의 순간에 이 방을 관측했다면, 가장 높은 확률로 관측되는 거시상태는 왼쪽 방과 오른

| 그림 3−1 | **루트비히 볼츠만(1844−1906)**

public domain image,
https://commons.wikimedia.org/
wiki/File:Boltzmann2.jpg

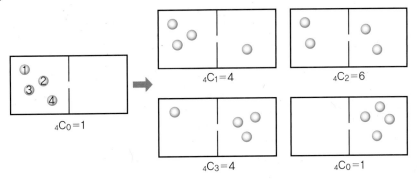

쪽 방에 각각 2개의 입자가 들어가 있는 상태가 될 것입니다(6/16 = 37.5%). 오른쪽 방에만 모든 입자가 존재하는 경우도 관측할 수 있지만, 그 상태를 관측할 확률(1/16 = 6.25%)은 상대적으로 낮습니다.

| 그림 3-2 | 2개의 공간에 4개의 입자가 분포할 수 있는 경우의 수

이 동일한 예를, 100개의 입자를 대상으로 생각해 봅시다. 여전히 두 방 중 한쪽에만 100개의 입자가 모여 있을 경우의 수는 0이 아닙니다. 그러나, 여러분이 그러한 상태를 관측할 수 있는 확률은 사실상 0에 가깝습니다. 만약에 여러분이 신적인 능력으로 어느 순간 모든 입자가 왼쪽 방에 몰려 있는 상태를 관측(엔트로피가 낮은 상태)했다고 하더라도, 그 다음 순간 재관측을 하면 결국 양 방에 입자가 비슷하게 분포된 상태(엔트로피가 높은 상태)를 관측할 확률이 압도적으로 높습니다. 즉, 엔트로피가 증가하는 것을 보게 될 확률이 압도적으로 크게 됩니다.

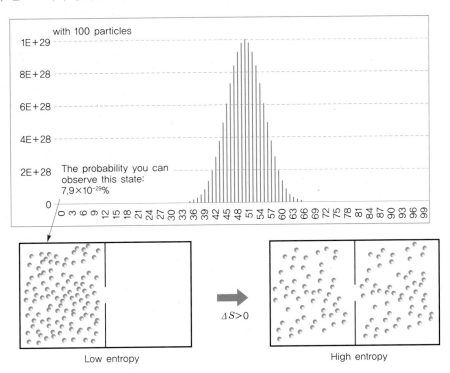

| 그림 3-3 | 엔트로피의 통계역학적 이해

하물며 우리가 보는 현실은 100개 수준이 아니라, 22.4 L라는 생수통 만한 부피 내에서도 6.02×10^{23}개의 입자가 돌아다니는 계입니다(0℃, 1 atm 기준). 때문에 우리는 공기(산소나 질소 분자)가 어느 한 방에만 몰려서 존재하고 다른 방에서는 존재하지 않는 상황은 사실상 관측할 수가 없습니다. 그 확률이 극도로 0에 가깝기 때문입니다. 대신 우리가 평균적으로 관측할 수 있는 것은 경우의 수가 압도적으로 많은, 양 방에 분자가 비슷하게 분포하는 거시상태뿐입니다. 즉, 엔트로피가 낮은 상태에서 높은 상태로 변화한다는 이야기는 분자가 분포할 경우의 수가 적은 상태에서 많은 상태로, 혹은 관측될 확률이 낮은 상태에서 높은 상태로 이동한다는 지극히 당연한 이야기가 됩니다. 통계학적으로 이야기하자면, 우리는 일상적인 거시계에서는 확률적으로 엔트로피가 증가하는 것만 관측할 수 있습니다. 이는 엔트로피의 감소가 불가능해서가 아니라, 증가하는 변화를 관측할 확률이 그렇지 않을 확률에 비해서 압도적으로 크기 때문입니다.

엔트로피의 역사

다시 고전 열역학으로 돌아가 봅시다. 이 절은 엔트로피라는 개념이 태생부터 많은 사람들이 받아들이기 힘들어했던 개념이며, 오랜 논의를 통해서 열역학 제2법칙과 엔트로피가 정립된 것임을 설명하고자 합니다. 흥미가 없거나 납득이 안 되면 다음 절로 넘어가도 괜찮습니다.

에너지에 대해서 연구하던 과학자들은 열은 높은 온도에서 낮은 온도로만 흐르고, 운동에너지는 모두 열에너지로 바뀔 수 있으나 열에너지를 모두 운동에너지로 바꾸는 것은 어려운 것과 같이, 자연현상이 일종의 방향성을 가짐을 알게 되었습니다. 영국의 물리학자이자 공학자인 윌리엄 톰슨[William Thomson, 1824−1907, 초대 켈빈(Kelvin, 절대온도의 단위) 남작]은 다음과 같은 고찰을 남겼고, 이것이 열역학 제2법칙과 동일한 의미를 가진다는 것을 이후에 알게 됩니다.

"열은 낭비(dissipation)되기 때문에 일단 일이 열로 바뀐 뒤에 그 열이 모두 일로 바뀌는 공정은 불가능하다."

독일의 과학자인 루돌프 클라우지우스(Rudolf J. E. Clausius, 1822−1888) 역시 연구 결과 외부의 일 없이 더 차가운 물체로부터 더 뜨거운 물체로 열이 흐르는 것은 불가능하다는 것을 확인하고, 이를 수식적으로 나타내기 위해서 카르노 사이클에 대한 연구를 하다가 재미있는 사

| 그림 3-4 | **윌리엄 톰슨(William Thomson, 1824−1907)**

Smithsonian Libraries, public domain image, https://commons.wikimedia. org/wiki/File:Lord_Kelvin_photograph. jpg

실을 알게 됩니다. 카르노 사이클에서 열의 출입을 온도로 나눈 값을 모두 합치면 항상 0이 된다는 것입니다.

$$\oint \frac{\delta q}{T} = \frac{q_{\mathrm{H}}}{T_{\mathrm{H}}} + \frac{q_{\mathrm{c}}}{T_{\mathrm{c}}} = 0$$

이것은 굉장히 큰 의미가 있는 발견이었는데, 여러 상태를 거쳐 원래의 상태로 돌아오는 열역학 사이클에서 항상 변화량이 0인 변수는 시작과 끝 상태로 결정되는 상태함수란 의미이기 때문입니다. 예를 들어서 내부에너지가 그랬습니다.

$$\oint du = \Delta u_{\mathrm{cycle}} = \Delta u_{12} + \Delta u_{23} + \Delta u_{34} + \Delta u_{41}$$
$$= \Delta u_{11} = u_1 - u_1 = 0$$

| 그림 3-5 | 루돌프 클라우지우스(Rudolf Clausius, 1822~1888)

public domain image,
https://commons.wikimedia.org/
wiki/File:Clausius.jpg

즉, 그것이 무엇인지는 둘째치고 클라우지우스는 어떠한 상태함수를 발견하게 된 것입니다. 클라우지우스는 에너지에서 "en"을, 그리스어로 "변형"에서 "trope"를 따서 이 물성을 엔트로피(entropy)라 명명하고 그 정의를 다음과 같이 내립니다.

$$dS \equiv \frac{\delta Q_{\mathrm{rev}}}{T} \tag{3.2}$$

이를 적분하면 엔트로피 차이를 계산할 수 있게 됩니다.

$$\Delta S = \int dS = \int \frac{\delta Q_{\mathrm{rev}}}{T} \tag{3.3}$$

양변을 질량이나 몰로 나누면 세기성질인 몰당 엔트로피(molar entropy) 혹은 질량당 엔트로피(specific entropy)로 나타낼 수 있습니다.

$$ds = \frac{\delta q_{\mathrm{rev}}}{T},\ \Delta s = \int ds = \int \frac{\delta q_{\mathrm{rev}}}{T}$$

즉, 엔트로피는 미분소(dS)로 정의되며, 엔트로피의 변화량은 가역적인 공정에서 열의 출입을 온도로 나눈 것과 같다는 것이 엔트로피의 정의입니다. 여기서 "이게 도대체 뭔 소리야?"라는 생각이 들었다면 정상입니다. 놀라지 마세요.

1860년대 클라우지우스는 위의 내용들을 정리하여 논문을 발표하는데, 다음의 두 가지 핵심 내용을 포함하고 있었습니다.

"The energy of the universe is constant."

"The entropy of the universe tends to a maximum."

첫 번째 문장은 지금의 열역학 제1법칙, 두 번째 문장은 열역학 제2법칙과 사실상 동등한 내용에 해당되는 것입니다. 클라우지우스는 자신의 이름을 따서 엔트로피의 단위도 만듭니다.

$$1\,[\text{Clausius (CI)}] = 1\,[\text{cal}/^\circ\text{C}]$$

그러나 이러한 엔트로피에 대한 내용은 이후로 십수 년 이상 과학계에서 많은 논쟁을 불러일으켰습니다. 이유는 여러분이 느낀 그 감정 그대로를 당대 연구자들도 똑같이 느꼈기 때문입니다. 정의된 형태가 미분량으로 간접적으로만 정의되었고, 그마저도 가역과정에서만 성립하니까 비가역적 과정에서는 계산도 할 수가 없고, 물리적으로 어떤 의미를 지니는지도 알 수가 없는 이 엔트로피라는 것이 도대체 왜 중요한 건지, 뭐에 어떻게 쓸 수 있는지, 계산은 제대로 되는 것인지 납득할 수 없었던 다수의 연구자들은 오랜 시간 논쟁을 합니다.

이후 맥스웰(James C. Maxwell, 1831−1879, 맥스웰 방정식의 그 맥스웰)을 통하여 열역학을 수많은 입자로 구성된 계의 통계적 결과물로 보는 통계역학의 시각이 정립되고 볼츠만(Ludwig Boltzmann, 1844−1906)이 1877년 논문을 통하여 엔트로피가 그 상태에 해당되는 분자들의 경우의 수에 대한 로그에 비례한다는 것을 보임으로써 보다 명확하게 정리되기 시작합니다.

볼츠만은 이 논문과 통계역학 연구로 많은 주목을 받고 명성을 얻었지만, 엔트로피에 대한 논쟁은 그 이후로도 계속되어 십수 년간 다수의 연구자로부터 이의제기를 받고 이론을 방어하는 논쟁을 계속합니다. 볼츠만은 1906년 정신 건강상의 문제를 이유로 교수직을 사임한 후 4개월 뒤 스스로 목을 매달고 자살로 생을 마감합니다.

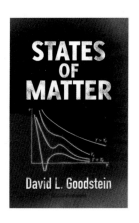 

캘리포니아 공대(칼텍, Caltech) David L. Goodstein 교수의 저서 《States of Matter》의 첫 장 첫 도입 문장

"루트비히 볼츠만, 통계역학을 연구하는 데 평생을 바치고 1906년 자살했다. 그의 연구를 이어받은 파울 에렌페스트, 1933년 자살했다. 이제 우리가 통계역학을 공부할 차례다."

| 그림 3-6 | 데이비드 굿스타인, "물질의 상태" 서장

FAQ 3-1 엔트로피의 개념이 직관적으로 무슨 뜻인지 모르겠어요.

이해합니다. 저도 그렇거든요. 엔트로피나 엔탈피와 같은 "직접 측정이 불가능한 열역학적 물성"은 온도와 같은 "직접 측정이 가능한 물성"과는 달리 직관적으로 바로 이해하기가 어려운 개념입니다. 우리가 개념을 먼저 인

식해서 탄생한 것이 아니라 일단 수학적으로 유도되어서 탄생하였고, 이후 의미가 해석된 개념이기 때문입니다. 예를 들어서, 제가 갑자기 $y=xz$라는 함수를 정의하고 y가 뭔지 직관적으로 설명해 보라고 했다고 합시다. 설명할 수 있을까요?

온도와 압력은 자연계에 존재하는 물리적 특성을 대표하는 값입니다. 우리가 온도의 개념을 정의하기 전부터 이미 뜨겁고 차가움은 존재하였고, 이를 정의하기 위해서 거꾸로 온도라는 개념이 탄생하게 됩니다. 때문에 온도라는 것은 직관적으로 이해하기가 매우 쉽습니다. 반면, 엔탈피의 정의를 생각해 보면 이는 "유체의 입출입에 관계된 일을 포함한 내부에너지의 변화량"입니다. 이런 개념은 자연적으로 인식하고 있는 개념은 아니죠. 다만 이를 수학적으로 정의함으로써 에너지의 변화량을 엔탈피 차이로 보일 수 있다는 사실을 여러분의 선배 학자들이 알아냈기 때문에 에너지의 개념으로 통용될 수 있게 된 것입니다. 엔트로피 역시 고전 열역학적 정의를 생각해 보면, "온도로 나눈 가역적 공정의 출입 미시열변화량"입니다. 이것을 어떻게 직관적으로 이해할 수 있겠어요. 다만 이 물성이 어떤 미시상태의 경우의 수에 비례하는 값이며, 공정의 가역성/비가역성을 나타낼 수 있는 지표가 된다는 것을 열역학/통계역학을 통하여 과학자들이 알아냈기에 우리는 이를 사용할 수 있는 것입니다.

FAQ 3-2 엔트로피가 나오면서부터 너무 어렵고 이해가 도저히 안 됩니다.

엔트로피가 쉽게 이해되지 않는 것은 매우 자연스러운 일입니다. 엔트로피를 둘러싼 열역학 역사에 대해서 소개한 것처럼, 당대 유명한 과학자들의 수많은 논쟁을 통해 엔트로피가 완전히 정립되기까지 수십 년의 세월이 걸렸습니다. 그걸 자리에 앉아서 눈으로만 훑어본 뒤 혼자 수십 분 만에 소화할 수 있다면, 그것이 더 이례적인 일일 것입니다.

다수의 사람들이 받아온 교육은 새로운 개념을 받아들이고 사고를 확장하는 것이라기보다는 정해진 영역(시험 범위)에 있는 개념을 반복 훈련해서 익숙하도록 만드는 교육에 가까웠습니다. 이런 학습에 익숙해지게 되면, 자신의 좁은 영역을 벗어난 새로운 개념이나 추상적인 사고가 등장하면 이를 소화하기가 어렵게 됩니다.

해결책은 하나뿐입니다. 계속 질문하고 의견을 교환하여 새로운 영역에서 레벨 업이 될 때까지 지식 경험치를 쌓는 것입니다. 강사에게 질문하고, 친구들과 의견을 나누고, 세계의 다른 대학에서는 어떻게 가르치는지 찾아보고, 세계의 다른 사람들은 어떻게 질문을 하고 답변을 하고 있는지를 찾아보고 생각하는 길. 그 이외에는 가능한 방법이 없습니다. 그렇게 잘 모르는 것들을 쌓아 나가다 보면 반드시 이해가 트이는 순간이 오게 됩니다.

그리고 엔트로피의 개념을 이해하기는 어렵더라도, 그것을 사용하는 방법은 엔트로피를 이해하는 것에 비하면 훨씬 쉽습니다. 미적분학, 공학수학에 나오는 수학적 정리를 모두 증명할 수 있나요? 저는 못합니다. 그건 수학의 전문가인 수학자들에게 맡겨두고, 저는 그 결과를 제가 잘 할 수 있는 영역에 적용하는 것이 학문적 협업이자 융합이라고 생각합니다. 당장은 엔트로피의 이해가 너무 어렵다면 일단 개념적으로만 알아두고 열역학에서는 그렇게 정립된 엔트로피를 사용하는 방법에 대해서 먼저 배우자고 생각해도 괜찮습니다. 언젠가는 다 하나의 큰 이해로 통하는 무수한 길 중 하나입니다.

FAQ 3-3 q_{rev}가 뭔지 잘 와닿지 않아요.

상태 1에서 2로 변화한다고 했을 때, 실제 어떤 경로를 거치는지와 무관하게 가상의 가역적인 경로를 따라서 상태가 변화했을 때를 가정하고 시스템이 얻은 열량을 계산한 것이 q_{rev}입니다. 물론 시스템의 상태가 가역공정을 거쳐서 변화했다면 그 계산 결과 q가 바로 q_{rev}가 됩니다. 그러나 시스템의 상태가 비가역공정을 거쳐서 변화한 경우 그 계산 결과 q는 q_{rev}와는 다른 값이 됩니다(이해를 돕기 위해서 이 실제 공정에서 받은 열량을 q_{actual}이라고 합시다). 수업시간에 든 2.1절의 예를 보죠. 공정 A는 비가역공정입니다. 이때 시스템이 받은 열 $q_{A, actual}$은 가역적인 경로를 따르지 않았을 때의 열량이므로 q_{rev}라고 할 수가 없습니다. 공정 A 같은 비가역공정에서 q_{rev}를 구하려면 어떻게 해야 할까요? 가상의 가역적인 경로를 만든 뒤 이를 따라서 q_{rev}를 계산하면 됩니다. 시스템의 엔트로피는 상태함수이므로 경로를 어떻게 잡느냐는 중요하지 않기 때문이죠. 1에서 2로 변하는 가역공정이 다음의 공정 A*였습니다. 즉, 공정 A의 q_{actual}은 열역학 제1법칙에 따라 2 kJ/mol이지만, 공정 A의 q_{rev}는 공정 A*의 q와 같은 2.77 kJ/mol입니다.

더 헷갈리죠? 그래서 십수 년간 싸웠다니까요.

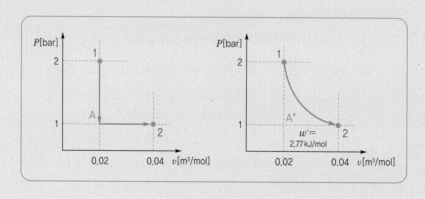

클라우지우스 부등식(Clausius inequality)과 열역학 제2법칙

카르노 정리로부터 클라우지우스는 다음의 클라우지우스 부등식(Clausius inequality)을 유도해 냅니다. 여기서 q는 비가역공정까지 포함한 임의의 공정에서 열을 의미합니다.

$$\oint \frac{\delta q}{T} \leq 0 \ \text{(등식은 가역공정에서만 성립)} \tag{3.4}$$

임의의 열기관을 생각해 볼 때 그 효율 η는 카르노 정리에 따라서 카르노 기관의 효율보다는 낮을 것입니다.

$$\eta \leq \eta_{Carnot} \ \text{(등식은 가역공정에서만 성립)}$$

효율의 정의에 따라

$$\frac{q_{\mathrm{H}}+q_{\mathrm{c}}}{q_{\mathrm{H}}} \leq \frac{q_{\mathrm{H}}^{\mathrm{Carnot}}+q_{\mathrm{C}}^{\mathrm{Carnot}}}{q_{\mathrm{H}}^{\mathrm{Carnot}}}$$

카르노 엔진의 경우 $q_{\mathrm{C}}^{\mathrm{Carnot}}/q_{\mathrm{H}}^{\mathrm{Carnot}} = -T_{\mathrm{C}}/T_{\mathrm{H}}$였으므로

$$1+\frac{q_{\mathrm{C}}}{q_{\mathrm{H}}} \leq 1-\frac{T_{\mathrm{C}}}{T_{\mathrm{H}}}$$

$$\frac{q_{\mathrm{H}}}{T_{\mathrm{H}}}+\frac{q_{\mathrm{c}}}{T_{\mathrm{C}}} \leq 0$$

즉,

$$\frac{q_{\mathrm{H}}}{T_{\mathrm{H}}}+\frac{q_{\mathrm{c}}}{T_{\mathrm{C}}} = \oint \frac{\delta q}{T} \leq 0$$

이제 임의의 열역학 사이클이 상태 A에서 B로 갔다가 다시 B에서 A로 돌아온다고 생각해 봅시다. 만약 모든 공정이 가역이라면 $\oint \frac{\delta q_{\mathrm{rev}}}{T} = 0$이겠지만, 만약 AB가 비가역이라면 위의 클라우지우스 부등식에 따라서 다음이 성립합니다.

$$\int \frac{\delta q}{T} = \int_A^B \frac{\delta q}{T}+\int_B^A \frac{\delta q_{\mathrm{rev}}}{T} \leq 0$$

$$\int_A^B \frac{\delta q}{T} \leq \int_A^B \frac{\delta q_{\mathrm{rev}}}{T}$$

$$\frac{\delta q}{T} \leq \frac{\delta q_{\mathrm{rev}}}{T}$$

엔트로피의 정의($ds \equiv \delta q_{\mathrm{rev}}/T$)로부터

$$\frac{\delta q}{T} \leq ds$$

만약, 이 계가 열적으로 고립되어 있다면 $\delta q = 0$이므로

$$0 \leq ds \text{ (등식은 가역공정에서만 성립)}$$

이제 "열적으로 고립된 계의 엔트로피(entropy)는 증가하며, 가역공정인 경우에만 변화 없이 일정하다."는 열역학 제2법칙에 도달했습니다. 우주를 고립계(고립계가 아닌 것으로 보는 학설도 있으나, 우주가 고립계가 아니려면 우주 외부 무언가와 우주와 에너지/물질 교환을 해야 하므로 고립계로 보는 쪽이 현재는 다수설이라고 봅니다.)로 본다면, "우주의 엔트로피는 항상 증가한다."라고 표현하기도 합니다. 우주가 엔트로피가 최대치가 되는 열적 평형에 도달하면 결국 모든 우주는 새로운 일을 할 수 없는 열죽음(heat death) 상태에 도달한다는 빅 프리즈(big freeze) 이론이

나온 배경이기도 합니다. 무슨 만화나 영화에 나올 이야기 같지만 반대입니다. 오랜 시간에 걸친 물리학적인 논의가 알려지면서 그 인상적인 결론이 만화/영화와 같은 상상의 세계로 뻗어나간 것입니다.

이상기체의 엔트로피

뜬구름 잡는 것 같은 골치 아픈 이야기는 미뤄두고, 공대생이 (그나마) 좋아하는 계산으로 넘어가 봅시다.

이상기체로 구성된 임의의 계가 온도 압력이 상태 1(T_1, P_1)에서 압력 P_2까지 단열압축되는데, 경로 A는 비가역단열압축으로 최종 도달 상태 2의 온도는 T_2, 경로 B는 가역단열압축으로 최종 도달 상태 3에서의 온도는 T_3였다고 생각해 봅시다.

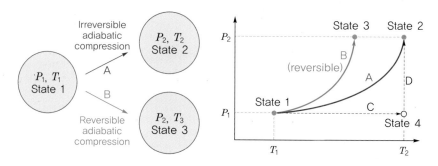

| 그림 3-7 | 가역단열압축공정과 비가역단열압축공정

단열공정이므로 경로 A, B에서 내부에너지의 변화량은 곧 계가 받은 일과 동일합니다

$$\Delta u_A = u_2 - u_1 = w_{irr}$$
$$\Delta u_B = u_3 - u_1 = w_{rev}$$

우리는 압축공정에서 가역공정이 필요한 최소한의 일을 요구하므로, 비가역인 경우 가역공정에 비해서 필요한 일이 더 많을 것을 알고 있습니다.

$$w_{irr} > w_{rev}$$
$$u_2 - u_1 > u_3 - u_1$$
$$u_2 > u_3$$

즉, 내부에너지가 온도의 함수인 이상기체라면 비가역압축의 결과가 더 높은 온도를 가질 것입니다.

$$T_2 > T_3$$

엔트로피를 계산해 봅시다. 가역단열압축인 경로 B의 경우, 가역공정이므로 엔트로피의 정의를 바로 적용할 수 있고, 단열압축일 때 주고받은 열량이 없으므로($q_{rev}=0$) 적분을 어떻게 해도 계와 주변의 엔트로피 변화는 0이며, 따라서 우주의 엔트로피 변화도 0이 됩니다.

$$\Delta s_{univ} = \Delta s_{sys} + \Delta s_{surr} = 0 + 0 = 0$$

비가역공정인 경로 A의 경우 비가역이므로 엔트로피의 정의를 바로 적용할 수가 없습니다. 그러나 엔트로피는 경로함수가 아닌 상태함수이므로, 상태만 동일하면 어떠한 경로를 따라서 변화하더라도 최종적으로는 동일한 값을 가지게 됩니다. 즉, 상태 2의 엔트로피는 경로 A를 따라서 변화하건, 다른 경로를 따라서 변화하건 동일하게 s_2의 값을 가진다는 의미입니다. 그렇다면, 상태 1에서 2로 변화하였을 때의 엔트로피 변화량은 임의로 설정한 가상의 경로 C(1→4), D(4→2)를 거쳐서 변화한 변화량의 합과도 반드시 같아야 합니다.

$$\Delta s_A = s_2 - s_1$$
$$\Delta s_C + \Delta s_D = (s_4 - s_1) + (s_2 - s_4) = s_2 - s_1 = \Delta s_A$$

이는 임의로 경로 C를 가역등압공정, D를 가역등온공정으로 가정하고 그 엔트로피 변화량을 연산하더라도 엔트로피 연산 결과에는 차이가 없다는 의미가 됩니다.

가역등압공정인 경로 C: (1→4)에서

$$dh = du + Pdv + vdP = \delta q_{rev} + \delta w_{rev} + Pdv = \delta q_{rev}$$

이상기체의 경우 $dh = c_P dT$이므로 엔트로피의 변화량은

$$\Delta s_C = \int \frac{\delta q_{rev}}{T} = \int \frac{1}{T} dh = \int_{T_1}^{T_2} \frac{c_P}{T} dT$$

만약 정압비열이 상수에 가까운 경우라면

$$\Delta s_C = \int_{T_1}^{T_2} \frac{c_P}{T} dT = c_P \ln \frac{T_2}{T_1}$$

가역등온공정인 경로 D(4→2)에서 이상기체의 내부에너지는 변화가 없으므로

$$du = 0 = \delta q_{rev} + \delta w_{rev} = \delta q_{rev} - Pdv$$
$$\delta q_{rev} = Pdv$$

이 경우 엔트로피의 변화량은

$$\Delta s_D = \int \frac{\delta q_{rev}}{T} = \int \frac{P}{T} dv$$

이상기체라면

$$\int \frac{P}{T}dv = \int_{v_4}^{v_2} \frac{R}{v}dv = R\ln\frac{v_2}{v_4}$$

등온공정이므로 $P_1v_4 = P_2v_2$

$$R\ln\frac{v_2}{v_4} = R\ln\frac{P_1}{P_2} = -R\ln\frac{P_2}{P_1}$$

즉, 전체 엔트로피 변화는

$$\Delta s = \int_{T_1}^{T_2} \frac{c_P}{T}dT - R\ln\frac{P_2}{P_1} \tag{3.5}$$

상태함수인 엔트로피를 대상으로 하는 이 식은 경로 A에 대해서만 성립하는 것이 아니므로 어떠한 경로를 거쳤는지는 무관하게 계의 시작 상태(P_1, T_1)와 끝 상태(P_2, T_2)만 알면 적용할 수 있는 식이 됩니다.

가역단열팽창경로 B (P_1, T_1)→(P_2, T_3)에 적용하는 경우, 이는 엔트로피의 변화량이 0이어야 합니다.

$$\Delta s_B = \int_{T_1}^{T_3} \frac{c_P}{T}dT - R\ln\frac{P_2}{P_1} = 0$$

우리는 온도 T_2가 T_3보다 크다는 사실을 이미 알고 있으므로, 비가역단열압축공정은 단열임에도 엔트로피가 증가한다는 것을 알 수 있습니다.

$$\Delta s_A > \Delta s_B = 0$$

한 가지 주의해야 할 점은 열역학 제2법칙을 항상 시스템의 엔트로피가 증가하는 것으로 오해하면 안 된다는 점입니다. 다음의 예제를 보죠.

Ex 3-1 대기압 냉각 중 엔트로피 변화

정압비열이 $(5/2)R$로 일정한 이상기체 1몰이 들어 있는 실린더가 대기압을 유지한 상태로 100℃에서 대기온도인 25℃까지 냉각되었을 때 엔트로피 변화를 구하라.

압력이 일정한 상태이므로 식 (3.5)를 적용하면

$$\Delta s = \int_{T_1}^{T_2} \frac{c_P}{T}dT - R\ln\frac{P_2}{P_1} = \frac{5R}{2}\int_{T_1}^{T_2}\frac{1}{T}dT = \frac{5 \times 8.314}{2}\ln\frac{25+273}{100+273}$$

$$= -4.67 \text{ J/(mol} \cdot \text{K)}$$

즉, 시스템의 몰당 엔트로피는 감소했습니다. 엔트로피는 항상 증가한다고 했는데, 어떻게 된 일일까요? 이는 열역학 제2법칙이 말하고 있는 것이 "고립계"인데, 이 예제는 "열의 출입이 있는 계"를 다루기 때문에 발생하는 일입니다. 즉, 특정 시스템의 엔트로피는 감소할 수 있습니다. 그러나 이 경우에도 고립된 전 우주의 엔트로피가 증가하는 열역학 제2법칙은 성립합니다. 이를 보이기 위해서 주

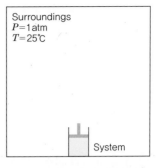

변환경(surroundings)을 포함하여 생각해 봅시다. 주변환경은 시스템을 제외한 전 우주를 말하지만, 현실적으로 너무 광대하여 불편하다면 대기압, 대기온도가 유지될 수 있는 충분히 큰 고립계를 가정하고 그 안에 시스템과 주변환경을 정의하는 것으로도 충분합니다.

주변환경의 입장에서도 열역학 제1법칙은 성립해야 합니다.

$$du_{surr} = \delta q_{surr} + \delta w_{surr}$$

그런데, 주변환경은 시스템을 제외한 전 우주급, 아니더라도 시스템에 비해서 막대하게 광대한 상태입니다. 따라서 시스템이 조금 압축되거나 팽창하거나 하는 정도로 주변환경의 부피는 크게 달라진다고 볼 수 없습니다. 때문에 받는 일 역시 상대적으로 아주 미미할 수밖에 없습니다. 즉,

$$\delta w_{surr} \approx 0$$

그러면, 주변환경이 받은 열은 내부에너지의 변화량과 크게 다르지 않게 됩니다.

$$du_{surr} = \delta q_{surr}$$

이는 원래는 경로함수여야 하는 열이 주변환경 입장에서는 상태함수인 것이나 마찬가지라는 의미가 됩니다. 즉, 주변환경 입장에서는 열의 경로가 가역공정인지 비가역공정인지 따질 필요가 없어집니다.

$$\delta q_{surr,\,rev} \approx \delta q_{surr}$$

같은 논리로, 상대적으로 너무 작은 시스템이 열을 조금 배출하거나 흡수한다고 하더라도 이는 주변환경의 온도에 영향을 미치기에는 너무나 작은 양입니다. 집에서 물을 끓인다고 지구의 온도가 올라갈 수는 없는 것처럼요. 따라서 주변환경의 온도(T_{surr})는 일정하다고 볼 수 있습니다. 결국

$$\Delta s_{surr} = \int \frac{\delta q_{surr,\,rev}}{T_{surr}} = \frac{1}{T}\int \delta q_{surr,\,rev} = \frac{q_{surr,\,rev}}{T_{surr}} = \frac{q_{surr}}{T_{surr}}$$

주변환경이 받은 열은 시스템이 잃은 열과 동일합니다. 따라서

$$\Delta s_{surr} = \frac{q_{surr}}{T_{surr}} = \frac{-q_{sys}}{T_{surr}} = \frac{-1}{298}\int_{100+273}^{25+273} c_P dT = \frac{-2.5R}{298}(-75) = 5.23\,\text{J/(mol·K)}$$

즉, 전체 엔트로피 변화는

$$\Delta s_{total} = \Delta s_{sys} + \Delta s_{surr} = -4.67 + 5.23 = 0.57 > 0$$

결국, 주변환경의 엔트로피가 시스템의 엔트로피 감소 이상으로 증가하게 되므로 열역학 제2법칙에 위배되지 않습니다.

FAQ 3-4 q_{surr}과 $q(q_{actual})$의 관계를 잘 모르겠습니다.

우리가 일반적으로 말하는 $q(q_{actual})$는 시스템의 상태가 임의의 공정 A를 거쳐서 변화했을 때 받은 실제 열량을 의미합니다. q_{surr}은 이때 주변환경(surroundings)이 받은 실제 열량을 의미합니다. 이는 같은 열량을 정의하는 시각만 바꿔서 표현한 것이다 보니 방향만 다르고 같은 값을 가지겠죠.

$$q_{surr} = -q_{actual}$$

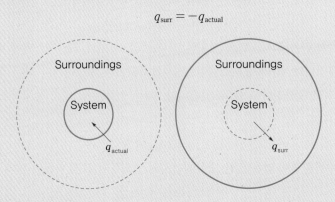

FAQ 3-5 엔트로피가 왜 상태함수인가요?

전후 관계가 바뀌었는데… 카르노 사이클과 3.1절에서 설명한 것과 같이 상태함수를 발견한 뒤 거기에 엔트로피라는 이름을 붙였기 때문입니다. 다만 이를 질문했다는 것은 이러한 논의를 모르고 있다는 의미이니 이렇게 말하면 납득이 안 되겠죠. 이상기체라면 이런 식으로도 보일 수 있습니다(GK Vemulapalli (1986). A Simple Method for Showing Entropy is a Function of State. *Journal of Chemical Education*, 63, p. 846).

열역학 제1법칙에서

$$du = \delta q + \delta w = \delta q - P_{ext}dv$$

양변을 T로 나누면

$$\frac{du}{T} = \frac{\delta q}{T} - \frac{P_{ext}}{T}dv$$

가역공정인 경우 외부 압력과 계의 내부 압력은 항상 평형을 이루므로, $P_{ext}=P_{sys}$가 성립합니다. 이상기체라면 $P/T=R/v$이므로

$$\frac{du}{T} = \frac{\delta q_{rev}}{T} - \frac{P}{T}dv = \frac{\delta q_{rev}}{T} - \frac{R}{v}dv$$

이상기체에서 $du = c_v dT$이므로 du/T 역시 온도만의 상태함수가 되므로, 원점으로 돌아오면 적분값은 0이어야만 합니다.

$$\oint \frac{du}{T} = \oint \frac{c_v}{T} dT = 0$$

$$\oint \frac{R}{v} dv = R \ln v_i - R \ln v_i = 0$$

따라서

$$\oint \frac{\delta q_{\text{rev}}}{T} = 0$$

즉, 엔트로피는 다음을 만족하므로 상태함수임을 알 수 있습니다.

$$\oint ds = 0$$

이는 이상기체에 국한된 방법이지만, 이상기체가 아닌 경우에도 이 논의를 확장해서 보이는 방법들이 존재합니다.

FAQ 3-6 $ds = \delta q/T$에서 q는 경로함수인데 s는 어떻게 상태함수일 수가 있나요?

네, 질문대로 q는 기본적으로는 경로함수입니다. 단, 특정 조건하에서는 상태함수가 될 수 있습니다. 예를 들어서 닫힌계의 등적공정이라면 일이 0이므로

$$du = \delta q + \delta w = \delta q$$

$$\Delta u = q$$

이 경우 열은 내부에너지와 동일하므로 상태함수입니다. 엔트로피가 말해 주는 것은 열이 항상 상태함수라는 것이 아니라, "가역공정의 열을 온도로 나눈 변화량"이 상태함수라는 것입니다. 엔트로피의 정의에서 q가 아니라 반드시 q_{rev}(가역공정의 열) 표시를 쓰는 이유입니다. 이러한 특이성이 엔트로피의 개념이 정리되어 자리잡는 데 오랜 시간이 걸린 이유이기도 합니다.

$$ds = \frac{\delta q_{\text{rev}}}{T}$$

FAQ 3-7 볼츠만의 정의 $S = k_B \ln \Omega$가 어떻게 $ds = q_{\text{rev}}/T$와 같아질 수가 있는 건가요?

엄밀하게 증명을 하는 것은 통계역학을 다뤄야 해서 짧고 쉽게 설명하기가 조금 까다롭습니다. 대신 다음의 예를 통해서 개념적으로 간단한 약식 사례를 보이겠습니다. 이쪽으로 흥미가 있다면 통계열역학이나 열통계역학 수업을 들어보길 권합니다.

다음과 같이 부피 V의 밀폐공간에 N개의 기체 분자가 존재하다 칸막이를 제거, 2배인 $2V$의 공간으로 온도 변화 없이 자유 팽창했다고 합시다.

온도 변화가 없으므로 엔트로피의 변화량은 식 (3.5)에서

$$\Delta s = \int_{T_1}^{T_2} \frac{c_P}{T} dT - R \ln \frac{P_2}{P_1} = R \ln \frac{v_2}{v_1} = R \ln 2$$

볼츠만의 정의에서 Ω는 가능한 미시상태의 수입니다. 팽창 전에는 모든 분자가 왼쪽 단위 영역에만 존재하므로 경우의 수는 1이나, 팽창 후에는 N개의 분자가 좌우 영역 2군데 존재 가능하므로 2^N만큼의 경우의 수가 존재할 수 있습니다. 좀 더 일반화하면 팽창 전 가능한 미시상태의 수가 Ω_1이었다면, 팽창 후에는 $\Omega_2 = 2^N \Omega_1$만큼 증가한다고 생각할 수 있습니다.

$$\Delta S = \Delta S_2 - \Delta S_1 = k_B \ln 2^N \Omega_1 - k_B \ln \Omega_1 = k_B \ln 2^N = N k_B \ln 2$$

볼츠만 상수 $k_B = \dfrac{R}{N_A}$ (N_A: 아보가드로수), 몰 $n = \dfrac{N}{N_A}$이므로

$$\Delta S = N k_B \ln 2 = \frac{NR}{N_A} \ln 2 = nR \ln 2$$

즉, 고전 열역학의 시점에서 계산한 결과와 같습니다.

$$\Delta s = R \ln 2$$

3.2 열역학 제2법칙과 손실일

열역학 제2법칙

앞서의 논의를 정리하면, 어떤 임의의 상태 1에서 시작해서 상태 2로 변화한 경우 열역학 제2법칙은 다음과 같이 나타낼 수 있습니다.

$$\Delta S_{univ} = \Delta S_{sys} + \Delta S_{surr} \geq 0 \tag{3.6}$$

이때 등식은 가역공정에서만 성립했으며, 비가역공정에서 전체 엔트로피의 변화량은 항상 0보다 컸습니다. 이는 우주가 아니더라도 시스템을 포함하는 충분히 큰 고립계를 대상으로 적용이 가능했습니다.

$$\Delta S_{\text{total}} = \Delta S_{\text{sys}} + \Delta S_{\text{surr}} \geq 0 \tag{3.7}$$

상태함수인 엔트로피의 변화는 공정의 시작 상태 (1)과 최종 상태 (2)의 몰당 엔트로피 혹은 질량당 엔트로피 차이로 나타낼 수 있습니다.

$$\Delta S_{\text{sys}} = n(s_2 - s_1) \text{ or } \Delta S_{\text{sys}} = m(\underline{s_2} - \underline{s_1}) \tag{3.8}$$

닫힌계의 경우 주변환경이 충분히 크면 열의 경로를 구별할 필요가 없이 시스템이 받은 열만큼 주변환경이 잃은 것이 되었고, 주변환경의 온도(T_s)는 시스템의 열출입에 상관없이 거의 일정하다고 볼 수 있었습니다.

$$\Delta S_{\text{surr}} = \int \frac{\delta Q_{\text{surr}}}{T_s} = \frac{Q_{\text{surr}}}{T_s} = \frac{-Q}{T_s} \tag{3.9}$$

식 (3.7)에 식 (3.8), (3.9)를 적용하면

$$\Delta S_{\text{total}} = \Delta S_{\text{sys}} - \frac{Q}{T_s} = n(s_2 - s_1) - \frac{Q}{T_s} \geq 0 \tag{3.10}$$

몰이나 질량으로 양변을 나누면 세기성질로도 나타낼 수 있습니다.

$$\Delta s_{\text{total}} = \Delta s_{\text{sys}} - \frac{q}{T_s} \geq 0 \tag{3.11}$$

그런데 일반적으로 우리는 우주에 가까운 전체보다는 시스템에 관심이 많습니다. 정확히는 시스템 외의 우주가 어떻게 되고 있는지 알기도 어렵구요. 식 (3.11)의 등식을 시스템의 엔트로피 변화를 중심으로 다시 나열하면

$$\Delta s_{\text{sys}} = \frac{q}{T_s} + \Delta s_{\text{total}} \tag{3.12}$$

여기서 Δs_{total}은 이 공정으로 인한 전체 엔트로피 변화량을 의미하며, 가역인 경우에만 0이 될 것입니다. 이를 s_{gen}, 즉 엔트로피의 생성량으로 표기하기도 합니다.

$$\Delta s_{\text{sys}} = \frac{q}{T_s} + s_{\text{gen}} \tag{3.13}$$

식 (3.11)과 식 (3.13)을 미분소의 형태로 나타내면

$$ds_{\text{total}} = ds_{\text{sys}} - \frac{\delta q}{T_s} \geq 0 \tag{3.14}$$

$$ds_{\text{sys}} = \frac{\delta q}{T_s} + ds_{\text{gen}} \tag{3.15}$$

열린계의 열역학 제2법칙: 엔트로피 밸런스

열역학 제2법칙을 열린계로 확장해 봅시다. 앞서 에너지 밸런스를 유도했을 때처럼 검사체적(control volume)으로 단위 시간당 유체가 출입하고 있다고 하면, 전체 엔트로피의 변화량은 검사체적의 엔트로피 변화량(ΔS_{cv}), 출입하는 유체의 엔트로피 변화량(ΔS_{fluid}), 주변환경(ΔS_{surr})의 엔트로피 변화량으로 나눌 수 있으며, 그 총합은 항상 0보다 크거나 같을 것입니다.

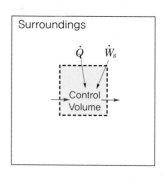

| 그림 3-8 | **열린계의 검사체적**

$$\Delta S_{\text{total}} = \Delta S_{\text{fluid}} + \Delta S_{\text{cv}} + \Delta S_{\text{surr}} \geq 0$$

단위 시간당 변화량(Δt)으로 나눠서 미분 형태로 표시하면

$$\frac{dS_{\text{total}}}{dt} = \frac{dS_{\text{fluid}}}{dt} + \frac{dS_{\text{cv}}}{dt} + \frac{dS_{\text{surr}}}{dt} \geq 0 \tag{3.16}$$

단위 시간당 들어오고 나가는 유체의 엔트로피 차이는

$$\Delta S_{\text{fluid}} = \sum n_o s_o - \sum n_i s_i = \sum m_o \underline{s}_o - \sum m_i \underline{s}_i$$

단위 시간당 변화량(Δt)으로 나눠서 미분 형태로 표시하면

$$\frac{dS_{\text{fluid}}}{dt} = \sum \dot{n}_o s_o - \sum \dot{n}_i s_i \text{ or } \frac{dS_{\text{fluid}}}{dt} = \sum \dot{m}_o s_o - \sum \dot{m}_i s_i \tag{3.17}$$

주변환경이 충분히 커서 그 온도(T_s)가 시스템의 열출입에 상관없이 거의 일정하다고 볼 수 있다면, 주변환경의 엔트로피 변화는

$$\frac{dS_{\text{surr}}}{dt} = \frac{-\dot{Q}}{T_s} \tag{3.18}$$

식 (3.16)에 식 (3.17), (3.18)을 적용하면

$$\frac{dS_{\text{total}}}{dt} = \frac{dS_{\text{cv}}}{dt} + \sum \dot{n}_o s_o - \sum \dot{n}_i s_i - \frac{\dot{Q}}{T_s} \geq 0 \tag{3.19}$$

만약 출입유로가 하나뿐이고 정상상태(steady-state)라고 하면 검사체적의 시간당 엔트로피 변화는 없어야 하므로

$$\frac{dS_{\text{total}}}{dt} = \dot{n} s_o - \dot{n} s_i - \frac{\dot{Q}}{T_s} = \dot{n} \Delta s - \frac{\dot{Q}}{T_s} \geq 0 \tag{3.20}$$

앞서도 얘기했지만, 우리는 우주에 가까운 전체보다는 시스템에 관심이 많습니다. 열린계이므로 검사체적의 엔트로피 변화를 중심으로 식 (3.19)의 등식을 다시 정리해 보면

$$\frac{dS_{\text{cv}}}{dt} = \sum \dot{n}_i s_i - \sum \dot{n}_o s_o + \frac{\dot{Q}}{T_s} + \frac{dS_{\text{total}}}{dt} \tag{3.21}$$

여기서 dS_{total}/dt, 즉 시간당 엔트로피의 생성량을 $\dot{S}_{gen}$으로도 표시합니다.

$$\frac{dS_{cv}}{dt} = \sum \dot{n}_i s_i - \sum \dot{n}_o s_o + \frac{\dot{Q}}{T_s} + \dot{S}_{gen} \tag{3.22}$$

만약 정상상태(steady-state)라고 하면 검사체적의 시간당 엔트로피 변화는 없어야 하고, 출입하는 유체관이 하나씩만 있다고 하면 물질 밸런스상 $\dot{n}_i = \dot{n}_o = \dot{n}$이므로, 식 (3.22)는

$$0 = \dot{n}(s_i - s_o) + \frac{\dot{Q}}{T_s} + \dot{S}_{gen} = -\dot{n}\Delta s + \frac{\dot{Q}}{T_s} + \dot{S}_{gen}$$

$$\dot{n}\Delta s = \frac{\dot{Q}}{T_s} + \dot{S}_{gen} \tag{3.23}$$

양변을 유량으로 나눠주면

$$\Delta s = \frac{q}{T_s} + s_{gen} \tag{3.24}$$

이를 미분소로 나타내면

$$ds = \frac{\delta q}{T_s} + ds_{gen}$$

이는 닫힌계에서 유도했던 식 (3.15)와 같은 식입니다.

열기관의 손실일(lost work)

엔트로피가 왜 큰 의미를 지니는지 이해하기 위해 카르노 기관의 예제로 돌아와서, 전체 엔트로피의 변화량을 살펴봅시다. 카르노 기관은 사이클이 동작하는 시스템과 주변환경의 2개 열원(뜨거운 열원 H와 차가운 열원 C라 합시다)으로 구성됩니다. 따라서 한 주기 동안 전체(우주까진 아니더라도 충분히 큰 고립계의) 엔트로피 변화량은

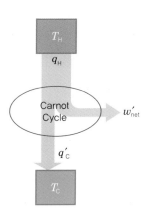

| 그림 3-9 | 카르노 기관

$$\Delta s_{total} = \Delta s_{sys} + \Delta s_{surr} = \Delta s_{sys} + \Delta s_H + \Delta s_C$$

시스템이 아닌 뜨거운 열원 입장에서 생각해 봅시다. 열을 q_H만큼 잃었고 q_H는 양수값이었으므로

$$\Delta s_H = \frac{-q_H}{T_H}$$

차가운 열원 입장에서는 열을 q_C'만큼 얻었으므로

$$\Delta s_C = \frac{q_C'}{T_C}$$

기관이 한 알짜일은

$$w'_{\text{net}} = q_{\text{H}} - q'_{\text{C}}$$

시스템의 엔트로피 변화는 0이 됩니다(사이클이 한 바퀴 돌아서 제자리로 돌아왔으므로 상태함수의 변화량은 무조건 0일 수밖에 없습니다).

$$\Delta s_{\text{sys}} = 0$$

따라서

$$\Delta s_{\text{total}} = -\frac{q_{\text{H}}}{T_{\text{H}}} + \frac{q'_{\text{C}}}{T_{\text{C}}}$$

$q'_{\text{C}} = q_{\text{H}} - w'_{\text{net}}$이므로

$$\Delta s_{\text{total}} = -\frac{q_{\text{H}}}{T_{\text{H}}} + \frac{q_{\text{H}} - w'_{\text{net}}}{T_{\text{C}}}$$

$$T_{\text{C}}\Delta s_{\text{total}} = -q_{\text{H}}\frac{T_{\text{C}}}{T_{\text{H}}} + q_{\text{H}} - w'_{\text{net}}$$

$$w'_{\text{net}} = q_{\text{H}}\left(1 - \frac{T_{\text{C}}}{T_{\text{H}}}\right) - T_{\text{C}}\Delta s_{\text{total}} \tag{3.25}$$

Δs_{total}이 0인 경우(즉, 모든 공정이 가역적이라 엔트로피 증가가 없는 경우)에 식 (3.25)는 우리가 앞서 구했던 카르노 기관의 효율 식 (2.43)으로 귀결됩니다. 이제 우리는 어떤 열기관이 가역적이지 않은 공정을 포함하고 있다면, 엔트로피가 증가하여 Δs_{total}이 0보다 큰 값을 가질 것이므로 카르노 기관이 한 일보다 $T\Delta s$만큼 더 적은 일을 하게 되고, 따라서 효율이 카르노 기관보다 낮아질 것임을 알 수 있습니다. 즉, 비가역성으로 인해 손실된 일(lost work)을 $T\Delta s$라는 엔트로피의 증가분으로 정량적으로 설명하는 것이 가능해졌습니다.

손실일(lost work)

어떠한 열린계가 정상상태에서 위치에너지, 운동에너지를 무시할 만큼 작고 입출입 유로가 하나뿐이라면, 식 (2.52) 에너지 밸런스는 다음과 같이 단순화하여 나타낼 수 있었습니다. 이는 가역공정이거나 비가역공정이거나 상관없이 성립합니다.

$$0 = \dot{Q} + \dot{W}_s - \dot{n}(h_o - h_i) = \dot{Q} + \dot{W}_s - \dot{n}\Delta h$$

$$\dot{W}_s = \dot{n}\Delta h - \dot{Q} \tag{3.26}$$

가역공정인 경우, 엔트로피 밸런스 식 (3.23)에서 엔트로피 생성량이 0이므로

$$\dot{n}\Delta s - \frac{\dot{Q}}{T_s} = 0$$

$$\dot{Q} = \dot{n}T_s\Delta s \tag{3.27}$$

엔트로피 밸런스 식 (3.27)을 에너지 밸런스 식 (3.26)에 대입하면

$$0 = \dot{n}T_s\Delta s + \dot{W}_{s,\text{rev}} - \dot{n}\Delta h$$

$$\dot{W}_{s,\text{rev}} = \dot{n}(\Delta h - T_s\Delta s) \tag{3.28}$$

가역이 아닌 임의의 실제 비가역공정의 경우라고 생각해 보면, 우리는 이미 다음의 사실을 알고 있습니다.

- 압축공정인 경우 가역공정이 소모하는 일이 최소 $\dot{W}_{s,\text{rev}} \leq \dot{W}_s$, 즉 실제 비가역공정에서는 $\dot{W}_s - \dot{W}_{s,\text{rev}} \geq 0$만큼의 일이 추가로 더 필요하게 됩니다. 즉, 소모하는 일에 추가적으로 더 일을 해 줘야 하는 손실이 발생합니다.

- 팽창공정인 경우 가역공정이 생산하는 일($-W$)이 최대, 즉 $-\dot{W}_{s,\text{rev}} \geq -\dot{W}_s$. 그러면 실제 비가역공정에서는 $\dot{W}_s - \dot{W}_{s,\text{rev}} \geq 0$만큼 일이 감소하게 됩니다. 즉, 생산 가능한 일의 손실이 발생합니다. 즉, 비가역공정은 항상 가역공정에 비해서 $\dot{W}_s - \dot{W}_{s,\text{rev}}$만큼의 손실일($\dot{W}_{\text{Lost}}$)이 존재하게 됩니다.

$$\dot{W}_{\text{Lost}} \equiv \dot{W}_s - \dot{W}_{s,\text{rev}} = \dot{n}\Delta h - \dot{Q} - (\dot{n}\Delta h - \dot{n}T_s\Delta s) = \dot{n}T_s\Delta s - \dot{Q} \geq 0 \tag{3.29}$$

정상상태의 엔트로피 밸런스 식 (3.23)에서

$$\dot{S}_{\text{gen}} = \dot{n}\Delta s - \frac{\dot{Q}}{T_s}$$

즉,

$$\dot{W}_{\text{Lost}} = \dot{n}T_s\Delta s - \dot{Q} = T_s\dot{S}_{\text{gen}} \geq 0 \tag{3.30}$$

이제 임의의 공정에서 가역공정으로 엔트로피 증가가 없을 때에는 손실일($\dot{W}_{\text{Lost}}$)이 발생하지 않으므로 가장 이상적이며, 비가역적이라서 엔트로피가 증가($\dot{S}_{\text{gen}} > 0$)하면 그 값이 커질수록 손실일이 증가하여 손해를 보게 될 것을 알 수 있습니다.

3.3 / 등엔트로피 효율(isentropic efficiency)

등엔트로피(isentropic) 공정과 등엔트로피 효율

공정이 단열이면서 가역(adiabatic and reversible)인 경우, 전체 엔트로피 증가도 없고 시스템 내의 엔트로피 증가도 없게 됩니다.

$$\Delta s = s_2 - s_1 = \frac{1}{\dot{n}}\left(\dot{S}_{\text{gen}} + \frac{\dot{Q}}{T_s}\right) = 0$$

이를 등엔트로피(isentropic) 공정이라 합니다. 이는 터빈, 컴프레서와 같이 열의 출입이 거의 없는 상태에서 일을 하거나 받는 설비에서 손실이 없는 가장 이상적인 경우를 나타내게 됩니다. 이러한 등엔트로피 일을 기준으로 얼마나 일을 했는지를 정의한 것을 등엔트로피 효율(isentropic efficiency)이라고 하며, 다음과 같이 정의됩니다.

압축기나 펌프와 같이 일을 소모하는 경우는 엔트로피가 증가하는 비가역적인 실제 공정에서 소모되는 일($\dot{W}_s^{\text{actual}}$)이 등엔트로피 공정에서 필요로 하는 일($\dot{W}_s^{\text{is}}$)보다 항상 크므로

$$\eta_{\text{compressor}} = \frac{\dot{W}_s^{\text{is}}}{\dot{W}_s^{\text{actual}}} = \frac{w_s^{\text{is}}}{w_s^{\text{actual}}} \tag{3.31}$$

반면 터빈과 같이 일을 생산하는 경우는 엔트로피가 증가하는 비가역적인 실제 공정에서 생산하는 일($\dot{W}_s^{\prime\,\text{actual}}$)이 등엔트로피 공정에서 생산되는 일($\dot{W}_s^{\prime\,\text{is}}$)보다 항상 작으므로

$$\eta_{\text{turbine}} = \frac{\dot{W}_s^{\prime\,\text{actual}}}{\dot{W}_s^{\prime\,\text{is}}} = \frac{\dot{W}_s^{\prime\,\text{actual}}}{\dot{W}_s^{\prime\,\text{is}}} = \frac{w_{s,\,\text{actual}}}{w_{s,\,\text{is}}} \tag{3.32}$$

역으로, 어떤 설비의 효율을 안다면, 등엔트로피 공정의 엔탈피 변화로부터 실제 하거나 필요한 일을 계산하는 것이 가능해집니다. 펌프 같은 어떤 설비를 구매하게 되면 업체가 테스트 결과 파악한 설비의 효율이 성능지표로 제시가 되는 것이 일반적입니다.

• 컴프레서 등 압축일을 필요로 하는 설비의 경우:

$$\dot{W}_s^{\text{actual}} = \dot{W}_s^{\prime\,\text{is}}/\eta \tag{3.33}$$

• 터빈 등 팽창일을 하는 설비의 경우:

$$\dot{W}_s^{\text{actual}} = \eta\,\dot{W}_s^{\prime\,\text{is}} \tag{3.34}$$

Ex 3-2 터빈의 효율

10 bar, 600℃의 수증기 18 kg/s가 터빈을 통해 1 bar까지 팽창하였을 때 다음에 답하라.

ⓐ 등엔트로피 팽창의 경우 이 터빈이 생산한 일과 수증기의 토출온도를 구하라.

에너지 밸런스에서 등엔트로피 공정의 경우 축일은 엔탈피의 차이와 동일하므로

$$\dot{W}_s^{is} = \dot{n}\Delta h = \dot{m}\Delta \underline{h}$$

수증기표를 확인하면 팽창 전 10 bar, 600℃에서

$$\underline{h}_1 = 3698.1\,\text{kJ/kg}$$
$$\underline{s}_1 = 8.0292\,\text{kJ/(kg}\cdot\text{K)}$$

등엔트로피 팽창을 한 경우 2번째 상태는 압력과 엔트로피를 알게 됩니다.

$$P_1 = 1\,\text{bar}$$
$$\underline{s}_2 = \underline{s}_1 = 8.0292\,\text{kJ/(kg}\cdot\text{K)}$$

수증기표에서 $P = 1$ bar일 때 엔트로피가 8.0292를 가질 수 있는 구간을 확인해 보면

$T[℃]$	$\underline{h}$[kJ/kg]	$\underline{s}$[kJ/(kg · K)]
200	2874.8	7.8335
250	2973.9	8.0326

이 정도 차이면 $T_2 \approx 250$, $\underline{h}_2 \approx 2973.9$로 근사를 해도 오차가 크지 않을 것 같습니다만, 예제이므로 내삽을 해 보면

$$y = \frac{y_2-y_1}{x_2-x_1}(x-x_1)+y_1$$

$$\underline{h}_2 = \frac{h_{250}-h_{200}}{s_{250}-s_{200}}(\underline{s}-\underline{s}_{200})+\underline{h}_{200} = \frac{2973.9-2874.8}{8.0326-7.8335}(8.0292-7.8335)+2874.8$$
$$= 2972.2\,\text{kJ/kg}$$

$$T_2 = \frac{250-200}{8.0326-7.8335}(8.0292-7.8335)+200 = 249.1℃$$

$$\dot{W}_s^{is} = \dot{m}\Delta\underline{h} = 18\frac{\text{kg}}{\text{s}} \times (2972.2-3698.1)\frac{\text{kJ}}{\text{kg}} = -18 \times 725.9\,\text{kW} = -13.06\,\text{MW}$$

빠르게 계산하려면 Ph선도를 이용하는 것도 한 방법입니다. 등엔트로피 팽창 후 약 250℃가 되며 엔탈피 차이는 약 $2975-3700 = -725$ kJ/kg이라는 것을 바로 알 수 있습니다.

ⓑ 이 터빈의 효율이 75%였다면 터빈이 생산한 일과 수증기의 토출온도, 엔트로피의 증가량을 구하라.

$$\dot{W}_s^{\text{actual}} = \eta \dot{W}_s^{\text{is}} = 0.75 \times (-13.1) = -9.8 \, \text{MW}$$

등엔트로피 공정의 질량당 일과 효율로부터 75%인 경우의 한 일도 계산이 가능합니다. 상태 1로부터 등엔트로피 팽창한 결과를 상태 2s라고 하면, 이는 위 (a)에서 이미 계산한 결과이므로

$$w_s^{\text{actual}} = \eta w_s^{\text{is}} = \eta \Delta h = \eta(h_{2s} - h_1) = 0.75 \times (-725.9) = -544.4 \, \text{kJ/kg}$$

이것이 실제 공정이 팽창했을 때의 엔탈피 차이, 즉 상태 2와 상태 1의 엔탈피 차이와 동일해야 하므로

$$w_s^{\text{actual}} = \Delta h = h_2 - h_1 = h_2 - 3698.1 = -544.4$$

$$h_2 = 3698.1 - 544.4 = 3153.7$$

수증기표에서 $P = 1 \, \text{bar}$일 때 엔탈피가 3153.7을 가질 수 있는 구간을 확인해 보면

$T[^\circ C]$	$\underline{h}[\text{kJ/kg}]$	$\underline{s}[\text{kJ/(kg} \cdot \text{K)}]$
300	3074.0	8.2152
350	3175.3	8.3847

$$T_2 = \frac{350 - 300}{\underline{h}_{350} - \underline{h}_{300}}(h - \underline{h}_{300}) + 300 = \frac{50}{3175.3 - 3074.0}(3153.7 - 3074.0) + 300$$

$$= 339.3^\circ C$$

엔트로피의 경우 같은 방식으로 계산해 보면 $\underline{s}_2 = 8.349$로 약 0.32 증가하는 것을 알 수 있습니다.

ⓒ 만약 수증기의 토출온도가 300°C였다면 이 터빈의 효율은 얼마인가?

토출온도가 300°C인 경우는 Ex 2-6에서 이미 계산한 내용으로

$$\dot{W}_s = -11.23 \, \text{MW}$$

즉, 효율은

$$\eta = \frac{\dot{W}_s}{\dot{W}_s^{\text{is}}} = \frac{-11.23}{-13.1} = 85.7\%$$

Ph선도를 확인하여 보면 같은 상태 1에서 1 bar로 팽창할 때 효율이 낮아질수록 등엔트로피 팽창에 비해서 적은 일을 하며, 엔트로피 증가폭은 커지는 것을 알 수 있습니다.

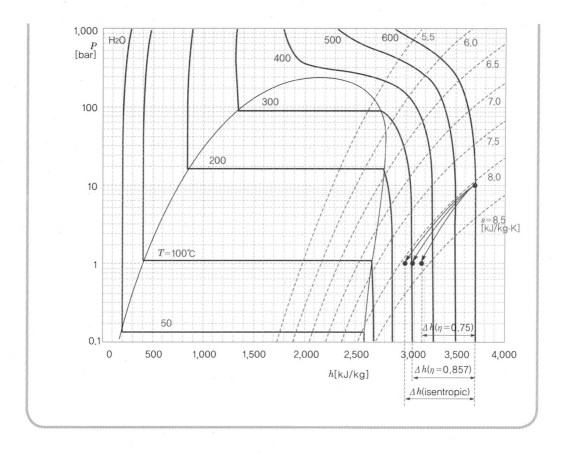

FAQ 3-8 가역이면 이미 $\Delta s = 0$인데 왜 굳이 가역단열(reversible and adiabatic)이어야 등엔트로피라고 하나요?

가역공정은 엄밀하게 말하면 $\Delta s_{\text{univ}} = 0$인 경우였습니다. 예를 들어서 이상기체가 주변환경과 동일한 온도 T를 유지하면서 압력 $P_1 \rightarrow P_2$로 가역등온팽창하는 경우를 생각해 봅시다. 식 (3.5)에서 계의 엔트로피 변화량은

$$\Delta s_{\text{sys}} = \int_{T_1}^{T_2} \frac{c_P}{T} dv - R \ln \frac{P_2}{P_1} = -R \ln \frac{P_2}{P_1}$$

식 (2.20)에서

$$q = -RT \ln \frac{P_2}{P_1}$$

$$\Delta s_{\text{surr}} = \frac{q_{\text{surr}}}{T_{\text{surr}}} = \frac{-q_{\text{sys}}}{T} = R \ln \frac{P_2}{P_1}$$

$$\Delta s_{\text{univ}} = \Delta s_{\text{sys}} + \Delta s_{\text{surr}} = -R \ln \frac{P_2}{P_1} + R \ln \frac{P_2}{P_1} = 0$$

이 경우, 가역으로 우주의 엔트로피 변화량은 0이지만 시스템의 엔트로피 변화량은 0이 아닙니다. 열역학에서 가장 먼저 배웠던 내용이 우리가 관심 있는 대상을 시스템으로 국한하여 이를 분석하는 방법이었습니다. 현실적

으로 우주를 다 다룰 수가 없기 때문입니다. 엔트로피도 마찬가지로, 특정 설비를 분석하고자 할 때 관심이 있는 것은 우주의 엔트로피 변화량보다는 우리가 분석하고자 하는 대상 시스템의 엔트로피 변화입니다. 따라서 가역에 단열을 추가해야만 (대상 시스템의) 등엔트로피 조건을 만족하게 됩니다.

FAQ 3-9 효율이 100%인 경우나 $\eta=75\%$인 경우나 에너지는 보존되어야 하는데 터빈이 하는 일이 어떻게 달라질 수 있다는 것인지 이해하지 못하겠습니다.

Ex 3-2의 사례에서 등엔트로피 팽창하는 경우($\eta=100\%$)와 효율이 75%인 경우를 생각해 보면, 다음과 같습니다.

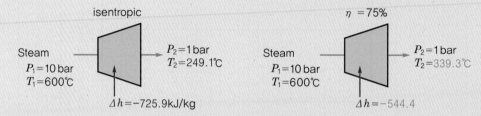

이해를 보다 쉽게 하기 위해서 에너지의 방향을 바꾸고 부호를 뒤집어서 봅시다.

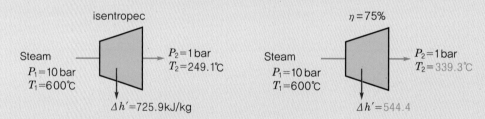

왼쪽은 등엔트로피 팽창하는 경우이며, 오른쪽은 그에 비해 75%밖에 일을 하지 못하는 경우입니다. 이 경우 터빈이 단열된 경우 오른쪽에서 발생하는 현상은 다음과 같이 해석할 수 있습니다.

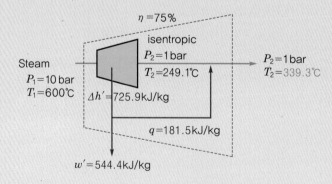

즉, 일로 발현되지 못한 엔탈피가 열로 남아 stream의 온도를 올리면서(isentropic이면 249.1℃까지 낮아질 것이 높은 온도를 지니게 됨) 엔트로피를 증가시키는 데 소모되어 버렸다고 볼 수 있습니다. 실제로는 모두 유체의 온도를 올리는 데 사용되지도 못하고 마찰, 소음 등으로도 손실될 것이므로 토출되는 온도도 339.3℃가 아닌 더 낮은 온도가 될 것입니다. 이것이 앞서 말한 손실일(lost work)의 개념입니다.

Ts선도(Ts diagram)

앞서 PT, Pv, Ph선도 등과 마찬가지로 엔트로피와 다른 열역학 물성의 관계를 가지고 도표를 그릴 수 있습니다. 대표적인 것이 온도와 엔트로피를 y, x축으로 나타낸 Ts선도입니다. 예를 들어, 수증기의 경우 이를 그려보면 다음과 같습니다. 이러한 그림들은 편의상 나타내는 축을 변경하여 도시했을 뿐, 전달하는 정보는 동일합니다.

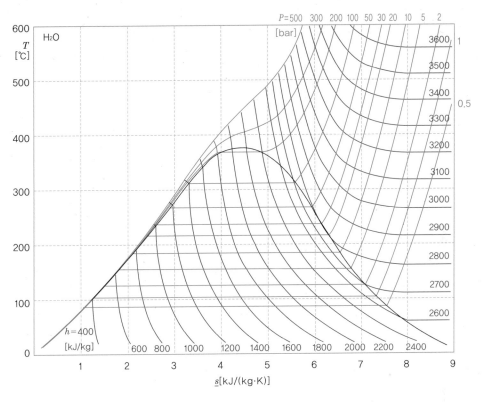

| 그림 3-10 | 물의 Ts선도(확대 이미지는 부록 408쪽 참조)

Ex 3-3 10 bar, 600℃의 수증기 18 kg/s가 터빈을 통해 1 bar까지 팽창할 때 Ts선도를 이용하여 다음을 추산하라.

ⓐ **등엔트로피 팽창인 경우 한 일을 구하라.**

Ts선도에서 등엔트로피 공정은 수직선상에서 움직이므로 10 bar, 600℃에서 수직으로 1 bar까지 내려오면 엔탈피 차이는 약 $3700 - 2975 = 725 \, \text{kJ/kg}$ 정도임을 알 수 있습니다. 이는 Ex 3-2에서 얻은 결과와 동일합니다.

ⓑ 효율 75%인 경우 수증기의 토출온도와 엔트로피 증가량을 구하라.

효율이 75%라면 등엔트로피 팽창으로 한 일의 75%밖에 할 수 없으므로, 엔탈피 차이는 $725 \times 0.75 = 544$만큼 나게 되며, $\underline{h}_2 = 3700 - 544 = 3156\,\mathrm{kJ/kg}$ 정도가 됩니다. 따라서 토출온도는 340℃ 정도, 엔트로피는 $0.3\,\mathrm{kJ/(kg \cdot K)}$ 정도 증가합니다. 이 역시 Ex 3-2에서 얻은 결과와 대동소이합니다.

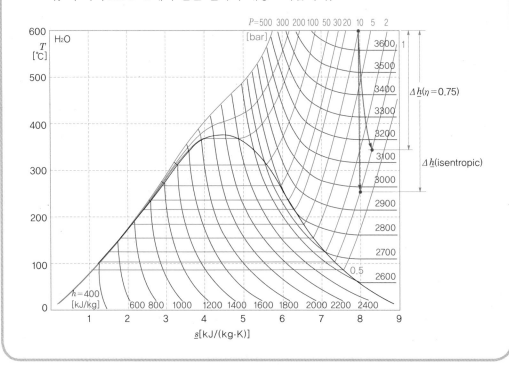

FAQ 3-10 수증기표를 보면 100 bar, 350℃의 수증기는 2922.2 kJ/kg의 엔탈피를 가지는데, 2 bar, 300℃의 수증기는 3071.4 kJ/kg의 엔탈피를 가집니다. 엔탈피가 결국 에너지라면 저온·저압의 수증기가 고온·고압의 수증기보다 큰 엔탈피값을 가지는 것을 이해하지 못하겠습니다.

엔탈피는 많은 경우 에너지로 해석되지만, 이것이 오해를 불러일으킬 수 있다는 사례를 보여주는 좋은 질문입니다. 수증기 Ph선도에서 등엔트로피 팽창이 얼마나 일을 할 수 있는지를 한 번 확인해 보죠. 100 bar, 350℃의 스팀과 2 bar, 300℃의 스팀을 똑같이 1 bar까지 등엔트로피 팽창시키면 어떻게 될까요?

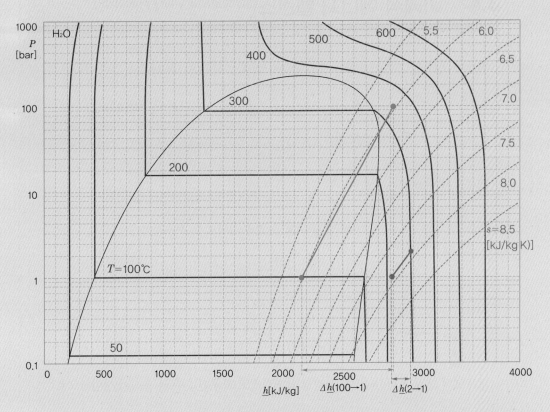

그래프를 보면, 2 bar, 300℃의 스팀은 1 bar까지 등엔트로피 팽창시키면 약 150 kJ/kg 정도의 일을 할 수 있습니다. 100 bar, 350℃의 스팀은 1 bar까지 등엔트로피 팽창시키면 대략 775 kJ/kg 정도로 압도적으로 많은 일을 할 수 있습니다.

즉, 더 낮은 상태의 엔탈피에서 시작한 100 bar, 350℃의 스팀이 더 많은 일을 할 수 있습니다. 다시 말해 엔탈피(h)가 큰 값을 가진다고 해서 이것이 바로 우리가 사용할 수 있는 에너지가 되는 것은 아닙니다. 에너지 밸런스에서 볼 수 있듯이 실제로 우리가 사용할 수 있는 에너지가 되는 것은 엔탈피의 차이($w_s = \Delta h$)이지 엔탈피 그 자체 값은 아닌 것이죠.

예를 들어, 수력발전을 생각해 보면 상류, 고도 1000 m에 있는 물은 500 m에 있는 물보다 더 많은 위치에너지를 가지지만, 이를 사용할 수 있는 에너지로 전환하기 위해서는 상류에 있는지 하류에 있는지가 중요한 것이 아니라 떨어지는 물의 낙차를 얼마나 크게 가져갈 수 있는지가 중요한 것과 유사한 상황이라고 생각할 수 있습니다.

결국 엔탈피의 차이를 만들어 낼 수 있는 상황은 열역학적 조건인 상태(압력, 온도, 부피, …)와 공정(등온, 단열, …)에 따라서 각각 달라지므로, 이는 단순하게 엔탈피의 크고 작음을 비교해서 알 수 있는 것이 아니라 열역학 상태와 공정에 대한 이해가 뒷받침되어야만 가능하게 됩니다.

3.4 기계적 에너지 밸런스(mechanical energy balance)

유로가 하나 있고 정상상태인 경우 에너지 밸런스 식 (2.51)은 다음과 같이 나타낼 수 있습니다.

$$0 = \dot{Q} + \dot{W}_s + \dot{m}(\underline{h}_i + \overline{v}_i^2/2 + gh_{e,i}) - \dot{m}(\underline{h}_o + \overline{v}_o^2/2 + gh_{e,o})$$

$$= \dot{Q} + \dot{W}_s - \dot{m}\Delta\underline{h} - \dot{m}\Delta\left(\frac{\overline{v}^2}{2}\right) - \dot{m}g\Delta h_e$$

미분소 형태로 나타내면

$$0 = \delta\dot{Q} + \delta\dot{W}_s - \dot{m}d\underline{h} - \dot{m}d\left(\frac{\overline{v}^2}{2}\right) - \dot{m}gdh_e$$

$$0 = \frac{\delta\dot{Q}}{\dot{m}} + \frac{\delta\dot{W}_s}{\dot{m}} - d\underline{h} - d\left(\frac{\overline{v}^2}{2}\right) - gdh_e \tag{3.35}$$

엔탈피의 정의에서

$$d\underline{h} = d(\underline{u} + P\underline{v}) = d\underline{u} + Pd\underline{v} + \underline{v}dP = Td\underline{s} + \underline{v}dP$$

엔트로피 밸런스 식 (3.23)을 질량당 세기성질로 바꾸면 다음의 등식이 성립하므로

$$\frac{\delta\dot{Q}}{\dot{m}} = T_s(d\underline{s} - \underline{s}_{\text{gen}}) \tag{3.36}$$

식 (3.36)을 식 (3.35)에 대입하면

$$0 = \frac{\delta\dot{W}_s}{\dot{m}} + T_s d\underline{s} - T_s\underline{s}_{\text{gen}} - Td\underline{s} - \underline{v}dP - d\left(\frac{\overline{v}^2}{2}\right) - gdh_e$$

$$\frac{\delta\dot{W}_s}{\dot{m}} = \underline{v}dP + d\left(\frac{\overline{v}^2}{2}\right) + gdh_e + [(T - T_s)d\underline{s} + T_s\underline{s}_{\text{gen}}]$$

가역인 경우에는 시스템과 주변환경은 무한히 천천히 움직이면서 평형을 유지해야 하기 때문에 주변환경의 온도와 시스템의 온도는 같다($T_s = T$)고 볼 수 있으며, 엔트로피의 생성이 없으므로 ($\underline{s}_{\text{gen}} = 0$, 대괄호[ ] 내부의 값은 0이 됩니다. 적분하면

$$\frac{\dot{W}_s}{\dot{m}} = \int \underline{v}dP + \Delta\left(\frac{\overline{v}^2}{2}\right) + g\Delta h_e \tag{3.37}$$

혹은 몰당 세기성질을 기반으로 하는 식 (2.52)를 기반으로 하는 경우에는

$$\frac{\dot{W}_s}{\dot{n}} = \int vdP + \text{MW}\Delta\left(\frac{\overline{v}^2}{2}\right) + \text{MW}g\Delta h_e \tag{3.38}$$

이를 기계적 에너지 밸런스(mechanical energy balance)라고 하며, 유로가 하나이고 반응이나 상변화가 없는 정상상태 유체의 가역공정에 적용하기 편리합니다.

식 (3.37)은 축일이 0이고 비압축성 유체(압력에 상관없이 부피가 거의 일정)를 대상으로 하는 경우, 다음과 같이 베르누이 식으로 귀결됩니다.

$$0 = \underline{v}\Delta P + \Delta\left(\frac{\bar{v}^2}{2}\right) + g\Delta h_e = \frac{\Delta P}{\rho} + \Delta\left(\frac{\bar{v}^2}{2}\right) + g\Delta h_e$$

가역이 아닌 경우에는 엔트로피 증가로 인한 비가역성을 나타내는 대괄호 부분을 마찰로 인한 손실계수 f 등으로 나타낸 식을 사용하기도 합니다.

$$\frac{\dot{W}_s}{\dot{m}} = \int \underline{v}dP + \Delta\left(\frac{\bar{v}^2}{2}\right) + g\Delta h_e + f \tag{3.39}$$

Ex 3-4 터빈이 한 일: 폴리트로픽(polytropic) 공정

이상기체 1 kmol/s가 다음의 조건을 만족하면서 10 bar, 600°C에서 1 bar로 터빈을 통하여 등엔트로피 팽창하였다.

$$Pv^k = \text{constant}, \ k = 1.286$$

ⓐ 이 터빈이 한 일을 구하라.

이상기체 방정식에서

$$v_1 = \frac{RT_1}{P_1} = \frac{8.314 \times (600 + 273.15)}{10 \times 10^5 \, \text{Pa}} \frac{\text{J}}{\text{mol}} \frac{\text{Pa}}{\text{N/m}^2} \frac{\text{Nm}}{\text{J}} = 0.00726 \, \text{m}^3/\text{mol}$$

운동에너지, 위치에너지의 변화량이 무시할 만하다면, 식 (3.37)에서

$$\frac{\dot{W}_s}{\dot{n}} = \int vdP$$

$Pv^k = \text{constant} = \alpha$ 라고 두면

$$v = \left(\frac{\alpha}{P}\right)^{\frac{1}{k}}$$

$$\int vdP = \alpha^{\frac{1}{k}}\int_{P_1}^{P_2} P^{-\frac{1}{k}}dP = \alpha^{\frac{1}{k}}\left[\frac{1}{1-\frac{1}{k}}P^{1-\frac{1}{k}}\right]_{P_1}^{P_2} = \alpha^{\frac{1}{k}}\frac{k}{k-1}\left[P_2^{\frac{k-1}{k}} - P_1^{\frac{k-1}{k}}\right]$$

$$= P_1^{\frac{1}{k}}v_1\frac{k}{k-1}\left[P_2^{\frac{k-1}{k}} - P_1^{\frac{k-1}{k}}\right]$$

$\frac{k}{k-1} = \frac{1.286}{1.286-1} = 4.497, \frac{k-1}{k} = 0.2224$이므로

$$= 10^{\frac{6}{1.286}} \times 0.00726 \times 4.497 \times [(10^5)^{0.2224} - (10^6)^{0.2224}] = -13085 \, \text{J/mol}$$

$$\dot{W}_s = -13.1\,\mathrm{kJ/mol} \times 1\,\mathrm{kmol/s} = -13.1\,\mathrm{MW}$$

ⓑ Ex 3-2의 결과와 비교해 보라.

Ex 3-2에서 연산한 결과와 동일합니다. 즉, 수증기의 경우에도 충분히 낮은 압력, 충분히 높은 온도, 적절한 폴리트로픽 매개변수(k)값을 알면 폴리트로픽 공정을 거치는 이상기체로 가정하여도 무방하다는 사실을 알 수 있습니다.

3.5 열역학 사이클과 엔트로피

카르노 사이클 Ts선도

Ts선도는 엔트로피의 변화량을 직관적으로 알아보기가 편하여 많이 사용됩니다. 카르노 사이클을 Ts선도 위로 옮겨봅시다. 등온팽창 및 압축되는 1→2, 3→4의 공정은 온도가 일정하므로 Ts선도상에서는 수평선 위에 엔트로피만 변화하는 형태로 구현됩니다. 2→3, 4→1의 단열팽창/압축공정은 가역이고 단열이므로 등엔트로피 공정이며, 따라서 엔트로피의 변화가 없는 수직선으로 나타낼 수 있습니다.

엔트로피의 정의로부터

$$q_{\mathrm{rev}} = \int T ds$$

카르노 사이클은 모두 가역과정이므로, Pv선도의 사이클 내부 면적을 알짜일로 나타낼 수 있었던 것처럼 Ts선도의 사이클 내 면적으로 알짜열을 나타낼 수 있게 됩니다. 이는 열역학 제1법칙에 따라 알짜일과 같은 크기를 가집니다.

$$\Delta u_{\mathrm{cycle}} = q_{\mathrm{net}} + w_{\mathrm{net}} = 0 \rightarrow q_{\mathrm{net}} = -w_{\mathrm{net}} = w'_{\mathrm{net}}$$

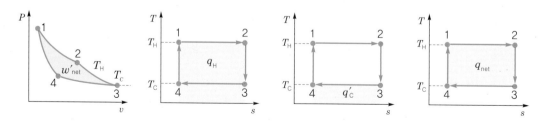

| 그림 3-11 | Ts선도상의 카르노 사이클

브레이튼 사이클 Ts선도

브레이튼 사이클 역시 같은 방식으로 Ts선도 위에 나타낼 수 있습니다. 이상적인 브레이튼 사이클이라면 1→2, 3→4의 단열압축/팽창공정은 수직선으로 나타낼 수 있습니다. 등압가열/냉각인 2→3, 3→4는 등압선을 따라서 엔트로피와 온도가 증가하는 곡선으로 그릴 수 있습니다.

이상적이지 않은 경우를 생각해 보면, 1→2, 3→4의 압축/팽창 과정에서 엔트로피의 증가가 일어나야 할 테니 수직선이 아닌 우측으로 밀리는 형태로 나타나게 될 것입니다. 유체가 흐르기 위해서는 반드시 압력 차이가 존재해야 하므로 2→3, 4→1의 가열/냉각 과정에서도 압력 강하가 발생하게 될 것입니다. 따라서 같은 온도까지 가열하는 경우 상태 3은 등압선보다 압력이 낮게 나타나게 되며, 상태 1에 도달하기 위해서 상태 4는 더 높은 압력에서 냉각을 해야 합니다.

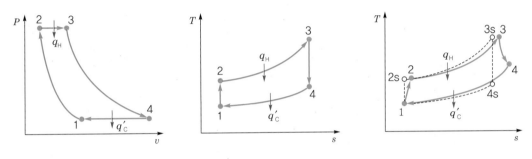

| 그림 3-12 | Ts선도상의 브레이튼 사이클

랭킨 사이클

열역학 사이클은 사이클을 순환하는 작동유체(working fluid)가 필요합니다. 이상기체의 경우에는 당연히 상변화가 없고, 공기와 같은 경우에도 일상적으로 우리가 사용하는 상온 이상의 조건에서는 상변화가 발생하지 않습니다. 그러나 현실에서 이상기체를 사용하기는 어렵습니다. 만약 작동유체로 우리가 손쉽게 구할 수 있는 물을 사용한다면, 상압에서 100℃만 되면 끓는 등 상변화가 쉽게 일어나므로, 물을 작동유체로 사용하려면 이러한 상변화를 고려하여 사이클을 설계할 필요가 있습니다. 이렇게 만들어진 사이클이 현재 대부분의 화력발전소에서 사용되고 있는 랭킨 사이클(Rankine cycle)입니다.

랭킨 사이클은 다음의 4공정으로 이루어집니다.

1→2: 펌프로 물을 가압합니다. 이상적으로는 등엔트로피 압축이 되므로 Ts선도상 수직선으로 나타낼 수 있습니다.

2→3: 보일러와 같은 열교환 설비로 열을 공급, 물을 끓여서 고온·고압의 수증기를 만들어 냅니다. 이상적으로는 등압 가열이 되며, 등압선상을 크게 3구간으로 나누어 생각할 수 있습니다. 2→2a는 과냉각액체인 물이 포화액체가 될 때까지 온도가 상승하는 구간을 의미합니다. 2a→2b는 포화상태에서 액체에서 기체로 기화되는 구간을 의미합니다. 순물질인 물의 경우 이 구간에서

흡수하는 열량은 모두 잠열로 상변화에만 기여하므로 온도는 변화하지 않습니다. 2b→3은 포화 기체에서 과열증기로 온도가 상승하는 구간을 의미합니다.

3→4: 고온·고압의 수증기로 터빈을 돌려서 일을 생성합니다. 이상적으로는 등엔트로피 팽창이 됩니다. 만약 위의 가열과정에서 온도를 충분히 올리지 않는 경우 팽창 후 발생하는 액체 물의 분율이 증가할 수 있으며, 액체의 함량이 과도하면 터빈에 물리적인 피해를 유발할 수 있습니다. 예를 들어서 3이 아니라 포화기체인 2b까지만 가열 후 팽창하는 경우 팽창 후 4'의 증기분율은 4에 비해서 크게 낮아지게 됩니다.

4→1: 남은 수증기를 냉각하여 다시 물로 되돌립니다. 어디까지 냉각할 것인지는 설계 의도에 따라 다르나, 펌프의 경우 일반적으로 액체를 대상으로 설계되며 기체가 포함되는 경우 설비의 고장 및 파손으로 이어지기 쉬우므로 통상의 경우 적어도 포화액체까지는 냉각을 할 필요가 있습니다.

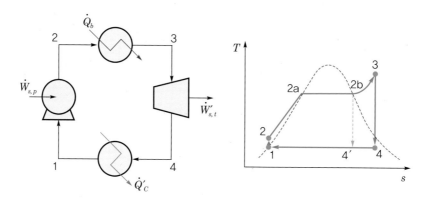

| 그림 3–13 | **랭킨 사이클의 공정 개념도와 Ts선도**

정상상태에서 이상적인 랭킨 사이클의 효율은 다음과 같이 계산할 수 있습니다.

1→2 펌프의 에너지 밸런스로부터

$$\dot{W}_{s,\text{pump}} = \dot{m}(\underline{h}_2 - \underline{h}_1)$$

이상적인 등엔트로피 압축의 경우 상태 1, 2의 엔트로피는 같아야 하므로($\underline{s}_2 = \underline{s}_1$) 상태 2에서 엔트로피 이외의 세기성질(압력 등)을 알면 상태 2의 엔탈피를 확정할 수 있습니다. 만약 등엔트로피 공정이 아니라면 등엔트로피 공정에서의 엔탈피($\underline{h}_{2s}$)를 기반으로 에너지 소모량을 연산한 후, 펌프의 효율에 대한 정의를 기반으로 상태 2의 엔탈피 및 소모 에너지량을 추산할 수 있습니다.

$$\dot{W}_{s,\text{pump}} = \dot{m}(\underline{h}_2 - \underline{h}_1) = \frac{\dot{W}_{s,\text{pump}}^{\text{ris}}}{\eta} = \frac{\dot{m}}{\eta}(\underline{h}_{2s} - \underline{h}_1)$$

2→3 열교환기의 에너지 밸런스로부터

$$\dot{Q}_b = \dot{m}(\underline{h}_3 - \underline{h}_2)$$

압력 강하가 없는 이상적인 열교환기를 가정하면 상태 2, 3의 압력은 동일해야 합니다. 따라서 상태 3의 압력 외 세기성질을 하나 더(온도 등) 알면 상태 3의 엔탈피를 확정할 수 있게 됩니다.

3→4 터빈의 에너지 밸런스에서는

$$\dot{W}_{s,\text{turb}} = \dot{m}(\underline{h}_4 - \underline{h}_3) \ (<0)$$

등엔트로피 팽창이 아닌 경우,

$$\dot{W}_{s,\text{turb}} = \dot{m}(\underline{h}_4 - \underline{h}_3) = \eta \dot{W}_{s,\text{turb}}^{\text{is}} = \eta \dot{m}(\underline{h}_{4s} - \underline{h}_3)$$

4→1 에너지 밸런스로부터

$$\dot{Q}_c = \dot{m}(\underline{h}_1 - \underline{h}_4)$$

랭킨 사이클의 효율은

$$\eta = \frac{\dot{W}'_{s,\text{turb}} - \dot{W}_{s,\text{pump}}}{\dot{Q}_b} = \frac{-w_{s,\text{turb}} - w_{s,\text{pump}}}{q_b} = \frac{-(\underline{h}_4 - \underline{h}_3) - (\underline{h}_2 - \underline{h}_1)}{\underline{h}_3 - \underline{h}_2} = \frac{(\underline{h}_3 - \underline{h}_4) - (\underline{h}_2 - \underline{h}_1)}{\underline{h}_3 - \underline{h}_2}$$

Ex 3-5 랭킨 사이클의 효율

랭킨 사이클을 기반으로 운전되는 화력발전소가 있다. 터빈으로 30 bar, 500℃의 수증기가 공급되어 1 bar까지 팽창될 때 다음 질문에 답하라.

ⓐ 이상적인 랭킨 사이클을 가정할 때, 사이클의 효율을 구하라.

등엔트로피 팽창이므로, 터빈의 팽창 전 상태를 상태 3이라 하고 1 bar까지 팽창한 결과를 상태 4라고 합시다.

$$\underline{h}_3 = 3456.6 \,\text{kJ/kg}$$

$$\underline{s}_3 = 7.234 \,\text{kJ/(kg·K)}$$

팽창 후 상태를 4라고 하면 이상적인 등엔트로피 팽창 시 $\underline{s}_4 = \underline{s}_3$이므로 팽창 후 1 bar에서 엔트로피 구간을 확인해 보면

	$T[℃]$	$\underline{h}[\text{kJ/kg}]$	$\underline{s}[\text{kJ/(kg·K)}]$
Sat. liq.	99.6	417.5	1.303
Sat. vap.	99.6	2675.2	7.359

즉, 팽창 후의 상태는 단일상이 아닌 $T_4 = 99.6℃$의 기액 혼합물 상태임을 알 수 있습니다. 기액 혼합물의 평균 질량당 부피를 연산할 때 사용한 식 (1.6)을 동일한 방식

으로 기액 혼합물의 엔트로피에 적용하여 보면

$$\underline{s} = x_{\mathrm{vf}}\underline{s}^v + (1-x_{\mathrm{vf}})\underline{s}^l = x_{\mathrm{vf}}\underline{s}^v + \underline{s}^l - x_{\mathrm{vf}}\underline{s}^l$$

$$x_{\mathrm{vf}} = \frac{\underline{s}-\underline{s}^l}{\underline{s}^v-\underline{s}^l} = \frac{7.234-1.303}{7.359-1.303} = 0.9794$$

엔탈피는

$$\underline{h}_4 = x_{\mathrm{vf}}\underline{h}^v + (1-x_{\mathrm{vf}})\underline{h}^l = 0.9794 \times 2675.2 + 0.0206 \times 417.5 = 2628.6$$

터빈이 받은 일은

$$\frac{\dot{W}_s^{\mathrm{turb}}}{\dot{m}} = w_s^{\mathrm{turb}} = (\underline{h}_4 - \underline{h}_3) = (2628.6 - 3456.6) = -828\,\mathrm{kJ/kg}$$

팽창 후의 수증기는 냉각을 통해서 물로 되돌려야 합니다. 1 bar에서 100% 액체로 만들기 위해서는 최소한 포화액체까지 냉각했다면

$$T_1 = 99.6°\mathrm{C}$$

$$h_1 = 417.5\,\mathrm{kJ/kg}$$

$$s_1 = 1.303\,\mathrm{kJ/(kg\,K)}$$

이 포화액체를 펌프로 압축하여 $P_2 = 30\,\mathrm{bar}$까지 압축해야 하므로 이상적인 펌프, 즉 등엔트로피 공정을 가정하여 30 bar에서 수증기표를 통해 $s_2 = 1.303$일 때의 온도, 엔탈피를 내삽으로 찾으면

$T[°\mathrm{C}]$	$\underline{h}[\mathrm{kJ/kg}]$	$\underline{s}[\mathrm{kJ/(kg \cdot K)}]$
75	316.4	1.014
100	421.3	1.305

$$T_2 = \frac{100-75}{1.305-1.014}(1.303-1.014) + 75 = 99.8°\mathrm{C}$$

$$\underline{h}_2 = \frac{421.3-316.4}{1.305-1.014}(1.303-1.014) + 316.4 = 420.6\,\mathrm{kJ/kg}$$

펌프에 필요한 에너지 공급량은

$$\frac{\dot{W}_{s,\,\mathrm{pump}}}{\dot{m}} = w_{s,\,\mathrm{pump}} = (\underline{h}_2 - \underline{h}_1) = (420.6 - 417.5) = 3.1\,\mathrm{kJ/kg}$$

이를 가열해서 다시 상태 3, 500°C의 수증기로 만들어야 하므로 보일러에 필요한 열량은

$$\frac{\dot{Q}_b}{\dot{m}} = q_b = (\underline{h}_3 - \underline{h}_2) = (3456.6 - 420.6) = 3036\,\mathrm{kJ/kg}$$

이 랭킨 사이클의 효율은

$$\eta = \frac{\dot{W}_{s,\,\mathrm{turb}}' - \dot{W}_{s,\,\mathrm{pump}}}{\dot{Q}_b} = \frac{-w_{s,\,\mathrm{turb}} - w_{s,\,\mathrm{pump}}}{q_b} = \frac{828-3.1}{3036} = 0.272$$

ⓑ 터빈과 펌프의 효율이 80%일 때 사이클의 효율을 구하라.

터빈 효율의 정의[식 (3.31)]에서 터빈이 한 일은 등엔트로피 공정에 비해서 효율 곱만큼 줄어들게 되므로

$$\dot{W}^{actual}_{s,\,turb} = \eta \dot{W}^{is}_{s,\,turb}$$

$$w^{actual}_{s,\,turb} = \eta w_{s,\,turb} = -0.8 \times 828 = -662.4\,\mathrm{kJ/kg}$$

펌프의 경우

$$\dot{W}^{actual}_{s,\,pump} = \frac{\dot{W}^{is}_{s,\,pump}}{\eta} \rightarrow w^{actual}_{s,\,pump} = \frac{w^{is}_{s,\,pump}}{\eta} = \frac{3.1}{0.8} = 3.8\,\mathrm{kJ/kg}$$

보일러에 필요한 열량은 그대로이므로, 사이클의 효율은 낮아집니다.

$$q_b = \underline{h}_3 - \underline{h}_2 = \underline{h}_3 - (\underline{h}_1 + w^{actual}_{s,\,pump}) = 3456.6 - (417.5 + 3.8) = 3035.3$$

$$\eta = \frac{662.4 - 3.8}{3035.3} = 0.217$$

FAQ 3-11 랭킨 사이클에서 4→1(냉각), 1→2(펌프로 압축) 구간이 살짝 이해가 안 됩니다. 1과 2는 왜 그래프상 한 점이 되나요?

4→1로 가는 과정은 물과 섞인 스팀이 냉각되는 응축기(condenser)를 거치는 과정입니다. 2.5절에서도 다루었지만, 열교환이 일어나는 설비(열교환기, heat exchanger)는 물리적인 형태에 따라서 냉각기(cooler, 보통 냉각 장치를 통칭할 때), 응축기(condenser, 열교환과정에서 기상이 액상으로 응축되는 경우), 공기 냉각기(air cooler, 상온의 공기를 순환시켜 냉각하는 경우) 등 다양한 이름을 가집니다.

실제로는 유체가 흐르기 위해서는 압력 차이가 존재해야 하므로 열교환기를 거칠 때에도 압력은 떨어지게 됩니다. 편의상 이상적으로 압력이 거의 떨어지지 않는다고 가정하면, 순물질인 물은 기액 혼합물인 상태 4에서 포화액체인 상태 1로 응축되는 동안 온도가 변화하지 않습니다. 그러나 액체는 기체보다 분자 배열의 자유도가 낮아지므로 시스템의 엔트로피는 감소합니다(위 Ex 3-5에서 상태 4와 상태 1의 엔트로피값을 확인해 보세요). 따라서 Ts선도상 수평선으로 나타나게 됩니다.

1→2는 펌프를 이용하여 물을 압축하는 과정입니다. 유체를 압축하면 보통 온도가 올라갑니다. 예를 들어 닫힌 계의 단열압축을 생각해 보면, $du = \delta w$가 되어서 일에너지를 받은 만큼 내부에너지가 증가하게 되죠. 그런데 액체인 물은 비압축성 특성을 지니고 있어서 압력에 따라서 부피가 거의 변화하지 않는 특징을 지니고 있습니다. 때문에 압축을 거쳐도 온도가 거의 증가하지 않습니다. Ex 3-5를 보면 99.6℃에서 99.8℃로 0.2℃밖에 상승하지 않았고, 엔트로피도 아주 약간 증가합니다. 그래서 Ts선도에 나타내면 거의 같은 위치에 점이 찍히게 되는 것입니다.

FAQ 3-12 왜 항상 랭킨 사이클이 카르노 사이클보다 효율이 안 좋다는 것인지 이해가 안 됩니다.

Ts선도에 다음과 같은 예를 비교하여 봅시다(숫자는 임의로 붙인 것입니다). 같은 온도의 열원(T_H, T_C)을 사용하는 이상 상변화가 있는 만큼 랭킨 사이클이 항상 알짜일의 손해를 보는 것을 알 수 있습니다.

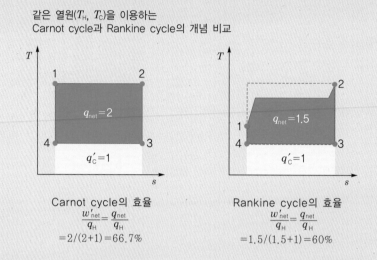

같은 열원(T_H, T_C)을 이용하는
Carnot cycle과 Rankine cycle의 개념 비교

Carnot cycle의 효율
$$\frac{w'_{net}}{q_H} = \frac{q_{net}}{q_H}$$
$$= 2/(2+1) = 66.7\%$$

Rankine cycle의 효율
$$\frac{w'_{net}}{q_H} = \frac{q_{net}}{q_H}$$
$$= 1.5/(1.5+1) = 60\%$$

FAQ 3-13 랭킨 사이클에서와 같이 어떠한 과정에서 정확히 포화액체까지 냉각한다거나 등압을 유지하면서 팽창을 시킨다거나 등등 다양한 공정(process)을 실질적으로 구현할 수 있는지가 궁금합니다. 그리고 이 또한 사람이 아닌 기계가 할 텐데, 정확한 T, P 값을 기계가 설정할 수 있을 만큼 발전해 있는지도 궁금합니다.

관심사가 이론에서 "현실"로 향하고 있는 점이 좋습니다. 결국 공학은 현실에 적용하기 위해서 만들어진 학문이니까요.

(1) 정확히 포화액체까지 만드는 것도 가능하겠지만 랭킨 사이클에서라면 굳이 그렇게 할 필요가 없습니다. 정확히 포화액체를 만들려고 애쓰는 것보다 그냥 확실하게 과냉각액체로 만들면 되기 때문입니다. 예를 들어서 1기압에서 수증기를 냉각한다면, 100℃의 포화액체를 만들려고 애쓸 필요없이 온도를 99℃로 낮추면 됩니다. 실제 물은 순물질이 아니어서 99℃에서 액체가 아닐까 두렵거나 계측 오차가 걱정되면, 99℃가 아닌 90℃로 낮추면 됩니다. 랭킨 사이클은 포화액체까지 냉각해야만 동작하는 사이클이 아니니까요. 이러한 근본적인 이해가 뒷받침되어야 에너지 시스템을 설계하는 것이 가능해집니다.

(2) 대부분의 프로세스는 이미 충분히 정교하게 구현이 가능합니다. 예를 들어 등압조건의 경우, 정해진 압력만큼을 유지하며 그 이상이 되면 기체를 배출하도록 설계만 하면 됩니다. 간단한 예로 압력밥솥을 들 수 있는데요. 압력밥솥에 물을 끓이면 내부의 압력이 계속 상승하다가, 설정된 압력이 되어서 압력 뚜껑이 견딜 수 있는 힘을 초과하게 되면 자동적으로 배출기가 열려서 내부압력을 일정하게 유지한 상태에서 물을 끓이는 것이 가능합니다. 실제 산업에서 사용되는 등압 용기도 비슷한 컨셉으로, 기체가 나가는 배관에 밸브를

달아서 만약 기체의 압력이 너무 낮으면 밸브를 약간 잠가서 나가는 유량을 줄여서 압력을 올리고, 너무 높으면 밸브를 열어서 나가는 유량을 늘려서 압력을 줄이는 자동제어기가 부착되어 있어서 조절하게 됩니다. 등온이라면, 예를 들어서 지금 사용하는 전열기나 에어컨 같은 경우 센서가 붙어서 목표 온도를 넘어서면 작동이 정지됩니다. 그러한 제어를 보다 정교하게 빠른 시간에 하면 등온이 유지됩니다. 현실적으로 구현이 어려운 공정은 등엔트로피 공정 정도겠네요. 100% 효율을 만들 수 없으니.

(3) 비용의 문제만 있을 뿐 충분히 정확하게 제어 가능합니다. 당장 지금 타고 다니는 자동차만 생각해 보아도 엔진의 압력, 온도값을 원하는 범위 내에서 제대로 제어할 수 없으면 달리다가 언제 터져도 이상할 것이 없습니다. 집에 있는 냉장고도 마찬가지입니다. 여러분이 사용하는 전기기기들은 전압이나 전류량이 제대로 제어되지 못하면 쓸 수가 없습니다. 현대 공학 설비는 거의 모든 물성을 아주 정교하게 원하는 오차범위 내에서 제어가 가능합니다. 단 이는 센서의 정확도와 연관되어 있으며, 결국 돈(경제성)의 문제로 귀결되므로 필요한 만큼만 정확하도록 설계됩니다.

공학이 다 그렇지만, 열역학에서 배우는 내용은 우리 주변의 설비들하고 매우 밀접하게 연결되어 있습니다. 예를 들어 냉장고, 에어컨, 보일러, … 이제 고전이 된 SF영화 매트릭스에서 네오가 각성한 뒤 세상이 0과 1의 정보 합성체로 보였던 것처럼, 공학의 이해를 가지고 세상을 보면 겉으로 보이는 껍데기 안에 에너지의 흐름을 이해할 수 있게 됩니다.

열역학을 제대로 이해하지 못하면 냉장고는 전기로 차가운 무언가를 만든다고 생각하기 쉽습니다. 뒤에 배울 냉각 사이클의 원리를 제대로 이해한다면 전기는 압축에만 들어가지 냉각에는 직접 관여하지 않는다는 것을 이해할 수 있습니다. 더불어 냉장고 뒤는 왜 뜨거운지, 왜 여름에 더 많은 전력이 소비되는지를 이해할 수 있게 됩니다.

목욕을 하면 욕실 거울에 김이 서리게 됩니다. 고급 호텔에 가 보면 거울에 특정 영역만 김이 안 서리는 공간이 생깁니다. 김서림 현상은 물−공기 혼합물의 이슬점이 거울의 표면온도보다 높아져서 액체가 발생하는 것이므로, 거울의 표면온도를 이슬점 이상의 온도를 만들어주면 수증기의 표면 액화를 막을 수 있습니다.

제가 생각하기에 대학에서 학생들이 배워야 할 것은 누가 가르쳐 주는 단순 지식이 아니라, 기본 지식을 가지고 현상을 해석해서 원인과 결과를 얻어내는 사고의 힘입니다. 누가 가르쳐 줄 수 있는 단순 지식의 양은 이미 벌써 구글을 따라갈 스승이 없을 것입니다.

냉각 사이클(refrigeration cycle)

차가운 물체로부터 뜨거운 물체로 열이 흐르는 것은 자연적으로는 불가능하나, 역카르노 사이클과 같이 일을 공급하여 열의 흐름을 만드는 열역학 사이클을 이용하면 가능합니다. 이렇게 자연적으로는 불가능한 역방향으로 열이 흐르도록 만드는 설비를 냉각 사이클(refrigeration cycle), 냉동 사이클, 혹은 열펌프(heat pump)라고 부릅니다. 우리가 일상적으로 사용하고 있는 냉장고나 냉방기가 더 차가운 공기로부터 더 뜨거운 대기로 열을 흐르게 하는 대표적인 설비입니다.

냉각 사이클의 핵심은 상온의 공기나 물로부터 열을 흡수해 갈 수 있는 차가운 냉매 (refrigerant)를 어떻게 만들 것인가에 달려 있다고 볼 수 있습니다. 보편적으로 사용되는 방법은 적절한 물질을 선택하여 적절한 온도의 고압에서 저압으로 줄-톰슨 팽창시키는 것입니다. 예를 들어서 이하 공정은 가정용 냉장고에 많이 사용되어 온 냉매 물질인 R134a를 이용한 냉각 사이클과 그 Ph선도를 나타낸 것입니다.

4→1: 물질 R134a를 고압 상온에서 1 bar로 JT 팽창시키면 팽창 후 압력 강화와 더불어 온도가 하락(줄톰슨 효과), 1 bar에서의 끓는점인 약 −26.4℃의 저온 기액 혼합물로 만드는 것이 가능합니다(상태 1).

1→2: 충분히 낮은 온도의 냉매를 만들었으므로, 이 차가운 냉매를 냉장고 내의 공기와 열교환시켜서 냉장고 내부를 원하는 저온으로 만들 수 있습니다. 열교환 냉매는 열을 흡수하면서 기화되어 기체가 되며, 냉매가 순물질인 경우에는 온도 변화가 없습니다(상태 2). 이때 흡수한 열량을 냉각에 사용된 열이라고 하여 냉열이라고도 부릅니다.

2→3: 기체가 된 냉매는 압축기(컴프레서)를 통하여 압축되며, 압축되면서 온도가 상승하게 됩니다(상태 3, 64℃).

3→4: 이제 냉매는 일반적인 상온의 대기보다는 충분히 높은 온도이므로, 이 뜨거운 냉매를 냉장고 외부 상온의 공기(예를 들어서 25℃)와 열교환시켜서 온도를 낮추는 것이 가능합니다(상태 4).

이제 이 고압 상온의 냉매를 팽창시키면 다시 상태 1의 저온의 냉매를 얻을 수 있습니다. 즉, 저온(냉장고 내부 공기)에서부터 고온(냉장고 외부 공기)으로 열을 흐르게 하는 것이 가능해집니다.

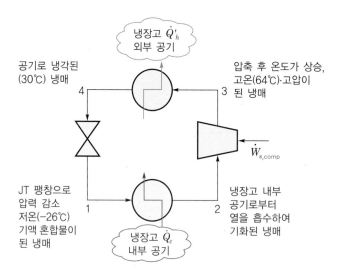

| 그림 3-14 | 냉각 사이클의 원리

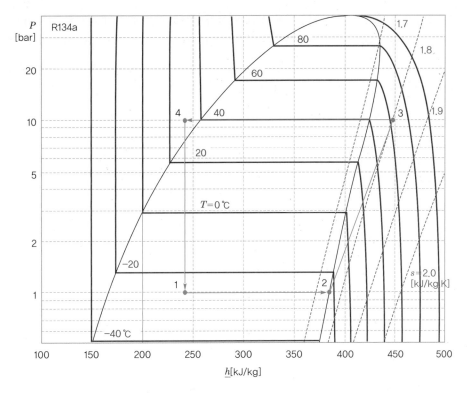

| 그림 3-15 | Ph선도상 나타낸 R134a를 사용하는 냉각 사이클

냉각 사이클은 열기관의 효율과는 달리 성능계수(COP, Coefficient Of Performance)를 정의하여 사용합니다. 즉, 압축하느라 소모한 에너지 대비 얼마나 많은 열량을 냉각 대상 시스템으로부터 흡수하였는지로 정의할 수 있습니다. 정의상 크면 클수록 냉각 효율이 좋은 것이 되며 일반적으로 1보다 큰 값을 가집니다.

$$\text{COP} = \frac{\dot{Q}_c}{\dot{W}_{s,\,\text{comp}}} = \frac{q_c}{w_{s,\,\text{comp}}}$$

정상상태에서 이상적인 냉각 사이클의 성능계수는 다음과 같이 계산할 수 있습니다.
1→2 열교환기의 에너지 밸런스로부터

$$\dot{Q}_c = \dot{m}(\underline{h}_2 - \underline{h}_1)$$

압력 강하가 없는 이상적인 열교환기를 가정하면 상태 1, 2의 압력은 동일하므로 상태 2의 조건을 하나 더 알면(포화기체라거나 온도 등) 상태 2의 엔탈피를 확정할 수 있고, 필요한 열량을 계산할 수 있습니다.
2→3 압축기의 에너지 밸런스로부터

$$\dot{W}_{s,\,\text{comp}} = \dot{m}(\underline{h}_3 - \underline{h}_2)$$

이상적인 등엔트로피 압축의 경우 상태 2, 3의 엔트로피는 같아야 하므로 상태 3에서 엔트로피 이외의 세기성질(압력 등)을 하나만 더 알면 상태 3의 엔탈피를 확정하여 필요한 에너지 소모량을 계산할 수 있게 됩니다. 만약 등엔트로피 공정이 아니라면 등엔트로피 압축공정 결과 상태(3s)에서의 엔탈피(h_{3s})를 기반으로 에너지 소모량을 연산한 후, 컴프레서의 효율 정의를 기반으로 상태 3의 엔탈피 및 소모 에너지량 추산이 가능합니다.

$$\dot{W}_{s,\,comp} = \dot{m}(\underline{h}_3 - \underline{h}_2) = \frac{\dot{W}^{is}_{s,\,comp}}{\eta} = \frac{\dot{m}}{\eta}(\underline{h}_{3s} - \underline{h}_2)$$

3→4 열교환기의 에너지 밸런스로부터

$$\dot{Q}_h = \dot{m}(\underline{h}_4 - \underline{h}_3)$$

4→1 줄-톰슨 팽창은 등엔탈피 팽창이므로 상태 1, 4의 엔탈피가 동일해야 합니다.

$$\underline{h}_4 = \underline{h}_1$$

Ex 3-6 냉각 사이클의 성능계수

냉매 R134a를 사용하여 냉장 사이클을 설계하려고 한다.

ⓐ 위에 제시한 Ph 선도와 같이 10 bar에서 1 bar로 냉매를 팽창시키는 냉장 사이클을 사용하는 경우 성능계수를 추정하라.

해당 사이클에서 냉매를 압축하는 데 소모한 에너지는 대략

$$\underline{w}_s = \underline{h}_3 - \underline{h}_2 \approx 450 - 385 = 65 \text{ kJ/kg}$$

흡수한 냉열은

$$\underline{q}_c = \underline{h}_2 - \underline{h}_1 \approx 385 - 240 = 145 \text{ kJ/kg}$$

따라서

$$\text{COP} = \frac{\underline{q}_c}{\underline{w}_{s,\,comp}} = \frac{145}{65} = 2.2$$

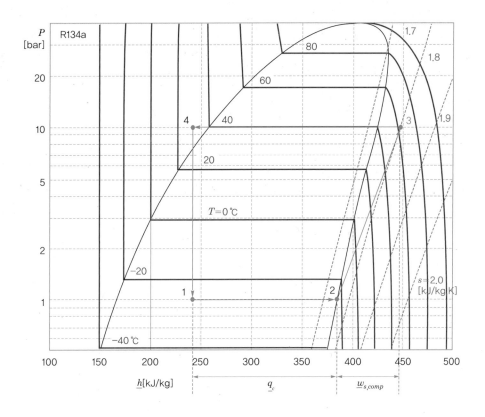

b 만약 위의 사이클과 동일하게 운전되어 상태 1, 2, 4는 동일하지만 2→3의 압축공정에서 사용된 컴프레서가 효율이 100%인 이상적인 냉각 사이클이 있다면 그 성능계수는 얼마 정도로 추정되는가?

1 bar에서 10 bar까지 압축하는 것은 동일하나 냉매를 압축하는 공정이 등엔트로피 공정이 되면 소모하는 에너지가 줄어듭니다. 상태 2의 엔트로피는 약 $1.75 \, \text{kJ/} (\text{kg} \cdot \text{K})$ 정도로 등엔트로피 선을 따라 등엔트로피 압축 결과가 되는 상태 $3s$를 찾아보면 소모한 에너지는

$$\underline{w}_s = \underline{h}_{3s} - \underline{h}_2 \approx 435 - 385 = 50$$

흡수한 냉열은 동일합니다.

$$q_c = \underline{h}_2 - \underline{h}_1 \approx 385 - 240 = 145$$

따라서

$$\text{COP} = \frac{q_c}{w_{s,\,\text{comp}}} = \frac{145}{50} = 2.9$$

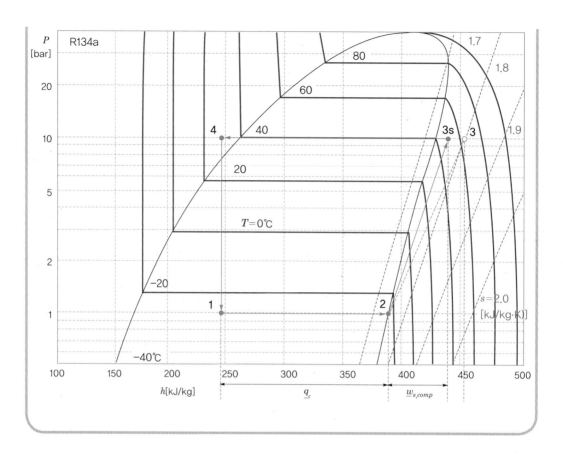

FAQ 3-14 냉각 사이클에서 왜 엔탈피 차이가 일이었다가 열이었다가 그러나요?

2.5절의 에너지 밸런스가 각 설비에 적용되었을 때 어떤 결과를 불러왔는지에 대한 내용을 놓친 상태입니다. 다시 보면 에너지 밸런스 식 (2.51)에서

$$\frac{dU_{cv}}{dt} + \frac{dE_{k,cv}}{dt} + \frac{dE_{p,cv}}{dt} = \dot{Q} + \dot{W}_s + \sum \dot{m}_i \left(\underline{h}_i + \overline{v}_i^{\,2}/2 + g h_{e,i} \right) - \sum \dot{m}_o \left(\underline{h}_o + \overline{v}_o^{\,2}/2 + g h_{e,o} \right)$$

정상상태($d/dt = 0$)이고, 들어오고 나가는 곳이 하나씩이고(sigma가 필요 없음), 들어오고 나가는 유체의 운동에너지, 위치에너지 차이가 없다면, 위 식은 다음과 같이 단순화됩니다.

$$0 = \dot{Q} + \dot{W}_s + \dot{m}(\underline{h}_i - \underline{h}_o)$$

즉, 시스템에 들어오는 열($\dot{Q}$)과 shaft work($\dot{W}_s$)의 합이 들어오고 나가는 유체의 엔탈피 차이와 같다는 것이죠. 이것이 열역학 제1법칙의 가치이자 엔탈피를 정의해서 사용하는 이유입니다. 즉 어떠한 임의의 시스템(설비)이 있다면, 그 시스템에 출(생산)입(소모)하는 이론적으로 최적의 에너지양을 엔탈피 차이로부터 계산할 수 있다는 거죠.

그런데 기계장치마다 구성과 목적이 다르기 때문에 식이 적용되는 경우가 다릅니다. 일단 에너지를 생산하는 장비인 터빈을 생각해 보죠. 터빈은 하나의 축에 여러 개의 회전날개가 중첩된 기계장치로, 고압의 유체가 이 내부를 지나가면 날개가 돌아가면서 회전에너지를 생산, 축일(shaft work)을 회수하는 장비입니다. 등엔트로피(단열) 공정의 경우가 가장 많은 일을 생산할 수 있으므로 가장 이상적인 경우는 단열($\dot{Q} \approx 0$) 상태이며, 실제로도 터빈을 지나가는 유체가 터빈에 머무르는 시간은 매우 짧으므로 단열과정에 무리가 없습니다. 그러면 터빈에서 에너지 밸런스는

$$\dot{W}_s = -\dot{W}_s = -\dot{m}(\underline{h}_o - \underline{h}_i)$$

즉, 터빈에 들어가는 유체가 가지는 엔탈피와 배출되는 유체의 엔탈피 차이를 알면 우리는 터빈이 생산하는 일의 이론적 최댓값을 계산할 수 있습니다. 이것이 Ex 2−6입니다.

장치가 터빈이 아니라 다른 장비, 예를 들어서 열교환기라면 이야기가 달라집니다. 열교환기는 주목적이 열의 교환으로, 기본적으로 축일을 회수하는 장치가 구성되어 있지 않으므로, $\dot{W}_s \approx 0$입니다. 그러면 열교환기에서 에너지 밸런스는

$$\dot{Q} = \dot{m}(\underline{h}_o - \underline{h}_i)$$

때문에 엔탈피의 차이가 시스템(장비)의 구조에 따라서 축일이 될 수도 열이 될 수도 있는 것입니다.

FAQ 3-15 왜 랭킨 사이클에는 터빈을 썼다가 냉각 사이클에는 컴프레서를 썼다가 하는지를 모르겠어요.

사이클의 목적을 생각해 봅시다. 랭킨 사이클의 목적은 일 에너지를 얻기 위함입니다. 즉 궁극적 목적이 날개를 돌려서 회전력을 가지고 전기에너지를 만들고자 하는 것이었죠. 그런데 날개를 돌리려면, 이를 돌아가게 하는 원동력(driving force)이 필요합니다. 풍차 같은 경우는 대기 중의 바람을 원동력으로 이용하는 거죠. 그러한 날개를 기계 안으로 넣고 기계에 고압의 유체를 통과시켜서 고압의 유체가 지나가면서 날개를 돌릴 수 있도록 만든 것이 터빈이라는 기계장치입니다. 그럼 고압의 유체를 공급해야 하는데, 고압의 유체가 저절로 만들어지지를 않으니 펌프로 물을 압축한 뒤, 액체인 물은 고압이어도 뽑아낼 수 있는 엔탈피가 적으니 이를 보일러로 끓여서 고압에 엔탈피를 많이 회수 가능한 수증기(steam)를 만들어서 터빈을 돌리자는 것이 랭킨 사이클의 설계 의도입니다.

반면, 냉각 사이클은 일에너지를 얻는 것이 목적이 아니라 대상 시스템에서 열을 흡수하여 온도를 낮추는 것이 목적입니다. 저절로 온도를 낮출 수는 없으니, 저온의 냉매를 만들어야 하고, 저온의 냉매를 만들려니 어떤 식으로든 팽창을 이용해야 하고, 팽창을 시키려다 보니 압축을 해야 해서 컴프레서가 들어가는 것이죠. 시스템의 기계설비들은 이러한 목적 달성을 위해서 어쩔 수 없이 집어넣은 것들입니다. 다른 것을 넣어서 목적 달성이 잘 된다면 다른 장비를 써도 되겠죠.

열펌프(heat pump)

열펌프는 일을 가해서 저온에서 고온으로 열이 흐르도록 만든 열역학 사이클을 의미합니다. 즉, 개념적으로는 냉각 사이클과 동일하다고 볼 수 있습니다. 다만 통상 냉각 사이클이 적용된 설비인 냉장고 등은 대상 시스템의 온도를 낮추는 냉각을 주 목적으로 하나, 열펌프라는 용어가 사용된 경우에는 보통 냉난방에 모두 적용이 가능한 시설을 의미하는 경우가 많아서 구별하여 사용되기도 합니다. 또한 경우에 따라 열펌프를 냉각 사이클을 포함하는 광의의 의미로 사용하기도 합니다.

열펌프가 적용된 대표적인 예로 지열(geothermal) 냉난방 시설을 들 수 있습니다. 이는 계절에 따라 지표의 온도는 −20~40℃와 같이 변화가 심하지만, 지하수의 온도는 지역에 따라 다르지만 대략 15℃ 전후로 일정한 것을 이용하는 냉난방 방식입니다. 다음 그림은 지열 냉난방에 적용된 열펌프의 개념을 도식적으로 나타낸 것입니다. 이해를 쉽게 하기 위하여 앞서 냉장고의 예제로 들었던 R134a를 작동유체로 이용하여 구성을 하였습니다(실제 지열 냉난방 시스템에는 사용되는 냉매 물질 및 운전 조건이 다를 수 있습니다).

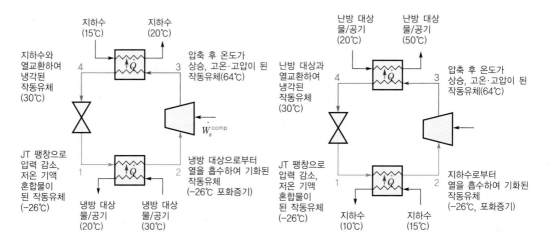

| 그림 3-16 | **열펌프를 이용한 냉난방 개념도**

이 사이클은 여름철에는 지하수를 냉원으로 하여 원하는 대상(집의 공기 혹은 냉각수 등)의 온도를 낮춥니다. 반면 겨울철에는 지하수를 열원으로 하여 공기 혹은 난방수를 가열하도록 설계됩니다. 개념도로만 보면 냉원과 열원의 위치가 정반대이므로 실제 적용하는 것이 어렵다고 생각할 수 있으나, 실제 시스템을 구현할 때는 유로를 변경할 수 있는 밸브를 설치하는 것만으로 동일한 배관구조로 계절에 맞게 냉난방이 가능하도록 설계할 수 있습니다.

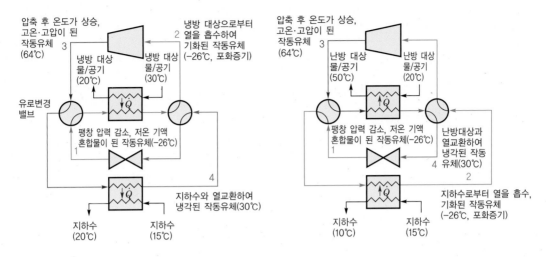

| 그림 3-17 | **열펌프를 이용한 냉난방 개념도(물리적 위치 고려)**

3.6 엑서지(exergy)

FAQ 3-10에서 저온·저압의 수증기가 고온·고압의 수증기보다 더 높은 엔탈피를 가졌는데도 그것이 더 많은 에너지를 생산할 수 있는 것은 아니라는 사실을 확인했습니다. 즉, 우리가 어떤 시스템에서 얻을 수 있는 에너지는 물질의 엔탈피 차이로 나타나지만 그 절대량이 곧 사용 가능한 에너지의 양을 의미하는 것은 아니었습니다. 열기관과 엔트로피에 대해서 공부한 지금은 이를 보다 구체적으로 이해하는 것이 가능해졌습니다.

예를 들어 임의의 이상적인 카르노 사이클을 생각해 보면, q_H라는 엔탈피 차이만큼의 열에너지를 받았다고 하더라도 이것을 모두 우리가 사용 가능한(available) 유용한(useful) 일에너지로 사용할 수 없었습니다. 그 일부는 사용이 불가능한(non-available) 에너지, 손실된 에너지로 계를 빠져나가게 됩니다.

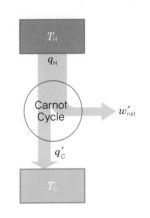

| 그림 3-18 | **카르노 기관 개념도**

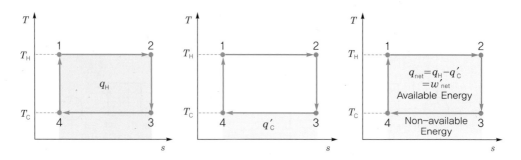

| 그림 3-19 | Ts선도상 카르노 사이클과 가용한 일

즉 엔탈피의 차이는 곧 열이나 일의 에너지라고 할 수 있지만, 그 엔탈피가 모두 우리가 사용 가능한 에너지는 아니었습니다. 다시 말해 엔탈피의 차이만 보고 어떤 시스템이 에너지 측면에서 효율이 더 높다 낮다라고 말하는 경우, 이는 잘못된 해석을 불러올 가능성이 있습니다. 저온·저압의 수증기가 고온·고압의 수증기보다 엔탈피가 크다고 더 많은 에너지를 생산할 수 있는 것처럼 착각하는 경우와 마찬가지로 말입니다. 그렇다면, 진짜 사용 가능한 에너지(available energy)를 기준으로 시스템을 파악하고 싶으면 어떻게 할 수 있을까요? 이를 위해서 탄생한 개념이 엑서지(exergy)입니다.

엑서지는 "어떤 상태에 있는 시스템이 주변환경과 평형을 이룰 때까지 얻어낼 수 있는 최대의 가용한 일(maximum available work)"을 의미합니다. 이는 개념적으로 다음과 같이 이해할 수 있습니다. 주변환경이 어떤 기준상태(T_o, P_o)에 있고, 어떤 이상기체가 들어 있는 시스템이 이보다 고온·고압(T_1, P_1)의 상태에 있다고 합시다. 그럼 일단 압력 차로 인하여 우리는 P_1이 P_o가 될 때까지 이 계를 단열팽창시키면서 일을 얻을 수 있습니다. 이론적으로 최대의 일을 얻으려면 가역단열팽창이어야 할 것입니다. 팽창이 끝난 이후에도 온도 T_2가 여전히 T_o보다 높다면 여전히 일을 얻을 수 있습니다. 온도 T_2의 뜨거운 열원과 온도 T_o의 차가운 열원을 가지고 이상적인 카르노 사이클을 만들면 다시 일을 얻을 수 있을 것이기 때문입니다. 이러한 과정을 거친 이후 최종적으로 계가 주변환경과 동일하게 (T_o, P_o)에 도달, 평형을 이루면 이제 여기서는 더 이상 어떤 일도 뽑아낼 수가 없게 되며 이를 열적 죽음 상태(dead state)라고 합니다. 기준이 되는 주변환경의 온도, 압력(T_o, P_o)은 임의로 선택 가능하나, 일반적으로 많이 선택되는 기준은 표준상태 SATP(25℃, 1 bar)입니다.

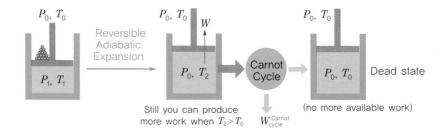

| 그림 3-20 | 엑서지의 개념

열린계의 엑서지를 계산하려면 어떻게 되는지 수식으로 유도해 봅시다. 다음과 같이 임의의 온도 압력(T_1, P_1)의 유체가 검사체적을 통과하면서 주변환경의 기준 온도 압력과 동일한 열죽음 상태 (T_o, P_o)가 될 때까지 가용한 일을 모두 생성했다고 생각해 봅시다. 이 계가 정상상태에 있으며, 운동에너지 및 위치에너지의 차이는 무시할 만하다면 에너지 밸런스 식 (2.52)에서

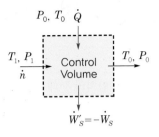

$$\frac{d(U_{\mathrm{cv}}+E_{\mathrm{k,cv}}+E_{\mathrm{p,cv}})}{dt}$$

$$= \dot{Q} + \dot{W}_s + \sum \dot{n}_i\left(h_i + \mathrm{MW}\overline{v}_i^2/2 + \mathrm{MW}gh_{e,i}\right) - \sum \dot{n}_o\left(h_o + \mathrm{MW}\overline{v}_o^2/2 + \mathrm{MW}gh_{e,o}\right)$$

$$0 = \dot{Q} - \dot{W}_s + \dot{n}h_1 - \dot{n}h_o$$

$$\frac{\dot{W}_s}{\dot{n}} = \frac{\dot{Q}}{\dot{n}} + h_1 - h_o$$

엔트로피 밸런스 식 (3.22)는

$$\frac{dS_{\mathrm{cv}}}{dt} = \sum \dot{n}_i s_i - \sum \dot{n}_o s_o + \frac{\dot{Q}}{T_s} + \dot{S}_{\mathrm{gen}}$$

$$0 = \dot{n}s_1 - \dot{n}s_o + \frac{\dot{Q}}{T_o} + \dot{S}_{\mathrm{gen}}$$

$$\frac{\dot{Q}}{\dot{n}} = -T_o(s_1 - s_o) - T_o s_{\mathrm{gen}}$$

에너지 밸런스에 이를 적용하면

$$\frac{\dot{W}_s}{\dot{n}} = h_1 - h_o - T_o(s_1 - s_o) - T_o s_{\mathrm{gen}}$$

이 공정에서 가용한 최대의 일을 얻을 수 있는 경우는 엔트로피 생성이 0인 경우입니다. 양 변을 몰유량으로 나눈 상태이므로, 상태 1에서 최대의 가용한 일인 몰당 엑서지(molar exergy, e_x)는 다음과 같이 정의할 수 있습니다.

$$e_{x,1} \equiv (h_1 - h_o) - T_o(s_1 - s_o) \tag{3.40}$$

시간당 엑서지 변화량은

$$\dot{n}e_{x,1} = \dot{E}_{x,1} = \dot{n}(h_1 - h_o) - \dot{n}T_o(s_1 - s_o)$$

크기성질로 나타내면

$$E_{x,1} = (H_1 - H_o) - T_o(S_1 - S_o)$$

임의의 상태 1에서 상태 2로 변화하는 경우 몰당 엑서지의 변화량은

$$\Delta e_x = e_{x,2} - e_{x,1} = (h_2 - h_o) - T_o(s_2 - s_o) - [(h_1 - h_o) - T_o(s_1 - s_o)]$$
$$= (h_2 - h_1) - T_o(s_2 - s_1) = \Delta h - T_o \Delta s$$

이러한 엑서지를 사용한 분석은 엔탈피를 기준으로 하는 경우에는 확인하기 어려운 부분까지 확인할 수 있으므로 에너지 시스템을 정밀하게 분석하는 경우 매우 유용합니다.

Ex 3-7 열교환기의 엑서지 손실

1 bar에서 포화수증기 0.53 kg/s를 열교환기를 이용하여 냉각하려고 한다. 사용할 수 있는 냉각수는 10 bar, 25℃의 지하수로 열교환 후 지하수의 토출온도는 50℃이다. 열교환기 내에서 유체의 압력 강하는 무시할 수 있을 만큼 작고, 열교환기가 완벽하게 단열되어 외부로 유실되는 열은 없다고 가정하는 경우 다음 질문에 답하라.

ⓐ 포화수증기를 포화액체까지 냉각시키는 경우 필요한 지하수의 유량을 구하라.

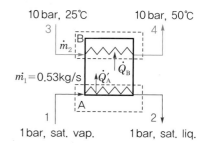

압력 강하를 무시할 수 있다면 열교환기의 상황은 다음과 같습니다. 수증기가 유입되는 계를 A, 지하수가 유입되는 계를 B라고 각각 에너지 밸런스를 세우면 식 (2.56)에서

$$\dot{Q}_A = \dot{m}_1(h_2 - h_1)$$
$$\dot{Q}_B = \dot{m}_2(h_4 - h_3)$$

완벽하게 단열되어 열교환기 외부로 유실되는 열 ($\dot{Q}_A' = -\dot{Q}_A$)이 모두 B로 전달되어야만 합니다. 즉

$$\dot{Q}_A' = \dot{Q}_B$$

상태 1은 1 bar 포화수증기, 상태 2는 1 bar 포화액체이므로 수증기표를 보면

$$\underline{h}_1 = 2675.2 \text{ kJ/kg}, \ \underline{s}_1 = 7.359 \text{ kJ/(kg} \cdot \text{K)}$$

$$\underline{h}_2 = 417.5, \ \underline{s}_2 = 1.303$$

$$\dot{Q}_A = \dot{m}_1(\underline{h}_2 - \underline{h}_1) = 0.53 \text{ kg/s} \times (417.5 - 2675.2) \text{ kJ/kg} = -1196.6 \text{ kW}$$

지하수의 경우 수증기표로부터 상태 3, 4에 해당하는 엔탈피, 엔트로피를 확인하면

$$\underline{h}_3 = 105.7, \quad \underline{s}_3 = 0.367$$

$$\underline{h}_4 = 210.2, \quad \underline{s}_4 = 0.703$$

$$\dot{m}_2 = \frac{\dot{Q}_B}{\underline{h}_4 - \underline{h}_3} = \frac{-\dot{Q}_A}{\underline{h}_4 - \underline{h}_3} = \frac{1196.6}{210.2 - 105.7} = 11.45 \, \text{kg/s}$$

ⓑ 이때 열교환기로 유입되는 수증기 및 지하수의 시간당 엔탈피 총량과 열교환기에서 배출되는 포화액체 및 지하수의 시간당 엔탈피 총량을 비교하라.

열교환기로 유입되는 수증기(1) 및 지하수(3)의 시간당 엔탈피는

$$\dot{m}_1\underline{h}_1 + \dot{m}_2\underline{h}_3 = 0.53 \times 2675.2 + 11.45 \times 105.7 = 2628.1 \, \text{kW}$$

열교환기에서 배출되는 포화액체(2) 및 지하수(4)의 시간당 엔탈피는

$$\dot{m}_1\underline{h}_2 + \dot{m}_2\underline{h}_4 = 0.53 \times 417.5 + 11.45 \times 210.2 = 2628.1 \, \text{kW}$$

즉, 같습니다. 생각해 보면 이는 당연한 일인데, 에너지는 보존되어야 하므로 열이 별도로 외부로 유출되지 않는 한 정상상태에서 전체 엔탈피량이 다를 수 없기 때문입니다.

ⓒ 이때 열교환기에서 발생하는 엑서지 손실을 구하라.

기준상태 $T_0 = 25$℃, $P_0 = 1 \, \text{bar}$로 두면 기준상태의 엔탈피 및 엔트로피는 수증기표에서

$$\underline{h}_o = 104.8 \, \text{kJ/kg}$$

$$\underline{s}_o = 0.367 \, \text{kJ/(kg} \cdot \text{K)}$$

각 유체의 시간당 엑서지를 구해 보면

$$\dot{E}_{x,1} = \dot{m}_1[(\underline{h}_1 - \underline{h}_o) - T_o(\underline{s}_1 - \underline{s}_o)]$$
$$= 0.53 \times [2675.2 - 104.8 - 298.15 \times (7.359 - 0.367)]$$
$$= 257.4 \, (\text{kW})$$

$$\dot{E}_{x,2} = \dot{m}_1[(\underline{h}_2 - \underline{h}_o) - T_o(\underline{s}_2 - \underline{s}_o)]$$
$$= 0.53 \times [417.5 - 104.8 - 298.15 \times (1.303 - 0.367)]$$
$$= 17.8$$

$$\dot{E}_{x,3} = \dot{m}_2[(\underline{h}_3 - \underline{h}_o) - T_o(\underline{s}_3 - \underline{s}_o)]$$
$$= 11.45 \times [105.7 - 104.8 - 298.15 \times (0.367 - 0.367)]$$
$$= 10.3$$

$$\dot{E}_{x,4} = \dot{m}_2[(\underline{h}_4 - \underline{h}_o) - T_o(\underline{s}_4 - \underline{s}_o)]$$
$$= 11.45 \times [210.2 - 104.8 - 298.15 \times (0.703 - 0.367)]$$
$$= 59.8$$

열교환기 입출과정에서 유체의 엑서지 감소량을 계산해 보면

$$\dot{E}_{x,\text{loss}} = \dot{E}_{x,1} + \dot{E}_{x,3} - (\dot{E}_{x,2} + \dot{E}_{x,4}) = 257.4 + 10.3 - (17.8 + 59.8) = 190.1\,\text{kW}$$

즉, 190.1 kW만큼의 엑서지의 손실이 일어나고 있습니다.

엔탈피를 기준으로 본 (b)의 결과만을 보면 이 열교환기에서는 아무런 에너지의 손실이 없습니다. 때문에 열교환이 효율적으로 되고 있는 것인지, 비효율적으로 되고 있는 것인지 판단할 수가 없습니다. 그러나 엑서지를 기준으로 보면 열교환을 거치면서 엑서지(가용한 일)가 얼마나 손실되었는지를 정량적으로 확인하는 것이 가능합니다.

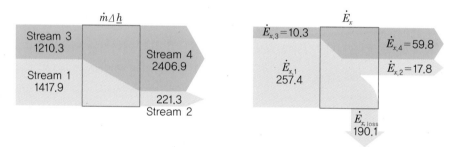

d 동일하게 1 bar 포화수증기를 포화액체로 냉각하는 상황에서 지하수의 토출온도를 75℃가 되도록 설계하는 경우 열교환기에서 발생하는 엑서지 손실을 구하라.

물성치는 상태 4만 변화합니다.

$$\underline{h}_4 = 314.7, \quad \underline{s}_4 = 1.015$$

$$\dot{m}_2 = \frac{-\dot{Q}_A}{\underline{h}_4 - \underline{h}_3} = \frac{1196.6}{314.7 - 105.7} = 5.73\,\text{kg/s}$$

$$\dot{E}_{x,3} = \dot{m}_2[(\underline{h}_3 - \underline{h}_o) - T_o(\underline{s}_3 - \underline{s}_o)]$$
$$= 5.73 \times [105.7 - 104.8 - 298.15 \times (0.367 - 0.367)] = 5.2$$

$$\dot{E}_{x,4} = \dot{m}_2[(\underline{h}_4 - \underline{h}_o) - T_o(\underline{s}_4 - \underline{s}_o)]$$
$$= 5.73 \times [314.7 - 104.8 - 298.15 \times (1.015 - 0.367)] = 95.6$$

$$\dot{E}_{x,\text{loss}} = \dot{E}_{x,1} + \dot{E}_{x,3} - (\dot{E}_{x,2} + \dot{E}_{x,4}) = 257.4 + 5.2 - (17.8 + 95.6) = 149.2\,\text{kW}$$

엑서지 손실량으로 볼 때 (d)가 앞서 (c)의 경우보다 효율적으로 설계된 열교환기라는 사실을 알 수 있습니다.

PRACTICE

1 개념정리: 다음을 설명하라.

(1) 열역학 제2법칙
(2) 엔트로피(entropy)
(3) 엑서지(exergy)

2 완벽한 이상기체가 2 bar, 25°C에서 1 bar, 100°C로 변화한 경우 엔트로피 변화량을 구하라.

3 100 bar, 500 cm³/mol의 이상기체가 초당 200 mol의 유속으로 터빈으로 유입되고 있다. 터빈에서 토출되는 기체의 압력이 10 bar일 때 이 터빈에서 생성 가능한 최대의 축일과 토출되는 기체의 온도, 엔트로피 변화량을 구하라.

4 100 bar, 500 cm³/mol의 이상기체가 초당 200 mol의 유속으로 터빈으로 유입되고 있다. 터빈에서 토출되는 기체의 압력이 10 bar이며 터빈의 효율이 80%인 경우 생성 가능한 축일과 토출되는 기체의 온도, 엔트로피 변화량을 구하라.

5 랭킨 사이클을 설계하고자 한다. 50 bar, 600°C의 수증기를 터빈을 통하여 1 bar까지 팽창시킨 뒤 이를 1 bar의 포화액체로 냉각 후 펌프를 통하여 50 bar까지 압축 후 보일러를 통하여 다시 50 bar, 600°C의 수증기로 만들고자 한다. 다음에 답하라.

(1) 터빈과 펌프의 효율이 100%인 경우 이 랭킨 사이클의 효율을 구하라.
(2) 터빈과 펌프의 효율이 80%인 경우 이 랭킨 사이클의 효율을 구하라.

6 냉매 R134a의 Ts 선도를 이용하여 다음과 같은 냉각 사이클을 설계하였다.

> - 상태 1: 상태 4를 JT 팽창시킨 1 bar의 기액 혼합물
> - 상태 2: 외기로부터 열을 흡수한 1 bar의 포화기체
> - 상태 3: 냉매를 10 bar까지 압축한 80℃의 기체
> - 상태 4: 상태 3의 냉매를 10 bar의 포화액체까지 냉각

(1) 이 냉각 사이클의 COP를 구하라.

(2) 만약 겨울철 외기의 온도가 충분히 낮아서 상태 4를 20℃까지 냉각 가능하다면 이 냉각 사이클의 COP는 어떻게 변화하는가?

7 1 bar, 25℃의 물 1 kg/s를 75℃로 가열 공급하는 온수 공급 설비가 있다. 이 온수 공급 설비의 열원으로 1 bar 200℃의 수증기가 사용되어 100℃로 배출되는 경우 엑서지 손실을 구하라.

8 1 bar, 25℃의 물 1 kg/s를 75℃로 가열 공급하는 온수 공급 설비가 있다. 이 온수 공급 설비의 열원을 1 bar 300℃의 수증기가 사용되어 200℃로 배출되는 경우 엑서지 손실을 구하라.

9 6과 7의 결과로부터 온수 공급 설비에 공급하는 수증기는 어떠한 조건인 것이 엑서지 측면에서 보다 유리한지 설명하여라.

chapter

4

상태방정식(equation of state)

4.1 분자 간의 작용력

상태방정식

상태방정식이란 물질의 상태, 즉 온도나 압력, 부피 등의 열역학적 물성들을 추정할 수 있도록 만들어진 관계식을 말합니다. 이러한 물성들은 앞서 살펴본 수증기표나 PT, Pv, Ph선도들을 통해서도 얻을 수 있는 것이기는 하나, 모든 물질에 대해서 실험을 하여 이러한 표를 만들거나 그래프를 그리고 이를 읽는 것은 굉장히 많은 노동력이 필요한 일입니다. 때문에 많은 연구자들이 열역학적 물성에 대한 수학적 관계를 얻고자 하였고, 대표적으로 널리 알려진 것이 익히 알고 있을 이상기체 방정식($Pv = RT$)입니다. 이는 16~18세기에 알려진 보일의 법칙, 샤를의 법칙, 아보가드로의 법칙 등을 통하여 기체의 물성을 통합 일반화한 방정식입니다.

> - 보일(Boyle)의 법칙: 온도가 일정할 때 기체의 압력과 부피는 반비례한다. ($P \propto 1/V$)
> - 샤를(Charles)의 법칙: 압력이 일정할 때 기체의 부피는 온도에 비례한다. ($V \propto T$)
> - 아보가드로(Avogadro)의 법칙: 온도와 압력이 일정할 때 모든 기체는 같은 부피 속에 같은 수의 분자를 가진다. ($V \propto n$)

이상기체는 크게 2가지 조건을 전제로 하고 있습니다. 첫째, 이상기체의 분자는 무한히 작아서 무시할 만큼 작다. 둘째, 직접적인 충돌로 인한 에너지 전달을 제외하고는 분자 간의 작용력(intermolecular force)이 존재하지 않는다. 여기서 분자 간의 작용력이 없는 것이 앞서 이상기체의 내부에너지가 분자 운동에너지, 즉 온도만의 함수로 나타나게 되는 이유였습니다.

이러한 가정을 도입한 이상기체 방정식은 간단하지만 이상기체에 가까운 조건, 즉 저압 고온에서 기체의 물성을 연산할 때 높은 정확도를 보여서 매우 유용한 방정식입니다. 동시에 기체의 압력, 온도, 부피가 어떻게 연관되어서 변화하는지를 합리적으로 예측할 수 있도록 해 줍니다. 이러한 점들이 수백 년이 지난 지금도 이 식이 학습되고 사용되고 있는 이유입니다.

그러나 이상기체 방정식을 실제 물질에 적용하면 경우에 따라 큰 문제점을 가지게 되는데, 대표적인 것이 상변화로 인하여 액체가 된 물질의 성질을 연산하는 경우에는 현실과 매우 거리가 먼 값을 도출하게 된다는 점입니다. 액체는 분자 간의 작용력이 고체처럼 분자의 움직임을 제한할 정도는 못되지만, 일정 범위 이상을 벗어나지는 못할 정도의 인력을 가지고 있을 때의 상태입니다. 즉, 분자 간의 작용력을 무시한 이상기체는 근본적으로 액체가 될 수가 없습니다.

반데르발스 힘(van der Waals force)

실제 기체 분자 사이에 보편적으로 작용하는 작용력을 네델란드의 물리학자 요하네스 반 데르 발스(Johannes Diderik van der Waals, 1837−1923)의 이름을 따서 반데르발스 힘이라고 부릅니다. 반데르발스 힘은 사용하는 사람에 따라 정의가 조금씩 다르나, 넓은 의미로는 다음의 상호 작용력들을 포함하여 지칭합니다. (정의하기에 따라 분산력만 의미하는 경우도 있습니다.)

- 쌍극자–쌍극자 간의 작용력(키솜 상호작용, Keesom interaction)
- 쌍극자–유발쌍극자 간의 작용력(드바이 힘, Debye force)
- 유발쌍극자–유발쌍극자 간의 작용력(런던 분산력, London dispersion force)

| 그림 4-1 | **요하네스 반 데르 발스** Johannes van der Waals, 1837−1923)

public domain image, https://commons.wikimedia.org/wiki/File:Johannes_Diderik_van_der_Waals.jpg

쌍극자(dipole) 혹은 전기 쌍극자(electric dipole)란 부호가 반대(양극과 음극)인 전하가 근접하게 존재하는 경우를 말합니다. 분자의 경우 전체적으로는 중성이라도 분자를 구성하는 원자 간의 전기 음성도 차이에서 부분적인 양극과 부분적인 음극이 존재하는 것이 가능합니다. 예를 들어, 수소(H)와 염소(Cl)가 결합한 염화수소(HCl) 분자는 각 원자가 각각 하나의 전자를 내놓아서 전자 쌍을 만드는 공유 결합으로 연결됩니다. 이때 염소원자는 다수의 최외각전자가 전자껍질을 채워야 안정되므로 더 큰 전기 음성도를 가지게 되고, 이는 염화수소 분자의 전자 분포를 불균형하게 만들어서 분자 내 수소 원자 측이 상대적인 양의 전하($\delta+$), 염소 원자 측이 상대적인 음의 전하($\delta-$)를 가지게 만듭니다. 이렇게 나타나는 크기가 같은 반대양극을 쌍극자(dipole)라고 하며, 그 크기를 쌍극자 모멘트(dipole moment)라고 합니다. 쌍극자 모멘트가 0이 아닌 경우 극성(polarity)을 가진다고 하며 반대로 쌍극자 모멘트가 0이면 무극성(nonpolar) 분자가 됩니다.

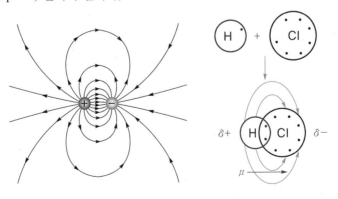

| 그림 4-2 | **분자가 가지는 쌍극자 모멘트**

물과 같이 전기 음성도 차이를 가지며 비대칭적 분자 구조를 가지면 쌍극자를 가지게 되므로 극성 분자가 됩니다. 헬륨(He), 네온(Ne)과 같은 단원자분자인 경우 전자가 고르게 분포하게 되므로 무극성 분자가 됩니다. 산소(O_2)나 질소(N_2)와 같이 2개 이상의 원자가 분자를 구성하더라도 원자의 전기 음성도가 동일하면 전자가 균형 있게 분포하게 되므로 무극성 분자가 됩니다. 이산화탄소(CO_2)나 메테인(CH_4)과 같이 대칭 구조를 가지는 분자는 쌍극자 모멘트가 상쇄되어 무극성 분자가 됩니다.

| 그림 4-3 | **극성 분자와 무극성 분자 사례**

극성 분자의 경우 인접한 분자와 다른 극성에서는 인력이, 같은 극성에서는 척력이 작용하는 분자 간 작용력을 가지게 됩니다. 이러한 합력을 쌍극자-쌍극자 간 작용력(dipole-dipole force) 혹은 독일의 물리학자 키숌(Willem Hendrik Keesom, 1876-1956)의 이름을 따서 키숌 상호 작용(Keesom interaction)이라고 합니다.

무극성의 분자라도 주변에 극성 분자가 존재하면 그 전기장에 의해서 전자가 유도되어 쌍극자를 가지게 됩니다. 이렇게 형성된 쌍극자를 유발쌍극자(induced dipole) 혹은 유도쌍극자라고 하며, 쌍극자-유발쌍극자 간 작용력 혹은 네덜란드의 물리학자 피터 드바이(Peter Joseph William Debye, 1884-1966)의 이름을 따서 드바이 힘(Debye force)이라고 부릅니다.

주변에 극성인 분자가 존재하지 않는 무극성의 분자로만 구성된 경우라고 해도 전자의 밀도는 원자의 외곽에서 일정한 것이 아니라서, 어느 순간 일시적으로 전자의 분포가 한쪽으로 몰리는 편극 현상이 발생할 수 있습니다. 이때 발생한 순간적인 전기장에 의해서 인접한 다른 분자에서도 연속적으로 편극 현상이 발생하는 경우 유발쌍극자-유발쌍극자 간의 작용력이 발생하게 됩니다. 이를 분산력(dispersion force) 혹은 독일의 물리학자 프리츠 런던(Fritz London, 1900-1954)의 이름을 따서 런던 분산력(London dispersion force)이라고 부릅니다.

이외에도 분자 간에는 수소 결합(hydrogen bonding), 이온-분자 간 작용력 등 다양한 작용력이 존재할 수 있습니다.

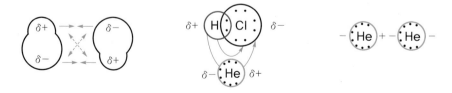

| 그림 4-4 | **다양한 분자 간의 작용력**

이상기체 상태방정식의 한계

앞서 언급한 실제 기체 분자 간에 작용하는 다양한 작용력들로 인하여 이상기체는 특정 조건에서는 사용이 곤란해집니다. 가장 두드러지는 문제점은 액체 상태에 가까워질수록 식을 적용하기가 곤란해진다는 점입니다. 예를 들어 Pv선도상에서 등온선을 그린다고 생각해 보면 이상기체 방정식은 항상 P와 v에 대한 반비례 곡선만 나타나게 됩니다. 그러나 실제 순물질은 Pv선도에서 액체 영역은 압력에 따른 부피 변화가 크지 않아서 수직선에 가깝고, 기체-액체가 공존하는 영역에서는 상변화만 일어나고 온도는 변화하지 않아 수평선을 가지며 기체 영역으로 가서야 반비례 곡선의 형태를 가지는 등온선을 가지게 됩니다. 예를 들어 아래 프로페인(propane)의 Pv선도를 확인하여 보면 임계온도인 370 K 이상에서는 이상기체 방정식과 비교적 경향이 유사한 온도와 압력의 반비례 곡선이 나타나게 되나, 370 K 이하의 온도에서는 포화액체와 포화기체 사이의 상변화가 일어나는 동안에는 온도가 변화하지 않는 수평한 구간을, 그 왼쪽으로는 수직선에 가까운 형태의 등온선을 보입니다. 이는 이상기체 방정식으로는 전혀 예측할 수 없는 영역이 됩니다.

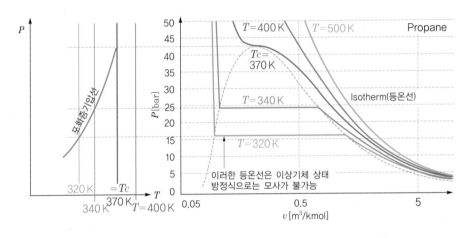

| 그림 4-5 | **프로페인의 Pv선도**

4.2 3차 상태방정식(cubic equation of state)

반데르발스 상태방정식(van der Waals equation of state)

이상기체 방정식의 한계를 해결하고 보다 보편적인 상태방정식을 만들 수는 없는가에 대한 고민의 결과 1873년 반데르발스는 다음과 같은 접근법을 제시합니다.

첫째, 이상기체 방정식은 분자의 크기를 무시하고 있으나 실제로는 분자의 크기가 존재합니다. 따라서 실제 기체 분자가 움직일 수 있는 부피는 분자 자체가 차지하고 있는 공간은 제외하고 고려해야 하며, 기체 분자가 차지하는 부피를 b라는 계수로 나타낸다면 총 n몰의 기체가 차지하는 공간은 nb가 될 것이므로,

$$P(V-nb) = nRT \text{ 혹은 } P = \frac{RT}{v-b}$$

혹은 분자가 차지하는 최소 부피의 개념으로 이를 설명하기도 합니다. 압력이 무한대가 된다면 이상기체의 부피는 0이 됩니다($V^{ig} \approx 0$). 그러나 실제 기체는 압력이 무한대가 되더라도 부피는 0이 될 수 없고 분자가 차지하는 공간인 nb만큼의 부피를 가져야 하므로 다음 식이 성립해야 P가 무한대로 수렴할 때 실제 기체의 부피 V가 nb에 수렴할 수 있습니다.

$$V = V^{ig} + nb$$

즉 이상기체 방정식에 적용될 V^{ig}는 실제 기체의 부피로 변환하면

$$V^{ig} = V - nb$$

따라서

$$PV^{ig} = P(V-nb) = nRT$$

둘째, 실제 기체 분자는 분자 간의 작용력이 존재하며, 이러한 인력의 작용은 기체 분자가 용기 벽면을 때리는 압력의 감소로 나타나게 될 것입니다. 즉, 어떠한 분자가 임의의 용기 벽면에 충돌하려고 할 때 이 분자는 다른 분자들이 이 분자를 잡아당기는 작용력을 받게 되며, 이는 용기의 단위 부피 내 존재하는 분자의 수(n/V)에 비례할 것입니다. 동시에 용기 벽면에 충돌하려는 분자의 수 역시 단위 부피 내 존재하는 분자의 수(n/V)에 비례할 것이므로, 압력이 감소하는 정도는 단위 부피당 분자의 몰수 제곱에 비례할 것으로 생각해 볼 수 있습니다. a라는 매개변수를 도입하여 이를 식으로 나타내면,

$$P = \frac{RT}{v-b} - a\left(\frac{n}{V}\right)^2 = \frac{RT}{v-b} - \frac{a}{v^2} \tag{4.1}$$

이 식을 제안자의 이름을 따서 반데르발스 상태방정식(약어로 종종 vdW EOS라고 부름)이라고 부릅니다. 이 식을 $v>b$인 영역에서 P와 v에 대해서 도시해 보면 아래와 같은 개형을 보입니다. v가 작아져서 b에 가까워지면 P가 무한대에 가깝게 치솟는, 즉 수직에 가까운 형태의 개형을 가지게 됩니다. 반면 v가 충분히 커지면 $v-b$는 v에 수렴하게 되며 a/v^2은 0에 수렴하게 되므로, 이상기체 방정식에 식이 수렴하게 됩니다. 즉, 적절한 곳(해당 등온선의 온도에서의 포화증기압)의 압력에 수평선을 그어서 연결하면 실제 기체의 등온선에 가까운 그래프의 형태를 얻을 수 있고, 이는 곧, 이 식을 이용해서 실제 기체의 부피를 보다 근접하게 연산하는 것이 가능해진다는 의미가 됩니다. 포화증기압을 얻는 방법은 여러 가지가 있겠으나 원론적으로 제시된 방법은 이후

기술할 등면적의 법칙(equal−area rule)입니다. 그러나 해당 방법은 깁스 에너지에 대한 이해를 필요로 하므로 일단 현 단계에서는 앞에서 이미 다루었던 안토인 관계식[식 (1.9)]을 사용하여 온도로부터 포화증기압을 얻을 수 있다고 생각해 봅시다.

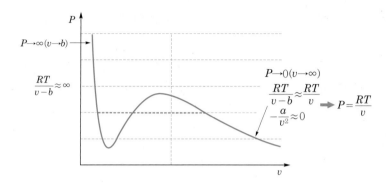

| 그림 4−6 | 반데르발스 상태방정식의 개형

반데르발스 상태방정식 식 (4.1)은 계수 a, b가 결정되어 있다면 이상기체 방정식과 마찬가지로 P, T, v 중 2개의 조건만 알면 다른 한 가지 변수를 연산하는 것이 가능한 식입니다. 그런데 (T, v)를 알고 P를 계산하거나, (P, v)를 알고 T를 계산하는 것은 식의 구조상 간단하나, (T, P)를 알 때 v를 계산하는 것은 조금 까다로운 일일 수 있습니다. 이를 위해서 많이 사용하는 방법이 식의 3차 방정식화입니다. 식 (4.1)의 양변에 v를 포함하는 분모를 곱해서 정리하면 다음과 같이 v에 대한 3차 방정식의 형태로 나타낼 수 있습니다. 이렇게 vdW EOS처럼 전개하여 3차 방정식의 형태로 나타낼 수 있는 상태방정식을 3차 상태방정식(cubic equation of state)이라고 부릅니다.

$$v^3 - \left(\frac{RT}{P} + b\right)v^2 + \frac{a}{P}v - \frac{ab}{P} = 0 \tag{4.2}$$

FAQ **4-1** Cubic EOS를 Pv선도 위에 그리는 이유를 모르겠습니다.

vdW EOS와 같은 EOS는 실제 물질의 PvT 관계를 식으로 얻고자 만들어진 것으로, 실제 물질의 경우 이상기체에 비하여 특히 모사하기가 어려웠던 부분이 Pv선도상에 나타나는 등온선과 같은 특징이었습니다. 온도가 일정할 때 어떠한 물질의 P, v값을 실험을 통해 구해서 Pv diagram에다가 찍어 보면, ⌐ 모양의 등온선(isotherm)들을 얻을 수 있는데, 이는 이상기체 방정식과 같은 식으로는 계산하여 나타낼 수가 없는 특징이었기 때문입니다. 3차 상태방정식이 제시됨에 따라서 이러한 액체-기체의 부피 성질을 하나의 방정식으로 연속적으로 나타낼 수 있다는 것이 확인된 것이 3차 상태방정식의 의의라고 할 수 있습니다.

FAQ 4-2 vdW EOS에는 왜 $-a/v^2$이 추가된 건가요?

반데르발스는 크게 두 가지 측면에서 이상기체 방정식을 보완하려고 했습니다. 하나는 크기(부피)가 없다는 가정에 대한 보완, 다른 하나는 분자 간 작용력이 없다는 가정에 대한 보완이죠. 크기에 대한 보완은 이상기체 방정식에서 v를 $v-b$로 분자가 차지하는 공간만큼을 제거한다고 가정함으로서 보완하였습니다. 작용력에 대한 보완을 위해서는, 이상기체에 비해서 압력이 줄어드는 부분이 필요하다고 보았습니다. 분자 간에 작용력이 없다가 생기면 서로 잡아당기는 힘으로 인하여 기체 분자가 용기 벽면을 때리는 압력의 감소로 나타나기 때문에 이상기체보다 압력이 줄어들 것으로 생각한 것입니다(그래야 이상기체에서 불가능한 액체가 존재할 수 있게 되므로). 얼마만큼 줄어들 것인가에 대해서는 분자의 개수에 비례하여 증가할 것으로 생각을 했습니다. 어떠한 분자가 임의의 용기 벽면에 충돌하려고 할 때 이 분자는 다른 분자들이 이 분자를 잡아당기는 작용력을 받게 되며, 이는 용기의 단위 부피 내 존재하는 분자의 수(n/V)에 비례할 것이며, 동시에 용기 벽면에 충돌하려는 분자의 수 역시 단위 부피 내 존재하는 분자의 수(n/V)에 비례할 것이므로, 압력이 감소하는 정도는 $(n/V)^2 = (1/v)^2$에 비례할 것으로 생각한 것입니다. 여기에 비례 상수 a를 추가하여 $-a/v^2$이 되었다고 생각하면 될 것 같습니다.

FAQ 4-3 vdW EOS에서 (T, v)나 (P, v)를 알아도 연산이 가능하다고 하였는데 P, T 중심의 자료 밖에 없어서 이해가 잘 안갑니다.

식의 형태를 보시죠.

$$P = \frac{RT}{v-b} - \frac{a}{v^2}$$

(T, v)로부터 P를 구하는 경우, 임계압력/온도로부터 a, b를 구했다고 하면 우변은 전부 어떤 값인지 알고 있는 상태입니다. 즉, 단위 맞추는 것만 신경쓰면 P를 구하는 것은 그냥 계산기에 넣고 사칙연산하면 되는 문제죠.

(v, P)로부터 T를 구하는 경우 역시 마찬가지로 T에 대해서 정리할 수가 있으므로, T를 제외한 나머지 변수는 어떤 값인지 알면 그냥 사칙연산만 하면 구할 수가 있습니다.

$$T = \frac{(v-b)}{R}\left(P + \frac{a}{v^2}\right)$$

FAQ 4-4 실제 실험적으로 얻은 값들(예를 들어 Pv선도에서 등온선 그래프)과 Cubic EOS를 통해 얻은 값은 얼마나 차이가 나나요? vdW EOS에서 임계점(critical point)만 가지고 계수를 결정하는데 그래도 잘 맞는 건가요?

3차 상태방정식(cubic EOS)은 실제 물성값을 추산하기 위해서 만든 식이므로 오차가 존재합니다. vdW EOS는 고온·저압의 기체일수록 정확해지나, 고압·저온의 액체일수록 오차가 커집니다. 이는 뒤이어 설명할 RK나 추가적인 매개변수를 사용하여 정확도를 높이는 SRK, PR EOS 등 다양한 상태방정식이 개발된 이유가 됩니다.

"대표적인 3차 상태방정식" 절을 읽어보세요. vdW EOS는 정확도가 떨어져서 현재 실프로젝트에서 잘 사용되는 상태방정식은 아닙니다. 그러나 계산이 비교적 간단하고 최초로 이상기체가 아닌 실제 기체의 거동을 나타내는 식으로 그 의의가 크기 때문에 학습 시 대표적으로 다루게 됩니다.

FAQ 4-5 vdW EOS를 고안할 때 굳이 다항식을 바탕으로 고안한 이유가 있나요? 자연계의 어떤 현상들을 나타낼 수 있는 지수나 로그 등 다양한 함수들도 있는데도 불구하고요. 아니면 후에 고안된 방정식들은 이 한계를 보정하기 위해 다른 형태를 가지게 되나요?

제가 판 데르 발스 님과 직접 대화를 나눠보지는 않아서 의도를 정확히 알 수는 없지만, 압력 감소에 대한 텀을 부피의 제곱에 반비례한다고 생각한 이유는 위에 설명했던 과정 때문이라고 생각합니다. 그런데 이 직관이 의외로 잘 맞아서, 초창기에 나온 식들은 비슷하게 다항식의 형태를 가집니다. 그러나 (나중에 다루겠지만) 지금 보고 계신 3차 상태방정식(cubic EOS)들도 물질에 따라 잘 맞는 물질과 그렇지 않은 물질이 나뉩니다. 예를 들어 극성이 강한 물이나 에탄올과 같은 물질들은 3차 상태방정식으로 모사하면 오차가 커지는 물질들입니다. 이 책에서 다 다루지는 못하지만 이러한 다양한 물질의 성질을 추산하기 위해서 3차 상태방정식 기반 모델이 아닌 활동도계수 기반 모델 등 수백 종 이상의 다양한 종류의 물성 모델들이 연구 개발되어 왔으며, 다항식 이외의 다양한 형태를 포함하고 있습니다.

3차 방정식의 해석해(analytic solution)

우리가 어떤 수학식을 풀 때 그 해를 구하는 방법은 크게 해석적(analytic) 방법과 수치적(numerical) 방법으로 구별할 수 있습니다. 해석적 방법으로 얻은 해석해(analytic solution)란 수학적 기법을 사용하여 간단한 연산으로 정확한 해를 도출할 수 있는 식을 얻는 방법을 말합니다. 그러나 공학에서 풀어야 하는 실제 문제들은 해석해를 얻는 것이 불가능하거나 매우 어려운 경우가 많으므로 앞서 소개했던 뉴턴-랩슨법과 같은 수치해석법들이 많이 사용됩니다.

하지만 3차 방정식은 수치해석법을 도입할 필요 없이 해석해가 존재합니다. 다음과 같이 계수 $\underline{a}$, $\underline{b}$, $\underline{c}$, $\underline{d}$를 가지는 임의의 3차 방정식이 있다고 할 때 (밑줄은 상태방정식 계수 a, b와 헷갈리지 않기 위해서 표시한 것으로 다른 의미는 없습니다).

$$\underline{a}x^3 + \underline{b}x^2 + \underline{c}x + \underline{d} = 0 \tag{4.3}$$

다음과 같이 계산한 $\underline{p}$, $\underline{q}$, $\underline{D}$에 대해서

$$\underline{p} = \left(\frac{3\underline{a}\underline{c} - \underline{b}^2}{3\underline{a}^2} \right) \tag{4.4}$$

$$q = \frac{2b^3 - 9abc + 27a^2d}{27a^3} \tag{4.5}$$

$$D = \frac{q^2}{4} + \frac{p^3}{27} \tag{4.6}$$

3차 방정식의 해석해는 다음과 같습니다.

1) $D \geq 0$인 경우, 다음과 같이 하나의 실근을 가집니다.

$$x = \sqrt[3]{-\frac{q}{2} + \sqrt{D}} + \sqrt[3]{-\frac{q}{2} - \sqrt{D}} - \frac{b}{3a} \tag{4.7}$$

이 식은 근호가 중첩되어 복잡해 보이지만 일반적으로 계수 a, b, c, d는 실수이며 이에 따라 4칙연산된 p, q 역시 숫자에 불과하므로 간단하게 풀 수 있는 식이며, 최근의 계산기를 사용하면 즉시 해를 구할 수 있습니다.

2) $D < 0$인 경우, 다음과 같이 세 개의 실근을 가집니다.

$$x = 2\sqrt{\frac{-p}{3}} \cos\left(\frac{1}{3}\arccos\left(\frac{3q}{2p}\sqrt{\frac{-3}{p}}\right) + \frac{2k\pi}{3}\right) - \frac{b}{3a} \ (k = 0, 1, 2) \tag{4.8}$$

이 역시 복잡해 보이지만 cos함수와 그 역함수인 arccos함수만 연산이 가능하면 숫자의 대입만으로 바로 3차 방정식의 세 근을 구할 수 있는 단순한 식입니다. 어떻게 이런 결과가 나오는지 궁금하면 다음 절을 보세요.

Ex 4-1 3차 방정식의 해석해

위의 3차 방정식 해법이 실제로 작동하는지 인수분해를 통하여 쉽게 근을 얻을 수 있는 다음의 경우를 바탕으로 검증해 봅시다.

(a) $x^3 - 1 = 0$

식 (4.4), (4.5)에서

$$p = \left(\frac{3ac - b^2}{3a^2}\right) = \frac{-0^2 + 3 \times 0}{3} = 0$$

$$q = \frac{2b^3 - 9abc + 27a^2d}{27a^3} = \frac{2(0)^3 - 9 \times 0 \times 0 + 27 \times (-1)}{27} = -1$$

$D = \frac{q^2}{4} + \frac{p^3}{27} = \frac{1}{4} > 0$이므로 1개의 실근을 가지는 경우임을 알 수 있습니다. 식 (4.7)을 적용하면

$$x = \sqrt[3]{-\frac{q}{2}+\sqrt{D}} + \sqrt[3]{-\frac{q}{2}-\sqrt{D}} - \frac{b}{3a} = \sqrt[3]{\frac{1}{2}+\sqrt{\frac{1}{4}}} + \sqrt[3]{\frac{1}{2}-\sqrt{\frac{1}{4}}} - \frac{0}{3} = 1$$

$$(b)\ (x-1)(x-2)(x-3) = x^3 - 6x^2 + 11x - 6 = 0$$

식 (4.4), (4.5)에서

$$p = \left(\frac{3ac-b^2}{3a^2}\right) = \frac{-6^2 + 3 \times 11}{3} = -1$$

$$q = \frac{2b^3 - 9abc + 27a^2d}{27a^3} = \frac{2(-6)^3 - 9 \times (-6) \times 11 + 27 \times (-6)}{27}$$

$$= \frac{(-6)(72-99+27)}{27} = 0$$

$D = \dfrac{q^2}{4} + \dfrac{p^3}{27} = -\dfrac{1}{27} < 0$이므로 3개의 실근을 가지는 경우임을 알 수 있습니다. 식 (4.8)에서

$$\cos\left(\frac{1}{3}\arccos\left(\frac{3q}{2p}\sqrt{\frac{-3}{p}}\right)+\frac{2k\pi}{3}\right) - \frac{b}{3a} = 2\sqrt{\frac{1}{3}}\cos\left(\frac{1}{3}\arccos(0)+\frac{2k\pi}{3}\right) - \frac{-6}{3}$$

$$= 2\sqrt{\frac{1}{3}}\cos\left(\frac{1}{3}\frac{\pi}{2}+\frac{2k\pi}{3}\right) + 2,$$

$$k = 0 \rightarrow x = 2\sqrt{\frac{1}{3}}\cos\left(\frac{\pi}{6}\right) + 2 = \frac{2}{\sqrt{3}}\frac{\sqrt{3}}{2} + 2 = 3$$

$$k = 1 \rightarrow x = 2\sqrt{\frac{1}{3}}\cos\left(\frac{5\pi}{6}\right) + 2 = -\frac{2}{\sqrt{3}}\frac{\sqrt{3}}{2} + 2 = 1$$

$$k = 2 \rightarrow x = 2\sqrt{\frac{1}{3}}\cos\left(\frac{3\pi}{2}\right) + 2 = 0 + 2 = 2$$

즉, 알고 있는 바와 같이 $x = (1, 2, 3)$의 세 근을 얻음을 확인할 수 있습니다.

*3차 방정식의 해석해 유도

이 단락은 3차 방정식의 해를 해석적으로 어떻게 구할 수 있는지를 자세히 설명한 부분으로, 이해가 되지 않거나 지루하면 위의 식 (4.7)과 식 (4.8)만 확인하고 다음으로 넘어가도 전체적인 흐름을 이해하는 데에는 문제가 되지 않습니다.

여기서 소개하고 있는 3차 방정식의 해법은 이 해법을 문서로 정리 발표한 이탈리아의 의사이자 수학자 카르다노(Gerolamo Cardano, 1501−1576)의 이름을 따서 카르다노의 정리로 많이 불립니다. 다만 여기에도 유명한 비화가 있는데, 이러한 3차 방정식의 해법은 이탈리아의 수학자 N. 폰타나 타르탈리아(Niccolo Fontana Tartaglia, 1500−1557)가 먼저 정립한 것으로 알려져 있습니다(타르탈리아라는 이름은 폰타나의 말을 더듬는 버릇 때문에 붙여진 별명(tartagliare: 이탈리아어로 말더듬이)이었다고 합니다). 그러나 타르탈리아는 3차 방정식의 해법을 공표하지

않았고, 공개하지 않는다는 조건하에 카르다노에게 가르쳐 주었는데 이후 카르다노가 본인의 책 "위대한 기법(Ars Magna)"을 출판하면서 3차 방정식의 해법을 일반화 정리하여 발표합니다. 분노한 타르탈리아는 카르다노에게 공개 수학경기를 신청하였으나, 카르다노의 제자였던 로도비코 페라리(Lodovico Ferrari, 1522-1565)가 스승을 대신하여 4차 방정식의 해법(현재 말하는 페라리의 정리)까지 완성하여 경기에 참가하는 바람에 타르탈리아는 공식적으로 경기에서 패배하고 말았습니다. 이러한 역사적 배경을 감안하여 최근에는 3차 방정식의 해를 카르다노-타르탈리아 공식으로 부르는 사람들도 있습니다.

x를 다음과 같이 t에 대해서 치환하면

$$x = t - \frac{b}{3a}$$

식 (4.3)과 같이 일반적인 형태의 3차 방정식은 t에 대해서 다음과 같이 나타낼 수 있습니다.

$$\left(t - \frac{b}{3a}\right)^3 + \frac{b}{a}\left(t - \frac{b}{3a}\right)^2 + \frac{c}{a}\left(t - \frac{b}{3a}\right) + \frac{d}{a} = 0$$

$$t^3 - \frac{b}{a}t^2 + \frac{b^2}{3a^2}t - \frac{b^3}{27a^3} + \frac{b}{a}t^2 - \frac{2b^2}{3a^2}t + \frac{b^3}{9a^3} + \frac{c}{a}t - \frac{bc}{3a^2} + \frac{d}{a} = 0$$

$$t^3 + pt + q = 0 \tag{4.9}$$

$$p = \left(\frac{3ac - b^2}{3a^2}\right), \quad q = \frac{2b^3 - 9abc + 27a^2d}{27a^3}$$

이때 t를 다음과 같은 조건을 만족하는 u, v에 대한 식으로 나타낼 수 있다고 생각해 봅시다.

$$t = u + v, \quad uv = -\frac{p}{3}$$

그럼 식 (4.9)는 다음과 같이 정리할 수 있습니다.

$$(u + v)^3 + p(u + v) + q = 0$$

$$u^3 + v^3 + (3uv + p)(u + v) + q = 0$$

가정에 따라 $3uv + p = 0$이므로 이 식은 다음과 같이 나타낼 수 있습니다.

$$u^3 + v^3 = -q$$

$$u^3 v^3 = \frac{-p^3}{27}$$

즉, 이러한 관계를 만족하는 $\underline{u}^3$과 $\underline{v}^3$은 다음과 같은 2차 방정식의 두 근이 되어야 합니다.

$$\underline{z}^2 + q\underline{z} - \frac{p^3}{27} = 0$$

이차 방정식 근의 공식으로부터

$$\underline{z} = -\frac{q}{2} \pm \sqrt{\frac{q^2}{4} + \frac{p^3}{27}}, \; \underline{u}^3 = -\frac{q}{2} + \sqrt{\frac{q^2}{4} + \frac{p^3}{27}}, \; \underline{v}^3 = -\frac{q}{2} - \sqrt{\frac{q^2}{4} + \frac{p^3}{27}} \qquad (4.10)$$

이제 제곱근 안이 양수인지 음수인지에 따라서 2가지 경우를 생각해 볼 수 있습니다.

1) $\underline{D} = \dfrac{q^2}{4} + \dfrac{p^3}{27} \geq 0$

이 경우에는 제곱근 안이 양수이므로, 허수근을 생각할 필요 없이 u, v는 각각 하나의 실근을 가지며 그 결과 3차 방정식의 해도 하나의 실근을 가지게 됩니다.

$$\underline{u} = \sqrt[3]{-\frac{q}{2} + \sqrt{\underline{D}}}, \; \underline{v} = \sqrt[3]{-\frac{q}{2} - \sqrt{\underline{D}}}$$

$$x = t - \frac{b}{3\underline{a}} = \sqrt[3]{-\frac{q}{2} + \sqrt{\underline{D}}} + \sqrt[3]{-\frac{q}{2} - \sqrt{\underline{D}}} - \frac{b}{3\underline{a}}$$

2) $\underline{D} = \dfrac{q^2}{4} + \dfrac{p^3}{27} < 0$

이 경우는 제곱근 안이 음수이므로, $\underline{u}$, $\underline{v}$를 구하는 과정에서 허수를 포함한 근을 얻어야 합니다. 이를 가장 쉽게 얻는 방법은 복소수의 극형식을 이용하는 것입니다. 복소평면과 극형식을 이미 배웠지만 내용이 기억나지 않는다면 공학수학에서 복소해석(complex analysis) 및 극형식(polar form) 초반부(보통 대부분의 공대에서 공학수학2에서 다룹니다.)를 다시 보세요. 복소평면에 대해서 배운 적이 없어서 이해하기 어렵다면 이하 복소수를 이용한 해법은 건너뛰고 이어서 설명할 삼각함수법만 보아도 무방합니다.

임의의 복소수 $\underline{z} = x + iy$를 복소평면에 극형식으로 나타내면

$$\underline{z} = r(\cos\theta + i\sin\theta), \; r = \sqrt{x^2 + y^2}, \; \tan\theta = \frac{y}{x}$$

드 무아브르의 공식(de Moivre's formula)에 따라서 다음이 성립하므로

$$\underline{z}^n = r^n(\cos\theta + i\sin\theta)^n = r^n(\cos n\theta + i\sin n\theta)$$

임의의 3차 방정식 $\underline{z}^3 = \alpha$에 대해서 $\underline{z}$는 다음의 세 근을 가집니다.

$$\underline{z}^3 = \alpha = r(\cos\theta + i\sin\theta)$$

$$\underline{z} = \sqrt[3]{r}\left(\cos\frac{\theta + 2k\pi}{3} + i\sin\frac{\theta + 2k\pi}{3}\right),\ (k = 0,\ 1,\ 2)$$

즉, 식 (4.5)에서 $\underline{D} = \dfrac{q^2}{4} + \dfrac{p^3}{27} < 0$이라면

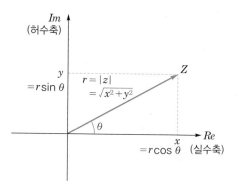

| 그림 4-7 | 복소평면과 복소수의 극형식

$$\underline{u}^3 = -\frac{q}{2} + \sqrt{\underline{D}} = \alpha = r(\cos\theta + i\sin\theta)$$

$$\underline{v}^3 = -\frac{q}{2} - \sqrt{\underline{D}} = \beta = r'(\cos\theta' + i\sin\theta')$$

$$r = \sqrt{\left(-\frac{q}{2}\right)^2 + (\sqrt{\underline{D}})^2} = \sqrt{\frac{q^2}{4} + \left|\frac{q^2}{4} + \frac{p^3}{27}\right|} = \sqrt{-\frac{p^3}{27}},\ \sqrt[3]{r} = \sqrt{-\frac{p}{3}}$$

$$\cos\theta = \frac{-q/2}{r} = \frac{3q}{2\underline{p}}\sqrt{\frac{3}{-\underline{p}}},\ \theta = \arccos\left(\frac{3q}{2\underline{p}}\sqrt{\frac{3}{-\underline{p}}}\right)$$

$$\underline{u} = \sqrt[3]{r}\left(\cos\frac{\theta + 2k\pi}{3} + i\sin\frac{\theta + 2k\pi}{3}\right),\ (k = 0,\ 1,\ 2)$$

복소수 α, β는 크기가 같고 허수부의 부호가 반대이므로 켤레복소수입니다. 따라서

$$\underline{v}^3 = -\frac{q}{2} - \sqrt{\underline{D}} = \beta = r(\cos(-\theta) + i\sin(-\theta)) = r(\cos\theta - i\sin\theta)$$

$$\underline{v} = \sqrt[3]{r}\left(\cos\frac{\theta + 2k\pi}{3} - i\sin\frac{\theta + 2k\pi}{3}\right),\ (k = 0,\ 1,\ 2)$$

$\underline{uv} = -\dfrac{p}{3}$를 만족해야 하는 전제가 있으므로 허수부가 상쇄되기 위해서 해가 되는 $(\underline{u},\ \underline{v})$쌍에서 k값은 동일해야 합니다.

$$x = t - \frac{b}{3\underline{a}} = \underline{u} + \underline{v} - \frac{b}{3\underline{a}}$$

$$= \sqrt[3]{r}\left(\cos\frac{\theta + 2k\pi}{3} + i\sin\frac{\theta + 2k\pi}{2}\right) + \sqrt[3]{r}\left(\cos\frac{\theta + 2k\pi}{3} - i\sin\frac{\theta + 2k\pi}{3}\right) - \frac{b}{3\underline{a}}$$

$$= 2\sqrt[3]{r}\cos\left(\frac{\theta}{3} + \frac{2k\pi}{3}\right) - \frac{b}{3\underline{a}}$$

$$x = 2\sqrt{-\frac{p}{3}}\cos\left(\frac{1}{3}\arccos\left(\frac{3q}{2\underline{p}}\sqrt{\frac{3}{-\underline{p}}}\right) + \frac{2k\pi}{3}\right) - \frac{b}{3\underline{a}}\ (k = 0,\ 1,\ 2)$$

만약 복소수의 극형식이 익숙하지 않다면 비에타(Franciscus Vieta, 1540−1603)의 삼각함수 치환 방법을 사용할 수 있습니다. t를 다음과 같이 치환하면

$$t = u\cos\theta$$

식 (4.9)는

$$t^3 + pt + q = u^3\cos^3\theta + pu\cos\theta + q = 0 \tag{4.11}$$

삼각함수의 합차 공식에 따라

$$\sin(x+y) = \sin x\cos y + \cos x\sin y$$
$$\cos(x+y) = \cos x\cos y - \sin x\sin y$$
$$\cos 2\theta = \cos(\theta+\theta) = \cos^2\theta - \sin^2\theta = 2\cos^2\theta - 1$$
$$\cos 3\theta = \cos(2\theta+\theta) = \cos 2\theta\cos\theta - \sin 2\theta\sin\theta = (2\cos^2\theta - 1)\cos\theta - 2\sin^2\theta\cos\theta$$
$$= 2\cos^3\theta - \cos\theta - 2(1 - \cos^2\theta)\cos\theta = 4\cos^3\theta - 3\cos\theta$$

즉,

$$4\cos^3\theta - 3\cos\theta - \cos 3\theta = 0$$

식 (4.11)의 양변에 $4/u^3$을 곱하면

$$4\cos^3\theta + \frac{4p}{u^2}\cos\theta + \frac{4q}{u^3} = 0$$

즉, 다음의 관계가 성립하여야 합니다.

$$\frac{4p}{u^2} = -3, \frac{4q}{u^3} = -\cos 3\theta$$

$$u = \sqrt{\frac{4p}{-3}} = 2\sqrt{\frac{-p}{3}}$$

$$\cos 3\theta = -\frac{4q}{u^3} = \frac{3q}{2p}\sqrt{-\frac{3}{p}}$$

$$\theta = \frac{1}{3}\arccos\left(\frac{3q}{2p}\sqrt{-\frac{3}{p}}\right) + \frac{2k\pi}{3}, (k = 0, 1, 2)$$

즉

$$t = u\cos\theta = 2\sqrt{\frac{-p}{3}}\cos\left(\frac{1}{3}\arccos\left(\frac{3q}{2p}\sqrt{\frac{-3}{p}}\right) + \frac{2k\pi}{3}\right) (k = 0, 1, 2)$$

$$x = 2\sqrt{\frac{-p}{3}}\cos\left(\frac{1}{3}\arccos\left(\frac{3q}{2p}\sqrt{\frac{-3}{p}}\right) + \frac{2k\pi}{3}\right) - \frac{b}{3a} (k = 0, 1, 2)$$

이는 앞서 구한 결과와 동일한 결과입니다.

vdW EOS의 매개변수 a, b 결정

이제 vdW EOS를 풀기 위해서 남아 있는 문제는 두 매개변수 a, b를 어떻게 결정할 수 있는지의 문제입니다. 가장 직접적인 방법은 물질에 따라 다수의 실험을 통해서 a와 b를 추정하는 방법일 것입니다. 그런데 반데르발스는 이렇게 힘들이지 않고서도 각 매개변수를 계산할 수 있는 좀더 흥미로운 접근법을 제안합니다. 실제 물질의 Pv선도를 살펴보면, 다음과 같은 특징들을 확인할 수 있습니다.

> 1) T가 임계온도(T_c)보다 큰 경우, P에 대응되는 v는 하나뿐이어야 한다. 즉, $P = f(v)$의 관계식이 있다면 특정 P에 대해서 v는 하나의 근만을 가져야 한다.
> 2) T가 임계온도(T_c)보다 작은 경우, 어떠한 온도 T의 포화증기압 P에서 v는 2개 이상의 값을 가져야 한다(포화액체의 부피와 포화증기의 부피). 즉, $P = f(v)$의 관계식이 있다면 특정 P에 대해서 v는 2개 이상의 근을 가져야 한다.
> 3) 이러한 경향이 변화하는 순간은 임계온도(T_c)를 기준으로 발생한다. 다시 말해, 임계점에서 삼중근을 가지도록 v에 대한 3차 방정식의 계수를 설정하면, 위의 두 조건을 만족할 수 있다.

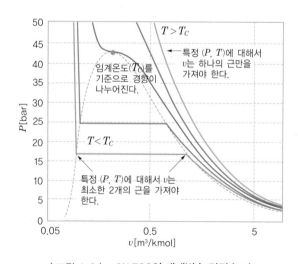

| 그림 4-8 | vdW EOS의 매개변수 결정 논리

반데르발스는 이를 종합하여, 식 (4.2)가 임계온도에서 삼중근을 가지도록 계수 a, b를 결정하면 위의 조건들을 만족할 수 있다는 것을 확인합니다. 즉, 식 (4.2)가 임계점에서 삼중근을 가지려면 다음 식 (4.12)와 등치가 되어야 하므로,

$$(v - v_c)^3 = 0 \tag{4.12}$$
$$v^3 - 3v_c v^2 + 3v_c^2 v - v_c^3 = 0$$

다음과 같이 두 식의 계수가 동일해야 합니다.

$$-\left(\frac{RT_c}{P_c}+b\right)=-3v_c \tag{4.13}$$

$$\frac{a}{P_c}=3v_c^2 \tag{4.14}$$

$$-\frac{ab}{P_c}=-v_c^3 \tag{4.15}$$

식 (4.15)의 a에 식 (4.14)를 대입하면

$$b=\frac{P_c v_c^3}{a}=\frac{1}{3}v_c \tag{4.16}$$

식 (4.13)의 b에 식 (4.16)의 결과를 적용하면

$$\frac{RT_c}{P_c}+\frac{1}{3}v_c=3v_c$$

$$v_c=\frac{3RT_c}{8P_c} \tag{4.17}$$

식 (4.17)을 다시 식 (4.14)와 식 (4.16)에 적용하면

$$a=3v_c^2 P_c=\frac{27}{64}\frac{R^2 T_c^2}{P_c} \tag{4.18}$$

$$b=\frac{RT_c}{8P_c} \tag{4.19}$$

물질의 임계온도와 임계압력은 물질의 고유값이며 실험을 통하여 확인이 가능하므로, 이와 같은 접근법을 적용하면 물질별로 일일히 수십번의 실험을 해서 계수 a, b를 추정할 필요없이 임계온도와 압력으로부터 계수를 결정, 기체와 액체의 부피를 모두 추산 가능하게 되므로 당시에는 굉장히 혁신적인 접근 방법이었습니다.

vdW EOS의 사용례

아직 정확히 이해가 되지 않으면 실제로 어떻게 적용이 가능한지 예를 들어 봅시다. 위에서 예로 들은 프로페인의 경우, 임의로 상태 A(T_A, P_A)에서 이 프로페인의 몰부피 v_A를 추산하고 싶다고 생각해 봅시다. 이때 크게 2가지 경우가 발생합니다.

첫째, (T_A, P_A)에서 T_A가 임계온도보다 크거나 같은($T_A \geq T_c$) 경우입니다. 이때는 사용하려는 Pv선도상의 등온선이나 EOS의 결과 얻어지는 등온선이나 차이가 없으며, 주어진 (T_A, P_A)에서 3차 방정식 형태의 vdW EOS를 풀면 하나의 근만을 얻게 되며, 이 값이 바로 찾고자 하는 (T_A, P_A)에서 프로페인의 몰부피 v_A가 됩니다.

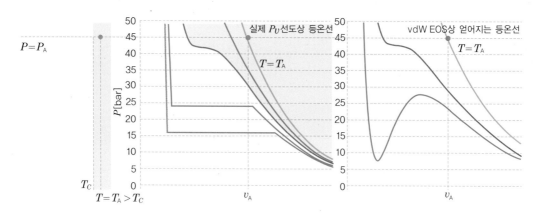

| 그림 4-9 | vdW EOS의 사용, $T_A \geq T_c$

두 번째, 찾고자 하는 (T_A, P_A)에서 T_A가 임계온도보다 작은 $(T_A < T_c)$인 경우입니다. 이 경우는 좀 복잡해지는데, 실제 물질의 Pv선도를 생각해 보면 다음과 같이 3가지 경우가 발생할 수 있습니다.

(1) 찾고자 하는 압력 P_A가 해당 온도 T_A에서의 포화증기압보다 큰 경우입니다. 포화증기압보다 큰 압력에서 물질은 액체로 존재하는 것이 안정적이며, (P_A, T_A)에서의 몰부피 v_A는 액체의 몰부피가 됩니다.

(2) 찾고자 하는 압력 P_A가 해당 온도 T_A에서의 포화증기압보다 작은 경우입니다. 포화증기압보다 작은 압력에서 물질은 기체로 존재하는 것이 안정적이며, 따라서 (P_A, T_A)에서의 몰부피 v_A는 기체의 몰부피가 됩니다.

(3) 찾고자 하는 압력 P_A가 해당 온도 T_A에서의 포화증기압인 경우입니다. 이때, (P_A, T_A)에서는 액체와 기체가 공존하는 상태이며, 따라서 (P_A, T_A)에서는 포화액체의 몰부피와 포화증기의 몰부피, 2개의 몰부피가 존재하게 됩니다.

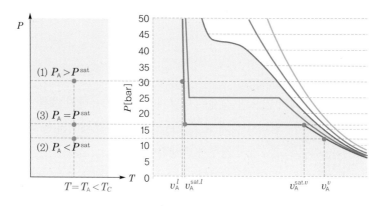

| 그림 4-10 | 실제 물질의 Pv선도, $T_A < T_c$

이제 vdW EOS를 풀어서 (T_A, P_A)에서의 v_A를 추산하려 한다고 합시다. 그러면 실제로 우리가 원하는 Pv선도상의 등온선은 위의 그림처럼 상변화 구간이 수평선으로 나타나지만, vdW EOS 에서 등온선은 아래 그림처럼 상변화 구간이 곡선으로 나타나기 때문에 이를 실제 수평선으로 조정하여 생각할 필요가 있습니다. 따라서 아래와 같이 5가지의 경우를 생각해 볼 수 있습니다.

(1) 찾고자 하는 압력 P_A가 온도 T_A에서의 포화증기압(P^{sat})보다 크고, vdW EOS를 3차 방정식 의 형태로 변환하여 해를 구한 경우 v의 해가 하나만 얻어진 경우입니다. 이때는 고민없이 해당 몰부피가 (T_A, P_A)에서의 액체 몰부피가 됩니다.

(2) 찾고자 하는 압력 P_A가 온도 T_A에서의 포화증기압(P^{sat})보다 큰데, vdW EOS를 3차 방정식 의 형태로 변환하여 해를 구했더니 $v = (v_1, v_2, v_3)$로 해가 3개가 얻어진 경우입니다. 압력 이 포화증기압보다 높은 상태라면, 안정적인 상태에서는 액체가 존재할 수 있는 상태입니다. 이때 기체의 부피는 준안정적(metastable)인 기체의 부피로 특정 조건이 만족한 상태에서는 유지될 수 있으나 약간의 외부 충격으로도 안정적인 액체로 변화하게 됩니다. 즉, 이때 얻어 진 3개의 해 중 안정적인 상태에서 의미를 가지는 것은 액체상일 때 가질 수 있는 부피, 즉 가장 작은 크기의 v값만입니다.

$$v = v^l = \min(v_1, v_2, v_3)$$

(3) 찾고자 하는 압력 P_A가 온도 T_A에서의 포화증기압(P^{sat})보다 작고, vdW EOS를 3차 방정식 의 형태로 변환하여 해를 구한 경우 v의 해가 하나만 얻어진 경우입니다. 이때는 고민없이 해당 몰부피가 (T_A, P_A)에서의 기체 몰부피가 됩니다.

(4) 찾고자 하는 압력 P_A가 온도 T_A에서의 포화증기압(P^{sat})보다 작은데, vdW EOS를 3차 방정 식의 형태로 변환하여 해를 구했더니 $v = (v_1, v_2, v_3)$로 해가 3개가 얻어진 경우입니다. 압 력이 포화증기압보다 낮은 상태라면, 이는 안정적으로는 기체로 존재해야 하는 영역입니다. 설사 준안정 상태의 과냉각된 액체가 존재하더라도 약간의 충격으로도 안정적인 기체로

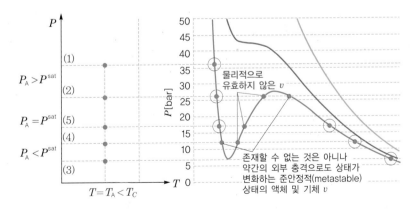

| 그림 4-11 | vdW EOS의 사용, $T_A < T_c$

변화하게 될 것입니다. 즉, 이때 얻어진 3개의 해 중 안정적인 의미를 가지는 것은 기체상일 때 가질 수 있는 부피, 즉 가장 큰 크기의 v값만입니다.

$$v = v^v = \max(v_1, v_2, v_3)$$

(5) 찾고자 하는 압력 P_A가 온도 T_A에서의 포화증기압(P^{sat})인 경우입니다. 이때 vdW EOS를 3차 방정식의 형태로 변환하여 해를 구한 경우, $v = (v_1, v_2, v_3)$로 3개의 해를 구할 수 있게 됩니다. 이 경우 실제 등온선의 수평선에 해당되어야 하는 구간이므로 가장 작은 값은 포화 액체의 부피가 되며, 가장 큰 값은 포화기체의 부피가 됩니다. 중간값은 물리적으로 의미가 없는 버려져야 할 값이 됩니다.

$$v^l = \min(v_1, v_2, v_3)$$
$$v^v = \max(v_1, v_2, v_3)$$

복잡해 보이지만 정리하면 vdW를 이용하여 부피를 구하는 과정은 다음과 같이 간단히 프로그래밍 코드화가 가능합니다. 이는 요즈음의 발달된 컴퓨터에서는 함수 호출 한 번으로 간단하게 해결이 가능한 문제가 됩니다.

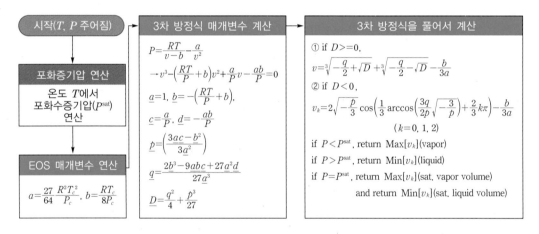

| 그림 4-12 | vdW EOS의 코드화

압축인자(Z)로 나타낸 vdW EOS

경우에 따라 식 (4.2)에 $P^3/(RT)^3$을 곱하여 다음과 같이 v에 대해서가 아닌 압축인자 $Z = Pv/RT$에 대해서 변환 사용하기도 합니다.

$$Z^3 - (1+B)Z^2 + AZ - AB = 0 \tag{4.20}$$

$$A = \frac{aP}{(RT)^2} = \frac{27}{64}\frac{PT_c^2}{P_cT^2} = \frac{27P_r}{64T_r^2}, \; B = \frac{bP}{RT} = \frac{PT_c}{8P_cT} = \frac{P_r}{8T_r}$$

이때 임계온도/압력에 대한 온도/압력의 비를 환산온도(reduced temperature), 환산압력 (reduced pressure)이라고 부릅니다.

$$T_r = T/T_c, \ P_r = P/P_c$$

이렇게 변형하여 풀어도 결과적으로 얻는 부피는 동일하나, 2가지 장점이 있습니다. 첫째 v의 경우 아주 작은 값에서부터 아주 큰 값까지 가질 수 있기 때문에 수치해를 구하는 과정에서 매개 변수가 아주 크거나 작은 값을 가질 수가 있는데 이는 수치 계산 시 오류나 착오를 유발하기 쉽고, 수치적으로 풀려고 하는 경우 시작점을 잡기가 어렵습니다. 둘째, v에 대한 식을 사용하는 경우 매개변수 a, b의 단위가 잘못되지 않도록 조심하여 연산하여야 하는데 압축인자 Z는 단위가 없 으며 매개변수 역시 무차원화되므로 단위 변환을 신경쓸 필요가 없어서 편합니다.

Ex 4-2　vdW EOS

vdW EOS를 이용하여 다음을 추산하라. (계산이 번거로우면 보조자료 C4_examples 참조 할 것)

ⓐ 5 L 고정 부피의 용기에 프로페인 1몰을 충전하여 압력이 10 bar가 되었을 때 그 온도

프로페인의 임계온도, 압력은 369.9 K, 42.57 bar이므로 vdW 계수 a, b는

$$a = \frac{27}{64}\frac{R^2 T_c^2}{P_c} = \frac{27}{64}8.314^2\frac{J^2}{mol^2 K^2}\frac{1\,Nm}{1\,J}\frac{369.9^2\,K^2}{42.57\,bar}\frac{1\,bar}{10^5\,Pa}\frac{1\,Pa}{1\,N/m^2}$$

$$= 0.937\frac{J\,m^3}{mol^2}$$

$$b = \frac{RT_c}{8P_c} = \frac{8.314}{8}\frac{J}{K\,mol}\frac{369.9\,K}{42.57\,bar}\frac{1\,N\cdot m}{1\,J}\frac{1\,bar}{10^5\,Pa}\frac{1\,Pa}{1\,N/m^2}$$

$$= 9.03 \times 10^{-5}\,m^3/mol$$

$v = 5\,L/mol = 0.005\,m^3/mol$이므로 vdW를 적용하면

$$P = \frac{RT}{v-b} - \frac{a}{v^2}$$

$$T = \left(P + \frac{a}{v^2}\right)\left(\frac{v-b}{R}\right)$$

$$= \left(10\,bar + \frac{0.937\,J\,m^3}{0.005^2\,m^6/mol^2\,mol^2}\right)\left(\frac{0.005 - 9.03\times10^{-5}}{8.314}\frac{m^3}{mol}\frac{mol\cdot K}{J}\right)$$

$1\,\text{bar} = 10^5\,\text{Pa} = 10^5\,\text{N/m}^2 = 10^5\,\text{J/m}^3$이므로

$$T = \left(10\,\text{bar} + \frac{0.937}{0.005^2}\,\text{J/m}^3\,\frac{1\,\text{bar}}{10^5\,\cancel{\text{J/m}^3}}\right)\left(\frac{(0.005 - 9.03 \times 10^{-5})}{8.314\,\text{J/m}^3}\,\text{K}\,\frac{10^5\,\cancel{\text{J/m}^3}}{1\,\text{bar}}\right)$$
$$= 612.7\,\text{K}$$

단위환산이 혼동이 되면 압력의 단위를 SI 기준인 $\text{Pa}(=\text{N/m}^2=\text{J/m}^3)$로 사용하면 환산계수를 적용하지 않아도 되어서 좀 더 수월합니다.

$$T = \left(P + \frac{a}{v^2}\right)\left(\frac{v - b}{R}\right)$$
$$= \left(10 \times 10^5\,\text{Pa} + \frac{0.937\,\cancel{\text{J}\,\text{m}^3}}{0.005^2\,\text{m}^{\cancel{6}3}/\cancel{\text{mol}^2}\,\cancel{\text{mol}^2}}\,\frac{\text{Pa}}{\cancel{\text{J/m}^3}}\right)$$
$$\left(\frac{0.005 - 9.03 \times 10^{-5}}{8.314}\,\frac{\text{m}^3}{\cancel{\text{mol}}}\,\frac{\cancel{\text{mol}} \cdot \text{K}}{\cancel{\text{J}}}\,\frac{\cancel{\text{J/m}^3}}{\text{Pa}}\right)$$
$$= 612.7\,\text{K}$$

ⓑ (a)의 용기를 상온 25℃에 두어서 프로페인의 온도 역시 상온이 되었을 때 용기 내 프로페인의 압력

용기의 부피와 기체의 몰수는 동일하므로,

$$P = \frac{RT}{v - b} - \frac{a}{v^2} = \frac{8.314 \times (25 + 273.15)}{0.005 - 9.03 \times 10^{-5}} - \frac{0.937}{0.005^2} = 467391\,\text{Pa} = 4.67\,\text{bar}$$

즉, 용기의 부피가 고정되었으므로 온도가 떨어지자 전체 부피가 줄어드는 대신 용기 내의 압력이 줄어들었음을 확인할 수 있습니다.

ⓒ 1 bar, 600 K에서 프로페인 1 kg의 부피

v를 구해야 하므로, 3차 EOS 형태로 나타내면

$$v^3 - \left(\frac{RT}{P} + b\right)v^2 + \frac{a}{P}v - \frac{ab}{P}$$
$$= v^3 - \left(\frac{8.314 \times 600}{10^5} + 9.03 \times 10^{-5}\right)v^2 + \frac{0.937}{10^5}v - \frac{0.937 \times 9.03 \times 10^{-5}}{10^5}$$
$$= v^3 - 0.04997v^2 + 9.373 \times 10^{-6}v - 8.465 \times 10^{-10} = 0$$
$$\underline{p} = \left(\frac{3ac - b^2}{3\underline{a}^2}\right) = \frac{3 \times 9.3728 \times 10^{-6} - (-0.04997)^2}{3} = -8.231 \times 10^{-4}$$

$$q = \frac{2b^3 - 9abc + 27a^2d}{27a^3}$$

$$= \frac{2(-0.04997)^3 - 9 \times (-0.04997) \times 9.3728 \times 10^{-6} + 27(-8.4639 \times 10^{-10})}{27}$$

$$= -9.0897 \times 10^{-6}$$

$D = \frac{q^2}{4} + \frac{p^3}{27} = 1.8458 \times 10^{-15} > 0$이므로, 이는 하나의 실근을 가집니다.

$$v = \sqrt[3]{-\frac{q}{2} + \sqrt{D}} + \sqrt[3]{-\frac{q}{2} - \sqrt{D}} - \frac{b}{3a}$$

$$= \sqrt[3]{\frac{9.0897 \times 10^{-6}}{2} + \sqrt{1.8458 \times 10^{-15}}} + \sqrt[3]{\frac{9.0897 \times 10^{-6}}{2} - \sqrt{1.8458 \times 10^{-15}}}$$

$$- \frac{-0.04997}{3}$$

$$= 0.0498 \, \text{m}^3/\text{mol}$$

프로페인의 분자량은 44.1 g/mol이므로 1 kg의 부피는

$$V = \frac{V}{n} \times \frac{n}{m} \times m = \frac{v}{\text{MW}} \times m = \frac{0.0498 \, \text{m}^3/\text{mol}}{44.1 \, \text{g/mol}} \times 1000 \, \text{g} = 1.129 \, \text{m}^3$$

매개변수가 지수 형태로 나타나 계산이 너무 불편하다면 압축인자에 대한 3차 방정식 식 (4.20)을 사용해서 계산해도 무방합니다.

$$A = \frac{aP}{(RT)^2} = \frac{27}{64} \frac{R^2 T_c^2}{P_c} \frac{P}{R^2 T^2} = \frac{27}{64} \frac{369.9^2}{600^2} \frac{1}{42.57} = 0.003767$$

$$B = \frac{bP}{RT} = \frac{RT_c}{8P_c} \frac{P}{RT} = \frac{369.9 \times 1}{8 \times 600 \times 42.57} = 0.00181$$

3차 방정식 매개변수는

$$b = -(1+B) = -1.00181$$

$$c = A = 0.003767$$

$$d = \text{AB} = -6.819 \times 10^{-6}$$

$$p = \left(\frac{3c - b^2}{3}\right) = -0.3308$$

$$q = \frac{2b^3 - 9bc + 27d}{27} = -0.07323$$

$$D = 1.1979 \times 10^{-7} > 0$$

$$Z = \sqrt[3]{-\frac{q}{2} + \sqrt{D}} + \sqrt[3]{-\frac{q}{2} - \sqrt{D}} - \frac{b}{3} = 0.998$$

$$v = \frac{ZRT}{P} = \frac{0.998 \times 8.314 \times 600}{10^5} = 0.0498 \, \text{m}^3/\text{mol}$$

위와 동일한 결과를 얻으므로, 사용자가 더 편리한 방법을 사용하면 됩니다.

ⓓ 1 bar, 25℃에서 프로페인 1 kg의 부피

ⓒ와 동일하게 3차 방정식 형태로 정리하면

$$v^3 - \left(\frac{RT}{P} + b\right)v^2 + \frac{a}{P}v - \frac{ab}{P}$$

$$= v^3 - \left(\frac{8.314 \times 298.15}{10^5} + 9.03 \times 10^{-5}\right)v^2 + \frac{0.937}{10^5}v - \frac{0.937 \times 9.03 \times 10^{-5}}{10^5}$$

$$= v^3 - 0.02488v^2 + 9.3734 \times 10^{-6}v - 8.465 \times 10^{-10} = 0$$

$$\underline{p} = \left(\frac{3c - b^2}{3}\right) = -1.9694 \times 10^{-4}$$

$$\underline{q} = \frac{2b^3 - 9bc + 27d}{27} = -1.0637 \times 10^{-6}$$

$$\underline{D} = \frac{q^2}{4} + \frac{p^3}{27} = -2.298 \times 10^{-17} < 0$$이므로 이는 3개의 실근을 가지게 됩니다.

$$v = 2\sqrt{\frac{-\underline{p}}{3}}\cos\left(\frac{1}{3}\arccos\left(\frac{3\underline{q}}{2\underline{p}}\sqrt{\frac{3}{-\underline{p}}}\right) + \frac{2k\pi}{3}\right) - \frac{b}{3\underline{a}} \ (k = 0,\ 1,\ 2)$$

를 연산해 보면

$$v = (0.0001484,\ 0.0002328,\ 0.0245)$$

25℃에서 프로페인의 포화압은 안토인 식을 쓰면(여기서의 A, B, C는 안토인 식의 계수입니다)

$$\log P^{\text{sat}} = A - \frac{B}{T + C}$$

$$P^{\text{sat}} = 10^{\left(4.537 - \frac{1149.36}{298.15 + 24.91}\right)} = 9.53 \text{ bar}$$

$P = 1\,\text{bar} < P^{\text{sat}}$이므로, 1 bar, 25℃에서 안정적으로 존재하는 프로페인은 기체여야 합니다. 혹은, 1 bar는 거의 1기압과 유사한 압력이므로 포화압 대신 프로페인의 끓는점이 약 -42℃라는 사실을 기반으로 25℃에서는 기체여야 안정적임을 판단할 수도 있습니다. 결과적으로

$$v = \max(0.0001484,\ 0.0002328,\ 0.0245) = 0.0245 \text{ m}^3/\text{mol}$$

ⓔ 상온 25℃에서 1 L 고정 부피 용기에 프로페인 1몰을 충전하였을 때 용기 내 프로페인의 압력

$v = 1\,\text{L/mol} = 0.001\,\text{m}^3/\text{mol}$이므로 vdW를 적용하면

$$P = \frac{RT}{v - b} - \frac{a}{v^2} = \frac{8.314 \times (25 + 273.15)}{0.001 - 9.03 \times 10^{-5}} - \frac{0.937}{0.005^2} = 17.9 \times 10^5\,\text{Pa} = 17.9 \text{ bar}$$

이렇게만 보면 문제가 없어 보이지만, 위의 계산 결과는 3차 상태방정식을 사용할 때 빠지기 쉬운 함정입니다. 프로페인을 대상으로 $T = 298\,\text{K}$일 때 v에 대해서 vdW EOS의 P를 도시해 보면 다음과 같은 주황색 그래프를 얻을 수 있으며, 298 K에서

프로페인의 포화증기압은 (d)에서 확인한 것과 같이 9.53 bar로 이를 파란색 수평선으로 같이 표시할 수 있습니다. 즉, 25℃에서 프로페인의 몰부피가 0.001 m³/mol이라면, 안정적인 프로페인은 포화상태의 기액 혼합물이므로 이때의 압력은 포화압력인 9.5 bar입니다. 특수 상황에서는 프로페인이 모두 기체로 존재하는 준안정적(metastable)인 상태도 가능하나, 이는 작은 충격으로도 보다 안정적인 기액 혼합물 상태로 변화하게 될 것입니다.

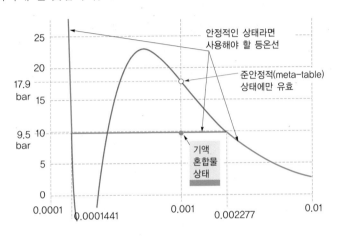

f 위 (e)에서 용기 내 액체로 존재하는 프로페인의 부피는 얼마인가?

25℃에서 포화압력이 9.53 bar라는 것을 확인했으므로, 해당 온도 압력에서 vdW EOS를 풀면 포화액체 및 포화기체의 몰부피를 구할 수 있습니다.

$$v^3 - \left(\frac{RT}{P} + b\right)v^2 + \frac{a}{P}v - \frac{ab}{P}$$

$$= v^3 - \left(\frac{8.314 \times 298.15}{9.53 \times 10^5} + 9.03 \times 10^{-5}\right)v^2 + \frac{0.937}{9.53 \times 10^5}v - \frac{0.937 \times 9.03 \times 10^{-5}}{9.53 \times 10^5}$$

$$= v^3 - 0.002692v^2 + 9.838 \times 10^{-7}v - 8.884 \times 10^{-11} = 0$$

$$\underline{p} = \left(\frac{3c - b^2}{3}\right) = -1.432 \times 10^{-6}$$

$$\underline{q} = \frac{2b^3 - 9bc + 27d}{27} = -6.5102 \times 10^{-10}$$

$$\underline{D} = \frac{q^2}{4} + \frac{p^3}{27} = -2.726 \times 10^{-21} < 0$$이므로 이는 3개의 실근을 가지게 됩니다.

$$v = 2\sqrt{\frac{-\underline{p}}{3}} \cos\left(\frac{1}{3}\arccos\left(\frac{3\underline{q}}{2\underline{p}}\sqrt{\frac{3}{-\underline{p}}}\right) + \frac{2k\pi}{3}\right) - \frac{b}{3\underline{a}}, (k = 0, 1, 2)$$

를 연산해 보면

$$v = (0.00227698, 0.0002709, 0.00014405)$$

가장 큰 값이 포화증기, 가장 작은 값이 포화액체의 몰부피이므로

$$v^l = 0.0001441\,\mathrm{m^3/mol} = 0.1441\,\mathrm{L/mol}$$

$$v^v = 0.002277\,\mathrm{m^3/mol} = 2.277\,\mathrm{L/mol}$$

전체 부피가 1 L, 기액 혼합물 전체의 몰수가 1 mol이므로 식 (1.8)에서 증기분율은

$$x_\mathrm{vf} = \frac{v - v^l}{v^v - v^l} = \frac{1 - 0.1441}{2.277 - 0.1441} = 0.4$$

용기 내의 프로페인 전체 몰수가 1이므로

$$\frac{n^v}{n^v + n^l} = \frac{n^v}{1} = 0.4,\ n^l = 0.6$$

$$V^l = n^l v^l = 0.6 \times 0.1441\,\mathrm{L} = 0.086\,\mathrm{L}$$

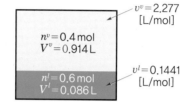

$v^v = 2.277$ [L/mol]

$n^v = 0.4\,\mathrm{mol}$
$V^v = 0.914\,\mathrm{L}$

$n^l = 0.6\,\mathrm{mol}$
$V^l = 0.086\,\mathrm{L}$

$v^l = 0.1441$ [L/mol]

FAQ 4-6 결국 EOS라는 것이 실제 결과를 짜맞추는 어설픈 방법인데 이럴 거면 실제 값을 쓰지 굳이 식을 만든 이유를 모르겠다.

누군가 뉴턴의 운동법칙 $F = ma$는 물체의 실제 운동 결과를 짜맞추는 어설픈 방법인데 이럴거면 실제 실험해서 힘이나 가속도를 측정하지 굳이 식을 만든 이유를 모르겠다고 말했다면, 질문자께서는 어떤 생각이 들 것 같나요?

실제 값을 사용할 수 있다면 당연히 실제 값을 쓰는 것이 좋습니다. 그럼, 실제 힘을 측정하면 되지 뉴턴의 방정식은 왜 쓸까요? 압력을 측정하면 되지 베르누이 식은 왜 쓸까요? 실제 저항을 측정하면 되지 저항계수 추정은 왜 할까요? 실제값 측정이 어렵거나, 시간과 노동이 많이 들거나, 경우에 따라서는 불가능에 가깝기 때문입니다. 공학은 근사를 위한 학문이라고 해도 과언이 아닙니다. 예를 들어, 상태방정식이 없이 지구상에 존재하는 모든 물질에 대해서 물성 실험을 하는 것만 해도 엄청나게 많은 시간과 비용이 들 것인데, 나아가 순물질만이 아닌 혼합물에 대해서도 적용이 되어야 합니다. 예를 들어, 천연가스(natural gas)는 메테인, 에테인, 프로페인, 뷰테인, 질소, 이산화탄소 등 통상 6종류 이상의 성분으로 구성된 가스 혼합물입니다. 그 조성별로 물성값이 계속 달라지며, 선형으로 변화하지 않는 구간도 존재하는데 이를 모두 실험으로 구하려면 조성 분포를 각 10구간으로만 나누어도 필요한 실험 횟수는 6^{10}으로 증가합니다.

나아가, 실제 값은 현상이고 어떠한 방정식은 과학적 지식 체계로부터 나온 이론입니다. 우리는 이론을 통해서 현상을 더 깊게 이해하고 다양한 문제를 정의하고 예측할 수 있습니다. 어떠한 관계식을 입증하게 되면 그 전에는 실험해 보지 않은 (혹은 못한) 새로운 영역을 예측하는 통찰력도 가질 수 있게 됩니다. 멘델레예프(Dmitri Mendeleev, 1834−1907)는 화학원소들의 원자량을 기반으로 주기율표를 만들면서, 당시까지 발견되지 않은 원소의 존재 가능성을 예상하였으며 이는 나중에 실제로 해당 원소들이 발견되면서 입증됩니다.

우리가 공부하고 있는 공학의 수많은 관계식, 법칙들도 대부분 자연적 결과를 예측하기 위해서 누군가 고안한 식들에 불과합니다. 오랜 세월을 거쳐 많은 사람들이 그 유효성을 인정하면 법칙이라는 이름이 붙을 정도의 가치를 가지게 됩니다. 여러분 중 누군가가 결과를 더 정확하게 잘 짜맞출 수 있는 식을 제시한다면 100년 뒤에는 여러분의 이름을 단 법칙이 교과서에 실리고 학생들이 그것을 공부하게 될 것입니다.

멘델레예프의 초기 주기율표 도안.
?로 남아 있는 빈칸이 눈에 띈다.

https://en.wikipedia.org/wiki/
File:1869−periodic−table.jpg

반데르발스 이전에 이상기체 방정식의 형태는 1800년도 초중반에 정립된 것으로 알려져 있습니다. 그러나 이는 어디까지나 저압에서만 적용이 가능했던 기체만에 대한 식이었습니다. 30년 이상의 세월이 흘러 반데르발스 상태방정식이 등장하고 나서야 비로서 실제 물질의 액체와 기체를 연속선상에 놓고 연산이 가능하다는 것을 알게 됩니다. 이러한 어설픈(?) 상태방정식의 창안 업적을 인정받아서 반데르발스는 1910년 노벨 물리학상을 수상합니다.

FAQ 4-7 V와 v는 왜 구분되어 사용되나요? (v가 몰분율인지 부피인지 헷갈립니다.)

초반부를 잘 정리해 두지 않으면 후반으로 갈수록 이러한 사태가 종종 발생하게 됩니다.

v는 몰분율(mole fraction)이 아니라 질량당 부피(specific volume) 혹은 몰부피(molar volume)로 해당 물질의 부피를 그 물질의 질량이나 몰수로 나눈 값입니다.

$$v\left[\frac{\text{m}^3}{\text{kg}}\right] = \frac{V}{m}\frac{[\text{m}^3]}{[\text{kg}]}, \ v\left[\frac{\text{m}^3}{\text{mol}}\right] = \frac{V}{n}\frac{[\text{m}^3]}{[\text{mol}]}$$

V나 v 어느 쪽을 사용하던 결과는 같으므로 사용은 자유입니다. 통상적으로 우리가 "부피"라고 이야기할 때에는 전체 부피를 이야기하므로 V가 사용되나, V는 크기성질(extensive property)이라서 세기성질(intensive property)로 정의되는 계의 상태를 이야기할 땐 v를 사용하는 편이 편리한 경우가 많습니다. 1장을 다시 보세요.

일반적으로 몰분율(mole fraction)은 혼합물 전체 물질 중 물질 i가 차지하는 몰수의 분율을 의미합니다(x나 y는 사용자가 정의하기 나름이라서 어떤 변수를 쓰는지 그 자체에는 큰 의미가 없습니다).

$$x_i = \frac{n_i}{n_T} = \frac{n_i}{\sum n_i}$$

1장에서 이야기한 증기분율(vapor fraction)을 몰기준으로 계산한 것을 증기 몰분율(vapor mole fraction)이라고 합니다.

$$x_{\mathrm{vf}} = \frac{n^v}{n^v + n^l}$$

이는 (기체와 액체를 합친) 전체 물질 중 기체가 차지하는 몰수의 분율을 의미하는 것으로 물질의 조성을 기준으로 하는 몰분율과는 다른 개념이므로 헷갈리지 않도록 주의해야 합니다.

예를 들어, 물질 A가 기체로 2몰, 액체로 1몰, 물질 B가 기체로 3몰, 액체로 4몰 존재하는 혼합물이 있다고 생각해 봅시다. 이때

전체 시스템에서 물질 A의 몰분율은

$$z_A = \frac{n_A^v + n_A^l}{n_A^v + n_A^l + n_B^v + n_B^l} = \frac{2+1}{2+1+3+4} = 0.3$$

액체 중 물질 A의 몰분율은 (기체는 제외한)

$$x_A = \frac{n_A^l}{n_A^l + n_B^l} = \frac{1}{1+4} = 0.2$$

기체 중 물질 A의 몰분율은 (액체는 제외한)

$$y_A = \frac{n_A^v}{n_A^v + n_B^v} = \frac{2}{2+3} = 0.4$$

증기 몰분율(A, B를 구별하지 않고)은

$$x_{\mathrm{vf}} = \frac{n_A^v + n_B^v}{n_A^v + n_A^l + n_B^v + n_B^l} = \frac{2+3}{2+1+3+4} = 0.5$$

FAQ 4-8 실험적으로 얻은 부피와 Cubic EOS를 통해 얻은 부피는 얼마나 차이가 나나요? EOS에서 임계점만 가지고 계수를 결정하면 임의의 P, T에서 구한 v는 오차가 크지 않나요?

네, 경우에 따라 오차가 매우 큰 구간들도 존재합니다. 특히 액체에 가까운 영역이 그렇습니다. 바로 다음 절에 설명할 vdW EOS 이후에 고안되는 3차 상태방정식들이 vdW의 부족한 정확도 때문에 탄생합니다. 현대에 와서 vdW EOS는 부족한 정확도로 인하여 실제 프로젝트에서는 잘 사용되지 않습니다. 그러나 vdW EOS는 이상기체가 아닌 실제 기체를 액체의 연장선에서 나타낼 수 있음을 보인 최초의 식으로 그 의의가 크고, 계산이 비교적 쉬워서 학습용으로 많이 소개하게 됩니다.

FAQ 4-9 준안정적 상태가 뭔가요?

주어진 상황에서 평형에 도달한 안정 상태(stable state)처럼 안정적인 상태는 아니지만 특정 조건이 성립하면 일시적으로 유지가 가능한 상태를 준안정 상태(metastable state)라고 합니다. 예를 들면 전자레인지로 물을 데우고 나서 커피 믹스를 타려고 하면 갑자기 물이 끓어 넘치는 현상이 발생할 수 있다는 사실을 들어본 적이 있을 것입니다. 이러한 현상은 물의 온도가 끓는점인 100℃가 넘었음에도 기화하지 못하고 100℃ 이상의 액체로 존재하는 과열(혹은 지연 증발이라고도 함) 현상이 일어났기 때문입니다. 물을 얼릴 때도 급격하게 얼리면 어는점인

0°C 이하에서도 얼음이 아닌 액체인 물이 유지되는 과냉각 현상이 발생할 수 있습니다. 이때에도 약한 충격을 가하면 물이 순식간에 얼게 됩니다. 이러한 과열 및 과냉각 상태가 대표적인 준안정 상태의 예입니다. 즉, 존재하는 것이 불가능하지는 않으나, 약간의 충격으로도 평형인 안정 상태로 급격하게 변화하게 되는 상태입니다.

대표적인 3차 상태방정식

반데르발스 상태방정식의 등장은 획기적이었으나, 실제로 적용해서 부피를 구해 보면 낮은 온도에서는 계산값과 실제 부피값이 오차가 커지는 단점을 가지고 있었습니다. 특히 고압, 저온에서 액체가 될수록 이러한 단점이 두드러집니다. 이산화탄소에 대한 다음 Pv선도를 확인하여 보면, 이상기체 방정식에 비하여 vdW EOS의 정확도가 훨씬 나으며 특히 저압의 기체 부피를 연산하는 경우에는 높은 정확도를 가지는 것을 확인할 수 있습니다. 그러나 고압으로 갈수록 vdW의 부피 연산 오차는 커지며, 300 K에서의 경우처럼 임계온도 이하에서 액체가 발생하는 경우 액체의 부피 연산은 실제값과 상당한 차이를 가지는 것을 확인할 수 있습니다.

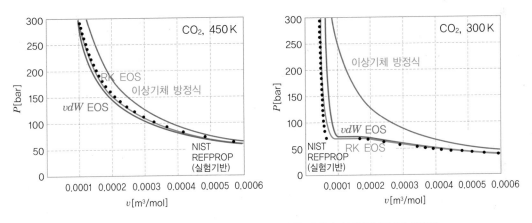

| 그림 4-13 | CO_2, 450 K과 300 K에서 다양한 상태방정식들의 몰부피 예측값

이러한 문제를 해결하기 위해서 다수의 연구자들이 보다 개선된 상태방정식을 만들고자 시도하였습니다. 1949년 제시된 레들리히-쾽 상태방정식(Redlich-Kwong Equation of state, 이하 RK EOS)은 레들리히(Otto Redlich, 1896−1978)와 쾽(Joseph Neng Shun Kwong, 1916−1998)이 공동으로 연구 발표한 것으로 반데르발스 방정식을 온도에 따라 보정한 방식으로 정확도가 개선된 결과를 보여주었습니다. 이 역시 v에 대한 3차 방정식의 형태로 나타낼 수 있으므로 3차 상태방정식의 한 종류이며 사용하는 방법도 vdW EOS와 동일합니다.

$$P = \frac{RT}{v-b} - \frac{a}{\sqrt{T}\,v(v+b)} \tag{4.21}$$

$$a = \left(\frac{1}{9(\sqrt[3]{2}-1)}\right)\frac{R^2 T_c^{2.5}}{P_c} = 0.42748\frac{R^2 T_c^{2.5}}{P_c}$$

$$b = \left(\frac{\sqrt[3]{2}-1}{3}\right)\frac{RT_c}{P_c} = 0.08664\frac{RT_c}{P_c}$$

3차 방정식의 형태로 전개하면 다음과 같습니다.

$$v^3 - \frac{RT}{P}v^2 + \left(\frac{a}{P\sqrt{T}} - \frac{bRT}{P} - b^2\right)v - \frac{ab}{P\sqrt{T}} = 0 \tag{4.22}$$

몰부피 대신 압축인자 Z에 대한 식으로 변환하면 다음과 같습니다.

$$Z^3 - Z^2 + (A - B - B^2)Z - AB = 0 \tag{4.23}$$

$$A = \frac{aP}{R^2 T^{2.5}} = 0.42748 P_r / T_r^{2.5}, \; B = \frac{bP}{RT} = 0.08664 P_r / T_r$$

RK EOS는 vdW EOS에 비하면 정확도가 많이 개선되었으나, 저온·고압으로 갈수록 오차가 커지는 문제는 여전히 존재합니다. 이를 개선하기 위해서 도입된 방식이 SRK나 PR EOS 같이 매개변수를 추가로 도입한 3매개변수 3차 상태방정식입니다.

1955년 미국의 물리화학자 피처(Kenneth Pitzer, 1914−1997)는 물질의 포화증기압과 온도의 상관관계를 연구하다 그 관계가 선형에서 벗어난 정도가 물질의 분자 모양과 연관성을 가진다는 것을 발견하고 이를 편심 인자 ω(acentric factor = 중심에서 벗어난 정도. 이심 인자로도 번역)로 정의합니다. 이후 이 인자를 반영하는 것이 물질의 물성을 추산하는 데 매우 유용하다는 것이 확인됩니다. 분자가 완전 구형인 헬륨, 네온 등의 18족 비활성기체의 경우 편심 인자는 0이며, 분자의 형태가 구형에서 벗어나 크고 복잡하게 생길수록 그 값이 증가하는 경향을 가집니다.

물질	분자식	ω
네온	Ne	0
산소	O_2	0.019
이산화탄소	CO_2	0.239
물	H_2O	0.344
메테인	CH_4	0.011
에테인	C_2H_6	0.099
프로페인	C_3H_8	0.152

1972년 이탈리아의 화학공학자 소브(Giorgio Soave, 1938)는 RK EOS에 편심 인자를 반영하도록 수정하여 3개(a, b, α)의 매개변수(parameter)를 가지는 SRK(Soave modification of RK) EOS를 제시합니다.

$$P = \frac{RT}{v-b} - \frac{a}{v(v+b)} \tag{4.24}$$

$$a = 0.42748 \frac{R^2 T_c^2}{P_c} \alpha$$

$$\alpha = [1 + (0.48508 + 1.55171\omega - 0.15613\omega^2)(1 - \sqrt{T_r})]^2$$

$$T_r = T/T_c$$

$$b = 0.08664 \frac{RT_c}{P_c}$$

1976년 대만과 미국에서 화학공학을 공부하고 미국 엘버타 대학의 로빈슨(Donald Robinson, 1922−1998) 교수 밑에서 박사후연구원으로 재직하고 있던 펭(Ding-Yu Peng, 1943) 박사는 유사한 접근법으로 역시 3개의 매개변수를 가지는 PR(Peng-Robinson) EOS를 제시합니다.

$$P = \frac{RT}{v-b} - \frac{a}{v^2 + 2bv - b^2} \tag{4.25}$$

$$a = 0.45724 \frac{R^2 T_c^2}{P_c} \alpha$$

$$\alpha = [1 + \kappa(1 - \sqrt{T_r})]^2$$

$$\kappa = 0.37464 + 1.54226\omega - 0.26992\omega^2$$

$$b = 0.07780 \frac{RT_c}{P_c}$$

이 두 EOS는 탄화수소 등 무극성 물질의 물성 연산에 높은 정확도를 보이는 특성으로 인해서 이후로도 많은 EOS의 기틀이 되어 왔으며, 2000년대 이후 지금까지도 널리 사용되고 있는 식들 중 하나입니다.

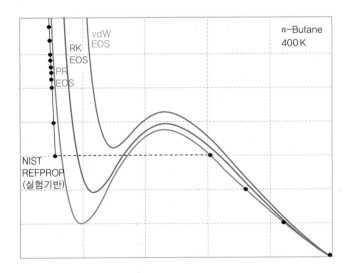

| 그림 4-14 | n-뷰테인 400 K에서 다양한 상태방정식들의 부피 예측 결과

RK, SRK나 PR EOS 등은 vdW에 비해서 식이 복잡해 보이지만 매개변수가 추가되었을 뿐 정리하면 이 역시 v에 대한 3차 방정식의 형태로 나타낼 수 있으며, 사용하는 방법 역시 vdW EOS와 동일합니다. 즉, 손으로 계산하기에는 복잡하다고 느낄 수 있으나 프로그래밍 코드화하면 vdW EOS와 마찬가지로 간단한 함수 형태로 사용이 가능하며 해석해 연산이 가능하므로 계산 시간 역시 매우 빠릅니다.

Ex 4-3 RK EOS 함수

프로페인에 대해서 RK EOS를 이용, 포화상태가 아닌 경우 P, T를 입력받아 v를 연산 반환하는 함수를 만들고 1 bar, 600 K에서 프로페인의 몰부피를 구하라.

아무 언어나 상관없으니 사용가능한 프로그래밍 언어로 위의 정리한 내용을 다음 의사코드(pseudocode)를 함수로 작성해 봅시다('은 주석을 의미한다).

```
Function RKEOS(T, P)   'T[K], P[Pa]
R=8.314          '[J/(K mol)]
'Read database for propane
Tc=369.9         '[K]
Pc=4257000       '[Pa]
A_A=4.537        'Antoine coefficient A
B_A=1149.36      'Antoine coefficient B
C_A=24.91        'Antoine coefficient C


'책의 부록에 따르면 안토인 계수는 온도 구간에 따라 나누어 사용해야 하나 여기서는 편의상
277 K 이상인 경우만 사용


'Calculate EOS parameters
a=0.42748*(R^2)*(Tc^2.5)/Pc
b=0.08664*R*Tc/Pc


'Calculate cubic eq. coefficients for EOS
AA=1   'EOS 계수 a, b와 혼동하지 않게 두 번 표기
BB=-R*T/P
```

```
CC=a/P/(T^0.5)-b*R*T/P-b^2

DD=-a*b/P/(T^0.5)

PP=(3*AA*CC-BB^2)/(3*AA^2)    '압력 P와 혼동하지 않게 두 번 표기

QQ=(2*(BB^3)-9*AA*BB*CC+27*(AA^2)*DD)/(27*(AA^3))

D=(QQ^2)/4+(PP^3)/27


'Solve cubic eq. and calculate v
If D >= 0 Then  '근이 1개일 때

   v=(-QQ/2-(D^0.5))^(1/3)+(-QQ/2+(D^0.5))^(1/3)

Else  'D<0, 근이 3개일 때

   v1=2*(-PP/3)^0.5*Cos((1/3)*Acos(3*QQ/(2*PP)*(-3/PP)
^0.5))-BB/(3*AA)

   v2=2*(-PP/3)^0.5*Cos((1/3)*Acos(3*QQ/(2*PP)*(-3/PP)
^0.5)-2*3.14159/3)-BB/(3*AA)

   v3=2*(-PP/3)^0.5*Cos((1/3)*Acos(3*QQ/(2*PP)*(-3/PP)
^0.5)-4*3.14159/3)-BB/(3*AA)


Psat=10^(A_A-B_A/(T+C_A))*10^5   'Saturation pressure [Pa]


If P<Psat Then  'vapor: return max v

   v=Max(v1, v2, v3)

Elseif P>Psat Then  'liquid: return min v

   v=Min(v1, v2, v3)


Return v
```

함수를 적용하여 보면 RK EOS를 3차 방정식으로 변환 후 계산 절차를 밟은 결과와 함수의 호출 결과는 당연히 동일합니다. (보조자료 Ex 4-3_RK EOS 참조).

```
RKEOS(600, 10⁵)=0.0498 m³/mol
```

FAQ 4-10 vdW와 RK EOS에서 a, b가 달라지는 이유(T_c^2, $T_c^{2.5}$ 등)의 원인이 궁금합니다.

vdW EOS는 $P = \dfrac{RT}{v-b} - \dfrac{a}{v^2}$를 전개한 식 $Pv^3 - (RT+Pb)v^2 + av - ab = 0$이 임계점에서 $(v-v_c)^3 = 0$과 동치여야 한다는 전제에서 a, b값이 결정되었습니다.

RK EOS 역시 $P = \dfrac{RT}{v-b} - \dfrac{a}{\sqrt{T}\,v(v+b)}$를 전개한 식 $Pv^3 - RTv^2 + \left(-Pb^2 - RTb + \dfrac{a}{\sqrt{T}}\right)v - \dfrac{ab}{\sqrt{T}} = 0$이 임계점에서 $(v-v_c)^3 = 0$과 동치여야 합니다. 이 유도과정에서 a, b값이 결정됩니다. 즉, 식의 형태가 변화하였으므로 그 매개변수도 자연히 관계가 바뀌게 됩니다. T_c의 제곱계수의 차이는 이러한 식의 차이에서 나옵니다.

FAQ 4-11 어떤 경우에 실제 기체(real gas)가 되고 어떤 경우에 이상기체(ideal gas)로 가정하는 건가요? 언제 어떤 식을 쓸 수 있는지 어떻게 알 수 있는 건가요?

모든 기체는 충분히 저압, 충분히 고온에서는 이상기체를 가정해도 무방해집니다. 예를 들어 아래 그래프를 보면, 이상기체 방정식을 사용해도 별로 상관없을 구간이 확실하게 보입니다.

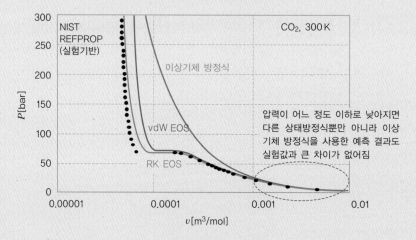

그러나 어느 정도의 온도, 압력이 이상기체로 가정하기에 충분한 값인지는 물질에 따라 다릅니다. 따라서 이하 "상태방정식의 선택" 절에서 설명하고 있는 것처럼 이를 정확하게 판단하기 위해서는 실험값과 사용할 방정식의 연산 결과를 비교하여 오차가 어느 정도 발생하는지 확인하는 과정이 필요합니다. 실제로 이러한 과정을 많이 수행하면 어느 정도 경험칙으로 판단이 가능하게 되며, 이러한 경험칙을 모으면 일종의 가이드라인이 됩니다. 예를 들어 상온에서 기체로 존재하는 물질들은 경험적으로 10 bar 이하에서는 이상기체에 근접한 물성을 가지는 편입니다.

*PR EOS의 식변환

SRK EOS나 PR EOS의 경우 학부 저학년에서는 잘 다루지 않는데, 이는 난이도가 높아서라 기보다는 매개변수가 늘어서 손으로 계산하기가 번거롭기 때문입니다. 사용하는 방법은 vdW나 RK EOS와 완전히 동일하므로 특별히 더 어려울 이유가 없으며 사실 계산 소프트웨어를 사용한 다면 거의 동일한 연산 비용으로 계산이 가능합니다.

Peng−Robinson EOS의 경우 v에 대한 3차식으로 전개하면 다음과 같습니다.

$$P = \frac{RT}{v-b} - \frac{a}{v^2+2bv-b^2} \longrightarrow$$

$$v^3 + \left(b - \frac{RT}{P}\right)v^2 + \left(\frac{a-2bRT}{P} - 3b^2\right)v + b^3 + \frac{b^2RT-ab}{P} = 0$$

다른 방정식과 마찬가지로 $(P/RT)^3$을 곱해 주어 Z에 대해서 나타낼 수도 있습니다.

$$\frac{P^3}{(RT)^3}v^3 + \left(\frac{Pb}{RT} - 1\right)\frac{P^2v^2}{(RT)^2} + \left(\frac{(a-2bRT)P^2}{P(RT)^2} - \frac{3b^2P^2}{(RT)^2}\right)\frac{Pv}{RT} + \frac{P^3b^3}{(RT)^3} + \frac{P^2(b^2RT-ab)}{(RT)^3} = 0$$

$$Z^3 + (B-1)Z^2 + (A - 2B - 3B^2)Z + B^3 + B^2 - AB = 0$$

$$A \equiv \frac{aP}{(RT)^2}, \ B \equiv \frac{bP}{RT}$$

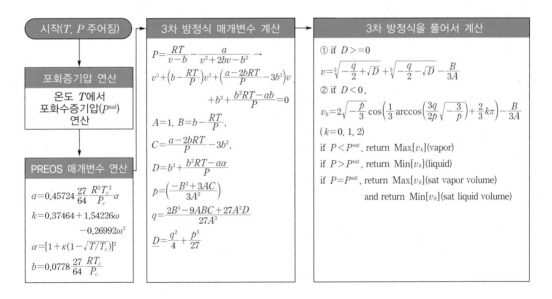

| 그림 4-15 | PR EOS의 코드화

상태방정식 혼합규칙(mixing rule)

앞서 다룬 상태방정식의 예들은 순물질만을 대상으로 이야기를 하고 있으나, 실제 자연계에 존재하는 물질들은 거의 대부분이 혼합물의 형태로 존재하므로 혼합물을 대상으로 연산하는 방법이 필요합니다. 이후 6장에서 혼합물의 물성에 대해서 보다 자세하게 알아볼 것이며, 여기서는 상태방정식을 이용해서 혼합물의 부피를 계산하고자 하는 경우 상태방정식에 적용이 가능한 대표적인 방법으로 다음의 혼합규칙(mixing rule)을 살펴보도록 하겠습니다.

$$a_{\mathrm{mix}} = \sum_i \sum_j y_i y_j a_{ij} \tag{4.26}$$

$$b_{\mathrm{mix}} = \sum_i y_i b_i \tag{4.27}$$

이를 흔히 반데르발스 혼합규칙이라고 부르며, 물질 1과 물질 2가 섞여 있을 때 작용하는 상호작용(a) 및 크기(b)가 물질 1과 2의 평균에 해당한다는 아이디어로 만들어졌습니다. vdW 매개변수 b는 분자 1몰이 차지하는 부피 혹은 분자의 크기를 의미한다고 볼 수 있으므로, 물질 1, 2가 각각 n_1, n_2몰 존재할 때 각 분자의 크기가 각각 b_1, b_2라면 이 물질이 섞인 평균 크기는 다음과 같이 추산 가능하게 됩니다(y_i는 혼합물 중 물질 i의 몰분율).

$$b_{\mathrm{mix}} = \frac{n_1 b_1 + n_2 b_2}{n_1 + n_2} = y_1 b_1 + y_2 b_2 = \sum_i y_i b_i$$

유사하게, 물질 1, 물질 2가 각각 순물질로 존재하는 경우 매개변수 a는 물질 1 분자가 다른 물질 1 분자를 잡아당기는 상호작용의 정도를 나타내는 $a_{11}(=a_1)$과 물질 2 분자가 다른 물질 2 분자를 잡아당기는 상호작용을 나타내는 $a_{22}(=a_2)$, 2종류가 있게 됩니다. 이제 두 계를 섞으면 물질 1 분자가 물질 2 분자에 미치는 상호작용(a_{12})과, 물질 2 분자가 물질 1 분자에 미치는 상호작용(a_{21})이 추가적으로 늘어나게 됩니다. 반데르발스 혼합규칙은 이 두 영향력은 서로 같고 ($a_{12} = a_{21}$), 평균적으로 작용하는 상호작용 a_{mix}는 존재하는 분자수 비율에 비례한다고 보고 다음과 같이 제시됩니다.

$$a_{\mathrm{mix}} = y_1^2 a_{11} + y_1 y_2 a_{12} + y_2 y_1 a_{21} + y_2^2 a_{22} = y_1^2 a_1 + 2 y_1 y_2 a_{12} + y_2^2 a_2 = \sum_i \sum_j y_i y_j a_{ij}$$

a_i는 순물질 i에 대한 매개변수이므로, 서로 다른 물질 i, j 분자 간에 작용하는 a_{ij}를 정의할 필요가 있습니다. 반데르발스 혼합규칙은 다음과 같이 순물질 상호작용의 기하평균값으로 접근하고 있는데 정확히 어떠한 통찰에 의거하여 제시되었는지는 모르겠으나 이후 여러 연구들에 의해서 효과적인 접근임이 확인된 바 있습니다. k_{ij}는 이성분계 상호작용 매개변수(binary interaction parameter)로 물질 간에 상호작용에 따른 편차를 실험값에 근접하게 보정하기 위해

서 추가된 매개변수로 실험적 혹은 이론적으로 해당 값을 보정하여 상태방정식의 정확도를 높일 수 있습니다.

$$a_{ij} = \sqrt{a_i a_j}(1 - k_{ij}) \qquad (4.28)$$

식 (4.26), (4.27), (4.28)은 vdW EOS뿐만 아니라 RK, SRK, PR EOS 등의 3차 상태방정식에는 동일한 방식으로 적용이 가능합니다.

만약 v가 아닌 Z에 대해서 전개한 식을 사용하고자 하는 경우에도 동일한 방식이 적용가능합니다. 예를 들어 2성분계의 RK EOS라면

$$
\begin{aligned}
A_{\mathrm{mix}} &= \frac{a_{\mathrm{mix}}P}{R^2 T^{2.5}} = y_1^2 \frac{Pa_1}{R^2 T^{2.5}} + 2y_1 y_2 \sqrt{\frac{Pa_1}{R^2 T^{2.5}} \frac{Pa_2}{R^2 T^{2.5}}}(1 - k_{ij}) + y_2^2 \frac{Pa_2}{R^2 T^{2.5}} \\
&= y_1^2 A_1 + 2y_1 y_2 \sqrt{A_1 A_2}(1 - k_{ij}) + y_2^2 A_2 = \sum_i \sum_j y_i y_j A_{ij}
\end{aligned}
$$

B도 마찬가지로

$$B_{\mathrm{mix}} = \sum_i y_i B_i$$

Ex 4-4 프로페인-n-뷰테인 혼합물

ⓐ RK EOS를 이용하여 35 bar, 150℃에서 프로페인 5 kmol의 부피를 구하라.

식 (4.23)을 이용하여 계산해 봅시다.

$$Z^3 - Z^2 + (A - B - B^2)Z - AB = 0$$

부록 테이블에서 확인하면 프로페인의 $T_c = 369.9\,\mathrm{K}$, $P_c = 42.57\,\mathrm{bar}$이므로 RK EOS 매개변수를 계산하면

$$A = 0.42748 P_r / T_r^{2.5} = 0.42748 \times \left(\frac{35}{42.57}\right) \Big/ \left(\frac{423.15}{369.9}\right)^{2.5} = 0.2511$$

$$B = 0.08664 P_r / T_r = 0.08664 \times \left(\frac{35}{42.57}\right) \Big/ \left(\frac{423.15}{369.9}\right) = 0.06227$$

$$\underline{a} = 1, \ \underline{b} = -1$$

$$\underline{c} = A - B - B^2 = 0.18496$$

$$\underline{d} = -AB = -0.015636$$

$$\underline{p} = \left(\frac{3ac - b^2}{3a^2}\right) = \frac{3 \times 0.18496 - 1}{3} = -0.1484$$

$$q = \frac{2b^3 - 9abc + 27a^2d}{27a^3} = \frac{-2 + 9 \times 0.18496 + 27 \times (-0.015636)}{27}$$

$\underline{D} = \underline{q}^2/4 + \underline{p}^3/27 = 7.582 \times 10^{-5} > 0$이므로 이는 하나의 실근을 가집니다.

$$Z = \sqrt[3]{-\frac{q}{2} + \sqrt{\underline{D}}} + \sqrt[3]{-\frac{q}{2} - \sqrt{\underline{D}}} - \frac{b}{3\underline{a}} = 0.7912$$

$$v_1 = ZRT/P = 0.7912 \times 8.314 \times 423.15/(35 \times 10^5) = 0.0007953 \, \mathrm{m^3/mol}$$

5 kmol의 부피는

$$V_1 = n_1 v_1 = 5 \, \mathrm{kmol} \times 0.795 \, \mathrm{m^3/kmol} = 3.975 \, \mathrm{m^3}$$

ⓑ RK EOS를 이용하여 35 bar, 150℃에서 뷰테인 5 kmol의 부피를 구하라.

물질만 부탄으로 변경하여 위 (a)와 같은 방식으로 계산하면 됩니다.

$$A = 0.42748 P_r / T_r^{2.5} = 0.42748 \times \left(\frac{35}{37.97}\right) \bigg/ \left(\frac{423.15}{425.2}\right)^{2.5} = 0.3988$$

$$B = 0.08664 P_r / T_r = 0.08664 \times \left(\frac{35}{37.97}\right) \bigg/ \left(\frac{423.15}{425.2}\right) = 0.08025$$

$$\underline{a} = 1, \quad \underline{b} = -1$$

$$\underline{c} = A - B - B^2 = 0.31214$$

$$\underline{d} = -AB = -0.0320$$

$$\underline{p} = \left(\frac{3ac - b^2}{3\underline{a}^2}\right) = \frac{3 \times 0.31214 - 1}{3} = -0.0212$$

$$q = \frac{2b^3 - 9abc + 27a^2d}{27\underline{a}^3} = \frac{-2 + 9 \times 0.31214 + 27 \times (-0.032)}{27} = -0.002$$

$\underline{D} = \underline{q}^2/4 + \underline{p}^3/27 = 6.8 \times 10^{-7} > 0$이므로, 이는 하나의 실근을 가집니다.

$$Z = \sqrt[3]{-\frac{q}{2} + \sqrt{\underline{D}}} + \sqrt[3]{-\frac{q}{2} - \sqrt{\underline{D}}} - \frac{b}{3\underline{a}} = 0.5135$$

$$v_2 = ZRT/P = 0.5135 \times 8.314 \times 423.15/(35 \times 10^5) = 0.0005162 \, \mathrm{m^3/mol}$$

5 kmol의 부피는

$$V_2 = n_2 v_2 = 5 \times 0.5162 = 2.581 \, \mathrm{m^3}$$

ⓒ RK EOS를 이용하여 35 bar, 150℃에서 프로페인 5 kmol과 뷰테인 5 kmol이 섞여 있는 혼합물의 부피를 구하라.

k_{ij}(이성분계 상호작용 매개변수)에 대한 정보가 없으므로 0으로 둡시다. 그럼 각 성분의 몰분율은 0.5씩이므로 혼합물의 RK EOS 매개변수는

$$A_{\mathrm{mix}} = \sum_i \sum_j y_i y_j A_{ij} = y_1^2 A_1 + 2 y_1 y_2 \sqrt{A_1 A_2} + y_2^2 A_2$$

$$= 0.5^2 \times 0.2511 + 2 \times 0.5 \times 0.5 \times \sqrt{0.2511 \times 0.3988} + 0.5^2 \times 0.3988 = 0.3207$$

$$B_{\mathrm{mix}} = \sum_i y_i B_i$$

$$= y_1 B_1 + y_2 B_2 = 0.5 \times 0.06227 + 0.5 \times 0.08025 = 0.07126$$

RK EOS를 풀면

$$Z = 0.6961$$

$$v_{\mathrm{mix}} = ZRT/P = 0.0006997 \, \mathrm{m^3/mol}$$

전체 10 kmol의 부피는

$$V_{\mathrm{mix}} = n v_{\mathrm{mix}} = 10 \times 0.6997 = 6.997 \, \mathrm{m^3}$$

위 예제를 푼 결과를 잘 살펴보면, 한 가지 재미있는 점을 발견할 수 있습니다. 프로페인과 뷰테인 순물질이 차지하는 부피를 (a)와 (b)의 연산 결과로부터 알고 있으므로, 두 물질을 섞은 혼합물의 부피는 그냥 두 순물질 부피의 합으로 추산해 보자고 생각할 수도 있을 것입니다.

$$V_{\mathrm{mix}} = V_1 + V_2 = 3.975 + 2.581 = 6.551 \, \mathrm{m^3}$$

혼합물에 대한 RK EOS를 풀어서 나온 결과 $7 \, \mathrm{m^3}$와는 꽤 차이가 나는 부피입니다. 왜 그런 걸까요? 동일한 문제를 600 K, 1 bar에서 풀어보면 다음과 같은 결과를 얻을 수 있습니다.

$$V_1 = 248.99, \; V_2 = 248.64, \; V_1 + V_2 = 497.63, \; V_{\mathrm{mix}} = 497.65$$

이번에는 순물질의 부피합이 혼합물의 상태방정식을 풀어서 얻은 결과와 거의 동일합니다. 이와 같은 상황은 상태방정식이 혼합물을 구성하는 물질의 분자 간의 상호작용을 고려하여 만들어졌기 때문에 발생합니다. 혼합물을 구성하는 분자 간의 상호작용력이 존재하지 않는 이상기체라면 두 물질을 합친 전체 부피는 각각의 물질이 차지하는 부피의 단순합으로 생각할 수 있습니다. 그러나 실제 물질들은 물질 간의 상호작용이 존재하고 그 작용력으로 인하여 이 물질들을 섞은 혼합물의 부피는 두 물질의 단순부피 합보다 작아지거나(두 종류의 분자 간의 인력이 더 강하게 작용하는 경우로 해석할 수 있음), 더 커질 수도(두 종류의 분자 간의 척력이 더 강하게 작용하는 경우로 해석할 수 있음) 있습니다. 이것이 6장에서 혼합물의 물성값에 대해서 보다 자세하게 학습하는 이유 중 하나입니다.

뷰테인은 탄소원자 4개가 모두 수소원자와 단일결합을 한 분자(C_4H_{10})의 통칭입니다. 그런데 탄화수소의 경우 탄소원자가 1~3개인 메테인(CH_4), 에테인(C_2H_6), 프로페인(C_3H_8)까지는 한 가지 분자 구조만을 가지지만 탄소원자 수가 4개인 뷰테인부터는 같은 분자식을 가지지만 원자 구조의 배열이 다른 복수의 분자를 가지는 것이 가능합니다. 심지어 단순히 모양만 다른 것이 아니라 끓는점과 같은 물질의 특성도 다른 값을 가지게 됩니다. 이러한 분자들을 이성질체(isomer)라고 부릅니다.

이때 가장 단순한 직선형 분자 구조를 가지는 탄화수소를 구별하여 노말(normal)을 의미하는 $n-$ 접두어를 붙여서 표기합니다. 예를 들어 뷰테인은 다음과 같이 직선형 분자 구조를 가지는 $n-$뷰테인과 이성질체인 $i-$뷰테인으로 구별할 수 있습니다.

이에 대한 이론적 해석과 확인 연구들이 많이 존재하지만, 아주 간단하게 답변드리자면, 대체로 비슷하게 잘 맞출 수 있기 때문이라고 할 수 있겠습니다. 논리가 아무리 그럴 듯해도 잘 안 맞으면 아무도 쓰지 않고 결과적으로 잊힌 식이 될 것입니다. 산술평균을 쓰면 안되냐? 됩니다. 여러분이 어떤 경우에 산술평균을 쓰는 것이 더 좋다는 주장을 하고 더 잘 맞는다는 이론적, 실험적 근거를 제시하고 입증하여 논문을 제출하고 과학계가 그것을 확인하고 널리 쓰게 되면 여러분의 이름이 붙은 새 혼합규칙(mixing rule)이 만들어질 것입니다. 다시 말씀드리지만 과학의 이론은 신의 율법 같은 어떤 만고불변의 법칙이 아닙니다. 누군가의 주장일 뿐입니다. 논리적 이론과 실험을 통하여 더 높은 설득력, 더 정확한 결과를 제시하는 것을 다수가 사용하고 있는 것뿐입니다.

실제로 반데르발스 혼합규칙 외에도 수많은 혼합규칙이 연구 제시되어 왔으며 이 중 특정한 경우에 더 잘 맞는 것으로 알려진 혼합규칙들은 반데르발스 혼합규칙 대신 사용되고 있습니다. 예를 들어 고압 극성 물질 혼합물의 상평형을 모사할 때는 웡-샌들러(Wong-Sandler) 혼합규칙이 보다 정확한 결과를 제공하는 것으로 알려져 있습니다.

상태방정식의 선택

여기서 소개하고 있는 상태방정식은 몇 종류 되지 않지만, 학문적으로는 오랜 시간이 지나면서 많은 연구자들에 의해서 물성 연산이 가능한 수많은 모델들이 개발되어 왔습니다. 3차 상태방정식의 형태 이외에도 다차 전개식 형태를 가지는 비리얼 상태방정식(Virial EOS) 동일성 이론을 기반으로 한 리-케슬러(Lee-Kesler) 상태방정식, NRTL과 같이 활동도(activity)를 기반으로 하는 활동도 계수 모델(activity coefficient model), 통계역학을 기반으로 한 SAFT(Statistical Associating Fluid Theory) EOS 등 다양한 열역학 모델들이 만들어져 왔고 각각 장점을 가지는 부분에서 사용되고 있습니다. 때문에 열역학적 물성 연산이 필요한 어떠한 프로젝트를 시작하고자 하는 경우에 가장 먼저 확인해야 하는 것은 어떠한 열역학 물성 모델을 사용하는 것이 해당 프로젝트에 적합한지를 판단하는 일입니다. 예를 들어서, 대상 시스템을 구성하는 물질이 고온·저압의 공기로만 이루어져 있다면 이상기체 상태방정식을 선택하더라도 충분한 정확도를 제공합니다. 그러나 물의 기액 혼합물계를 대상으로 하는데 이상기체 상태방정식을 사용한다면 얼토당토 않은 물성값을 계산하게 되므로 계산 결과는 아무런 의미가 없게 됩니다. 가장 정확한 방법은 해당 프로젝트의 중요 물질을 대상으로 실험적으로 얻어진 물성값을 다수의 열역학 모델과 비교해서 가장 근사하게 물성값을 연산가능한 모델을 선택하는 것입니다. 그러나 수많은 상태방정식을 일일이 비교하는 것은 프로젝트의 시간을 너무 길어지게 만들므로, 대략적인 특징을 알고 있는 것이 좋습니다.

일반적으로 많이 사용되는 열역학 물성 모델은 크게 상태방정식 모델 계열과 활동도 계수(activity coefficient) 모델의 2종류로 나눌 수 있습니다. 활동도 계수 모델에 대해서 공부한 적이 없는 경우에는 3차 상태방정식 형태의 모델을 사용하는 것이 어떤 경우에 적합한지 혹은 적합하지 않은지에 대해서만 일단 파악해 두기를 바랍니다. 이 책 6.5절에서도 활동도 계수 모델에 대해서 일부 다루고 있으나 아주 기초적인 도입 원리만을 설명하고 있으니 본격적으로 공부하고자 하는 경우에는 물리화학이나 화공열역학에 대하여 학습하시기를 권합니다.

| 표 4-1 | **상태방정식 모델과 활동도 계수 기반 모델의 차이점**

상태방정식(EOS) 모델	활동도 계수(activity coefficient) 기반 모델
계가 대부분 가스 상태거나, 액체가 존재하더라도 무극성 분자들 위주로 구성된 경우에 적합	극성 분자들이 포함된 액체를 모사하고자 하는 경우에 적합
기체상, 액체상 및 혼합물의 물성 연산에 적합	액체 혼합물의 물성 연산에 적합
임계점 이상의 상태 모사에 적합	임계점 이상의 상태 모사에 적합하지 않을 수 있음.
대표 모델: PR, SRK 등	대표 모델: NRTL, Wilson 등

좀더 구조적으로는 아래와 같이 과거 연구자들이 경험적으로 도출한 권장 사항을 따라서 후보 상태방정식을 추려내는 접근방법을 취할 수 있습니다.

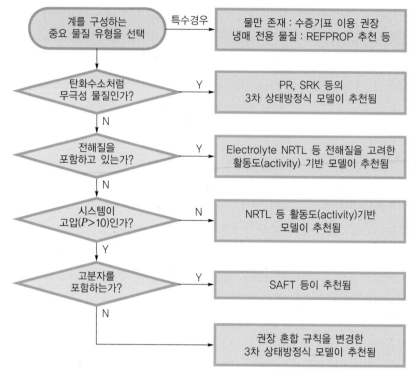

※ Elliot and Lira, *Introduction to Chemical Engineering Thermodynamics*, Prentice-Hall, 1999를 기반으로 수정함.

| 그림 4-16 | 상태방정식을 선택하는 가이드라인 예시

*3차 상태방정식의 비리얼 형태

1900년대에는 앞서 다룬 3차 상태방정식들과 달리 통계역학을 기반으로 변수의 멱급수 형태로 상태를 기술하는 상태방정식도 만들어집니다. 예를 들어 다음과 같은 형식으로 말이죠.

$$Z = \frac{Pv}{RT} = \frac{P}{RT\rho} = A + B\rho + C\rho^2 \cdots = A + \frac{B}{v} + \frac{C}{v^2} \cdots$$

이러한 형태의 방정식을 비리얼 상태방정식이라고 부르며, 우리가 알고 있는 대로 이상기체인 경우 $A = 1$이며 나머지 계수는 모두 0이 됩니다. 계수 B, C, $\cdots$ 등은 이상기체에서 벗어나는 경우 다른 값을 가지게 되며 이 계수들이 어떻게 결정되어야 하는지에 대한 많은 연구가 있었고 그 결과 비리얼 계수 B의 경우 2분자 간의 상호작용을, C의 경우 3분자 간의 상호작용을 나타낸다는 것이 밝혀졌습니다. 이러한 내용을 보다 자세히 알고 싶으면 통계역학 수업을 들어보시기 바랍니다.

여기서 다루고자 하는 것은, 3차 상태방정식을 비리얼 상태방정식 형태로 변환이 가능하다는 점입니다. 예를 들어 vdW EOS는

$$P = \frac{RT}{v-b} - \frac{a}{v^2}$$

$$\frac{Pv}{RT} = \frac{v}{v-b} - \frac{a}{RTv} = \frac{1}{1-b/v} - \frac{a}{RTv}$$

테일러 전개에 따르면

$$\frac{1}{1-x} = 1 + x + x^2 \cdots$$

따라서

$$\frac{Pv}{RT} = \frac{1}{1-b/v} - \frac{a}{RTv} = 1 + \left(b - \frac{a}{RT}\right)\frac{1}{v} + \frac{b^2}{v^2} + \cdots$$

$$Z = 1 + \frac{B}{v} + \frac{C}{v^2} \cdots \tag{4.29}$$

이는 v에 대한 멱급수 형태가 됩니다. 다음과 같이 P에 대한 멱급수 형태로도 나타낼 수가 있는데

$$Z = 1 + B'P + C'P^2 + \cdots \tag{4.30}$$

식 (4.29)의 양변에 RT/v를 곱하면

$$P = \frac{RT}{v} + \frac{BRT}{v^2} + \frac{CRT}{v^3} \cdots$$

이를 식 (4.30)의 우변 P에 대입하면

$$Z = 1 + B'\left(\frac{RT}{v} + \frac{BRT}{v^2} + \frac{CRT}{v^3} \cdots\right) + C'\left(\frac{RT}{v} + \frac{BRT}{v^2} + \frac{CRT}{v^3} \cdots\right)^2 + \cdots$$

$$= 1 + \frac{B'RT}{v} + \frac{(B'BRT + C'R^2T^2)}{v^2} + \cdots$$

즉, 계수 간 다음과 같은 관계들이 성립하면 식 (4.29)와 식 (4.30)은 같은 식이 됩니다.

$$B' = \frac{B}{RT}, \; C' = \frac{C - B'BRT}{R^2T^2} = \frac{C - B^2}{(RT)^2}, \; \cdots$$

이렇게 전개된 비리얼 형태는 경우에 따라 매우 유용하게 사용됩니다.

PRACTICE

1 개념정리: 다음을 설명하라.

  (1) 분산력(Dispersion force)
  (2) 반데르발스 힘(van der Waals force)

2 반데르발스 상태방정식(vdW EOS)과 안토인 식을 이용하여 프로페인의 Pv선도상 300 K, 320 K, 340 K 등온선을 그려라.

3 vdW EOS를 이용, 1 bar, 320 K과 20 bar, 320 K에서 프로페인의 몰부피를 구하라.

4 RK EOS를 이용, 1 bar, 320 K과 20 bar, 320 K에서 프로페인의 몰부피를 구하라.

5 프로페인의 실제 몰부피는 1 bar, 320 K에서 약 26.2 (m^3/kmol), 20 bar, 320 K에서 약 0.096 (m^3/kmol)이다. 3번 문제와 4번 문제의 연산 결과를 비교해 볼 때 어떠한 차이가 있는지 설명하여라.

편차함수(departure function)

5.1 / 열역학적 기본 물성 관계(fundumental thermodynamic property relation)

1~4장에 걸쳐 우리는 다양한 열역학 물성(property)들에 대해서 살펴보았습니다. 크게 나누자면 우리가 다루었던 물성들은 다음과 같이 분류할 수 있습니다.

> **그룹 1: 직관적으로 파악할 수 있는, 측정이 가능한 물성:** 온도(T), 압력(P), 부피(V), 열용량(C_p)과 같이 직접적으로 측정이 가능하며 직관적으로 이해하기 쉬운 물성입니다.
>
> **그룹 2: 직접적으로 측정하기는 어려우나, 자연을 관측하고 연구한 결과 도출된 열역학 제1법칙 및 제2법칙을 설명하는 과정에서 정립된 물성:** 직접 측정이 가능하지는 않지만 자연 현상을 설명하는 과정에서 발견한 상태함수로 내부에너지(U)와 엔트로피(S)와 같은 물성들입니다.
>
> **그룹 3: 직접적으로 측정하기 어렵고, 열역학적 편의를 위해서 수학적으로 정의한 물성:** 엔탈피($H = U+PV$)와 같이 수학적으로 유도된 물성입니다.

여기서 그룹 1은 이해하기도 쉽고 직접 측정이 가능한 물성들이라서 얻기가 용이합니다. 반면, 그룹 2나 3의 물성들은 상대적으로 이해하기도 어렵고, 직접 측정도 불가능합니다. 그렇지만 2, 3장에서 다룬 것과 같이 어떤 설비의 에너지 출입 및 효율을 연산하기 위해서는 엔탈피나 엔트로피의 연산은 필수적으로 필요한 물성들입니다. 즉, 어떤 설비를 설계, 분석하기 위해서는 그 계를 구성하는 물질의 엔탈피나 엔트로피를 알아야 합니다. 그렇다면 직접적으로 측정이 불가능한 엔탈피나 엔트로피는 어떻게 알 수 있을까요? 만약 직접적으로 측정이 가능한 그룹 1의 물성, 온도, 압력, 부피 등으로부터 그룹 2, 3의 물성인 엔트로피나 엔탈피를 연산할 수 있는 방법이 있다면 어떨까요?

지금까지 다룬 열역학적 물성들을 잘 파악하고 있다면 이러한 접근이 가능하다는 것을 짐작할 수 있을 것입니다. 수증기표와 상태가설(state postulate)을 떠올려보면 수식적으로 어떻게 연결되어 있는지는 몰라도 온도와 압력만 알면 질량당 부피나 질량당 엔탈피와 같은 열역학 물성들을 결정할 수 있었습니다. 즉, 열역학적 세기성질들은 서로 독립적인 것이 아니라 연관되어 있는 변수라는 것을 의미합니다. 예를 들어 포화상태가 아닌 과열 수증기는 어떤 변수라도 2개만 독립적으로 결정하면 상태를 결정할 수 있으므로, 온도와 압력이 아니라 온도와 엔트로피, 온도와 엔탈피, 엔탈피와 엔트로피를 알아도 상태를 결정하고 원하는 물성값을 얻는 것이 가능합니다. 즉 임의의 물성 z에 대해서 임의의 열역학적 물성 (x, y)를 안다면 z는 (x, y)와 어떠한 상관관계를 가진다는 것을 알 수 있습니다. 예를 들어

$$v = v(P, T),\ v = v(T, s),\ v = v(T, h),\ v = v(h, s),\ \cdots$$
$$P = P(T, v),\ P = P(T, s),\ P = P(T, h),\ P = P(h, s),\ \cdots$$

상태방정식을 풀었던 기억을 떠올려보면 실제 물질의 기체와 액체상태의 P, T, v 역시 어떤 변수라도 2개만 독립적으로 결정하면 남은 물성값을 연산할 수 있는 것도 확인했습니다.

$$P = P(T, v)$$
$$T = T(P, v)$$
$$v = v(T, P)$$

즉, 계산하기를 원하는 물성인 엔탈피나 엔트로피를 측정 및 연산 가능한 P, T, v 등의 함수로 나타내고 이를 수식적으로 정의할 수 있다면, 우리는 엔탈피를 계산할 수 있게 됩니다.

그 한 예가 2장에서 다룬 다음의 엔탈피와 온도와의 관계입니다.

$$\Delta h = h(T) = \int c_P(T)\,dT$$

이 식은 비열용량을 매개로 측정 불가능한 엔탈피를 측정 가능한 온도로부터 알 수 있게 해 주는 식이었습니다. 그러나 이 식은 한계점이 하나 있었는데요. c_P와 엔탈피가 온도만의 함수라는 가정 자체가 이상기체에서만 성립한다는 점입니다. 즉 엄밀하게 말하자면 이 식은 어떤 물질이 "이상기체(ideal gas)"에 가까운 조건에서 엔탈피와 온도와의 관계가 됩니다.

$$\Delta h^{\mathrm{ig}} = h^{\mathrm{ig}}(T) = \int c_P^{\mathrm{ig}}(T)\,dT$$

이 식을 적용하여 얻은 엔탈피는 이상기체에 가까운 저압에서는 비교적 정확도가 높으나, 고압 저온 등 이상기체에서 멀어질수록 오차가 커지게 됩니다.

결국 실제 기체를 대상으로 엔탈피나 엔트로피를 연산하고자 하는 경우, 관계식을 확장할 필요가 있습니다. 만약 실제 기체를 대상으로 다음과 같은 함수관계를 나타내고 이를 수식으로 정의할 수 있다면, 우리는 엔탈피나 엔트로피를 측정 가능한 온도, 압력, 부피와 같은 변수로부터 연산하는 것이 가능해집니다. 이러한 내용을 이 장에서 다룰 것입니다.

$$h = h(P, T),\ h = h(P, v),\ h = h(T, v)$$
$$s = s(P, T),\ s = s(P, v),\ s = s(T, v)$$

FAQ 2-7에서 다룬 것처럼 2개의 독립변수를 가지는 함수 $f = f(x, y)$에 대해서 함수 전체의 변화량인 전미분소 df는 다음과 같이 나타낼 수 있었습니다(Kreyszig 공업수학 1.4장). 이것은 열역학과 무관하게 어떠한 함수에 대한 수학적 관계입니다.

$$df = \left(\frac{\partial f}{\partial x}\right)_y dx + \left(\frac{\partial f}{\partial y}\right)_x dy = M\,dx + N\,dy,\ M = \left(\frac{\partial f}{\partial x}\right)_y,\ N = \left(\frac{\partial f}{\partial y}\right)_x \tag{5.1}$$

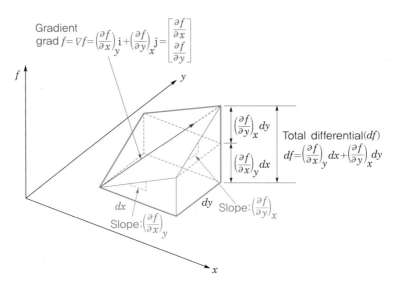

| 그림 5-1 | **다변수함수의 전미분소 개념**

함수 f가 존재하는 경우에는 다음과 같이 편미분 순서를 교환해도 결과가 동일한 관계가 성립하는데, 이를 맥스웰 관계식(Maxwell relation)이라고 부릅니다.

$$\left(\frac{\partial M}{\partial y}\right)_x = \frac{\partial}{\partial y}\left(\frac{\partial f}{\partial x}\right) = \frac{\partial^2 f}{\partial x \partial y} = \frac{\partial}{\partial x}\left(\frac{\partial f}{\partial y}\right) = \left(\frac{\partial N}{\partial x}\right)_y \tag{5.2}$$

예를 들어 $f = x^2 y + xy$라면

$$M = \left(\frac{\partial f}{\partial x}\right)_y = 2xy + y, \; N = \left(\frac{\partial f}{\partial y}\right)_x = x^2 + x$$

$$\left(\frac{\partial M}{\partial y}\right)_x = 2x + 1 = \left(\frac{\partial N}{\partial x}\right)_y$$

이제 열역학 기본 물성이라고 불리는 u, h, a, g 4개의 물성에 대해서 정리해 봅시다.

열역학 제1법칙에서

$$du = \delta q + \delta w$$

u는 어떠한 경로를 선택해도 시작과 도착 상태가 같으면 같은 값을 가지는 상태함수였습니다. 즉, 가역적인 공정이라는 특정한 경로를 택해서 계산하더라도 결과는 동일합니다.

$$du = \delta q_{\text{rev}} + \delta w_{\text{rev}} \tag{5.3}$$

열역학 제2법칙에서 $ds = \dfrac{\delta q_{\text{rev}}}{T}$이므로

$$du = Tds - Pdv \tag{5.4}$$

엔탈피 h는 다음과 같이 정의된 수식이었습니다.

$$H \equiv U + PV$$

따라서 dh는

$$dh = d(u + Pv) = du + Pdv + vdP$$

식 (5.4)의 결과를 적용하면

$$dh = Tds + vdP \tag{5.5}$$

a(헬름홀츠 자유에너지)와 g(깁스 자유에너지)는 아직 이 책에서 다루지 않았지만, 일단 어떤 의미를 가지는지는 모르더라도 상관없으니 아래와 같은 수식적 정의를 가진 상태함수라는 것만 기억해 주세요. 엔탈피 때에도 그랬었지만 의미가 부여되기 전에 수식적 정의가 먼저 나왔다는 부분을 떠올려 보세요.

$$A \equiv U - TS$$
$$G \equiv H - TS$$

그럼 da와 dg는 다음과 같이 나타낼 수 있습니다.

$$da = d(u - Ts) = du - Tds - sdT = -sdT - Pdv \tag{5.6}$$
$$dg = d(h - Ts) = dh - Tds - sdT = -sdT + vdP \tag{5.7}$$

이제 식 (5.1), (5.2)의 수학적 관계들을 식 (5.4)~(5.7)에 적용해 보면 다음과 같은 관계들을 유도할 수 있습니다. 특히 유용한 것이 우측 4개의 맥스웰(Maxwell) 관계식들인데, 다음 절에서 왜 유용한지를 알 수 있을 것입니다.

$$df = Mdx + Ndy = \left(\frac{\partial f}{\partial x}\right)_y dx + \left(\frac{\partial f}{\partial y}\right)_x dy \qquad M = \left(\frac{\partial f}{\partial x}\right)_y \qquad N = \left(\frac{\partial f}{\partial y}\right)_x \qquad \left(\frac{\partial M}{\partial y}\right)_x = \left(\frac{\partial N}{\partial x}\right)_y$$

$$du = Tds - Pdv = \left(\frac{\partial u}{\partial s}\right)_v ds + \left(\frac{\partial u}{\partial v}\right)_s dv \qquad T = \left(\frac{\partial u}{\partial s}\right)_v \qquad P = -\left(\frac{\partial u}{\partial v}\right)_s \qquad \boxed{\left(\frac{\partial T}{\partial v}\right)_s = -\left(\frac{\partial P}{\partial s}\right)_v}$$

$$dh = Tds + vdP = \left(\frac{\partial h}{\partial s}\right)_P ds + \left(\frac{\partial h}{\partial P}\right)_s dP \qquad T = \left(\frac{\partial h}{\partial s}\right)_P \qquad v = \left(\frac{\partial h}{\partial P}\right)_s \qquad \left(\frac{\partial T}{\partial P}\right)_s = \left(\frac{\partial v}{\partial s}\right)_P$$

$$da = -sdT - Pdv = \left(\frac{\partial a}{\partial T}\right)_v dT + \left(\frac{\partial a}{\partial v}\right)_T dv \qquad s = -\left(\frac{\partial a}{\partial T}\right)_v \qquad P = -\left(\frac{\partial a}{\partial v}\right)_T \qquad \left(\frac{\partial s}{\partial v}\right)_T = \left(\frac{\partial P}{\partial T}\right)_v$$

$$dg = -sdT + vdP = \left(\frac{\partial g}{\partial T}\right)_P dT + \left(\frac{\partial g}{\partial P}\right)_T dP \qquad s = -\left(\frac{\partial g}{\partial T}\right)_P \qquad v = \left(\frac{\partial g}{\partial P}\right)_T \qquad \left(\frac{\partial s}{\partial P}\right)_T = -\left(\frac{\partial v}{\partial T}\right)_P$$

맥스웰 관계식

추가적으로 위 온도에 대한 관계와 정적비열의 정의[식 (2.24)]에서 다음을 유도할 수 있습니다.

$$T = \left(\frac{\partial u}{\partial s}\right)_v = \left(\frac{\partial u}{\partial T}\right)_v \left(\frac{\partial T}{\partial s}\right)_v = c_v \left(\frac{\partial T}{\partial s}\right)_v$$

$$\left(\frac{\partial s}{\partial T}\right)_v = \frac{c_v}{T} \tag{5.8}$$

같은 방식으로 정압비열의 정의[식 (2.61)]에서

$$T = \left(\frac{\partial h}{\partial s}\right)_P = \left(\frac{\partial h}{\partial T}\right)_P \left(\frac{\partial T}{\partial s}\right)_P = c_P \left(\frac{\partial T}{\partial s}\right)_P$$

$$\left(\frac{\partial s}{\partial T}\right)_P = \frac{c_P}{T} \tag{5.9}$$

FAQ 5-1 $G = H - TS$가 감이 안 오는데, 정확히 뭘 뜻하는 건가요?

깁스 자유에너지(Gibbs Free Energy)의 정의입니다. 6장에서 다룰 예정이니 일단은 그냥 엔탈피처럼 수학적으로 정의된 함수 중 하나라고 생각합시다. $H = U + PV$도 수학적 정의가 먼저고 해석은 그 다음에 붙었던 것처럼요.

FAQ 5-2 $d(Pv)$가 왜 $Pdv + vdP$가 되나요?

또 열역학이 아닌 수학 이야기인데요. 수학시간에 미분 곱의 법칙(product rule)을 본 적이 있을 것입니다.

$$\frac{d(xy)}{dt} = x\frac{dy}{dt} + y\frac{dx}{dt}$$

양변에 dt를 곱하면 얻어집니다.

$$d(xy) = xdy + ydx$$

곱의 법칙부터 기억이 안 난다면, 수학 나머지 공부가 필요합니다. 두 변의 길이가 x, y인 직사각형의 넓이를 구하는 함수를 z라고 생각해 보면

$$z = xy$$

이때 Δz는 각 변의 길이가 x에서 $x + \Delta x$, y에서 $y + \Delta y$만큼 증가했을 때 면적이 증가한 차이값이 됩니다.

$$\Delta z = \Delta(xy) = (x + \Delta x)(y + \Delta y) - xy$$

도함수의 정의에서

$$\frac{d(xy)}{dt} = \lim_{\Delta t \to 0} \frac{\Delta(xy)}{\Delta t} = \lim_{\Delta t \to 0} \frac{x\Delta y + y\Delta x + \Delta x\Delta y}{\Delta t} = \lim_{\Delta t \to 0} x\frac{\Delta y}{\Delta t} + \lim_{\Delta t \to 0} y\frac{\Delta x}{\Delta t} + \lim_{\Delta t \to 0} \frac{\Delta x}{\Delta t} \cdot \frac{\Delta y}{\Delta t} \cdot \Delta t$$

$$= x\frac{dy}{dt} + y\frac{dx}{dt} + \frac{dx}{dt}\frac{dy}{dt} \cdot 0 = x\frac{dy}{dt} + y\frac{dx}{dt}$$

FAQ **5-3** $da = -sdT - Pdv,\ dg = vdP - sdT$ 왜 이렇게 되나요?

a, g는 수학적 정의 자체가 다음과 같습니다.

$$a \equiv u - Ts$$
$$g \equiv h - Ts$$

a의 미분소를 구해 보면

$$da = du - Tds - sdT$$

식 (5.4)에서 $du = Tds - Pdv$이므로

$$da = Tds - Pdv - Tds - sdT = -Pdv - sdT$$

g의 미분소를 구해 보면

$$dg = dh - Tds - sdT$$

식 (5.5)에서 $dh = Tds + vdP$이므로

$$dg = Tds + vdP - Tds - sdT = vdP - sdT$$

FAQ **5-4** 어떻게 $T = \left(\frac{\partial u}{\partial s}\right)_v$에서 $\left(\frac{\partial s}{\partial T}\right)_v = \frac{c_v}{T}$가 나오나요?

이것도 열역학보다는 수학 이야기입니다.

해당 과정을 보이기 위해서는 열역학 물성의 편도함수 간에 다음의 2가지 관계, 연쇄 규칙과 역수 정리가 성립함을 알아야 합니다.

$$\left(\frac{\partial y}{\partial x}\right)_z = \left(\frac{\partial y}{\partial w}\right)_z \left(\frac{\partial w}{\partial x}\right)_z$$
$$\left(\frac{\partial y}{\partial x}\right)_z \left(\frac{\partial x}{\partial y}\right)_z = 1$$

연쇄 규칙을 적용하면 다음이 성립합니다.

$$T = \left(\frac{\partial u}{\partial s}\right)_v = \left(\frac{\partial u}{\partial T}\right)_v \left(\frac{\partial T}{\partial s}\right)_v = c_v \left(\frac{\partial T}{\partial s}\right)_v$$

역수 정리가 성립하면

$$\left(\frac{\partial s}{\partial T}\right)_v = \frac{1}{\left(\frac{\partial T}{\partial s}\right)_v} = \frac{c_v}{T}$$

연쇄 규칙을 증명하는 방법은 다양한데, 한 가지 예를 들면 변수 x, y, z, w가 자유도 2를 가지는, 즉 2개의 독립변수로 나타낼 수 있는 함수관계로 나타난다고 생각해 봅시다.

y를 독립변수 w, z에 대한 함수로 나타낸다면

$$dy = \left(\frac{\partial y}{\partial w}\right)_z dw + \left(\frac{\partial y}{\partial z}\right)_w dz$$

w를 독립변수 x, z에 대한 함수로 나타낼 수도 있을 것입니다.

$$dw = \left(\frac{\partial w}{\partial x}\right)_z dx + \left(\frac{\partial w}{\partial z}\right)_x dz$$

위의 dw를 윗윗식에 대입하면

$$dy = \left(\frac{\partial y}{\partial w}\right)_z \left(\left(\frac{\partial w}{\partial x}\right)_z dx + \left(\frac{\partial w}{\partial z}\right)_x dz\right) + \left(\frac{\partial y}{\partial z}\right)_w dz$$

$$dy = \left(\frac{\partial y}{\partial w}\right)_z \left(\frac{\partial w}{\partial x}\right)_z dx + \left[\left(\frac{\partial y}{\partial w}\right)_z \left(\frac{\partial w}{\partial z}\right)_x + \left(\frac{\partial y}{\partial z}\right)_w\right] dz$$

그런데 y를 독립변수 x, z에 대한 함수로 나타내려면 다음이 성립해야 하므로

$$dy = \left(\frac{\partial y}{\partial x}\right)_z dx + \left(\frac{\partial y}{\partial z}\right)_x dz$$

두 식이 등식이 되려면 dx와 dz의 계수가 같아야 합니다. 따라서

$$\left(\frac{\partial y}{\partial x}\right)_z = \left(\frac{\partial y}{\partial w}\right)_z \left(\frac{\partial w}{\partial x}\right)_z$$

성립하는지 간단한 예로 확인해 봅시다. x, y, z, w가 다음의 두 관계식을 만족, 자유도가 2인 경우에

$$y = z^2 - 2w$$

$$w = 2z - x^2$$

$$\left(\frac{\partial y}{\partial w}\right)_z = -2$$

$$\left(\frac{\partial w}{\partial x}\right)_z = -2x$$

$$\left(\frac{\partial y}{\partial x}\right)_z = \left(\frac{\partial (z^2 - 4z + 2x^2)}{\partial x}\right)_z = 4x = \left(\frac{\partial y}{\partial w}\right)_z \left(\frac{\partial w}{\partial x}\right)_z$$

이를 적용하면

$$\left(\frac{\partial u}{\partial s}\right)_v = \left(\frac{\partial u}{\partial T}\right)_v \left(\frac{\partial T}{\partial s}\right)_v$$

역수정리의 경우에는 다음과 같은 방법이 있습니다. 세 변수 x, y, z에 대해서 $x = x(y, z)$의 관계에 대해서 전미분소 dx를 나타내면

$$dx = \left(\frac{\partial x}{\partial y}\right)_z dy + \left(\frac{\partial x}{\partial z}\right)_y dz$$

독립변수를 x, z로 선택하면 y에 대한 함수 $y = y(x, z)$로도 나타낼 수 있습니다. 이 경우 전미분소 dy는

$$dy = \left(\frac{\partial y}{\partial x}\right)_z dx + \left(\frac{\partial y}{\partial z}\right)_x dz$$

이 dy를 윗식에 대입하면

$$dx = \left(\frac{\partial x}{\partial y}\right)_z \left(\left(\frac{\partial y}{\partial x}\right)_z dx + \left(\frac{\partial y}{\partial z}\right)_x dz\right) + \left(\frac{\partial x}{\partial z}\right)_y dz = \left(\frac{\partial x}{\partial y}\right)_z \left(\frac{\partial y}{\partial x}\right)_z dx + \left[\left(\frac{\partial x}{\partial y}\right)_z \left(\frac{\partial y}{\partial z}\right)_x + \left(\frac{\partial x}{\partial z}\right)_y\right] dz$$

dx에 대한 항등식이 성립하려면 다음을 만족해야 합니다.

$$\left(\frac{\partial x}{\partial y}\right)_z \left(\frac{\partial y}{\partial x}\right)_z = 1$$

$$\left(\frac{\partial x}{\partial y}\right)_z\left(\frac{\partial y}{\partial z}\right)_x + \left(\frac{\partial x}{\partial z}\right)_y = 0$$

첫 번째 등식이 역수 정리가 됩니다. 성립하는지 간단한 예를 확인해 봅시다. x, y, z가 다음을 만족한다고 할 때

$$y = xz^2$$

$$\left(\frac{\partial x}{\partial y}\right)_z = \frac{1}{z^2}, \ \left(\frac{\partial y}{\partial x}\right)_z = z^2, \ \left(\frac{\partial x}{\partial y}\right)_z\left(\frac{\partial y}{\partial x}\right)_z = 1$$

참고로 두 번째 등식의 경우 다음과 같이 변형이 가능한데

$$\left(\frac{\partial x}{\partial y}\right)_z\left(\frac{\partial y}{\partial z}\right)_x = -\left(\frac{\partial x}{\partial z}\right)_y$$

양변에 $\left(\frac{\partial z}{\partial x}\right)_y$를 곱하면 역수 정리에 의해

$$\left(\frac{\partial x}{\partial y}\right)_z\left(\frac{\partial y}{\partial z}\right)_x\left(\frac{\partial z}{\partial x}\right)_y = -\left(\frac{\partial x}{\partial z}\right)_y\left(\frac{\partial z}{\partial x}\right)_y = -1$$

이를 순환 규칙(cyclic rule) 혹은 삼중곱 규칙(triple product rule)이라고 부르고, 곧 쓸 것입니다.

5.2 열역학 물성의 연산

엔트로피의 연산

이제, 측정 불가능한 엔트로피를 측정 가능한 물성을 독립변수로 하여 연산 가능하도록 유도해 봅시다. 예를 들어 온도와 압력을 독립변수로 하여 $s = s(T, P)$ 연산을 하고자 할 때, 식 (5.1)과 같이 T와 P에 대해서 전미분소 ds를 나타내면

$$ds = \left(\frac{\partial s}{\partial T}\right)_P dT + \left(\frac{\partial s}{\partial P}\right)_T dP \tag{5.10}$$

식 (5.9)에서

$$\left(\frac{\partial s}{\partial T}\right)_P = \frac{c_P}{T}$$

맥스웰 관계식에서

$$\left(\frac{\partial s}{\partial P}\right)_T = -\left(\frac{\partial v}{\partial T}\right)_P$$

따라서 식 (5.10)은

$$ds = \frac{c_P}{T}dT - \left(\frac{\partial v}{\partial T}\right)_P dP \tag{5.11}$$

이 식의 우변을 보면, 엔트로피를 계산하기 위해서 필요한 변수들은 P, T, v, c_P뿐입니다. 즉, 연산이 쉽고 직접적으로 측정이 가능한 그룹 1의 변수들만으로 엔트로피 변화를 나타내는 것이 가능하게 되었습니다. 이제 어떠한 물질의 온도(T)에 대한 몰부피(v)의 편도함수를 구할 수 있다면, 이를 이용하여 직접 계산이 가능하게 됩니다. 예를 들어서 이상기체 방정식 $Pv = RT$가 성립하는 구간이라면

$$\left(\frac{\partial v}{\partial T}\right)_P = \left(\frac{\partial (RT/P)}{\partial T}\right)_P = \frac{R}{P}$$

이 경우 식 (5.11)은 다음과 같이 나타낼 수 있습니다.

$$ds = \frac{c_P}{T}dT - \frac{R}{P}dP \tag{5.12}$$

이제 상태 1(T_1, P_1)에서 상태 2(T_2, P_2)로 변화했을 때 엔트로피 변화량을 계산해 봅시다.

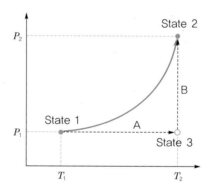

| 그림 5-2 | 엔트로피 차이의 연산 경로

엔트로피는 상태함수이므로 시작과 끝 상태가 같으면 경로는 상관없이 엔트로피의 변화량은 일정합니다. 따라서 계산이 편하게 압력이 일정한 상태에서 온도가 변화하는 공정 A와 온도가 일정하며 압력이 변화하는 공정 B로 나누어서 엔트로피 변화량을 계산 후 이를 합쳐봅시다. 경로 A에서는 $dP = 0$이므로 식 (5.12)를 적분하면

$$\Delta s_A = \int ds_A = \int_{T_1}^{T_2} \frac{c_P}{T}dv$$

경로 B에서는 $dT = 0$이므로

$$\Delta s_B = \int ds_B = -\int_{P_1}^{P_2} \frac{R}{P}dP = -R\ln\frac{P_2}{P_1}$$

$\Delta s = \Delta s_A + \Delta s_B$이므로

$$\Delta s = \int_{T_1}^{T_2} \frac{c_P}{T}dv - R\ln\frac{P_2}{P_1}$$

이는 이상기체의 엔트로피에 초반부에 유도했던 식 (3.5)와 동일한 결과입니다. 이상기체가 아니라면 $\left(\frac{\partial v}{\partial T}\right)_P$의 연산을 실제 기체의 상태방정식으로부터 도출하면 됩니다. 그런데 우리가 배운 3차 상태방정식은 $P = P(T, v)$의 형태라서 T에 대한 v의 편도함수를 구하는 것이 불편합니다.

동일한 과정을 독립변수를 바꿔서 접근해 봅시다. 예를 들어서 온도와 몰부피를 독립적으로 사용할 수 있는 상황이라서 $s = s(T, v)$ 연산을 하고자 하면

$$ds = \left(\frac{\partial s}{\partial T}\right)_v dT + \left(\frac{\partial s}{\partial v}\right)_T dv$$

식 (5.8)에서

$$\left(\frac{\partial s}{\partial T}\right)_v = \frac{c_v}{T}$$

맥스웰 관계식에서

$$\left(\frac{\partial s}{\partial v}\right)_T = \left(\frac{\partial P}{\partial T}\right)_v$$

따라서

$$ds = \frac{c_v}{T}dT + \left(\frac{\partial P}{\partial T}\right)_v dv \tag{5.13}$$

이 식의 우변 역시 P, T, v, c_v만 필요로 합니다. 게다가 이번엔 편도함수를 압력에 대한 온도의 편도함수로 나타낼 수 있게 되었습니다. 즉, 반데르발스 상태방정식과 같이 P에 대해서 정리된 식을 적용하기가 용이해집니다. 이는 5.3절에서 이어서 다룹니다.

이와 같은 과정들을 살펴보면, 다음과 같은 사실들을 알 수 있게 됩니다. 1) 맥스웰 관계식을 사용하여 식 (5.11)이나 식 (5.13)과 같은 관계식을 유도해 내면 엔트로피와 같이 직접 측정이 불가능한 그룹 2, 3의 물성값을 측정 및 연산이 용이한 그룹 1의 물성값으로부터 계산하는 것이 가능하며, 2) 한 가지 식만 나오는 것이 아니라 원하는 독립변수를 (T, v) 혹은 (T, P) 사용자가 선택적으로 원하는 형태로 유도하는 것이 가능하다는 것을 알 수 있습니다. 이는 원하는 물성값을 연산하는 데 굉장히 큰 편리성을 제공합니다.

내부에너지의 연산

내부에너지에 대한 열역학 기본 물성 관계 식 (5.4)의 ds에 위의 식 (5.13)을 대입하여 보면 다음과 같은 식을 유도할 수 있습니다.

$$du = T(ds) - Pdv \rightarrow du = T\left[\frac{c_v}{T}dT + \left(\frac{\partial P}{\partial T}\right)_v dv\right] - Pdv$$

$$du = c_v dT + \left[T\left(\frac{\partial P}{\partial T}\right)_v - P\right]dv \tag{5.14}$$

만약 이상기체를 대상으로 하는 경우,

$$\left(\frac{\partial P}{\partial T}\right)_v = \left(\frac{\partial (RT/v)}{\partial T}\right)_v = \frac{R}{v}$$

$$T\left(\frac{\partial P}{\partial T}\right)_v - P = \frac{RT}{v} - P = P - P = 0$$

즉 식 (5.14)는 앞에서 다루었던 이상기체의 내부에너지 식 (2.25) $(du = c_v dT)$로 환원됩니다. 실제 기체의 내부에너지는 2가지 물성에 대한 함수이며 이상기체의 경우는 온도만의 함수로 나타나게 된다는 것을 재확인할 수 있습니다. 실제 기체를 대상으로 하는 경우 상태방정식으로부터 온도에 대한 압력의 편도함수를 유도하여 연산이 가능해집니다.

Ex 5-1 프로페인의 닫힌계 등온팽창

항온조가 설치되어 400 K으로 등온이 유지되는 실린더 내에 프로페인 1몰이 20 bar에서 1 bar로 등온팽창하였다. 팽창하면서 9 kJ의 열을 흡수한 경우 vdW EOS를 사용하여 기체가 한 일을 구하라.

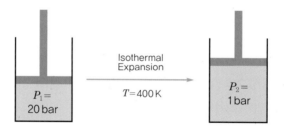

이상기체라면 등온팽창에서 내부에너지의 변화는 0이므로 흡수한 열량만큼의 일인 9 kJ의 일을 하게 될 것입니다. 여기서 실제기체 프로판을 대상으로 하면 내부에너지는 더 이상 온도만의 함수가 아니므로 등온공정이라도 내부에너지의 변화가 있습니다. vdW EOS를 풀어서 v를 얻으면 (C5_examples 보조자료 참조)

$$\text{vdw EOS: } P = \frac{RT}{v-b} - \frac{a}{v^2}$$

$$v_1 = 0.00145, \ v_2 = 0.03306 (\text{m}^3/\text{mol})$$

식 (5.14)에 vdW EOS를 적용해 보면

$$\left(\frac{\partial P}{\partial T}\right)_v = \frac{R}{v-b}$$

$$T\left(\frac{\partial P}{\partial T}\right)_v - P = \frac{RT}{v-b} - \frac{RT}{v-b} + \frac{a}{v^2} = \frac{a}{v^2}$$

즉, vdW EOS를 사용하는 경우 식 (5.14)는 다음과 같이 사용이 가능해집니다.

$$du = c_v dT + \frac{a}{v^2} dv$$

등온공정에서 $dT = 0$이므로

$$\Delta u = \int du = \int_{v_1}^{v_2} \frac{a}{v^2} dv = \left[-\frac{a}{v}\right]_{v_1}^{v_2}$$

$$= -0.937\frac{Jm^3}{mol^2}\left(\frac{1}{0.03306} - \frac{1}{0.00145}\right)\frac{m^3}{mol} = 617.8\,J/mol$$

$$w = \Delta u - q = 0.62 - 9 = -8.4\,kJ/mol$$

즉, 프로페인 기체 1몰이 한 일은 8.4 kJ입니다.

엔탈피의 연산

엔탈피에 대한 열역학 기본 물성 관계 식 (5.5)의 ds에 위의 식 (5.11)을 대입하여 보면

$$dh = Tds + vdP \rightarrow dh = T\left(\frac{c_P}{T}dT - \left(\frac{\partial v}{\partial T}\right)_P dP\right) + vdP$$

$$dh = c_P dT + \left[v - T\left(\frac{\partial v}{\partial T}\right)_P\right]dP \tag{5.15}$$

이상기체 방정식을 적용가능한 경우 식 (5.15)는 우리가 알고 있는 식 (2.62)로 환원됩니다.

$$v - T\left(\frac{\partial v}{\partial T}\right)_P = v - T\left(\frac{\partial (RT/P)}{\partial T}\right)_P = v - \frac{RT}{P} = 0 \rightarrow dh = c_P dT \tag{2.62}$$

식 (5.15)를 이용하여 기체의 상태가 상태 1(T_1, P_1)에서 상태 2(T_2, P_2)로 변화하였을 때 엔탈피 변화량을 연산하는 경우를 생각해 봅시다.

엔탈피 역시 상태함수이므로, 시작과 끝 상태가 같다면 어떤 경로로 변화량을 연산하여도 무방합니다. 예를 들어서, 경로 D(등압공정)와 경로 E(등온공정)를 거쳐서 상태 1에서 상태 2로 변화하였다고 하면 경로 D의 경우는 $dP = 0$, 경로 E는 $dT = 0$인 공정이므로 다음과 같이 연산이 가능해집니다.

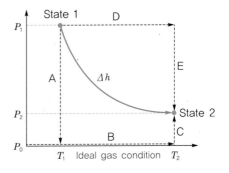

| 그림 5-3 | 엔트로피 차이의 연산 경로

$$\Delta h_D = \int_{T_1}^{T_2} c_P dT$$

$$\Delta h_E = \int_{P_1}^{P_2} \left[v - T \left(\frac{\partial v}{\partial T} \right)_P \right] dP$$

$$\Delta h = \Delta h_D + \Delta h_E = \int_{T_1}^{T_2} c_P dT + \int_{P_1}^{P_2} \left[v - T \left(\frac{\partial v}{\partial T} \right)_P \right] dP$$

그런데 이 식을 실제 기체에 바로 적용해서 사용하려고 하면 한 가지 문제가 있습니다. 경로 D 에서 사용해야 하는 정압비열 c_P가 압력 P_1에서의 정압비열이어야 한다는 것입니다. 2장에서 다루었던 것처럼 이 책의 부록에 실려 있는 온도만의 함수 정압비열 c_P는 이상기체 조건이 성립하는 충분한 저압에서 얻은 것이므로, 이상기체 조건에 가깝지 않은 임의의 압력 P_1에서 적용하면 오차가 발생하게 됩니다. 때문에 우리가 가지고 있는 이상기체 조건에서의 정압비열을 사용할 수 있도록 경로를 좀 요령 있게 바꿔봅시다. 경로 A를 통해 P_1에서부터 이상기체 조건이 성립할 수 있을 정도의 충분한 저압 P_0까지 압력을 내리고, 경로 B를 통해서 온도를 T_1에서 T_2까지 증가시키면 이제 이상기체 조건 정압비열을 적용하는 데 문제가 없어집니다. 이후 다시 경로 C를 통해서 압력을 P_2까지 올리면 됩니다.

$$\Delta h_A = \int_{P_1}^{P_0} \left[v - T \left(\frac{\partial v}{\partial T} \right)_P \right] dP \tag{5.16}$$

$$\Delta h_B = \int_{T_1}^{T_2} c_P dT$$

$$\Delta h_C = \int_{P_0}^{P_2} \left[v - T \left(\frac{\partial v}{\partial T} \right)_P \right] dP \tag{5.17}$$

$$\Delta h = \Delta h_A + \Delta h_B + \Delta h_C$$

식 (5.17)에 상태방정식을 적용하려 하면 아직도 한 가지 문제가 남아 있습니다. 우리가 지금까지 배운 3차 상태방정식은 $P = P(T, v)$의 형태를 가지고 있습니다. 즉, v의 T에 대한 편도함수를 계산하기가 불편합니다. 따라서 P에 대해 나타낸 3차 상태방정식을 사용하고자 하는 경우에는 다음과 같은 수학적 변형과정을 거치면 편리합니다.

곱의 법칙(product rule)에서

$$d(Pv) = Pdv + vdP$$

$$vdP = d(Pv) - Pdv$$

순환 규칙(cyclic rule)에서

$$\left(\frac{\partial v}{\partial T} \right)_P \left(\frac{\partial T}{\partial P} \right)_v \left(\frac{\partial P}{\partial v} \right)_T = -1$$

경로 A와 C의 경우 온도는 고정되어서 변화하지 않습니다. 온도가 변화하지 않는 일정한 값을 가지면 압력과 부피는 관계는 단변수함수의 관계와 동일하게 됩니다. 즉, 편미분이 상미분과 동일하게 됩니다.

즉, 온도가 일정한 경로 A, C에서

$$\left(\frac{\partial v}{\partial T}\right)_P \left(\frac{\partial T}{\partial P}\right)_v \frac{dP}{dv} = -1$$

역수 정리를 이용하면

$$\left(\frac{\partial v}{\partial T}\right)_P dP = -\left(\frac{\partial P}{\partial T}\right)_v dv \tag{5.18}$$

그럼 식 (5.16)과 같이 온도가 임의의 값 T에서 일정할 때 임의의 압력 P에서 P_0까지 변화하는 경우의 엔탈피 변화량은 다음과 같이 변형시킬 수 있습니다.

$$\Delta h = \int_P^{P_0}\left[v - T\left(\frac{\partial v}{\partial T}\right)_P\right]dP = \int v dP + \int -T\left(\frac{\partial v}{\partial T}\right)_P dP$$

$$= \int[d(Pv) - Pdv] + \int T\left(\frac{\partial P}{\partial T}\right)_v dv = \int d(Pv) + \int\left[T\left(\frac{\partial P}{\partial T}\right)_v - P\right]dv$$

$$= [Pv]_{Pv}^{P_0 v_\infty} + \int_v^{v_\infty}\left[T\left(\frac{\partial P}{\partial T}\right)_v - P\right]dv$$

상태 0은 이상기체에 근접한 저압 상태로 이때의 v값은 매우 큰 값을 가지게 되므로 v_∞로 표기하였습니다. 또한 상태 0은 이상기체에 가까운 상태이므로 이상기체 방정식 $P_0 v_\infty = RT$가 성립합니다. 따라서 일정온도 T에서 압력 P에서 P_0까지 변화할 때의 엔탈피 변화량은 다음과 같이 일정 온도 T에서 부피 v에서 v_∞까지 변화할 때의 엔탈피 변화량으로 변환 연산이 가능해지며, 이는 P에 대해서 정리된 3차 상태방정식을 적용하기에 편리한 형태가 됩니다.

$$\Delta h = RT - Pv + \int_v^{v_\infty}\left[T\left(\frac{\partial P}{\partial T}\right)_v - P\right]dv \tag{5.19}$$

마찬가지 방식으로 식 (5.17)은 위와 동일하게 변형 가능하나 적분의 시작점이 P_0이므로

$$\Delta h = \int_{P_0}^P\left[v - T\left(\frac{\partial v}{\partial T}\right)_P\right]dP = [Pv]_{P_0 v_\infty}^{Pv} + \int_{v_\infty}^v\left[T\left(\frac{\partial P}{\partial T}\right)_v - P\right]dv$$

$$\Delta h = Pv - RT + \int_{v_\infty}^v\left[T\left(\frac{\partial P}{\partial T}\right)_v - P\right]dv \tag{5.20}$$

이를 원 문제에 적용해 보면, 기존 $P_1 \to P_0$, $T_1 \to T_2$, $P_0 \to P_2$로 잡은 경로 A, B, C를 $v_1 \to v_\infty$, $T_1 \to T_2$, $v_\infty \to v_2$로 변환하는 것으로 전환연산하는 것으로 생각할 수 있습니다.

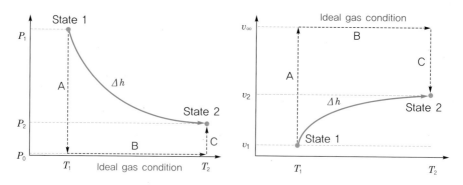

| 그림 5-4 | (T, v)에 대해 나타낸 엔탈피 차이의 연산 경로

Ex 5-2 프로페인 압축 일률 연산

압축기를 통하여 프로페인 가스 1 kmol/s를 5 bar, 40℃에서 20 bar까지 압축하였고 그 결과 토출 온도는 100℃였다. 압축기가 잘 단열되었다고 가정할 때 이하 질문에 답하라.

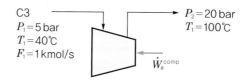

ⓐ 프로페인을 이상기체로 가정할 때 압축기에 공급되어야 하는 일률을 구하라.

정상상태 에너지 밸런스에서 출입하는 유체 흐름이 각 하나씩, 위치에너지 및 운동에너지의 차이는 무시하고 단열되어 열출입이 없다면

$$0 = \dot{W}_s + \dot{n}h_1 - \dot{n}h_2$$

$$\dot{W}_s = \dot{n}(h_2 - h_1)$$

즉, 압축기에 출입하는 프로판 유체의 엔탈피 차이만 연산할 수 있으면 일률을 알수 있습니다. 이상기체로 가정하는 경우, 엔탈피는 온도만의 함수이므로 압력에 무관하며 이상기체 정압비열을 적분해서 연산이 가능합니다.

$$\Delta h = \int_{T_1}^{T_2} c_P dT$$

부록 Table A.3에서 프로판의 이상기체 c_P를 확인하면

$$c_P = R(A + BT + CT^2), \ A = 1.062, \ B = 29.33 \times 10^{-3}, \ C = -9.222 \times 10^{-6}$$

$$\Delta h = \int_{T_1}^{T_2} c_P dT = \int_{T_1}^{T_2} R(A + BT + CT^2)dT = R\left[AT + \frac{B}{2}T^2 + \frac{C}{3}T^3 \right]_{T_1}^{T_2}$$

$$= R\left[A(T_2 - T_1) + \frac{B}{2}(T_2^2 - T_1^2) + \frac{C}{3}(T_2^3 - T_1^3) \right]$$

$$= 8.314 \Big[1.062\,(373.15 - 313.15) + \frac{29.33 \times 10^{-3}}{2}(373.15^2 - 313.15^2)$$

$$+ \frac{-9.222 \times 10^{-6}}{3}(373.15^3 - 313.15^3) \Big]$$

$$= 5007.3 \,\text{J/mol} = 5\,\text{kJ/mol}$$

$$\dot{W}_s = 1\,\text{kmol/s} \times 5\,\text{kJ/mol} = 5\,\text{MW}$$

b 실제기체 프로판을 RK EOS를 이용하여 모사할 때 프로판 압축기에 공급되어야 하는 일률을 구하라.

우측의 경로 A, B, C를 통해서 발생하는 엔탈피 변화량을 합하면 됩니다. 이상기체 상태에서의 온도에 따른 엔탈피 변화량 Δh_B는 위 예제 (a)에서 이미 계산을 하였습니다.

$$\Delta h_B = 5007.3 \,\text{J/mol}$$

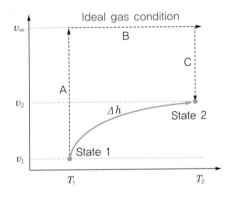

식 (5.19)나 식 (5.20)을 적용하려면 상태 1과 상태 2의 v값이 필요합니다. 4장에서 이미 상태방정식을 푸는 방법 및 함수 사용법을 공부하였으므로 적용하면(상세계산은 보조자료 Ex 5-2 C3 comp를 참조)

$$v_1 = 0.004855 \,\text{m}^3/\text{mol}$$

$$v_2 = 0.001279 \,\text{m}^3/\text{mol}$$

RK EOS의 경우 매개변수 $a,\ b$는

$$a = 0.42748\frac{R^2 T_c^{2.5}}{P_c} = 0.42748 \times \frac{8.314^2 \times 369.9^{2.5}}{42.57 \times 10^5} = 18.266\frac{\text{J K}^{0.5}\text{m}^3}{\text{mol}^2}$$

$$b = 0.08664\frac{R T_c}{P_c} = 0.08664 \times \frac{8.314 \times 369.9}{42.57 \times 10^5} = 6.26 \times 10^{-5}\frac{\text{m}^3}{\text{mol}}$$

RK EOS의 경우

$$P = \frac{RT}{v-b} - \frac{aT^{-0.5}}{v(v+b)} \rightarrow \left(\frac{\partial P}{\partial T}\right)_v = \frac{R}{v-b} + \frac{0.5aT^{-1.5}}{v(v+b)}$$

$$T\left(\frac{\partial P}{\partial T}\right)_v - P = \frac{RT}{v-b} + \frac{0.5aT^{-0.5}}{v(v+b)} - \left[\frac{RT}{v-b} - \frac{aT^{-0.5}}{v(v+b)}\right] = \frac{1.5aT^{-0.5}}{v(v+b)}$$

즉 식 (5.19)로부터

$$\Delta h_A = RT_1 - P_1 v_1 + \frac{1.5a}{\sqrt{T_1}}\int_{v_1}^{v_\infty}\frac{1}{v(v+b)}dv$$

$$= RT_1 - P_1 v_1 + \frac{1.5a}{b\sqrt{T_1}}\int_{v_1}^{v_\infty}\frac{1}{v} - \frac{1}{v+b}dv$$

$$= RT_1 - P_1v_1 + \frac{1.5a}{b\sqrt{T_1}}\left[\ln\frac{v}{v+b}\right]_{v_1}^{v_\infty}$$

$$= RT_1 - P_1v_1 + \frac{1.5a}{b\sqrt{T_1}}\left[\ln\frac{v_\infty}{v_\infty+b} - \ln\frac{v_1}{v_1+b}\right]$$

v_∞는 b에 비하여 매우 큰 값이므로 $\ln[v_\infty/(v_\infty+b)]$는 0에 수렴합니다. 즉

$$\Delta h_A = RT_1 - P_1v_1 - \frac{1.5a}{b\sqrt{T_1}}\ln\frac{v_1}{v_1+b}$$

$$= 8.314 \times 313.15 - 5 \times 10^5 \times 0.004855 - (1.5 \times 18.266)$$

$$/(6.259 \times 10^{(-5)} \times \sqrt{313.15})\ln\frac{0.004855}{0.004855 + 6.259 \times 10^{-5}}$$

$$= 492.7 \text{ J/mol}$$

식 (5.20)에서 적분 내 [ ]는 위와 동일하므로

$$\Delta h_C = P_2v_2 - RT_2 + \frac{1.5a}{\sqrt{T_2}}\int_{v_\infty}^{v_2}\frac{1}{v(v+b)}dv = P_2v_2 - RT_2 + \frac{1.5a}{b\sqrt{T_2}}\left[\ln\frac{v}{v+b}\right]_{v_\infty}^{v_2}$$

$$= P_2v_2 - RT_2 + \frac{1.5a}{b\sqrt{T_2}}\left[\ln\frac{v}{v+b}\right]_{v_\infty}^{v_2} = P_2v_2 - RT_2 + \frac{1.5a}{b\sqrt{T_2}}\ln\frac{v_2}{v_2+b}$$

$$= 20 \times 10^5 \times 0.001279 - 8.314 \times 373.15$$

$$+ \frac{1.5 \times 18.266}{6.259 \cdot 10^{-5} \times \sqrt{373.15}}\ln\frac{0.001279}{0.001279 + 6.259 \times 10^{-5}}$$

$$= -1629 \text{ J/mol}$$

$$\Delta h = \Delta h_A + \Delta h_B + \Delta h_C = 3871.5 \text{ J/mol} = 3.87 \text{ kJ/mol}$$

$$\dot{W}_s = 1\,\text{kmol/s} \times 3.87\,\text{kJ/mol} = 3.87\,\text{MW}$$

이는 이상기체를 가정한 (a)의 결과와는 상당한 차이가 납니다.

FAQ 5-5 $\left(\dfrac{\partial P}{\partial T}\right)_v$는 v가 일정할 때라는 것 같은데 v가 일정할 때 $\left(\dfrac{\partial P}{\partial T}\right)_v dv$를 계산하는 것이 가능한가요? 그냥 0 아닌가요?

해당 아래첨자는 어떠한 변수를 독립변수로 잡고 있는지를 나타냅니다. 예를 들어서,

$$f = f(x, y, z) = x^2 + y^2 + z^2$$

일 때, x, y, z가 서로 각각 독립이라서 연관 관계가 없다면 x축에 대한 편도함수는 다음과 같습니다.

$$\left(\frac{\partial f}{\partial x}\right)_{y,z} = \lim_{h \to 0}\frac{f(x+h, y, z) - f(x, y, z)}{h} = \lim_{h \to 0}\frac{(x+h)^2 + y^2 + z^2 - (x^2+y^2+z^2)}{h} = 2x$$

그러나, x, y, z가 서로 독립이 아니라 예를 들어서 $xy = Rz$(R은 상수)인 관계가 있다면, x에 대해서 편미분을 하려면 독립인 변수가 y인지 z인지를 알아야 편합니다. 예를 들어 y가 x에 독립적으로 변화하는 경우, z는 종속변수가 됩니다$\left(z = \dfrac{xy}{R}\right)$. 그러면

$$\left(\frac{\partial f}{\partial x}\right)_y = \lim_{h \to 0} \frac{f\left(x+h,\, y,\, \dfrac{(x+h)y}{R}\right) - f\left(x,\, y,\, \dfrac{xy}{R}\right)}{h}$$

$$= \lim_{h \to 0} \frac{(x+h)^2 + y^2 + \dfrac{(x+h)^2 y^2}{R^2} - \left(x^2 + y^2 + \left(\dfrac{xy}{R}\right)^2\right)}{h}$$

$$= 2x + \frac{2xy^2}{R^2}$$

z가 x에 독립적으로 변화하는 경우 y가 종속 변수가 됩니다$\left(y = \dfrac{Rz}{x}\right)$. 그러면

$$\left(\frac{\partial f}{\partial x}\right)_y = \lim_{h \to 0} \frac{f\left(x+h,\, \dfrac{Rz}{x+h},\, z\right) - f\left(x,\, \dfrac{Rz}{x},\, z\right)}{h}$$

$$= \lim_{h \to 0} \frac{(x+h)^2 + \left(\dfrac{Rz}{x+h}\right)^2 + z^2 - \left(x^2 + \left(\dfrac{Rz}{x}\right)^2 + z^2\right)}{h}$$

$$= 2x - \frac{2R^2 z^2}{x^3}$$

물어보신 $\left(\dfrac{\partial P}{\partial T}\right)_v$는 v가 독립적으로 변화할 때 T에 대한 P의 편도함수가 됩니다. 이는 T의 함수이기도 하지만 v의 함수이기도 합니다. 예를 들어 이상기체라면 $Pv = RT$이므로

$$\left(\frac{\partial P}{\partial T}\right)_v = \frac{R}{v}$$

이는 다른 v값에 대해서 다른 값을 가지는, v에 대한 함수입니다. 예를 들어

$$\left(\frac{\partial P}{\partial T}\right)_{v=1} = \frac{R}{1}$$

$$\left(\frac{\partial P}{\partial T}\right)_{v=2} = \frac{R}{2}$$

즉 $\left(\dfrac{\partial P}{\partial T}\right)_v$는 0이 아니며 v에 대해서 적분하는 것이 가능합니다.

FAQ 5-6 T가 일정한 구간을 적분하면 $\left(\dfrac{\partial P}{\partial T}\right)_v$는 결국 0이니 $\left(\dfrac{\partial P}{\partial T}\right)_v dv$를 적분한 것도 그냥 0 아닌가요?

바로 위 질문에서 들은 예제를 봅시다.

이상기체 방정식 $Pv = RT$에서

$$\left(\frac{\partial P}{\partial T}\right)_v = \frac{R}{v}$$

즉, T가 일정할 때 $\left(\dfrac{\partial P}{\partial T}\right)_v = 0$이 되는 것은 아닙니다.

혼란스러우면 더 간단한 예를 들어봅시다. 시간 t에 대해서 변화하는 위치함수 y가 다음과 같은 관계를 가지고 있다고 합시다.

$$y = 2t$$

그럼

$$\frac{dy}{dt} = 2$$

즉, $\frac{dy}{dt}$는 t가 0이거나 1이거나, 일정하거나 변화하거나 2입니다. 시간이 0일 때에도 y의 변화속도는 2, 시간이 2일 때도 y의 변화 속도는 2입니다. t가 0으로 일정하다고 해서 $\frac{dy}{dt}$가 0이 되지는 않습니다. 이는 도함수가 함수의 변화 속도를 나타내는 또다른 함수이기 때문입니다.

확장하여,

$$y = x^2 + xt + t^2,$$

$$\left(\frac{\partial y}{\partial t} \right)_x = x + 2t$$

$t = 0$일 때 $\left(\frac{\partial y}{\partial t} \right)_x = x$입니다. 0이 아니죠. 즉 시간 t에 대해서 y의 변화량은 또다른 변수 x에 따라 달라지는데, 시간이 0일 때는 x, 시간이 1일 때는 $x + 2$만큼 변화하는 속도를 가진다고 해석할 수 있습니다.

FAQ 5-7 첫 강의에서 열역학의 공식들은 결과만 사용할 줄 알면 된다고 말씀하셨습니다. 책에 나오는 복잡한 계산 유도과정을 모두 알고 있어야 하는지 혹은 넘어가도 되는 부분인지 알고 싶습니다.

최저 기준으로 이야기하자면, 결과만 사용할 줄 알아도 괜찮습니다. 즉, 식의 유도과정은 엔지니어로서 일하는 데 필수적으로 알아야 하는 지식이 아닙니다. 그러나 그 과정을 제대로 알면 경쟁력 있는 고급엔지니어로 성장하는 데 도움이 됩니다. 예를 들어 어떠한 식이 유도되어 나오는 과정에서 발생한 가정/한계점을 안다면, 사용해서는 안 되는 상황에서 해당 식을 사용하는 실수를 피할 수 있으며, 나아가 한계점이 보완된 새로운 식이나 소프트웨어를 개발해 낼 수 있게 됩니다. 기존의 지식을 보완하고 더 나은 방법론을 만들어 내는 일, 이것은 기존 방법론들에 대한 근본적 이해가 없이는 하기 어렵습니다.

5.3 편차함수(departure function)

앞서 다룬 것과 같이 실제 기체의 엔탈피 연산을 하고자 하면 이상기체 조건이 성립하는 상황으로 보냈다가 돌아오는 과정을 반복적으로 포함하게 됩니다. 이는 엔탈피뿐만 아니라 엔트로피, 내부에너지 등의 열역학 물성값 연산에서도 마찬가지로 필요한 과정입니다. 즉, 임의의 온도, 압력에서 실제 기체의 물성값과 이상기체 조건일 때 가지는 물성값의 차이를 연산할 수 있도록 함수를 정의해 두면 매번 적분 경로를 설정하지 않고 함수 호출만으로 물성값을 연산할 수 있으므로 편리하게 사용이 가능합니다. 이러한 개념으로 만들어진 것이 편차함수(departure function)입니다.

엔탈피 편차함수

임의의 온도(T) 압력(P)에서 엔탈피 편차함수 Δh_{dep}는 다음과 같이 그 온도 압력에서 이상기체 조건일 때의 엔탈피값($h^{\text{ig}}_{T,P}$)과 실제 기체의 엔탈피값($h_{T,P}$)의 차이로 정의됩니다.

$$\Delta h_{\text{dep}} = \Delta h_{\text{dep}}(T,\,P) = h_{T,P} - h^{\text{ig}}_{T,P} \tag{5.21}$$

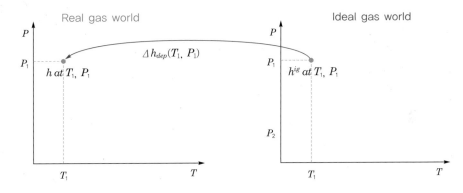

| 그림 5-5 | 엔탈피 편차함수의 정의

정의하기에 따라 다음과 같이 무차원함수로 정의하여 사용하는 경우도 있습니다.

$$\Delta h_{\text{dep}}(T,\,P) = \frac{h_{T,P} - h^{\text{ig}}_{T,P}}{RT}$$

사용하는 방식은 동일하므로 여기에서는 원 물성값의 단위를 그대로 사용하는 식 (5.21)의 정의를 사용하도록 하겠습니다. 식 (5.21)은 다음과 같이 나타낼 수 있습니다.

$$\Delta h_{\text{dep}} = h_{T,P} - h^{\text{ig}}_{T,P} = \left(h_{T,P} - h^{\text{ig}}_{T,P_0}\right) + \left(h^{\text{ig}}_{T,P_0} - h^{\text{ig}}_{T,P}\right) \tag{5.22}$$

$\left(h_{T,P} - h^{\text{ig}}_{T,P_0}\right)$는 온도가 T에서 변화하지 않는 상태로 이상기체 조건이 성립하는 조건에서 현재 상태까지 적분한 값과 동일합니다. 앞서 유도했던 식 (5.15)를 적용하면 $dT = 0$인 경로에서

$$dh = c_P dT + \left[v - T\left(\frac{\partial v}{\partial T}\right)_P\right]dP = \left[v - T\left(\frac{\partial v}{\partial T}\right)_P\right]dP$$

$$h_{T,P} - h^{\text{ig}}_{T,P_0} = \int dh = \int_{P_0}^{P}\left[v - T\left(\frac{\partial v}{\partial T}\right)_P\right]dP \tag{5.23}$$

3차 상태방정식 편도함수를 사용하기 편하도록 5.4절에서 변형한 것과 동일한 방법을 취하면 다음과 같이 변형이 가능합니다.

$$h_{T,P} - h_{T,P_0}^{ig} = Pv - RT + \int_{v_\infty}^{v} \left[T\left(\frac{\partial P}{\partial T}\right)_v - P \right] dv \tag{5.24}$$

식 (5.22)에서 두 번째 부분 ($h_{T,P_0}^{ig} - h_{T,P}^{ig}$)에서 이상기체 조건이 성립하는 경우 엔탈피는 온도만의 함수이므로 압력 차에 따른 편차가 없습니다. 즉, 0입니다. 혹은 이상기체 방정식을 적용, 다음과 같이 보여도 무방합니다.

$$h_{T,P_0}^{ig} - h_{T,P}^{ig} = \int_{P_0}^{P} \left[v - T\left(\frac{\partial v}{\partial T}\right)_P \right] dP = \int_{P_0}^{P} \left[v - T\left(\frac{\partial (RT/P)}{\partial T}\right)_P \right] dP = \int_{P_0}^{P} \left[v - \frac{RT}{P} \right] dP = 0$$

결과적으로 엔탈피 편차함수는 다음과 같이 나타낼 수 있습니다.

$$\Delta h_{dep} = h_{T,P} - h_{T,P}^{ig} = Pv - RT + \int_{v_\infty}^{v} \left[T\left(\frac{\partial P}{\partial T}\right)_v - P \right] dv \tag{5.25}$$

그럼 상태가 임의의 상태 1(T_1, P_1)에서 상태 2(T_2, P_2)로 변화하는 경우 엔탈피 변화량은 편차함수의 정의를 이용하여 다음과 같이 나타낼 수 있게 됩니다.

$$\Delta h = h_2 - h_1 = h_2 - h_2^{ig} + h_2^{ig} - (h_1 - h_1^{ig} + h_1^{ig}) = (h_2 - h_2^{ig}) - (h_1 - h_1^{ig}) + h_2^{ig} - h_1^{ig}$$

이상기체의 엔탈피 차이는 정압비열 적분값과 같으므로

$$h_2^{ig} - h_1^{ig} = \Delta h^{ig} = \int_{T_1}^{T_2} c_P dT$$

$$\Delta h = \Delta h_{dep,2} - \Delta h_{dep,1} + \Delta h^{ig} = \Delta h_{dep,2} - \Delta h_{dep,1} + \int_{T_1}^{T_2} c_P dT \tag{5.26}$$

Ex 5-3 편차함수 통한 프로판 압축 일률연산

RK EOS를 이용, Ex 5-2의 일률 연산을 편차함수를 통하여 연산하라.

RK EOS의 경우 Ex 5-2에서

$$T\left(\frac{\partial P}{\partial T}\right)_v - P = \frac{1.5aT^{-0.5}}{v(v+b)}$$

식 (5.25)의 엔탈피 편차함수는 RK EOS에 대해서 다음과 같이 나타낼 수 있습니다.

$$\Delta h_{dep} = Pv - RT + \int_{v_\infty}^{v} \left[T\left(\frac{\partial P}{\partial T}\right)_v - P \right] dv = Pv - RT + \int_{v_\infty}^{v} \frac{1.5aT^{-0.5}}{v(v+b)} dv$$

$$\Delta h_{\text{dep}} = Pv - RT + \frac{1.5a}{b\sqrt{T}} \ln \frac{v}{v+b} \tag{5.27}$$

프로판에 대한 편차함수를 아무 프로그래밍 언어나 좋으니 다음 의사코드와 같이 정의해 봅시다.

```
Function h_dep(P, T)   'P[Pa], T[K]
R=8.314   '[J/(K mol)]
'Read database for propane
Tc=369.9   '[K]
Pc=4257000   '[Pa]

'Calculate EOS parameters
a=0.42748*(R^2)*(Tc^2.5)/Pc
b=0.08664*R*Tc/Pc

v=RKEOS(P, T)   'Ex 4-3에서 정의한 RK EOS 함수 참조
h_dep=P*v-R*T+1.5*a/(b*T^0.5)*Ln(v/(v+b))
return h_dep
```

편의상 이상기체 조건 정압비열 적분함수도 추가하면

```
Function h_ig(T1, T2)   'T[K]
'Read data for propane
a=1.062
b=29.33*10^-3
c=-9.222*10^-6
h_ig=8.314*(a*(T2-T1)+b/2*(T2^2-T1^2)+c/3*(T2^3-T1^3))
return h_ig
```

식 (5.26)과 같이 함수를 호출해 보면

```
h_dep(20*10^5, 373.15)-h_dep(5*10^5, 313.15)+h_ig(313.15,
373.15)=3871.54 J/mol
```

이는 Ex 5-2의 연산 결과와 동일합니다.

$$\dot{W}_s = 1\,\text{kmol/s} \cdot 3.87\,\text{kJ/mol} = 3.87\,\text{MW}$$

즉, 근의 공식을 유도할 줄 몰라도 대입만 하면 방정식의 근을 얻을 수 있는 것처럼, 편차함수를 일단 정의한 뒤에는 복잡한 적분 등을 신경쓸 필요 없이 함수 호출만 하면 엔탈피의 연산이 바로 가능한 것을 확인할 수 있습니다.

편차함수 역시 Z, A, B에 대한 식으로 변형이 가능합니다. 예를 들어 Ex 5-3을 확인하여 보면 RK EOS에 대해서 편차함수는 다음과 같이 유도됩니다.

$$\Delta h_{\text{dep}} = Pv - RT + \frac{1.5a}{b\sqrt{T}} \ln \frac{v}{v+b}$$

양변을 RT로 나누고 로그 내 분모분자에 P/RT를 곱하면

$$\frac{\Delta h_{\text{dep}}}{RT} = Z - 1 + \frac{1.5a}{bRT^{1.5}} \ln \frac{Pv/RT}{Pv/RT + Pb/RT}$$

$$\frac{A}{B} = \frac{\dfrac{Pa}{R^2 T^{2.5}}}{\dfrac{Pb}{RT}} = \frac{a}{bRT^{1.5}}$$

$$\frac{\Delta h_{\text{dep}}}{RT} = Z - 1 + 1.5 \frac{A}{B} \ln \frac{Z}{Z+B} \tag{5.28}$$

엔트로피 편차함수

엔탈피 편차함수와 같은 원리로 접근이 가능합니다.

$$\Delta s_{\text{dep}} = \Delta s_{\text{dep}}(T, P) = s_{T,P} - s_{T,P}^{\text{ig}} = \left(s_{T,P} - s_{T,P_0}^{\text{ig}}\right) + \left(s_{T,P_0}^{\text{ig}} - s_{T,P}^{\text{ig}}\right)$$

식 (5.11)에서

$$ds = \frac{c_P}{T} dT - \left(\frac{\partial v}{\partial T}\right)_P dP$$

T가 일정한 경우

$$s_{T,P} - s_{T,P_0}^{\text{ig}} = \int ds = \int_{P_0}^{P} -\left(\frac{\partial v}{\partial T}\right)_P dP$$

이상기체인 경우

$$s_{T,P_0}^{\text{ig}} - s_{T,P}^{\text{ig}} = \int_{P}^{P_0} -\left(\frac{\partial v}{\partial T}\right)_P dP = \int_{P_0}^{P} \left(\frac{\partial (RT/P)}{\partial T}\right)_P dP = \int_{P_0}^{P} \frac{R}{P} dP$$

따라서

$$\Delta s_{\text{dep}} = \int_{P_0}^{P} \left[\frac{R}{P} - \left(\frac{\partial v}{\partial T}\right)_P\right] dP \tag{5.29}$$

사용하기 편하게 P에 대한 편도함수로 전환해 봅시다.

$$d(Pv) = Pdv + vdP$$

$$\frac{R}{Pv}d(Pv) = \frac{R}{v}dv + \frac{R}{P}dP$$

$$\frac{R}{P}dP = \frac{R}{Pv}d(Pv) - \frac{R}{v}dv$$

$$\Delta s_{\text{dep}} = \int_{P_0}^{P}\frac{R}{P}dP - \int_{P_0}^{P}\left(\frac{\partial v}{\partial T}\right)_P dP = \int_{P_0 v_\infty}^{Pv}\frac{R}{Pv}d(Pv) - \int_{v_\infty}^{v}\frac{R}{v}dv - \int_{P_0}^{P}\left(\frac{\partial v}{\partial T}\right)_P dP$$

식 (5.18)을 적용하면

$$\Delta s_{\text{dep}} = \int_{P_0 v_\infty}^{Pv}\frac{R}{Pv}d(Pv) - \int_{v_\infty}^{v}\frac{R}{v}dv + \int_{v_\infty}^{v}\left(\frac{\partial P}{\partial T}\right)_v dv = R\ln\frac{Pv}{P_0 v_\infty} + \int_{v_\infty}^{v}\left[\left(\frac{\partial P}{\partial T}\right)_v - \frac{R}{v}\right]dv$$

$P_0 v_\infty = RT$이므로

$$\Delta s_{\text{dep}} = R\ln Z + \int_{v_\infty}^{v}\left[\left(\frac{\partial P}{\partial T}\right)_v - \frac{R}{v}\right]dv \tag{5.30}$$

*PR EOS의 편차함수

PR EOS의 경우 엔탈피 편차함수는 다음과 같은 과정을 거쳐 유도할 수 있습니다.

$$P = \frac{RT}{v-b} - \frac{a}{v^2 + 2bv - b^2}$$

$$a = 0.45724\frac{R^2 T_c^2}{P_c}\alpha$$

$$\alpha = [1 + \kappa(1 - \sqrt{T_r})]^2$$

$$\kappa = 0.37464 + 1.54226\omega - 0.26992\omega^2$$

$$b = 0.07780\frac{RT_c}{P_c}$$

T_c, ω는 물질에 따라 결정되므로 a는 T에 대한 단변수함수입니다.

$$\left(\frac{\partial P}{\partial T}\right)_v = \frac{R}{v-b} - \frac{1}{v^2 + 2bv - b^2}\frac{da}{dT}$$

$$T\left(\frac{\partial P}{\partial T}\right)_v - P = \frac{RT}{v-b} - \frac{1}{v^2+2bv-b^2}\frac{Tda}{dT} - \frac{RT}{v-b} + \frac{a}{v^2+2bv-b^2}$$

$$= \frac{1}{v^2+2bv-b^2}\left(a - T\frac{da}{dT}\right)$$

엔탈피 편차함수는 식 (5.25)에서

$$\Delta h_{\text{dep}} = Pv - RT + \int_{v_\infty}^{v}\left[T\left(\frac{\partial P}{\partial T}\right)_v - P\right]dv = Pv - RT + \int_{v_\infty}^{v}\frac{1}{v^2+2bv-b^2}\left(a - T\frac{da}{dT}\right)dv$$

분모에 2차 다항식을 가지는 형태의 적분은 2차 방정식의 근과 계수와의 관계를 이용하여 다음과 같이 풀 수 있습니다.

$$\int \frac{1}{ax^2+bx+c}dx = \int \frac{1}{a\left(x-\frac{-b+\sqrt{b^2-4ac}}{2a}\right)\left(x-\frac{-b-\sqrt{b^2-4ac}}{2a}\right)}dx$$

$$= \frac{1}{a}\int\left(\frac{a}{\sqrt{b^2-4ac}}\right)\left[\frac{1}{x-\frac{-b+\sqrt{b^2-4ac}}{2a}}-\frac{1}{x-\frac{-b-\sqrt{b^2-4ac}}{2a}}\right]dx$$

$$= \frac{1}{\sqrt{b^2-4ac}}\left[\ln\frac{x-\frac{-b+\sqrt{b^2-4ac}}{2a}}{x-\frac{-b-\sqrt{b^2-4ac}}{2a}}\right]$$

즉

$$\int_{v_\infty}^{v}\frac{1}{v^2+2bv-b^2}dv = \frac{1}{\sqrt{(2b)^2-4(-b^2)}}\left[\ln\frac{v-\frac{-2b+\sqrt{4b^2-4(-b^2)}}{2}}{v-\frac{-2b-\sqrt{4b^2-4(-b^2)}}{2}}\right]_{v_\infty}^{v}$$

$$= \frac{1}{2^{1.5}b}\left[\ln\frac{v-(\sqrt{2}-1)b}{v+(\sqrt{2}+1)b}\right]_{v_\infty}^{v} = \frac{1}{2^{1.5}b}\ln\frac{v-(\sqrt{2}-1)b}{v+(\sqrt{2}+1)b}$$

따라서 PR EOS의 엔탈피 편차함수는

$$\Delta h_{\mathrm{dep}} = Pv-RT+\left(a-T\frac{da}{dT}\right)\frac{1}{2^{1.5}b}\ln\frac{v-(\sqrt{2}-1)b}{v+(\sqrt{2}+1)b} \tag{5.31}$$

da/dT를 풀어서 나타내 봅시다. 계산하기 편하게 a의 상수부를 a_c로 두고

$$a = 0.45724\frac{R^2T_c^2}{P_c}\alpha = a_c\alpha = a_c[1+\kappa(1-\sqrt{T_r})]^2$$

$$\frac{da}{dT} = \frac{d}{dT}(a_c\alpha) = a_c\frac{d\alpha}{dT} = a_c\frac{d}{dT}([1+\kappa(1-\sqrt{T_r})]^2)$$

$$= a_c\frac{d}{dT}\left(\left[1+\kappa\left(1-\frac{T^{0.5}}{\sqrt{T_c}}\right)\right]^2\right) = 2a_c\left[1+\kappa\left(1-\frac{T^{0.5}}{\sqrt{T_c}}\right)\right]\frac{d}{dT}\left(1+\kappa-\kappa\frac{T^{0.5}}{\sqrt{T_c}}\right)$$

$$= 2a_c\left[1+\kappa\left(1-\frac{T^{0.5}}{\sqrt{T_c}}\right)\right]\left(-\frac{\kappa}{2}\frac{T^{-0.5}}{\sqrt{T_c}}\right) = -\frac{a_c\kappa\sqrt{\alpha}}{\sqrt{TT_c}} = -\frac{a_c\alpha\kappa}{T}\frac{\sqrt{T_r}}{\sqrt{\alpha}} = -\frac{a\kappa}{T}\frac{\sqrt{T_r}}{\sqrt{\alpha}}$$

그럼

$$a-T\frac{da}{dT} = a-T\left(-\frac{a\kappa}{T}\frac{\sqrt{T_r}}{\sqrt{\alpha}}\right) = a+a\kappa\frac{\sqrt{T_r}}{\sqrt{\alpha}} = a\left(1+\kappa\frac{\sqrt{T_r}}{\sqrt{\alpha}}\right)$$

PR EOS의 엔탈피 편차함수 식 (5.31)은

$$\Delta h_{\text{dep}} = Pv - RT + \frac{a}{2^{1.5}b}\left(1 + \kappa\frac{\sqrt{T_r}}{\sqrt{\alpha}}\right)\ln\frac{v-(\sqrt{2}-1)b}{v+(\sqrt{2}+1)b}$$ (5.32)

복잡해 보이지만, 이는 결국 4칙연산 수준의 계산만으로 결과를 얻을 수 있는 함수에 불과합니다. 즉, 한 번만 함수로 정의해 두면 Ex 5-3에서 한 것과 마찬가지로 단순 호출 한 번으로 계산이 가능합니다.

이 역시 Z에 대한 식으로 변환하여 나타낼 수도 있습니다. 앞서처럼 $A = \frac{aP}{R^2T^2}$, $B = \frac{bP}{RT}$로 두고 양변을 RT로 나누고 로그 내 분모분자에 P/RT를 곱하면

$$\frac{A}{B} = \frac{\dfrac{aP}{R^2T^2}}{\dfrac{Pb}{RT}} = \frac{a}{bRT} \text{이므로}$$

$$\frac{\Delta h_{\text{dep}}}{RT} = Z - 1 + \frac{A}{2^{1.5}B}\left(1 + \kappa\frac{\sqrt{T_r}}{\sqrt{\alpha}}\right)\ln\frac{Z-(\sqrt{2}-1)B}{Z+(\sqrt{2}+1)B}$$ (5.33)

엔트로피 편차함수의 경우 식 (5.30)에서

$$\Delta s_{\text{dep}} = R\ln Z + \int_{v_\infty}^{v}\left[\left(\frac{\partial P}{\partial T}\right)_v - \frac{R}{v}\right]dv = R\ln Z + \int_{v_\infty}^{v}\left[\frac{R}{v-b} - \frac{1}{v^2+2bv-b^2}\frac{da}{dT} - \frac{R}{v}\right]dv$$

계산할 것이 많으므로 둘로 나눠서 합시다.

$$R\ln Z + \int_{v_\infty}^{v}\left[\frac{R}{v-b} - \frac{R}{v}\right]dv = R\ln Z + R\left[\ln\frac{v-b}{v}\right]_{v_\infty}^{v}$$

$$= R\ln Z + R\ln\frac{v-b}{v} - R\ln\frac{v_\infty-b}{v_\infty}$$

$$= R\ln\left(\frac{Pv}{RT}\frac{(v-b)}{v}\right) = R\ln\left(\frac{Pv}{RT} - \frac{Pb}{RT}\right) = R\ln(Z-B)$$

남은 적분은 위에서 이미 했던 것입니다.

$$-\frac{da}{dT}\cdot\int_{v_\infty}^{v}\frac{1}{v^2+2bv-b^2}dv = -\frac{1}{2^{1.5}b}\frac{da}{dT}\ln\frac{v-(\sqrt{2}-1)b}{v+(\sqrt{2}+1)b}$$

즉

$$\Delta s_{\text{dep}} = R\ln(Z-B) - \frac{1}{2^{1.5}b}\frac{da}{dT}\ln\frac{v-(\sqrt{2}-1)b}{v+(\sqrt{2}+1)b}$$ (5.34)

$$\frac{da}{dT} = -\frac{a\kappa}{T}\frac{\sqrt{T_r}}{\sqrt{\alpha}} \text{였으므로}$$

$$\Delta s_{\text{dep}} = R \ln(Z - B) + \frac{a}{2^{1.5}bT} \frac{\kappa\sqrt{T_r}}{\sqrt{\alpha}} \ln \frac{v - (\sqrt{2} - 1)b}{v + (\sqrt{2} + 1)b} \tag{5.35}$$

양변을 R로 나누고 로그 내 분모분자에 P/RT를 곱하면

$$\frac{\Delta s_{\text{dep}}}{R} = \ln(Z - B) + \frac{A}{2^{1.5}B} \frac{\kappa\sqrt{T_r}}{\sqrt{\alpha}} \ln \frac{Z - (\sqrt{2} - 1)B}{Z + (\sqrt{2} + 1)B} \tag{5.36}$$

특정 상태에서의 열역학 물성값

지금까지 사용해온 엔탈피값들은 대부분 Δh의 형태를 가지고 있습니다. 즉, 어떠한 상태 1과 상태 2에서의 차이값이었습니다. 그런데 표로 나타내거나 그래프를 그리고 싶은 경우 이렇게 차이값으로만 나타나는 값들은 쓰기가 불편합니다. 때문에 편의를 위해서 기준점(reference point)을 정의, 해당 기준점에서의 물성값을 0 혹은 특정 값으로 정의하여 특정 상태에서의 물성값을 정의하는 방식을 많이 사용합니다. 예를 들어서 부록의 수증기표와 같은 경우 삼중점에서 포화액체물의 엔탈피와 엔트로피가 0이라고 기준을 잡고 그 차이값을 표기한 것입니다.

기준은 잡기 나름이지만 많이 사용되는 기준은 표준상태 SATP($T^o = 25\text{℃}$, $P^o = 1\,\text{bar}$)에서 이상기체의 물성값을 0으로 두는 것입니다. 예를 들어 엔탈피의 경우

$$h^o = h^{\text{ig}}_{T^o = 25\text{℃}, P^o = 1\text{bar}} = 0$$

그럼 임의의 상태(T, P)에서 엔탈피값은 다음과 같이 나타낼 수 있습니다.

$$h = \Delta h^{\text{ig}}(T) + \Delta h^{\text{dep}}(T, P) + h^o$$

$$\Delta h^{\text{ig}}(T) = \int_{T^o}^{T} c_p \, dT$$

편차함수는 식 (5.25)에서 정의한 것과 같습니다.

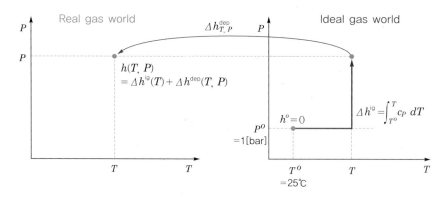

| 그림 5-6 | 기준점과 편차함수를 이용, 특정 온도 압력에서 엔탈피값의 정의

Ex 5-4 특정 상태에서 엔탈피값의 사용

기준점을 $T = 25℃$, $P = 1$ bar에서의 이상기체 상태로 둘 때, 상태 1(40℃, 5 bar) 및 상태 2 (100℃, 20 bar)에서의 엔탈피값을 구하고 그 차이값을 구하라.

Ex 5-3에서 이미 정의해 둔 함수를 씁시다.

$$h_1 = \text{h\_dep } (313.15, 5*10^5) + \text{h\_ig } (298.15, 313.15) + 0 = 650.23 \text{ J/mol}$$

$$h_2 = \text{h\_dep } (373.15, 5*10^5) + \text{h\_ig } (298.15, 373.15) + 0 = 4521.77 \text{ J/mol}$$

이제 상태 1, 상태 2의 엔탈피값 h_1, h_2를 말할 수 있게 되었습니다.

엔탈피값 차이는

$$\Delta h = h_2 - h_1 = 3871.54 \text{ J/mol}$$

이는 당연히 Ex 5-2, 5-3에서 얻은 결과와 같습니다.

등엔탈피 공정(isenthalpic process)

2장에서 교축 밸브(throttling valve)와 줄-톰슨(Joule-Thomson) 팽창을 다루면서 JT 밸브를 통과하는 이상적인 JT 공정은 식 (2.57)과 같이 등엔탈피(isenthalpic) 공정이 된다는 것을 보인 바 있습니다. 특정 조건에서 JT 팽창은 물질의 온도를 떨어뜨려서 3.5절에서 다룬 것과 같이 냉각 사이클을 만드는 핵심 원리이기도 했습니다. 공기가 단열팽창하면 온도가 낮아진다는 이야기도 했었습니다.

이제 엔탈피를 계산 가능하게 되면서 이에 대해서 보다 깊은 고찰이 가능해졌습니다. 등엔탈피 공정에서 압력이 변화할 때 온도가 변화하는 정도를 다음과 같이 편도함수로 나타낼 수 있으며, 이를 줄-톰슨 계수(Joule-Thomson coefficient, μ_{JT})라고 부릅니다.

$$\mu_{JT} \equiv \left(\frac{\partial T}{\partial P} \right)_h$$

식 (5.15)에서

$$dh = c_P dT + \left[v - T \left(\frac{\partial v}{\partial T} \right)_P \right] dP$$

등엔탈피 공정에서 $dh = 0$이므로

$$0 = c_P (dT)_h + \left[v - T \left(\frac{\partial v}{\partial T} \right)_P \right] (dP)_h$$

$$\mu_{\mathrm{JT}} = \left(\frac{\partial T}{\partial P}\right)_h = \frac{1}{c_p}\left[T\left(\frac{\partial v}{\partial T}\right)_P - v\right] \tag{5.37}$$

단 이때 정압비열은 이상기체 정압비열이 아닌 실제기체의 정압비열이 되어야 합니다(등엔탈피 공정이 이상기체에 가까운 저압에서 발생하는 것이 아니라면).

이상기체의 경우

$$T\left(\frac{\partial v}{\partial T}\right)_P - v = T\left(\frac{\partial (RT/P)}{\partial T}\right)_P - v = \frac{RT}{P} - v = 0$$

$$\mu_{\mathrm{JT}} = 0$$

즉, 이상기체의 경우 JT 계수는 0입니다. 이는 등엔탈피 공정에서 이상기체는 팽창 혹은 압축되더라도 온도가 변화하지 않는다는 것을 의미합니다. 이상하게 들릴 수 있지만, 이상기체의 정의와 특징을 떠올려보면 이는 납득이 가는 일입니다. 이상기체는 엔탈피가 온도만의 함수였습니다. 즉, 엔탈피가 변화하지 않는다면 압력이 바뀌더라도 온도 역시 변화하지 않아야만 온도만의 함수라는 관계가 성립합니다.

실제로 기체는, 재미있는 현상이 존재합니다. JT 계수가 0보다 큰 경우를 생각해 봅시다.

$$\mu_{\mathrm{JT}} = \left(\frac{\partial T}{\partial P}\right)_h > 0$$

이는 압력이 내려가면 온도도 내려가는 관계를 의미합니다. 즉, 팽창하면 온도가 떨어집니다. 우리가 잘 아는 내용입니다. 그런데, 연산을 하다 보면 JT 계수가 0보다 작은 영역도 존재하게 됩니다.

$$\mu_{\mathrm{JT}} = \left(\frac{\partial T}{\partial P}\right)_h < 0$$

이는 압력이 내려가면, 온도가 거꾸로 올라가는 관계가 성립한다는 뜻이 됩니다. 즉, 팽창하면 온도가 상승합니다! 아래 그래프는 TP선도에 JT 계수가 0이 되는 JT 반전 곡선(inversion curve)을 도시한 것으로, 곡선의 내부는 JT 계수가 양수인 구간(즉, 등엔탈피 팽창하면 온도가 하락)이나, 곡선의 외부는 JT 계수가 음수인 구간으로 등엔탈피 팽창하면 온도가 상승하는 구간을 나타냅니다. 우리 주변에 가장 많이 존재하는 질소의 경우 우리가 접할 수 있는 1~10 기압, 300~400 K 수준에서는 항상 JT 계수가 양수인 구간에 머무르게 됩니다. 이것이 우리가 기체는 등엔탈피 팽창하면 온도가 떨어진다고 고등학교 때 배우는 이유입니다. 수소의 경우는 JT 계수가 양수인 영역이 좁고 그 온도 구간도 200 K, 즉 영하 70℃ 이하로, 상온 상압 근처는 JT 계수가 음수인 영역으로 등엔탈피 팽창하면 온도가 상승하게 됩니다.

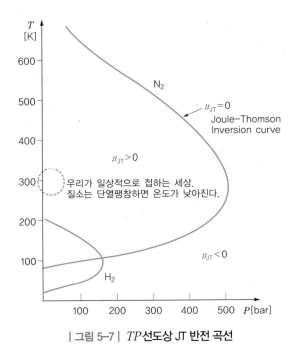

| 그림 5-7 | TP 선도상 JT 반전 곡선

이러한 현상은 분자적 시각에서 다음과 같이 해석됩니다. 기체가 팽창하는 경우, 분자 간의 위치에너지는 다음과 같은 메커니즘에 의해서 증가와 감소 상반된 두 가지 영향을 동시에 받습니다.

(1) 기체가 팽창하면 분자 간 평균 거리는 증가하므로 분자 간 위치에너지가 증가

(2) 분자 간 거리가 증가하면 분자 간 상호 충돌할 확률이 감소하므로 충돌로 인하여 운동에너지가 위치에너지로 전환될 수 있는 확률이 감소. 즉 분자 간 평균 위치에너지가 감소

고온·고압에서는 모든 분자가 충분히 활발하게 움직이고 있으므로 수많은 분자 간 충돌이 일어나고 다량의 운동에너지가 위치에너지로 전환됩니다. 이 경우 팽창하면 위 (1)에 따라 팽창으로 거리가 멀어져서 증가하는 위치에너지에 비하여 (2)에 따라 분자 간 충돌 확률이 감소하여 위치에너지가 감소하는 영향력이 큽니다. 열역학 제1법칙에 따라 전체 시스템의 에너지는 동일하므로, 분자 간 위치에너지가 감소하면 분자 간 운동에너지는 증가해야 하므로 분자 간 운동에너지의 평균값으로 나타나는 온도가 증가하게 됩니다($\mu_{JT} < 0$).

적당한 온도, 압력의 구간으로 들어서면 분자 간 충돌이 둔화되어 (2) 메커니즘에 따라 충돌 감소로 인하여 위치에너지가 감소하는 영향력보다 (1) 메커니즘에 따라서 분자 간 거리 증가로 인한 위치에너지 증가 영향력이 더 커지게 됩니다. 따라서 운동에너지는 감소, 온도가 감소하게 됩니다($\mu_{JT} > 0$).

저온·저압의 영역으로 들어서면, 분자 간 거리가 매우 좁아지고 반발력이 커지므로 분자 간 충돌이 다시 활발해집니다. 따라서 팽창으로 인하여 충돌이 감소하는 영향력이 커져서 팽창으로 온도가 다시 증가하게 됩니다($\mu_{JT} < 0$).

20 bar, 50°C의 프로판이 JT밸브를 통하여 1 bar로 팽창하여 기액 혼합물이 되었을 때 RK EOS를 이용하여 이때의 기액 혼합물의 온도와 기체 몰분율을 구하라.

팽창 전을 상태 1, 팽창 후를 상태 2라 합시다. 식 (4.23)을 이용하여 ($T = 323.15\,\mathrm{K}$, $P = 20 \times 10^5\,\mathrm{Pa}$)에서 Z에 대한 RK EOS를 풀면 [식 (4.22)로 v에 풀어도 결과는 동일] (상세 계산 확인은 보조자료 C5_examples 참조)

$$Z^3 - Z^2 + (A - B - B^2)Z - AB = 0$$

$$A = 0.42748 P_r / T_r^{2.5} = 0.42748 \times \left(\frac{20}{42.57}\right) \Big/ \left(\frac{323.15}{369.9}\right)^{2.5} = 0.28154$$

$$B = 0.08664 P_r / T_r = 0.08664 \times \left(\frac{20}{42.57}\right) \Big/ \left(\frac{323.15}{369.9}\right) = 0.04659$$

$$Z = [0.6903,\ 0.2253,\ 0.08433]$$

포화압을 확인하여 보면

$$\log P^{\mathrm{sat}} = A - \frac{B}{T+C} = 4.537 - \frac{1149.36}{323 + 24.906} = 17.2\,\mathrm{bar}$$

$P = 20 > P^{\mathrm{sat}}$이므로 액체가 안정적입니다.

$$Z_1 = \min[0.6903,\ 0.2253,\ 0.08433] = 0.08433$$

$$v_1 = ZRT/P = 0.08433 \times 8.314 \times 323/(20 \times 10^5) = 0.000113\,\mathrm{m^3/mol}$$

기준점을 $T = 25°\mathrm{C}$, $P = 1\,\mathrm{bar}$에서의 이상기체 상태로 두고 상태 1에서의 몰엔탈피를 구해 봅시다.

$$h_1 = \Delta h_{\mathrm{dep},1} + \Delta h_1^{\mathrm{ig}}$$

하면 Z에 대한 엔탈피 편차함수는 식 (5.28)과 같으므로[식 (5.27)로 구해도 동일]

$$\Delta h_{\mathrm{dep},1} = RT\left(Z - 1 + 1.5\frac{A}{B}\ln\frac{Z}{Z+B}\right)$$

$$= 8.314 \times 323.15 \times \left(0.08433 - 1 + 1.5\frac{0.28154}{0.04659}\ln\frac{0.08433}{0.08433 + 0.04659}\right)$$

$$= -13172\,\mathrm{J/mol}$$

$$\Delta h_1^{\mathrm{ig}} = R[1.062(323.15 - 298.15) + 29.33/(2 \times 10^3)(323.15^2 - 298.15^2)$$

$$+ (-9.222)/(3 \times 10^6)(323.15^3 - 298.15^3)] = 1929\,\mathrm{J/mol}$$

$$= 1929\,\mathrm{J/mol}$$

$$h_1 = \Delta h_{\mathrm{dep},1} + \Delta h_1^{\mathrm{ig}} = -11243\,\mathrm{J/mol}$$

팽창 후 상태 2에서 기액 혼합물이 되었다는 것은 포화액체와 포화기체가 공존하는 포화상태라는 의미가 됩니다. 즉, 팽창 후 온도는 1 bar에서의 포화온도가 되어야 하므로 식 (1.9) 안토인 식으로부터

$$\log P^{\text{sat}} = A - \frac{B}{T+C}$$

$$T_2 = \frac{B}{A - \log P^{\text{sat}}} - C = \frac{834.26}{4.012 - 0} - (-22.763) = 230.704\,\text{K}$$

포화액체와 포화기체의 몰부피가 공존하는 상태이므로 이때 혼합물의 몰부피는 식 (1.7)을 이용하여 연산 가능하며, 혼합물의 몰엔탈피도 이와 같은 방식으로 연산 가능합니다.

$$v = x_{\text{vf}} v^v + (1 - x_{\text{vf}}) v^l$$

$$h = x_{\text{vf}} h^v + (1 - x_{\text{vf}}) h^l$$

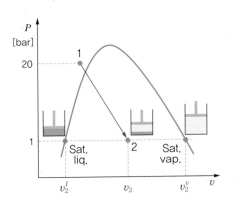
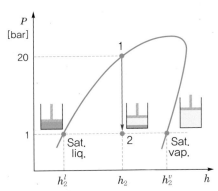

해당 온도 압력(230.704 K, 1 bar)에서 RK EOS의 3차 방정식을 풀면(상세 계산 확인은 보조자료 Ex 5-5 참조)

$$A = 0.42748 P_r / T_r^{2.5} = 0.42748 \times \left(\frac{1}{42.57}\right) / \left(\frac{230.704}{369.9}\right)^{2.5} = 0.032688$$

$$B = 0.08664 P_r / T_r = 0.08664 \times \left(\frac{1}{42.57}\right) / \left(\frac{230.704}{369.9}\right) = 0.003263$$

$$Z = [0.9698,\ 0.02598,\ 0.004233]$$

$$Z_2^l = \min[0.9698,\ 0.02598,\ 0.004233] = 0.004233$$

$$Z_2^v = \max[0.9698,\ 0.02598,\ 0.004233] = 0.9698$$

상태 2에서 포화액체와 포화기체의 몰엔탈피는

$$h_2^l = \Delta h_{\text{dep},2}^l + \Delta h_2^{\text{ig}}$$

$$= 8.314 \times 230.704 \times \left(0.004233 - 1 + 1.5\frac{0.032688}{0.003263}\ln\frac{0.004233}{0.004233 + 0.003263}\right)$$

$$+ R\left[1.062(230.704 - 298.15) + \frac{29.33}{2 \times 10^3}(230.704^2 - 298.15^2)\right.$$

$$\left. + \frac{-9.222}{3 * 10^6}(230.704^3 - 298.15^3)\right]$$

$$= -22961\,\text{J/mol}$$

$$h_2^v = \Delta h_{\text{dep},2}^v + \Delta h_2^{\text{ig}} = -4735.7\,\text{J/mol}$$

기체 몰분율은

$$x_{\text{vf}} = \frac{h_1 - h_2^l}{h_2^v - h_2^l} = 0.643$$

혹은 기존 정의함수를 써도 됩니다. 포화압에서의 부피나 엔탈피 연산을 위한 함수를 별도로 정의하는 것이 적합하지만 그냥 Ex 5-4의 엔탈피 편차함수로도 포화압보다 조금이라도 압력이 크면 액체의 부피, 작으면 기체의 부피인 것을 이용해서 근사를 해 보면 (이러한 부분이 공학의 묘미죠.)

$$h_2^l = \text{h\_dep}(230.704, 10^5 + 1) + \text{h\_ig}(298.15, 230.704) = -22961$$

$$h_2^v = \text{h\_dep}(230.704, 10^5 - 1) + \text{h\_ig}(298.15, 230.704) = -4735.7$$

$x_{\text{vf}} = 0.643$

동일한 결과를 얻습니다.

FAQ 5-8 JT inversion curve에 대한 설명이 이해가 안 됩니다. 왜 JT 계수가 0보다 작아질 수 있는지, 압력이 떨어지는데 온도가 증가할 수 있는지 받아들이기 어렵습니다.

설명의 관점을 좀 틀어보겠습니다. 열역학 제1법칙의 관점에서는 이렇게 설명할 수도 있습니다. 일반적으로 기체가 팽창하는 경우 비이상성이 높은 고압에서 저압으로 압력이 감소하므로, 부피가 크게 팽창하여 Pv텀으로 나타나는 유동일(flow work)이 증가하는 경향을 가집니다. 엔탈피가 변화하지 않으면 이는 내부에너지의 감소로 나타나므로 대체적으로 온도가 감소하게 됩니다. (실제 기체의 내부에너지는 온도만의 함수는 아니지만 이상기체에 가까울수록 온도에 지배적인 영향을 받는다는 사실을 이미 다뤘습니다.)

예를 들어 다음과 같은 상태 1의 기체가

$$20 = h_1 = u_1 + P_1 v_1 = 10 + 10 \times 1$$

$P_2 = 5$로 등엔탈피 팽창하게 되었을 때 부피가 1에서 3으로 팽창하게 된다면

$$h_2 = h_1 = 20 = u_2 + P_2 v_2 = u_2 + 5 \times 3 \rightarrow u_2 = 5, \Delta u = -5$$

내부에너지가 감소, 즉 기체의 온도도 감소하게 됩니다.

그러나 비이상성이 커서 압력 감소만큼의 부피 팽창이 일어나지 않으면 내부에너지는 증가하게 됩니다. 예를 들어 위의 상태 1에서 상태 2로 팽창했을 때 비압축성에 가까운 액체 상태라서 압력이 5로 떨어졌지만 부피는 1.1로밖에 증가하지 않았다면

$$h_2 = h_1 = 20 = u_2 + P_2 v_2 = u_2 + 5 \times 1.1 \rightarrow u_2 = 14.5, \Delta u = +4.5$$

이러한 경우 내부에너지가 증가하여 온도가 올라가는 현상이 일어날 수 있습니다.

JT 계수의 정의에서부터 설명할 수도 있습니다. 예를 들어, 기체의 경우 온도 변화에 따라 부피 변화량이 큽니다. 즉

$$\left(\frac{\partial v}{\partial T}\right)_P = M$$

$$\mu_{\text{JT}} = \left(\frac{\partial T}{\partial P}\right)_h = \frac{1}{c_P}\left[T\left(\frac{\partial v}{\partial T}\right)_P - v\right] = \frac{TM - v}{c_p} > 0 \, (M\text{이 충분히 크다면})$$

이 경우 팽창하면 온도가 하락하게 됩니다.

반면, 저온·고압에서 액체가 온도 변화에 따라서 부피가 거의 변화하지 않는 비압축성 상태에 있다면

$$\left(\frac{\partial v}{\partial T}\right)_P \approx 0$$

이때 JT 계수는

$$\mu_{\text{JT}} = \left(\frac{\partial T}{\partial P}\right)_h = \frac{1}{c_P}\left[T\left(\frac{\partial v}{\partial T}\right)_P - v\right] = -\frac{v}{c_p} < 0$$

즉, 이 경우 팽창하면 온도가 상승하게 됩니다.

PRACTICE

1 개념정리: 다음을 설명하라.

(1) 열역학 기본 물성관계(Fundamental property relations)
(2) 열역학 물성 간의 맥스웰 관계식(Maxwell relation)
(3) 열역학 기본 물성관계나 맥스웰 관계식이 왜 중요한 의미를 가지는지 설명하라.
(4) 등엔탈피 팽창하는 경우 유체의 온도는 상승하는가 아니면 하강하는가?
(5) JT 반전곡선(inversion curve)

2 메테인을 가열 팽창하여 2 bar, 25°C에서 1 bar, 100°C가 되었을 때 엔트로피 변화량을 구하라.

3 vdW EOS를 이용하여 메테인이 2 bar, 25°C에서 1 bar, 100°C가 되었을 때와 100 bar, 25°C에서 50 bar, 100°C가 되었을 때 엔트로피 변화량을 구하라.

4 10 mol/s의 n-뷰테인이 터빈에 20 bar, 400 K의 기체로 유입되어 1 bar, 320 K의 기체로 토출되고 있다. vdW EOS를 이용하여 이 터빈이 하는 일을 구하라.

5 10 mol/s의 n-뷰테인이 터빈에 20 bar, 400 K의 기체로 유입되어 1 bar, 320 K의 기체로 토출되고 있다. RK EOS를 이용하여 이 터빈이 하는 일을 구하라.

6 −120°C, 100 bar의 질소가 JT 밸브를 통과하여 등엔탈피 팽창하고 있다. 팽창 후 1 bar의 기액 혼합물이 되었을 때 RK EOS를 사용하여 팽창 후 질소의 증기분율을 구하라.

chapter

6

상평형의 기초

6.1 순물질의 상평형

우리는 1장에서 이미 상태를 바꾸려는 어떠한 잠재력(potential) 혹은 동력(driving force) 차이가 없는 상황을 평형이라고 하며, 2상 이상이 공존하는 상황을 상평형(phase equilibrium)이라고 한다는 것을 다루었습니다. 또한 순물질의 포화액체와 포화기체가 공존하는 포화상태를 기액상평형이라고 부를 수 있음도 이야기하였습니다. 이제 보다 수치적으로 상평형을 나타내고 예측할 수 있는 방법에 대해서 알아봅시다.

어떤 계(system)가 상평형상태에 있기 위해서는 기본적으로 계에 존재하는 액체와 기체의 압력과 온도는 같은 값을 가지고 있어야 합니다. 압력이 다르다면 퍼텐셜의 차이로 인하여 높은 압력에서 낮은 압력으로 유체의 이동이 발생하며, 온도가 다르다면 열적 퍼텐셜의 차이로 인하여 높은 온도에서 낮은 온도로 열의 이동이 발생하므로 이는 애초에 평형이라고 할 수가 없습니다. 따라서 기액상평형의 전제 조건은

$$T^v = T^l$$
$$P^v = P^l$$

그러나 우리가 이미 알고 있는 것처럼 온도와 압력이 일정한 방안의 물컵에서도 물은 증발해서 마르게 됩니다. 즉, 물분자를 수증기 분자로 만드는 어떠한 원동력이 존재한다는 의미이므로, 온도와 압력만으로는 상평형을 정의하기에 충분하지 않다는 사실을 알 수 있습니다. 이러한 원동력을 미국의 과학자 깁스(Josiah Willard Gibbs, 1839−1903)는 화학적 퍼텐셜(chemical potential, μ)이라고 처음 불렀습니다. 즉, 상평형이란 계를 이루는 2개 이상의 상이 압력, 온도뿐만아니라 화학적 퍼텐셜(그게 뭔지는 아직 모르더라도)까지 같아야 가능한 상태라고 생각해 볼 수 있습니다.

$$\text{Phase Equilibirum: } T^v = T^l, P^v = P^l, \mu^v = \mu^l$$

순물질의 화학적 퍼텐셜: 깁스 자유에너지(Gibbs free energy, G)

다음과 같이 일정한 온도, 압력을 유지하는 밀폐된 실린더에 기체와 액체가 존재한다고 생각해 봅시다. 열역학 제1법칙에서

$$dU = \delta Q_{rev} + \delta W_{rev} = \delta Q - PdV$$

엔탈피의 정의에서 압력이 일정하다면

$$dH = d(U + PV) = dU + PdV + VdP = \delta Q_{rev}$$

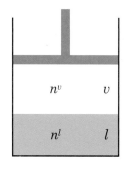

엔트로피의 정의에서

$$dS \geq \frac{\delta Q_{rev}}{T}$$

온도·압력이 일정한 상태에서 이는

$$dS \geq \frac{dH}{T}$$

$$0 \geq dH - TdS = d(H - TS)$$

이 $H - TS$를 새로운 열역학 함수 G로 정의합시다. 엔탈피를 정의했을 때와 마찬가지로 기본적으로 이는 측정가능한 직관적 성질이 아니라 수학적으로 정의된 성질로 시작되었다고 생각하는 편이 편합니다. 이를 깁스의 이름을 따서 깁스 자유에너지(Gibbs free energy) 혹은 깁스 에너지라고 부릅니다.

$$G \equiv H - TS$$

이를 정리해 보면 등온·등압 상태에서 어떠한 계의 깁스 자유에너지 변화량은 항상 0보다 작거나 같게 됩니다.

$$0 \geq dG \tag{6.1}$$

즉, 깁스 자유에너지 G는 계속 줄어드는 방향으로 움직여 갈 것입니다. 다시 말해, 더 이상 변화가 없는 안정적인 상태(평형)는 깁스 자유에너지가 더 이상 줄어들지 못하고 변화량이 0이 되는 최소점에서 가능하게 될 것입니다.

식 (1.5)에서 했던 것처럼 계의 전체 부피는 기체의 부피와 액체의 부피로 나누어서 다음과 같이 나타낼 수 있었습니다.

$$V = V^v + V^l = n^v v^v + n^l v^l$$

같은 방식으로 위의 계에서 깁스 자유에너지를 이를 구성하는 각 상의 몰깁스 에너지($g = G/n$)로 나타내면

$$G = G^v + G^l = n^v g^v + n^l g^l$$

따라서

$$dG = dn^v g^v + n^v dg^v + dn^l g^l + n^l dg^l$$

v^v, v^l과 같은 물성의 경우 상태함수로, 온도와 압력이 일정하면 변화하지 않고 항상 동일한 값을 가졌습니다. g 역시 상태함수인 열역학 물성을 조합하여 만들어진 결과물로 상태함수입니다. 즉, 온도와 압력이 일정한 상태가 유지되고 있다면 g값의 변화는 없어야 합니다($dg = 0$). 따라서

$$dG = dn^v g^v + dn^l g^l \qquad (6.2)$$

밀폐된 실린더에서 상이 변화하면 반드시 다른 상으로 이동하게 됩니다. 예를 들어 기체가 1몰 줄어들었다면 액체가 1몰 늘어나야 합니다. 즉,

$$dn^l = -dn^v$$

그럼 식 (6.2)는

$$dG = dn^v g^v - dn^v g^l = (g^v - g^l)dn^v$$

식 (6.1)에서 얻은 것처럼 $dG \leq 0$이므로 만약 $g^v > g^l$이라면 dn^v는 음수여야 합니다. $dn^v = 0$일 수도 있겠으나 $dn^v < 0$이어야 $dG < 0$이 되어 G가 줄어드는 방향으로 가게 되므로, 가능하다면 기상이 줄어들고 액상이 늘어나는 결과, 즉 응축이 일어나게 될 것임을 알 수 있습니다. 이러한 변화가 계속되면 결국 이 계는 액상만이 존재하는 계가 될 것임을 알 수 있습니다. 그래야 G값이 가능한 한 가장 작은 상태가 될 것이기 때문입니다.

반대로 $g^v < g^l$이라면, dn^v는 양수여야 G가 줄어드는 방향으로 움직이는 것이 가능합니다. 즉, 액체가 기체로 증발하는 현상이 반복되어 결과적으로 기상만이 존재하는 계가 될 것임을 알 수 있습니다. 즉, 2상이 공존하는 상평형이 성립될 수 있는 경우는 $g^v = g^l$인 경우에만 성립합니다. 그렇지 않으면 g값이 작은 상으로 상변화가 일어나서 단상만 존재하는 계가 더 안정적이 되기 때문입니다. 즉, 순물질의 경우 상평형이 성립하기 위한 세 번째 조건은

$$g^v = g^l$$

즉, 순물질의 경우 몰깁스 자유에너지가 곧 화학적 퍼텐셜과 동등한 의미를 가짐을 알 수 있습니다.

$$\mu = g$$

다시 말해, 순물질의 기액상평형이 성립하기 위해서는

$$T^v = T^l, \ P^v = P^l, \ \mu^v = \mu^l (g^v = g^l)$$

감이 잘 오지 않으면, 예를 하나 다뤄봅시다. 온도 압력이 일정한 밀폐 실린더에 순물질의 기체와 액체가 각 1몰씩 존재하는 어떤 임의의 계가 그 온도 압력에서 각 상별로 $g^v = 2\,\text{J/mol}$, $g^l = 1\,\text{J/mol}$의 몰깁스 에너지를 가지고 있다고 생각해 봅시다. 이 계의 전체 깁스 에너지는

$$G = n^v g^v + n^l g^l = 1 \times 2 + 1 \times 1 = 3\,\text{J}$$

만약 기체와 액체가 상의 변화없이 그대로 유지된다면($dn^v = 0$) 계의 깁스 에너지는 변화가 없습니다. 만약 0.1몰의 액체가 기화된($dn^v = 0.1$) 상태 2가 있다면 이때의 깁스 에너지는

$$G = n^v g^v + n^l g^l = 1.1 \times 2 + 0.9 \times 1 = 3.1\,\text{J}$$

즉, G는 증가합니다. 식 (6.1)에서 본 것과 같이 열역학 제1법칙과 제2법칙을 만족하는 안정적인 상태로 가려면 G가 감소해야 하므로 상태 1에서 상태 2로는 자발적으로 변화할 수 있는 과정이 아닙니다. 엔트로피의 통계역학적 시각에서 말하자면, 불가능한 것은 아니나 그러한 변화를 관찰하는 것은 작은 확률로만 가능하게 될 것입니다. 그러나 반대로 0.1몰의 기체가 액화된 $(dn^v = -0.1)$ 상태 3의 깁스 에너지는

$$G = n^v g^v + n^l g^l = 0.9 \times 2 + 1.1 \times 1 = 2.9\,\text{J}$$

G값이 감소하였으므로, 상태 1에서 상태 2보다는 상태 3로 계가 변화하는 것이 더 안정적인 상태가 된다는 것을 알 수 있습니다. 이러한 과정이 반복되면 결국 최종적으로는 모든 기체가 액체가 되어 G값이 가장 작은 값을 가지는 상태 4까지 진행한 결과물을 우리는 보게 될 것입니다.

그러나 만약 $g^v = g^l = 2\,\text{J/mol}$인 상태였다면, 기체와 액체가 각 1몰인 상태 1이나 0.1몰 기화한 상태 2나 0.1몰 감소한 상태 3에 대해서 깁스 에너지는 모두 동일한 값을 가집니다.

$$\text{State 1: } G = n^v g^v + n^l g^l = 1 \times 2 + 1 \times 2 = 4\,\text{J}$$

$$\text{State 2: } G = n^v g^v + n^l g^l = 1.1 \times 2 + 0.9 \times 2 = 4\,\text{J}$$

$$\text{State 3: } G = n^v g^v + n^l g^l = 0.9 \times 2 + 1.1 \times 2 = 4\,\text{J}$$

즉, 기체와 액체가 공존하는 상태 자체가 G값이 최소인 안정적인 상태이므로 어느 한 상이 존재하는 쪽으로 자발적으로 움직이는 것이 아니라 2상이 존재하는 상평형상태가 유지될 수 있음을 알 수 있습니다.

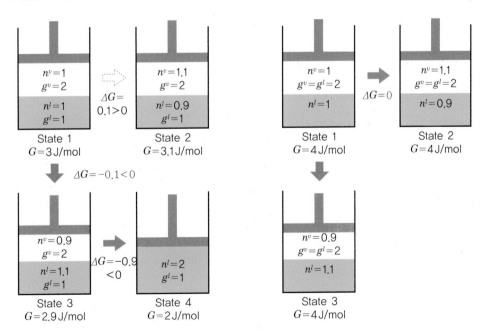

| 그림 6-1 | **깁스 자유에너지와 기액상평형**

이제 사고를 엔트로피에서 좀 더 확장할 수 있게 되었습니다. 3장에서 엔트로피를 다루면서, 우

주는 엔트로피가 커지는 방향으로만 나아간다는 열역학 제2법칙을 다뤘습니다. 그러나 Ex 3-1 에서 다루었던 것처럼, 우리가 다루는 특정 계만을 대상으로 하는 경우 엔탈피의 개입을 통해 엔트로피가 감소되는 방향으로도 상태를 바꾸는 것이 가능했습니다. 더 간단한 예를 들어 보면 상온의 물은 액체지만, 이 계에서 열을 빼앗아서 더 낮은 엔탈피 상태를 만들면 엔트로피가 감소하는 얼음으로 만드는 것도 가능합니다. 즉, 더 안정된 상태란 엔탈피가 감소하는 방향과 엔트로피가 증가하는 방향이 경합하여 형성되며, 이를 나타내는 지표가 깁스 자유에너지라는 열역학 물성입니다. 이를 통하여 어떠한 계가 어떤 상태로 변화하는 것이 더 안정적인지, 자발적으로 어떤 방향으로 나아갈지에 대해서 수치적으로 판단이 가능해집니다. 이것이 깁스 자유에너지를 어떤 계의 자발적 변화를 대표하는 지표로 사용하는 이유입니다.

FAQ 6-1 왜 $G = n^v g^v + n^l g^l$ 인가요?

수증기와 물이 섞여 있는 계의 전체 부피를 생각해 봅시다. 액체가 100몰, 기체가 10몰 있고 기체 및 액체의 몰부피가 각각 100, 0.001 m³/mol이라면 전체 부피는 다음과 같이 계산할 수 있을 것입니다.

$$V = 10 \, \text{mol} \times 100 \, \frac{\text{m}^3}{\text{mol}} + 100 \, \text{mol} \times 0.001 \, \frac{\text{m}^3}{\text{mol}}$$

즉,

$$V = n^v v^v + n^l v^l$$

G도 V나 마찬가지인 각각의 상이 가지는 열역학 물성치의 합으로 나타나게 되므로 이렇게 나타낼 수 있습니다.

FAQ 6-2 닫힌계에서 상변화는 T, P의 변화를 일으키는데 g를 설명할 때 T, P가 일정하다고 가정하는 것은 잘못된 것 아닌가요?

닫힌계에서 상변화가 반드시 T, P의 변화를 만드는 것은 아닙니다. 예를 들어, 정압을 유지하는 밀폐 실린더 1기압 100℃에서 물이 끓고 있다고 합시다. 이때 증기분율(vapor fraction)이 0.4인 상태 1에서 0.7인 상태 2로 변화했다면 액체→기체로 상변화가 일어났지만 T, P는 일정합니다.

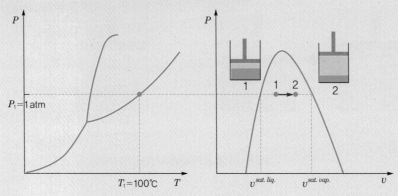

FAQ 6-3 $T^v = T^l$, $P^v = P^l$, $\mu^v \neq \mu^l$인 경우는 어떤 상황인가요?

온도와 압력이 일정한 순간에도 물질(분자)이 이동하고 있는 모든 경우입니다.

1기압, 25℃가 유지되고 있는 방안에 25℃의 물을 한 컵 넣었다고 합시다. 방과 컵의 온도 압력은 모두 일정하지만, 컵 내부의 물은 시간이 지나면 증발할 것입니다. 1기압, 25℃가 유지되고 있는 방안에서 25℃의 콜라 캔을 열었다고 생각해 보죠. 초반에는 압력의 감소(캔 내 압력이 대기압으로 감소)로 인한 대량의 이산화탄소가 발생하게 됩니다. 그러나 다음 순간 곧 압력은 대기압과 동일해집니다. 그러나 압력과 온도가 일정한 상황에서도 콜라 속의 이산화탄소는 상당 시간 동안 계속 증발하게 됩니다. 즉, 김이 빠지죠. 이산화탄소의 분자가 콜라에서 대기로 이동하고 있다는 것은, 어떠한 퍼텐셜 차이가 존재하는 상태라는 의미가 됩니다.

FAQ 6-4 $dG \leq 0$에서 어떻게 $g^v = g^l$이 유도된 건가요? 예를 들어 $dn^v = 0$이면 g가 같지 않아도 $dG = (g^v - g^l)dn^v \leq 0$을 만족하지 않나요?

$dG \leq 0$이라는 의미는 등온·등압 상태에 있는 어떤 시스템은 반드시 계의 깁스 에너지가 같거나 줄어드는 방향으로 진행해 간다는 의미입니다. 어떤 임의의 시스템이 시간의 변화에 따라서 G값이 변화해 가는 과정을 상상해 보면 다음과 같이 계속 감소하는 함수값을 떠올려 볼 수 있을 것입니다.

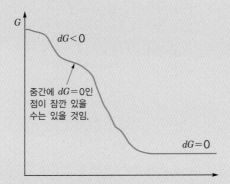

즉, G가 계속 감소하다가 충분히 많은 시간이 지난 뒤 더 이상 감소할 수 없는 최소점에 도달하게 된다면, 그때가 가장 안정적인 상태, 평형상태가 됩니다. 이때 더 이상 G값은 변화하지 않으므로 $dG = 0$이 됩니다. 그 중간에 잠깐 $dG = 0$인 점이 있을 수도 있겠지만, 이 점보다 더 낮은 G값을 가질 수 있다면 시간이 지나면 결국 G값은 감소하는 방향으로 진행될 것입니다. 때문에 $dG = 0$이면 상평형이라고 할 수는 없습니다. 즉, $dG = 0$은 상평형상태를 위한 충분 조건이 아닌 필요 조건입니다. 우리가 이야기하는 상평형은 최종적으로 가장 안정한 상태인 G의 최소값에 도달(평형)해서 $dG = 0$인 상태인데도 여전히 두 개의 상이 공존하는 경우를 말합니다. 중간에 잠깐 $dG = 0$일 수도 있는 점이나, G가 최소가 되어서 $dG = 0$이지만 한 개의 상만이 존재하는 경우는 상평형에 해당하는 점이 아닙니다.

FAQ 6-5 $g^v = g^l$ 이라면 증기분율이 0.5거나 1이거나 모두 $\Delta G = 0$인 상태인데 상평형이 증기분율이 얼마인 지점에서 결정되는지는 어떻게 판단하나요?

다른 정보가 아무것도 없다면 상평형상태에 있다는 것만 알 수 있고 그 크기는 알 수 없습니다. 예를 들어서, 1기압, 100℃의 물이 있다고 하면 상평형상태에 있다는 것과 기체 및 액체상의 물성치(예를 들어 수증기 표를 보면 $v_l = 0.001\,\mathrm{m^3/kg}$, $v_v = 1.674\,\mathrm{m^3/kg}$)를 알 수 있으나, 기체와 액체가 몇 대 몇으로 섞여서 증기분율이 얼마인지 등은 알 수가 없습니다. 이건 추가적인 정보가 있어야 알 수 있습니다.

깁스 자유에너지와 상

앞서 얻은 결과를 정리해 보면, 특정 온도와 압력에서 가장 낮은 몰깁스 에너지를 가지는 상이 가장 안정적인 상이 됩니다. 열역학적 기본 물성 관계 식 (5.7)에서

$$dg = -sdT + vdP$$

식 (5.1)과 같이 독립변수 T, P에 대해서 g를 나타내면

$$dg = \left(\frac{\partial g}{\partial T}\right)_P dT + \left(\frac{\partial g}{\partial P}\right)_T dP$$

즉,

$$v = \left(\frac{\partial g}{\partial P}\right)_T$$

따라서 T가 일정한 값을 가질 때 P에 따른 g를 도시하면 그 기울기가 몰부피가 됩니다. 고체의 경우 몰부피는 매우 작은 값을 가지며 비압축성 특성을 지니므로 압력이 변화해도 몰부피는 거의 일정한 값을 가질 것입니다. 따라서 고체의 경우 P에 따른 g는 기울기가 작은 직선의 형태로 나타나게 될 것입니다. 액체의 경우도 비압축성에 가까우므로 마찬가지로 직선으로 나타날 것이나, 액체의 몰부피는 일반적으로 고체보다 크므로 기울기가 더 큰 직선으로 나타나게 될 것입니다. 기체의 경우는 압력이 올라갈수록 몰부피가 작아지므로, 저압에서는 기울기가 매우 크다가 고압으로 갈수록 기울기가 점차 작아지는 곡선의 형태로 나타나게 될 것입니다. 이를 도시하여 보면 순물질의 경우 압력 구간별로 가장 낮은 화학적 퍼텐셜($\mu = g$)값을 가지는 상, 즉 가장 안정적인 상이 어떤 상인지를 알 수 있습니다. 예를 들어, 아래와 같은 경우 저압에서는 기체의 화학적 퍼텐셜(μ^v)이 가장 낮으므로 기체로 안정적으로 존재하지만, 압력이 올라가다 보면 화학적 퍼텐셜이 가장 낮은 상이 액체가 되었다가, 더 고압에서는 고체로 존재하게 됨을 알 수 있습니다. 이때

상평형이 성립 가능한 점은 두 상의 화학적 퍼텐셜값이 동일해지는 압력뿐입니다. 예를 들어 기체와 액체의 화학적 퍼텐셜이 같아지는 압력이 이 온도에서 기액상평형이 성립할 수 있는 포화압(saturation pressure)이 될 것입니다.

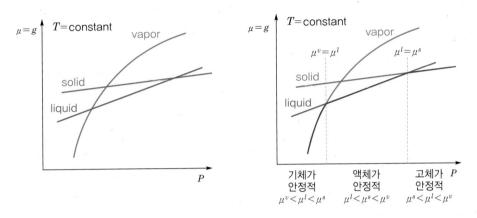

| 그림 6-2 | 깁스 에너지와 압력에 따른 물질의 상

이제 우리는 1장에서 언급했던, 왜 순물질의 상이 포화증기압(saturation pressure)과 계의 압력에 따라 변화하는지를 좀 더 깊게 이해할 수 있게 되었습니다. 아래는 n-뷰테인을 대상으로 $T = 400\,\text{K}$일 때 PR EOS를 적용 시 얻어지는 Pv선도와 이때 편차함수를 이용 h, s값을 연산하여 g값을 연산한 결과를 도시한 것입니다. 계가 포화압력보다 낮은 압력(P_1)에 있을 때는 기체의 몰깁스 에너지가 액체의 몰깁스 에너지보다 더 낮은 상태로, 기체로 존재하는 것이 더 안정적이 됩니다. 포화압력보다 높은 압력(P_2)에 있을 때에는 액체의 몰깁스 에너지가 더 낮아서 액체가 안정적인 상태가 됩니다. 경우에 따라 포화증기압 이하에서 액체 혹은 포화증기압 이상에서 기체가 준안정적으로 잠시 존재하는 것이 가능한 순간도 있을 것이나, 이는 약간의 충격만 가해지더라도 다시 평형을 향해서 움직이게 될 것입니다.

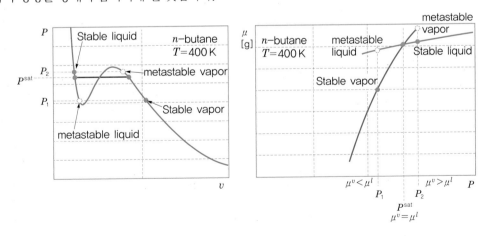

| 그림 6-3 | n-뷰테인 400 K에서 기체와 액체의 깁스 에너지

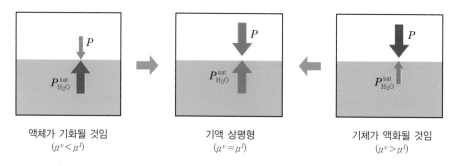

| 그림 6-4 | 기액상평형과 화학적 퍼텐셜

이를 분자의 관점에서 보면 다음과 같이 생각할 수 있습니다. 열의 출입만 가능한 $20\,℃$의 밀폐된 방 안에 밀봉된 물이 가득 담긴 컵이 있고, 방 안의 공기를 모두 배출시켜 진공에 가까운 저압을 만들었다고 생각해 봅시다. 이때 컵의 밀봉이 풀리면 이 순간 기체의 압력(거의 0)은 $20\,℃$에서 물의 포화압($2.34\,kPa$)보다 낮은 상태로, 기체의 화학적 퍼텐셜이 더 낮아서 기체로 존재하는 것이 더 안정적인 순간이므로 액체는 증발하여 기체가 됩니다. 증발은 수증기가 방의 압력을 올려서 포화압인 $2.34\,kPa$에 도달할 때까지, 다시 말해서 기체와 액체의 화학적 퍼텐셜이 같아질 때까지 계속 발생할 것입니다. 만약 반대로 시스템의 압력이 포화압보다 큰 상태에서 액체가 존재한다면, 이는 액체의 화학적 퍼텐셜이 더 낮은 상태이므로 기체가 액화되어 퍼텐셜이 같아질 때까지 압력은 줄어들게 될 것입니다.

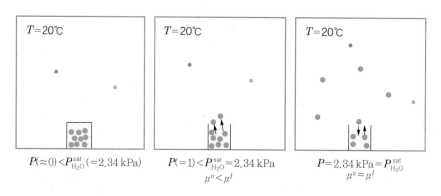

| 그림 6-5 | 분자적 시점에서 본 기액상평형과 화학적 퍼텐셜

FAQ 6-6 P vs g 그래프를 이야기할 때 등온에서 압력 증가 시 기체→액체→고체로 변화한다고 했는데, 다음 PT선도를 보면 (1)의 경우는 기체→고체→액체로 가고, (2)의 경우는 기체→액체로 갑니다. 설명이 잘못된 것 아닌가요?

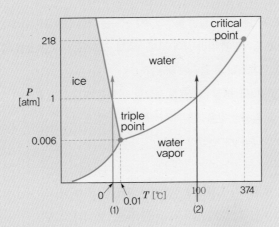

굉장히 예리하고 재미있는 질문입니다. 일단 (2)의 경우는 간단합니다. 보여드린 P vs g 그래프는 일정 온도에서 그려진 것으로, 온도에 따라서 개형이 바뀝니다. (2)와 같은 상황은 온도가 높아서 임계점 이하에서 고체의 깁스 에너지가 가장 낮은 구간이 없는 온도의 상황입니다. 예를 들어서 다음과 같은 상황이라고 보시면 됩니다.

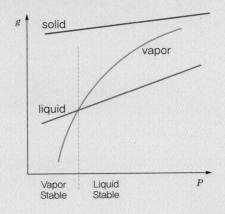

그럼 (1)의 경우는 뭐냐? 이것은 물의 특수성에서 발현됩니다. 일반적으로 자연계에 존재하는 대부분의 물질은 고체의 부피가 액체보다 작습니다. 그런데 물은 고체의 부피가 액체보다 큰 특수한 물질입니다. (그래서 물을 가득 담은 통이 얼면 통이 깨지는 일이 발생하죠.) 이는 물분자의 특이성에서 기인합니다. 고체 상태에서 물질의 분자는 결정구조라고 부르는 특수한 패

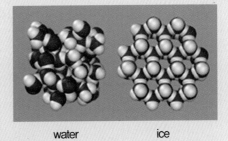

water   ice

턴에 따라 배치되게 됩니다. 물의 경우 액체 상태에서 수소 분자와 산소 분자 간의 인력인 수소 결합력이 매우 강하게 작용하여 고체의 결정구조보다 더 밀접한 분자 거리가 형성되는 것이 가능합니다. 때문에 통상 액체의 부피가 고체보다 10% 정도 작은 특이성을 보입니다.

고체의 부피가 액체보다 작은 경우, 얼면 물질의 PT선도는 다음 그래프에서 실선과 같이 나타납니다. 이 경우 (3)을 따라가 보면 압력이 증가함에 따라 상이 기체→액체→고체로 바뀌는 것을 알 수 있습니다. 점선이 질문한 물과 같이 고체의 부피가 액체보다 큰 경우에 해당합니다.

이렇게 설명할 수도 있습니다. 해당 그래프를 설명할 때 다음과 같이 설명했었습니다. "T가 일정한 값을 가질 때 P에 따른 g를 도시하면 그 기울기가 몰부피가 됩니다. 액체의 몰부피는 일반적으로 고체보다 크므로 기울기가 더 큰 직선으로 나타나게 될 것입니다." 그런데 물의 경우, 액체의 몰부피가 고체보다 작습니다. 따라서 P vs g의 그래프에서 액체가 아닌 고체가 기울기가 더 큰 직선으로 나타나게 됩니다. 즉, 기체→고체→액체의 상변화가 나타나게 됩니다.

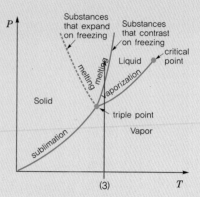

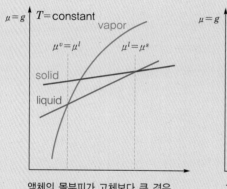

액체의 몰부피가 고체보다 큰 경우
(액체를 나타내는 직선의 기울기가 더 큼)

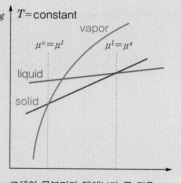

고체의 몰부피가 액체보다 큰 경우
(고체를 나타내는 직선의 기울기가 더 큼)

FAQ 6-7 삼중점의 경우는 g vs P 그래프로 어떻게 설명할 수 있나요?

삼중점 온도에서 다음과 같은 상황의 압력입니다.

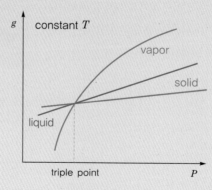

이상적인 순물질의 상평형

어떤 물질 A가 기체일 때는 이상기체에 가깝지만, 액체가 될 수 있을 정도로 최소한의 분자 간 인력을 가지고, 액체 상태에서는 비압축성 유체로 일정한 부피를 가지는 순물질이라고 생각해 봅시다. 특정 온도에서 기액상평형상태에 있다면

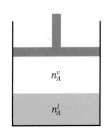

열역학적 기본 물성 관계 식 (5.7)에서

$$dg = -sdT + vdP$$

온도가 일정한 값을 가지면

$$dg = vdP$$

순물질계에서는 화학적 퍼텐셜이 곧 g이므로

$$d\mu = dg = vdP$$

즉, 기준점 P^o로부터 현재 상평형이 성립하는 압력까지 부피를 적분하면 μ를 계산할 수 있게 됩니다. 기준점 P^o가 이상기체 방정식이 성립하는 충분한 저압이라면 $v^v = RT/P$이므로

$$\int_{\mu^o}^{\mu^v} d\mu = \int_{P^o}^{P} v^v dP = \int_{P^o}^{P} \frac{RT}{P} dP = RT \ln \frac{P}{P^o}$$

$$\mu^v = \mu^o + RT \ln \frac{P}{P^o}$$

액체의 경우, 부피가 비압축성으로 일정하다면

$$\int_{\mu^o}^{\mu^l} d\mu = \int_{P^o}^{P} v^l dP = v^l (P - P^o)$$

$$\mu^l = \mu^o + v^l (P - P^o)$$

상평형에서는 기체와 액체의 화학적 퍼텐셜이 같아야 하며, 상평형이 성립하는 이때의 압력을 우리는 포화압력으로 정의합니다. 즉

$$\mu^l = \mu^v = \mu^o + RT \ln \frac{P^{sat}}{P^o} \tag{6.3}$$

클라우지우스-클라페롱(Clausius-Clapeyron) 관계식

이제 순물질의 경우 화학적 퍼텐셜인 몰깁스 에너지의 개념을 통하여 상평형을 설명할 수 있다는 것을 알게 되었습니다. 이는 곧 상평형이 성립하는 포화압이 결국 화학적 퍼텐셜인 몰깁스 에너지와 연결된 변수임을 의미합니다.

임의의 물질의 포화증기선상 임의의 상태 1을 잡으면, 이때 상평형이 성립하는 상태이므로 기체와 액체의 몰깁스 에너지는 같은 값을 가져야 합니다.

$$g^v = g^l$$

깁스 에너지 정의에 의해서

$$h^v - Ts^v = h^l - Ts^l$$

$$(s^v - s^l) = \frac{(h^v - h^l)}{T} \tag{6.4}$$

상태 1에 비해서 기체와 액체의 몰깁스 에너지가 dg^v, dg^l만큼 변화한 상태 2 역시 포화증기선상에 있다고 합시다. 상평형상태이므로 이때도 기체와 액체의 몰깁스 에너지는 같아야 하므로

$$g^v + dg^v = g^l + dg^l$$

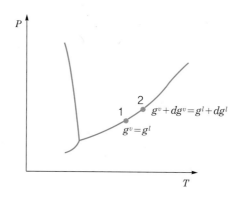

| 그림 6-6 | 기액포화곡선 위 임의의 두 상태

즉,

$$dg^v = dg^l$$

이러한 관계를 만족하는 dg에 대해서 식 (5.7) 기본물성 관계를 보면 $dg = -sdT + vdP$이므로 이를 기체 및 액체상에 대해서 적용해 보면

$$-s^v dT + v^v dP = -s^l dT + v^l dP$$

$$(v^v - v^l)dP = (s^v - s^l)dT$$

$$\frac{dP}{dT} = \frac{(s^v - s^l)}{(v^v - v^l)}$$

식 (6.4)를 적용해 보면

$$\frac{dP}{dT} = \frac{(h^v - h^l)}{T(v^v - v^l)}$$

이 관계를 만족하는 P는 모두 그 온도에서의 포화증기압을 의미합니다. 또한 포화상태에서 기체와 액체의 엔탈피값의 차이는 곧 증발엔탈피(heat of vaporization)를 의미합니다. 따라서

$$\frac{dP^{sat}}{dT} = \frac{\Delta h_{vap}}{T(v^v - v^l)} \tag{6.5}$$

상평형일 때의 깁스 에너지에서 출발했지만, 결과적으로는 엔탈피, 온도, 부피로부터 포화증기압의 변화량을 계산할 수 있도록 유도한 이 관계식을 프랑스의 공학자 베누아 클라페롱(Benoît Paul Émile Clapeyron, 1799−1864)의 이름을 따서 클라페롱 관계식이라고 부릅니다.

이 식은 몇 가지 가정을 더하면, 좀 더 사용하기 편한 식으로 만들 수 있습니다.

첫째, 액체의 몰부피는 보통 기체에 비해서 매우 작으므로, 상대적으로 무시할 만하다고 생각해 봅시다.

$$v^v - v^l \approx v^v$$

둘째, 이 기체의 부피가 이상기체 방정식을 따른다고 가정해 봅시다.

$$v^v = \frac{RT}{P^{sat}}$$

그럼 식 (6.5)는

$$\frac{dP^{sat}}{dT} = \frac{\Delta h_{vap}}{RT^2} P^{sat}$$

$$\frac{1}{P^{sat}} dP^{sat} = \frac{\Delta h_{vap}}{RT^2} dT \tag{6.6}$$

이 식 (6.6)을 클라우지우스−클라페롱 관계식이라고 부릅니다.

세 번째 가정으로, 증발열이 온도에 무관한 상수값에 가깝다면, 식 (6.6)은 적분해서

$$\int \frac{1}{P^{sat}} dP^{sat} = \int \frac{\Delta h_{vap}}{RT^2} dT$$

$$\ln P^{sat} = -\frac{\Delta h_{vap}/R}{T} + A(\text{적분상수})$$

눈썰미가 좋은 사람은 이 식의 형태를 보고 이미 매우 흡사한 식을 앞에서 이미 다룬 적이 있다는 사실을 눈치챌 수 있을 것입니다. $\Delta h_{vap}/R = B$라는 매개변수라고 생각해 보면, 이는 식 (1.9)의 안토인 관계식에서 C만 제거한 것과 동일한 형태입니다.

$$\log P^{\text{sat}} = A - \frac{B}{T+C}$$

여기서 재미있는 점은, 명확하게 이론적 근거로부터 유도된 클라페롱 관계식과는 달리 안토인 관계식은 특별한 근거는 없지만 C라는 매개변수를 추가하는 것이 정확도가 더 높다는 경험에서 제시된 경험식(empirical equation)에 가깝다는 사실입니다. 그럼에도, 기액상평형에 있어서는 클라페롱 관계식보다 안토인 관계식이 보다 정확도가 높은 편입니다. 이는 클라페롱 관계식이 전제로 하고 있는 이상기체 가정과 증발열이 온도에 무관하게 일정하다는 가정 등이 실제와 달라 오차를 발생시키기 때문입니다.

등면적 법칙(equal area rule)

앞서 상태방정식을 배울 때에는 편의상 안토인 관계식을 사용하였으나, 포화증기압이 곧 몰깁스 에너지와 관계된다면 상태방정식을 다룰 때에도 이를 기반으로 포화증기압을 결정하는 것이 가능합니다.

앞서 다룬 것처럼 임의의 일정한 온도에서 포화증기압은 곧 상평형이 가능한 순간이므로 액상과 기상의 몰깁스 에너지는 같아야 합니다.

$$g^v = g^l \text{ or } dg = 0$$

이는 다음과 같이 나타낼 수 있습니다.

$$g^v - g^l = 0 \text{ or } \int_{\text{sat.liq.}}^{\text{sat.vap.}} dg = 0$$

열역학 기본 물성 관계 식 (5.7)에서

$$dg = vdP - sdT$$

온도가 일정할 때 $dT = 0$이므로

$$dg = vdP$$

$$\int_{\text{sat.liq.}}^{\text{sat.vap.}} dg = \int_{\text{sat.liq.}}^{\text{sat.vap.}} vdP = 0 \tag{6.7}$$

연쇄법칙에서

$$d(Pv) = Pdv + vdP$$

포화액체에서 기체까지를 적분하면

$$\int_{\text{sat.liq.}}^{\text{sat.vap.}} d(Pv) = \int_{\text{sat.liq.}}^{\text{sat.vap.}} Pdv + \int_{\text{sat.liq.}}^{\text{sat.vap.}} vdP$$

식 (6.7)에서 vdP의 적분은 0이어야 하므로

$$[Pv]_{\text{sat.liq.}}^{\text{sat.vap.}} = \int_{\text{sat.liq.}}^{\text{sat.vap.}} P dv$$

온도가 일정할 때 순물질의 경우 포화액체에서 포화기체로 변하는 과정은 압력이 포화증기압으로 일정한 구간입니다. 따라서 어떤 압력 P가 포화증기압이 되기 위해서는 다음의 식을 만족해야 합니다.

$$P(v^v - v^l) = \int_{v^l}^{v^v} P dv \tag{6.8}$$

3차 상태방정식의 형태를 가지고 생각해 봅시다. 임의의 일정한 온도 T에서 식 (6.8)의 좌변은 임의의 압력 P에서 상태방정식을 통해 결정되는 액체 및 기체의 부피로 이루어진 사각형의 면적(그림 6-7에서 A)과 같습니다. 우변은 상태방정식의 형태로 정의된 P를 v에 대해서 적분한 것이므로, 그림에서 B의 면적과 같습니다. 이 두 면적이 서로 같아지려면, 결국 영역 C(a-b-c-a)의 면적과 D(c-d-e-c)의 면적이 동일해야 합니다. 이러한 이유로 식 (6.8)을 등면적(equal area rule)법칙 혹은 이러한 내용을 기술한 맥스웰의 이름을 따서 맥스웰 작도법(Maxwell construction)이라고 부릅니다.

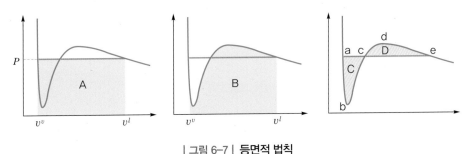

| 그림 6-7 | 등면적 법칙

Ex **6-1** 등면적 법칙

ⓐ vdW EOS를 이용, 등면적 법칙으로부터 50°C에서 프로페인의 포화증기압을 찾아라.

프로페인에 대한 vdW EOS의 매개변수 a, b는 Ex 4-2에서 이미 구했던 것처럼

$$a = \frac{27}{64}\frac{R^2 T_c^2}{P_c} = 0.937 \frac{\text{J m}^3}{\text{mol}^2}$$

$$b = \frac{RT_c}{8P_c} = 9.03 \times 10^{-5} \text{ m}^3/\text{mol}$$

50℃에서 RK EOS를 그리고 적절한 P에 대해서 생각해 봅시다. P를 너무 크게 잡으면 사각형에 해당하는 $P(v^v-v^l)$의 면적이 적분값보다 더 커집니다. P를 너무 작게 잡으면 $P(v^v-v^l)$의 면적이 적분값보다 작아집니다.

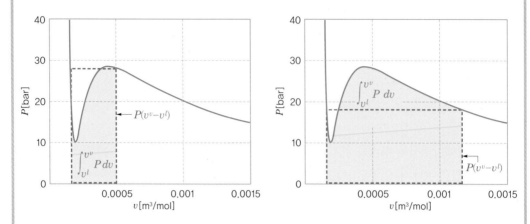

이제 두 면적이 같아지는 점을 찾기 위해서 계산하려고 해 보면, 이것을 계산하는 것이 간단하지 않다는 사실을 알게 됩니다. v^v, v^l 역시 P에 의존적으로 변화하기 때문입니다.

이 문제를 푸는 해법은 여러 가지 방법이 있으나, 가장 간단한 방법은 수치적 (numerical) 방법을 이용하여 반복 연산하는 것입니다. 식 (6.8)은 다음과 같이 변형하여 나타낼 수 있습니다.

$$P_{k+1} = \frac{\int_{v^l}^{v^v} P_k dv}{v^v - v^l}$$

즉, 적당한 압력(최소한 3근을 가지는) P_k에 대하여 이로부터 v^v, v^l을 연산, 적분을 계산해 보면 만약 P_k가 너무 크다면 상대적으로 작은 적분값과 같아지기 위하여 요구되는 압력은 더 작아야 하므로, P_{k+1}값은 P_k보다 작은 값을 가지게 됩니다. P_k가 너무 작다면, 상대적으로 커지는 적분값과 같아지기 위하여 요구되는 압력은 더 커야 하므로 P_{k+1}값은 P_k보다 큰 값을 가지게 됩니다. 즉, 위의 연산을 $k = 1, 2, 3, \cdots$ 반복 연산하게 되면 그 결과 P_k는 두 면적이 같아지는 값으로 수렴하게 됩니다.

일정 온도에서 vdW EOS를 이용한 부피에 대한 압력 구간의 적분값은 다음과 같이 계산이 가능하므로

$$\int_{v^l}^{v^v} P dv = \int_{v^l}^{v^v} \frac{RT}{v-b} - \frac{a}{v^2} dv = \left[RT \ln(v-b) + \frac{a}{v} \right]_{v^l}^{v^v}$$

$$= RT \ln \frac{(v^v-b)}{(v^l-b)} + a\left(\frac{1}{v^v} - \frac{1}{v^l} \right)$$

몰부피는 상태방정식을 풀어서 계산할 수 있습니다. vdW EOS 함수를 만들어서 계산해 보면

k	P [bar]	P [Pa]	Min[v]	Max[v]	$\int Pdv$	$\int Pdv - P(v^v - v^l)$
1	20	2000000	0.00015934	0.00101	2006.21	301.278
2	23.5342	2353420	0.00015621	0.00078	1511.83	41.7877
3	24.2032	2420319	0.00015569	0.00074	1420.13	1.29009
4	24.2252	2422520	0.00015568	0.00074	1417.11	0.00138
5	24.2252	2422522	0.00015568	0.00074	1417.11	1.6E−09

즉, 몰깁스 에너지가 일치하는 상평형상태의 포화증기압은 24.2 bar가 됩니다.

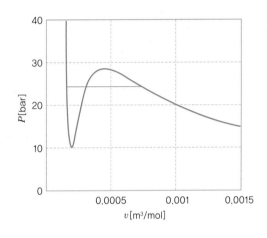

ⓑ (a)의 결과를 안토인 관계식의 결과와 비교하면 어떠한가?

$$P = 10^{\left(A - \frac{B}{T+C}\right)} = 10^{\left(4.537 - \frac{1149.36}{323.15 + 24.91}\right)} = 17 \text{ bar}$$

이는 (a)에서 얻은 24 bar와는 상당한 차이가 나는 값입니다. 실제 실험 데이터와 비교하면 EOS를 기반으로 연산한 결과 (a)보다 안토인 관계식의 결과가 보다 정확합니다. 이는 4장에서도 언급했지만 매개변수를 2개만 사용하는 vdW EOS는 고압으로 갈수록 부피 연산에서 오차가 커지며, 특히 액체의 부피 오차가 매우 크기 때문입니다. 즉, EOS를 기반으로 포화증기압을 연산하는 경우에는 EOS의 부피 연산 오차까지 결과에 반영되므로 EOS의 부피 연산 정확도가 높아야 포화증기압 연산 결과도 정확도가 높아지게 됩니다. 때문에 vdW EOS에서 등면적 법칙을 이용하여 찾은 포화증기압은 액체의 부피 계산 시 발생하는 정도의 오차를 포함하게 됩니다. 상대적으로 액체의 부피 연산 정확도가 높은 PR이나 SRK EOS를 사용하는 경우는 이보다 작은 오차를 가지게 됩니다.

6.2 혼합물의 물성치

혼합 물성 변화량(property change of mixing)

순물질의 상평형 이야기에서 혼합물의 상평형으로 넘어가서 이야기를 하려면, 그 전에 혼합물의 물성치에 대한 이야기를 먼저 짚고 넘어갈 필요가 있습니다. 물질 A 1몰, 3 m³와 물질 B 3몰, 3 m³가 같은 온도 압력에서 실린더에 나뉘어서 있다가 칸막이를 제거하여 서로 섞였다고 생각해 봅시다. 이 혼합물 A+B 4몰의 부피는 얼마일까요? 분자의 크기가 동일하고 분자 간의 상호작용력이 전혀 없다면, 이는 각 부피를 합친 6 m³와 동일하게 될 것입니다.

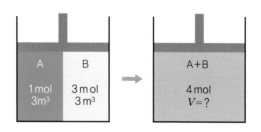

| 그림 6-8 | 혼합물의 물성

그러나 실제로는 분자 간의 상호작용력이 존재하므로, 부피의 변화가 발생할 수 있습니다. 서로 다른 분자 간(A−B)의 상호작용력이 강하면 일반적으로 혼합물의 부피는 줄어듭니다. 만약 A−A, B−B 분자 간의 상호작용력보다 A−B 분자 간의 상호작용력이 더 작다면 오히려 상호작용력이 척력으로 작용, 부피가 더 늘어나는 것도 가능해집니다. 이렇게 혼합물의 물성은 혼합물을 구성하는 물질 i의 물성합과 같지 않을 수 있습니다.

$$V \neq \sum V_i$$

이러한 차이가 발생하였을 때 혼합물을 구성하는 순물질의 물성치 합(혹은 평균) 대비 실제 혼합물이 가지는 물성치의 차이를 혼합 물성 변화량(property change of mixing) 혹은 줄여서 혼합물성(mixing property)이라고 부릅니다. 예를 들어 혼합 부피 변화량(mixing volume, ΔV_{mix})은 다음과 같이 실제 혼합물의 부피 V와 이를 구성하는 물질의 부피합의 차이가 됩니다.

$$\Delta V_{\text{mix}} = V - \sum V_i$$

혼합 몰부피 변화량(mixing molar volume)은 다음과 같이 혼합물의 몰부피와 혼합물을 구성하는 각 물질 i의 몰부피 평균값의 차이가 됩니다.

$$\Delta v_{\mathrm{mix}} = \frac{\Delta V_{\mathrm{mix}}}{n} = \frac{V}{n} - \sum \frac{V_i}{n} = v - \sum \frac{n_i v_i}{n} = v - \sum x_i v_i \tag{6.9}$$

예를 들어 위의 예제에서 몰부피의 경우 $v_A = 3$, $v_B = 1\,\mathrm{m^3/mol}$이므로 혼합물의 순물질 몰부피의 단순 평균값은

$$\sum x_i v_i = x_A v_A + x_B v_B = 0.25 \times 3 + 0.75 \times 1 = 1.5\,\mathrm{m^3/mol}$$

이 값과 실제 혼합물의 몰부피 차이값이 혼합 몰부피 변화량이 됩니다.

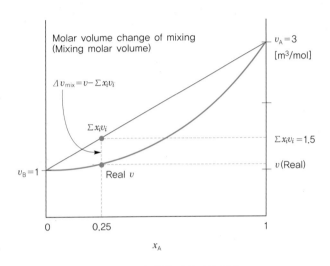

| 그림 6-9 | **혼합 몰부피 변화량**

이러한 물질 간의 혼합 몰부피 변화량 관계에 대한 데이터, 혹은 관계식을 가지고 있다면 혼합물의 부피를 연산하는 것이 가능해집니다. 예를 들어 다음은 물과 에탄올 혼합물 2성분계에 대해서 혼합 몰부피 변화량을 도시한 사례입니다. 25℃, 1 bar에서 특정 조성에서 혼합 몰부피가 얼마의 값을 가지는지를 확인할 수 있습니다. 이때 혼합 몰부피는 모두 음의 값을 가지게 되는데, 이는 다시 말해, 25℃에서 물과 에탄올을 섞으면 부피가 항상 더 작아진다는 의미가 됩니다. 이는 물과 에탄올의 분자 크기가 다른데다가 분자 간에는 수소 결합으로 인하여 강한 인력이 추가적으로 작용하기 때문입니다.

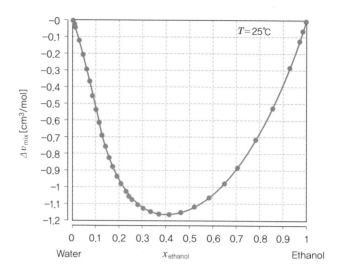

| 그림 6-10 | 물과 에탄올 2성분계의 혼합 몰부피 변화량

CC BY−SA 3.0 online image, http://commons.wikimedia.org
/wiki/File:Excess_Volume_Mixture_of_Ethanol_and_Water.png

Ex 6-2 물−에탄올 혼합물

위 물−에탄올 혼합 몰부피 그래프를 기반으로 25℃에서 물과 에탄올의 몰부피가 각각 18 cm³/mol, 58 cm³/mol인 경우 물 1몰과 에탄올 9몰을 혼합하였을 때의 총부피를 추정하라.

순물질로 존재한다면 물과 에탄올의 전체 부피는

$$V_w = 18 \times 1 = 18\,\text{cm}^3$$
$$V_e = 58 \times 9 = 522\,\text{cm}^3$$

즉 순물질의 단순 부피합은

$$\sum V_i = V_w + V_e = 540\,\text{cm}^3$$

몰부피로 계산하면 이를 전체 몰수 10으로 나누거나 혹은

$$\sum x_i v_i = (0.1 \times 18 + 0.9 \times 58) = 54\,\text{cm}^3/\text{mol}$$

이제 실제 부피를 추산해 봅시다. 에탄올의 몰분율이 0.9인 계이므로, 그래프에서 혼합 몰부피 변화량은 대략 −0.4 cm³/mol 정도입니다.

$$\Delta v_{\text{mix}} = v - \sum x_i v_i = v - 54 = -0.4$$
$$v = 53.6\,\text{cm}^3/\text{mol}$$
$$V = nv = 10 \times 53.6 = 536\,\text{cm}^3$$

부분 몰부피(partial molar volume)

실제 혼합물에 일어나는 혼합물 물성 변화를 모든 조건에 대해서 실험적으로 알기는 어렵습니다. 따라서 5장에서 엔탈피에 대해서 접근했던 것처럼, 혼합 물성치 역시 어떠한 다른 열역학 관계로부터 연산이 가능하도록 변환하는 과정을 만들 수 있다면 이용하기가 편리해집니다. 이를 위해서 새로운 변수가 하나 도입됩니다.

부피에 대해서 생각해 보면, 임의의 계가 순물질로 구성된 경우, 몰부피는 상태가설에 따라 2개의 세기성질에 의해 결정됩니다. 즉,

$$v = v(T, P)$$

만약 계의 전체 부피를 결정하려면 크기 성질이 하나 더 필요하게 됩니다.

$$V = V(T, P, n)$$

이를 혼합물로 확장해 보면, 혼합물을 구성하고 있는 각각의 물질(1, 2, 3, ⋯, m)의 양을 알아야 합니다. 즉 m가지의 물질이 섞인 혼합물에 대해서

$$V = V(T, P, n_1, n_2, \cdots, n_m)$$

그럼 혼합물의 전체 부피에 대한 전미분소는 각 변수의 변화량에 모두 영향을 받으므로 다음과 같이 나타낼 수 있습니다.

$$dV = \left(\frac{\partial V}{\partial T}\right)_{P,n_i} dT + \left(\frac{\partial V}{\partial P}\right)_{T,n_i} dP + \left(\frac{\partial V}{\partial n_1}\right)_{P,T,n_{j\neq1}} dn_1 + \left(\frac{\partial V}{\partial n_2}\right)_{P,T,n_{j\neq2}} dn_2 + \cdots + \left(\frac{\partial V}{\partial n_m}\right)_{P,T,n_{j\neq m}} dn_m$$

즉

$$dV = \left(\frac{\partial V}{\partial T}\right)_{P,n_i} dT + \left(\frac{\partial V}{\partial P}\right)_{T,n_i} dP + \sum \left(\frac{\partial V}{\partial n_i}\right)_{P,T,n_{j\neq i}} dn_i \tag{6.10}$$

이를 편하게 사용하기 위해서 다음과 같이 부분 몰부피(partial molar volume, $\overline{V}_i$)라고 부르는 새로운 변수를 정의해서 사용합니다.

$$\overline{V}_i = \left(\frac{\partial V}{\partial n_i}\right)_{P,T,n_{j\neq i}}$$

즉, 부분 몰부피는 온도, 압력이 일정하고 물질 i를 제외한 다른 물질의 몰수는 동일한 상황에서 이 혼합물에 물질 i를 미소량 더 넣었을 때 부피가 증가하는 정도를 나타내는 변수입니다.

예를 들어, 일정 온도 압력에서 부피 V의 순수한 물에 물 1몰을 더하면 물의 몰부피인 18 cm³만큼 부피가 증가하게 되며 부분 몰부피는 물의 몰부피와 동일합니다.

$$\overline{V}_w(x_w = 1) = \left(\frac{\partial V}{\partial n_w}\right)_{P,T,n_e} = \frac{V + 18 - V \text{ cm}^3}{1 \text{ mol}} = 18 \text{ cm}^3/\text{mol}$$

그러나, 에탄올에 물 1몰을 더하는 경우에는 혼합물의 부피 감소 효과가 발생, 증가하는 부피는 14 cm³밖에 되지 않습니다. 즉 에탄올–물 혼합물계에서 물의 몰분율이 0인 경우 물의 부분 몰부피는 14 cm³/mol이 됩니다.

$$\overline{V}_w(x_w = 0) = \left(\frac{\partial V}{\partial n_w}\right)_{P,T,n_e} = \frac{V + 14 - V \text{ cm}^3}{1 \text{ mol}} = 14 \text{ cm}^3/\text{mol}$$

다시 말해, 부분 몰부피는 조성(x_w)에 영향을 받습니다.

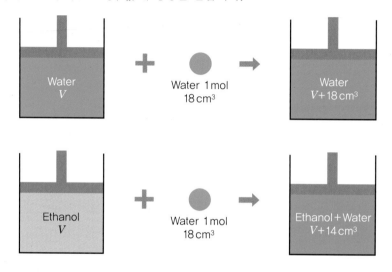

| 그림 6-11 | **부분 몰부피의 개념**

부분 몰부피의 정의를 적용하면 식 (6.10)은 다음과 같이 나타낼 수 있습니다.

$$dV = \left(\frac{\partial V}{\partial T}\right)_{P,n_i} dT + \left(\frac{\partial V}{\partial P}\right)_{T,n_i} dP + \sum \overline{V}_i dn_i \tag{6.11}$$

온도, 압력이 일정한 상황이라면 식 (6.11)은

$$dV = \sum \overline{V}_i dn_i$$

조성도 일정한 상황이라면 위 식을 적분하면

$$V = \sum n_i \overline{V}_i + C$$

이때 C는 임의의 적분상수가 되나, 만약 이 값이 0이 아닌 어떠한 값을 가지는 경우 n_i가 0으로 수렴할 때 V는 0이 아닌 C로 수렴하게 됩니다. 몰량이 0으로 수렴할 때 부피가 0이 아닐 수가 없으므로, C는 0이어야만 합니다. 즉

$$V = \sum n_i \overline{V}_i \tag{6.12}$$

양변을 총몰수로 나누면

$$\frac{V}{n} = v = \sum \frac{n_i}{n} \overline{V}_i = \sum x_i \overline{V}_i \tag{6.13}$$

이를 앞서 예로 들었던 이성분계 그래프상에서 나타내면 다음과 같이 나타낼 수 있습니다.

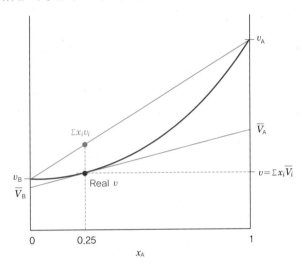

| 그림 6-12 | **혼합물의 몰부피와 부분 몰부피**

즉, 어떠한 혼합물계에서 물질 i에 대한 부분 몰부피를 구할 수 있는 방법이 있다면, 혼합물의 몰부피를 연산하는 것이 가능해집니다.

FAQ 6-8 2성분계의 몰부피를 나타낸 그래프에서 왜 조성에 따른 몰부피 곡선에서 그린 접선의 양 끝값이 부분 몰부피(partial molar volume) $\overline{V}_A$, $\overline{V}_B$가 되나요?

식 (6.13)에 따라 A, B 두 물질로 구성된 이성분계의 경우 실제 혼합물의 몰부피는 다음과 같이 나타낼 수 있습니다.

$$v = \sum x_i \overline{V}_i = x_A \overline{V}_A + x_B \overline{V}_B = x_A \overline{V}_A + (1 - x_A) \overline{V}_B$$

부분 몰부피는 고정된 온도, 압력, 조성에서는 상수나 마찬가지이므로 양변을 x_A로 미분하면

$$\frac{dv}{dx_A} = \overline{V}_A - \overline{V}_B$$

양변에 x_A를 곱하면

$$x_A \frac{dv}{dx_A} = x_A \overline{V}_A - x_A \overline{V}_B = x_A \overline{V}_A - (1 - x_B) \overline{V}_B = x_A \overline{V}_A + x_B \overline{V}_B - \overline{V}_B$$

첫 번째 식에서 이미 봤듯이 $x_A \overline{V}_A + x_B \overline{V}_B = v$ 이므로

$$x_A \frac{dv}{dx_A} = x_A \overline{V}_A + x_B \overline{V}_B - \overline{V}_B = v - \overline{V}_B$$

$$v = x_A \frac{dv}{dx_A} + \overline{V}_B$$

즉, 혼합물의 몰부피 v는 x_A에서 부피에 대한 접선의 기울기를 가지고 x_A에 따라 변화하는 직선의 그래프가 됩니다. 이 직선은 $x_A = 0$일 때는 $v = 0 + \overline{V}_B = \overline{V}_B$의 값을 가져야 하며, $x_A = 1$일 때는 $v = \frac{dv}{dx_A} + \overline{V}_B = \overline{V}_A - \overline{V}_B + \overline{V}_B = \overline{V}_A$의 값을 가져야 합니다.

부분 몰물성(partial molar properties)과 혼합물 물성 변화량(mixing property)

앞서 식 (6.10)에서 식 (6.13)까지 부분 몰부피에 대하여 유도한 과정은 다른 열역학 물성치를 대상으로 적용하여도 동일하게 나타내는 것이 가능합니다. 예를 들어서 깁스 에너지를 생각해 보면, m가지의 물질이 섞인 혼합물에 대해서

$$G = G(T, P, n_1, n_2, \cdots, n_m)$$

$$dG = \left(\frac{\partial G}{\partial T} \right)_{P, n_i} dT + \left(\frac{\partial G}{\partial P} \right)_{T, n_i} dP + \sum \left(\frac{\partial G}{\partial n_i} \right)_{P, T, n_{j \neq i}} dn_i$$

부분 몰깁스 에너지(partial molar Gibbs energy)를 동일한 방식으로 온도, 압력, 물질 i가 아닌 다른 물질의 양이 특정한 상황에서 이 혼합물에 물질 i를 미소량 더 넣었을 때 계의 깁스 에너지가 증가하는 정도를 나타내는 변수로 정의하면

$$\overline{G}_i = \left(\frac{\partial G}{\partial n_i} \right)_{P, T, n_{j \neq i}}$$

$$dG = \left(\frac{\partial G}{\partial T} \right)_{P, n_i} dT + \left(\frac{\partial G}{\partial P} \right)_{T, n_i} dP + \sum \overline{G}_i dn_i \tag{6.14}$$

그러면 일정 온도·압력 조성에서 부피에 대해서 유도했던 과정과 동일하게 다음을 유도할 수 있게 됩니다.

$$dG = \sum \overline{G}_i dn_i, \ G = \sum n_i \overline{G}_i, \ g = \sum x_i \overline{G}_i$$

이와 같은 유도과정은 엔탈피나 엔트로피에 대해서도 동일하게 적용이 가능하므로

$$dH = \sum \overline{H}_i dn_i, \; H = \sum n_i \overline{H}_i, \; h = \sum x_i \overline{H}_i$$

$$dS = \sum \overline{S}_i dn_i, \; S = \sum n_i \overline{S}_i, \; s = \sum x_i \overline{S}_i$$

이와 같은 관계들을 이용하면, 혼합물 몰부피 변화량 식 (6.9)는 식 (6.13)을 이용, 다음과 같이 나타내는 것이 가능해집니다.

$$\Delta v_{\text{mix}} = v - \sum x_i v_i = \sum x_i \overline{V}_i - \sum x_i v_i = \sum x_i (\overline{V}_i - v_i) \tag{6.15}$$

같은 방식으로

$$\Delta h_{\text{mix}} = h - \sum x_i h_i = \sum x_i \overline{H}_i - \sum x_i h_i = \sum x_i (\overline{H}_i - h_i) \tag{6.16}$$

$$\Delta s_{\text{mix}} = s - \sum x_i s_i = \sum x_i \overline{S}_i - \sum x_i s_i = \sum x_i (\overline{S}_i - s_i) \tag{6.17}$$

$$\Delta g_{\text{mix}} = g - \sum x_i g_i = \sum x_i \overline{G}_i - \sum x_i g_i = \sum x_i (\overline{G}_i - g_i) \tag{6.18}$$

FAQ 6-9 부분 몰물성이 혼합물 구성 성분의 함수라면 그 경우의 수가 무수히 많을 텐데 그렇다면 함수로서의 효용성이 없어지지 않나요?

반대입니다. 무수히 많은 경우의 수에 대응하기 위해서 함수가 더 유용해집니다. 예를 들어 이상기체 방정식을 생각해 보세요. 일정한 온도에서, 특정 압력에 대응되는 부피의 경우의 수는 무수히 많습니다. 이것이 이상기체 방정식의 효용성이 떨어지게 만들지는 않습니다.

이상기체 혼합물의 혼합 물성

실제 가스 혼합물의 특성을 논하기 전에 이상기체 혼합물의 혼합물성을 정리하는 편이 이후 나올 논의를 이해하기 쉽습니다. 이상기체의 경우 분자의 크기 무시, 분자 간 상호작용력도 존재하지 않으므로 이상기체 A와 B를 섞으면 그 부피는 그대로 유지됩니다. 즉, 혼합물 몰부피 변화량은 0이라고 볼 수 있습니다.

$$\Delta v_{\text{mix}}^{\text{id}} = v^{\text{id}} - \sum x_i v_i = 0$$

엄밀하게 말하면 위첨자 id는 이상기체를 포함한 이상용액을 의미하는데, 이는 다음 절에서 다룹니다.

같은 논리로 혼합물 엔탈피 변화량도 0에 가까울 때를 이상적으로 생각할 수 있습니다.

$$\Delta h_{\text{mix}}^{\text{id}} = h^{\text{id}} - \sum x_i h_i = 0$$

엔트로피의 경우에도 마찬가지로 접근하면 좋겠는데, 엔트로피에는 근본적인 차이가 있습니다. 엔트로피는 가능한 미시상태의 가짓수에 비례하기 때문에 이상기체라고 하더라도 서로 다른 분자 A, B를 섞으면 존재 가능한 미시상태의 수가 늘어날 수밖에 없기 때문입니다.

예를 들어, 다음과 같이 서로 다른 이상기체 A와 이상기체 B가 각각 일정한 온도·압력을 유지하면서 나뉘어 있는 상태 1A, 1B에서 칸막이가 제거되면서 두 물질이 섞인 상태 2로 전환되었다고 생각해 봅시다.

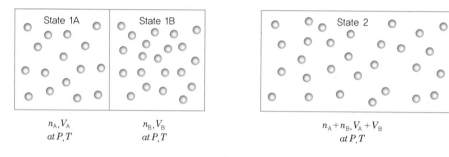

| 그림 6-13 | 이상기체 혼합물

식 (3.1) 볼츠만의 엔트로피 정의에서 생각해 보면

$$S = k_{\text{B}} \ln \Omega$$

FAQ 3-7에서 다루었던 것처럼, 부피가 2배로 늘어나는 경우 그 내부에 N개의 분자가 배치될 수 있는 미시상태의 수는 2^N배로 증가할 것으로 생각할 수 있습니다. 그렇다면, 부피가 V_1에서 V_2로 증가하면 가능한 미시상태의 수는 $\left(\dfrac{V_2}{V_1}\right)^N$배 증가할 것으로 생각할 수 있습니다. 따라서 팽창 전 이상기체 A, B의 미시상태가 Ω_{A}, Ω_{B}라 하면 팽창 후 상태는 각각 $\left(\dfrac{V_{\text{A}}+V_{\text{B}}}{V_{\text{A}}}\right)^{N_{\text{A}}}\Omega_{\text{A}}$, $\left(\dfrac{V_{\text{A}}+V_{\text{B}}}{V_{\text{B}}}\right)^{N_{\text{B}}}\Omega_{\text{B}}$가 될 것이므로

$$\Delta S_{\text{mix}}^{\text{id}} = k_{\text{B}} \ln \left(\frac{V_{\text{A}}+V_{\text{B}}}{V_{\text{A}}}\right)^{N_{\text{A}}} \left(\frac{V_{\text{A}}+V_{\text{B}}}{V_{\text{B}}}\right)^{N_{\text{B}}} \Omega_{\text{B}} - k_{\text{B}} \ln \Omega_{\text{A}} \Omega_{\text{B}}$$

$$= k_{\text{B}} N_{\text{A}} \ln \frac{V_{\text{A}}+V_{\text{B}}}{V_{\text{A}}} + k_{\text{B}} N_{\text{B}} \ln \frac{V_{\text{A}}+V_{\text{B}}}{V_{\text{B}}}$$

$$= n_{\text{A}} R \ln \frac{n_{\text{A}} RT/P + n_{\text{B}} RT/P}{n_{\text{A}} RT/P} + n_{\text{B}} R \ln \frac{n_{\text{A}} RT/P + n_{\text{B}} RT/P}{n_{\text{B}} RT/P} = -n_{\text{A}} R \ln x_{\text{A}} - n_{\text{B}} R \ln x_{\text{B}}$$

몰엔트로피 변화량으로 환산하면

$$\Delta s_{\text{mix}}^{\text{id}} = \frac{\Delta S_{\text{mix}}^{\text{id}}}{n} = -R\sum x_i \ln x_i \tag{6.19}$$

즉, 이상기체 혼합물이라도 서로 다른 물질이 섞인 이상 혼합물 엔트로피 변화량은 0이 될 수 없습니다. 또한 몰분율은 항상 1보다 작으므로 이상기체 혼합물의 엔트로피 변화는 항상 양수로, 섞이기 전보다 섞인 후가 엔트로피가 증가함을 알 수 있습니다. 이는 서로 다른 기체 물질이 공존한다면 서로 섞이는 것이 자연스러운 변화라는 것과 일맥상통합니다.

이는 다음과 같이 보여도 동일합니다. 온도가 일정할 때 이상기체의 경우 2장 열역학 제1법칙에서

$$dU = 0 = \delta Q_{\text{rev}} + \delta W_{\text{rev}} = \delta Q_{\text{rev}} - PdV$$

3장 엔트로피의 정의에서

$$\Delta S = \int dS = \int \frac{\delta Q_{\text{rev}}}{T} = \int \frac{PdV}{T}$$

이상기체라면 이상기체 방정식 $PV = nRT$를 만족하므로

$$\Delta S = \int \frac{PdV}{T} = \int \frac{nR}{V}dV = nR\ln\frac{V_2}{V_1}$$

$$\Delta S_A = n_A R \ln \frac{V_A + V_B}{V_A} = n_A R \ln \frac{n_A + n_B}{n_A} = -n_A R \ln x_A$$

$$\Delta S_B = n_B R \ln \frac{V_A + V_B}{V_B} = n_B R \ln \frac{n_A + n_B}{n_B} = -n_B R \ln x_B$$

$$\Delta S_{\text{mix}}^{\text{id}} = \Delta S_A + \Delta S_B = -n_A R \ln x_A - n_B R \ln x_B = -R\sum n_i \ln x_i$$

$$\Delta s_{\text{mix}}^{\text{id}} = -R\sum x_i \ln x_i$$

혹은 같은 방식으로 유도한 식 (3.5)를 이용해도 됩니다.

$$\Delta s = \int_{T_1}^{T_2} \frac{c_P}{T}dT - R\ln\frac{P_2}{P_1}$$

이상기체 혼합물에서 물질 i가 가지는 압력을 분압 식 (1.4)로 나타낼 수 있다고 1장에서 설명한 바 있습니다.

$$\mathcal{P}_i = x_i P$$

즉, A, B 각각이 나뉘어 있는 상태에서 압력은 P였지만, 합쳐진 뒤는 각각 $\mathcal{P}_A$, $\mathcal{P}_B$만큼의 부분 압력을 가지는 것으로 생각할 수 있습니다. 따라서

$$\Delta s_A = -R \ln \frac{\mathcal{P}_A}{P} = -R \ln x_A$$

$$\Delta s_B = -R \ln \frac{\mathcal{P}_B}{P} = -R \ln x_B$$

$$\Delta S_{\text{mix}}^{\text{id}} = \Delta S_A + \Delta S_B = n_A \Delta s_A + n_B \Delta s_B = -n_A R \ln x_A - n_B R \ln x_B = -R \sum n_i \ln x_i$$

이상기체라도 혼합물 엔트로피 변화량이 0이 될 수 없으므로, 이상기체 혼합물의 깁스 에너지 변화 역시 0이 될 수 없습니다. 깁스 에너지 정의는 $G = H - TS$이므로

$$\Delta g_{\text{mix}} = g - \sum x_i g_i = \sum x_i \overline{G}_i - \sum x_i g_i = \sum x_i (\overline{G}_i - g_i)$$

$$\Delta g_{\text{mix}} = g - \sum x_i g_i = h - Ts - \sum x_i (h_i - Ts_i) = h - \sum x_i h_i - T(s - \sum x_i s_i) = \Delta h_{\text{mix}} - T\Delta s_{\text{mix}}$$

이상기체의 경우 혼합물 엔탈피 변화는 0이며 엔트로피 변화는 위에 유도하였으므로,

$$\Delta g_{\text{mix}}^{\text{id}} = 0 - T(-R \sum x_i \ln x_i) = RT \sum x_i \ln x_i$$

x_i는 1보다 작으므로 이는 이상기체 혼합물이 섞인 상태가 더 작은 깁스 에너지를 가지며, 즉 섞여 있는 상태가 더 안정적이라는 의미입니다. 즉, 서로 다른 두 종류의 가스를 섞을 때 왜 분리된 2개의 형태로 존재하지 않고 자발적으로 섞이는지를 설명할 수 있게 됩니다. 그 반대의 예로, 물과 기름처럼 서로 섞이지 않는 물질의 상태는 어떻게 가능한 것인지도 설명이 가능하게 되는데 이는 6.5절 비이상 혼합물에서 다룹니다.

정리하자면, 혼합물 중 가장 간단한 이상기체 혼합물은 다음의 혼합물 물성 변화를 만족하는 경우를 말합니다.

$$\Delta v_{\text{mix}} = v - \sum x_i v_i = 0$$

$$\Delta h_{\text{mix}} = h - \sum x_i h_i = 0$$

$$\Delta s_{\text{mix}} = -R \sum x_i \ln x_i$$

$$\Delta g_{\text{mix}} = RT \sum x_i \ln x_i$$

6.3 / 이상 혼합물의 상평형

혼합물의 화학적 퍼텐셜

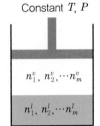

Constant T, P

n_1^v, n_2^v, $\cdots n_m^v$

n_1^l, n_2^l, $\cdots n_m^l$

우측과 같이 m개의 물질이 기체와 액체로 공존하는 상태에 놓여 있다고 생각해 봅시다. 순물질에서 이미 이야기했듯이 상평형이 성립하기 위해서는 전제적으로 기체와 액체의 온도·압력이 같아야 합니다.

$$T^v = T^l$$
$$P^v = P^l$$

순물질의 경우, 나아가 물질의 화학적 퍼텐셜, 즉 몰깁스 에너지가 같아야 상평형이 성립하였습니다. 혼합물의 경우에는 어떻게 달라지는지 확인해 봅시다. 식 (6.1)에서 보았던 것처럼 어떤 계의 깁스 에너지는 항상 작아지는 방향으로 변화하게 됩니다.

$$0 \geq dG$$

혼합물계에서 깁스 에너지의 변화량은 기체의 깁스 에너지 변화량과 액체의 깁스 에너지 변화량으로 나누어 생각해 볼 수 있습니다.

$$0 \geq dG^v + dG^l$$

식 (6.14)에서

$$dG = \left(\frac{\partial G}{\partial T}\right)_{P, n_i} dT + \left(\frac{\partial G}{\partial P}\right)_{T, n_i} dP + \sum \overline{G}_i dn_i$$

이므로

$$0 \geq \left[\left(\frac{\partial G}{\partial T}\right)_{P, n_i} dT + \left(\frac{\partial G}{\partial P}\right)_{T, n_i} dP + \sum \overline{G}_i dn_i\right]^v + \left[\left(\frac{\partial G}{\partial T}\right)_{P, n_i} dT + \left(\frac{\partial G}{\partial P}\right)_{T, n_i} dP + \sum \overline{G}_i dn_i\right]^l$$

온도와 압력이 일정할 때 이는

$$0 \geq \sum \overline{G}_i^v dn_i^v + \sum \overline{G}_i^l dn_i^l$$

밀폐된 계에서 만약 물질 i가 기체에서 1몰 줄어들었다면 이는 반드시 액체로 나타나야 합니다.

$$dn_i^l = -dn_i^v$$

즉,

$$0 \geq \sum \overline{G}_i^{\,v} dn_i^v - \sum \overline{G}_i^{\,l} dn_i^v = \sum (\overline{G}_i^{\,v} - \overline{G}_i^{\,l}) dn_i^v$$

이는 순물질의 상평형을 논의할 때 나왔던 상황과 동일합니다. 즉, 어떤 물질 i에 대해서 기체와 액체의 부분 몰깁스 에너지를 비교해서 기체의 몰깁스 에너지가 더 크다면 dn_i^v는 음수로, 즉 물질 i는 모두 액체로 존재하는 것이 깁스 에너지를 최소화하는 방향이 됩니다. 액체의 몰깁스 에너지가 더 크다면 물질 i는 모두 기체로 존재하는 것이 더 유리합니다. 결국, 혼합물 중 물질 i가 기체와 액체로서 공존하는 상평형상태를 유지하기 위해서는 물질 i의 부분 몰깁스 에너지가 동일해야 함을 알 수 있습니다.

$$\overline{G}_i^{\,v} = \overline{G}_i^{\,l}$$

즉, 혼합물의 경우 부분 몰깁스 에너지가 곧 화학적 퍼텐셜의 의미를 가지게 됩니다.

$$\mu_i = \overline{G}_i$$

다시 말해, 혼합물의 기액상평형이 성립하기 위해서는

$$T^v = T^l, \; P^v = P^l, \; \mu_i^v = \mu_i^l \left(\overline{G}_i^{\,v} = \overline{G}_i^{\,l}\right)$$

이상 혼합물의 기액상평형: 라울의 법칙

이제 아주 이상적인 물질 A, B가 섞인 이상 혼합물에 대해서 논의해 보고자 합니다. 그 전에 앞서 순물질계에서는 물질이 하나뿐이었으므로 굳이 물질 A를 표기하지 않아도 μ와 같은 물성치를 나타내는 데 문제가 없었습니다. 예를 들어 식 (6.3)을 생각해 봅시다.

$$\mu^l = \mu^v = \mu^o + RT \ln \frac{P^{\text{sat}}}{P^o}$$

혼합물계에서는 이와 같은 식이 물질 A, B에 대해서 각각 성립 가능하므로 어떤 물질에 대한 식인지를 구별해야 합니다. 여기서는 아래첨자로 물질을 표기하도록 하겠습니다.

$$\mu_A^l = \mu_A^v = \mu_A^o + RT \ln \frac{P_A^{\text{sat}}}{P^o}$$

그런데 이렇게 하면, 또다른 혼란이 생길 수 있습니다. μ_A^v와 같이 나타낼 때 이것이 A만 존재하는 순물질 시스템에서 기체로 존재하는 물질 A의 화학적 퍼텐셜을 나타내는 것인지, A, B, C가 섞여 있는 혼합물계에서 A에 대한 화학적 퍼텐셜을 나타내는 것인지 혼란이 올 수 있습니다. A의 물성이 순물질일 때와 혼합물일 때 같은 값을 가진다면 문제가 없겠지만, 불행히도 앞서 6.2

절 혼합물의 물성치에서 살펴본 것처럼 물질의 물성치는 어떠한 물질을 섞었는지에 따라 달라집니다. 때문에 이를 구별하기 위해서 순물질계의 변수인 경우, 위첨자에 *를 붙여서 표기하겠습니다. 즉 A만 존재하는 순물질계를 대상으로 한다면 식 (6.3)은

$$\mu_A^{l*} = \mu_A^{v*} = \mu_A^o + RT \ln \frac{P_A^{sat}}{P^o} \tag{6.20}$$

이제 본격적으로 가장 기본적인 이상 혼합물의 기액상평형에 대해서 생각해 봅시다. A와 B 두 물질이 각각 기체와 액체 혼합물로 공존하는 계가 있다고 생각해 봅시다. 지금까지는 물질 i의 몰분율을 주로 x_i를 써왔는데 이제 기체와 액체 중 모두 물질 i가 존재하며 그 몰분율이 각각 다를 수 있으므로, 기체 중 물질 A의 몰분율을 y_A로, 액체 중 물질 A의 몰분율을 x_A로 나타냅시다.

$$y_A = \frac{n_A^v}{\sum n_i^v} = \frac{n_A^v}{n_A^v + n_B^v}, \ x_A = \frac{n_A^l}{\sum n_i^l} = \frac{n_A^l}{n_A^l + n_B^l}$$

기체의 경우 분자 간의 상호작용이 전혀 없는 이상기체 혼합물을 가정하면, 다음의 혼합물성 연산법이 적용 가능합니다.

$$\Delta v_{mix}^{id} = 0$$
$$\Delta h_{mix}^{id} = 0$$
$$\Delta s_{mix}^{id} = -R \sum y_i \ln y_i$$
$$\Delta g_{mix}^{id} = RT \sum y_i \ln y_i$$

이때 액체의 경우도 마찬가지로 이상적인 액체 혼합물이 존재할 수 있다고 가정해 봅시다. 이는 액체가 될 수 있는 수준의 최소한의 분자 간 상호작용은 존재하지만, 물성치 자체는 이상기체 혼합과 동일한 혼합물성 연산법이 적용 가능한 용액이라는 의미입니다. 액체에서도 다음의 혼합규칙이 성립하는 이러한 이상적인 기체-액체 혼합물을 이상용액(ideal solution)이라고 부릅니다.

$$\Delta v_{mix}^{id} = 0$$
$$\Delta h_{mix}^{id} = 0$$
$$\Delta s_{mix}^{id} = -R \sum x_i \ln x_i$$
$$\Delta g_{mix}^{id} = RT \sum x_i \ln x_i$$

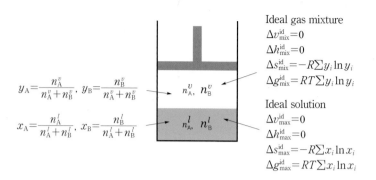

| 그림 6-14 | 이상 혼합물의 혼합 물성 변화량

혼합물을 구성하는 물질 i에 대해서 화학적 퍼텐셜은 곧 부분 몰깁스 에너지와 동일함을 앞서 보였습니다.

$$d\mu_i = d\overline{G}_i$$

열역학적 기본 물성 관계에서 우리는 이미 다음의 사실을 알고 있습니다.

$$V = \left(\frac{\partial G}{\partial P}\right)_T$$

함수를 구성하는 2 변수에 대한 편미분은 순서를 바꿔도 동일하다는 맥스웰 관계를 적용하면

$$\frac{\partial}{\partial n_i}\left(\frac{\partial G}{\partial P}\right) = \frac{\partial}{\partial P}\left(\frac{\partial G}{\partial n_i}\right)$$

좌변의 괄호는 곧 V이며, 우변의 괄호는 곧 $\overline{G}_i$의 정의이므로

$$\frac{\partial V}{\partial n_i} = \overline{V}_i = \frac{\partial \overline{G}_i}{\partial P}$$

온도 및 조성이 일정할 때 $\overline{G}_i$는 곧 P만의 함수가 되므로

$$d\mu_i = d\overline{G}_i = \overline{V}_i dP \tag{6.21}$$

즉, 혼합물인 경우에도 어떠한 기준 압력으로부터 현재 상평형이 성립하는 압력까지 부분 몰부피 $\overline{V}_i$를 적분하면 물질 i에 대한 μ_i를 계산할 수 있게 됩니다.

$$\int d\mu_i = \int d\overline{G}_i = \int \overline{V}_i dP \tag{6.22}$$

기준 압력을 P^o, 그때의 화학적 퍼텐셜을 μ_i^o라 하면

$$\int_{\mu_i^o}^{\mu_i} d\mu_i = \mu_i - \mu_i^o = \int_{P^o}^{P} \overline{V}_i dP$$

이상기체라면

$$\overline{V}_i = \frac{\partial V}{\partial n_i} = \frac{\partial (nRT/P)}{\partial n_i} = \frac{\partial [(n_1 + n_2 + \cdots + n_i + \cdots + n_m)RT/P]}{\partial n_i} = \frac{RT}{P}$$

$$\mu_i - \mu_i^o = \int_{P^o}^{P} \frac{RT}{P} dP = RT\ln\frac{P}{P^o} = RT\ln\frac{y_i P}{y_i P^o} = RT\ln\frac{\mathcal{P}_i}{\mathcal{P}_i^o} \tag{6.23}$$

실린더 내의 이상기체 혼합물을 대상으로 물질 A의 화학적 퍼텐셜 μ_A^v를 나타내 봅시다. 단, 기준점을 같은 온도에서 물질 A가 순물질로 기액상평형이 성립하는 순간을 기준으로 잡아봅시다. 순물질의 기액상평형이 성립하는 순간의 화학적 퍼텐셜은 기체나 액체를 구별할 필요 없이(어차피 둘다 같은 값이므로) $\mu_A^{v*} = \mu_A^{l*} = \mu_A^*$로 나타낼 수 있을 것입니다. 그때의 압력은 포화증기압 P_A^{sat}이 되므로,

$$\mu_A^v = \mu_A^* + RT\ln\frac{\mathcal{P}_A}{P_A^{\text{sat}}} \tag{6.24}$$

액체의 경우 이상용액은 다음을 만족합니다.

$$\Delta g_{\text{mix}} = RT\sum x_i \ln x_i$$

식 (6.18)의 혼합물 깁스 에너지 물성 변화 정의를 적용하면

$$\Delta g_{\text{mix}} = \sum x_i (\overline{G}_i - g_i)$$
$$\sum x_i (\overline{G}_i - g_i) = RT\sum x_i \ln x_i$$
$$\overline{G}_i - g_i = RT\ln x_i \tag{6.25}$$

혼합물에서 $\overline{G}_i$는 곧 혼합물에서 물질 i의 화학적 퍼텐셜과 동일하므로 이 액체 혼합물에서

$$\overline{G}_A = \mu_A^l$$

g_i는 순물질 i의 화학적 퍼텐셜을 의미하므로

$$g_i = \mu_A^*$$

즉

$$\mu_A^l - \mu_A^* = RT\ln x_A \tag{6.26}$$

혼합물의 기액상평형은 혼합물에서 각 상의 온도·압력이 같고, 나아가 물질 A, B에 대해서 기체와 액체의 화학적 퍼텐셜이 같을 때 성립합니다. 즉

$$\mu_A^v = \mu_A^l$$

식 (6.24)와 식 (6.26)을 적용하면

$$\mu_A^* + RT\ln\frac{\mathcal{P}_A}{P_A^{sat}} = \mu_A^* + RT\ln x_A$$

정리하면,

$$\mathcal{P}_A = x_A P_A^{sat}$$

B에 대해서도 같은 식이 성립합니다. 즉, 이상 혼합물을 구성하는 물질 i에 대해서 상평형이라면 다음을 만족해야 합니다.

$$\mathcal{P}_i = x_i P_i^{sat} \tag{6.27}$$

혹은 이상기체 혼합물의 분압을 풀어서

$$y_i P = x_i P_i^{sat}$$

즉, 이상 혼합물의 상평형은 물질 i의 기체 혼합물 중 분압이 물질 i의 순물질 포화증기압에 액체 중 몰분율을 곱한 값과 같을 때 성립하게 됩니다. 이는 프랑스의 화학자 라울(François–Marie Raoult, 1830–1901)이 자신의 연구 결과를 정리하여 1886년 발표한 내용으로, 그 이름을 따서 라울의 법칙(Raoult's law)이라고 부릅니다. 혹은 역으로 라울의 법칙이 성립하는 혼합물을 이상 혼합물이라고 부른다고 표현하기도 합니다.

순물질의 상평형에서 화학적 퍼텐셜을 압력의 시점에서 보면 포화증기압을 기준으로 압력이 더 낮고 높음에 따라 기화 혹은 응축이 일어나는 것으로 해석이 가능하다는 것을 다루었습니다. 이상 혼합물에 대한 라울의 법칙을 살펴보면 압력(증기압)이 분압으로, 포화증기압이 액체 중 몰분율과 포화증기압의 곱으로 바뀌었을 뿐 흡사한 해석이 가능한 것을 알 수 있습니다. 예를 들어 물질 A, B에 대해서 각 물질의 분압이 그 물질의 액체 중 몰분율×포화압보다 작다면, 기체로 존재하는 것이 더 안정적이므로 분압이 같아질 때까지 기화가 일어납니다. 혼합물의 경우에는 물질별로 기화와 액화가 별도로 일어나는 것도 가능해집니다. 예를 들어서 액체 중 몰분율×포화압에 비하여 물질 A는 기체 중 분압이 더 낮으나($\mathcal{P}_A < x_A P_A^{sat}$) 물질 B는 기체 분압이 더 높다면($\mathcal{P}_B > x_B P_B^{sat}$) 평형에 도달할 때까지 A는 기화, B는 액화가 일어나게 될 것입니다.

| 그림 6-15 | 프랑수아 마리 라울 (François–Marie Raoult, 1830–1901)

public domain image. https://en.wikipedia.org/wiki/File:Raoult.jpg

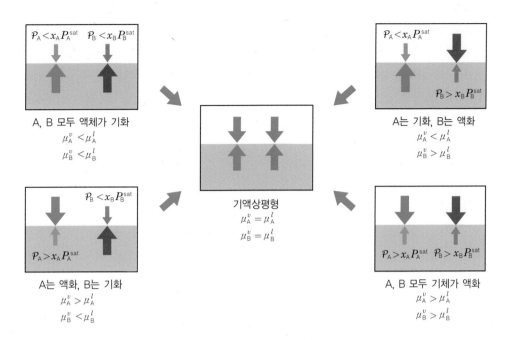

| 그림 6-16 | 라울의 법칙에 따른 기액상평형

    혼합물의 경우를 분자의 시각에서 생각해 봅시다. 20℃, 1기압으로 일정하게 유지되는 실험공간 안에 이번엔 물(A)과 에탄올(B)이 섞인 액체가 가득 담긴 밀봉된 컵이 있고 컵 밖 공간은 공기(질소와 산소)로만 가득 차 있다고 생각해 봅시다. 즉, 기체 중 물과 에탄올이 존재하지 않아 기체 중 몰분율(y_A, y_B)이 0이므로 분압도 0이 됩니다. 이때 밀봉이 풀렸다면, 물과 에탄올 모두 액체 중 몰분율과 포화증기압의 곱보다 분압이 더 작은 상태, 다시 말해 기체의 화학적 퍼텐셜이 더 낮은 상태이므로 두 물질 모두 증발이 일어나게 됩니다. 이는 물과 에탄올의 분압이 각각 액체 중 몰분율과 포화증기압의 곱과 같아질 때까지(즉, 화학적 퍼텐셜이 같아질 때까지) 일어나게 될 것입니다. 이러한 라울의 법칙은 이상 혼합물을 대상으로 하므로 실제 혼합물에 적용하는 경우에는 정확도가 떨어집니다. 그러나 충분한 저압이거나 무극성 분자들로 구성된 혼합물에는 상당히 높은 정확도를 보여서 메테인 등의 탄화수소 혼합물에는 충분히 적용 가능한 법칙입니다.

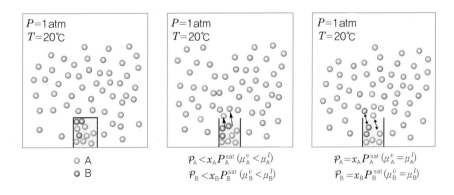

| 그림 6-17 | 분자적 시각에서 본 라울의 법칙을 따르는 기액상평형

$x_i P_i^{sat}$를 계속 이상 혼합물의 액체 중 몰분율×포화압이라고 부르기에는 불편하므로, 이를 지칭하는 명칭을 정리하고 넘어갑시다. 우리가 이야기해 온 포화압 혹은 포화증기압(saturation vapor pressure, P_i^{sat})은 순물질 i가 증발해서 진공인 공간을 채우는 압력이었습니다. 이제 순물질이 아닌 이상 혼합물 중 물질 i가 증발해서 방 안을 채우는 압력($x_i P_i^{sat}$)을 물질 i의 증기압(vapor pressure)이라고 부릅시다.

혼합물 PT선도 및 Pv선도

혼합물은 분자 간 상호작용력으로 인하여 순물질과 다른 여러 특이성을 가집니다. 순물질의 경우 PT선도상 포화곡선은 하나의 곡선으로 나타나지만, 혼합물이 되면 순물질의 포화곡선 사이에서 기체와 액체가 공존하는 영역이 덮개처럼 ∩모양으로 나타나게 되는데 이를 상덮개(phase envelope)라 부릅니다. 한국어로 번역할 때는 순물질과 마찬가지로 포화선도로 부르기도 합니다. 혼합물의 상덮개는 구성물질 조성에 따라 그 형태가 변화하며 이 영역의 왼쪽에서는 혼합물이 완전한 액체로 존재하게 되며, 오른쪽 영역에서는 완전한 기체로 존재하게 됩니다. 또한 물질 조합에 따라 임계점이 혼합물을 구성하는 물질의 임계점 간 연장선보다 더 고압에서 형성되는 특징이 있습니다.

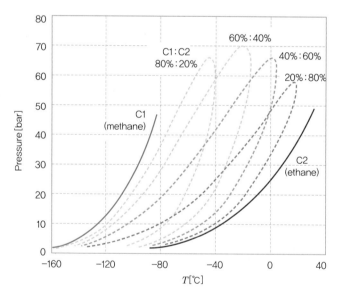

| 그림 6-18 | 혼합물의 PT선도

순물질의 경우에는 특정 압력에서 기액 혼합물이 공존할 수 있는 온도는 한 점뿐이고, 이를 끓는점 혹은 포화온도라 불렀습니다. 특정 온도에서 기액 혼합물이 공존할 수 있는 압력 역시 한 점뿐이었으며 이를 포화증기압 또는 포화압력이라고 불렀습니다. 그러나 혼합물의 경우에는 PT선도를 보면 특정 온도 혹은 압력에서 기액 혼합물이 공존 가능한 압력 혹은 온도가 한 점이 아닌 범위로 존재함을 알 수 있습니다. 따라서 포화온도나 포화압력을 어떤 특정값으로 나타내기가 곤란

합니다. 대신, 기포점(bubble point)과 이슬점(dew point)의 개념을 사용합니다. 액체에서 최초의 기체가 발생 가능한 온도 혹은 압력을 기포점이라고 부르며, 따라서 상덮개의 왼쪽 절반의 곡선은 기포점을 연결한 기포점 선에 해당됩니다. 반대로 기체에서 최초의 액체가 발생 가능한 온도 혹은 압력을 이슬점이라고 하며 상덮개의 오른쪽 절반 곡선이 이슬점 선에 해당됩니다.

기포점이나 이슬점은 온도나 압력 모두 해당이 될 수 있습니다. 예를 들어서, 메테인과 에테인을 몰비 6 : 4로 혼합한 혼합물이 있다고 합시다. 특정 압력 P_1에서 충분히 낮은 온도, 예를 들어 -140℃(상태 1)에서 이 혼합물은 완전한 액체입니다. 이를 등압을 유지하면서 가열하면 온도가 상승하다가 최초로 기체가 생성되는 순간, 즉 포화액체가 되는 순간의 온도를 확인할 수 있습니다. 이를 압력 P_1에서 이 혼합물의 기포점 온도라고 합니다. 특정 온도 T_1에서 충분히 높은 압력, 예를 들면 55 bar(상태 2)에서 이 혼합물은 액체입니다. 압력을 내리면 마찬가지로 어느 순간 최초의 기체가 발생하는 포화액체가 되는 압력을 알 수 있고, 이를 이 혼합물의 온도 T_1에서의 기포점 압력이라고 부릅니다. 이슬점도 같은 방식으로 설명할 수 있습니다. 상태 3(-50℃, 5 bar)에서 이 혼합물은 기체이나 여기서 압력을 유지한 채 온도를 내리거나, 온도를 유지한 채 압력을 올리면 최초의 액체가 발생하는 포화기체 상태의 온도 혹은 압력을 알 수 있게 됩니다. 이를 특정 압력에서의 이슬점 온도 혹은 특정 온도에서의 이슬점 압력으로 부릅니다.

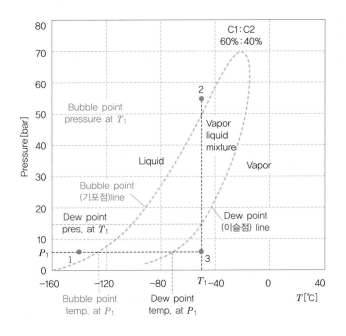

| 그림 6-19 | 혼합물의 기포점과 이슬점

혼합물의 Pv선도 역시 개형은 순물질일 때와 비슷하게 나타나지만, 임계점 등 물성치가 혼합물의 조성에 따라서 변화하게 되며, PT선도에서도 확인하였듯이 특정 온도/압력에서 2상이 공존하는 압력/온도가 범위로 존재하게 됩니다.

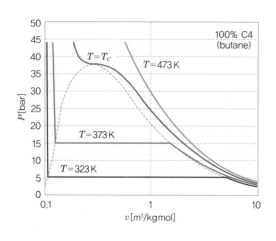
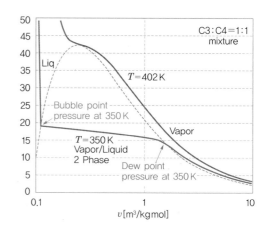

| 그림 6-20 | 혼합물의 Pv선도

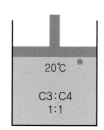

Ex 6-3 프로페인/n-뷰테인 1:1 혼합물

ⓐ −20℃에서 프로페인/n-뷰테인 1:1 혼합물의 기포점을 구하라.

특정 온도에서 기포점은 최초의 기체 방울이 발생하는, 즉 포화액체가 되는 압력을 의미합니다. 포화액체가 되는 순간부터 이 혼합물은 기체와 액체가 공존 가능한 상평형상태에 놓이게 됩니다. 프로페인, n-뷰테인은 무극성 분자들이므로 이 혼합물을 이상기체 혼합물로 가정하면 상평형상태에서 라울의 법칙이 성립해야 합니다. 첫 번째 기체 방울이 생성되는 순간에는 이 기체 방울의 양은 무시할 수 있을 만큼 작다고 가정할 수 있으므로, 프로페인(물질 1이라 합시다)과 n-뷰테인(물질 2라 합시다)이 1:1로 섞인 액체 혼합물에서 상평형이 성립하는 순간의 압력을 찾으면 됩니다.

$$y_i P = x_i P_i^{\text{sat}}$$

각 물질마다 상평형이 성립해야 하므로

$$y_1 P = x_1 P_1^{\text{sat}}$$
$$y_2 P = x_2 P_2^{\text{sat}}$$

두 식을 더하면

$$(y_1 + y_2)P = P = x_1 P_1^{\text{sat}} + x_2 P_2^{\text{sat}}$$

각 순물질의 포화압은 안토인 식으로부터 얻을 수 있습니다.

$$P_1^{\text{sat}} = 10^{\left(4.012 - \frac{834.26}{253.15 - 22.76}\right)} = 2.46\,\text{bar}$$

$$P_2^{\text{sat}} = 10^{\left(3.85 - \frac{909.65}{253.15 - 36.15}\right)} = 0.455 \text{ bar}$$

$$P = x_1 P_1^{\text{sat}} + x_2 P_2^{\text{sat}} = 0.5 \times 2.46 + 0.5 \times 0.455 = 1.46 \text{ bar}$$

즉, 이 혼합물은 1.46 bar 이상에서는 액체로 존재하며, 압력을 낮추어 기포점 압력인 1.46 bar에 도달하는 순간부터 기체가 생기기 시작함을 알 수 있습니다.

ⓑ −20℃에서 프로페인/n-뷰테인 1:1 혼합물의 이슬점을 구하라.

특정 온도에서 이슬점은 최초의 액체 방울이 발생하는, 즉 포화 기체가 되는 압력을 의미합니다. 마찬가지로 상평형이 성립해야 하며 이번에는 무시할 만큼 작은 첫 번째 액체 방울이 생성되는 순간이므로, 프로페인과 n-뷰테인이 1:1로 섞인 기체 혼합물에서 상평형이 성립하는 순간의 압력을 찾으면 됩니다. 라울의 법칙을 적용하되 양변을 포화압으로 나누면

$$\frac{y_1 P}{P_1^{\text{sat}}} = x_1$$

$$\frac{y_2 P}{P_2^{\text{sat}}} = x_2$$

두 식을 더하면

$$\left(\frac{y_1}{P_1^{\text{sat}}} + \frac{y_2}{P_2^{\text{sat}}}\right)P = x_1 + x_2 = 1$$

$$P = \frac{1}{\frac{y_1}{P_1^{\text{sat}}} + \frac{y_2}{P_2^{\text{sat}}}} = \frac{1}{\frac{0.5}{2.46} + \frac{0.5}{0.455}} = 0.768 \text{ bar}$$

즉, 이 혼합물은 0.768 bar 이하에서는 기체로 존재하며, 압력을 높여서 이슬점 압력인 0.768 bar에 도달하는 순간부터 액체가 생기기 시작함을 알 수 있습니다.

ⓒ 1 bar에서 프로페인/n-뷰테인 1:1 혼합물의 기포점을 구하라.

앞서 (a)에서 풀었던 논리와 동일합니다. 다만, 이번에는 P와 x_i를 아는 상황에서 T를 찾아야 하는 상황이 되었습니다.

$$P = 1 = x_1 P_1^{\text{sat}} + x_2 P_2^{\text{sat}} = 0.5 \times 10^{\left(A_1 - \frac{B_1}{T+C_1}\right)} + 0.5 \times 10^{\left(A_2 - \frac{B_2}{T+C_2}\right)}$$

이는 언뜻봐도 T에 대해서 해석적으로 풀기에는 쉽지 않아 보입니다. 이런 경우에 사용할 수 있는 방법이 수치해석법이라고 소개한 바 있습니다. 즉 이 문제는 다음과 같이 $f(T) = 0$을 만족하는 T를 찾는 문제로 바꾸어서 앞서 소개했던 뉴턴-랩슨법을 적용하면 풀 수 있습니다.

$$f(T) = 0.5 \times 10^{\left(A_1 - \frac{B_1}{T+C_1}\right)} + 0.5 \times 10^{\left(A_2 - \frac{B_2}{T+C_2}\right)} - 1$$

그런데 미분하려고 보면, 지수 내 분수를 가진 이 $f(T)$는 미분하기가 불가능하지는 않으나 매우 번거롭다는 것을 알 수 있습니다. 나아가 생각해 보면, 세상에는 미분이 불가능한 함수도 있는데 그러면 뉴턴-랩슨법을 적용할 수가 없게 됩니다. 이렇게 대상 함수가 미분이 성가시거나 불가능한 경우에 적용할 수 있는 방법이 할선법 (secant method)입니다.

할선법(secant method)

뉴턴-랩슨법은 식 (2.68)과 같이 반복 계산법을 사용했습니다.

$$x_{k+1} = x_k - \frac{f(x_k)}{f'(x_k)}$$

임의의 점 x_1에 대한 도함수의 정의에서 $x_1 + h$를 x_2로 치환하면, 단변수함수의 도함수를 다음과 같이 두 점 사이의 기울기로 근사할 수 있습니다.

$$f'(x_1) = \lim_{h \to 0} \frac{f(x_1 + h) - f(x_1)}{(x_1 + h) - x_1} = \lim_{h \to 0} \frac{f(x_2) - f(x_1)}{x_2 - x_1} \approx \frac{f(x_2) - f(x_1)}{x_2 - x_1}$$

즉, 할선법은 도함수 대신 두 점 사이의 기울기라는 도함수 근삿값을 적용하는 방법입니다. 식 (2.68)은 다음과 같이 수정할 수 있습니다.

$$x_{k+1} = x_k - \frac{f(x_k)}{f'(x_k)} = x_k - \frac{f(x_k)}{\frac{f(x_k) - f(x_{k-1})}{x_k - x_{k-1}}} = x_k - \frac{f(x_k)(x_k - x_{k-1})}{f(x_k) - f(x_{k-1})}$$

이는 시작하기 위해서 2개의 시작점을 필요로 하나, 일단 적용 이후에는 뉴턴-랩슨법에 크게 뒤지지 않는 수렴속도를 가진 알고리즘으로 유용합니다.

Ex 6-3 계속

ⓒ 1 bar에서 프로페인/n-뷰테인 1 : 1 혼합물의 기포점을 구하라.

할선법을 적용하기 위해서 $f(T)$를 다시 정의해 보면

$$f(T) = 0.5 \times 10^{\left(A_1 - \frac{B_1}{T + C_1}\right)} + 0.5 \times 10^{\left(A_2 - \frac{B_2}{T + C_2}\right)} - 1$$

임의의 두 시작점 $T_0 = 200\,\text{K}$, $T_1 = 250\,\text{K}$으로 하여 오차 허용 범위(tolerance) $<$ 0.0001을 기준으로 할선법을 적용해 보면

k	T_k	P_1^{sat}	P_2^{sat}	$f(T)$
0	200	0.20	0.02	−0.8892
1	250	2.19	0.39	0.2930
2	237.6	1.35	0.22	−0.2191
3	242.9	1.67	0.28	−0.0244
4	243.6	1.71	0.29	0.0025
5	243.5	1.71	0.29	0.0000

즉, 1 bar에서 기포점 온도는 $243.5 - 273.15 = -29.6°C$가 됩니다.

할선법 역시 뉴턴-랩슨법과 마찬가지로 2개의 시작점은 임의로 결정할 수 있으며 함수의 형태만 적절하면 다른 시작점에서 출발하더라도 결과적으로 수렴하는 점은 같아집니다. 다만 수렴까지 필요한 반복 연산의 횟수는 차이가 나게 됩니다.

d 1 bar에서 프로페인/n-뷰테인 1:1 혼합물의 이슬점을 구하라.

앞서 (b)에서처럼 정리하면

$$\left(\frac{y_1}{P_1^{\text{sat}}} + \frac{y_2}{P_2^{\text{sat}}} \right)P = x_1 + x_2 = 1$$

$f(T)$를 다음과 같이 정리하고 $f(T) = 0$을 만족하는 T를 찾으면 됩니다.

$$f(T) = \frac{y_1}{P_1^{\text{sat}}} + \frac{y_2}{P_2^{\text{sat}}} - \frac{1}{P} = \frac{0.5}{P_1^{\text{sat}}} + \frac{0.5}{P_2^{\text{sat}}} - \frac{1}{1} = 0$$

임의의 두 시작점 $T_0 = 200\,\text{K}$, $T_1 = 250\,\text{K}$으로 하여 오차 허용 범위(tolerance)< 0.0001을 기준으로 할선법을 적용해 보면

k	T_k	P_1^{sat}	P_2^{sat}	$f(T)$
0	200	0.20	0.02	26.6286
1	250	2.19	0.39	0.4946
2	250.9	2.27	0.41	0.4333
3	257.6	2.88	0.55	0.0771
4	259.1	3.03	0.59	0.0148
5	259.4	3.07	0.60	0.0007

즉, 1 bar에서 이슬점 온도는 $259.4 - 273.15 = -13.7°C$가 됩니다.

e −20°C, 1 bar에서 순수한 프로페인, 순수한 n-뷰테인, 프로페인/뷰테인 1:1 혼합물의 상을 판별하고 기액 혼합물인 경우 증기분율과 기체 및 액체의 조성을 구하라.

앞서 이미 구했듯이 $-20℃ = 253.15\,\text{K}$에서 순수한 프로페인(1) 및 n-뷰테인(2)의 포화압은

$$P_1^{\text{sat}} = 10^{\left(4.012 - \frac{834.26}{253.15 - 22.76}\right)} = 2.46\,\text{bar}$$

$$P_2^{\text{sat}} = 10^{\left(3.85 - \frac{909.65}{253.15 - 36.146}\right)} = 0.455\,\text{bar}$$

즉, 1 bar에서 프로페인은 기체, n-뷰테인은 액체로 존재하게 됩니다.

(c), (d)에서 계산한 결과를 보면 1 bar에서 프로페인/n-뷰테인 혼합물의 기포점 온도는 $-29.6℃$, 이슬점 온도는 $-13.7℃$이므로 $-20℃$에서는 기액 혼합물로 존재하는 것을 알 수 있습니다.

라울의 법칙이 성립하는 이상 혼합물이라 가정하면

$$y_1 P = x_1 P_1^{\text{sat}}$$

$$y_2 P = x_2 P_2^{\text{sat}}$$

$$y_1 P + y_2 P = x_1 P_1^{\text{sat}} + x_2 P_2^{\text{sat}}$$

$$P = x_1 P_1^{\text{sat}} + (1 - x_1) P_2^{\text{sat}} = x_1 (P_1^{\text{sat}} - P_2^{\text{sat}}) + P_2^{\text{sat}}$$

$$x_1 = \frac{P - P_2^{\text{sat}}}{P_1^{\text{sat}} - P_2^{\text{sat}}} = \frac{1 - 0.455}{2.46 - 0.455} = 0.272$$

$$y_1 = \frac{x_1 P_1^{\text{sat}}}{P} = 0.272 \times 2.46 = 0.669$$

물질 전체 몰수를 n이라 하면 1 : 1 혼합물이므로 전체 물질 중 물질 1(프로페인), 물질 2(n-뷰테인)의 몰분율이 각각 0.5가 되어야 합니다.

$$z_1 = \frac{n_1}{n} = \frac{n_1}{n_1 + n_2} = 0.5$$

물질 1, 2는 다시 기체와 액체상에 나뉘어 존재해야 하므로

$$n_1 = n_1^v + n_1^l$$

$$n_2 = n_2^v + n_2^l$$

물질 1의 기체 중 몰분율 y_1, 액체 중 몰분율 x_1은

$$y_1 = \frac{n_1^v}{n_1^v + n_2^v}$$

$$x_1 = \frac{n_1^l}{n_1^l + n_2^l}$$

증기분율(혹은 기체분율)은 전체 몰 중 기체로 존재하는 몰량을 의미하므로

$$x_{vf} = \frac{n_1^v + n_2^v}{n}$$

$n_1 = n_1^v + n_1^l$에서 양변을 전체 몰수로 나누면

$$\frac{n_1}{n} = \frac{n_1^v}{n} + \frac{v_1^l}{n}$$

$$z_1 = \frac{n_1^v}{n_1^v + n_2^v} \frac{n_1^v + n_2^v}{n} + \frac{n_1^l}{n_1^l + n_2^l} \frac{n_1^l + n_2^l}{n}$$

$$= y_1 x_{vf} + x_1(1 - x_{vf}) = x_{vf}(y_1 - x_1) + x_1$$

$$x_{vf} = \frac{z_1 - x_1}{y_1 - x_1} = \frac{0.5 - 0.272}{0.669 - 0.272} = 0.574$$

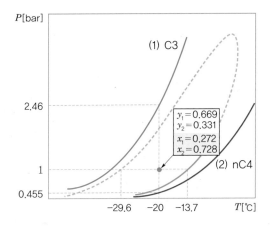

$-20℃$, 1 bar에서 프로페인 순물질은 순수한 기체여야 안정적이며, n-뷰테인 순물질은 액체여야 합니다. 때문에 단순히 생각하면 $-20℃$, 1 bar에서 프로페인-n-뷰테인 기액 혼합물인 경우에 기체는 모두 프로페인, 액체는 모두 n-뷰테인이 될 것으로 착각할 수 있습니다. 그러나 혼합물의 상평형을 고려하면 실제로는 프로페인-뷰테인 1 : 1 혼합물의 경우 $-20℃$, 1 bar에서 기체 중에도 n-뷰테인이 다량 존재하고, 액체 중에도 프로페인이 다량 존재하는 것을 알 수 있습니다.

래치포드-라이스(Rachford-Rice) 플래시 연산(flash calculation)

Ex 6-3의 결과에서 알 수 있듯이, 혼합물을 구성하는 물질에 끓는점의 차이가 존재할 때 기체와 액체상을 나누면 더 가벼운 물질이 기체 쪽에 많이 분포하고, 더 무거운 물질이 액체 쪽에 많이 분포하게 됩니다. 이 유체를 어떤 통 속에 넣으면 다른 조성을 가진 가벼운 기체와 무거운 액체를 분리하는 것이 가능하며 이렇게 기체와 액체를 분리하는 설비를 통틀어 기액 분리기(vapor-liquid separator)라고 부릅니다. 이때 혼합물의 압력을 감소시켜서 포화액체를 증발시키는 방법을 플래시 증발(flash evaporation)이라고 부르며, 이러한 분리기를 플래시 분리기(flash separator)라고도 부릅니다.

플래시 분리기 혹은 기액 분리기가 특정한 온도, 압력에서 평형상태를 유지하면서 운전되고 있다고 가정한 경우를 평형 등온 플래시(equilibrium isothermal flash)라 합니다. 다수의 물질로 구성된 혼합물에 대해서 이를 비교적 손쉽게 푸는 방법론으로 래치포드-라이스식(Rachford-Rice equation)을 이용하는 방법이 있습니다.

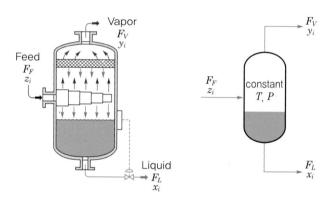

| 그림 6-21 | 기액 분리기(플래시) 단순 기호화

https://en.wikipedia.org/wiki/File:Vap-Liq_Separator.png

공급 유체(feed), 배출되는 기체, 액체의 유량을 각각 F_F, F_V, F_L이라 하고, 공급 유체, 기체, 액체에서 물질 i의 조성을 각각 z_i, y_i, x_i라 하면 다음의 식들이 성립해야 합니다.

질량수지(mass balance):

$$F_F = F_V + F_L$$

구성 물질별 질량수지:

$$z_i F_F = y_i F_V + x_i F_L \tag{6.28}$$

(이상 혼합물을 가정하는 경우)상평형:

$$y_i P = x_i P_i^{\text{sat}}$$

조성 정의상:

$$\sum x_i = \sum y_i = \sum z_i = 1 \tag{6.29}$$

평형상수(equilibrium constant) K_i를 다음과 같이 평형상태에 있는 물질 i의 기체 중 조성과 액체 중 조성의 비율로 정의합시다.

$$K_i \equiv \frac{y_i}{x_i}$$

식 (6.29)에서

$$\sum x_i - \sum y_i = \sum(x_i - y_i) = 0$$
$$\sum x_i (1 - K_i) = 0 \tag{6.30}$$

유입유량 중 기체로 배출되는 유량의 비를 새롭게 F_R로 정의합시다.

$$F_R = \frac{F_V}{F_F}$$

식 (6.28)의 양변을 F_F로 나누면

$$z_i = y_i \frac{F_V}{F_F} + x_i \frac{F_L}{F_F} = y_i \frac{F_V}{F_F} + x_i \frac{F_F - F_V}{F_F} = y_i F_R + x_i(1 - F_R) = F_R(y_i - x_i) + x_i$$
$$= x_i F_R \left(\frac{y_i}{x_i} - 1 \right) + x_i = x_i [F_R(K_i - 1) + 1]$$
$$x_i = \frac{z_i}{1 - F_R(1 - K_i)} \tag{6.31}$$

식 (6.30)에 식 (6.31)을 대입하면

$$\sum \frac{z_i(1 - K_i)}{1 - F_R(1 - K_i)} = 0 \tag{6.32}$$

온도와 압력이 일정한 평형상태에서 이상 혼합물의 평형상수는 일정한 값을 가지게 됩니다.

$$K_i = \frac{y_i}{x_i} = \frac{P_i^{\text{sat}}}{P}$$

즉, 유입 유체의 조성(z_i)을 알고 있다면 식 (6.32)는 F_R에 대한 단변수함수가 됩니다.

$$\sum \frac{z_i(1 - K_i)}{1 - F_R(1 - K_i)} = f(F_R) = 0$$

따라서 $f(F_R) = 0$을 만족하는 F_R을 찾을 수 있다면 이 계의 상태를 확정할 수 있습니다. 이는 앞서 다룬 뉴턴-랩슨법이나 할선법을 사용하면 어렵지 않게 풀 수 있습니다.

압축된 프로페인/n-뷰테인 1:1 혼합물 액체 100 kmol/s가 기액 분리기로 유입되면서 압력이 강하, 일부는 기화되어 기체로, 나머지는 액체로 분리 배출되고 있다. 운전 조건이 1 bar, $-20°C$로 일정하게 제어되고 있을 때 생성되는 기체/액체의 유량 및 그 조성을 구하라.

래치포드-라이스식을 사용하여 풀어봅시다.

$$f(F_R) = \sum \frac{z_i(1-K_i)}{1-F_R(1-K_i)}$$

물질 1을 프로페인, 물질 2를 n-뷰테인이라고 하면

$$z_1 = z_2 = 0.5$$

Ex 6-3(e)에서 이미 계산했듯이 $-20°C$에서

$$K_1 = \frac{P_i^{\text{sat}}}{P} = 2.46$$

$$K_2 = 0.455$$

뉴턴-랩슨법 적용을 위하여 도함수를 구해 보면

$$f'(F_R) = -\sum z_i(1-K_i)[1-F_R(1-K_i)]^{-2}[-(1-K_i)] = \sum \frac{z_i(1-K_i)^2}{[1-F_R(1-K_i)]^2}$$

$$F_{R,k+1} = F_{R,k} - \frac{f(F_{R,k})}{f'(F_{R,k})}$$

임의의 시작값 $F_{R,1} = 0.5$에서 허용오차 < 0.0001를 기준으로 뉴턴-랩슨법을 적용해 보면

k	F_R	$f(F_R)$ (1)	$f(F_R)$ (2)	$f(F_R)$	$f'(F_R)$ (1)	$f'(F_R)$ (2)	$f'(F_R)$
1	0.5	-0.4219	0.3744	-0.0475	0.3560	0.2804	0.6364
2	0.57458	-0.3969	0.3966	-0.0003	0.3151	0.3146	0.6297
3	0.57512	-0.3968	0.3968	0.0000	0.3148	0.3148	0.6297

$F_R = 0.575$이므로 57.5 kmol/s의 기체와 42.5 kmol/s의 액체를 얻을 수 있습니다. F_R을 알면 액체에서 물질 i의 조성(x_i)을 식 (6.31)에서 계산할 수 있습니다. y_i는 평형상수의 정의에서 $y_i = K_i x_i$이므로

	(1) 프로페인	(2) 뷰테인
x_i	0.272	0.728
y_i	0.669	0.331

이렇게만 놓고 보면 이는 Ex 6-3(e)와 동일한 문제입니다. 다만 Ex 6-3(e)에서처럼 손으로 해석해를 구하려고 하면 혼합물을 구성하는 물질의 개수가 3개, 4개로 증가할수록 풀기가 번거로워질 수 있습니다. 반면 래치포드-라이스식의 경우에는 함수 처리 중 수열에서 i에 대한 부분 함수 연산 횟수가 증가할 뿐 전체 알고리즘 풀이 과정은 동일합니다.

FAQ 6-10 예제에서 z, x, y가 어떻게 다른 거죠? 기체-액체 간 비율인가요?

예제에서 사용한 z_i는 기체인지 액체인지 구별 없이 통틀어서 분리기로 유입되는 혼합물 전체에서 물질 i의 몰분율, y_i는 기체 중 물질 i의 몰분율, x_i는 액체 중 물질 i의 몰분율입니다. 이게 헷갈릴 수 있는데… 예를 들어 다음과 같이 한 용기 안에서 물질 A, B 전체 10몰이 기액 혼합물 상태로 뒤섞여 있다고 해 봅시다.

$$n_A^v = 3\,\text{mol}$$
$$n_B^v = 2\,\text{mol}$$
$$n_A^l = 4\,\text{mol}$$
$$n_B^l = 1\,\text{mol}$$

이 혼합물의 기체분율(vapor fraction) = 전체 물질량 중 기체가 몇 %나 있나?

$$x_{\text{vf}} = \frac{n_A^v + n_B^v}{n_A^v + n_A^l + n_B^v + n_B^l} = 0.5$$

혼합물 전체에서 A의 몰분율(mole fraction of A in the mixture) = 전체 중 A가 몇 mol%나 있나?

$$z_A = \frac{n_A^v + n_A^l}{n_A^v + n_A^l + n_B^v + n_B^l} = 0.7$$

기체 중 A의 몰분율(mole fraction of A in the vapor phase) = 기체 중 A는 몇 mol%나 있나?

$$y_A = \frac{n_A^v}{n_A^v + n_B^v} = 0.6$$

액체 중 A의 몰분율(mole fraction of A in the liquid phase) = 액체 중 A는 몇 mol%나 있나?

$$x_A = \frac{n_A^l}{n_A^l + n_B^l} = 0.8$$

Pxy, *Txy*, *xy* 선도

두 가지 물질이 섞여 있는 이성분계의 상평형은 Pxy 선도와 Txy 선도를 이용하여 나타낼 수 있습니다. Pxy 선도는 온도가 일정한 특정값을 가질 때 상평형상태에 있는 특정 물질의 x, y값을 압력에 따라 나타낸 선도입니다. 말로 설명하는 것이 더 어려우니 이상 혼합물의 경우에 대해서 직접 그려봅시다.

임의의 두 물질 A, B가 이상 혼합물로 상평형이 성립하는 경우

$$\sum y_i P = P = \sum x_i P_i^{sat} = x_A P_A^{sat} + x_B P_B^{sat} = x_A P_A^{sat} + (1-x_A)P_B^{sat} = x_A(P_A^{sat} - P_B^{sat}) + P_B^{sat}$$

온도가 일정한 경우 순물질 A, B의 포화압은 일정한 값을 가집니다. 따라서 y축을 P, x축을 x_A로 하는 관계 그래프를 그리면 이는 1차 함수, 즉 직선의 형태를 가지게 됩니다. 또한 양 끝단 $(x_A = 0.1)$에서는 각각 B와 A의 포화압이 되어야 합니다.

$$x_A = 0 : P = P_B^{sat}$$

$$x_A = 1 : P = P_A^{sat} - P_B^{sat} + P_B^{sat} = P_A^{sat}$$

이를 그래프로 나타내면 $P-x$에 대한 선도를 그릴 수 있습니다. 마찬가지로 $P-y$에 대해서도 관계를 정리해 보면

$$\sum x_i = 1 = \sum \frac{y_i P}{P_i^{sat}} = \frac{y_A P}{P_A^{sat}} + \frac{y_B P}{P_B^{sat}} = \frac{y_A P}{P_A^{sat}} + \frac{(1-y_A)P}{P_B^{sat}} = P[y_A(1/P_A^{sat} - 1/P_B^{sat}) + 1/P_B^{sat}]$$

$$P = \frac{1}{y_A(1/P_A^{sat} - 1/P_B^{sat}) + 1/P_B^{sat}}$$

즉 y_A에 대해서 P는 반비례 곡선의 형태로 나타나게 됩니다. 또한 양 끝단에서 P는 $P-x$ 곡선과 동일하게 B, A의 포화압이 되므로

$$y_A = 0 : P = \frac{1}{1/P_B^{sat}} = P_B^{sat}$$

$$y_A = 1 : P = \frac{1}{1/P_A^{sat} - 1/P_B^{sat} + 1/P_B^{sat}} = P_A^{sat}$$

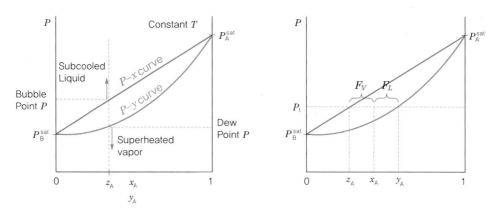

| 그림 6-22 | Pxy 선도

이렇게 그려진 선도를 Pxy 선도라고 하며, 특정 온도에서 기포점 압력이나 이슬점 압력, 그리고 주어진 압력에서 상평형상태의 $x-y$값을 한눈에 파악할 수 있게 해 줍니다. 예를 들어서 A의 조

성이 z_A일 때 Px선과 만나는 점은 $x_A = z_A$인 점으로, 이는 Ex 6–3(a)에서 다루었던 것처럼 해당 조성의 액체 혼합물에서 최초의 기체가 발생하는 순간을 의미하게 되므로 이때의 압력은 기포점 압력이 됩니다. 따라서 이보다 더 높은 압력에서 이 혼합물은 과냉각액체(subcooled liquid)로 존재함을 알 수 있습니다. Py선과 만나는 점은 $y_A = z_A$인 점으로, 이는 Ex 6–3(b)에서 다루었던 것처럼 해당 조성의 기체 혼합물에서 최초의 액체가 발생하는 순간을 의미하게 되므로 이때의 압력은 이슬점 압력이 됩니다. 따라서 이보다 더 낮은 압력에서 이 혼합물은 과열증기(superheated vapor)로 존재함을 알 수 있습니다. 이러한 이유에서 Px선을 기포점선으로, Py선을 이슬점선으로 부르기도 합니다. 기포점 압력과 이슬점 압력 사이의 임의의 압력 $P = P_1$에 이 혼합물은 기액 혼합물 상태로 존재하게 되며, Pxy선도를 보면 그 상평형상태에서 물질 A의 기체 중 조성 y_A와 액체 중 조성 x_A를 한눈에 읽을 수 있습니다. 또한 1장에서 언급했던 지렛대 법칙을 여기서도 적용 가능합니다. 식 (6.28)에서

$$z_A F_F = z_A(F_V + F_L) = y_A F_V + x_A F_L$$

$$z_A \frac{F_V + F_L}{F_L} = z_A \frac{F_V}{F_L} + z_A = y_A \frac{F_V}{F_L} + x_A$$

$$= \frac{F_V}{F_L}(y_A - z_A)$$

$$\frac{F_V}{F_L} = \frac{z_A - x_A}{y_A - z_A}$$

따라서

$$F_V : F_L = (z_A - x_A) : (y_A - z_A)$$

혹은

$$x_{vf} = \frac{F_V}{F_V + F_L} = \frac{z_A - x_A}{y_A - x_A}$$

유사한 방식으로, 특정 압력에서 온도에 따른 상평형상태의 $x-y$값을 나타낸 그래프를 Txy선도라 하며, 읽는 방법은 Pxy선도와 동일합니다. A의 조성이 z_A일 때 Px선과 만나는 점이 곧 기포점 온도가 되며, Py선과 만나는 점이 이슬점 온도가 됩니다. 자연히 기포점 온도 이하에서는 과냉각액체로, 이슬점 온도 이상에서는 과열증기로 존재하게 됩니다. 두 온도 사이에서 기액상평형이 성립하게 되며 그때의 조성을 읽으면 물질 A의 기체 중 조성 y_A와 액체 중 조성 x_A를 한눈에 알 수 있게 됩니다. Pxy선도와 마찬가지로 지렛대 법칙도 동일하게 적용 가능합니다.

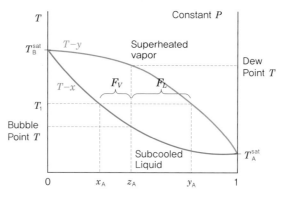

| 그림 6-23 | Txy선도

다음은 프로페인(A)/n-뷰테인(B) 혼합물에 대한 -20℃에서의 Pxy선도와 1 bar에서의 Txy선도이다.

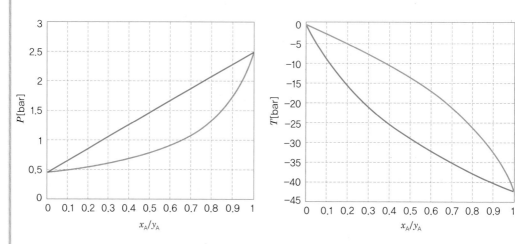

ⓐ 위 Pxy선도를 이용하여 A : B = 1 : 1 혼합물의 -20℃에서의 기포점 압력, 이슬점 압력을 구하라.

기포점 압력은 약 1.45 bar, 이슬점 압력은 약 0.79 bar 정도 되는 것을 알 수 있습니다. 눈으로 읽은 오차를 고려하면 이는 Ex 6-3에서 얻은 결과와 거의 동일한 값임을 알 수 있습니다.

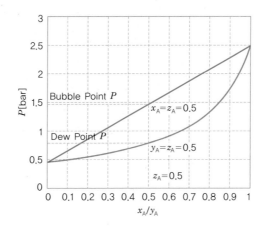

ⓑ 위 Txy선도를 이용하여 A:B=1:1 혼합물의 −20℃에서의 기포점 온도, 이슬점 온도를 구하라.

　　Ex 6−3에서 얻은 결과와 거의 동일하게 기포점 온도는 약 −29.5℃, 이슬점 온도는 약 −14℃임을 알 수 있습니다.

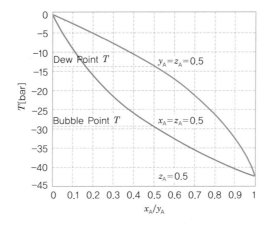

ⓒ 위 Pxy 혹은 Txy선도를 이용하여 Ex 6−4의 플래시 분리 결과를 구하라.

　　Pxy 선도에서 $P=1\,\text{bar}$일 때 프로페인의 액체 중 조성(x)과 기체 중 조성(y)을 읽어보면

$$y_A = 0.67$$

$$x_A = 0.27$$

지렛대 법칙에서부터

$$F_V : F_L = (0.5 - 0.27) : (0.67 - 0.5) = 0.23 : 0.17$$

$$x_{vf} = \frac{F_V}{F_V + F_L} = \frac{0.23}{0.23 + 0.17} = 0.575$$

당연히 Ex 6-4와 동일한 결과를 얻을 수 있으며, Txy 선도를 이용해도 결과는 동일합니다.

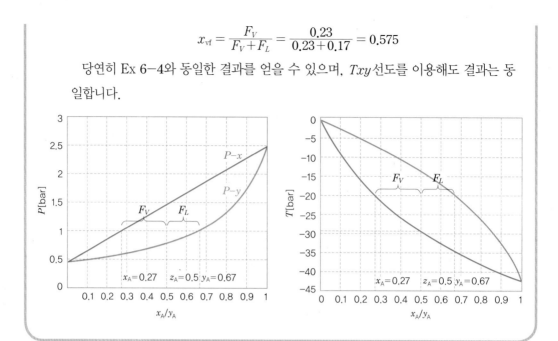

상평형 연산 결과나 Pxy 선도나 Txy 선도를 보면, 특정 온도나 압력에서 상평형이 성립할 때 물질 A의 기체 중 분율(y)과 액체 중 분율(x)이 상관관계를 가지고 있다는 사실을 알 수 있습니다. 이러한 상평형상태에서 y와 x의 관계만을 나타낸 것이 xy 선도입니다. 즉 xy 선도 위의 한 점 (x, y)는 압력 혹은 온도가 일정할 때 온도/압력 정보를 제외하고 상평형이 성립하는 조성 간의 상관관계만 나타낸 것입니다. 이렇게 놓고 보면 xy 선도는 상대적으로 정보량이 적어서 별로 쓸데가 없어 보입니다만, 이러한 조성 간 상관관계 정보가 유용하게 사용되는 경우를 다음 절에서 다룹니다.

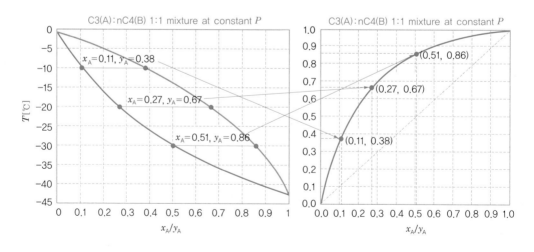

6.4 증류탑(distillation column)의 기초

다단증류의 원리

혼합물의 기액 분리 예를 보면 끓는점 차이를 이용한 기액 분리를 통하여 원하는 물질의 순도를 높일 수 있다는 사실을 알 수 있습니다. 그러나 Ex 6-4에서 플래시 분리를 한 결과를 보면 분리 후 기체 중 프로판의 순도는 67%, 액체 중 n-뷰테인의 순도는 73%에 불과합니다. 그렇다면 만약 이보다 높은 순도의 프로페인이나 n-뷰테인을 얻고자 한다면 어떻게 해야 할까요? Pxy 선도나 Txy 선도를 보면 온도 및 압력 조건에 따라 상평형 시 기체/액체 중 원하는 물질의 조성이 변화한 다는 사실을 알 수 있습니다. 이러한 특성을 이용, 한 번이 아닌 다단(multi-stage) 분리기를 적용 하면 보다 고순도의 목표 물질을 얻는 것이 가능해집니다.

다음과 같이 −20℃, 1 bar에서 운전되는 기액 분리기를 통하여 분리한 프로페인/n-뷰테인 기체/액체 혼합물을 대상으로 다시 한 번 기액분리과정을 거친다고 생각해 봅시다. 첫 번째 기액 분리기(S1)에서 분리된 기체는 포화기체로 액체가 존재하지 않으나, 냉각기를 달아서 이를 −30℃ 로 냉각하면 다시 액체가 일부 생성될 것이므로 이를 기액 분리하는 것이 가능해집니다. 액체의 경우는 반대로 가열기를 달아서 −10℃까지 가열하여 다시 생성된 기체와 액체를 분리한다고 생 각해 봅시다. 계산을 편하게 하기 위해서 압력 강하가 존재하지 않는 이상적인 상황으로 모든 압 력은 1 bar로 유지되고 모든 기액 분리기는 상평형상태에 있다고 가정합시다.

첫 번째 분리기(S1)의 분리 결과는 앞서 예제를 통해서 이미 구했습니다. S1에서 분리된 기체가 유입되는 두 번째 분리기 S2에 대해서 생각해 봅시다. 이 분리기에 공급되는 유체는 A의 조성이 0.67인 혼합물로 −30℃, 1 bar에서 상평형에 있어야 합니다. Txy 선도를 이용하면 이때 분리되어 나오는 기체(y_{A2}) 및 액체(x_{A2})의 조성을 바로 알 수 있고, 지렛대 법칙을 적용하여 그 유량도 계 산할 수 있습니다. S1에서 분리된 액체가 유입되는 세 번째 분리기 S3는 유입 유체에서 A의 조성 이 0.27이며, −10℃, 1 bar에서 상평형에 있어야 합니다. 그럼 마찬가지로 분리되어 나오는 기체 (y_{A3}) 및 액체(x_{A3})의 조성을 바로 알 수 있고, 그 유량도 계산할 수 있습니다. 결과를 확인해 보면 이렇게 여러 개의 분리기를 거치면 기체 중 프로페인(A)의 순도(86%)와 액체 중 n-뷰테인의 순도 (89%)가 한 번 분리하는 것보다 크게 증가한다는 것을 알 수 있습니다. 이 원리를 이용하여 3단, 4단, 그 이상의 여러 단의 분리기를 통하여 반복적으로 분리를 하면 원하는 고순도 물질을 얻는 것이 가능해집니다. 이러한 개념을 다단분리(multi-stage separation)라고 합니다.

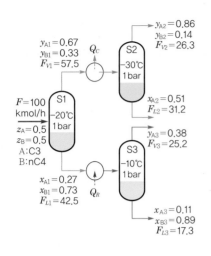

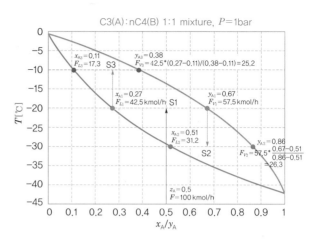

증류탑(distillation column)

위의 다단 분리 예를 보면 S2에서 분리된 액체(F_{L2})와 S3에서 분리된 기체(F_{V3})의 경우 원하는 만큼 순도가 충분히 높지 않다는 것을 알 수 있습니다. 그렇다고 이를 버리기에는 그 양이 적지 않으므로 이를 처리하는 방법이 고민이 될 수 있습니다. 현실적으로 가장 효율적인 해결법은, 이를 다시 첫 번째 분리기로 재순환(recycle)시키는 것입니다. 이러한 개념이 연속적으로 일어날 수 있도록 하려면 다음과 같이 주 분리기와 응축기(condenser), 재비기(reboiler, 재가열기로 번역하기도 합니다)로 구성된 설비를 만들 수 있습니다. 주 분리기에서 분리된 기체는 응축기로 보내서 열을 제거하고 다시 기액 혼합물로 만든 뒤 액체를 주 분리기로 재순환시킵니다. 분리된 액체는 재비기에서 재가열해서 다시 기체를 분리, 주 분리기로 재순환하면 됩니다.

더 나아가, 여러 번의 분리를 거치면 원하는 물질의 순도를 높일 수 있다는 것까지는 좋으나 실제로 분리기를 3, 4, 5개씩 늘리려고 하면 설비가 차지하는 공간이 기하급수적으로 증가하게 되는 문제가 있습니다. 이러한 문제를 해결하기 위해서 등장한 방법이, 주 분리기를 크게 만든 뒤 그 내부에 기체와 액체가 물질 교환을 하면서 체류할 수 있는 여러 개의 선반(tray)을 만드는 것입니다. 이 선반에 기체만 상향 통과할 수 있도록 구멍을 내면 응축기에서 떨어지는 차가운 액체와 재비기에서 올라오는 뜨거운 증기가 내부에서 선반마다 만나면서 층층이 기체와 액체가 공존하는 다양한 온도의 선반층을 하나의 주 분리기 내부에서 형성하는 것이 가능합니다. 이것이 바로 하나의 설비로 다단 분리 효과를 얻을 수 있는 증류탑(distaillation column)입니다.

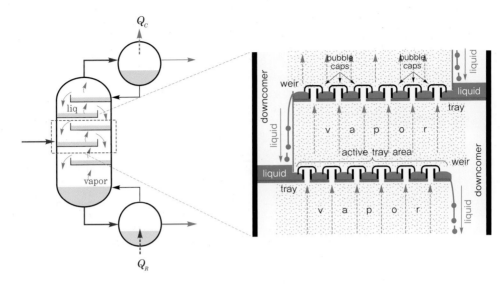

| 그림 6-24 | 증류탑 내부 선반(tray) 구조 개념도

Fabiuccio, CC BY–SA 2.5 online image, https://
en.wikipedia.org/wiki/File:Bubble_Cap_Trays.PNG

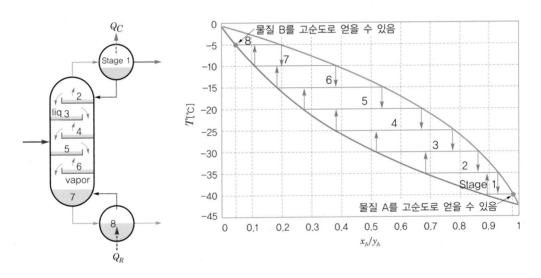

| 그림 6-25 | 증류탑 내 여러 단(stage)에 대한 Txy 선도

증류탑에서 사용되는 응축기의 경우 보통 증류물(distillate)을 모두 액화할지 일부만 액화할지에 따라서 전 응축기(total condenser)와 부분 응축기(partial condenser)로 나눌 수 있으며, 부분 응축기는 생성된 액체를 모두 증류탑으로 환류(reflux)할지 아니면 일부는 액체 증류물로 얻을지에 따라서 구분할 수 있습니다. 일반적인 경우에는 생성물을 액체로 얻는 편이 저장 및 수송에 용이하기 때문에 전 응축기를 사용하는 경우가 많으나, 만약 상단으로 분리해야 하는 물질이 메테인처럼 분자량이 작고 끓는점이 낮은 물질인 경우 액화하기 위해서 극저온의 냉매가 필요하므로 이

러한 경우에는 기체 증류물만 생성하기도 합니다. 결국 응축기의 형태는 분리하고자 하는 물질, 가용한 냉매의 온도, 설계자의 의도에 따라서 선택적으로 결정됩니다.

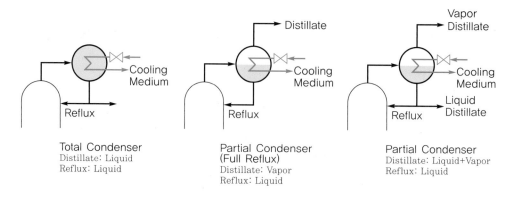

| 그림 6-26 | 증류탑 응축기의 유형

FAQ 6-11 (1) 증류탑에서 액체가 위에서 아래로 흐르면 저절로 온도가 올라가지 않나요? 액체 혼합물을 따로 끓일 필요가 있나요? (2) 증류탑은 왜 저런 구조인가요? (3) 액체만 저렇게 흐르면 기체로는 그냥 자연스럽게 변하는 건가요?

(1) 밑이 뚫려 있는 페트병에 선반을 만들어서 넣고 위에서부터 물을 붓는다고 생각해 보면, 밑으로 내려가는 물의 온도가 저절로 올라가지는 않을 것입니다. 증류탑에서 밑으로 내려가는 액체의 온도가 올라가는 것은 아래쪽에서 올라오는 뜨거운 기체와 접촉하면서 가벼운 성분은 기화되고 무거운 성분은 액화되면서 더 높은 온도의 상평형 상태에 도달하게 되기 때문입니다. 그럼 그 뜨거운 기체는 어디서 오느냐, 재비기 (reboiler)에서 액체 혼합물을 끓여서 옵니다. 즉, 저절로 온도가 올라갈 수는 없습니다.

(2) 증류탑이 저런 식으로 생긴 것은, 위에서 떨어지는 액체와 밑에서 올라가는 기체가 계속적으로 만나서 상평형에 접근하도록 만들기 위해서입니다. 기체와 액체를 만나게만 할 수 있다면 저런 모양이 아니어도 상관은 없을 것입니다.

(3) 증류탑은 상부에 응축기(condenser, 냉각을 통해서 기체를 액화시키는 열교환 설비)를 두고 기체를 액화시켜서 액체를 계속 탑 내로 공급하고, 하부에 재비기(reboiler, 열을 가해서 액체를 기화시키는 열교환 설비)를 두고 기체를 계속 탑 내로 공급하는 구조로 만들어집니다. 즉, 액체는 상부에서, 기체는 하부에서 공급됩니다.

맥카베-틸레(McCabe-Thiele)법

평형단을 가정하더라도 증류탑의 정확한 해를 구하기 위해서는 다성분계의 질량 및 에너지 밸런스를 다단에 대해서 풀어야 하기 때문에 난이도 있는 수치해석 과정이 필요합니다. 여기서는 학부 저학년도 이해하기 쉽도록 몇 가지 가정과 함께 도표를 통해 증류탑 문제를 근사하여 풀 수 있도록 제시한 맥카베-틸레(McCabe-Thiele)법을 소개하고자 합니다. 증류탑의 정교한 모델링 및 수치해석법에 대해서 관심이 있는 사람은 분리공정(separation process)에 대한 수업을 더 들어보기를 권합니다.

맥카베-틸레법은 1925년 MIT 대학원생이던 워렌 맥카베(Warren L. McCabe, 1899-1982)와 어니스트 틸레(Ernest W. Thiele, 1895-1993)가 공동으로 발표한 도표를 이용한 근사해법으로, 다음과 같은 가정들을 기반으로 하고 있어서 정확도는 떨어지나, 비교적 쉽게 다단 증류의 원리를 이해하고 평형단 증류탑의 근사해를 구할 수 있습니다.

- 혼합물을 모두 다루는 것이 아니라 그중에서 분리를 원하는 기준이 되는 두 가지 물질만으로 구성된 이성분계를 가정
- 두 성분의 증발열이 거의 같다고 볼 수 있을 만큼 차이가 작음
- 두 성분의 혼합물 엔탈피 변화량이 무시할 만큼 작음(이상 혼합물에 가까움)
- 증류탑 내 유체 흐름은 정상상태로 유지
- 증류탑이 잘 단열되어 열손실을 무시할 수 있음
- 증류탑 내의 압력이 일정(압력 강하 및 높이에 따른 압력 차이 무시)

이때 휘발성이 높은(즉 분자량이 가벼운) 그룹에서 가장 무거운 물질을 가벼운 기준 성분(light key component)으로, 휘발성이 낮은(즉 분자량이 무거운) 그룹 중 가장 가벼운 물질을 무거운 기준 성분(heavy key component)으로 두고 이성분계의 상평형만을 고려, 문제를 간단하게 치환합니다. 예를 들어서 메테인, 에테인, 프로페인, n-뷰테인이 섞인 혼합물에서 메테인-에테인 성분과 프로페인-뷰테인 성분을 분리하고자 한다면 가벼운 물질 그룹인 메테인/에테인 중 가장 무거운 에테인이 가벼운 기준 성분이 되며, 무거운 물질 그룹인 프로페인/n-뷰테인 중 가장 가벼운 성분인 프로페인이 무거운 기준 성분이 됩니다. 이는 에테인을 주로 기체로 분리하면 이보다 더 가벼운 메테인이 더 낮은 끓는점을 가지므로 자연히 기체 쪽으로 많이 분리될 것이며, 프로페인을 주로 액체로 분리하면 이보다 더 높은 끓는점을 가지는 n-뷰테인은 자연히 액체 쪽으로 많이 분리될 것이기 때문입니다.

위의 가정을 적용한 증류탑을 그림과 같이 단순화하여 나타내 봅시다. 각 단(stage)을 단순히 선으로 나타내고, 증류탑의 상부에서부터 1단, 2단, … 으로 하여 총 N단으로 증류탑이 구성되어 있다고 합시다. 최상부의 1단에서 증발한 증기는 전 응축기로 연결되어 냉각, 모두 액화되고, 이 중 일부는 증류물(distillate)로 생산되며 그

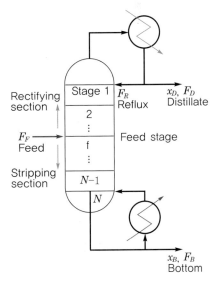

| 그림 6-27 | **증류탑 개념도**

몰유량을 F_D, 이 중 가벼운 기준 성분의 조성(몰분율)을 x_D라 합시다. 앞서의 가정에 따라 이 증류탑은 2성분계를 가정하여 공급되는 물질이 가벼운 기준 성분과 무거운 기준 성분 2가지뿐이므로, 증류물 중 무거운 기준 성분의 조성은 자연히 $1-x_D$가 됩니다. 일부의 액체는 다시 1단으로 공급되어 증류탑의 아래로 떨어지는 액체 흐름을 만들게 되는데 이를 환류물(reflux)이라 합니다. 이때 환류물은 증류물과 같은 성분의 유체이므로, 가벼운 기준 물질의 조성은 x_D로 동일합니다. 가장 마지막의 N단에서 발생한 액체는 일부는 하부 생성물로 생산되며 그 유량을 F_B, 이 중 가벼운 기준 성분의 조성을 x_B라 합시다. 하단의 액체 일부는 재비기로 돌아가서 가열, 증기로 증류탑의 마지막 단으로 되돌려져 증류탑 내의 기체 흐름을 만들게 됩니다. 중간에 공급물(feed)이 들어오는 단을 공급단(feed stage)이라 하며, 공급단을 기준으로 그 상부를 정류부(rectifying section), 그 하부를 탈거부(stripping section)라 부릅니다.

정류부의 물질 수지식(mass balance)을 먼저 다루어 봅시다. 임의의 n단에서 기액상평형이 성립하고 있고, 이때 상평형이 성립되는 기체 중 가벼운 기준 물질 조성을 y_n, 액체 중 가벼운 기준 물질 조성을 x_n이라 합시다. 증발하여 상부단으로 올라가는 기체의 유량을 F_V, 액체로 하부단으로 떨어지는 액체의 유량을 F_L이라 합시다. 정상상태가 유지되기 위해서는 정류부로 유입되는 총 유량과 배출되는 총 유량이 같아야 하므로

$$F_V = F_L + F_D \tag{6.33}$$

| 그림 6-28 | **증류탑 정류부**

그럼 자연히 환류물의 유량은 반드시 F_L이어야 합니다. 가벼운 기준 물질에 대한 조성 물질 수지식 역시 반드시 성립해야 하므로

$$F_V y_{n+1} = F_L x_n + F_D x_D \tag{6.34}$$

새로운 변수로 환류비(reflux ratio)를 다음과 같이 증류물 대비 환류물의 양이 얼마나 되는지로 정의합시다.

$$R_R \equiv \frac{F_L}{F_D}$$

식 (6.34)의 양변을 F_V로 나누면

$$y_{n+1} = \frac{F_L}{F_V} x_n + \frac{F_D}{F_V} x_D$$

식 (6.33)으로부터

$$\frac{F_L}{F_V} = \frac{F_L}{F_L+F_D} = \frac{F_L/F_D}{F_L/F_D+1} = \frac{R_R}{R_R+1}, \quad \frac{F_D}{F_V} = \frac{F_D}{F_L+F_D} = \frac{1}{F_L/F_D+1} = \frac{1}{R_R+1}$$

즉, 식 (6.34)는

$$y_{n+1} = \frac{R_R}{R_R+1}x_n + \frac{1}{R_R+1}x_D$$

만약, 증류물에서 달성해야 하는 목표 순도인 가벼운 물질의 조성 x_D값이 결정되어 있고, R_R값을 일정하게 유지할 수 있다면 이 식은 직선의 방정식이므로, 이를 만족하는 y_{n+1}과 x_n은 다음과 같이 기울기가 $R_R/(R_R+1)$인 직선 위에 존재하게 됩니다. 이 직선을 정류부의 운전선(operating line) 혹은 조작선이라고 부릅니다.

$$y = \left(\frac{R_R}{R_R+1}\right)x + \frac{x_D}{R_R+1}$$

이제 이 증류탑이 운전되는 일정한 압력에서 가벼운 기준 물질과 무거운 기준 물질의 2성분계에 대한 상평형을 xy선도로 나타내고, 그 위에 임의의 $R_R/(R_R+1)$ 기울기를 가지는 정류부 운전선을 그려봅시다.

응축기에서는 조성 y_1인 기체가 들어와서 기체 배출 없이 100% 액화되므로, 액화된 뒤 증류물에서 가벼운 기준 물질의 조성(x_D)은 y_1과 같은 값을 가집니다. 즉 정류부 운전선은 $[x_D, y_1(=x_D)]$을 지나게 됩니다.

1단에서 상평형을 만족하는 가벼운 기준 물질의 액체 중 조성, 기체 중 조성 (x, y)는 xy선도의 상평형 선상 위에 존재하여야 합니다. 즉 상평형 곡선상 y_1값에 대응되는 x값이 1단의 액체 중 상평형 조성 x_1이 됨을 알 수 있습니다. $n=1$일 때 y_2와 x_1은 다음과 같이 다시 운전선 위에 위치해야 하므로

$$y_2 = \frac{R_R}{R_R+1}x_1 + \frac{1}{R_R+1}x_D$$

x_1에 대응되는 운전선 위의 y값에서 y_2를 찾을 수 있습니다. 2단에서 평형상태에 있는 (x, y)는 다시 xy평형선 위에서 찾을 수 있으므로 x_2를 찾을 수 있고 여기서 다시 운전선을 이용 y_3를 찾을 수 있습니다. 이와 같은 방식을 반복하면, 상부의 1, 2, 3, … 단의 평형상태(x, y)값을 모두 찾는 것이 가능해집니다.

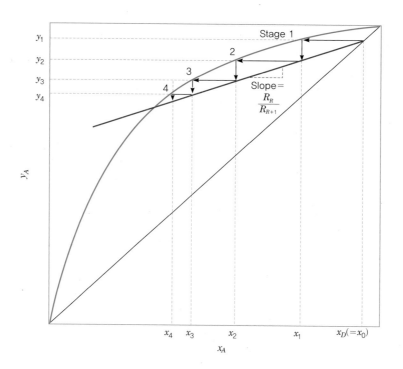

| 그림 6-29 | xy 선도상 정류부의 운전선

같은 방식을 탈거부에도 적용해 봅시다. 임의의 m단에서 증발하여 상부단으로 올라가는 기체의 유량을 $\overline{F_V}$, 액체로 하부단으로 떨어지는 액체의 유량을 $\overline{F_L}$이라 합시다. 정상상태가 유지되기 위해서는 탈거부로 유입되는 총유량과 배출되는 총유량이 같아야 하므로

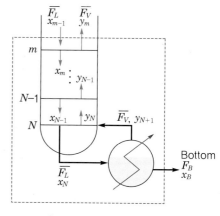

| 그림 6-30 | 증류탑 탈거부

$$\overline{F_L} = \overline{F_V} + F_B \tag{6.35}$$

조성 물질수지 역시 성립해야 하므로

$$\overline{F_L} x_{m-1} = \overline{F_V} y_m + F_B x_B \tag{6.36}$$

하부 생성물의 유량 대비 재비기에서 끓여서 증류탑으로 다시 공급하는 기체의 유량비를 비등비(boil−up ratio) R_B로 정의하고 식 (6.36)을 y에 대해서 다시 정리하면

$$R_B \equiv \frac{\overline{F_V}}{F_B}$$

$$y_m = \frac{\overline{F_L}}{\overline{F_V}} x_{m-1} - \frac{F_B}{\overline{F_V}} x_B$$

$$\frac{\overline{F_L}}{\overline{F_V}} = \frac{\overline{F_V} + F_B}{\overline{F_V}} = \frac{\overline{F_V}/F_B + 1}{\overline{F_V}/F_B} = \frac{R_B + 1}{R_B}, \ \frac{F_B}{\overline{F_V}} = \frac{1}{\overline{F_V}/F_B} = \frac{1}{R_B}$$

$$y_m = \frac{R_B+1}{R_B}x_{m-1} - \frac{1}{R_B}x_B$$

정류부에서와 유사하게, 하부 생성물에서 달성해야 하는 목표 순도인 가벼운 물질의 조성 x_B값이 결정되어 있고, R_B값을 일정하게 유지할 수 있다면 이 식은 직선의 방정식이므로 이를 만족하는 y_m과 x_{m-1}은 기울기가 $(R_B+1)/R_B$인 직선 위에 존재하게 됩니다. 이 직선을 탈거부의 운전선이라고 부릅니다.

$$y = \frac{R_B+1}{R_B}x - \frac{1}{R_B}x_B$$

$x_{m-1} = x_B$인 경우에 $\frac{R_B+1}{R_B}x_B - \frac{1}{R_B}x_B = x_B$이므로 이 운전선은 $(x_B,\ x_B)$를 지납니다. 재비기에서는 액체가 가열되면서 다시 상평형상태의 액체와 기체가 나누어지게 되므로 이를 $N+1$단에 해당하는 추가 단처럼 생각할 수 있습니다. 재비기의 기체와 액체에서 가벼운 기준 물질의 조성 y_B와 x_B는 상평형 곡선 위에 있어야 하며, $m = N+1$일 때

$$y_{N+1} = y_B = \frac{R_B+1}{R_B}x_N - \frac{1}{R_B}x_B$$

즉, 운전선 위에서 y_B값에 대응되는 x값이 x_N이 됩니다. N단에서 평형상태에 있는 $(x,\ y)$는 다시 xy평형선 위에서 찾을 수 있으므로 y_N을 찾을 수 있고, 다시 운전선에서 x_{N-1}을 찾을 수 있으므로 이와 같은 방식을 반복하면, 하부의 $N,\ N-1,\ N-2,\ \cdots$ 단의 평형상태 $(x,\ y)$값을 모두 찾는 것이 가능해집니다.

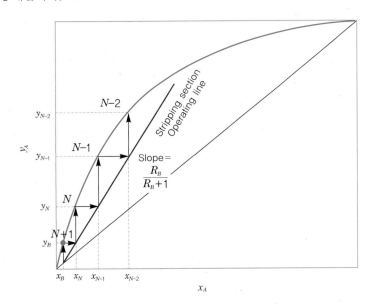

| 그림 6-31 | xy선도상 탈거부의 운전선

이제 정류부와 탈거부가 만나는 공급단(feed stage)의 문제만이 남아 있습니다. 공급단으로 유입되는 유량은 다음과 같으므로 공급단의 물질수지식은

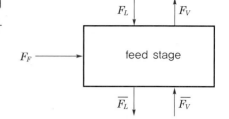

$$F_F + F_L + \overline{F_V} = F_V + \overline{F_L}$$

이 식은 다음과 같이 변형할 수 있습니다.

$$1 + \frac{\overline{F_V} - F_V}{F_F} = \frac{\overline{F_L} - F_L}{F_F}$$

다음과 같은 새 변수 q_f를 정의합시다. 이는 정류부에서 내려온 액체 유량을 제외하고 공급단에서 탈거부로 내려가는 액체 유량이 공급단으로 공급된 유량(F_F) 대비 얼마나 되는지를 나타내는 의미를 가집니다.

$$q_f \equiv \frac{\overline{F_L} - F_L}{F_F} \tag{6.37}$$

이 값의 의미를 이해하기 위하여 공급단에서 발생할 수 있는 유형을 살펴봅시다.

(1) 공급단으로 유입되는 유체가 과냉각액체(subcooled liquid)인 경우, 공급단의 상평형에 도달하기 위해서 이 과냉각액체는 열을 흡수하여 포화상태에 도달해야 합니다. 즉, 탈거부에서 올라오는 증기의 일부가 열을 빼앗기면서 액화됩니다. 따라서 탈거부로 내려가는 액체의 양은 공급 유량과 정류부에서 내려오는 액체의 양보다도 더 증가하게 됩니다. 결국,

$$\overline{F_L} > F_F + F_L \rightarrow \overline{F_L} - F_L > F_F \rightarrow q_f > 1$$

(2) 공급 유체가 포화액체(saturated liquid)인 경우, 이는 그대로 탈거부 액체로 편입됩니다.

$$\overline{F_L} = F_F + F_L \rightarrow \overline{F_L} - F_L = F_F \rightarrow q_f = 1$$

(3) 공급 유체가 이미 포화된 기액 혼합물이라면 이 중 기체는 정류부로, 액체는 탈거부로 움직이게 될 것입니다. 공급 유체 중 액체의 양은 $(1 - x_{vf}) F_F$이므로

$$\overline{F_L} = (1 - x_{vf}) F_F + F_L \rightarrow \frac{\overline{F_L} - F_L}{F_F} = q_f = 1 - x_{vf}$$

증기분율은 0에서 1 사이의 값을 가지므로

$$0 < q_f < 1$$

(4) 공급 유체가 포화기체(saturated vapor)라면 이는 그대로 정류부 기체로 편입됩니다.

$$\overline{F_L} = F_L \rightarrow \overline{F_L} - F_L = 0 \rightarrow q_f = 0$$

(5) 공급 유체가 과열증기(superheated vapor)라면 이는 상평형상태에 도달하기 위해서 열을 방출해야 합니다. 즉, 정류부에서 내려오는 액체 중 일부가 기화하게 됩니다.

$$\overline{F_L}<F_L \rightarrow \overline{F_L}-F_L<0 \rightarrow q_f<0$$

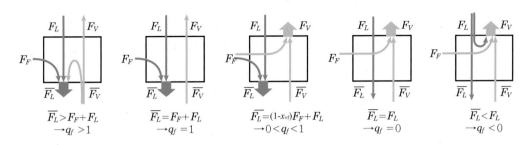

| 그림 6-32 | 공급단에서 발생할 수 있는 상황

한편, 정류부와 탈거부의 운전선은 곧 각 부에서 물질수지를 만족하는 식이었습니다. 정류부와 탈거부가 만나는 공급단에서는 두 부분의 물질수지식이 모두 성립해야 하므로, 공급단의 물질수지를 만족하는 y와 x의 관계를 도시한다면 이 선은 반드시 정류부와 탈거부의 운전선이 만나는 교점을 지나야 할 것입니다.

탈거부의 운전선과 정류부의 운전선을 각각 유량에 대해서 다음과 같이 정리하면

$$y=\frac{R_B+1}{R_B}x-\frac{1}{R_B}x_B \rightarrow y=\frac{\overline{F_L}}{\overline{F_V}}x-\frac{F_B}{\overline{F_V}}x_B \rightarrow \overline{F_V}y=\overline{F_L}x-F_Bx_B$$

$$y=\left(\frac{R_R}{R_R+1}\right)x+\frac{x_D}{R_R+1} \rightarrow y=\frac{F_L}{F_V}x+\frac{F_D}{F_V}x_D \rightarrow F_Vy=F_Lx+F_Dx_D$$

윗식에서 아랫식을 빼면 두 운전선의 교점을 지나는 또다른 식을 만들 수 있습니다.

$$(\overline{F_V}-F_V)y=(\overline{F_L}-F_L)x-F_Bx_B-F_Dx_D \tag{6.38}$$

증류탑 전체의 조성 물질수지식은 다음과 같으므로

$$F_Fz_F=F_Bx_B+F_Dx_D$$

이를 식 (6.38)에 적용하고 양변을 F_F로 나누면

$$\frac{\overline{F_V}-F_V}{F_F}y=\frac{\overline{F_L}-F_L}{F_F}x-z_F$$

식 (6.37)을 적용하면

$$(q_f-1)y=q_fx-z_F$$

$$y=\frac{q_f}{q_f-1}x-\frac{z_F}{q_f-1}$$

이를 공급단의 q선이라고 부르며 정상상태라면 유량이 일정하므로 그 비율인 q_f값도 일정하므

로, 이는 정류부와 탈거부 운전선의 교점과 $(z_F,\ z_F)$를 지나는 직선이 됩니다. 이 q선의 기울기는 $q_f/(q_f-1)$이므로, 앞서 공급단으로 유입되는 공급 유체의 5가지 유형을 기반으로 q선을 도시해 보면 그림 6–33과 같이 나타낼 수 있습니다.

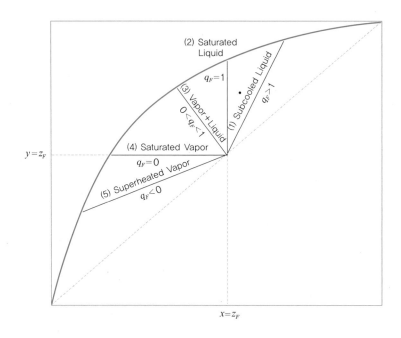

| 그림 6-33 | xy 선도상 q 선

　이를 종합하면, 맥카베–틸레법에 따라 물질수지식을 만족하는 증류탑은 xy선도 위에 정류부의 운전선, 탈거부의 운전선, 공급단의 q선이 임의의 한 점 Ⓟ에서 만나도록 결정하면, 목표 분리 조성 x_D 및 x_B를 만족하기 위해서 얼마나 많은 평형단이 필요한지와 그 평형단에서 기체 중/액체 중 가벼운 기준 물질의 조성을 한눈에 파악할 수 있게 됩니다. 예를 들어 아래와 같은 경우 최소 7단의 평형단이 필요함을 알 수 있습니다.

　점 Ⓟ는 R_R, q_f, R_B, x_D, x_B와 같은 변수들로 인하여 위치가 바뀌게 되는데, 보통 분리공정에서 분리를 원하는 물질의 순도는 달성해야 하는 목표로 변수가 아닌 제약이 되는 것이 일반적이므로 x_D, x_B는 변수라기보다는 고정된 주어진 값을 가질 확률이 높습니다. q_f의 경우 증류탑 내에서 결정하는 변수가 아니라 증류탑으로 공급되는 유체를 어떻게 공급할지 설계자의 선택에 따라서 결정되는 값이므로 설계 변수이기는 하나 증류탑 입장에서는 고정된 값으로 볼 수 있습니다. 그러면 증류탑의 설계 조건을 결정하는 남아 있는 변수는 R_R과 R_B로, 보통 환류비 R_R을 변수로 설계를 진행하는 경우가 많습니다.

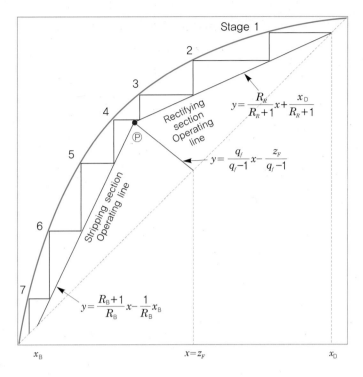

| 그림 6-34 | 운전선을 고려한 증류탑의 평형단

맥카베-틸레법은 도표를 이용한 근사법이지만, 증류탑 설계에 중요한 기본 정보들을 제공합니다. 그중 하나는 최소 평형단수(minimum number of equilibrium stage) 추정입니다. 공급단으로 들어오는 공급 유체의 사양(압력, 온도, 유량, 조성 등)이 결정되어 있다고 하면, 환류비 R_R에 따라 정류부의 운전선이 움직이며, 이 운전선이 q선과 만나는 곳이 점 Ⓟ가 되므로 R_R에 따라 점 Ⓟ가 결정됩니다. 평형단을 그려보면 점 Ⓟ가 $y = x$에 가까워질수록 필요 평형단의 개수는 줄어듭니다. 즉, 조작선의 기울기가 1이 될 때 원하는 물질 분리를 위하여 이론적으로 필요한 최소 평형단 개수를 알 수 있습니다. 단, 이 경우 $R_R = \infty$로 수렴하는 상태가 되는데, 이는 응축기에서 액화시킨 유체를 모두 증류탑으로 회수하여 증류물의 유량이 0인 상태를 의미하므로 증류물 생산을 위해서는 이보다 더 많은 단수를 책정해야 합니다. 보통 최소 평형단 개수의 1.5~2배 정도로 초기 설계를 잡는 것이 일반적입니다.

다른 한 가지 유용한 정보는 필요한 최소 환류비(minimum reflux ratio) 추정입니다. 정류부의 운전선은 R_R값이 작아질수록 기울기가 감소, $y = x$선에서 멀어지게 됩니다. 단, 점 Ⓟ가 평형선 밖에 위치하는 것은 열역학적으로 불가능하므로 결국 q선과 평형선이 만나는 점이 R_R값이 최소인 점이 됩니다. 이때의 기울기로부터 필요한 최소의 환류비 R_R값을 결정할 수 있습니다. 이 경우는 필요한 단수가 무한대로 증가하게 되므로, 실제로는 이보다 높은 환류비가 필요합니다. 보통 최소 환류비의 1.2~1.5 정도의 환류비로 초기 설계를 진행하는 것이 일반적입니다.

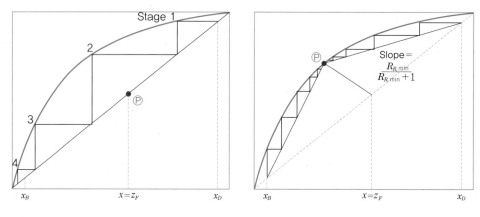

| 그림 6-35 | 최소 평형단수와 최소 환류비

FAQ **6-12** 증류탑 모델에서 R_R과 R_B가 독립적이지 않은 이유가 잘 이해가 되지 않습니다.

독립적일 수도 있습니다. Feed단의 q가 결정되지 않았다면… 맥카베−틸레 방법론은 결국 물질수지식(mass balance)을 그림으로 표현해서 해를 구하는 방법론이었습니다. 2원 1차 연립방정식을 그림으로 풀려고 하면, 2개의 직선이 만나는 점이 연립방정식의 해가 된다는 사실을 아실 거예요.

유사하게, 정류부, 탈거부, 공급단의 물질수지식에서 도출한 3개의 식도 서로 만나는 점이 존재해야 모든 물질수지를 만족하는 해가 존재하게 됩니다. 그런데 생각해 보면, 직선 2개가 결정되면 이 둘이 만나는 점 ⓟ를 나머지 한 직선도 반드시 통과해야만 하므로 3개가 아니라 2개만 결정되어도 됩니다. 예를 들어서, R_R과 R_B가 각각 독립적으로 주어졌다고 하면, 정류부 운전선과 탈거부 운전선이 교차하는 점이 ⓟ가 되므로, q라인도 반드시 이를 지나야 할 것이므로 q가 종속적으로 결정이 될 것입니다. 그렇지 않다면 해가 없는 상황이겠죠.

다만 통상 공급단에 공급되는 유량의 정보는 결정되어 있는 경우가 많으므로(분리하려는 물질이 어떻게 어떤 조건으로 있는지는 알고 분리하는 것이 일반적이므로), 그렇다면 q선이 이미 결정되어 있는 상황이므로 R_R이나 R_B 중 하나만 더 결정되면 점 ⓟ가 결정되게 됩니다.

6.5 　비이상 혼합물의 상평형 기초

퓨가시티(fugacity)

혼합물에서 물질 i의 화학적 퍼텐셜의 차이값은 앞서 식 (6.22)에서 본 것처럼 어떠한 기준점에서부터 현재까지 부분 몰부피를 압력에 대해서 변화한 차이와 같았습니다.

$$d\mu_i = \overline{V}_i dP$$

이상기체라면 $\overline{V}_i = RT/P$이므로 기준 상태($\circ$)에서부터 적분하면

$$\mu_i - \mu_i^\circ = RT\ln\frac{P}{P^\circ}$$

$$= RT\ln\frac{y_iP}{y_iP^\circ}$$

$$= RT\ln\frac{\mathcal{P}_i}{\mathcal{P}_i^\circ} \tag{6.39}$$

이상기체의 경우 분압은

$$\mathcal{P}_i = y_iP$$

그런데, 이 과정은 이 혼합물이 이상기체 혼합물이라는 전제에서 출발했습니다. 그렇다면, 실제 비이상기체의 혼합물을 모사하기 위해서는 어떻게 해야 할까요? 미국의 물리화학자 길버트 루이스(Gilbert N. Lewis, 1875−1946, 화학공부할 때 분자의 공유결합을 설명하는 루이스 전자점 모델을 만든 그분)는 이를 고려하기 위해 새로운 열역학 변수를 도입합니다. 이상기체가 아닌 경우 분압이 전체 압력에서 물질 i의 조성을 단순 곱한 것에서 차이가 발생할 수 있으니, 그 차이가 나는 정도를 계수로 보정해 주자는 생각입니다. 이렇게 열역학적으로 보정된 분압을 퓨가시티(fugacity, f)라 명명하고 이는 일종의 유효 압력(effective pressure)의 개념을 가집니다. 이때 그 보정 계수는 퓨가시티 계수(fugacity coefficient, φ)라고 부릅니다.

$$\widehat{f}_i = \widehat{\varphi}_i y_i P \tag{6.40}$$

$^\wedge$은 대상 계가 혼합물계임을 의미합니다. 즉 f_i는 순물질 i의 퓨가시티를, $\widehat{f}_i$는 혼합물 중 물질 i의 퓨가시티를 의미합니다. 그러면 $\widehat{\varphi}_i$는 혼합물 중 물질 i의 퓨가시티 계수를 의미하게 됩니다. 이 정의에 따르면 이상기체를 대상으로 유도된 식 (6.39)로부터 실제 기체의 화학적 퍼텐셜과 퓨가시티의 관계를 다음과 같이 정의할 수 있게 됩니다.

$$\mu_i - \mu_i^\circ = RT\ln\frac{\widehat{f}_i}{\widehat{f}_i^\circ} \tag{6.41}$$

퓨가시티란 사전적으로 도망치기 쉬운 정도, 이탈 성향(escaping tendency)을 의미하며, 국내에서는 비산도라고 번역하기도 합니다. 이러한 이름을 붙이게 된 것은 물질의 이동 개념을 기반으로 퓨가시티를 만들었기 때문입니다. 예를 들어 두 물질이 인접한 경우 두 물질의 온도가 같다면 열은 이동하지 않습니다. 즉, 두 물질의 열의 이탈 성향이 같다고 말할 수 있습니다. 온도가 달라서 A에서 B로 열이 흐른다면, 이는 A에서의 열 이탈 성향이 B에서의 열 이탈 성향보다 크다고 표현할 수 있습니다. 상평형에서도 마찬가지로 두 상이 인접한 경우 어떠한 성분 i의 이탈 성향이 양 상에서 동일하다면 이 물질은 상변화하지 않을 것이나, 예를 들어 액체에서보다 기체에서 이탈 성향이 더 크다면 이는 기체에서 액체로 움직일 것입니다. 이는 이상 혼합물의 상평형을 설명할 때 분압과 증기압의 관계와 같습니다. 이상 혼합물에서 물질 i의 분압($y_i P$)이 증기압($x_i P$)보다 크면 이 물질은 액화될 것입니다. 즉, 기체에서의 이탈 성향이 액체에서의 이탈 성향보다 컸습니다. 반대로 증기압이 분압보다 크면 이 물질은 기화될 것입니다. 즉, 액체에서의 이탈 성향이 기체에서의 이탈 성향보다 컸습니다. 즉, 퓨가시티는 이상 혼합물이 가지는 분압에 대응되는 실제 혼합물의 보정된 분압 개념에 해당됩니다.

이상기체의 경우 보정될 필요가 없으므로 정의상 퓨가시티 계수는 1이 되며, 결국 이상기체 혼합물에서 물질 i의 퓨가시티는 분압과 동일합니다.

$$\text{Fof an ideal gas: } \widehat{\varphi_i} = 1 \rightarrow \widehat{f}_i^{\text{ig}} = \widehat{\varphi}_i y_i P = y_i P = \mathcal{P}_i$$

실제 기체의 경우 이는 1보다 크거나 작아질 수 있습니다. 퓨가시티 계수가 1보다 크다는 것은 분압이 이상기체보다 더 크게 나타난다는 의미이므로, 이상기체보다 분자 간의 척력이 더 강하게 작용하는 경우로 생각해 볼 수 있습니다. 반대로 퓨가시티 계수가 1보다 작게 나타나게 되는 경우는 분압이 이상기체만큼 나오지 않는다는 의미이므로, 분자 간의 인력이 더 강하게 작용하는 경우로 생각해 볼 수 있습니다.

퓨가시티와 화학적 퍼텐셜

퓨가시티는 일단 정의하고 나면 몇 가지 편리한 특징을 지닙니다. 앞서 혼합물의 기액상평형은 다음과 같이 표현할 수 있다고 보인 바 있습니다.

$$T^v = T^l, \, P^v = P^l, \, \mu_i^v = \mu_i^l$$

기체상의 기준 상태를 v_o, 액체상의 기준 상태를 l_o라고 하고 식 (6.41)을 이용해서 화학적 퍼텐셜과 퓨가시티의 관계를 나타내면

$$\mu_i^v - \mu_i^{vo} = RT \ln \frac{\widehat{f}_i^v}{\widehat{f}_i^{vo}}$$

$$\mu_i^l - \mu_i^{lo} = RT \ln \frac{\widehat{f}_i^l}{\widehat{f}_i^{lo}}$$

상평형에서 기체상과 액체상의 화학적 퍼텐셜은 같아야 하므로

$$\mu_i^v = \mu_i^l$$

$$\mu_i^{vo} + RT \ln \frac{\widehat{f}_i^v}{\widehat{f}_i^{vo}} = \mu_i^{lo} + RT \ln \frac{\widehat{f}_i^l}{\widehat{f}_i^{lo}}$$

$$\mu_i^{vo} - \mu_i^{lo} = RT \ln \frac{\widehat{f}_i^l \widehat{f}_i^{vo}}{\widehat{f}_i^v \widehat{f}_i^{lo}} \tag{6.42}$$

그런데 식 (6.41)의 퓨가시티의 정의상, v_o와 l_o의 화학적 퍼텐셜 차이는 다음과 같이 나타낼 수 있습니다.

$$\mu_i^{vo} - \mu_i^{lo} = RT \ln \frac{\widehat{f}_i^{vo}}{\widehat{f}_i^{lo}}$$

이를 식 (6.42)에 적용해 보면

$$RT \ln \frac{\widehat{f}_i^{vo}}{\widehat{f}_i^{lo}} = RT \ln \frac{\widehat{f}_i^l \widehat{f}_i^{vo}}{\widehat{f}_i^v \widehat{f}_i^{lo}}$$

$$RT \ln \frac{\widehat{f}_i^l}{\widehat{f}_i^v} = 0$$

$$\widehat{f}_i^v = \widehat{f}_i^l$$

즉, 기체상과 액체상의 화학적 퍼텐셜이 같은 경우, 기체상과 액체상의 퓨가시티 또한 같아집니다. 이는 다시 말해 상평형의 조건을 다음과 같이 화학적 퍼텐셜 대신 퓨가시티가 같음으로 나타내도 무방함을 의미합니다.

$$T^v = T^l, P^v = P^l, \widehat{f}_i^v = \widehat{f}_i^l$$

이쯤되면, 그냥 화학적 퍼텐셜을 사용하면 되지 왜 굳이 이렇게 힘들게 퓨가시티를 정의해서 사용하는지 의문이 들 수 있습니다. 퓨가시티가 도입된 이유는 다양한데, 대표적인 이유를 꼽자면 첫째, 직관적으로 이해하고 사용하기가 편리하며(말도 안 된다고 생각할지도 모르겠지만), 둘째 수학적으로 계산하기가 용이합니다. 이 책의 초반부에서 화학적 퍼텐셜의 개념 없이 포화압만으로 상평형을 설명했던 것처럼, 화학적 퍼텐셜이나 부분 몰깁스 에너지와 같은 그게 무엇인지 명확하게 몰랐던 개념보다 "이상기체라면 분압으로 나타낼 수 있는데 실제 기체는 분압과 다른 값을 가지기 때문에 보정된 분압의 개념(=퓨가시티)"이 상평형을 이해하기 쉬운 편입니다. 두 번째, 이

것이 더 치명적인데, 화학적 퍼텐셜은 계산 알고리즘에 넣어서 돌리려면 불편한 부분이 생깁니다. 식 (6.39)를 보면 이상기체의 화학적 퍼텐셜은 로그 계산을 해야 하는데, 분모에 기준점에서의 분압이 들어갑니다. 이는 다시 말해, 기준점에서 분압이 0에 가까운 낮은 값을 가지는 경우 화학적 퍼텐셜값이 음의 무한대의 값을 가지게 된다는 의미가 됩니다. 이는 특정 물질의 조성이 0에 가깝거나 압력이 0에 가까운 연산을 하고자 할 때 많은 불편을 야기합니다.

기체 순물질의 퓨가시티

정의를 살펴보았으니 이번에는 특정 온도, 압력에서 어떤 기체 순물질의 퓨가시티를 실제로 어떻게 계산이 가능한지 알아봅시다. 만약 대상 계가 순물질 i로 구성된 계라면 식 (6.40), (6.41)은 다음과 같이 나타낼 수 있습니다.

$$f_i = \varphi_i P \tag{6.43}$$

$$\mu_i - \mu_i^o = RT \ln \frac{f_i}{f_i^o} \tag{6.44}$$

대상 물질이 어떤 물질인지 알면 i를 지워도 무방합니다.

$$f = \varphi P$$

$$\mu^v - \mu^o = RT \ln \frac{f}{f^o}$$

기준 상태를 어떻게 잡는 것이 좋은지가 중요합니다. 기체의 경우, 열역학에서 사랑하는 완벽한 기준 상태가 존재합니다. 이상기체죠. 기준 상태의 압력 P^o를 대상 기체가 이상기체처럼 행동할 수 있는 0에 가까운 충분히 낮은 압력이라고 잡아 봅시다. 기준 상태의 온도는 계와 동일하게 잡아서 온도가 일정한 상태에서 연산이 가능하도록 합시다. 이상기체 가정이 성립할 때 퓨가시티 계수는 1이므로 $\varphi^o = 1$입니다. 즉 충분한 저압의 기준 상태에서 퓨가시티는 곧 압력과 동일합니다.

$$f^o = \varphi^o P^o = P^o$$

순물질의 경우 화학적 퍼텐셜은 곧 몰깁스 에너지와 동일했습니다. 따라서 식 (6.44)는

$$\mu - \mu^o = g - g^o = RT \ln \frac{f}{f^o} = RT \ln \frac{f}{P^o} \tag{6.45}$$

열역학 기본 물성관계식 (5.7)에서 온도가 일정하면

$$dg = -sdT + vdP = vdP$$

$$\int_{g^o}^{g} dg = g - g^o = \int_{P^o}^{P} vdP$$

식 (6.45)와 합쳐 보면, 몰깁스 에너지 차를 매개로 퓨가시티에 대한 연산식을 유도할 수 있습

니다.

$$RT\ln\frac{f}{f^o} = g - g^o = \int_{P^o}^{P} v\,dP \tag{6.46}$$

$$\ln f = \ln P^o + \frac{1}{RT}\int_{P^o}^{P} v\,dP$$

양변에서 $\ln P$를 빼면 퓨가시티 계수에 대한 연산식으로 만들 수 있습니다.

$$\ln f - \ln P = \ln\frac{f}{P} = \ln\varphi = \ln\frac{P^o}{P} + \frac{1}{RT}\int_{P^o}^{P} v\,dP \tag{6.47}$$

혹은 $\ln(P^o/P) = \int_{P^o}^{P} -1/P\,dP$이므로

$$\ln\varphi = \int_{P^o}^{P}\left(\frac{v}{RT} - \frac{1}{P}\right)dP$$

이제 v를 P에 대해서 적분할 수 있으면 퓨가시티 계수 혹은 퓨가시티를 구할 수 있습니다. 예를 들어서, 반데르발스 상태방정식을 이용해서 퓨가시티를 구한다고 생각해 봅시다.

$$P = \frac{RT}{v-b} - \frac{a}{v^2}$$

식 (6.47)을 적용하기 위해서 식을 변형해 봅시다. 온도가 일정할 때

$$dP = \left[-\frac{RT}{(v-b)^2} + \frac{2a}{v^3}\right]dv$$

$$\int_{P^o}^{P} v\,dP = \int_{v^\infty}^{v}\left[-\frac{vRT}{(v-b)^2} + \frac{2a}{v^2}\right]dv = RT\int_{v^\infty}^{v}\left[-\frac{1}{v-b} - \frac{b}{(v-b)^2} + \frac{2a}{RTv^2}\right]dv$$

$$= RT\left[-\ln(v-b) + \frac{b}{v-b} - \frac{2a}{RTv}\right]_{v^\infty}^{v}$$

$$= RT\left[-\ln\frac{v-b}{v^\infty-b} + \frac{b}{v-b} - \frac{b}{v^\infty-b} - \left(\frac{2a}{RTv} - \frac{2a}{RTv^\infty}\right)\right]$$

기준점에서의 압력 P^o가 이상기체 방정식이 성립하는 충분히 낮은 압력이라면, 이때의 v^∞는 충분히 큰 값일 터이므로

$$\int_{P^o}^{P} v\,dP = RT\left[-\ln\frac{v-b}{v^\infty-b} + \frac{b}{v-b} - \frac{2a}{RTv}\right]$$

식 (6.47)에 적용해 보면

$$\ln\varphi = \ln\frac{P^o}{P} + \frac{1}{RT}\int_{P^o}^{P} v\,dP = \ln\frac{P^o}{P} - \ln\frac{v-b}{v^\infty-b} + \frac{b}{v-b} - \frac{2a}{RTv}$$

$$= \ln\frac{P^o(v^\infty-b)}{P(v-b)} + \frac{b}{v-b} - \frac{2a}{RTv}$$

$$\ln\varphi = \ln\frac{RT}{P(v-b)} + \frac{b}{v-b} - \frac{2a}{RTv} \tag{6.48}$$

혹은

$$\ln f = \ln \varphi P = \ln \varphi + \ln P = \ln \frac{RT}{P(v-b)} + \frac{b}{v-b} - \frac{2a}{RTv} + \ln P = \ln \frac{RT}{v-b} + \frac{b}{v-b} - \frac{2a}{RTv}$$

퓨가시티 계수 역시 Z에 대한 식으로 변환이 가능합니다.

$$\ln \varphi = \ln \frac{RT(v)}{P(v)(v-b)} + \frac{b}{v-b} - \frac{2a}{RTv} = \ln \frac{v}{Z(v-b)} + \frac{b}{v-b} - \frac{2a}{RTv}$$

$$= \ln \frac{v}{v-b} - \ln Z + \frac{b}{v-b} - \frac{2a}{RTv}$$

$A = aP/(RT)^2$, $B = bP/RT$였으므로 분모분자에 P/RT를 곱해 주면

$$\ln \varphi = \ln \frac{Z}{Z-B} - \ln Z + \frac{B}{Z-B} - \frac{2aP}{(RT)^2} \frac{RT}{Pv} = \frac{B}{Z-B} - \frac{2A}{Z} - \ln(Z-B) \tag{6.49}$$

혹은 반데르발스 방정식에서

$$P = \frac{RT}{v-b} - \frac{a}{v^2}$$

$$\rightarrow \frac{Pv}{RT} = Z = \frac{v}{v-b} - \frac{a}{RTv} = \frac{Z}{Z-B} - \frac{A}{Z} = \frac{Z-B}{Z-B} + \frac{B}{Z-B} - \frac{A}{Z} = 1 + \frac{B}{Z-B} - \frac{A}{Z}$$

$$\rightarrow Z - 1 = \frac{B}{Z-B} - \frac{A}{Z}$$

이를 이용하면 식 (6.49)는

$$\ln \varphi = Z - 1 - \frac{A}{Z} - \ln(Z-B)$$

어떤 식을 사용하여도 계산 결과는 동일합니다. 이러한 식들은 엔탈피에 관한 계산식을 유도했던 것과 마찬가지로, 결국 쉽게 다룰 수 있는 P, v, T만 가지고 퓨가시티를 연산 가능하도록 변형한 것입니다.

다른 3차 상태방정식도 동일한 방식으로 유도가 가능합니다. PR EOS의 경우 같은 방식으로 순물질의 퓨가시티 계수는 다음과 같이 유도할 수 있습니다.

$$\ln \varphi = Z - 1 - \ln\left(\frac{P(v-b)}{RT}\right) + \frac{a}{2^{1.5}bRT} \ln \frac{v-(\sqrt{2}-1)b}{v+(\sqrt{2}+1)b}$$

혹은

$$\ln \varphi = Z - 1 - \ln(Z-B) + \frac{A}{2^{1.5}B} \ln \frac{Z-(\sqrt{2}-1)B}{Z+(\sqrt{2}+1)B}$$

$$A = aP/(RT)^2, \ B = bP/RT$$

Ex 6-6 퓨가시티 기반 프로판의 포화증기압 연산

vdW EOS 기반 퓨가시티로부터 50℃에서 프로페인의 포화증기압을 구하라.

순물질의 포화증기압은 액체와 기체의 화학적 퍼텐셜이 같아지는 점이었으며, 앞서 보인 것처럼 이는 곧 퓨가시티가 같은 점이라고도 말할 수 있습니다.

$$f^v = f^l$$

같은 압력에서 이는 곧 퓨가시티 계수가 같아지는 점이 됩니다.

$$f^v = \varphi^v P = f^l = \varphi^l P$$

$$\varphi^v = \varphi^l$$

액체의 퓨가시티에 대해서 아직 다루지 않았으나, 일단 기체와 똑같이 계산이 가능하다고 생각해 봅시다. 즉 주어진 온도 $T = 323.15\,\text{K}$에서 임의의 압력 P에 대하여 기체와 액체의 부피 v^v, v^l을 구하고, 기체와 액체의 부피를 식 (6.48)에 넣어서 액체의 퓨가시티도 동일하게 계산해 봅시다.

$$\ln \varphi^v = \ln \frac{RT}{P(v^v - b)} + \frac{b}{v^v - b} - \frac{2a}{RTv^v}$$

$$\ln \varphi^l = \ln \frac{RT}{P(v^l - b)} + \frac{b}{v^l - b} - \frac{2a}{RTv^l}$$

식 (6.48)의 퓨가시티 계수는 P, v, T의 함수이나 T가 고정되면 P값에 따라 상태방정식으로부터 v도 결정되므로 퓨가시티 계수는 곧 P의 함수가 됩니다. 즉 주어진 온도 $T = 323.15\,\text{K}$에서 임의의 압력 P에 대하여 기체와 액체의 부피 v^v, v^l을 구하고, 여기서부터 기체와 액체의 퓨가시티 계수 φ^v, φ^l 연산을 수행한 뒤 이 값이 같아지는 P를 찾으면 됩니다. 이는 앞서 다룬 뉴턴-랩슨법이나 할선법 등을 사용하여(다른 수치해석법도 무관) 손쉽게 계산이 가능합니다.

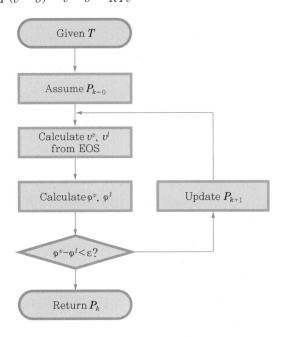

$P_0 = 20\,\mathrm{bar}$, $P_1 = 25\,\mathrm{bar}$를 가정하고 할선법을 적용해 보면

$$f(P) = \varphi^v - \varphi^l$$

$$= \exp\left[\ln\frac{RT}{P(v^v-b)} + \frac{b}{v^v-b} - \frac{2a}{RTv^v}\right] - \exp\left[\ln\frac{RT}{P(v^l-b)} + \frac{b}{v^l-b} - \frac{2a}{RTv^l}\right]$$

$$P_{k+1} = P_k - \frac{f(P_k)(P_k - P_{k-1})}{f(P_k) - f(P_{k-1})}$$

k	$P\,[\mathrm{bar}]$	$P\,[\mathrm{Pa}]$	v^v	v^l	φ^v	φ^l	$f(P) = \varphi^v - \varphi^l$
0	20	2000000	0.001012	0.00016	0.8068	0.9025	-0.0957
1	25	2500000	0.000696	0.00016	0.7556	0.7435	0.0122
2	24.44	2443605	0.000729	0.00016	0.7616	0.7581	0.0035
3	24.21	2421274	0.000741	0.00016	0.7639	0.7641	-0.0002
4	24.23	2422542	0.000741	0.00016	0.7638	0.7638	0.0000

즉, 퓨가시티가 같아지는 포화증기압은 24.2 bar가 됩니다. 이는 Ex 6−1에서 구했던 결과와 동일합니다. 즉, 동일한 EOS를 사용하면 화학적 퍼텐셜로부터 접근하는 상평형이나 퓨가시티로부터 접근하는 상평형이나 결국은 동일하다는 것을 확인할 수 있습니다.

단, 연산 결과 얻어진 24.2 bar는 vdW EOS의 오차로 인하여 실제 프로페인의 50℃에서의 포화증기압과는 상당한 차이가 있는 값으로 실제로 사용하기에 부적합한 수치였다는 것은 잊지 말아주세요.

기체 혼합물의 퓨가시티

식 (6.40)에서

$$\widehat{f}_i = \widehat{\varphi}_i y_i P$$

마찬가지로, 기준 상태를 이상기체 가정이 성립하는 충분히 낮은 압력 상태 P^o로 잡고 기준 상태의 온도와 물질 i의 몰수는 현재 계와 동일하게 잡도록 합시다. 이상기체 가정이 성립할 때 퓨가시티 계수는 1이므로 $\widehat{\varphi}_i^{\,o} = 1$입니다. 즉, 이상기체가 성립하는 기준 상태에서 기체 혼합물 중 물질 i의 퓨가시티는 물질 i의 분압과 동일합니다.

$$\widehat{f}_i^{\,o} = \widehat{\varphi}_i^{\,o} y_i P^o = y_i P^o (= \mathcal{P}_i^o)$$

식 (6.41)에서

$$\mu_i - \mu_i^o = RT \ln \frac{\widehat{f}_i}{\widehat{f}_i^o} = RT \ln \frac{\widehat{f}_i}{y_i P^o}$$

식 (6.22)에서 다룬 것처럼 혼합물의 화학적 퍼텐셜 변화량은 곧 부분 몰깁스 에너지의 변화량과 같으며, 이는 부분 몰부피를 압력에 대해 적분한 것과 같았습니다.

$$\int d\mu_i = \int d\overline{G}_i = \int \overline{V}_i dP$$

이 두 식을 결합하면

$$\int_{\mu_i^o}^{\mu_i} d\mu_i = \mu_i - \mu_i^o = RT \ln \frac{\widehat{f}_i}{y_i P^o} = \int_{P^o}^{P} \overline{V}_i dP \tag{6.50}$$

양변을 RT로 나누고 $\ln(P^o/P)$를 더하면

$$\ln \frac{\widehat{f}_i}{y_i P} = \ln \widehat{\varphi}_i = \ln \frac{P^o}{P} + \frac{1}{RT} \int_{P^o}^{P} \overline{V}_i dP$$

즉, 물질 i의 부분 몰부피를 압력에 대해 적분하여 퓨가시티를 구하는 것이 가능해집니다. 3차 상태방정식을 사용하는 경우 부분 몰부피를 압력에 대해 적분하는 것이 불편하므로 이를 좀 변형해 봅시다.

부분 몰부피의 정의상 삼중곱 규칙(FAQ 5–4)을 이용하면

$$\left(\frac{\partial V}{\partial n_i} \right)_{T,P} \left(\frac{\partial P}{\partial V} \right)_{T,\mathrm{n}_i} \left(\frac{\partial n_i}{\partial P} \right)_{T,V} = -1$$

온도(T)와 몰(n_i)이 일정한 상황이라면 $\left(\frac{\partial P}{\partial V} \right)_{T,\mathrm{n}_i}$ 는 상미분 함수와 동일하게 되므로 역수 정리 (FAQ 5–4)에 따라

$$\left(\frac{\partial V}{\partial n_i} \right)_{T,P} dP = -\left(\frac{\partial P}{\partial n_i} \right)_{T,V} dV$$

좌변은 곧 부분 몰부피의 정의이므로 식 (6.50)은

$$RT \ln \frac{\widehat{f}_i}{y_i P^o} = -\int_{V^\infty}^{V} \left(\frac{\partial P}{\partial n_i} \right)_{T,V} dV$$

양변을 RT로 나누고 $\ln(P^o/P)$를 더하면

$$\ln\frac{\widehat{f}_i}{y_iP} = \ln\widehat{\varphi}_i = \ln\frac{P^o}{P} - \frac{1}{RT}\int_{V^\infty}^{V}\left(\frac{\partial P}{\partial n_i}\right)_{T,V}dV \tag{6.51}$$

예를 들어서, 반데르발스 상태방정식을 이용해서 혼합물 중 물질 i의 퓨가시티 계수를 구한다고 생각해 봅시다.

$$P = \frac{RT}{v-b} - \frac{a}{v^2} = \frac{nRT}{V-nb} - \frac{n^2a}{V^2}$$

$$n = \sum_i n_i$$

$$a = \sum_i\sum_j y_iy_ja_{ij} = \sum_i\sum_j y_iy_j\sqrt{a_ia_j},\ b = \sum_i y_ib_i$$

$$n^2a = n^2\sum_i\sum_j\frac{n_i}{n}\frac{n_j}{n}\sqrt{a_ia_j} = \sum_i\sum_j n_in_j\sqrt{a_ia_j}$$

$$nb = n\sum_i\frac{n_i}{n}b_i = \sum_i n_ib_i$$

$$\left(\frac{\partial P}{\partial n_i}\right)_{T,V} = \frac{\partial}{\partial n_i}\left(\frac{nRT}{V-nb} - \frac{n^2a}{V^2}\right) = \frac{\partial}{\partial n_i}\left(\frac{nRT}{V-nb}\right) - \frac{\partial}{\partial n_i}\left(\frac{n^2a}{V^2}\right)$$

$$\frac{\partial}{\partial n_i}\left(\frac{nRT}{V-nb}\right) = \frac{\partial}{\partial n_i}\left[\frac{(n_1+n_2+\cdots n_i+\cdots+n_m)RT}{V-(n_1b_1+n_2b_2+\cdots n_ib_i+\cdots+n_mb_m)}\right]$$

$$= \frac{RT}{V-nb} - \frac{nRT}{(V-nb)^2}(-b_i)$$

$$\frac{\partial}{\partial n_i}\left(\frac{n^2a}{V^2}\right) = \frac{1}{V^2}\frac{\partial}{\partial n_i}\begin{pmatrix} n_1n_1\sqrt{a_1a_1} + n_1n_2\sqrt{a_1a_2} + \cdots + n_1n_i\sqrt{a_1a_i} + \cdots + n_1n_m\sqrt{a_1a_m} \\ +n_2n_1\sqrt{a_2a_1} + n_2n_2\sqrt{a_2a_2} + \cdots + n_2n_i\sqrt{a_2a_i} + \cdots + n_2n_m\sqrt{a_2a_m} \\ \cdots \\ +n_in_1\sqrt{a_ia_1} + n_in_2\sqrt{a_ia_2} + \cdots + n_in_i\sqrt{a_ia_i} + \cdots + n_in_m\sqrt{a_ia_m} \\ \cdots \\ +n_mn_1\sqrt{a_ma_1} + n_mn_2\sqrt{a_ma_2} + \cdots + n_mn_i\sqrt{a_ma_i} + \cdots + n_mn_m\sqrt{a_ma_m} \end{pmatrix}$$

$$= \frac{1}{V^2}(2n_1\sqrt{a_1a_i} + 2n_2\sqrt{a_2a_i} + \cdots + 2n_i\sqrt{a_ia_i} + \cdots + 2n_m\sqrt{a_ma_i}) = \frac{2\sqrt{a_i}}{V^2}\sum_j n_j\sqrt{a_j}$$

$$\int_{V^\infty}^{V}\left(\frac{\partial P}{\partial n_i}\right)_{T,V}dV = \int_{V^\infty}^{V}\left[\frac{RT}{V-nb} + \frac{nb_iRT}{(V-nb)^2} - \frac{2\sqrt{a_i}}{V^2}\sum_j n_j\sqrt{a_j}\right]dV$$

$$= \left[RT\ln(V-nb) - \frac{nb_iRT}{V-nb} + \frac{2\sqrt{a_i}}{V}\sum_j n_j\sqrt{a_j}\right]_{V^\infty}^{V}$$

$$= RT\ln\frac{V-nb}{V^\infty-nb} - \frac{nb_iRT}{V-nb} + \frac{2\sqrt{a_i}}{V}\sum n_j\sqrt{a_j} = RT\ln\frac{v-b}{v^\infty-b} - \frac{b_iRT}{v-b} + \frac{2\sqrt{a_i}}{v}\sum y_j\sqrt{a_j}$$

$$\ln\widehat{\varphi}_i = \ln\frac{P^o}{P} - \frac{1}{RT}\int_{V^\infty}^{V}\left(\frac{\partial P}{\partial n_i}\right)_{T,V}dV = \ln\frac{P^o}{P} - \ln\frac{v-b}{v^\infty-b} + \frac{b_i}{v-b} - \frac{2\sqrt{a_i}}{vRT}\sum y_j\sqrt{a_j}$$

$$= \ln \frac{P^o(v^\infty - b)}{P(v-b)} + \frac{b_i RT}{v-b} - \frac{2\sqrt{a_i}}{vRT} \sum y_j \sqrt{a_j} = \ln \frac{RT}{P(v-b)} + \frac{b_i}{v-b} - \frac{2\sqrt{a_i}}{vRT} \sum y_j \sqrt{a_j}$$

이는 결국 P, v, T로부터 퓨가시티가 연산 가능한 식에 불과합니다. 같은 방식으로 PR EOS의 경우 혼합물 중 물질 i의 퓨가시티 계수는 다음과 같이 유도됩니다.

$$\ln \widehat{\varphi}_i = \frac{b_i}{b}(Z-1) - \ln\left(\frac{P(v-b)}{RT}\right) + \frac{a}{2^{1.5}bRT}\left[\frac{b_i}{b} - \frac{2\sqrt{a_i}}{a}\sum y_j \sqrt{a_j}\right]\ln \frac{v+(\sqrt{2}+1)b}{v-(\sqrt{2}-1)b}$$

상태방정식 기반 액체의 퓨가시티

같은 논리로 액체 혼합물의 퓨가시티를 연산하는 것도 가능합니다.

$$\widehat{f}_i^l = \widehat{\varphi}_i^l x_i P$$

$$\ln \frac{\widehat{f}_i^l}{y_i P} = \ln \widehat{\varphi}_i^l = \ln \frac{P^o}{P} + \frac{1}{RT}\int_{P^o}^P \overline{V}_i dP = \ln \frac{P^o}{P} - \frac{1}{RT}\int_{V^\infty}^{V^l}\left(\frac{\partial P}{\partial n_i}\right)_{T,V} dV$$

그러나 이 경우 식을 적용할 수 있는 한계점이 기체에 비해서 커집니다. 이는 위 식을 유도하기 위해서 사용하였던 가정들이 액체 혼합물을 대상 계로 하면서 유효성에 문제가 생기기 때문입니다. 첫째, Ex 6-6에서 본 것처럼, 위 식을 통하여 연산한 퓨가시티의 정확도는 액체의 부피 정확도와 밀접한 관련이 있습니다. 즉, 액체의 부피 정확도가 떨어지는 상태방정식을 적용하는 경우 퓨가시티의 정확도 역시 떨어집니다. vdW EOS가 아니라 정확도가 개선된 PR EOS와 같은 상태 방정식을 써서 어느 정도 보완이 가능하나, 이 경우도 액체의 부피는 오차가 상대적으로 크며 혼합물이 되면 문제가 더 커집니다. 이는 액체 혼합물이 근본적으로 기체 혼합물에 비하여 강한 분자 간 상호작용(interaction)을 가져서 앞서 상태방정식에 적용했던 반데르발스 혼합규칙(mixing rule)으로는 맞추기 어려운 특성들을 가지기 때문입니다. 둘째, 기준 상태에도 문제가 있습니다. 위 식에서 가정한 기준 상태는, 이상기체가 성립할 정도의 저압이며 적분식은 그러한 기준 상태에서부터 현재 시스템의 상태까지 적분을 포함하고 있습니다. 그러나 이상기체가 성립할 정도의 저압은, 액체는 존재할 수 없는 영역이기 때문에 이러한 연산은 문제가 있습니다. 셋째, 위 식에서 퓨가시티는 물질 i의 물성치에 지배적으로 결정됩니다. 즉 혼합물에서 어떤 물질 j와 섞였는지는 상대적으로 큰 영향을 미치지 못합니다. 이는 분자 간 상호작용이 상대적으로 약한 기체에서는 크게 문제가 되지 않으나, 훨씬 강력한 분자 간 상호작용이 존재하는 액체(예를 들면 극성 물질들이 섞인 액체)에서는 경우에 따라 대상 물질 i가 어떤 물질 j와 섞였는지에 따라 물성치가 크게 변화화는 특성이 나타날 수 있습니다.

결과적으로 이러한 상태방정식 기반 퓨가시티는 무극성 탄화수소와 같이 상대적으로 단순한 물질들에만 사용이 가능한 정도의 정확도를 보이며, 액체, 특히 극성 분자를 포함한 액체에서는 유효하다고 보기 어렵습니다. 이러한 요인은 이후 언급할 활동도 계수(activity coefficient) 기반 모델들이 탄생한 이유가 됩니다.

이상용액의 퓨가시티

그럼 액체의 경우 어떻게 접근하는 것이 편리할지 알아봅시다. 6.3절에서 이상용액(ideal solution)을 짧게 다룬 바가 있습니다. 액체가 될 수 있는 분자 간 상호작용은 존재하지만, 물성치 자체는 이상기체 혼합물 연산법이 성립한다고 가정한 이상적인 액체 혼합물 말입니다. 이때 이상용액에서 물질 i의 화학적 퍼텐셜은 식 (6.26)과 같이 나타낼 수 있다는 것을 확인한 바 있습니다.

$$\mu_i^{\mathrm{id}} - \mu_i^o = RT \ln x_i$$

즉, 온도가 일정하고 기준 상태의 화학적 퍼텐셜($\mu_i^o = \mu_i^*$, 순물질 i가 상평형이 성립할 때의 화학적 퍼텐셜)을 안다면 이상용액의 화학적 퍼텐셜은 오로지 i의 몰분율 x_i만으로 결정이 가능했습니다. 몰분율 x_i는 용액에서 물질 i의 농도에 대응되는 값입니다. 즉, 이상용액의 퍼텐셜은 물질 i의 농도(몰분율)에만 영향을 받게 됩니다.

퓨가시티의 정의 식 (6.41)에서

$$\mu_i^{\mathrm{id}} - \mu_i^o = RT \ln \frac{\widehat{f}_i^{\mathrm{id}}}{\widehat{f}_i^o}$$

여기서 기준 상태를 물질 i의 순물질 상태로 잡는다면

$$\widehat{f}_i^o = f_i = \varphi_i P$$

$$\mu_i^{\mathrm{id}} - \mu_i^o = RT \ln \frac{\widehat{f}_i^{\mathrm{id}}}{\widehat{f}_i^o} = RT \ln \frac{\widehat{f}_i^{\mathrm{id}}}{f_i}$$

즉, 이상용액은 다음의 관계가 성립하는 상태라는 것을 알 수 있습니다.

$$RT \ln \frac{\widehat{f}_i^{\mathrm{id}}}{f_i} = \mu_i^{\mathrm{id}} - \mu_i^o = RT \ln x_i$$

$$\widehat{f}_i^{\mathrm{id}} = x_i f_i \tag{6.52}$$

즉, 이상용액은 물질 i의 퓨가시티가 순물질 i의 퓨가시티 조성에만 비례하는 상태라는 것을 의미합니다. 이러한 관계를 루이스/랜달 규칙(Lewis/Randall rule) 혹은 루이스/랜달 기준 상태라고 부릅니다.

나아가 식 $\widehat{f}_i = \widehat{\varphi}_i x_i P$, $f_i = \varphi_i P$이므로 이상용액에서는

$$\widehat{f}_i^{\,\text{id}} = \widehat{\varphi}_i x_i P = x_i f_i = x_i \varphi_i P \rightarrow \widehat{\varphi}_i = \varphi_i$$

즉, 다르게 표현하면 루이스/랜달 규칙을 따르는 이상용액은 혼합물 중 물질 i의 퓨가시티 계수가 순물질 i의 퓨가시티 계수와 동일한 상태라고도 해석할 수 있습니다. 분자적 시점에서 보면 이는 물질 i가 어떤 다른 물질과 섞였는지는 상관 없이 물질 i의 분자 간 $i-i$ 상호작용($i-i$ interaction)만이 지배적으로 존재한다는 의미가 됩니다. 즉, 이상용액이란 다시 말하면 비슷한 분자 간의 상호작용($i-i$ 상호작용)이 지배적인 용액이라고도 말할 수 있습니다. 예를 들면 어떤 용액에서 물질 i가 용매(solvent)로 대다수를 차지하고 용질(solute)은 소량만 존재하는 경우, 즉 x_i가 1에 근접하는 경우 이러한 루이스/랜달 규칙이 잘 맞아들어 가게 됩니다.

그런데 그러면, 마찬가지로 일정한 상호작용이 지배적으로 존재하는 이상용액이지만 반대의 상황도 생각해 볼 수 있습니다. 어떤 용액에서 물질 i가 용질이고 대부분 용매인 j만 존재하는, 즉 x_i가 0에 근접하는 희석 용액(dilute solution) 상황이라면? 이 경우는 지배적으로 존재하는 상호작용이 물질 i의 분자와 물질 j의 분자 간의 상호작용이 될 것입니다. 즉, 서로 성질이 다른 물질 간의 $i-j$ 상호작용이 지배적인 상황이 됩니다. 이 $i-j$ 상호작용이 $i-i$ 상호작용과 동일하다면 위의 루이스/랜달 규칙이 여전히 잘 유지될 것이나, 불행하게도 액체 혼합물에서는 물질 j가 어떤 물질인지에 따라서 $i-j$ 상호작용이 $i-i$ 상호작용과 상당한 차이를 보일 수 있습니다.

이러한 경우, 서로 다른 $i-j$ 상호작용이 주가 되는 경우의 퓨가시티를 측정하여 또다른 기준 상태를 만들 수 있습니다. 기준 상태가 물질 i의 순물질에 근접한 상태($x_i \rightarrow 1$)가 아닌 물질 i가 극소량만 존재($x_i \rightarrow 0$)하여 $i-j$ 상호작용이 지배적인 상태로 그 때의 퓨가시티가 $\mathcal{H}_i$라면

$$\widehat{f}_i^{\,o} = \mathcal{H}_i$$

$$RT \ln \frac{\widehat{f}_i^{\,\text{id}}}{\mathcal{H}_i} = \mu_i - \mu_i^o = RT \ln x_i$$

$$\widehat{f}_i^{\,\text{id}} = x_i \mathcal{H}_i$$

이러한 가정을 헨리의 법칙(Henry's law)이라 부르며 $\mathcal{H}_i$를 헨리상수라고 합니다.

정리하면, 액체는 분자 간의 상호작용을 무시할 수 없으므로 이상용액은 균일한 분자 간 상호작용을 가지는 상태로 볼 수 있습니다. 이마저도 그 균일한 상호작용이 서로 비슷한 물질 간의 상호작용($i-i$ 상호작용)이 지배적인 경우와, 서로 매우 다른 물질 간의 상호작용($i-j$ 상호작용)이 지배적인 경우의 두 종류로 나누어 생각할 수 있습니다. 전자를 만족할 때 루이스/랜달 규칙을 따른다고 하며, 후자를 만족할 때 헨리의 법칙을 따른다고 표현합니다. 그럼 실제 액체 혼합물의 퓨가시티는 이 두 관계 사이에서 움직일 것으로 생각할 수 있습니다.

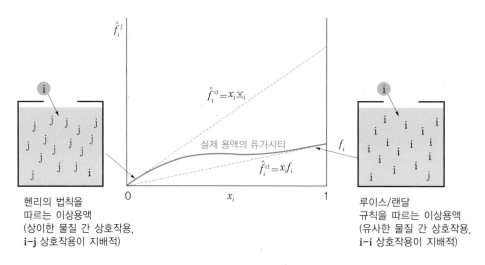

| 그림 6-36 | 이상용액의 퓨가시티

활동도(activity)

그렇다면, 이상용액이 아니라면? 식 (6.26)과 같이 이상용액에서처럼 물질 i의 농도(x_i)에만 따라서 화학적 퍼텐셜을 구할 수 없을 것입니다. 그렇다면 실제 용액에서 물질 i의 농도가 퍼텐셜에 기여하는 정도를 이상용액 대비 보정해서 사용하면 어떨까요? 이렇게 탄생한 개념이 바로 활동도(activity, a_i)로 x_i에 활동도 계수(activity coefficient) γ_i를 곱한 "유효한 농도(effective concentration)"의 개념을 가지고 있습니다.

$$\mu_i^{id} - \mu_i^o = RT\ln x_i \text{ (이상용액)}$$

$$\downarrow$$

$$\mu_i^l - \mu_i^o = RT\ln \gamma_i x_i = RT\ln a_i \text{ (실제 용액)} \tag{6.53}$$

$$a_i = \gamma_i x_i$$

$$\gamma_i = 1 \text{ (이상용액)}$$

이는 실제 기체 혼합물에서 발생하는 분압 차이를 이상기체의 분압에 계수를 곱하여 보정했던 퓨가시티와 흡사한 개념으로, 퓨가시티와 마찬가지로 루이스(Lewis)가 도입한 개념입니다.

이를 퓨가시티와 연결해서 생각해 봅시다. 퓨가시티의 정의 식 (6.41)에서

$$\mu_i^l - \mu_i^o = RT\ln \frac{\widehat{f}_i^l}{\widehat{f}_i^o}$$

활동도의 정의 식 (6.53)과 대응시켜 보면

$$a_i = \gamma_i x_i = \frac{\widehat{f}_i^{\,l}}{\widehat{f}_i^{\,o}}$$

즉, 활동도란 기준 상태의 퓨가시티와 비교했을 때 실제 퓨가시티가 얼마나 되는지에 대한 상대 지표라고 할 수 있습니다. 기준 상태를 물질 i의 순물질 상태로 잡는다면

$$\widehat{f}_i^{\,o} = f_i$$

$$a_i = \gamma_i x_i = \frac{\widehat{f}_i^{\,l}}{\widehat{f}_i^{\,o}} = \frac{\widehat{f}_i^{\,l}}{f_i}$$

$$\widehat{f}_i^{\,l} = \gamma_i x_i f_i \tag{6.54}$$

활동도 계수 기반 액체의 퓨가시티

루이스/랜달 규칙을 적용하기 위해서는 특정 온도, 압력에서 기준 상태가 되는 액체 순물질 i의 퓨가시티(f_i)를 구할 수 있어야 합니다. 이를 쉽게 접근할 수 있는 방법은, 대상 시스템의 온도에서 기액상평형이 가능한 포화압 상태에서 출발하는 것입니다(액체가 반드시 존재할 수 있는 조건이므로). 순물질의 포화압은 곧 평형이 성립하는 압력이며, 이는 기체와 액체의 퓨가시티가 같은 순간이었습니다. 즉, 순물질 i에 대해서 $(T,\ P^{\mathrm{sat}})$에서

$$f_i^v = f_i^l = f_i^{\mathrm{sat}}$$

(순물질이므로 i는 떼어도 상관없지만 곧 혼합물로 연결할 것이니 편의상 달아둡시다.)

이때 기체의 퓨가시티는

$$f_i^v = \varphi_i^{\mathrm{sat}} P_i^{\mathrm{sat}}$$

기체와 액체의 퓨가시티가 같아야 하므로

$$f_i^l = f_i^v = f_i^{\mathrm{sat}} = \varphi_i^{\mathrm{sat}} P_i^{\mathrm{sat}}$$

그런데 찾고자 하는 것은 포화압에서의 퓨가시티가 아니라 특정 온도, 압력 $(T,\ P)$에서의 액체 퓨가시티여야 합니다.

식 (6.46)에서 다음을 알고 있으므로,

$$RT \ln \frac{f_i}{f_i^o} = g_i - g_i^o = \int_{P^o}^{P} v_i dP$$

액체는 어차피 이상기체가 될 수 없으므로, 기준 상태(°)를 이상기체가 성립하는 저압이 아니라 액체가 확실하게 존재할 수 있는 온도 T에서의 포화압 P^{sat}으로 잡아봅시다. 그럼 위 식은

$$RT\ln\frac{f_i}{f_i^{\text{sat}}} = \int_{P_i^{\text{sat}}}^{P} v_i dP$$

$$\frac{f_i}{\varphi_i^{\text{sat}} P_i^{\text{sat}}} = \exp\left[\int_{P_i^{\text{sat}}}^{P}\frac{v_i}{RT}dP\right]$$

$$f_i = \varphi_i^{\text{sat}} P_i^{\text{sat}} \exp\left[\int_{P_i^{\text{sat}}}^{P}\frac{v_i}{RT}dP\right] \tag{6.55}$$

이 식 (6.55)는 원하는 $(T,\ P)$에서 물질 i의 순물질에서 액체 퓨가시티를 연산 가능한 식입니다. 일반적으로 액체는 비압축성 유체에 가까우므로 동일온도에서 압력이 변화해도 부피의 변화는 극히 미미합니다. v_i가 상수에 가깝다면 식 (6.55)의 적분은 다음과 같이 단순화할 수 있습니다.

$$f_i = \varphi_i^{\text{sat}} P_i^{\text{sat}} \exp\left[\frac{v_i(P - P^{\text{sat}})}{RT}\right]$$

이 식의 우측 exp함수를 포인팅 보정 인자(Poynting correction factor)라고 부르는데, 실제로 계산해 보면 액체의 v값이 충분히 작아서 지수가 0에 가깝기 때문에 압력이 매우 높지 않으면 거의 1에 근접합니다.

$$\mathbb{P} = \exp\left[\int_{P_i^{\text{sat}}}^{P}\frac{v_i}{RT}dP\right] \tag{6.56}$$

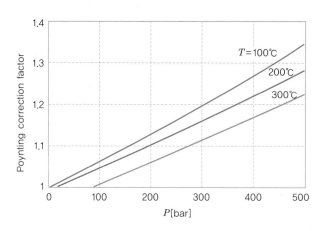

| 그림 6-37 | 물의 온도 압력에 따른 포인팅 보정 인자값

일반적인 경우에 액체의 퓨가시티는 식 (6.54)와 식 (6.55)를 결합해 보면

$$\widehat{f}_i^{\,l} = \gamma_i x_i f_i = \gamma_i x_i \varphi_i^{\text{sat}} P_i^{\text{sat}} \exp\left[\int_{P_i^{\text{sat}}}^{P}\frac{v_i}{RT}dP\right] \tag{6.57}$$

이제 물질 i에 대한 활동도 계수(γ_i)만 구할 수 있으면 액체 혼합물에서 물질 i의 퓨가시티를 연산 가능합니다.

비이상 혼합물의 상평형 개요

이제 지금까지 배운 것들을 정리하여 기체 및 액체의 퓨가시티를 이용하여 상평형($\widehat{f}_i^v = \widehat{f}_i^l$)을 연산하는 방법이 상황에 따라 어떻게 달라질 수 있는지 정리해 봅시다.

$\widehat{f}_i^v$		$\widehat{f}_i^l$	
$y_i P$	이상기체 혼합물 근접($\widehat{\varphi}_i \approx 1$)	루이스/랜달 규칙을 따르는 경우[비슷한 물질 간 상호작용($i-i$ 상호작용) 대세]	
		$x_i P_i^{\text{sat}}$	저압($\mathbb{P} \approx 1$), 낮은 포화압($\varphi_i^{\text{sat}} \approx 1$), 이상용액 근접($\gamma_i \approx 1$)
$\widehat{\varphi}_i y_i P$	이상기체와 거리가 멀 때	$\gamma_i x_i P_i^{\text{sat}}$	저압($\mathbb{P} \approx 1$), 낮은 포화압($\varphi_i^{\text{sat}} \approx 1$)이지만 이상용액과 거리가 멀 때
		헨리의 법칙을 따르는 경우[서로 다른 물질 간 상호작용($i-j$ 상호작용) 대세]	
		$x_i \mathcal{H}_i$	이상용액에 근접
		$\gamma_i^H x_i \mathcal{H}_i$	이상용액과 거리가 멀 때

예를 들어, 이상기체에 가까운 기체 혼합물과 이상용액에 가까운 액체 혼합물의 상평형을 찾고자 하는 경우는 다음과 같이 라울의 법칙이 됩니다.

$$\widehat{f}_i^v = y_i P = \widehat{f}_i^l = x_i P_i^{\text{sat}}$$

Ex 6-7 마르굴레스 활동도 모델(Margules activity model)

물질 1, 2로 구성된 2성분계 혼합물계에 대해서 1 매개 변수 마르굴레스(Margules) 활동도 모델은 활동도 계수를 다음과 같이 유도할 수 있다(A는 상수인 매개변수).

$$\ln \gamma_1 = \frac{A}{RT} x_2^2$$

$$\ln \gamma_2 = \frac{A}{RT} x_1^2$$

25℃에서 물질 1, 2의 포화증기압이 각각 12334 Pa, 13039 Pa이며 실험적으로 측정된 Pxy 데이터가 우측의 표와 같을 때 A를 결정하고 마르굴레스 모델의 예측 정확도를 확인하라.

P[Pa]	y_1	x_1
13039	0	0
13465	0.113	0.087
13775	0.216	0.185
13963	0.311	0.289
14033	0.401	0.399
13988	0.490	0.510
13836	0.581	0.619
13583	0.675	0.725
13239	0.776	0.824
12817	0.884	0.916
12334	1	1

실험 데이터를 보면 1 bar도 되지 않는 충분히 낮은 압력에서 상평형이 이루어지고 있습니다. 따라서 이상기체 혼합물로 가정해도 무방할 것입니다.

$$\widehat{f}_i^v = \widehat{f}_i^l$$

$$\widehat{f}_i^v = \widehat{\varphi}_i y_i P = y_i P$$

저압이므로 포인팅 보정 인자는 1에 가까울 것이며, 충분히 낮은 포화압이므로 포화상태의 퓨가시티 계수 역시 1에 가까울 것으로 생각할 수 있습니다.

$$\widehat{f}_i^l = \gamma_i x_i f_i = \gamma_i x_i \varphi_i^{sat} P_i^{sat} \exp\left[\frac{v_i(P-P^{sat})}{RT}\right] = \gamma_i x_i P_i^{sat}$$

그러면 상평형이 성립되는 조건은

$$y_i P = \gamma_i x_i P_i^{sat}$$

이성분계이므로

$$y_1 P = \gamma_1 x_1 P_1^{sat}$$

$$y_2 P = \gamma_2 x_2 P_2^{sat}$$

두 식을 더하면

$$y_1 P + y_2 P = P = \gamma_1 x_1 P_1^{sat} + \gamma_2 x_2 P_2^{sat}$$

활동도 계수는 주어진 식으로부터

$$\gamma_1 = \exp\left(\frac{A x_2^2}{RT}\right) = \exp\left[\frac{A(1-x_1)^2}{RT}\right]$$

$$\gamma_2 = \exp\left(\frac{A x_1^2}{RT}\right)$$

$$P = \exp\left[\frac{A(1-x_1)^2}{RT}\right] x_1 P_1^{sat} + \exp\left(\frac{A x_1^2}{RT}\right)(1-x_1) P_2^{sat}$$

이제 실험 데이터의 x_1값과 A값에 따라서 P를 계산할 수 있습니다. 이 계산된 P_{cal}이 실험의 P_{exp}와 최대한 가깝게 나오도록 A값을 결정하면 됩니다. 이를 위해서 다양한 수학적 곡선 근사(curve fitting) 방법론 및 최적화(optimization) 기법이 적용 가능한데, 이는 또다른 영역이므로 여기서는 편의상 평균 제곱근 오차(RMSE: Root Mean Square Error)를 최소화하는 A값을 해찾기(solver) 기능의 최적화 기법을 이용해서 찾도록 하겠습니다 (별첨 Example_C6 파일 참조). 관련 내용을 제대로 학습하고 싶으면 수치해석법(numerical method)이나 최적화(optimization) 관련 내용을 학습하길 바랍니다.

P실험값과 계산값의 오차를 RMSE로 정의하면

$$\text{RMSE} = \sum\sqrt{(P_{exp}-P_{cal})^2}$$

이 합계가 최소가 되는 A값을 찾으면 됩니다. 해찾기 결과는

$$A = 973.1 \, \text{J/mol}$$

이 경우 활동도 모델로 예측한 결과는 평균적으로 약 25 Pa, 0.2% 정도의 오차가 발생합니다.

P_exp	y_1	x_1	P_cal	RMSE
13039	0	0	13039.0	0.0
13465	0.113	0.087	13428.5	36.5
13775	0.216	0.185	13732.1	42.9
13963	0.311	0.289	13926.7	36.3
14033	0.401	0.399	14012.8	20.2
13988	0.490	0.510	13988.0	0.0
13836	0.581	0.619	13856.7	20.7
13583	0.675	0.725	13619.1	36.1
13239	0.776	0.824	13283.4	44.4
12817	0.884	0.916	12851.8	34.8
12334	1	1	12334.0	0.0
			RMSE	271.9

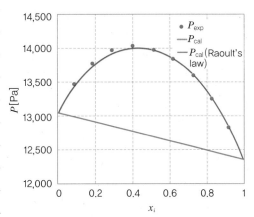

참고로, 이상용액에서 거리가 멀어서 활동도 계수를 확인해야 하는 상황인지는 어떻게 알 수 있는지 궁금할 수 있는데, 6.3절 Pxy 선도에서 다루었던 것처럼 라울의 법칙이 성립하는 이상용액이라면 $P-x$ 선은 반드시 두 포화압을 연결하는 직선으로 나타나게 됩니다. 이러한 사실을 안다면 실험값에서 측정된 압력을 보면 이는 이상용액과 거리가 먼 상태라는 것을 바로 알 수 있습니다.

과잉 물성치(excess property)와 활동도 계수 모델

활동도 계수 모델을 좀 더 이해하기 위해서 과잉 물성치(excess property)의 개념을 알 필요가 있습니다. 과잉 물성치란 실제 혼합물의 물성치와 이상 혼합물의 물성치 차이를 의미합니다. 예를 들어 몰부피에 대해서 과잉 몰부피(excess molar volume, v^E)는

$$v^E = v - v^{id} \tag{6.58}$$

앞에서도 비슷한 개념을 다루었던 것이 떠오를 것입니다. 혼합물의 물성치를 이야기했을 때 혼합물 몰부피 변화(mixing molar volume)는 식 (6.9)와 같았습니다.

$$\Delta v_{mix} = v - \sum x_i v_i$$

6.2절에서 다루었던 것처럼 이상용액의 경우 혼합물 몰부피 변화량(Δv_{mix})은 0이었습니다.

$$\Delta v_{\text{mix}}^{\text{id}} = v^{\text{id}} - \sum x_i v_i = 0$$

즉, $v^{\text{id}} = \sum x_i v_i$이므로 식 (6.56)은

$$v^E = v - v^{\text{id}} = v - \sum x_i v_i - \left(v^{\text{id}} - \sum x_i v_i \right) = \Delta v_{\text{mix}} - \Delta v_{\text{mix}}^{\text{id}} = \Delta v_{\text{mix}}$$

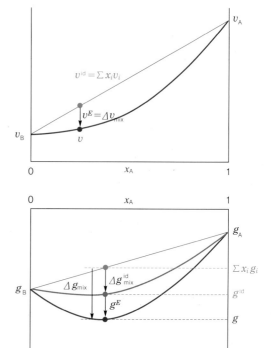

즉, 과잉몰부피의 경우는 혼합 몰부피 변화량과 동일한 개념입니다. 그러면 뭐하러 과잉 물성치를 따로 정의하나 의아할 수 있을 것입니다. 몰부피나 엔탈피의 경우는 이상용액의 혼합 변화량이 0이므로 이를 구별할 필요가 없으나, 엔트로피나 깁스 에너지의 경우는 이야기가 달라집니다. 식 (6.19)와 같이 엔트로피의 경우 이상기체 혼합물이나 이상용액에서도 혼합 몰엔트로피 변화량은 0이 아니었습니다.

$$\Delta s_{\text{mix}}^{\text{id}} = -R \sum x_i \ln x_i$$

그럼 과잉 몰엔트로피는 혼합 몰엔트로피 변화량과 차이를 보이게 됩니다.

$$s^E = s - s^{\text{id}} = s - \sum x_i s_i - \left(s^{\text{id}} - \sum x_i s_i \right)$$
$$= \Delta s_{\text{mix}} - \Delta s_{\text{mix}}^{\text{id}}$$

| 그림 6-38 | 혼합 물성 변화량과 과잉 물성치

몰깁스 에너지의 경우도 마찬가지로

$$g^E = g - g^{\text{id}} = g - \sum x_i g_i - \left(g^{\text{id}} - \sum x_i g_i \right) = \Delta g_{\text{mix}} - \Delta g_{\text{mix}}^{\text{id}}$$

즉, $g_{\text{mix}}^{\text{id}}$는 0이 아니므로 이상용액이라도 몰깁스 에너지(g^{id})는 순물질의 평균값과 같지 않게 되며,

$$g_{\text{mix}}^{\text{id}} = g^{\text{id}} - \sum x_i g_i = RT \sum x_i \ln x_i$$

실제 혼합물의 몰깁스 에너지(g)는 이상용액의 몰깁스 에너지(g^{id})와도 차이를 가지게 되는데 그 차이가 과잉 몰깁스 에너지(g^E)가 되는 것입니다.

이 정의를 이용해서 과잉 부분 몰깁스 에너지를 정의해 봅시다.

$$\overline{G}_i^E = \overline{G}_i - \overline{G}_i^{\text{id}}$$

혼합물의 화학적 퍼텐셜은 곧 부분 몰깁스 에너지였으므로 퓨가시티의 정의 식 (6.41)에서

$$\mu_i - \mu_i^{\text{id}} = \overline{G}_i - \overline{G}_i^{\text{id}} = RT\ln\frac{\widehat{f}_i}{\widehat{f}_i^{\text{id}}}$$

기준 상태를 이상 혼합물로 잡으면 식 (6.52)에서

$$\overline{G}_i^E = \overline{G}_i - \overline{G}_i^{\text{id}} = RT\ln\frac{\widehat{f}_i}{\widehat{f}_i^{\text{id}}} = RT\ln\frac{\widehat{f}_i}{x_i f_i} = RT\ln\frac{\gamma_i x_i f_i}{x_i f_i} = RT\ln\gamma_i$$

혹은

$$\ln\gamma_i = \frac{\overline{G}_i^E}{RT} \tag{6.59}$$

즉, 과잉 부분 몰깁스 에너지($\overline{G}_i^E$)를 실험적·수학적으로 결정할 수 있다면, 우리는 물질 i의 혼합물에서 활동도 계수 γ_i를 결정할 수 있게 됩니다.

한편 6.2절에서 다룬 부분 몰물성의 정의에 따라

$$g = \sum x_i \overline{G}_i$$

마찬가지로

$$g^{\text{id}} = \sum x_i \overline{G}_i^{\text{id}}$$

$$g^E = g - g^{\text{id}} = \sum x_i \overline{G}_i - \sum x_i \overline{G}_i^{\text{id}} = \sum x_i (\overline{G}_i - \overline{G}_i^{\text{id}}) = \sum x_i \overline{G}_i^E$$

$$g^E = RT\sum x_i \ln\gamma_i$$

즉, 과잉 몰깁스 에너지(g^E)를 실험적·수학적으로 결정할 수 있어도 활동도 계수 γ_i를 결정할 수 있습니다.

이렇게 과잉 몰깁스 에너지 등을 실험적·수학적으로 결정하여 활동도 계수를 연산할 수 있도록 도입된 모델들을 활동도 계수 모델(activity coefficient model)이라고 부릅니다. 관련하여 상태 방정식과 활동도 계수 모델 중 어떠한 모델을 선택하는 것이 적합한지 4.2절 상태방정식의 선택에서 잠깐 다룬 바 있습니다.

*깁스-뒤엠(Gibbs-Duhem)식

6.2절의 부분 몰물성을 설명하면서 일정 온도, 압력에서 다음의 관계가 성립함을 유도한 바 있습니다.

$$G = \sum n_i \overline{G}_i$$

그럼 dG는

$$dG = \sum \overline{G}_i dn_i + \sum n_i d\overline{G}_i$$

그런데 식 (6.14)에서

$$dG = \left(\frac{\partial G}{\partial T}\right)_{P, n_i} dT + \left(\frac{\partial G}{\partial P}\right)_{T, n_i} dP + \sum \overline{G}_i dn_i$$

즉, 두 식이 만족하기 위해서는 반드시 다음 등식이 성립해야 합니다.

$$\sum n_i d\overline{G}_i = \left(\frac{\partial G}{\partial T}\right)_{P, n_i} dT + \left(\frac{\partial G}{\partial P}\right)_{T, n_i} dP$$

이를 깁스-뒤엠(Gibbs-Duhem)식이라고 합니다. 특정 온도, 압력에서는 $dT = 0 = dP$이므로 깁스-뒤엠식은 다음과 같이 나타나게 됩니다.

$$\sum n_i d\overline{G}_i = 0 \tag{6.60}$$

혹은 양변을 n으로 나누면

$$\sum x_i d\overline{G}_i = 0$$

이는 이상 혼합물에서도 성립하므로, 과잉 부분 몰깁스 에너지에서도 성립합니다.

$$\sum n_i d\overline{G}_i^{\,\text{id}} = 0$$

$$\sum n_i d\overline{G}_i - \sum n_i d\overline{G}_i^{\,\text{id}} = \sum n_i d\overline{G}_i^{\,E} = 0$$

깁스-뒤엠식을 활동도 계수에 대해서 나타내는 것도 가능합니다. 활동도의 정의 식 (6.53)에서

$$\mu - \mu_i^o = RT \ln a_i = RT \ln \gamma_i x_i$$

온도 압력이 일정할 때 미분소를 구하면

$$d\mu = d(\text{RT}\ln\gamma_i x_i) = RTd(\ln\gamma_i) + RTd(\ln x_i)$$

혼합물의 경우 $d\mu = d\overline{G}_i$이므로 식 (6.60)은

$$\sum n_i[RTd(\ln\gamma_i) + RTd(\ln x_i)] = 0$$

$$\sum n_i d(\ln\gamma_i) + \sum n_i d(\ln x_i) = 0$$

양변을 n으로 나누면

$$\sum x_i d(\ln\gamma_i) + \sum x_i d(\ln x_i) = 0$$

$\sum x_i d(\ln x_i)$의 경우

$$\sum x_i d(\ln x_i) = \sum x_i \frac{1}{x_i} dx_i = \sum dx_i$$

그런데 반드시 $\sum x_i = 1$이므로 $\sum dx_i = 0$이어야 합니다. 즉,

$$\sum x_i d(\ln\gamma_i) = 0 \tag{6.61}$$

*마르굴레스(Margules) 활동도 모델

물질 2의 2성분계가 있다고 합시다. 앞서 다룬 과잉물성치에서 보았듯이, 물질 1만 존재 ($x_1 = 1$)하거나 물질 2만 존재($x_2 = 1$)하는 경우 과잉 몰깁스 에너지(g^E)는 반드시 0이 되어야 합니다. 또한 깁스-뒤엠식은 항상 성립해야 하는 식입니다. 물리학자이자 화학자인 막스 마르굴레스(Max Margules, 1856-1920)는 이를 만족하는 가장 간단한 형태의 모델로 매개변수 A를 사용하는 다음의 식을 제시합니다.

$$g^E = Ax_1x_2$$

이 경우 물질 1 혹은 물질 2만 존재하는 경우 과잉몰깁스 에너지는 명백히 0이 됩니다.
이때 활동도 계수는 식 (6.59)에서

$$RT\ln\gamma_1 = \overline{G}_1^E = \left(\frac{\partial\,G^E}{\partial\,n_1}\right)_{T,\text{P},n_2} = \left(\frac{\partial\,(ng^E)}{\partial\,n_1}\right)_{T,\text{P},n_2} = \left(\frac{\partial\,(nAx_1x_2)}{\partial\,n_1}\right)_{T,\text{P},n_2}$$

$$= \left(\frac{\partial\,(nAx_1x_2)}{\partial\,n_1}\right)_{T,\text{P},n_2} = A\left(\frac{\partial\left(n\frac{n_1}{n}\frac{n_2}{n}\right)}{\partial\,n_1}\right)_{T,\text{P},n_2} = A\left(\frac{\partial}{\partial\,n_1}\left(\frac{n_1n_2}{n_1+n_2}\right)\right)_{T,\text{P},n_2}$$

$$= A\left(\frac{n_2}{n_1+n_2} - \frac{n_1n_2}{(n_1+n_2)^2}\right) = A\frac{n_2}{n}\left(1 - \frac{n_1}{n}\right) = Ax_2(1-x_1) = Ax_2^2$$

$$\ln \gamma_1 = \frac{Ax_2^2}{RT}$$

같은 방식으로

$$\ln \gamma_2 = \frac{Ax_1^2}{RT}$$

이는 깁스–뒤엠식도 만족합니다. 이성분계에서 $dx_1 + dx_2 = 0$이므로

$$\sum n_i d\overline{G}_i^E = n_1 d\overline{G}_1^E + n_2 d\overline{G}_2^E = n_1 d(Ax_2^2) + n_2 d(Ax_1^2)$$

$$= 2An_1x_2dx_2 + 2An_2x_1dx_1 = \frac{2An_1n_2}{n}dx_2 - \frac{2An_1n_2}{n}dx_2 = 0$$

이제 실험 등으로 A를 결정하면 임의의 조성으로 섞였을 때 활동도 계수를 연산하는 것이 가능해집니다.

이는 활동도 계수 모델에서 가장 간단한 형태로, 실제 액체 혼합물에 적용하는 경우 물질의 조합에 따라 적지 않은 오차가 발생할 수 있습니다. 이는 이후 반 라르(van Laar)나 윌슨(Wilson), NRTL(Non-Random Two Liquid) 모델과 같이 화공열역학에서 다루는 보다 정교한 활동도 계수 모델이 탄생하는 계기가 됩니다. 이는 vdW EOS가 그 시작의 상징성 때문에 대표적인 3차 상태방정식으로 다루어지지만, 실제 물질에 적용하려면 잘 안 맞는 물질과 구간이 많아서 이후 PR, SRK 등의 상태방정식이 고안되었던 것과 마찬가지의 상황입니다.

PRACTICE

1 개념정리: 다음을 설명하라.

(1) 화학적 퍼텐셜(chemical potential)

(2) 부분 몰부피(Partial molar volume)

(3) 퓨가시티(fugacity)

(4) 이상용액(ideal solution)

2 다음 25℃에서 프로페인 및 n-뷰테인 혼합물의 Pxy선도로부터 다음 질문에 답하라.

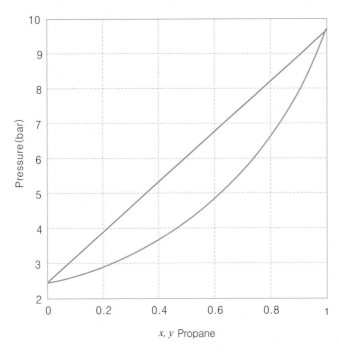

x, y Propane

(1) 도표상 25℃ 프로페인의 포화압은 얼마인가?

(2) 도표상 25℃ n-뷰테인의 포화압은 얼마인가?

(3) 프로페인 : n-뷰테인 = 6 : 4 혼합물의 기포점(bubble point)과 이슬점(dew point)은 어떻게 되겠는가?

(4) 25℃, 5 bar에서 기액상평형상태에 있는 프로페인-n-뷰테인 혼합물이 있을 때 기체 중 프로페인의 조성은 얼마인가?

(5) 25℃, 8 bar에서 기액상평형상태에 있는 프로페인-n-뷰테인 혼합물이 있을 때 액체 중 n-뷰테인의 조성은 얼마인가?

(6) 25℃에서 기액상평형상태에 있는 프로페인-n-뷰테인 혼합물에서 액체 중 프로페인의 조성이 0.6일 때의 압력은 얼마인가? 이때 기체 중 프로페인의 조성은 얼마인가?

(7) 프로페인 : n-뷰테인 $= 1:1$ 혼합물을 분리하기 위하여 25℃, 5 bar에서 운전되는 분리기를 설치한 경우 액체와 기체로 얻어지는 혼합물의 조성을 구하고 유입 유체 중 기체로 얻어지는 비율을 구하라.

3

메테인 80 mol%, 프로페인 20 mol%의 이상 혼합물 100 mol/s를 1 bar, −100℃로 분리하는 경우 분리되어 나오는 기체의 유량 및 그 메테인 몰분율을 구하라.

4

다음 도표를 이용하여 물질 A 2 mol, B 8 mol을 섞었을 때 혼합물의 부피와 혼합물 몰부피 변화량(molar volume change of mixing)을 구하라.

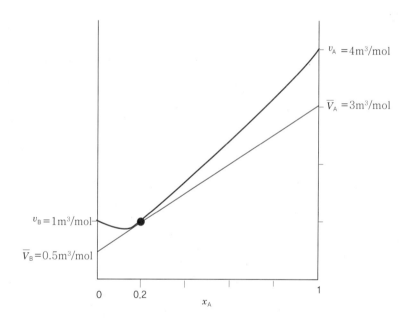

5

vdW EOS를 사용, 다음 상태에서 프로페인의 퓨가시티를 연산하라.

(1) $T = 300 \,\text{K}, \quad P = 1 \,\text{bar}$

(2) $T = 300 \,\text{K}, \quad P = 10 \,\text{bar}$

(3) $T = 300 \,\text{K}, \quad P = 20 \,\text{bar}$

chapter

7

화학반응평형의 기초

7.1 반응진척도(extent of reaction)

앞서 2장에서 연소반응에 대한 엔탈피를 다루면서 화학반응에 대한 이야기를 잠깐 했습니다. 이번 장에서는 지금까지 배운 열역학 지식들을 기반으로 화학반응의 평형에 대해서 최소한의 기본적인 정보를 다루어 봅시다.

1장에서 이 책은 평형 열역학(equilibrium thermodynamics)을 다루며, 평형에 도달하는 데 걸리는 속도에 대해서 파악하는 방법은 이 책의 범주를 벗어나므로 보다 깊이 있는 공부를 해야 한다고 말씀드린 바 있습니다. 화학반응도 마찬가지로, 이 장에서 다루는 화학반응은 반응평형(reaction equilibrium)이 어떤 조건에서 형성되는지를 이해하는 데에 집중하고 있으며, 그러한 평형에 도달하기까지 얼마나 시간이 걸리는지 그 속도에 대해서는 다루지 않습니다. 이러한 속도에 대하여 다루는 것은 화학반응속도론(reaction kinetics)이라고 하여 반응공학의 범주에서 보다 심도 있게 다룹니다.

이미 2장에서 언급한 것과 같이, 임의의 화학반응에서 반응물(reactant)과 생성물(product)의 양적 관계를 설명하는 이론을 통틀어서 반응 양론(reaction stoichiometry)이라 하며 균형식에서 반응에 참여하는 물질의 몰수를 양론계수(stoichiometric coefficient, ν)라 합니다. 예를 들어 임의의 물질 A, B, C, D가 참여하는 어떤 반응의 균형식이 다음과 같다면

$$aA + bB \rightleftarrows cC + dD$$

물질 i의 양론계수 ν_i는 다음과 같이 나타낼 수 있습니다.

$$\nu_A = -a, \; \nu_B = -b, \; \nu_C = c, \; \nu_D = d$$

만약 양론계수가 다음과 같다면

$$\nu_A = -1, \; \nu_B = -2, \; \nu_C = 3, \; \nu_D = 3$$

이 반응이 일어날 때 반응에 참여한 물질의 양은 양론계수에 비례하여 증감하게 됩니다. 예를 들어 A가 반응하여 1몰 소모되었다면 B는 2몰 소모될 것이며, C와 D는 3몰씩 생성될 것입니다. A가 2몰 반응하여 소모되었다면 B는 4몰 소모, C와 D는 6몰 생성될 것입니다. 즉, 어떤 임의의 변수 ξ에 대해서 A가 ξ몰 반응하면, B는 2ξ몰 소모, C와 D는 3ξ몰이 생성될 것을 알 수 있습니다. 즉, 반응에 참여하는 물질량은 그 양론계수에 비례하므로

$$\Delta n_A = \nu_A \xi$$

$$\Delta n_B = \nu_B \xi$$

$$\Delta n_C = \nu_C \xi$$

$$\Delta n_D = \nu_D \xi$$

다시 말해 물질의 종류에 상관없이 ξ는 다음과 같이 정의할 수 있습니다.

$$\xi = \frac{\Delta n_i}{\nu_i} \tag{7.1}$$

이 ξ를 해당 반응에 대한 반응진척도(extent of reaction)나 반응진행도, 혹은 반응좌표 (reaction coordinate)라 부릅니다. 이는 양론계수 대비 얼마의 물질량(몰)이 반응에 참여했는지를 나타냅니다. 이는 하나의 변수로 모든 물질들이 얼마나 반응에 참여했는지를 나타낼 수 있으므로 유용합니다.

반응 전 각 물질 i가 n_i^o몰만큼 있었고, 최종적으로 반응이 끝났을 때 물질 i가 각 n_i몰만큼 남았다고 하면, 반응에 참여하여 소비되거나 생성된 물질의 양 Δn_i는 다음과 같이 시작과 끝의 물질량의 차이로도 나타낼 수 있으므로

$$\Delta n_i = n_i - n_i^o \tag{7.2}$$

따라서 반응진척도는 다음과 같이도 나타낼 수 있습니다.

$$\xi = \frac{\Delta n_i}{\nu_i} = \frac{n_i - n_i^o}{\nu_i}$$

반응진척도를 정의하면 반응에 관련된 양들을 반응진척도에 대한 함수로 나타내는 것이 가능해집니다. 예를 들어 식 (7.1), (7.2)로부터

$$n_i = n_i^o + \Delta n_i = n_i^o + \nu_i \xi$$

$n = \sum n_i,\ n^o = \sum n_i^o,\ \nu = \sum \nu_i$로 정의하면

$$n = \sum n_i = \sum n_i^o + \nu_i \xi = \sum n_i^o + \xi \sum \nu_i = n^o + \nu \xi$$

그럼 반응 후 물질 i의 조성은

$$y_i = \frac{n_i}{\sum n_i} = \frac{n_i}{n} = \frac{n_i^o + \nu_i \xi}{n^o + \nu \xi} \tag{7.3}$$

Ex 7-1   메테인 연소반응의 반응진척도

메테인:산소 1:3 혼합물 8몰이 존재하는 반응기에서 완전 연소반응이 일어나서 모든 메테인이 완전히 연소되었을 때 다음 질문에 답하라.

완전 연소반응은 해당 물질이 더 이상 산소와 반응할 수 없을 때까지 완전히 산화되는 경우를 말하며, 일반적으로 완전 연소 산화 결과물은 이산화탄소와 물이 됩니다. 즉 메테인 a몰에 대해서 식을 세워보면

$$aCH_4 + bO_2 \rightleftarrows cCO_2 + dH_2O$$

반응 전후 원자의 질량은 보존되어야 하므로 각 원소별로 정리해 보면 양론 계수들 간에는 다음과 같은 관계가 성립해야 합니다.

$$C: a = c$$

$$H: 4a = 2d$$

$$O: 2b = 2c + d$$

따라서 메테인을 기준으로 $a = 1$몰인 경우에 대해서 나타내면 메테인의 완전 연소 반응식은

$$CH_4 + 2O_2 \rightleftarrows CO_2 + 2H_2O$$

ⓑ 이때의 반응진척도를 구하라.

모든 메테인이 반응하는 완전 연소반응의 경우 양론계수에 따라 반응 전후 물질량을 계산해 보면

	CH_4	O_2	CO_2	H_2O
반응 전 n_i^o	2	6	0	0
반응 참여 Δn_i	−2	−4	2	4
반응 후 n_i	0	2	2	4

반응진척도는

$$\xi = \frac{n_{CH_4} - n_{CH_4}^o}{\nu_{CH_4}} = \frac{0 - 2}{-1} = 2$$

참고로, 어떤 물질을 기준으로 계산하여도 반응진척도는 동일합니다.

$$\xi = \frac{n_{O_2} - n_{O_2}^o}{\nu_{O_2}} = \frac{2 - 6}{-2} = 2$$

$$\xi = \frac{n_{CO_2} - n_{CO_2}^o}{\nu_{CO_2}} = \frac{2 - 0}{1} = 2$$

$$\xi = \frac{n_{H_2O} - n_{H_2O}^o}{\nu_{H_2O}} = \frac{4 - 0}{2} = 2$$

ⓒ 반응 후 생성된 이산화탄소의 몰분율을 구하라.

(b)의 표에서 계산해 보면

$$y_{CO_2} = \frac{n_{CO_2}}{n} = \frac{2}{8} = 0.25$$

혹은 식 (7.3)에서 바로

$$y_{CO_2} = \frac{n_{CO_2}^o + \nu_{CO_2}\xi}{n^o + \nu\xi} = \frac{0 + 2 \times 1}{8 + 0 \times 2} = 0.25$$

7.2 화학반응평형과 깁스 자유에너지

앞서 상평형을 논하면서 식 (6.1)에서 보였던 것처럼, 어떤 임의의 계가 있을 때 계는 깁스 자유에너지가 감소하는($dG \leq 0$) 방향으로 움직이며, G가 최솟값이 될 때 가장 안정적인 상태가 된다는 것을 확인한 바 있습니다. 이 논리는 화학반응평형에도 동일하게 적용됩니다. 예를 들어 이상기체 가정이 성립할 정도의 충분한 저압의 계에 물질 A 1몰이 존재하고, 다음과 같은 반응이 진행되고 있다고 생각해 봅시다.

$$2A \rightleftarrows B + 3C$$

물질별 양론계수와 반응진척도가 ξ인 경우 반응 전후 몰질량은

	A	B	C	
양론계수	$\nu_A = -2$	$\nu_B = 1$	$\nu_C = 3$	$\nu = \sum\nu_i = 2$
반응 전	$n_A^o = 1$	$n_B^o = 0$	$n_C^o = 0$	$n^o = \sum n_i^o = 1$
반응 참여	$\Delta n_A = -2\xi$	$\Delta n_B = \xi$	$\Delta n_C = 3\xi$	
반응 후	$n_A = n_A^o - 2\xi$	$n_B = n_B^o + \xi$	$n_C = n_C^o + 3\xi$	$n = \sum n_i = 1 + 2\xi$

이 계는 A, B, C로 구성된 혼합물이므로, 6.2절에서 유도했던 것처럼 반응 후 계의 깁스 자유에너지는 다음과 같이 나타낼 수 있습니다.

$$G = \sum n_i \overline{G}_i$$

이제 우리는 혼합물에서 $\overline{G}_i$는 곧 화학적 퍼텐셜과 동일하다는 것을 알기 때문에

$$G = \sum n_i \overline{G}_i = \sum n_i \mu_i = n_A\mu_A + n_B\mu_B + n_C\mu_C \tag{7.4}$$

이상기체 혼합물에서 물질 i의 화학적 퍼텐셜은 식 (6.23)으로 나타낼 수 있습니다.

$$\mu_i = \mu_i^o + RT\ln\frac{\mathcal{P}_i}{\mathcal{P}_i^o}$$

이때 기준 상태($^\circ$)를 1 bar, 물질 i가 순물질로 존재하는 경우로 둔다면

$$\mu_i = g_i^o + RT\ln\frac{\mathcal{P}_i}{1} = g_i^o + RT\ln\mathcal{P}_i$$

이를 식 (7.4)에 적용해 보면 계의 깁스 에너지는

$$G = n_A\mu_A + n_B\mu_B + n_C\mu_C = n_A g_A^o + n_B g_B^o + n_C g_C^o + RT(\mathrm{n}_A\ln y_A P + n_B\ln y_B P + n_C\ln y_C P)$$

$$= n_A g_A^o + n_B g_B^o + n_C g_C^o + RT(n_A + n_B + n_C)\ln P + RT[n_A\ln y_A + n_B\ln y_B + n_C\ln y_C]$$

만약 반응이 일어난 계가 1 bar로 유지되고 있다면, 중간의 $\ln P$ 텀은 사라집니다. 즉, 위 식은 크게 다음의 두 가지 부분으로 나누어 생각해 볼 수 있습니다.

$$G = \underset{[1]}{[n_A g_A^o + n_B g_B^o + n_C g_C^o]} + \underset{[2]}{RT[n_A\ln y_A + n_B\ln y_B + n_C\ln y_C]}$$

식의 앞부분 [1]은 순물질 A, B, C의 깁스 에너지의 총합입니다. 뒷부분 [2]는 형태를 잘 보시면 이미 앞에서 본 적이 있는 식이라는 것을 알 수 있습니다. 6.2절에서 다뤘던 이상기체 혼합물에서 혼합물의 엔탈피 변화량은 0일 수 있어도 혼합물 엔트로피 변화량은 0일 수가 없었고, 이 때문에 이상기체 혼합물의 깁스 에너지 변화량 또한 다음과 같은 값을 가졌습니다.

$$\Delta g_{\mathrm{mix}} = RT\sum y_i\ln y_i \rightarrow \Delta G_{\mathrm{mix}} = n\Delta g_{\mathrm{mix}} = RT\sum n_i\ln y_i$$

G의 몰수 및 조성들을 다시 반응진척도로 나타내면

$$G = [(n_A^o - 2\xi)g_A^o + (n_B^o + \xi)g_B^o + (n_C^o + 3\xi)g_C^o]$$

$$+ RT\left[(n_A^o - 2\xi)\ln\frac{n_A^o + \nu_A\xi}{n^o + \nu\xi} + (n_B^o + \xi)\ln\frac{n_B^o + \nu_B\xi}{n^o + \nu\xi} + (n_C^o + 3\xi)\ln\frac{n_C^o + \nu_C\xi}{n^o + \nu\xi}\right]$$

$$= [(1-2\xi)g_A^o + \xi g_B^o + 3\xi g_C^o] + RT\left[(1-2\xi)\ln\frac{1-2\xi}{1+2\xi} + \xi\ln\frac{\xi}{1+2\xi} + 3\xi\ln\frac{3\xi}{1+2\xi}\right]$$

즉, G는 T가 일정할 때 ξ에 대한 함수로 나타낼 수 있습니다.

이 반응이 일어나는 동안 온도가 300 K에서 일정하였으며, 물질 A, B, C의 순물질 기준 상태에서의 엔탈피, 엔트로피가 다음과 같은 값을 가진다고 가정해 봅시다.

	A	B	C
h_i^o [J/mol]	0	1000	4000
s_i^o [J/(K mol)]	0	0.1	0.2
$g_i^o = h_i^o - Ts_i^o$ [J/mol]	0	970	3940

위 식의 G와 이를 구성하는 [1], [2]를 ξ에 대하여 도시해 보면 다음과 같습니다.

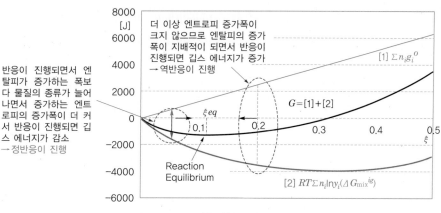

| 그림 7-1 | **반응평형과 깁스 에너지**

이제 몇 가지 재미있는 사실들을 알 수 있습니다. 지금 예시에서 주어진 물질 A는 낮은 엔탈피를, 물질 B, C는 높은 엔탈피를 가지고 있습니다. 즉, A가 소모, B, C가 생성되는 정반응이 일어나면 계의 엔탈피는 증가하게 됩니다. 일반적으로 생각하면, 에너지가 높은 상태에서 낮은 상태로 진행되는 것이 자연스러우므로 엔탈피만 보면 반응이 A에서 B, C로 진행되지 않을 것 같이 착각할 수 있습니다. 그러나 G값의 변화를 보면, 이 계가 물질 A만 존재하는 상태($\xi = 0$)에 있는 것보다 반응이 진행되어서 B, C가 생성되는 방향으로 진행되는 것이 더 낮은 G값을 가지는 것을 알 수 있습니다. 이는 물질의 종류가 늘어나면서 엔트로피가 증가하고, 깁스 에너지의 $-T\Delta s$텀의 감소폭이 엔탈피의 증가폭을 상회하여 전체 깁스 에너지를 감소시키기 때문입니다. 그러나 일정 이상 반응이 진행되면 엔트로피의 증가폭이 줄어들면서 엔탈피 증가로 인한 영향력이 엔트로피 증가로 인한 감소보다 커지게 되고, 때문에 결국 다시 깁스 에너지가 상승하는 구간으로 진입합니다. 이런 상태라면 더 안정된 상태로 진행하기 위해서는 역반응이 일어나게 됩니다. 즉, 반응평형은 엔탈피가 낮아지는 방향과 엔트로피가 증가하는 방향이 경합하여 가장 최소의 깁스 에너지를 가지는 상태에서 결정되게 됩니다. 온도와 압력이 변화하지 않는다면 반응 전의 상태와 무관하게 평형에 도달하는 반응진척도는 동일하게 됩니다.

만약 반응진척도가 0인 상태에서 평형까지 반응이 일어났다면, 이때의 깁스 자유에너지 변화량은 음수($\Delta G < 0$)가 되며 이는 자발적인 반응이라는 의미가 됩니다. 반대로, 만약 평형상태에서 반응진척도가 0인 상태로 반응을 진행시켰다면 이는 깁스 에너지가 증가($\Delta G > 0$)하는 상황이므로, 자발적으로 일어날 수는 없는 비자발적인 반응으로 반응을 일으키기 위해서 어떠한 개입이 있어야만 한다는 것을 알 수 있습니다.

추가적으로, 반응평형을 알기 위해서 어떤 계의 시작 상태를 알 필요가 없다는 것도 알 수 있습니다. 계의 온도, 압력, 물질의 종류와 양, 일어나는 반응식만 알면 우리는 이 계가 최종적으로 도달할 반응평형상태를 알 수 있게 됩니다. 단, 앞서 단서를 달았던 것처럼, 여기서 알 수 있는 것은 충분한 시간 동안 놔두면 결국 그러한 반응평형에 도달할 것이라는 점이며, 평형에 도달하기 위해서 몇 초면 충분한지 아니면 며칠이 넘게 걸릴지는 알 수 없습니다. 이는 평형이 아닌 반응속도론을 공부해야 평가할 수 있는 내용입니다.

7.3 반응평형상수(reaction equilibrium constant)

반응평형상수와 반응 깁스 자유에너지(Gibbs free energy of reaction)

이제 이러한 반응평형을 일반화해 봅시다. 식 (6.14)에서

$$dG = \sum \overline{G}_i \, dn_i = \sum \mu_i \, dn_i$$

계에서 단일 반응으로 물질의 몰수가 변화하고 있다면 식 (7.1)을 이용하여 몰수 변화의 미분소를 반응진척도의 미분소로 나타낼 수 있습니다.

$$dn_i = \nu_i \, d\xi$$

따라서

$$\frac{dG}{d\xi} = \sum \mu_i \nu_i$$

앞서 살펴본 것처럼, 반응평형은 반응진척도에 따라 G가 최솟값을 가질 때 형성됩니다. 즉 반응평형에서 G의 ξ에 대한 도함수값은 0이 되어야 하므로, 반응평형에서는 다음이 성립합니다.

$$\frac{dG}{d\xi} = 0 = \sum \mu_i \nu_i \tag{7.5}$$

퓨가시티 정의 식 (6.41)에서 기준 상태를 일반적으로 화학평형을 논할 때 으레 기준으로 삼는 표준상태 SATP의 압력 1 bar에서 물질 i의 순물질 상태라 하면

$$\mu_i = g_i^o + RT \ln \frac{\widehat{f}_i}{f_i^o}$$

즉, 여기서 g_i^o는 표준상태 압력(1 bar)에서 물질 i가 순물질일 때의 몰깁스 에너지가 되며, 압력이 고정된 상태이므로 온도만의 함수가 됩니다. 이를 식 (7.5)에 적용하면 반응평형에서

$$0 = \sum \nu_i \left[g_i^o + RT \ln \frac{\widehat{f}_i}{f_i^o} \right] = \sum \nu_i g_i^o + \sum \nu_i RT \ln \frac{\widehat{f}_i}{f_i^o}$$

$$\sum \ln \left(\frac{\widehat{f}_i}{f_i^o} \right)^{\nu_i} = -\frac{1}{RT} \sum \nu_i g_i^o$$

그런데 임의의 수열 a_i에 대해서 로그함수의 수열합($\sum$)은 다음과 같이 수열곱(Π)으로 나타낼 수 있으므로

$$\sum_{i=1}^{n} \ln a_i = \ln a_1 + \ln a_2 + \cdots + \ln a_n = \ln(a_1 a_2 \cdots a_n) = \ln \prod_{i=1}^{n} a_i$$

$$\ln \prod \left(\frac{\widehat{f}_i}{f_i^o} \right)^{\nu_i} = -\frac{1}{RT} \sum \nu_i g_i^o \tag{7.6}$$

이제 2가지 새로운 변수를 정의해 봅시다. 식 (7.6)에서 우변의 $\sum \nu_i g_i^o$는 표준상태의 압력(1 bar)에서 양론계수를 기준으로 반응 결과 생성된 생성물의 깁스 에너지 합에서 반응물의 깁스 에너지를 뺀 것과 동일합니다. 이를 표준 반응 깁스 자유에너지(standard Gibbs energy of reaction) 변화량이라고 부르며, Δg^o 혹은 반응에서의 깁스 에너지 차이임을 나타내기 위해서 Δg_{rxn}^o와 같이 표기합니다. 압력을 표준상태 압력(1 bar)으로 잡고 있으므로 이는 온도만의 함수일 것입니다.

$$\Delta g_{rxn}^o = \Delta g_{rxn}^o(T) \equiv \sum \nu_i g_i^o$$

식 (7.6) 좌변의 수열곱은 보통 다음과 같이 K를 사용하여 정의합니다.

$$K \equiv \prod \left(\frac{\widehat{f}_i}{f_i^o} \right)^{\nu_i} \tag{7.7}$$

그러면 식 (7.6)은 다음과 같이 정리됩니다.

$$\ln K = -\frac{\Delta g_{rxn}^o}{RT} \tag{7.8}$$

이 K가 화학반응을 이야기할 때 항상 따라다니는 반응평형상수(equilibrium constant)입니다. 이때 반응 깁스 자유에너지가 온도만의 함수이므로 반응평형상수 역시 온도만의 함수가 됩니다.

표준 생성 깁스 자유에너지(standard Gibbs free energy of formation)

이제 식 (7.8)에서부터 어떤 반응이 표준상태의 압력(1 bar)에서 일어나고 그때의 표준 반응 깁스 에너지를 알면, 우리는 반응평형상수 K를 바로 결정할 수 있게 됩니다. 표준 반응 깁스 에너지를 구하는 가장 간편한 방법 중 하나는 1 bar, 25℃에

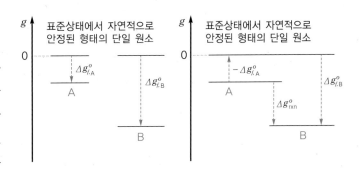

| 그림 7-2 | 생성 깁스 에너지와 반응 깁스 에너지

서의 표준 생성 깁스 에너지를 이용하는 것입니다. 2.5절에서 우리는 이미 표준 반응/생성 엔탈피의 개념과 표준 생성 엔탈피로부터 반응 엔탈피를 어떻게 계산하는지를 다루었습니다. 마찬가지

의 개념으로 표준상태에서 자연적으로 가장 보편적으로 안정된 형태로 존재하는 단일 원소 물질의 깁스 에너지를 0으로 두고, 이 원소들이 결합하여 만들어진 화합물의 깁스 에너지 차이를 표준 생성 깁스 에너지로 정의하면 이를 기준으로 반응 깁스 에너지를 계산할 수 있습니다.

표준 반응 엔탈피를 계산했던 식 (2.67)과 동일한 방식으로 표준 반응 깁스 에너지는

$$\Delta g^o_{\mathrm{rxn}}(T = T^o = 298.15\,\mathrm{K}) = \Delta g^o_{\mathrm{rxn},\,298} = \sum \nu_i \Delta g^o_{f,\,i} \tag{7.9}$$

온도 변화에 따른 반응평형상수

표준상태 SATP에서 일어나는 반응은 표준반응 깁스 에너지만으로 반응평형상수를 결정할 수 있겠으나, 반응이 일어나는 온도가 변화하면 표준반응 깁스 에너지도 변화하게 되므로 평형상수도 영향을 받게 됩니다. 엄밀하게 말하면 압력 변화에도 영향을 받게 되나, 깁스 에너지의 경우 압력에 의한 영향력은 상대적으로 작아서 보통 무시하고 평형상수는 온도의 함수로 취급하는 경우가 많습니다. 만약 온도가 25℃가 아닌 다른 온도에서 일어나는 경우 온도 변화에 따른 평형상수의 변화는 식 (7.8)로부터

$$\ln K = -\frac{\Delta g^o_{\mathrm{rxn}}}{RT}$$

$$\frac{d(\ln K)}{dT} = \frac{d}{dT}\left(-\frac{\Delta g^o_{\mathrm{rxn}}}{RT}\right) = -\frac{1}{RT}\left(\frac{d\Delta g^o_{\mathrm{rxn}}}{dT}\right) + \frac{\Delta g^o_{\mathrm{rxn}}}{RT^2}$$

깁스 에너지에 대한 열역학적 기본 물성 관계를 보면(5.1절), 특정 압력값을 가질 때 온도에 대한 깁스 에너지의 변화량은 곧 엔트로피였습니다.

$$dg = -sdT + vdP = \left(\frac{\partial g}{\partial T}\right)_P dT + \left(\frac{\partial g}{\partial P}\right)_T dP$$

$$\left(\frac{\partial g}{\partial T}\right)_P = -s$$

즉

$$\frac{d(\ln K)}{dT} = -\frac{\Delta s^o_{\mathrm{rxn}}}{RT} + \frac{\Delta g^o_{\mathrm{rxn}}}{RT^2} = \frac{\Delta g^o_{\mathrm{rxn}} - T\Delta s^o_{\mathrm{rxn}}}{RT^2}$$

깁스 에너지의 정의상

$$\Delta g^o_{\mathrm{rxn}} = \Delta h^o_{\mathrm{rxn}} - T\Delta s^o_{\mathrm{rxn}}$$

이므로,

$$\frac{d(\ln K)}{dT} = \frac{\Delta g^o_{\mathrm{rxn}} - T\Delta s^o_{\mathrm{rxn}}}{RT^2} = \frac{\Delta h^o_{\mathrm{rxn}}}{RT^2}$$

이 식을 보면 발열반응과 흡열반응의 경우 온도에 따라서 평형상수가 어떻게 변화할 것인지를 예측할 수 있습니다. 반응 엔탈피는 발열반응인 경우 음수, 흡열반응인 경우 양수가 됩니다. 즉, 온도가 증가할 때 발열반응의 평형상수는 감소할 것이며, 흡열반응의 평형상수는 증가하게 됩니다.

이 식을 기준 온도 T^o(SATP 표준온도라면 25℃)에서부터 임의의 온도 T까지 적분하면 기준 온도에서의 평형상수 K^o로부터 임의의 온도에서의 평형상수 K도 계산이 가능합니다.

$$\int_{K^o}^{K} d\ln K = \int_{T^o}^{T} \frac{\Delta h_{\text{rxn}}^o}{RT^2} dT \tag{7.10}$$

만약 반응 엔탈피가 온도에 영향을 거의 받지 않거나, 온도의 변화량이 작아서 무시할 만큼 작게 변화한다면 이를 상수로 근사할 수 있으므로 이 적분식은 다음과 같이 단순화됩니다.

$$\ln \frac{K}{K^o} = -\frac{\Delta h_{\text{rxn}}^o}{R} \left(\frac{1}{T} - \frac{1}{T^o} \right)$$

반응 엔탈피가 일정하다고 보기 어렵고 온도에 따라서 변화한다면, 엔탈피가 상태함수라는 특성을 이용해서 다음과 같이 연산하는 것이 가능합니다. 표준압력 1 bar와 같이 이상기체에 가까운 충분한 저압에서 어떤 물질의 엔탈피 차이는 식 (2.63)과 같이 정압비열을 온도에 대해서 적분해서 얻을 수 있었습니다.

$$\Delta h = \int_{T_1}^{T_2} c_P dT$$

즉, 표준압력, 임의의 온도 T에서 일어나는 반응의 반응 엔탈피 $\Delta h_{\text{rxn}, T}^o$는 이 반응물들을 T^o상태로 보내서 표준 반응 엔탈피 $\Delta h_{\text{rxn}, T^o}^o$를 통해서 계산한 후, 이를 다시 원하는 온도 T로 복원한 것과 같습니다. 이는 2장과 5장에서 엔탈피나 엔트로피를 계산할 때 흔히 쓰던 방식입니다. 어떤 열역학 물성이 상태함수라면, 우리가 모르는 실제 경로는 신경쓰지 말고, 계산이 가능한 특정 경로를 잡아서 연산을 해도 시작과 끝의 상태만 동일하면 결과는 동일하다는 특성을 이용하는 것입니다.

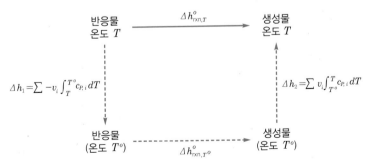

| 그림 7-3 | **온도 T에서의 반응 엔탈피 연산**

$$\Delta h^o_{\mathrm{rxn},\,T} = \sum_{\mathrm{reactant}} -\nu_i \int_T^{T^o} c_{P,i}\,dT + \Delta h^o_{\mathrm{rxn},\,T^o} + \sum_{\mathrm{product}} \nu_i \int_{T^o}^{T} c_P\,dT = \Delta h^o_{\mathrm{rxn},\,T^o} + \sum \nu_i \int_{T^o}^{T} c_{P,i}\,dT$$

2장에서 다룬 것과 같이 정압비열 역시 특정 온도 구간에서는 상수로 간주할 수 있으나, 온도 구간이 넓어지면 온도에 대한 함수로 나타납니다. 부록에서와 같이 어떤 물질 i의 이상기체 조건 정압비열을 다음과 같이 온도에 대한 함수로 나타낼 수 있을 때(A, B, C, D는 정압비열 계수)

$$c_{P,i} = R(A_i + B_i T + C_i T^2 + D_i T^3)$$

$$\Delta h^o_{\mathrm{rxn},\,T} = \Delta h^o_{\mathrm{rxn},\,T^o} + \int_{T^o}^{T} \sum \nu_i c_{P,i}\,dT = \Delta h^o_{\mathrm{rxn},\,T^o} + \int_{T^o}^{T} \sum \nu_i R(A_i + B_i T + C_i T^2 + D_i T^3)\,dT$$

각 정압비열 계수 A, B, C, D에 대해서 다음과 같이 정의하면

$$\Delta A = \sum \nu_i A_i,\ \Delta B = \sum \nu_i B_i,\ \Delta C = \sum \nu_i C_i,\ \Delta D = \sum \nu_i D_i$$

$$\Delta h^o_{\mathrm{rxn},\,T} = \Delta h^o_{\mathrm{rxn},\,T^o} + R \int_{T^o}^{T} (\Delta A + \Delta B T + \Delta C T^2 + \Delta D T^3)\,dT$$

$$= \Delta h^o_{\mathrm{rxn},\,T^o} + R\left[\Delta A(T - T^o) + \frac{\Delta B}{2}(T^2 - T_o^2) + \frac{\Delta C}{3}(T^3 - T_o^3) + \frac{\Delta D}{4}(T^4 - T_o^4)\right]$$

식 (7.9)에 적용하면

$$\int_{K^o}^{K} d\ln K = \int_{T^o}^{T} \frac{\Delta h^o_{\mathrm{rxn},\,T}}{RT^2}\,dT$$

$$= \int_{T_o}^{T} \frac{\Delta h^o_{\mathrm{rxn},\,T^o} + R\left[\Delta A(T - T^o) + \frac{\Delta B}{2}(T^2 - T_o^2) + \frac{\Delta C}{3}(T^3 - T_o^3) + \frac{\Delta D}{4}(T^4 - T_o^4)\right]}{RT^2}\,dT$$

$$= \int_{T_o}^{T} \left[\frac{\Delta h^o_{\mathrm{rxn},\,T^o}}{RT^2} + \Delta A\left(\frac{1}{T} - \frac{T^o}{T^2}\right) + \frac{\Delta B}{2}\left(1 - \frac{T_o^2}{T^2}\right) + \frac{\Delta C}{3}\left(T - \frac{T_o^3}{T^2}\right) + \frac{\Delta D}{4}\left(T^2 - \frac{T_o^4}{T^2}\right)\right]dT$$

$$= -\frac{\Delta h^o_{\mathrm{rxn},\,T^o}}{R}\left(\frac{1}{T} - \frac{1}{T^o}\right) + \Delta A\left(\ln\frac{T}{T^o} + \left(\frac{T^o}{T} - 1\right)\right) + \frac{\Delta B}{2}\left((T - T^o) + \left(\frac{T_o^2}{T} - T^o\right)\right)$$

$$+ \frac{\Delta C}{3}\left(\frac{T^2 - T_o^2}{2} + \left(\frac{T_o^3}{T} - T_o^2\right)\right) + \frac{\Delta D}{4}\left(\frac{T^3 - T_o^3}{3} + \left(\frac{T_o^4}{T} - T_o^3\right)\right)$$

7.4 반응평형상수의 다른 형태

기상반응에서의 평형상수

일반적인 경우 물질의 퓨가시티는 식 (6.40)에 따라

$$\widehat{f}_i = \widehat{\varphi}_i y_i P$$

그럼 식 (7.7)에서

$$K = \prod \left(\frac{\widehat{f}_i}{f_i^o} \right)^{\nu_i} = \prod \left(\frac{\widehat{\varphi}_i y_i P}{\varphi_i^o P^o} \right)^{\nu_i} = \prod \left(\frac{\widehat{\varphi}_i}{\varphi_i^o} \right)^{\nu_i} \prod \left(\frac{y_i P}{P^o} \right)^{\nu_i}$$

만약 이 반응에서 기체가 이상기체에 가깝게 거동하면 퓨가시티 계수는 1에 가깝게 됩니다. 즉

$$K = \prod \left(\frac{y_i P}{P^o} \right)^{\nu_i}$$

기준 압력이 1 bar라면

$$K = \prod \left(y_i P \right)^{\nu_i} = \prod \mathcal{P}_i^{\nu_i}$$

즉, 이상기체라면 평형상수는 분압의 비로 나타낼 수 있습니다. 이를 기반으로 다음과 같은 임의의 반응에 대해서 생각해 봅시다.

$$aA + bB \rightleftarrows cC + dD$$

그럼 이상기체 조건에서 평형상수는

$$K = y_A^{-a} y_B^{-b} y_C^c y_D^d (P)^{-a-b+c+d} = \frac{\left(\frac{n_C}{n} \right)^c \left(\frac{n_D}{n} \right)^d}{\left(\frac{n_A}{n} \right)^a \left(\frac{n_B}{n} \right)^b} P^\nu = \frac{n_C{}^c n_D{}^d}{n_A{}^a n_B{}^b} \left(\frac{P}{n} \right)^\nu$$

이제 온도, 압력, 물질의 농도가 반응에 어떻게 영향을 미치는지 경향을 파악하는 것이 가능합니다.

(1) 앞 절에서 온도가 증가할 때 발열반응의 평형상수는 감소하고, 흡열반응의 평형상수는 증가하게 된다는 것을 확인한 바 있습니다. 즉, 발열반응의 경우 온도가 증가하여 평형상수가 감소하면 이는 생성물의 분율이 반응물에 비하여 상대적으로 감소하게 된다는 것을 의미합니다. 즉, 역반응(흡열반응)이 진행될 것임을 알 수 있습니다. 흡열반응의 경우 온도가 증가하여 평형상수가 증가하면 생성물의 분율이 상대적으로 증가해야 하므로, 정반응(흡열반응)이 진행될 것임을 알 수 있습니다. 온도가 감소하면 반대로 발열반응쪽으로 반응이 진행될 것임을 알 수 있습니다.

(2) 앞 절에서 평형상수는 온도만의 함수라는 내용을 다루었습니다. 즉, 만약 생성물의 총몰수가 더 크다면($\nu > 0$), 압력이 증가하면 동일한 평형상수를 유지하기 위해서는 반응물이 더 많아져야 하므로, 역반응이 진행, 총몰수를 줄이게 됩니다. 반응물의 총몰수가 더 크다면($\nu < 0$), 압력이 증가하면 생성물이 증가하는 정반응이 진행, 총몰수를 줄이게 됩니다. 만약 $\nu = 0$인

반응이라면(즉, 반응물의 양론계수합과 생성물의 양론계수합이 같다면), 압력의 변화는 이 반응에 영향을 미치지 못합니다.

⑶ 온도압력은 일정한 상황에서 물질 A나 B를 추가로 투입, 반응물의 몰수가 더 많아진다면(분압이 증가한다면), 동일한 평형상수를 유지하기 위해서는 생성물이 늘어나야 하므로 반응물이 충분히 존재한다면 정반응이 진행됩니다. 물질 C나 D가 늘어나게 되면 역반응이 진행될 것입니다.

자세히 보면, 이러한 내용은 고등학교 화학에서도 다루는 르 샤틀리에의 원리(Le Chatelier's principle)를 다시 한 번 기술한 것에 불과한 것임을 알 수 있습니다. 르 샤틀리에의 원리는 "화학평형상태에서 농도·온도·압력·부피 등이 변화할 때, 화학평형은 변화를 상쇄시키는 방향으로 움직인다."는 내용입니다. 따라서 온도가 증가하면 흡열반응 쪽으로 평형이 이동하며 온도가 감소하면 발열반응 쪽으로 평형이 이동했고, 압력이 증가하면 기체의 총몰수가 감소하는 쪽으로 평형이 이동, 압력이 감소하면 기체의 총몰수가 증가하는 쪽으로 평형이 이동하였습니다. 이제 이를 수식으로 확인하는 것이 가능해졌습니다.

경우에 따라 분압보다 농도로 평형상수를 나타내는 것이 더 편리한 경우도 있습니다. 물질 i의 몰농도 c_i는 다음과 같이 정의하고

$$c_i = \frac{n_i}{V}$$

이상기체라면 $P = nRT/V$이므로

$$\mathcal{P}_i = y_i P = \frac{n_i}{n} \frac{nRT}{V} = \frac{n_i}{V} RT = c_i RT$$

$$K = \prod \mathcal{P}_i^{\nu_i} = \prod (c_i RT)^{\nu_i} = (RT)^\nu \prod c_i^{\nu_i}$$

$$\frac{K}{(RT)^\nu} = \prod c_i^{\nu_i}$$

경우에 따라 이렇게 농도로 나타낸 평형상수 K/RT^ν를 K_c로 표기하고, 기존의 압력에 대해서 나타낸 평형상수를 K_P로 정의하여 사용하기도 합니다.

액상반응에서의 반응평형상수

액체의 경우 혼합물의 상황이 유사 상호작용($i-i$ interaction)이 지배적(루이스-랜달 규칙)인지, 상이한 상호작용($i-j$ interaction)이 지배적(헨리의 법칙)인지에 따라 적용하기 적합한 활동도 계수가 변화할 수 있습니다. 루이스-랜달 규칙이 보다 적합한 경우 퓨가시티는 식 (6.54)에서

$$\widehat{f}_i = \gamma_i x_i f_i$$

식 (7.7)은

$$K = \prod \left(\frac{\gamma_i x_i f_i}{f_i^o} \right)^{\nu_i}$$

액체 순물질의 경우 퓨가시티는 압력에 따라서 큰 차이가 없습니다. 식 (6.46)에 따라 기준 상태 압력 P^o와 P에서의 퓨가시티 차이는

$$RT \ln \frac{f_i}{f_i^o} = g_i - g_i^o = \int_{P^o}^{P_i} v_i dP$$

$$\frac{f_i}{f_i^o} = \exp\left[\int_{P^o}^{P} \frac{v_i}{RT} dP \right]$$

보통 액체의 부피는 압력에 무관한 비압축성 특징을 지니므로

$$\frac{f_i}{f_i^o} = \exp\left[\frac{v_i(P - P^o)}{RT} \right]$$

이는 식 (6.56)에서 봤던 포인팅 보정인자의 개념으로, 액체의 작은 부피값 이상으로 압력 차이 가 극심히 벌어지는 경우를 제외하면 1에 가깝습니다. 따라서 식 (7.7)은

$$K = \prod \left(\gamma_i x_i \right)^{\nu_i} = \prod a_i^{\nu_i}$$

즉, 액체 혼합물의 평형상수는 활동도를 기반으로 나타낼 수 있습니다. 만약 대상 용액이 이상 용액에 가깝다면 활동도 계수가 1이므로

$$K = \prod x_i^{\nu_i}$$

임의의 반응에 대해서

$$aA + bB \rightleftarrows cC + dD$$

$$K = \prod x_i^{\nu_i} = \frac{x_C^c x_D^d}{x_A^a x_B^b}$$

이렇게 몰분율로만 나타내는 이상용액에서의 반응평형 관계를 질량작용의 법칙(law of mass action)이라고 부릅니다. 이는 전제로 하고 있는 루이스/랜달 규칙이 잘 성립하는 혼합물에서 유 효합니다. 다시 말해 유사한 상호작용($i-i$ interaction)이 주류인 액체 혼합물에서 잘 맞는다고 볼 수 있습니다. 이상용액이라 하여도 소량의 용질이 용매에 녹아 있어서 상이한 상호작용($i-j$ interaction)이 주류인 경우에는 헨리의 법칙을 적용하는 것이 보다 적합합니다.

PRACTICE

1   다음 물질이 완전 연소할 때 반응식 및 그 양론계수를 결정하라.

    (1) 메테인
    (2) 프로페인
    (3) n-뷰테인

2   25℃, 1 bar의 n-뷰테인을 공기와 혼합 공급하여 연소시키는 뷰테인 가스 보일러가 있다. 연소를 통하여 발생하는 열을 물을 끓는 데 소모한 후 연소 배가스가 100℃로 토출될 때 다음 질문에 답하라.

    (1) n-뷰테인의 완전연소반응식과 그 양론계수를 결정하라.
    (2) n-뷰테인의 연소열을 구하라.
    (3) 1 mol/s의 뷰테인을 완전히 연소하기 위하여 필요한 최소의 공기량은 얼마인가?
    (4) (3)의 경우 연소 후 배기가스의 조성은 어떻게 되는가?
    (5) 이 가스 보일러에서 1000 kJ/s의 열을 물을 가열하는 데 공급하여 수증기로 만들려고 할 때 필요한 뷰테인 가스의 공급 유량을 결정하라.

Appendix

| Table A.1 | Steam table: saturated water by temperature

(From **Aspen HYSYS(R)** V10 , NBS steam, the reference point is the saturated liquid water at triple point)

$T[°C]$	P	$v[m^3/kg]$		$h[kJ/kg]$		$s[kJ/(kg·K)]$	
		sat. liq.	sat. vap.	sat. liq.	sat. vap.	sat. liq.	sat. vap.
5	[kPa] 0.9	0.00100	147.025	21.0	2509.7	0.076	9.024
10	1.2	0.00100	106.323	42.0	2518.9	0.151	8.899
15	1.7	0.00100	77.897	62.9	2528.1	0.224	8.779
20	2.3	0.00100	57.778	83.8	2537.2	0.296	8.665
25	3.2	0.00100	43.357	104.8	2546.3	0.367	8.556
30	4.2	0.00100	32.896	125.7	2555.4	0.437	8.451
35	5.6	0.00101	25.221	146.6	2564.4	0.505	8.351
40	7.4	0.00101	19.528	167.5	2573.4	0.572	8.255
45	9.6	0.00101	15.264	188.4	2582.3	0.639	8.163
50	12.3	0.00101	12.037	209.3	2591.2	0.704	8.075
55	15.8	0.00101	9.573	230.2	2600.0	0.768	7.990
60	19.9	0.00102	7.674	251.2	2608.8	0.831	7.908
65	25.0	0.00102	6.200	272.1	2617.5	0.894	7.830
70	31.2	0.00102	5.045	293.0	2626.1	0.955	7.754
75	38.6	0.00103	4.133	314.0	2634.7	1.016	7.681
80	47.4	0.00103	3.409	334.9	2643.1	1.075	7.611
85	57.8	0.00103	2.829	355.9	2651.4	1.134	7.544
90	70.1	0.00104	2.362	376.9	2659.7	1.193	7.478
95	84.5	0.00104	1.983	398.0	2667.8	1.250	7.415
100	101.3	0.00104	1.674	419.1	2675.7	1.307	7.355
110	[bar] 1.4	0.00105	1.211	461.3	2691.3	1.419	7.239
120	2.0	0.00106	0.892	503.8	2706.2	1.528	7.130
130	2.7	0.00107	0.669	546.4	2720.4	1.635	7.027
140	3.6	0.00108	0.509	589.3	2733.9	1.739	6.930
150	4.8	0.00109	0.393	632.3	2746.4	1.842	6.838
160	6.2	0.00110	0.307	675.7	2758.0	1.943	6.750
170	7.9	0.00111	0.243	719.3	2768.5	2.042	6.666
180	10.0	0.00113	0.194	763.3	2777.8	2.140	6.585
190	12.5	0.00114	0.157	807.6	2785.9	2.236	6.507
200	15.5	0.00116	0.127	852.4	2792.5	2.331	6.431
210	19.1	0.00117	0.104	897.7	2797.7	2.425	6.357
220	23.2	0.00119	0.086	943.5	2801.3	2.518	6.285
230	28.0	0.00121	0.072	990.0	2803.1	2.610	6.213
240	33.4	0.00123	0.060	1037.2	2803.0	2.701	6.142
250	39.7	0.00125	0.050	1085.3	2800.8	2.793	6.072
260	46.9	0.00128	0.042	1134.4	2796.3	2.884	6.001
270	55.0	0.00130	0.036	1184.6	2789.2	2.975	5.929
280	64.1	0.00133	0.030	1236.1	2779.2	3.067	5.857
290	74.4	0.00137	0.026	1289.2	2765.9	3.160	5.782
300	85.8	0.00140	0.022	1344.1	2748.8	3.253	5.704
310	98.6	0.00145	0.018	1401.2	2727.1	3.349	5.623
320	112.8	0.00150	0.015	1461.3	2699.8	3.448	5.536
330	128.5	0.00156	0.013	1525.0	2665.3	3.550	5.441
340	145.9	0.00164	0.011	1593.8	2621.4	3.659	5.335
350	165.2	0.00174	0.009	1670.5	2563.5	3.777	5.211
360	186.6	0.00189	0.007	1761.0	2482.0	3.915	5.054
370	210.3	0.00221	0.005	1889.8	2342.0	4.110	4.813

| Table A.2 | Steam table by P and T

(From **Aspen HYSYS(R)** V10, NBS steam, the reference point is the saturated liquid water at triple point)

P[bar]	T[°C]	$\underline{v}$ [m³/kg]	$\underline{h}$ [kJ/kg]	$\underline{s}$ [kJ/(kg·K)]	P[bar]	T[°C]	$\underline{v}$ [m³/kg]	$\underline{h}$ [kJ/kg]	$\underline{s}$ [kJ/(kg·K)]
1	25	0.001	104.8	0.367	2	25	0.001	104.9	0.367
	50	0.001	209.4	0.704		50	0.001	209.5	0.704
	75	0.001	314.0	1.015		75	0.001	314.1	1.015
						100	0.001	419.1	1.307
sat. liq.	99.6	0.001	417.5	1.303	sat. liq.	120.2	0.001	504.8	1.530
sat. vap.	99.6	1.694	2675.2	7.359	sat. vap.	120.2	0.886	2706.6	7.127
	100	1.696	2675.9	7.361		150	0.960	2768.6	7.279
	150	1.936	2776.1	7.613		200	1.080	2870.0	7.506
	200	2.172	2874.8	7.834		250	1.199	2970.5	7.708
	250	2.406	2973.9	8.033		300	1.316	3071.4	7.892
	300	2.639	3074.0	8.215		350	1.433	3173.3	8.062
	350	2.871	3175.3	8.385		400	1.549	3276.5	8.222
	400	3.103	3278.0	8.543		450	1.665	3381.0	8.371
	450	3.334	3382.3	8.693		500	1.781	3487.2	8.513
	500	3.566	3488.2	8.834		550	1.897	3594.9	8.648
	550	3.797	3595.8	8.969		600	2.013	3704.3	8.777
	600	4.028	3705.1	9.098		650	2.129	3815.4	8.901
	650	4.259	3816.1	9.222		700	2.244	3928.3	9.020
	700	4.490	3928.9	9.341		750	2.360	4042.9	9.135
	750	4.721	4043.4	9.455		800	2.476	4159.2	9.246
	800	4.952	4159.7	9.566					
3	25	0.001	105.0	0.367	4	25	0.001	105.1	0.367
	50	0.001	209.6	0.704		50	0.001	209.7	0.704
	75	0.001	314.2	1.015		75	0.001	314.3	1.015
	100	0.001	419.2	1.307		100	0.001	419.3	1.307
sat. liq.	133.6	0.001	561.6	1.672	sat. liq.	143.6	0.001	604.9	1.777
sat. vap.	133.6	0.606	2725.3	6.992	sat. vap.	143.6	0.462	2738.5	6.896
	150	0.634	2760.9	7.078		150	0.471	2752.8	6.930
	200	0.716	2865.1	7.311		200	0.534	2860.1	7.170
	250	0.796	2967.1	7.516		250	0.595	2963.6	7.378
	300	0.875	3068.9	7.702		300	0.655	3066.3	7.565
	350	0.954	3171.4	7.873		350	0.714	3169.4	7.738
	400	1.032	3274.9	8.033		400	0.773	3273.3	7.898
	450	1.109	3379.8	8.183		450	0.831	3378.5	8.049
	500	1.187	3486.1	8.325		500	0.889	3485.0	8.191
	550	1.264	3594.0	8.460		550	0.948	3593.1	8.327
	600	1.341	3703.5	8.590		600	1.006	3702.8	8.456
	650	1.419	3814.8	8.713		650	1.064	3814.1	8.580
	700	1.496	3927.7	8.833		700	1.122	3927.1	8.699
	750	1.573	4042.4	8.948		750	1.179	4041.9	8.814
	800	1.650	4158.8	9.059		800	1.237	4158.3	8.925
5	25	0.001	105.2	0.367	10	25	0.001	105.7	0.367
	50	0.001	209.8	0.704		50	0.001	210.2	0.703
	75	0.001	314.3	1.015		75	0.001	314.7	1.015
	100	0.001	419.4	1.307		100	0.001	419.7	1.306
	150	0.001	632.3	1.842		150	0.001	632.6	1.841
sat. liq.	151.9	0.001	640.4	1.861	sat. liq.	179.9	0.001	762.9	2.139
sat. vap.	151.9	0.375	2748.6	6.821	sat. vap.	179.9	0.194	2777.7	6.586
	200	0.425	2855.0	7.059		200	0.206	2827.4	6.693
	250	0.474	2960.1	7.270		250	0.233	2941.9	6.923
	300	0.523	3063.8	7.459		300	0.258	3050.6	7.122
	350	0.570	3167.4	7.632		350	0.282	3157.4	7.301
	400	0.617	3271.8	7.794		400	0.307	3263.8	7.465
	450	0.664	3377.2	7.945		450	0.330	3370.7	7.618
	500	0.711	3484.0	8.087		500	0.354	3478.6	7.762
	550	0.758	3592.2	8.223		550	0.378	3587.6	7.899
	600	0.804	3702.0	8.352		600	0.401	3698.1	8.029
	650	0.851	3813.4	8.477		650	0.424	3810.0	8.154
	700	0.897	3926.5	8.596		700	0.448	3923.6	8.274
	750	0.943	4041.3	8.711		750	0.471	4038.7	8.389
	800	0.990	4157.9	8.822		800	0.494	4155.6	8.501

P[bar]	T[°C]	v [m³/kg]	h [kJ/kg]	s [kJ/(kg·K)]	P[bar]	T[°C]	v [m³/kg]	h [kJ/kg]	s [kJ/(kg·K)]
15	25	0.001	106.1	0.367	20	25	0.001	106.6	0.366
	50	0.001	210.6	0.703		50	0.001	211.0	0.703
	75	0.001	315.1	1.015		75	0.001	315.5	1.014
	100	0.001	420.1	1.306		100	0.001	420.5	1.305
	150	0.001	633.0	1.841		150	0.001	633.3	1.840
sat. liq.	198.3	0.001	844.9	2.315		200	0.001	852.6	2.330
sat. vap.	198.3	0.132	2791.5	6.444	sat. liq.	212.4	0.001	908.7	2.447
	200	0.132	2796.2	6.454	sat. vap.	212.4	0.100	2798.7	6.340
	250	0.152	2922.5	6.708		250	0.111	2901.6	6.544
	300	0.170	3037.0	6.917		300	0.125	3022.8	6.765
	350	0.187	3147.1	7.101		350	0.139	3136.6	6.956
	400	0.203	3255.7	7.269		400	0.151	3247.5	7.127
	450	0.219	3364.2	7.424		450	0.164	3357.6	7.285
	500	0.235	3473.2	7.570		500	0.176	3467.7	7.432
	550	0.251	3583.1	7.708		550	0.188	3578.5	7.571
	600	0.267	3694.2	7.839		600	0.200	3690.2	7.702
	650	0.282	3806.7	7.964		650	0.211	3803.3	7.828
	700	0.298	3920.6	8.084		700	0.223	3917.7	7.949
	750	0.314	4036.1	8.200		750	0.235	4033.5	8.065
	800	0.329	4153.3	8.312		800	0.247	4151.0	8.177
25	25	0.001	107.1	0.366	30	25	0.001	107.5	0.366
	50	0.001	211.5	0.703		50	0.001	211.9	0.702
	75	0.001	316.0	1.014		75	0.001	316.4	1.014
	100	0.001	420.9	1.305		100	0.001	421.3	1.305
	150	0.001	633.6	1.840		150	0.001	633.9	1.839
	200	0.001	852.8	2.329		200	0.001	853.0	2.328
sat. liq.	224.0	0.001	962.0	2.554	sat. liq.	233.9	0.001	1008.3	2.645
sat. vap.	224.0	0.080	2802.2	6.256	sat. vap.	233.9	0.067	2803.3	6.186
	250	0.087	2879.2	6.407		250	0.071	2854.9	6.286
	300	0.099	3008.0	6.642		300	0.081	2992.6	6.537
	350	0.110	3125.8	6.840		350	0.091	3114.8	6.742
	400	0.120	3239.2	7.015		400	0.099	3230.7	6.921
	450	0.130	3350.9	7.175		450	0.108	3344.1	7.084
	500	0.140	3462.2	7.323		500	0.116	3456.6	7.234
	550	0.150	3573.8	7.463		550	0.124	3569.2	7.375
	600	0.159	3686.3	7.596		600	0.132	3682.3	7.508
	650	0.169	3799.9	7.723		650	0.140	3796.4	7.636
	700	0.178	3914.7	7.844		700	0.148	3911.7	7.757
	750	0.188	4030.9	7.960		750	0.156	4028.3	7.874
	800	0.197	4148.7	8.072		800	0.164	4146.3	7.987
35	25	0.001	108.0	0.366	40	25	0.001	108.5	0.366
	50	0.001	212.3	0.702		50	0.001	212.8	0.702
	75	0.001	316.8	1.013		75	0.001	317.2	1.013
	100	0.001	421.6	1.304		100	0.001	422.0	1.304
	150	0.001	634.2	1.839		150	0.001	634.5	1.838
	200	0.001	853.2	2.328		200	0.001	853.4	2.327
sat. liq.	242.6	0.001	1049.6	2.725		250	0.001	1085.3	2.793
sat. vap.	242.6	0.057	2802.6	6.124	sat. liq.	250.4	0.001	1087.2	2.796
	250	0.059	2828.4	6.174	sat. vap.	250.4	0.050	2800.6	6.069
	300	0.068	2976.5	6.445		300	0.059	2959.7	6.360
	350	0.077	3103.5	6.657		350	0.066	3091.9	6.581
	400	0.085	3222.2	6.840		400	0.073	3213.4	6.769
	450	0.092	3337.3	7.005		450	0.080	3330.4	6.936
	500	0.099	3451.0	7.157		500	0.086	3445.4	7.090
	550	0.106	3564.5	7.300		550	0.093	3559.8	7.234
	600	0.113	3678.3	7.434		600	0.099	3674.3	7.369
	650	0.120	3793.0	7.562		650	0.105	3789.5	7.497
	700	0.127	3908.7	7.684		700	0.111	3905.7	7.620
	750	0.134	4025.7	7.801		750	0.117	4023.1	7.737
	800	0.141	4144.0	7.914		800	0.123	4141.7	7.850

P[bar]	T[℃]	$\underline{v}$ [m³/kg]	$\underline{h}$ [kJ/kg]	$\underline{s}$ [kJ/(kg·K)]	P[bar]	T[℃]	$\underline{v}$ [m³/kg]	$\underline{h}$ [kJ/kg]	$\underline{s}$ [kJ/(kg·K)]
45	25	0.001	108.9	0.366	50	25	0.001	109.4	0.366
	50	0.001	213.2	0.702		50	0.001	213.6	0.701
	75	0.001	317.6	1.013		75	0.001	318.0	1.012
	100	0.001	422.4	1.303		100	0.001	422.8	1.303
	150	0.001	634.8	1.838		150	0.001	635.1	1.837
	200	0.001	853.6	2.326		200	0.001	853.8	2.325
	250	0.001	1085.3	2.791		250	0.001	1085.3	2.790
sat. liq.	257.5	0.001	1121.9	2.861	sat. liq.	264.0	0.001	1154.2	2.920
sat. vap.	257.5	0.044	2797.6	6.019	sat. vap.	264.0	0.039	2793.8	5.973
	300	0.051	2942.1	6.281		300	0.045	2923.5	6.207
	350	0.058	3080.0	6.512		350	0.052	3067.7	6.448
	400	0.065	3204.5	6.704		400	0.058	3195.5	6.646
	450	0.071	3323.4	6.875		450	0.063	3316.3	6.819
	500	0.077	3439.7	7.030		500	0.069	3433.9	6.976
	550	0.082	3555.0	7.175		550	0.074	3550.2	7.122
	600	0.088	3670.3	7.311		600	0.079	3666.3	7.259
	650	0.093	3786.1	7.440		650	0.084	3782.6	7.388
	700	0.098	3902.7	7.563		700	0.089	3899.7	7.512
	750	0.104	4020.4	7.681		750	0.093	4017.8	7.630
	800	0.109	4139.4	7.794		800	0.098	4137.0	7.744
100	0	0.001	10.1	0.000	150	0	0.001	15.1	0.001
	50	0.001	217.9	0.699		50	0.001	222.2	0.697
	100	0.001	426.5	1.299		100	0.001	430.3	1.295
	150	0.001	638.3	1.832		150	0.001	641.4	1.826
	200	0.001	855.9	2.318		200	0.001	858.1	2.310
	250	0.001	1085.4	2.778		250	0.001	1085.7	2.767
	300	0.001	1342.4	3.247		300	0.001	1337.4	3.226
sat. liq.	311.0	0.001	1407.3	3.359	sat. liq.	342.2	0.002	1609.8	3.684
sat. vap.	311.0	0.018	2724.5	5.614	sat. vap.	342.2	0.010	2610.1	5.309
	350	0.022	2922.2	5.943		350	0.011	2691.3	5.440
	400	0.026	3096.1	6.211		400	0.016	2974.7	5.880
	450	0.030	3241.2	6.419		450	0.018	3156.7	6.141
	500	0.033	3374.0	6.597		500	0.021	3309.3	6.345
	550	0.036	3500.9	6.756		550	0.023	3448.8	6.520
	600	0.038	3624.7	6.902		600	0.025	3581.5	6.677
	650	0.041	3747.1	7.039		650	0.027	3710.5	6.820
	700	0.044	3869.0	7.167		700	0.029	3837.6	6.954
	750	0.046	3991.0	7.289		750	0.030	3963.7	7.081
	800	0.049	4113.5	7.406		800	0.032	4089.6	7.201
200	0	0.001	20.1	0.001	250	0	0.001	25.0	0.001
	50	0.001	226.5	0.695		50	0.001	230.8	0.692
	100	0.001	434.1	1.292		100	0.001	437.9	1.288
	150	0.001	644.6	1.821		150	0.001	647.8	1.816
	200	0.001	860.4	2.303		200	0.001	862.8	2.296
	250	0.001	1086.3	2.757		250	0.001	1087.0	2.746
	300	0.001	1333.5	3.207		300	0.001	1330.4	3.190
	350	0.002	1645.4	3.728		350	0.002	1623.2	3.679
sat. liq.	365.8	0.002	1826.8	4.015		400	0.006	2578.2	5.139
sat. vap.	365.8	0.006	2413.7	4.933		450	0.009	2950.7	5.676
	400	0.010	2816.9	5.552		500	0.011	3164.2	5.962
	450	0.013	3060.8	5.903		550	0.013	3336.6	6.178
	500	0.015	3239.5	6.142		600	0.014	3490.5	6.359
	550	0.017	3394.0	6.336		650	0.015	3634.6	6.520
	600	0.018	3536.7	6.504		700	0.017	3773.0	6.666
	650	0.020	3672.9	6.656		750	0.018	3908.0	6.801
	700	0.021	3805.5	6.796		800	0.019	4041.1	6.928
	750	0.023	3936.0	6.926		850	0.020	4173.2	7.049
	800	0.024	4065.5	7.050		900	0.021	4304.7	7.163

| Table A.3| Properties [1], ideal c_P coefficients [2], and Antoine coefficients [3]

Name	Formula	MW	T_c [K]	P_c [bar]	ω	ΔH_{for} [kJ/mol]	Ideal heat capacity coefficients $c_P[\text{J/(mol·K)}]=R(A+BT+CT^2+DT^3)$						Antoine equation coefficients $\log P[\text{bar}]=A-B/(T[\text{K}]+C)$				
							A	$B\times10^3$	$C\times10^6$	$D\times10^9$	T_{min}	T_{max}	A	B	C	T_{min}	T_{max}
Air		28.95	132.45	37.74	0.034		3.278	0.475	0.384	−0.181	300	2000					
Carbon Dioxide	CO_2	44.01	304.10	73.70	0.239	(g) −393.5	3.307	4.962	−2.107	0.318	300	2000	6.812	1301.68	−3.494	154	196
Nitrogen	N_2	28.01	126.19	33.94	0.040	(g) 0	3.297	0.732	−0.109		100	2000	3.736	264.65	−6.788	63	126
Oxygen	O_2	32.00	154.77	50.80	0.019	(g) 0	3.119	1.373	−0.168	−0.127	100	1500	3.952	340.02	−4.144	54	154
Water	H_2O	18.02	647.30	221.20	0.344	(l) −285.8 (g) −241.8	9.068 (l) 3.999	−0.643	2.970	−1.366	300	1000	4.654 3.560	1435.26 643.75	−64.848 −198.04	256 379	373 573
Methane	CH_4	16.04	190.70	46.41	0.011	(g) −74.9	4.394	−6.101	23.984	−14.214	125	750	3.990	443.03	−0.490	91	190
Ethane	C_2H_6	30.07	305.43	48.84	0.099	(g) −84.7	3.565	3.433	25.565	−18.781	200	750	4.507 3.938	791.30 659.74	−6.422 −16.719	91 136	144 200
Propane	C_3H_8	44.10	369.90	42.57	0.152	(g) −103.9	1.062	29.330	−9.222		250	1000	4.012 4.537	834.26 1149.36	−22.763 24.906	166 277	277 361
Butane (normal)	C_4H_{10}	58.12	425.20	37.97	0.201	(g) −126.2	0.984	40.662	−14.399		275	1000	3.850 4.356	909.65 1175.58	−36.146 −2.071	195 273	273 425
Isobutane	C_4H_{10}	58.12	408.10	36.48	0.185	(g) −134.6	0.248	43.303	−16.233		275	1000	3.944 4.328	912.14 1132.11	−29.808 0.918	188 261	261 408

1 From Aspen HYSYS(R) V10

2 Regressed based on ideal heat capacity calculation from Aspen HYSYS(R) V10 (R>0.999)

3 P. J. Linstrom and W. G. Mallard, Eds., NIST Chemistry WebBook, NIST Standard Reference Database Number 69, National Institute of Standards and Technology, Gaithersburg MD, 20899, https://doi.org/10.18434/T4D303, (retrieved May 15, 2020).

| Figure A.1 | Steam, P-h diagram

(From **Aspen HYSYS(R)** V10, NBS steam, the reference point is the saturated liquid water at triple point)

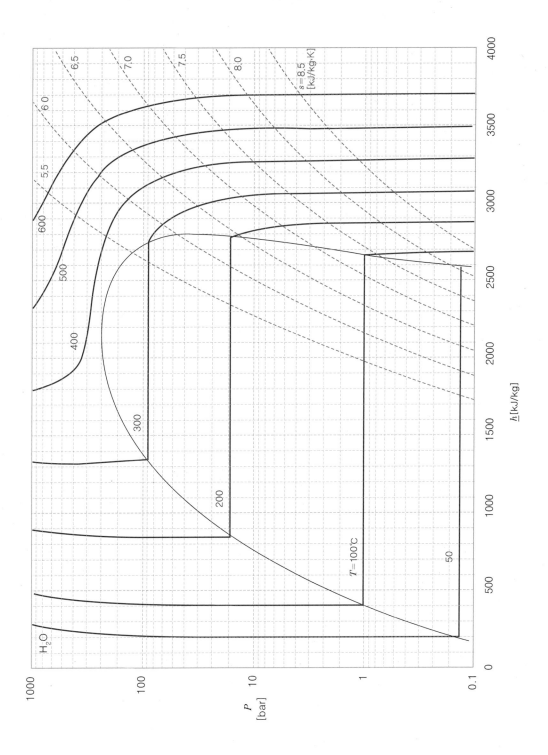

(From **Aspen HYSYS(R)** V10, NBS steam, the r eference point is the saturated liquid water at triple point)

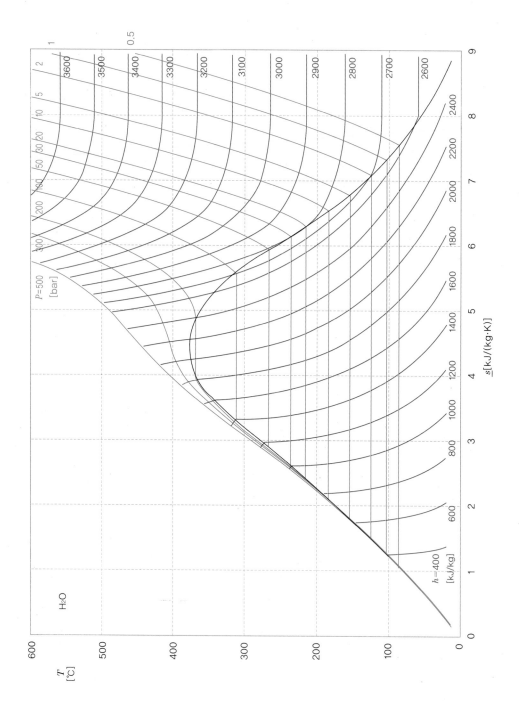

| Figure A.3 | R134a, *P-h* diagram
(From **Aspen HYSYS(R)** V10, PR, the reference point is $\underline{h}=200$ kJ/kg and $\underline{s}=1.00$ kJ/(kg·K) at 0°C sat liquid)

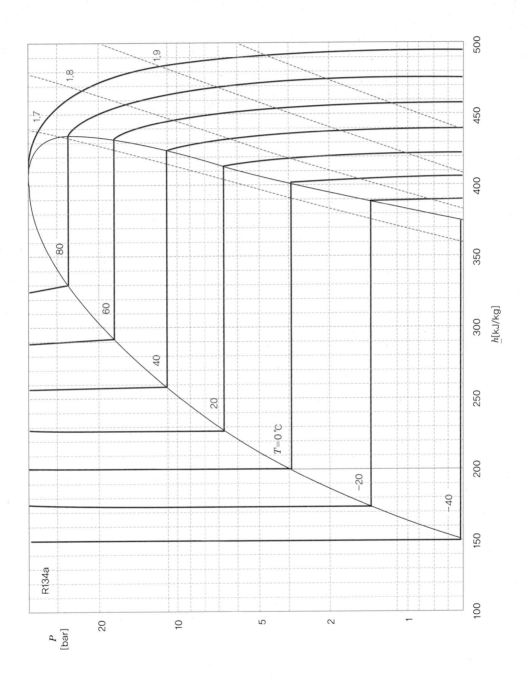

chapter 1

연습문제 해설

1 (1) **닫힌계**: 외부 주변환경(surroundings)으로부터 에너지의 출입만 있는 계

열린계: 외부 주변환경으로부터 에너지와 물질(질량)의 출입이 모두 있는 계

고립계: 외부 주변환경으로부터 에너지와 물질의 출입이 모두 없는 계

(2) **세기성질**: 계의 크기와 무관한 열역학 물성(온도 등)

크기성질: 계의 크기에 비례하는 열역학 물성(질량 등)

(3) 분자 간 상호작용이 없고, 분자의 크기가 없는(무한히 작은) 분자로 이루어진 기체

(4) 기체 혼합물이 특정 온도와 부피에서 압력 P를 가질 때, 이를 구성하는 각 물질 i가 다른 물질이 없이 혼자 기여한다고 생각할 수 있는 가상의 압력 $\mathcal{P}_i = y_i P$

(5) 순물질이 특정 온도에서 상평형을 이룰 때의 압력. 그 외에도 다양한 방식으로 설명할 수 있다. 어떠한 순물질이 특정 온도에서 기체에서 액체로 응축되거나 액체에서 기체로 증발할 수 있는 압력. 특정 온도에서 액체에서 기화한 증기로 인하여 형성된 압력. 어떠한 순물질이 특정 온도에서 증발 속도와 응축 속도가 같은 압력 등

(6) **평형**: 상태를 바꾸려는 어떠한 잠재력(퍼텐셜), 혹은 동력(driving force) 차이가 없는 상황

정상상태: 시간에 따라 물성의 변화가 없는 상태

(7) **상태가설**: 압축성인 순물질계의 상태는 2개의 독립적인 세기성질로서 규정될 수 있다.

(8) **포화액체**: 특정 온도 혹은 압력에서 최초의 기체(혹은 고체)가 생기는 순간의 액체

포화기체: 특정 온도 혹은 압력에서 최초의 액체(혹은 고체)가 생기는 순간의 기체

2
$$8.314 \frac{\text{J}}{\text{K mol}} \frac{1\,\text{N m}}{1\,\text{J}} \frac{1\,\text{Pa}}{1\,\text{N/m}^2} \frac{1\,\text{bar}}{10^5\,\text{Pa}} \frac{1\,\text{atm}}{1.01325\,\text{bar}} \frac{10^3\,\text{L}}{1\,\text{m}^3} = 0.082 \frac{\text{L atm}}{\text{K} \cdot \text{mol}}$$
$$= 0.082\,\text{L} \cdot \text{atm}/(\text{mol} \cdot \text{K})$$

3 이상기체의 경우 방정식을 통하여 150℃에서 압력별 부피를 연산 가능하다. 예를 들어 1 bar인 경우

$$v = \frac{RT}{P} = 8.314 \frac{\text{J}}{\text{K mol}} \frac{(150+273.15)\,\text{K}}{10^5\,\text{Pa}} = 0.0352\,\text{m}^3/\text{mol}$$

같은 방식으로 1−5 bar에서 계산해 보면

P[bar]	T[℃]	T[K]	v[m³/mol]
1	150	423.15	0.0352
2	150	423.15	0.0176
3	150	423.15	0.0117
4	150	423.15	0.0088
5	150	423.15	0.0070

압축인자 $Z = Pv/RT$는 계산해 볼 필요도 없이 무조건 1이며, Pv선도상 등온선을 그려보면 4번 문제에 나타낸 것과 같이 반비례 곡선으로 나타나게 된다.

4 물인 경우 수증기표로 확인이 가능하다. 물의 분자량 18을 이용 질량당 부피를 몰부피로 환산하면, 1 bar인 경우

$$1.936 \frac{\text{m}^3}{\text{kg}} = 1.936 \frac{\text{m}^3}{\text{kg}} \frac{1\,\text{kg}}{1000\,\text{g}} \frac{18\,\text{g}}{1\,\text{mol}} = 0.0348\,\text{m}^3/\text{mol}$$

단, 물의 경우 150℃의 포화압력이 4.8 bar이며, 상변화가 있는 동안은 온도 변화가 없다. 이를 고려하면

P[bar]	T[℃]	v[m³/kg]	v[m³/mol]	Z
1	150	1.936	0.0348	0.991
2	150	0.96	0.0173	0.982
3	150	0.634	0.0114	0.973
4	150	0.471	0.0085	0.964
4.8	150	0.393	0.0071	0.965
4.8	150	0.00109	0.000020	0.005
55	150	0.00109	0.000020	0.005
10	150	0.00109	0.000020	0.005

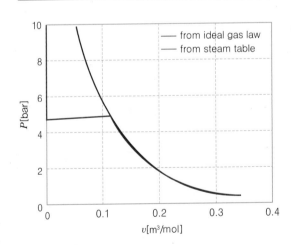

Pv선도상 등온선을 그려보면, 저압의 기체인 구간은 수증기가 이상기체와 유사한 부피를 가지나, 포화압에서 포화기체에서부터 포화액체가 된 이후에는 기체에 비하여 매우 작은 부피를 가지게 된다. Z값을 확인해 보면 저압의 기체 구간은 1에 가까우나 압력이 증가할수록 Z값이 감소하다가 액체가 되는 순간부터 0에 가깝게 나타난다. 즉 이상기체 방정식에서 거리가 매우 멀어지는 것을 확인할 수 있다.

5 (1) 깁스 상법칙에 따라 이 계의 자유도는 $F = 1 - 2 + 2 = 1$이므로 두 상이 공존하는 것만으로는 상의 물성을 결정할 수 없고 추가적인 세기성질이 하나 더 결정되어야 각 상의 물성이 결정된다. 따라서 온도는 알 수 없다.

(2) 이제 온도가 주어졌으므로 상의 물성을 알 수 있다. 수증기표에서 200℃ 포화상태의 기체(수증기)와 액체(물)의 물성을 확인해 보면 $\underline{v}^v = 0.127\,\text{m}^3/\text{kg}$, $\underline{v}^l = 0.00116\,\text{m}^3/\text{kg}$

(3) 계를 구성하는 각 상의 물성은 결정되었으나, 기체와 액체가 9 : 1인지, 5 : 5인지 얼마나 섞여 있는지는 알 수 없는 상황이므로 계의 전체 부피는 아직 알 수가 없다. 독립적인 변수가 하나 더 필요하다.

(4) 계의 전체 질량당 부피($\underline{v} = 0.1\,\text{m}^3/\text{kg}$)를 알았으므로 지렛대 원리를 이용하여 계산할 수 있다.

$$\underline{x}_{\text{vf}} = \frac{v - v^l}{v^v - v^l} = \frac{0.1 - 0.00116}{0.127 - 0.00116} = 0.785$$

6 수증기표를 확인하면 10 bar, 200℃에서 물은 과열증기이며, $\underline{v} = 0.206\,\text{m}^3/\text{kg}$이다. 즉 용기 내 물의 질량은 $1/0.206 = 4.854\,\text{kg}$이다. 25℃에서 포화액체/기체의 부피를 확인해 보면 $\underline{v}^l = 0.00100\,\text{m}^3/\text{kg}$, $\underline{v}^v = 43.357\,\text{m}^3/\text{kg}$이다. 즉 만약 물이 모두 포화액체 혹은 과냉각액체까지 냉각이 되었다면 전체 부피는 $0.00485\,\text{m}^3$ 이하로 줄어들어야 하는데, 이는 강철 밀폐용기가 찌그러지지 않았다면 불가능하다. 즉, $1\,\text{m}^3$의 부피가 유지되려면 그 내부는 3.2 kPa에서 물과 수증기가 공존하는 상태여야 한다. 이때 수증기분율은

$$\underline{x}_{\text{vf}} = \frac{v - v^l}{v^v - v^l} = \frac{0.206 - 0.001}{43.357 - 0.001} = 0.004$$

즉, 아주 소량의 수증기가 존재하는 포화상태이다.

2 연습문제 해설

1

(1) 우주의 에너지는 보존된다. 이를 수식으로 나타내면 $\Delta E_{univ} = 0$ 혹은 $\Delta U + \Delta E_k + \Delta E_p = Q + W$

(2) $H = U + PV$. 엔탈피는 수학적으로 내려진 정의이므로 이 표현이 가장 정확하다.

(3) 임의의 상태 1에서 2로 변화하는 공정이 있을 때, 상태 2에서 상태 1로 계(시스템)뿐만 아니라 주변환경에 변화를 남기지 않고 완벽하게 되돌릴 수 있는 공정

(4) **상태함수:** 경로와 무관하게 시작과 끝 상태만으로 결정되는 함수(온도, 압력, 엔탈피 등)
   경로함수: 경로에 따라 영향을 받는 함수(일, 열 등)

(5) **폴리트로픽 공정:** "$Pv^n =$ 일정"한 관계가 성립하는 공정

(6) 다양하게 설명이 가능하다. 한 가지 예시를 들면, 예제에서 유도했던 다음 식으로부터 카르노 기관의 효율이 100%가 되기 위해서는 차가운 열원의 온도가 절대0도가 되어야 하는데 이는 불가능함을 알 수 있다.

$$\eta_{Carnot} = 1 - \frac{T_C}{T_H}$$

(7) 유동일은 열린계에서 검사체적으로 유체가 들어오고 나가면서 발생하는 체적 변화로 인한 일이며, 축일은 이러한 유동일을 제외하고 계가 외부 주변환경에 하거나 받은 일을 말한다.

(8) 현열은 물질의 온도를 올리고 내리는 데 기여한 열을 말하며, 잠열은 물질의 상변화에 기여한 열을 말한다(증발열, 승화열 등).

(9) 공기를 비열이 일정한 이상기체로 간주하고 사이클을 구성하는 각 공정들이 마찰 등을 무시하고 이상적인 가역공정으로 구성되었다고 가정한 열역학 사이클

2

일의 정의에서

$$W' = \int P_E dV = 1\,\text{bar}\,(10-1)\,\text{m}^3 \frac{10^5\,\text{Pa}}{1\,\text{bar}} \frac{1\,\text{N/m}^2}{1\,\text{Pa}} \frac{1\,\text{J}}{1\,\text{Nm}} = 900\,\text{kJ}$$

3

식 (2.26)에서

$$\Delta u = \int_{T_1}^{T_2} c_v dT$$

완벽한 단원자분자 이상기체를 가정하면 정적비열은 $c_v = 3/2R$로 일정하므로

$$\Delta u = \frac{3}{2}R\Delta T = \frac{3}{2} \times 8.314 \times 50 = 623.6\,\text{J/mol}$$

이상기체가 몇 몰이 들어 있는지 크기에 대한 정보가 없으므로 전체 내부에너지 변화량 ΔU는 알 수 없고 몰당 내부에너지 변화량만 알 수 있다.

4 이상기체의 $k = c_P/c_v = \dfrac{5R/2}{3R/2} = 5/3$일 때 식 (2.38)에서

$$T_2 = T_1\left(\frac{v_1}{v_2}\right)^{k-1} = T_1\left(\frac{P_2}{P_1}\right)^{\frac{k-1}{k}} = 300\left(\frac{10}{1}\right)^{\frac{5/3-1}{5/3}} = 300\left(\frac{10}{1}\right)^{\frac{2}{5}} = 753.6\,\mathrm{K}$$

식 (2.37)에서

$$w = \frac{1}{k-1}(P_2 v_1 - P_2 v_1) = \frac{R}{k-1}(T_2 - T_1) = \frac{8.314}{5/3-1}(753.6 - 300) = 5657\,\mathrm{J/mol}$$

이상기체가 몇 몰이 들어 있는지 크기에 대한 정보가 없으므로 크기성질인 필요한 일 W는 알 수 없고 세기성질 몰당 일(molar work)만 알 수 있다.

5 식 (2.43)에서

$$\eta_{\mathrm{Carnot}} = \frac{w'_{\mathrm{net}}}{q_{\mathrm{H}}} = \frac{q_{\mathrm{H}} - q'_{\mathrm{C}}}{q_{\mathrm{H}}} = \frac{50 - 20}{50} = 0.6$$

6 Ex 2-4에서 보인 것과 같이

$$\eta_{\mathrm{Carnot}} = 1 - \frac{T_{\mathrm{C}}}{T_{\mathrm{H}}} = 1 - \frac{300}{600} = 0.5$$

7 식 (2.51)에서 정상상태이며 축일 = 0, 위치에너지의 차이가 없다면 에너지 밸런스는 다음과 같이 정리된다.

$$\dot{Q} = \dot{m}(h_o - h_i) + \dot{m}(\bar{v}_o^2/2 - \bar{v}_i^2/2)$$

계에 공급되는 1 MPa(10 bar), 25℃의 물의 엔탈피는 수증기표로부터

$$h_i = 105.7\,\mathrm{kJ/kg}$$

압력강하가 없는 이상적인 상황이라면 배출되는 1 MPa, 300℃ 수증기의 엔탈피는

$$h_o = 3050.6 \, \text{kJ/kg}$$

$$\dot{Q} = \dot{m}(h_o - h_i) + \dot{m}(\overline{v}_o^{\,2}/2 - \overline{v}_i^{\,2}/2)$$

$$= 1 \, \text{kg/s} \,(3050.6 - 105.7) \, \text{kJ/kg} + 1 \frac{\text{kg}}{\text{s}} \left(20^2/2 - \frac{1^2}{2} \right) \frac{\text{m}^2}{\text{s}^2} \frac{1 \, \text{J}}{1 \, \text{Nm}} \frac{1 \, \text{N}}{1 \, \text{kg m/s}^2}$$

$$= 2944.9 \, \text{kW} + 0.2 \, \text{kW} = 2.945 \, \text{MW}$$

이때 운동에너지의 차이를 무시한다고 하더라도 결과는 거의 동일하다.

$$\dot{Q} = \dot{m}(h_o - h_i) = 1 \, \text{kg/s} \,(3050.6 - 105.7) \, \text{kJ/kg} = 2.945 \, \text{MW}$$

즉, 엔탈피 차이가 상대적으로 너무 커서 운동에너지의 차이를 무시하더라도 문제가 없는 상황임을 알 수 있다.

8 식 (2.51)에서 정상상태이며 단열되어 열손실이 없고 운동에너지의 차이를 무시한다면 에너지 밸런스는 다음과 같이 정리된다.

$$\dot{W}_s = \dot{m}(h_o - h_i) + \dot{m}g(h_{e,o} - h_{e,i})$$

토출 수증기(100℃, 1 bar)의 엔탈피는

$$h_o = 2675.9 \, \text{kJ/kg}$$

$$\dot{W}_s = 1 \, \text{kg/s} \,(2675.9 - 3050.6) \, \text{kJ/kg} + 1 \frac{\text{kg}}{\text{s}} 9.8 \frac{\text{m}}{\text{s}^2} (1-5) \, \text{m} \frac{1 \, \text{J}}{1 \, \text{Nm}} \frac{1 \, \text{N}}{1 \, \text{kg m/s}^2}$$

$$= -374.7 \, \text{kW} - 0.04 \, \text{kW} = -375 \, \text{kW}$$

즉, 터빈이 생성하는 일은 375 kW이며, 엔탈피 차이에 비하여 위치에너지의 차이가 상대적으로 작아서 이를 무시하더라도 거의 동일한 결과를 얻음을 알 수 있다.

9 열손실이 없다는 가정하에 에너지 밸런스를 열교환기에 적용하면 식 (2.56)에서

$$q = \Delta h$$

이상기체라면 식 (2.63)에서

$$\Delta h = \int_{T_1}^{T_2} c_P \, dT$$

정압비열 $= 5R/2$인 완벽한 단원자분자 이상기체를 가정하면

$$q = \Delta h = \int_{300}^{400} c_P dT = \frac{5R}{2}(400-300) = 2.5 \times 8.314 \times 100 = 2.08\,\text{kJ/mol}$$

10 열교환기의 에너지 밸런스 식 (2.56)에서

$$q = \Delta h$$

이상기체에 근접하여 정압비열이 온도만의 함수로 나타나는 경우 식 (2.63)에서

$$q = \Delta h = \int_{T_1}^{T_2} c_P dT$$

300 K에서 400 K까지 가열하려면 필요한 열에너지는

$$q = \Delta h = \int_{300}^{400} c_P dT = R[3T + 0.002T^2]_{300}^{400}$$
$$= R[3(400-300) + 0.002(400^2 - 300^2)] = 3.66\,\text{kJ/mol}$$

11 식 (2.56)과 식 (2.63)에서

$$q = \Delta h = \int_{T_1}^{T_2} c_P dT$$

10,000 J/mol의 열이 가해졌을 때 열교환 전의 온도는 300 K, 열교환 후의 온도 T는 모르는 상황이므로

$$q = 10{,}000 = \Delta h = \int_{300}^{T} c_P dT = R[3T + 0.002T^2]_{300}^{T} = R[3(T-300) + 0.002(T^2 - 300^2)]$$

수치해석법을 써도 되지만, 이건 T에 대한 2차 방정식에 불과하므로 그냥 근의 공식을 이용, 해석적으로 풀어도 된다.

$$0.002T^2 + 3T - 3 \times 300 - 180 - 10{,}000/R = 0$$
$$0.002T^2 + 3T - 2282.79 = 0$$
$$T = \frac{-3 \pm \sqrt{9 - 4 \times 0.002 \times (-2282.79)}}{2 \times 0.002} = 555.3\,\text{K}$$

온도는 음수일 수 없으므로 음의 근은 무의미한 해이다.

12 $n-$뷰테인 가스의 완전연소반응 균형식은 다음과 같다.

$$C_4H_{10} + 6.5O_2 \rightleftarrows 4CO_2 + 5H_2O$$

식 (2.67)과 부록의 생성엔탈피를 참조하면

$$\Delta h^o_{\text{rxn}} = \sum \nu_i \Delta h^o_{f,i} = -\Delta h^o_{f,\text{C}_4\text{H}_{10}} + 4\Delta h^o_{f,\text{CO}_2} + 5\Delta h^o_{f,\text{H}_2\text{O}}$$

$$= -(-126.2) + 4 \times (-393.5) + 5 \times (-285.8) = -2877 \, \text{kJ/mol}$$

단, 이는 액체인 물의 생성엔탈피를 사용하여 계산한 것이므로, 정의상 고위발열량(HHV)에 해당된다. 다른 단서 없이 연소열이라 하면 일반적으로 고위발열량을 기준으로 이야기하는 경우가 많으나, 저위발열량(LHV) 역시 통용되는 개념이므로 만약 저위발열량을 계산하고자 하는 경우에는

$$\Delta h^o_{\text{rxn}} = \sum \nu_i \Delta h^o_{f,i} = -\Delta h^o_{f,\text{C}_4\text{H}_{10}} + 4\Delta h^o_{f,\text{CO}_2} + 5\Delta h^o_{f,\text{H}_2\text{O}}$$

$$= -(-126.2) + 4 \times (-393.5) + 5 \times (-241.8) = -2657 \, \text{kJ/mol}$$

13 반응 $A+D \rightarrow G$ 반응은 헤스의 법칙에 따라 반응 ①, ②가 합쳐진 뒤 반응 ③의 역반응이 일어나는 것과 같으므로

$$A+D+3B \rightarrow 2E+4C \rightarrow G+3B$$

$$\Delta h^o_{\text{rxn}} = (-50) + (-300) + 400 = 50 \, \text{kJ/mol}$$

chapter 3 연습문제 해설

1 (1) 여러 가지 방식으로 서술이 가능하다.

- 우주의 엔트로피는 항상 증가한다($\Delta S_{\text{univ}} \geq 0$).
- 열은 저온에서 고온으로 자발적으로 전달되지 않는다.
- 모든 열을 일로 전환하는 열기관을 만들 수는 없다.

(2) 다양하게 설명이 가능하다.

- 비가역성의 정도를 나타내는 열역학 물성
- 가역공정에서 계에 출입한 열량 미소 변화량을 온도로 나눈 것$\left(dS \equiv \dfrac{\delta Q_{rev}}{T}\right)$
- 미시상태에서 가능한 경우의 수의 로그에 비례하는 열역학 지표($S = k_B \ln \Omega$) 등

(3) 어떤 상태에서 일로 사용 가능한 가용 에너지(available energy)

$$e_{x,1} \equiv (h_1 - h_o) - T_o(s_1 - s_o)$$

2 $c_P = 2.5R$의 완벽한 이상기체인 경우 식 (3.5)에서

$$\Delta s = \int_{T_1}^{T_2} \frac{c_P}{T} dT - R \ln \frac{P_2}{P_1}$$

$$= 2.5R \times \ln\left(\frac{T_2}{T_1}\right) - R \ln \frac{P_2}{P_1} = 2.5 \times 8.314 \times \ln\left(\frac{373}{298}\right) - 8.314 \times \ln\left(\frac{2}{1}\right) = 10.4 \, \text{J/(K} \cdot \text{mol)}$$

3 최대의 축일은 단열가역공정, 즉 등엔트로피 공정에서 가능하다. 유로가 하나이고 반응이나 상변화가 없는 정상상태 유체의 가역공정은 기계적 에너지 밸런스 식 (3.38)을 적용할 수 있다. 운동에너지와 위치에너지의 차이가 무시할 만큼 작고 이상기체의 비열비 $k = c_P/c_v = 5/3$라면

$$\frac{\dot{W}_s}{\dot{n}} = \int v\,dP$$

$$Pv^{5/3} = \text{constant} = P_1 v_1^{5/3}$$

$$v = \left(\frac{P_1 v_1^{5/3}}{P}\right)^{3/5} = \frac{P_1^{3/5} v_1}{P^{3/5}}$$

$$\frac{\dot{W}_s}{\dot{n}} = \int \frac{P_1^{3/5} v_1}{P^{3/5}} dP = P_1^{3/5} v_1 \int P^{-\frac{3}{5}} dP = P_1^{3/5} v_1 \left[\frac{5}{2} P^{\frac{2}{5}}\right]_{P_1}^{P_2} = \frac{5 P_1^{3/5} v_1}{2}\left[P_2^{\frac{2}{5}} - P_1^{\frac{2}{5}}\right]$$

$$= \frac{5}{2} 100^{\frac{3}{5}} \times 500 \left(\frac{10^{-6}\,\text{m}^3}{\text{mol}}\right)\left[(10)^{\frac{2}{5}} - (100)^{\frac{2}{5}}\right](\text{bar}) = -7.5 \, \text{kJ/mol}$$

$$\dot{W}_s = 200\,\frac{\text{mol}}{\text{s}} - 7.5\,\frac{\text{kJ}}{\text{mol}} = -1.5\,\text{MW}$$

가역단열공정이므로 토출 기체의 온도는 식 (2.38)에서

$$T_2 = T_1\left(\frac{v_1}{v_2}\right)^{k-1} = T_1\left(\frac{P_2}{P_1}\right)^{\frac{k-1}{k}}$$

$$T_1 = \frac{P_1 v_1}{R} = \frac{100 \times 10^5\,\text{Pa}\,500 \times 10^{-6}\,\text{m}^3/\text{mol}}{8.314\,\text{J}/(\text{mol}\cdot\text{K})}\,\frac{\text{N/m}^2}{1\,\text{Pa}}\,\frac{1\,\text{J}}{1\,\text{Nm}} = 601.4\,\text{K}$$

$$T_2 = 601.4\left(\frac{10}{100}\right)^{\frac{2/3}{5/3}} = 239.4\,\text{K}$$

참고로, 이상기체이므로 온도를 구한 뒤 온도차로부터 엔탈피를 연산, 에너지 밸런스로부터 $\dot{W}_s = \dot{n}\Delta h = \dot{n}\int_{T_1}^{T_2} c_P dT$를 적용하여 일을 구할 수도 있으며, 결과는 동일하다.

$$\dot{W}_s = \dot{n}\int_{T_1}^{T_2} c_P dT = \dot{n}\frac{5R}{2}[T_2 - T_1] = 200\,\frac{\text{mol}}{\text{s}}\,2.5 \times 8.314\,\frac{\text{J}}{\text{mol}\cdot\text{K}} \times (-362)\,\text{K} = -1.5\,\text{MW}$$

최대의 축일을 얻기 위해 가역단열, 즉 등엔트로피 조건의 기계적 에너지 밸런스를 적용했으므로 계산할 필요도 없이 엔트로피 변화량은 0이다. 확인해 보고 싶으면 이상기체의 엔트로피 변화량 식 (3.5)에서

$$\Delta s = \int_{T_1}^{T_2}\frac{c_P}{T}dT - R\ln\frac{P_2}{P_1} = c_P\ln\frac{T_2}{T_1} - R\ln\frac{P_2}{P_1} = \frac{5}{2}R\ln\frac{239.4}{601.4} - R\ln\frac{10}{100} = 0$$

4 효율이 80%라는 것은 등엔트로피 공정의 80%의 일만 가능하다는 의미이므로 1번 문제의 결과로부터

$$\dot{W}_s^{\text{actual}} = \eta\dot{W}_s^{\text{is}} = 0.8 \times (-1.5) = -1.2\,\text{MW}$$

토출온도는 에너지 밸런스로부터

$$\dot{W}_s^{\text{actual}} = \dot{n}\int_{T_1}^{T_2} c_P dT = \dot{n}\frac{5R}{2}[T_2 - T_1]$$

$$T_2 = \frac{\dot{W}_s^{\text{actual}}}{2.5\dot{n}R} + T_1 = \frac{-1.2 \times 10^6}{2.5 \times 200 \times 8.314} + 601.4 = 312.7\,\text{K}$$

엔트로피 변화량은 식 (3.5)에서

$$\Delta s = \int_{T_1}^{T_2}\frac{c_P}{T}dT - R\ln\frac{P_2}{P_1} = \frac{5}{2}R\ln\frac{312.7}{601.4} - R\ln\frac{10}{100} = 5.55\,\text{J}/(\text{mol}\cdot\text{K})$$

5 (1) 가압 전 액체 물을 상태 1, 가압 후를 상태 2, 가열 후를 상태 3, 팽창 후를 상태 4라 두고 수증기표로부터 상태 3 50 bar, 600℃ 수증기의 질량당 엔탈피와 엔트로피를 확인하면

$$\underline{h}_3 = 3666.3(\text{kJ/kg}), \ \underline{s}_3 = 7.259 \, \text{kJ/(kg} \cdot \text{K)}$$

터빈에서 등엔트로피 팽창한 경우 팽창 전후의 엔트로피는 같아야 한다.

$$\underline{s}_4 = \underline{s}_3 = 7.259 \, \text{kJ/(kg} \cdot \text{K)}$$

1 bar에서 상태 4에 해당하는 엔트로피를 가질 수 있는 구간을 확인해 보면 기액 혼합물 상태여야 함을 확인할 수 있다.

P	$T[℃]$	$\underline{v}[\text{m}^3/\text{kg}]$	$\underline{h}[\text{kJ/kg}]$	$\underline{s}[\text{kJ/(kg} \cdot \text{K)}]$
1 bar sat. liq.	99.6	0.001	417.5	1.303
1 bar sat. vap.	99.6	1.694	2675.2	7.359

엔트로피에 대한 선형 내삽을 통해서 상태 4의 엔탈피를 구하면

$$h_4 = \frac{\underline{h}^v - \underline{h}^l}{\underline{s}^v - \underline{s}^l}(\underline{s}_4 - \underline{s}^l) + \underline{h}^l = \frac{2675.2 - 417.5}{7.359 - 1.303} \times (7.259 - 1.303) + 417.5 = 2637.9 \, \text{kJ/kg}$$

즉, 터빈에서 얻을 수 있는 질량당 일은

$$w_s^{'} = -w_s = -(h_4 - h_3) = -(2637.9 - 3666.3) = 1028.4 \, \text{kJ/kg}$$

포화액체까지 냉각한 상태 1의 엔탈피와 엔트로피는

$$\underline{h}_1 = 417.5(\text{kJ/kg}), \ \underline{s}_1 = 1.303 \, \text{kJ/(kg} \cdot \text{K)}$$

이를 다시 50 bar까지 등엔트로피 압축하면 상태 2는

$$\underline{s}_2 = \underline{s}_1 = 1.303 \, \text{kJ/(kg} \cdot \text{K)}$$

50 bar에서 수증기가 해당 엔트로피를 가질 때 엔탈피는

$$\underline{h}_2 = 422.8 \, \text{kJ/kg}$$

즉, 압축에 필요한 엔탈피는

$$w_s = (h_2 - h_1) = 422.8 - 417.5 = 5.3 \, \text{kJ/kg}$$

이를 다시 상태 3의 수증기로 만들기 위해서 필요한 질량당 열량은

$$q = (h_3 - h_2) = 3666.3 - 422.8 = 3243.5 \, \text{kJ/kg}$$

랭킨 사이클의 효율은

$$\eta = \frac{w'_{s,\,\text{turb}} - w_{s,\,\text{pump}}}{q} = \frac{1028.4 - 5.3}{3243.5} = 0.315$$

(2) 상태 3 50 bar, 600℃ 수증기의 질량당 엔탈피와 엔트로피는 동일하다.

$$\underline{h}_3 = 3666.3\,(\text{kJ/kg}), \ \underline{s}_3 = 7.259\,\text{kJ/(kg}\cdot\text{K)}$$

터빈의 효율이 80%라면 등엔트로피 팽창 시에 비하여 80%의 일만 얻을 수 있다는 의미이므로

$$w'^{\,\text{actual}}_s = -w^{\text{actual}}_s = -0.8 w^{\text{is}}_s = 0.8 \times 1028.4 = 822.7\,\text{kJ/kg}$$

포화액체까지 냉각한 상태 1은 동일하므로

$$\underline{h}_1 = 417.5\,\text{kJ/kg}, \ \underline{s}_1 = 1.303\,\text{kJ(kg}\cdot\text{K)}$$

펌프의 효율이 80%라면 실제 필요한 일은

$$w^{\text{actual}}_s = w^{\text{is}}_s / 0.8 = 6.6\,\text{kJ/kg}$$

그럼 가압 후 상태 2의 엔탈피는

$$\underline{h}_2 = \underline{h}_1 + w_s = 417.5 + 6.6 = 424.1\,\text{kJ/kg}$$

이를 다시 상태 3의 수증기로 만들기 위해서 필요한 질량당 열량은

$$q = (h_3 - h_2) = 3666.3 - 424.1 = 3242.2\,\text{kJ/kg}$$

$$\eta = \frac{w'_{s,\,\text{turb}} - w_{s,\,\text{pump}}}{q} = \frac{822.7 - 6.6}{3242.2} = 0.252$$

6   (1) 다음과 같은 상태의 냉각 사이클이므로

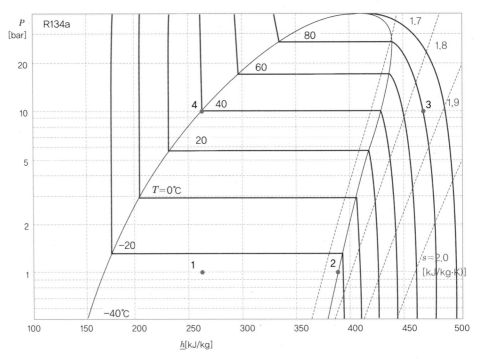

$$\underline{q_c} = \underline{h_2} - \underline{h_1} \approx 385 - 255 = 130 \,\text{kJ/kg}$$

$$\underline{w_s} = \underline{h_3} - \underline{h_2} \approx 465 - 385 = 80$$

$$\text{COP} = \frac{q_c}{w_{s,\text{comp}}} = \frac{130}{80} = 1.63$$

(2) 상태 4의 엔탈피가 230 kJ/kg이므로

$$\underline{q_c} = \underline{h_2} - \underline{h_1} \approx 385 - 230 = 155 \,\text{kJ/kg}$$

$$\underline{w_s} = \underline{h_3} - \underline{h_2} \approx 465 - 385 = 80$$

$$\text{COP} = \frac{q_c}{w_{s,\text{comp}}} = \frac{155}{80} = 1.94$$

즉, COP가 증가한다.

7 수증기표에서 1 bar, 25℃, 75℃, 100℃, 200℃ 물의 엔탈피와 엔트로피를 확인하면

P[bar]	T[℃]	$\underline{h}$[kJ/kg]	$\underline{s}$[kJ/(kg · K)]
1	25	104.8	0.367
1	75	314.0	1.015
1	100	2675.9	7.361
1	200	2874.8	7.834

25℃의 물 1 kg/s를 가열해서 75℃로 만들기 위해서 필요한 열량은 에너지 밸런스로부터

$$\dot{Q} = \dot{m}_w \Delta \underline{h} = \dot{m}_w (h_{w75} - h_{w25}) = 1 \, \text{kg/s} \times (314.0 - 104.8) \, \text{kJ/kg} = 209.2 \, \text{kW}$$

이 열량을 공급하기 위하여 200℃의 수증기를 100℃까지 열교환하는 경우 필요한 수증기의 유량 ($\dot{m}_{s1}$)은

$$\dot{m}_{s1} = \frac{\dot{Q}}{\Delta \underline{h}} = \frac{\dot{Q}}{h_{s100} - h_{s200}} = \frac{-209.2}{2675.9 - 2874.8} = 1.052 \, \text{kg/s}$$

기준 상태를 $P_o = 1 \, \text{bar}$, $T_o = 25℃$로 두면 열교환을 통해서 물과 수증기에서 발생하는 엑서지 변화량은

$$\Delta \dot{E}_{x,w} = \dot{m}_w (e_{x,w75} - e_{x,w25}) = \dot{m}_w [(h_{w75} - h_o) - T_o(s_{w75} - s_o) - \{(h_{w25} - h_o) - T_o(s_{w25} - s_o)\}]$$
$$= \dot{m}_w [(h_{w75} - h_{w25}) - T_o(s_{w75} - s_{w25})] = 1 \times [(314.0 - 104.8) - 298.15 \times (1.015 - 0.367)]$$
$$= 16.0 \, \text{kW}$$

$$\Delta \dot{E}_{x,s1} = \dot{m}_{s1} [(h_{s100} - h_{s200}) - T_o(s_{s100} - s_{s200})]$$
$$= 1.052 \times [(2675.9 - 2874.8) - 298.15 \times (7.361 - 7.834)] = -60.9 \, \text{kW}$$

즉, 전체 엑서지 변화량은 $16 - 60.9 = -44.9 \, \text{kW}$로 44.9 kW의 엑서지 손실이 발생한다.

8 수증기표에서 1 bar, 25℃, 75℃, 200℃, 300℃ 물의 엔탈피와 엔트로피를 확인하면

P[bar]	T[℃]	$\underline{h}$[kJ/kg]	$\underline{s}$[kJ/(kg · K)]
1	25	104.8	0.367
1	75	314.0	1.015
1	200	2874.8	7.834
1	300	3074.0	8.215

25℃의 물 1 kg/s를 가열해서 75℃로 만들기 위해서 필요한 열량은 에너지 밸런스로부터

$$\dot{Q} = \dot{m}_w \Delta \underline{h} = \dot{m}_w (h_{w75} - h_{w25}) = 1 \, \text{kg/s} \times (314.0 - 104.8) \, \text{kJ/kg} = 209.2 \, \text{kW}$$

열량을 공급하기 위하여 300℃의 수증기를 200℃까지 열교환하는 경우 필요한 수증기의 유량 ($\dot{m}_{s2}$)은

$$\dot{m}_{s2} = \frac{\dot{Q}}{\Delta \underline{h}} = \frac{\dot{Q}}{h_{s200}-h_{s300}} = \frac{-209.2}{2874.8-3074} = 1.05\,\mathrm{kg/s}$$

엑서지 변화량은

$$\Delta \dot{E}_{x,w} = \dot{m}_w(e_{x,w75}-e_{x,w25}) = \dot{m}_w[(h_{w75}-h_o)-T_o(s_{w75}-s_o)-\{(h_{w25}-h_o)-T_o(s_{w25}-s_o)\}]$$
$$= \dot{m}_w[(h_{w75}-h_{w25})-T_o(s_{w75}-s_{w25})] = 1 \times [(314.0-104.8)-298.15 \times (1.015-0.367)]$$
$$= 16.0\,\mathrm{kW}$$

$$\Delta \dot{E}_{x,s2} = \dot{m}_{s2}[(h_{s200}-h_{s300})-T_o(s_{s200}-s_{s300})]$$
$$= 1.05 \times [(2874.8-3074)-298.15 \times (7.834-8.215)] = -89.9\,(\mathrm{kW})$$

즉, 전체 엑서지 변화량은 16−89.9 = −73.9 kW로 73.9 kW의 엑서지 손실이 발생한다.

9 6번 문제와 7번 문제는 동일하게 물 1 kg/s를 25℃에서 75℃로 가열하고자 하며, 이때 공급해야 하는 엔탈피의 차이는 동일하다(209.2 kW). 열원으로 사용하는 수증기의 열교환 전후 온도 차이가 100℃로 동일한 경우 200℃의 수증기를 사용하나 300℃의 수증기를 사용하나 공급해야 하는 수증기의 유량도 거의 동일하다. 그러나 엑서지 손실량을 보면 300℃의 수증기를 사용한 경우가 74 kW로 200℃의 수증기를 사용하는 경우 45 kW보다 1.6배 이상 크다. 즉, 불필요하게 높은 열원을 사용하는 것은 비효율적인 열교환이 된다는 것을 확인할 수 있다.

4 연습문제 해설

1 (1) 무극성분자라고 하여도 분자 내 전자가 순간적으로 고르지 않게 분포하여 순간적으로 발생하는 쌍극자 편극현상으로 인하여 유발된 쌍극자 간에 작용하는 힘

(2) 좁은 의미로는 분산력만을 지칭하는 경우도 있으나 보통 넓은 의미로 쌍극자–쌍극자 간 힘, 쌍극자–유발쌍극자 간 힘, 유발쌍극자–유발쌍극자 간 힘을 통틀어서 분자 간 작용하는 힘을 의미한다.

2 프로페인의 임계온도, 압력은 369.9 K, 42.57 bar이므로 vdW 계수 a, b는

$$a = \frac{27}{64}\frac{R^2 T_c^2}{P_c} = \frac{27}{64}8.314^2\frac{\text{J}^2}{\text{mol}^2\text{K}^2}\frac{1\,\text{Nm}}{1\,\text{J}}\frac{369.9^2\,\text{K}^2}{42.57\,\text{bar}}\frac{1\,\text{bar}}{10^5\,\text{Pa}}\frac{1\,\text{Pa}}{1\,\text{N/m}^2} = 0.937\frac{\text{J m}^3}{\text{mol}^2}$$

$$b = \frac{RT_c}{8P_c} = \frac{8.314}{8}\frac{\text{J}}{\text{K mol}}\frac{369.9\,\text{K}}{42.57\,\text{bar}}\frac{1\,\text{N}\cdot\text{m}}{1\,\text{J}}\frac{1\,\text{bar}}{10^5\,\text{Pa}}\frac{1\,\text{Pa}}{1\,\text{N/m}^2} = 9.03 \times 10^{-5}\,\text{m}^3/\text{mol}$$

이제 vdW EOS를 이용하여 특정 T값에서 다음을 만족하는 (v, P)를 도시하여 등온선을 나타내는 것이 가능해진다.

$$P = \frac{RT}{v-b} - \frac{a}{v^2}$$

단, 이렇게 그린 등온선은 포화상태에서는 일정한 압력을 가지는 실제 순물질의 특성을 반영하지 못한다. 안토인 식으로부터 특정 온도에서 프로페인의 포화압을 확인하고 해당 구간은 수평선으로 수정해 보면

$$\log P^{\text{sat}} = A - \frac{B}{T+C}$$

프로페인의 안토인 계수는 부록 표로부터

A	B	C	$T_{\min}$	$T_{\max}$
4.537	1149.36	24.906	277	361

$$P^{\text{sat}}_{T=300\,\text{K}} = 10^{\left(4.537 - \frac{1149.36}{300+24.906}\right)} = 9.99\,\text{bar}$$

$$P^{\text{sat}}_{T=320\,\text{K}} = 10^{\left(4.537 - \frac{1149.36}{320+24.906}\right)} = 16.0\,\text{bar}$$

$$P^{\text{sat}}_{T=340\,\text{K}} = 10^{\left(4.537 - \frac{1149.36}{340+24.906}\right)} = 24.4\,\text{bar}$$

이를 도표로 나타내면

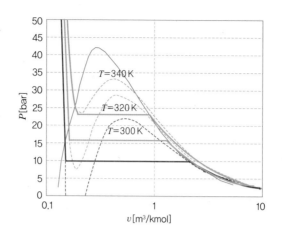

3   vdW EOS 매개변수 계산 결과

$$a = \frac{27}{64}\frac{R^2 T_c^2}{P_c} = 0.937\,\frac{\text{J m}^3}{\text{mol}^2}$$

$$b = \frac{RT_c}{8P_c} = 9.03 \times 10^{-5}\,\text{m}^3/\text{mol}$$

320 K, 5 bar에서 v에 대한 3차 상태방정식을 풀면

$$v^3 - \left(\frac{RT}{P} + b\right)v^2 + \frac{a}{P}v - \frac{ab}{P} = 0$$

1개의 근을 얻을 수 있다.

$$v = 0.0263\,\text{m}^3/\text{mol}$$

320 K, 20 bar에서 다시 3차 방정식을 풀면, 3개의 근을 얻을 수 있다.

$$v = (0.000991,\ 0.000274,\ 0.000156)\,\text{m}^3/\text{mol}$$

안토인 식으로부터 320 K에서의 포화압력을 구하면

$$P_{320\,\text{K}}^{\text{sat}} = 16.0\,\text{bar}$$

즉, 20 bar에서는 프로페인이 액체여야 하므로

$$v = 0.000156\,\text{m}^3/\text{mol}$$

4   RK EOS 매개변수 계산 결과

$$a = 0.42748 \frac{R^2 T_c^{2.5}}{P_c} = 18.267$$

$$b = 0.08664 \frac{R T_c}{P_c} = 6.26 \times 10^{-5}$$

320 K, 1 bar에서 v에 대한 3차 상태방정식을 풀면

$$v^3 - \frac{RT}{P} v^2 + \left(\frac{a}{P\sqrt{T}} - \frac{bRT}{P} - b^2 \right) v - \frac{ab}{P\sqrt{T}} = 0$$

3개의 근을 얻을 수 있다.

$$v = (0.0263,\ 0.000206,\ 0.000118)\,\text{m}^3/\text{mol}$$

안토인 식으로부터 320 K에서의 포화압력이 16 bar이므로 1 bar에서 프로페인은 기체여야 안정적임을 알 수 있으므로,

$$v = 0.0263\,\text{m}^3/\text{mol}$$

320 K, 20 bar에서 다시 3차 방정식을 풀면, 3개의 근을 얻을 수 있다.

$$v = (0.000899,\ 0.000321,\ 0.000111)\,\text{m}^3/\text{mol}$$

20 bar에서는 액체일 터이므로

$$v = 0.000111\,\text{m}^3/\text{mol}$$

5   1 bar의 기체의 경우 vdW EOS나 RK EOS로 연산된 몰부피가 실제 몰부피에 거의 근접한 값을 가지는 것을 알 수 있다. 즉, 저압의 기체 몰부피 연산에는 vdW EOS나 RK EOS가 충분한 정확도를 보임을 알 수 있다.
참고로, 이 정도의 저압에서는 이상기체 방정식을 사용하는 경우도 큰 오차가 발생하지 않으므로 (약 2%) 경우에 따라 이상기체 방정식의 사용도 가능하다.

$$v = \frac{RT}{P} = \frac{8.314 \times 320}{10^5} = 26.7\,\text{m}^3/\text{kmol}$$

그러나 액체의 경우, 이상기체 방정식은 실제 액체의 몰부피보다 13배 큰 값으로, 전혀 사용하지 못할 정도의 큰 값 차이를 가진다.

$$v = \frac{RT}{P} = \frac{8.314 \times 320}{20 \times 10^5} = 1.33\,\text{m}^3/\text{kmol}$$

vdW EOS로 연산된 값 0.156 m³/kmol은 이상기체 방정식에 비하면 훨씬 양호하나, 이 값도 실제 값보다 약 60% 이상 큰 값이다. 즉 vdW EOS가 액체의 몰부피를 기체의 연속선상에서 연산 가능하도록 고안되기는 하였으나, 고압으로 갈수록 모사 정확도가 떨어지는 부분을 확인할 수 있다. 이는 RK EOS에서도 나타나는 경향으로, 몰부피 0.111 m³/kmol은 vdW보다 좀더 실제에 가까운 값이나 이 역시 40% 이상의 차이를 보인다. 즉 RK EOS도 고압에서는 무시하기 어려운 오차를 보인다. 이는 PR, SRK와 같은 3매개변수 상태방정식 및 액체의 물성을 연산하는 또 다른 상태방정식들이 지속적으로 개발되어 온 이유이기도 하다.

1

(1) 다음 네 가지의 관계를 말한다.

$$du = Tds - Pdv$$
$$dh = Tds + vdP$$
$$da = -Pdv - sdT$$
$$dg = vdP - sdT$$

(2) 다음 네 가지의 등식을 말한다.

$$-\left(\frac{\partial P}{\partial s}\right)_v = \left(\frac{\partial T}{\partial v}\right)_s$$

$$\left(\frac{\partial v}{\partial s}\right)_P = \left(\frac{\partial T}{\partial P}\right)_s$$

$$\left(\frac{\partial s}{\partial v}\right)_T = \left(\frac{\partial P}{\partial T}\right)_v$$

$$-\left(\frac{\partial s}{\partial P}\right)_T = \left(\frac{\partial v}{\partial T}\right)_P$$

(3) 해당 관계식들을 통하여 직관적이지 않고 실험적으로 직접 측정이 어려운 u, h, s, g와 같은 열역학적으로 유도 정의된 물성치들을 직접적으로 측정 가능한 P, v, T와 같은 물성치로부터 연산이 가능하도록 유도가 가능하다.

(4) JT 팽창계수가 0보다 크다면 팽창하면서 온도가 떨어진다. 0보다 작다면 팽창하면서 온도가 올라간다. 0이라면 변화가 없다. (FAQ 5-8 참조)

(5) JT 팽창계수 $\mu_{JT} = \left(\frac{\partial T}{\partial P}\right)_h = 0$인 관계를 만족하는 선이다. 즉, 등엔탈피 공정에서 압력 변화에 따른 온도 변화가 없는 상태를 의미한다.

2

1~2 bar와 같이 충분한 저압에서는 메테인이 이상기체에 근접한다고 볼수 있다. 그러나 실제 물질의 경우 이상기체 상황에서도 정압비열은 온도의 함수로 나타나게 되므로
메테인의 이상기체 정압비열은 부록으로부터

$$c_P[\text{J}/(\text{mol} \cdot \text{K})] = R(A + BT + CT^2 + DT^3)$$

A	B$\times 10^3$	C$\times 10^6$	D$\times 10^9$
4.394	−6.101	23.984	−14.214

$$\Delta s = \int_{T_1}^{T_2} R\left(\frac{A}{T} + B + CT + DT^2\right)dT - R\ln\frac{P_2}{P_1}$$

$$= R\left[A\ln\left(\frac{T_2}{T_1}\right) + B(T_2 - T_1) + 0.5C(T_2^2 - T_1^2) + (1/3)D(T_2^3 - T_1^3)\right] - R\ln\frac{P_2}{P_1}$$

$$= 8.314 \times [4.394 \times \ln(373/298) - 6.101 \times 10^{-3} \times (373 - 298) + 0.5 \times 23.984 \times 10^{-6}$$

$$\times (373^2 - 298^2) + 0.33333 \times (-14.214) \times 10^{-9} \times (373^3 - 298^3)]$$

$$- 8.314 \times \ln 0.5 = 14.2 \, \text{J/(K} \cdot \text{mol)}$$

참고로, 만약 메테인을 $c_P = 2.5R$의 완벽한 이상기체로 가정한 경우 식 (3.5)에서

$$\Delta s = \int_{T_1}^{T_2} \frac{c_P}{T}dT - R\ln\frac{P_2}{P_1}$$

$$= 2.5R \times \ln\left(\frac{T_2}{T_1}\right) - R\ln\frac{P_2}{P_1} = 2.5 \times 8.314 \times \ln\left(\frac{373}{298}\right) - 8.314 \times \ln\left(\frac{2}{1}\right) = 10.4 \, \text{J/(K} \cdot \text{mol)}$$

이는 상당한 차이가 나는 값으로 사용하기가 어렵다. 즉, 메테인 자체의 분자가 상당한 크기와 상호작용력을 가지고 있기 때문으로 이상기체에 근접한 조건이라도 정압비열이 상수인 완벽한 이상기체를 가정하고 적용하는 것은 무리임을 알 수 있다.

3   vdW EOS 매개변수는

$$a = \frac{27}{64}\frac{R^2 T_c^2}{P_c} = 0.2285 \frac{\text{J m}^3}{\text{mol}^2}$$

$$b = \frac{RT_c}{8P_c} = 4.27 \times 10^{-5} \, \text{m}^3/\text{mol}$$

vdW EOS를 풀어서 각 상태에서의 몰부피를 구하면

$$v_1 = 0.01234, \ v_2 = 0.03099$$

특정 온도 압력에서의 엔탈피는 기준상태 대비 편차로 나타낼 수 있다.

$$s = \Delta s^{\text{ig}} + \Delta s^{\text{dep}}$$

식 (3.5)를 메테인의 상태 1(2 bar, 25℃), 상태 2(1 bar, 100℃)에 대해서 나타내면

$$\Delta s_1^{\text{ig}} = \int_{T_0}^{T_1} \frac{c_P}{T}dT - R\ln\frac{P_1}{P_0} = \int_{298}^{298} \frac{c_P}{T}dT - R\ln\frac{1}{2} = -R\ln 2 = -5.763 \, \text{J/(mol} \cdot \text{K)}$$

$$\Delta s_2^{\text{ig}} = R\left[A\ln\left(\frac{T_2}{T_0}\right) + B(T_2 - T_0) + 0.5C(T_2^2 - T_0^2) + (1/3)D(T_2^3 - T_0^3)\right] - R\ln\frac{P_2}{P_0}$$

$$= 8.314 \times [4.394 \times \ln(373/298) - 6.101 \times 10^{-3} \times (373 - 298) + 0.5 \times 23.984$$

$$\times 10^{-6} \times (373^2 - 298^2) + 0.33333 \times (-14.214) \times 10^{-9} \times (373^3 - 298^3)]$$

$$- 8.314 \times \ln 1 = 8.41 \, \text{J/(mol} \cdot \text{K)}$$

식 (5.30)에서

$$\Delta s_{dep} = R \ln Z + \int_{v_\infty}^{v} \left[\left(\frac{\partial P}{\partial T} \right)_v - \frac{R}{v} \right] dv$$

vdW EOS를 적용하면

$$\left(\frac{\partial P}{\partial T} \right)_v = \frac{R}{v-b}$$

$$\Delta s_{dep} = R \ln Z + \int_{v_\infty}^{v} \left[\frac{R}{v-b} - \frac{R}{v} \right] dv = R \ln Z + R \left[\ln \frac{v-b}{v} \right]_{v_\infty}^{v} = R \ln Z + R \ln \frac{v-b}{v}$$

$$\Delta s_{dep,1} = 8.314 \times \ln \left(\frac{2 \times 10^5 \times 0.01234}{8.314 \times 298} \right) + 8.314 \times \ln \frac{0.01234 - 4.27 \times 10^{-5}}{0.01234} = -0.062$$

$$\Delta s_{dep,2} = 8.314 \times \ln \left(\frac{1 \times 10^5 \times 0.03099}{8.314 \times 373} \right) + 8.314 \times \ln \frac{0.03099 - 4.27 \times 10^{-5}}{0.03099} = -0.02$$

$$\Delta s = s_2 - s_1 = (8.41 - 0.02) - (-5.763 - 0.062) = 14.2 \, J/(mol \cdot K)$$

참고로, 이는 2번 문제에서 이상기체로 가정하고 계산한 메테인의 엔트로피 변화량과 동일한 결과이다(소수점 아래로는 미미하게 차이가 나나 거의 동일). 즉, 1~2 bar와 같은 충분한 저압에서는 그냥 메테인을 정압비열이 온도만의 함수인 이상기체로 가정하고 엔트로피 변화량을 구해도 문제가 없음을 알 수 있다.

상태 1(100 bar, 25℃), 상태 2(50 bar, 100℃)의 경우 동일한 방식으로 계산해 보면

$$s_1 = \Delta s_1^{ig} + \Delta s_1^{dep} = -38.3 - 3.7 = -42$$

$$s_2 = \Delta s_2^{ig} + \Delta s_2^{dep} = -24.1 - 1.0 = -25.1$$

$$\Delta s = s_2 - s_1 = 16.9 \, J/(mol \cdot K)$$

즉, 고압과 같은 상황에서 이상기체를 가정하게 되면 오차가 커지는 것을 확인할 수 있다.

4   SATP($T_0 = 25℃$, $P_0 = 1 \, bar$) 이상기체 상태를 기준 상태로 두고 이때의 엔탈피를 0으로 하여 각 상태의 엔탈피를 구하면 엔탈피 차이와 에너지 밸런스로부터 터빈이 하는 일을 구할 수 있다.

vdW EOS 매개변수는

$$a = \frac{27}{64} \frac{R^2 T_c^2}{P_c} = 1.3885 \frac{J \, m^3}{mol^2}$$

$$b = \frac{RT_c}{8P_c} = 1.164 \times 10^{-4} \, m^3/mol$$

$T_1 = 400 \, K$, $P_1 = 20 \, bar$에서 v에 대한 vdW 3차 상태방정식을 풀면 1개의 근을 얻을 수 있다.

$$v_1 = 0.001289 \, m^3/mol$$

$T_2 = 320\,\mathrm{K}$, $P_2 = 1\,\mathrm{bar}$에서는 3개의 근을 얻을 수 있는데, 안토인 식으로부터 320 K에서 포화압은 $P^{\mathrm{sat}} = 4.4\,\mathrm{bar}$이므로 기체임을 확인할 수 있다.

$$v_2 = 0.02619\,\mathrm{m^3/mol}$$

식 (5.25)에 따라 vdW EOS의 엔탈피 편차함수를 구해보면

$$\Delta h_{\mathrm{dep}} = Pv - RT + \int_{v_\infty}^{v}\left[T\left(\frac{\partial P}{\partial T}\right)_v - P\right]dv$$

$$\left(\frac{\partial P}{\partial T}\right)_v = \frac{R}{v-b}$$

$$T\left(\frac{\partial P}{\partial T}\right)_v - P = \frac{RT}{v-b} - \frac{RT}{v-b} + \frac{a}{v^2} = \frac{a}{v^2}$$

$$\Delta h_{\mathrm{dep}} = Pv - RT + \int_{v_\infty}^{v}\frac{a}{v^2}dv = Pv - RT + \left[-\frac{a}{v}\right]_{v_\infty}^{v} = Pv - RT - \frac{a}{v}$$

특정 온도 압력에서의 엔탈피는 기준상태 대비

$$h = \Delta h^{\mathrm{ig}} + \Delta h^{\mathrm{dep}}$$

이상기체 조건에서의 엔탈피 변화량은 부록의 n-뷰테인의 정압비열 계수로부터

$$c_P[\mathrm{J/(mol \cdot K)}] = R(A + BT + CT^2 + DT^3)$$

A	B× 10^3	C× 10^6	D× 10^9
0.984	40.664	−14.399	

$$\Delta h^{\mathrm{ig}} = \int_{T_1}^{T_2} R(A + BT + CT^2 + DT^3)dT = R[AT + 0.5BT^2 + (1/3)CT^3 + 0.25DT^4]_{T_1}^{T_2}$$

$$\Delta h_1^{\mathrm{ig}} = 8.314 \times \left[0.984 \times (400-298) + 0.5 \times 40.662 \times 10^{-3} \times (400^2 - 298^2) - \frac{14.399}{3} \times 10^{-6} \times (400^3 - 298^3)\right]$$
$$= 11371\,(\mathrm{J/mol})$$

$$\Delta h_2^{\mathrm{ig}} = 8.314 \times \left[0.984 \times (320-298) + 0.5 \times 40.662 \times 10^{-3} \times (320^2 - 298^2) - \frac{14.399}{3} \times 10^{-6} \times (320^3 - 298^3)\right]$$
$$= 2227\,(\mathrm{J/mol})$$

$$\Delta h_{\mathrm{dep},1} = 20 \times 10^5 \times 0.001289 - 8.314 \times 400 - \frac{1.3885}{0.001289} = -1824\,\mathrm{J/mol}$$

$$\Delta h_{\mathrm{dep},2} = 1 \times 10^5 \times 0.02619 - 8.314 \times 320 - \frac{1.3885}{0.02619} = -94\,\mathrm{J/mol}$$

$$h_1 = \Delta h_1^{\mathrm{ig}} + \Delta h_1^{\mathrm{dep}} = 9547$$

$$h_2 = \Delta h_2^{\mathrm{ig}} + \Delta h_2^{\mathrm{dep}} = 2132$$

$$\dot{W}_s = \dot{n}\Delta h = \dot{n}(h_2 - h_1) = -74\,\mathrm{kW}$$

5　RKEOS 매개변수는

$$a = 29.012 \, \text{J K}^{0.5} \, \text{m}^3/\text{mol}^2$$

$$b = 8.066 \times 10^{-5} \, \text{m}^3/\text{mol}$$

$T_1 = 400 \, \text{K}$, $P_1 = 20 \, \text{bar}$에서 v에 대한 RK 3차 상태방정식을 풀면 3개의 근이 나온다. 안토인 식으로부터 400 K에서의 포화압을 확인하면 $P^{\text{sat}} = 22.4 \, \text{bar}$이므로, 20 bar에서는 기체가 안정적이므로

$$v_1 = 0.001224 \, \text{m}^3/\text{mol}$$

$T_2 = 320 \, \text{K}$, $P_2 = 1 \, \text{bar}$에서 역시 v에 대한 3개의 근을 얻을 수 있으며, 안토인 식으로부터 기체가 안정적임을 확인하였으므로

$$v_2 = 0.02607 \, \text{m}^3/\text{mol}$$

RK EOS의 엔탈피 편차함수는 식 (5.27)에서

$$\Delta h_{\text{dep}} = Pv - RT + \frac{1.5a}{b\sqrt{T}} \ln \frac{v}{v+b}$$

$$\Delta h_{\text{dep},1} = 20 \times 10^5 \times 0.001224 - 8.314 \times 400 + 1.5 \times \frac{29.012}{8.066 \times 10^{-5} \times \sqrt{400}}$$

$$\times \ln \frac{0.001224}{0.001224 + 8.066 \times 10^{-5}} = -2598$$

$$\Delta h_{\text{dep},2} = 1 \times 10^5 \times 0.02607 - 8.314 \times 320 + 1.5$$

$$\times \frac{29.012}{8.066 \times 10^{-5} \times \sqrt{320}} \times \ln \frac{0.02607}{0.02607 + 8.066 \times 10^{-5}} = -146.9$$

$$h_1 = \Delta h_1^{\text{ig}} + \Delta h_1^{\text{dep}} = 11371 - 2598 = 8773$$

$$h_2 = \Delta h_2^{\text{ig}} + \Delta h_2^{\text{dep}} = 2227 - 146.9 = 2080$$

$$\dot{W}_s = \dot{n}\Delta h = \dot{n}(h_2 - h_1) = -67 \, \text{kW}$$

6　질소에 대해서 RK EOS 매개변수를 구하면

$$a = \frac{0.42748 R^2 T_c^{2.5}}{P_c} = 1.557 \, \text{J} \cdot \text{K}^{\frac{1}{2}} \cdot \text{m}^3/\text{mol}^2$$

$$b = \frac{0.08664 R T_c}{P_c} = 2.678 \times 10^{-5} \, \text{m}^3/\text{mol}$$

팽창 전 상태 1($-120\,°\text{C}$, 100 bar)에 대해서 RK EOS를 풀면

$$v_1 = 7.74 \times 10^{-5} \, \text{m}^3/\text{mol}$$

상태 1의 엔탈피는 기준상태를 (25℃, 1 bar)로 두면

$$h_1 = \Delta h_1^{\text{ig}} + \Delta h_{\text{dep},1}$$

이상기체 엔탈피 변화량은

$$\Delta h_1^{\text{ig}} = \int_{T_0}^{T_1} c_P dT$$

부록에서 이상기체 정압비열 계수는

$$A = 3.297,\ B = 0.732 \times 10^{-3},\ C = -0.109 \times 10^{-6}$$

$$\Delta h_1^{\text{ig}} = \int_{T_0}^{T_1} c_P dT = R \int_{T_0}^{T_1} A + BT + CT^2 dT = R \left[AT + \frac{B}{2}T^2 + \frac{C}{3}T^3 \right]_{298}^{153} = -4162\,\text{J/mol}$$

엔탈피 편차함수에서

$$\Delta h_{\text{dep},1} = P_1 v_1 - RT_1 + \frac{3a}{2b\sqrt{T_1}} \ln \frac{v_1}{v_1+b} = -2692\,\text{J/mol}$$

$$h_1 = \Delta h_1^{\text{ig}} + \Delta h_{\text{dep},1} = -6854\,\text{J/mol}$$

팽창 후 상태 2는 기액 혼합물이므로 질소 포화액체와 포화기체가 공존하는 상태로, 각 상의 물성치를 연산한 후 합산 계산이 필요하다. 1 bar에서 포화온도를 확인하기 위하여 안토인 식을 사용하면

$$\log(P^{\text{sat}}[\text{bar}]) = A - \frac{B}{T[\text{K}]+C}$$

$$T^{\text{sat}} = -C + \frac{B}{-\ln(P^{\text{sat}})+A} = 77.6\,\text{K}$$

해당 온도에서 이상기체 엔탈피 차이는

$$\Delta h_2^{\text{ig}} = \int_{T_0}^{T_2} c_P dT = R \int_{T_0}^{T_2} A + BT + CT^2 dT = R \left[AT + \frac{B}{2}T^2 + \frac{C}{3}T^3 \right]_{298}^{77.6} = -6285\,\text{J/mol}$$

해당 온도 압력에서 RK EOS를 풀면 몰부피의 최솟값이 포화액체의 몰부피, 최댓값이 포화기체의 몰부피가 된다.

$$v_2^l = 3.449 \times 10^{-5}\,\text{m}^3/\text{mol}$$

$$v_2^v = 6.198 \times 10^{-3}\,\text{m}^3/\text{mol}$$

포화액체 및 포화 기체의 엔탈피를 구하면

$$\Delta h_{\text{dep},2}^l = P_2 v_2^l - RT_2 + \frac{3a}{2b\sqrt{T_2}} \ln \frac{v_2^l}{v_2^l+b} = -6331\,\text{J/mol}$$

$$\Delta h_{\text{dep},2}^v = P_2 v_2^v - RT_2 + \frac{3a}{2b\sqrt{T_2}} \ln \frac{v_2^v}{v_2^v+b} = -68.3\,\text{J/mol}$$

$$h_2^l = \Delta h_2^{ig} + \Delta h_{dep,2}^l = -6285 - 6331 = -12616 \, \text{J/mol}$$

$$h_2^v = \Delta h_2^{ig} + \Delta h_{dep,2}^v = -6285 - 68.3 = -6353 \, \text{J/mol}$$

등엔탈피 공정이므로

$$h_2 = h_1 = -6854 \, \text{kJ/mol}$$

지렛대 법칙 식 (1.8)에서

$$x_{vf} = \frac{h_2 - h_l}{h_v - h_l} = 0.92$$

연습문제 해설

1 (1) 여러 가지 방법으로 설명이 가능하다.
- 물질(분자)이 이동하게 만드는 퍼텐셜
- 물질 전달(mass transfer)의 원동력(driving force)
- 몰깁스 에너지(순물질의 경우)
- 부분 몰깁스 에너지(혼합물의 경우) 등

(2) 혼합물계에서 온도, 압력, 물질 i가 아닌 다른 물질의 양이 특정한 상황에서 이 혼합물에 물질 i를 미소량 더 넣었을 때 계의 어떤 물성치가 증가하는 정도를 나타내는 열역학 변수

(3) 여러 가지 방법으로 설명이 가능하다.
- 이상기체라면 가질 분압을 실제 기체에 맞게 보정한 압력
- 열역학적으로 보정된 분압
- 실제 기체의 유효압력(effective pressure) 등

(4) 여러 가지 방법으로 설명이 가능하다.
- 이상기체 혼합물 물성 규칙이 성립하는 용액
- 라울의 법칙이 성립하는 용액
- 루이스-랜달 규칙이 성립하는 용액 등

2 (1) 프로페인 몰분율(조성)이 1인 점이므로 약 9.5 bar

(2) 프로페인 몰분율이 0인 점이므로 약 2.5 bar(실제로 2.4 bar)

(3) 도표상 직선이 $P-x$선으로 주어진 조성에서 이때의 압력이 기포점 압력에 해당하므로, 프로페인 조성이 0.6일 때 기포점 압력은 약 6.5 bar. 곡선이 $P-y$선으로 프로페인 조성이 0.6일 때 이슬점 압력은 약 4.5 bar

(4) 도표상 곡선이 $P-y$선으로 약 0.68 정도

(5) 도표상 직선인 $P-x$선에서 프로페인의 몰분율이 약 0.8이므로 n-뷰테인의 몰분율은 0.2

(6) 약 6.5 bar일 때이며 이때 기체 중 프로페인의 몰분율은 약 0.83

(7) 5 bar에서 기체로 얻어지는 프로페인의 조성은 $P-y$선으로부터 약 0.68. 액체로 얻어지는 프로페인의 조성은 $P-x$선으로부터 약 0.39

지렛대 법칙에서

$$F_V : F_L = (0.5 - 0.39) : (0.68 - 0.5) = 0.11 : 0.18$$

$$x_{\text{vf}} = \frac{F_V}{F_V + F_L} = \frac{0.11}{0.11 + 0.18} = 0.38$$

3 메테인과 프로페인은 분자 간 상호작용이 크지 않아 비이상성이 비교적 높지 않은 무극성 분자인 탄화수소에 해당하며, 1 bar는 충분히 저압이므로 라울의 법칙이 성립하는 혼합물로 가정할 수 있다. 래치포드-라이스 식을 사용하는 것도 가능하나, 2성분계 등온 플래시는 굳이 수치해석법으로 풀지 않아도 간단히 해석해를 도출할 수 있다.

메탄을 물질 1, 프로페인을 물질 2라 하면 상평형이 성립할 때 라울의 법칙에서

$$y_1 P = x_1 P_1^{\text{sat}}$$
$$y_2 P = x_2 P_2^{\text{sat}}$$

두 식을 더하면

$$P = x_1 P_1^{\text{sat}} + x_2 P_2^{\text{sat}} = x_1 P_1^{\text{sat}} + (1 - x_1) P_2^{\text{sat}} = x_1 (P_1^{\text{sat}} - P_2^{\text{sat}}) + P_2^{\text{sat}}$$
$$x_1 = \frac{P - P_2^{\text{sat}}}{P_1^{\text{sat}} - P_2^{\text{sat}}}$$

안토인 식을 사용하여 $-100\,°C$에서 포화압을 구해보면

$$P_1^{\text{sat}} = 10^{\wedge}\left(3.99 - \frac{443.03}{173.15 - 0.49}\right) = 26.55\,\text{bar}$$
$$P_2^{\text{sat}} = 10^{\wedge}\left(4.012 - \frac{834.26}{173.15 - 22.76}\right) = 0.029\,\text{bar}$$
$$x_1 = \frac{P - P_2^{\text{sat}}}{P_1^{\text{sat}} - P_2^{\text{sat}}} = \frac{1 - 0.029}{26.55 - 0.029} = 0.037$$
$$y_1 = \frac{x_1 P_1^{\text{sat}}}{P} = \frac{0.037 \times 26.55}{1} = 0.972$$

유량을 구하기 위해서 물질 1에 대한 질량 균형식을 보면

$$F_F = F_V + F_L$$
$$z_1 F_F = y_1 F_V + x_1 F_L$$
$$z_1 F_F = y_1 F_V + x_1 F_L = y_1 F_V + x_1 (F_F - F_V) = F_V (y_1 - x_1) + x_1 F_F$$
$$F_V = \frac{F_F (z_1 - x_1)}{y_1 - x_1} = \frac{100 \times (0.8 - 0.037)}{(0.972 - 0.037)} = 81.6\,\text{mol/s}$$

4 식 (6.15)에서 바로

$$\Delta v_{\text{mix}} = \sum x_i (\overline{V}_i - v_i) = 0.2 \times (3 - 4) + 0.8 \times (0.5 - 1) = -0.6\,\text{m}^3/\text{mol}$$

식 (6.13)에서

$$V = \sum n_i \overline{V}_i = 2 \times 3 + 8 \times 0.5 = 10 \,\text{m}^3/\text{mol}$$

5   vdW EOS 매개변수는

$$a = \frac{27}{64} \frac{(RT_c)^2}{P_c} = \frac{27}{64} \frac{(8.314 \times 369.9)^2}{42.57 \times 10^5} = 0.9374 \,\frac{\text{J} \cdot \text{m}^3}{\text{mol}^2}$$

$$b = \frac{RT_c}{8P_c} = \frac{8.314 \times 370}{8 \times 42.44 \times 10^5} = 9.031 \times 10^{-5} \,\frac{\text{m}^3}{\text{mol}}$$

(1) vdW EOS에서 3차 상태방정식을 풀어서 해당 상태의 부피를 구하면

$$v = 0.02465 \,\text{m}^3/\text{mol}$$

식 (6.48)에서

$$\ln \varphi = \ln \frac{RT}{P(v-b)} + \frac{b}{v-b} - \frac{2a}{RTv}$$

$$\varphi = \exp\left(\ln \frac{8.314 \times 300}{10^5(0.02465 - 9.031 \times 10^{-5})} + \frac{9.031 \times 10^{-5}}{0.02465 - 9.031 \times 10^{-5}} - \frac{2 \times 0.93735}{8.314 \times 300 \times 0.02465} \right)$$

$$= 0.989$$

$$f = 0.99(\text{bar})$$

(2) 같은 방식으로 풀면 $v = 0.00217$

$$\varphi = 0.886$$

$$f = 8.86 \,\text{bar}$$

(3) 같은 방식으로 풀면 $v = 0.000141$

$$\varphi = 0.705$$

$$f = 14.1 \,\text{bar}$$

chapter 7 연습문제 해설

1

(1) $CH_4(g) + 2O_2(g) \rightarrow CO_2(g) + 2H_2O(g)$

(2) $C_3H_8(g) + 5O_2(g) \rightarrow 3CO_2(g) + 4H_2O(g)$

(3) $C_4H_{10}(g) + 6.5O_2(g) \rightarrow 4CO_2(g) + 5H_2O(g)$

2

(1) n-뷰테인의 완전연소반응식과 그 양론계수는 다음과 같다.

$$C_4H_{10}(g) + 6.5O_2(g) \rightarrow 4CO_2(g) + 5H_2O(g)$$

(2) 연소배가스가 100℃로 토출되므로 물은 기체로 배출된다. 따라서 연소열(반응엔탈피)은 물을 기체로 계산하는 저위발열량을 기준으로 하는 것이 적합하다.

$$\Delta h_{rxn} = \sum v_i \Delta h_{for} = -1 \times (-126.2) - 6.5(0) + 4 \times (-393.5) + 5 \times (-241.8)$$

$$= -2656.8 \, \text{kJ/mol}$$

(3) 1몰의 부탄이 연소하기 위해서는 6.5몰의 산소가 필요하고, 공기의 조성은 대략 질소 0.8, 산소 0.2라고 가정하면 6.5몰의 산소를 공급하기 위해서는 $6.5 \times 5 = 32.5$몰의 공기가 필요하다. 따라서 1 mol/s의 부탄을 완전 연소시키려면 32.5 mol/s의 공기가 공급되어야 한다.

(4) 이 경우 반응 결과물은

	nC₄	O₂	N₂	CO₂	H₂O
반응 전(mol)	1	6.5	26	0	0
반응 시	−1	−6.5	0	4	5
반응 후	0	0	26	4	5
반응 후 조성			74.3%	11.4%	14.3%

(5) 정상상태 에너지 밸런스를 생각해 보면

$$0 = \dot{Q} + \sum \dot{n}_{in} h_{in} - \sum \dot{n}_{out} h_{out} = \dot{Q} - \Delta \dot{H}$$

보일러에서 외부로 공급해야 하는 열이 1000 kJ/s이므로

$$\Delta \dot{H} = \dot{Q} = -1000$$

반응이 포함되어 있으므로 유입·유출되는 물질의 전체 엔탈피 변화량은 반응열과 온도 변화에 따른 엔탈피 변화량의 합이 된다. 반응열은 1 mol의 부탄이 25℃에서 연소한 것을 기준으로 계산된 것이므로 전체 엔탈피 변화량은 25℃에서 100℃까지 온도가 변화할 때의 엔탈피도 포함하여야 한다.

$$\Delta \dot{H} = \Delta \dot{H}_{\text{rxn}, 25°C} + \Delta \dot{H}_{25 \to 100°C}$$

$$= (\dot{n}_{C_4} \Delta h_{\text{rxn}}) + (\dot{n}_{N_2} \Delta h_{N_2} + \dot{n}_{CO_2} \Delta h_{CO_2} + \dot{n}_{H_2O} \Delta h_{H_2O})$$

앞서 (4)의 결과에서

$$\dot{n}_{N_2} = 26\dot{n}_{C_4}$$

$$\dot{n}_{CO_2} = 4\dot{n}_{C_4}$$

$$\dot{n}_{H_2O} = 5\dot{n}_{C_4}$$

따라서

$$\dot{n}_{C_4} = \frac{-1000}{(\Delta h_{\text{rxn}} + 26\Delta h_{N_2} + 4\Delta h_{CO_2} + 5\Delta h_{H_2O})}$$

1 bar는 충분한 저압이므로 배가스 성분들을 이상기체로 가정하여 온도 변화에 따른 엔탈피를 구해보면

$$c_P = R(A + BT + CT^2 + DT^3)$$

$$\Delta h = \int c_P dT = R\left[AT + \frac{B}{2}T^2 + \frac{C}{3}T^3 + \frac{D}{4}T^4\right]_{T_1}^{T_2}$$

	A	B× 10³	C× 10⁶	D× 10⁹
N_2	3.297	0.732	−0.109	
CO_2	3.307	4.962	−2.107	0.318
H_2O	3.999	−0.643	2.97	−1.366

$$\Delta h_{N_2} = \int c_{P, N_2} dT = 8.314 \times (3.297 \times (373 - 298) + 0.5 \times 0.732 \times 10^{-3} \times (373^2 - 298^2)$$

$$+ (1/3) \times (-0.109) \times 10^{-9} \times (373^3 - 298^3)) = 2.2 \,\text{kJ/mol}$$

$$\Delta h_{CO_2} = \int c_{P, CO_2} dT = 2.96 \,\text{kJ/mol}$$

$$\Delta h_{H_2O} = \int c_{P, H_2O} dT = 1.54 \,\text{kJ/mol}$$

$$\dot{n}_{C_4} = \frac{-1000}{-2656.8 + 26 \times 2.2 + 4 \times 2.96 + 5 \times 1.54} = 0.388 \,\text{mol/s}$$

FAQ 찾아보기

Friendly Introduction
to Engineering
Thermodynamics

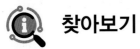

찾아보기

친절한 공학 열역학

2021. 11. 2. 초 판 1쇄 인쇄
2021. 11. 10. 초 판 1쇄 발행

지은이 | 임영섭
펴낸이 | 이종춘
펴낸곳 | **BM** ㈜도서출판 **성안당**

주소 | 04032 서울시 마포구 양화로 127 첨단빌딩 3층(출판기획 R&D 센터)
10881 경기도 파주시 문발로 112 파주 출판 문화도시(제작 및 물류)

전화 | 02) 3142-0036
031) 950-6300
팩스 | 031) 955-0510
등록 | 1973. 2. 1. 제406-2005-000046호
출판사 홈페이지 | **www.cyber.co.kr**
ISBN | 978-89-315-3885-4 (93570)
정가 | 29,000원

이 책을 만든 사람들
책임 | 최옥현
진행 | 이희영
교정·교열 | 이희영, 이영남
본문 디자인 | 프로메테우스 미디어
표지 디자인 | 오지성
홍보 | 김계향, 유미나, 서세원
국제부 | 이선민, 조혜란, 권수경
마케팅 | 구본철, 차정욱, 나진호, 이동후, 강호묵
마케팅 지원 | 장상범, 박지연
제작 | 김유석

이 책의 어느 부분도 저작권자나 **BM** ㈜도서출판 **성안당** 발행인의 승인 문서 없이 일부 또는 전부를 사진 복사나
디스크 복사 및 기타 정보 재생 시스템을 비롯하여 현재 알려지거나 향후 발명될 어떤 전기적, 기계적 또는
다른 수단을 통해 복사하거나 재생하거나 이용할 수 없음.

※ 잘못된 책은 바꾸어 드립니다.

Friendly Introduction to Engineering Thermodynamics